D. DIDIER
M. LE BRAZIDEC
P. NATAF
J. THIESSET

Professeurs agrégés de Génie civil

Collection animée par
R. QUATREMER et
J.-P. TROTIGNON

Professeurs à l'École Nationale Supérieure d'Arts et Métiers

Précis de Bâtiment

conception mise en œuvre normalisation

4e ÉDITION

AFNOR
Tour Europe, Cedex 7, 92049 Paris-La Défense

NATHAN

SOMMAIRE

ISBN AFNOR 2-12-380211-5
ISBN Nathan 209-194036-4

PRÉFACE

L'AFNOR et les éditions NATHAN ont sollicité une équipe du Lycée Saint-Lambert (Paris) pour rédiger un ouvrage dans la collection des Précis.

Ces ouvrages ont pour principal objectif d'aider les étudiants, professeurs et spécialistes à la conception, au calcul, au dessin, au choix de matériaux ou de techniques de construction au cours d'un projet. Le Précis de Bâtiment en est un exemple. C'est un ouvrage synthétique qui assure l'équilibre entre la présentation complète d'une technique ou d'une technologie, l'accès rapide à des informations d'usage quotidien et la référence systématique à la normalisation la plus récemment actualisée.

Le Précis de Bâtiment rassemble l'essentiel des normes, règles de calcul et règles de l'art les plus récentes relatives au gros œuvre et aux principaux corps d'état secondaires. Chaque partie associe les aspects normatifs, réglementaires et conventionnels liés à l'emploi des matériaux usuels, des procédés technologiques et des techniques de mise en œuvre.

Il faut préciser qu'il était difficile de présenter de façon exhaustive l'ensemble des connaissances actuelles concernant tous les secteurs de la construction dans un seul ouvrage. Aussi, les auteurs ont-ils choisi d'aborder de nombreux domaines en traitant d'une manière plus approfondie les points qui leur sont apparus essentiels pour la plupart des constructions courantes.

Les auteurs se sont attachés à faciliter la lecture, le repérage et la recherche des informations :
- un index trilingue aiguille le lecteur à partir de critères technologiques fondamentaux,
- les indications fournies en tête de chapitre permettent de s'orienter rapidement vers les solutions cherchées,
- les appels de page établissent précisément le lien avec d'autres chapitres,
- les références multiples rendent aisées les recherches approfondies ou spécifiques (normes, DTU).

Le Précis de Bâtiment sera un des supports de l'enseignement, tout en étant utile à des spécialistes.

Un dernier mot pour remercier chaleureusement toutes les personnes qui nous ont accompagnés tout au long de la rédaction de cet ouvrage, et notamment pour leurs conseils avisés, M. Trotignon et M. Quatremer, avec une pensée particulière pour ce dernier qui nous a malheureusement quittés avant l'achèvement de ce manuscrit.

Les auteurs

* Les auteurs dégagent leur responsabilité de toute interprétation erronée qui pourrait être faite des tableaux et abaques publiés dans l'ouvrage.

LA NORMALISATION (1 / 3)

1. LE SYSTÈME FRANÇAIS DE NORMALISATION

Le système français de normalisation regroupe l'Association Française de Normalisation (AFNOR) et 33 Bureaux de Normalisation.

Association privée reconnue d'utilité publique, l'AFNOR centralise et coordonne les travaux de normalisation en France, représente les intérêts français auprès des instituts internationaux et européens de normalisation (ISO et CEN). L'AFNOR assure la diffusion des normes françaises et développe les produits liés à la normalisation (certification, formation, information).

Les Bureaux de Normalisation sont chargés d'élaborer les projets de normes dans les secteurs industriels qu'ils représentent et en application du programme de normalisation décidé par le conseil d'administration de l'AFNOR. Les Bureaux de Normalisation participent également au côté de l'AFNOR aux travaux internationaux et européens de normalisation.

1-1. Comment s'élabore une norme

On réunit, sur un problème technique spécifique et répétitif, les représentants des diverses parties intéressées à sa résolution : fabricants, utilisateurs, laboratoires, distributeurs, consommateurs, pouvoirs publics.

Le principe qui est ensuite mis en œuvre est la recherche du consensus.

Le processus peut se schématiser ainsi :

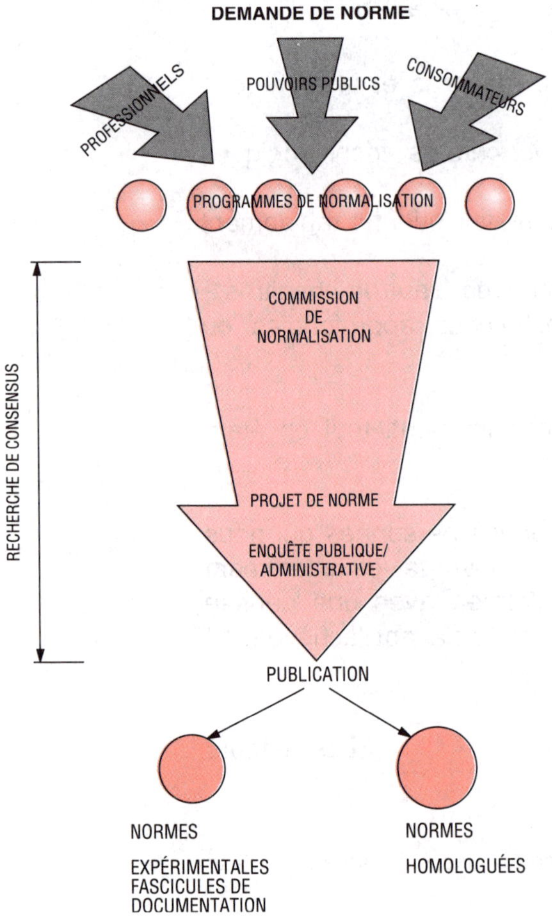

1-1.1. Programme

Mise au programme des travaux de normalisation.

1-1.2. Préparation du projet de norme

Une commission, regroupant les partenaires concernés (producteurs, usagers, distributeurs, administrateurs, organismes scientifiques et techniques...) après études techniques approfondies, rédige un projet de norme.

1-1.3. Enquête probatoire

Dès l'accord de la commission, le projet est soumis à l'enquête probatoire pour recueillir les avis et observations des partenaires intéressés.

La soumission du projet à l'enquête probatoire est annoncée par le *Journal officiel* ainsi que par la revue *Enjeux*, mensuel de la normalisation édité par l'AFNOR.

1-1.4. Homologation

Les normes françaises sont homologuées par le conseil d'administration de l'AFNOR.

Les décisions d'homologation font l'objet d'un avis publié (deux fois par mois) au *Journal officiel*.

La publication des nouvelles normes est également annoncée dans *Enjeux*.

1-2. Pratiquement

Une norme se présente sous forme de fascicule de format 21 × 29,7 cm, que l'on identifie par son indice (voir p. VII) et sa date. Elle contient, selon le cas, des définitions, des dimensions, des caractéristiques physiques, mécaniques, chimiques, biologiques ou organiques, des méthodes d'essais (performances, analyse de composition, mesures de grandeurs). Les normes ne s'appliquent pas aux seuls domaines techniques, elles concernent aussi de façon de plus en plus significative les divers aspects de l'activité économique et sociale (unification des symboles graphiques, méthodes d'établissement des documents, gestion de la qualité, fiabilité, cahiers des charges, etc.).

1-3. Les buts et les résultats

L'application des normes entraîne une réduction des délais, un abaissement des coûts et des prix, un relèvement du niveau de qualité, une amélioration des échanges nationaux et internationaux, résultats dont les effets sont ressentis par les différents partenaires du marché – et par l'économie générale.

La part qu'a prise la normalisation dans la vie économique s'explique notamment par les faits suivants :

• l'administration est tenue, par le Code des marchés publics, de faire référence aux normes dans tous les marchés qu'elle passe ;

• dans le secteur privé, les normes sont appliquées au niveau de la production, mais aussi, par centaines, dans l'ensemble des services de l'entreprise (approvisionnements, études, contrôle de qualité, entretien, méthodes, documentation, informatique, etc.).

• les tribunaux font référence aux normes pour trancher les litiges.

LA NORMALISATION (2 / 3)

2. LA COLLECTION DES NORMES FRANÇAISES

Plus de 17 000 normes françaises touchent l'ensemble des activités agricoles, industrielles et commerciales.

Ces normes sont périodiquement révisées pour tenir compte de l'évolution technologique ou économique (environ 1 500 normes nouvelles ou révisées sont publiées chaque année).

3. LA NORMALISATION EUROPÉENNE

Le marché unique européen s'organise autour de la normalisation européenne qui devient ainsi un enjeu majeur des stratégies industrielles et commerciales des entreprises des pays de la Communauté.

Le Comité Européen de Normalisation (CEN) et le Comité Européen de normalisation Électrotechnique (CENELEC) dont les membres français sont respectivement l'AFNOR et l'UTE (Union Technique de l'Électricité) associent les 18 pays de l'Union européenne (UE) et de l'Association européenne de libre-échange (AELE).

Les normes européennes approuvées par le CEN ou le CENELEC sont obligatoirement adoptées comme normes nationales par tous les pays membres, donc homologuées comme normes françaises par l'AFNOR.

La normalisation française est, de ce fait, amenée à intégrer de plus en plus l'approche européenne dans ses travaux.

Ce qui conduit à une mobilisation croissante des experts français dans les structures techniques du CEN/CENELEC (près de 2 000 normes européennes devraient être adoptées d'ici 1995).

4. LA NORMALISATION INTERNATIONALE

La mondialisation des échanges a conduit, depuis déjà de nombreuses années, l'ensemble des pays industrialisés et aussi, dans une moindre mesure les pays en développement, à élaborer des normes internationales au sein de l'organisation internationale de normalisation ISO et de la Commission Électrotechnique Internationale (CEI).

La défense des intérêts français nécessite également pour l'AFNOR et les bureaux de normalisation une participation active aux travaux de normalisation internationale.

5. LA MARQUE NF : CERTIFICATION DE CONFORMITÉ AUX NORMES

La politique nationale de certification de conformité aux normes a pour objectif principal : la valorisation et l'authentification de la (ou des) qualité(s) définie(s) dans les normes.

La marque NF, outil de certification, est conçue dans une double optique : à la fois préserver la qualité des produits sur le marché français, et faciliter l'exportation des produits français.

Elle fait partie des certificats de qualification définis par la loi du 10 janvier 1978.

Grâce à un contrôle de fabrication – tel que prévu par la réglementation relative à chaque domaine d'activité, la marque NF certifie la conformité :

- des produits,
- aux normes les concernant,
- aux performances annoncées sur les étiquettes informatives ou autres supports.

La marque NF couvre plus de 100 domaines d'applications :

- équipements pour l'industrie, l'agriculture, le bâtiment,
- gros œuvre du bâtiment,
- produits « grand public »,
- santé.

Elle concerne les fabrications de plus de 3 000 usines. Le chiffre d'affaires du système NF est de l'ordre de 200 millions de francs.

LA NORMALISATION (3 / 3)

COMMENT IDENTIFIER UNE NORME

Pour savoir si une norme est toujours valable, il suffit de vérifier que l'indice et la date qu'elle porte correspondent exactement à ceux qui figurent dans le catalogue en vigueur

Titre

Selon le cas :
- norme française homologuée,
- normes françaises enregistrées,
- extrait de norme,
- fascicule de documentation,
- norme expérimentale.

ISSN 0335-3931

normalisation française

P 05-321
Avril 1986

Indice alphanumérique et date de référence.

- NF* : norme française.
- Lettre majuscule : indice de la classe.
- 2 groupes de chiffres :
  1er groupe : indice de la sous-classe,
  2e groupe : numéro d'ordre.
- Mois et année de publication.

Des normes ayant le même indice mais des dates de références différentes sont différentes.
La dernière en date est seule valable.

Millésime.

Norme de performance dans le bâtiment

Présentation des performances des façades construites avec des composants de même origine

Traduction, en anglais et en allemand du titre de la norme.

E : Performance standard in building — Presentation of the performances of facades made of components from the same source
D : Performance-Norm für Fassaden aus Bauteilen gleicher Herkunft

Norme expérimentale publiée par l'afnor en avril 1986.
Les observations relatives à la présente norme expérimentale doivent être adressées à l'afnor, avant le 31 mars 1989.

Les normes françaises sont éditées dans le format 21 x 29,7.

correspondance La présente norme est en concordance technique avec le projet de norme internationale ISO/DIS 7361.

analyse La présente norme s'inscrit dans le programme de transposition des normes de l'ISO/TC 59 « Construction immobilière » en normes françaises.
Elle définit les natures et échelles de valeurs des performances des façades construites avec des composants de même origine sous la forme où elles doivent être utilisées dans les catalogues des fournisseurs.

descripteurs Thésaurus International Technique : bâtiment, coordination dimensionnelle, structure modulaire, façade, sécurité incendie, isolation thermique, isolation acoustique, aspect, durabilité.

Date de l'arrêté d'homologation.
Date de mise en application ou date de la décision d'enregistrement.

modifications

corrections

Organisme éditeur.

éditée et diffusée par l'association française de normalisation (afnor), tour europe cedex 7 92080 paris la défense — tél. : (1) 42.91.55.55

afnor 86092 © afnor 1986 1er tirage 86-04

Numéro et date du tirage.
Des normes ayant le même indice, la même date de référence, mais des numéros de tirage différents ne peuvent présenter que des différences de pure forme.

* Sauf pour les normes expérimentales et fascicules de documentation.

1. FORMATS

1-1. Formats de base

Leurs dimensions sont des multiples de 210 mm dans un sens et de 297 mm dans l'autre. Les cinq formats de base A0, A1, A2, A3, A4 sont donnés (fig.1) avec leurs dimensions.

1-2. Formats allongés

À utiliser lorsque les formats de base ne conviennent pas. Ceux conseillés par la NF P 02-006 figurent ci-contre (fig. 2). Exemple : à partir du format A2 (420 × 594), il existe un allongé A2 × 3 (594 × 1261).

2. PLIAGE

Plier en accordéon d'abord suivant des plis distants de 210 mm, ensuite suivant des plis distants de 297 mm. Le cartouche est apparent sur le dessus du dessin plié qui est de format A4 (fig. 3).

3. ÉLÉMENTS GRAPHIQUES

3-1. Cadre du dessin

En trait continu fort, il délimite la zone d'exécution du dessin en ménageant une marge minimum de 10 mm par rapport au format choisi.

3-2. Repères (fig. 4)

- de coupe : tracés aux quatre coins du dessin dans la marge, ils facilitent la coupe des reproductions et délimitent le format choisi.
- de pliage : ils n'existent que pour les grands formats et dépassent de 3 mm à l'intérieur de la zone d'exécution.
- de centrage : ils facilitent la disposition du dessin en reproduction ; à placer à une des extrémités de chaque axe de symétrie du format ; tracés du bord du format jusqu'à 5 mm à l'intérieur du cadre.

3-3. Cadre du cartouche (fig. 5)

- Disposition : en vue du pliage, on place le cartouche en bas, à droite, dans sa position de lecture (fig. 3).
  - suivant la largeur du format s'il est pair (A0-A2-A4),
  - suivant la longueur du format s'il est impair (A1-A3).
- Dimensions : taille maximale = (format A4 - marges); pour une marge de 10 mm, sa taille maximale est 190 × 277 mm. Ce cadre comprend un rectangle inférieur en trait fort pour les rubriques d'identification, un rectangle supérieur en trait fin réservé aux rubriques d'exploitation. Chaque zone est divisée en cases, nécessaires aux différentes rubriques du cartouche (fig. 6). Pour un même dossier, on préfère adopter la même disposition des cases.

3-4. Cadre des modifications

Celles-ci figurent normalement dans la zone d'exploitation. La surface de cette zone étant limitée, si d'autres rubriques s'avèrent nécessaires, on reporte les modifications juste au-dessus ou à coté du cartouche dans ce cadre extensible vers le haut si le nombre des modifications l'exige.

4. COMPOSITION DU CARTOUCHE (fig. 6)

4-1. Rubriques d'identification

- Identification de l'affaire : désignation et coordonnées du maître d'ouvrage et des autres intervenants de la construction.
- Identification de l'objet du dessin : plan de repérage, type de dessin, désignation du dessin, corps d'état ou lot.
- Identification de l'établissement du dessin :
  - origine, date de la première version.
  - n° du dessin, indice de modification, échelle, unités utilisées dans la cotation, format.

4-2. Rubriques d'exploitation

- Modifications : indice, date, nature (rubrique obligatoire), origine et visa, localisation (par « nuage » ou par coordonnées du plan ou de l'ouvrage). Indiquer en première ligne la date d'établissement du dessin original.
- Informations (nécessaires et suffisantes pour l'exploitation aisée d'un dossier) : visas des responsables pour l'établissement, la vérification, l'approbation du dessin ; codes, hachures, symboles, états de surface ; symbole de la méthode de projection ; définition d'éléments repérés par chiffres ou lettres sur le dessin, etc.

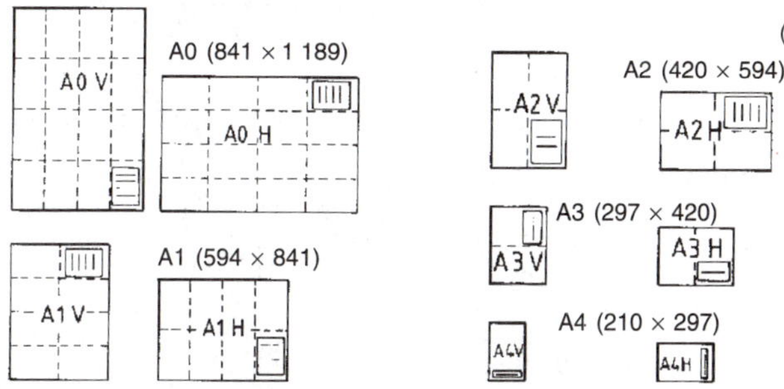

①

Dimension mm	630	841	1 051	1 261	1 471	1 682
297	A4 × 3	A4 × 4	A4 × 5	A4 × 6	A4 × 7	A4 × 8

Dimension mm	1 261	1 682
594	A2 × 3	A2 × 4

②

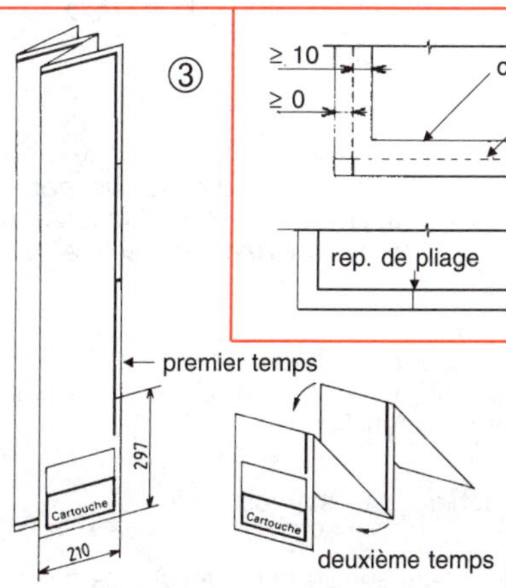

③

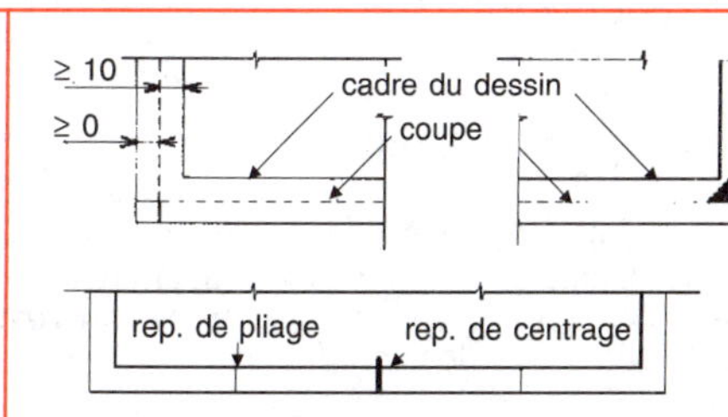

④

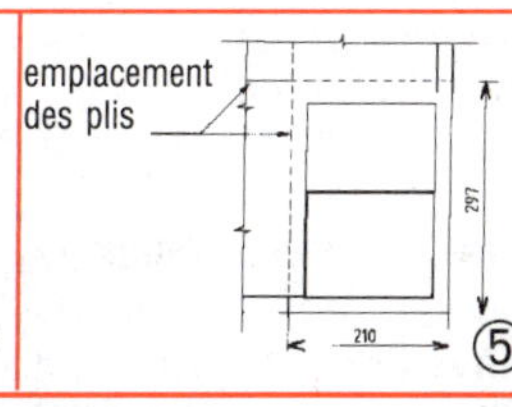

⑤

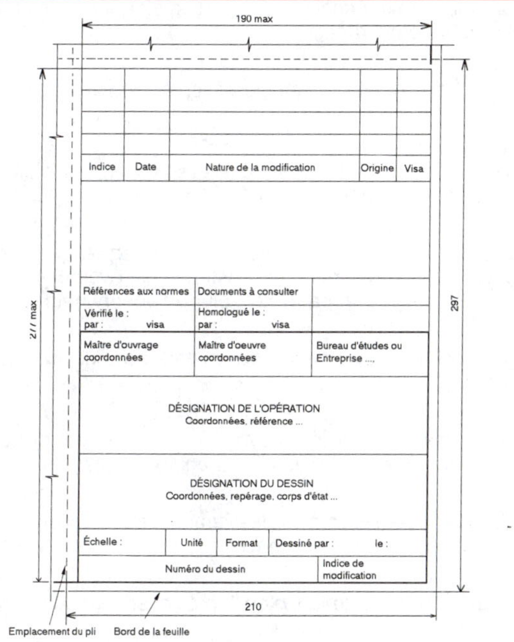

⑥

DESSINS D'ARCHITECTURE, DE BÂTIMENT ET DE GÉNIE CIVIL (2/15)
TRAITS, TERMINOLOGIE DES DESSINS ET VUES
NF P 02-001

1. TRAITS

On choisira trois dimensions **fin (Lf), fort (LF) et renforcé (LR)** dans la gamme (exprimée en mm) :

0,18 - 0,25 - 0,35 - 0,5 - 0,7 - 1 - 1,4 - 2

en respectant le rapport : LF / Lf > 2

- Nature des traits : figures 1 et 2.
- Espacement minimal de deux traits parallèles : espacement minimum > Sup (2 Lmax ; 0,7 mm), Lmax étant la largeur du trait le plus large.

Si plusieurs traits de nature différente coïncident (fig. 3), l'ordre de prévalence est le suivant :
- contours de sections : trait type A3 ;
- arêtes et contours vus : traits types A1 et A2 ;
- arêtes et contours cachés : trait type E ou F ;
- traces de plans de coupe : trait type H ;
- axes de révolution et traces de plans de symétrie, fibre moyenne : trait type G ;
- lignes d'attache : trait type B.

- Lignes de repères (fig. 4 a, b et c) : elles sont toujours inclinées par rapport aux lignes du dessin environnant.

2. TERMINOLOGIE DES DESSINS ET VUES

2-1. Termes généraux

Coupe (p. 4) : représente la partie d'un élément tranché par un plan fictif, située en arrière du plan sécant par rapport à l'observateur (situé face à ce plan), limitée à ce qui est nécessaire à la compréhension du dessin.

Croquis : dessin d'ensemble ou de détail (p. 3) établi sans instruments de guidage ou de mesure. Un croquis coté est partiellement ou complètement dimensionné.

Dessin : représentation graphique sur support plan.

Élévation : projection orthogonale sur un plan vertical, parallèle à une face ou à un axe principal, des parties extérieures d'un ouvrage ou d'une partie d'ouvrage.

Épure : dessin le plus exact possible, à caractère géométrique, exécuté en trait fin.

Esquisse : dessin préliminaire des grandes lignes d'un ouvrage ou d'une partie d'ouvrage.

Perspective : dessin représentant géométriquement une construction ou un ensemble de constructions, éventuellement dans son contexte, tel qu'il apparaît à l'œil de l'observateur.

Plan de niveau (p. 3) : coupe horizontale de tout ou partie d'une construction.

Schéma : dessin simplifié ou symbolique limité aux fonctions des éléments d'ouvrages, circulations ou équipements.

Section (p. 4) : représente exclusivement l'intersection du plan de coupe et de la matière de l'élément.

Vue de dessus ou vue en plan : projection orthogonale, sur un plan horizontal d'un ouvrage.

①

Trait	Désignation	Applications générales
A ———	Continu fort	A1 Contours vus A2 Arêtes vues
A ━━━	Continu renforcé	A3 Contours de sections
B ———	Continu fin (aux instruments)	B1 Arêtes fictives vues B2 Lignes de cote B3 Lignes d'attache et de rappel B4 Lignes de repère B5 Hachures B6 Contours de sections rabattues sur place B7 Axes courts B8 Constructions géométriques B9 Contours vus pour l'architecture
C (main levée)	Continu fin à main levée (1)	C1 } Limites de vues ou coupes, partielles ou interrompues, si ces limites ne sont pas des traits mixtes fins (axe)
D (zigzags)	Continu fin (droit) avec zig-zags (2)	D1 }
E — — —	Interrompu fort (1) (tireté)	E1 Contours cachés (1) E2 Arêtes cachées (1) E3 Arêtes de coffrage phase ultérieure
F - - -	Interrompu fin (tireté)	F1 Contours cachés F2 Arêtes cachées
G —·—·—	Mixte fin (3)	G1 Axes de révolution G2 Traces de plans de symétrie G3 Trajectoires G4 Fibres moyennes
H	Mixte fin avec éléments longs fort aux extrémités et aux changements de plans de coupe	H1 Traces de plans de coupe
J —·—·—	Mixte fort (3)	J1 Indication de lignes ou de surfaces faisant l'objet de spécifications particulières J2 Traces de plans de référence
K —··—··—	Mixte fin à deux tirets (3)	K1 Contours des éléments voisins K2 Positions intermédiaires et extrêmes des éléments mobiles K4 Contours de parties d'ouvrages à éliminer K5 Parties situées en avant d'un plan de coupe K6 Demi-rabattement
L ━··━··━	Mixte renforcé à deux tirets application particulière (armature précontrainte).	

(1) Quoique deux variantes soient disponibles, il ne faut utiliser qu'un type de trait sur un même dessin
(2) Ce type de trait est utilisé en particulier pour les dessins exécutés d'une façon automatisée. Il doit légèrement dépasser de l'élément représenté sauf dans les cas particuliers.
(3) Un trait mixte commence et se termine toujours par un élément long.

Note : Le trait type K3 spécifié dans la norme générale NF E 04-520 n'est pas utilisé dans le dessin de bâtiment. Le trait renforcé type A3 n'est utilisé que dans le dessin bâtiment d'architecture et de génie civil afin de contribuer à la bonne compréhension des représentations.

②

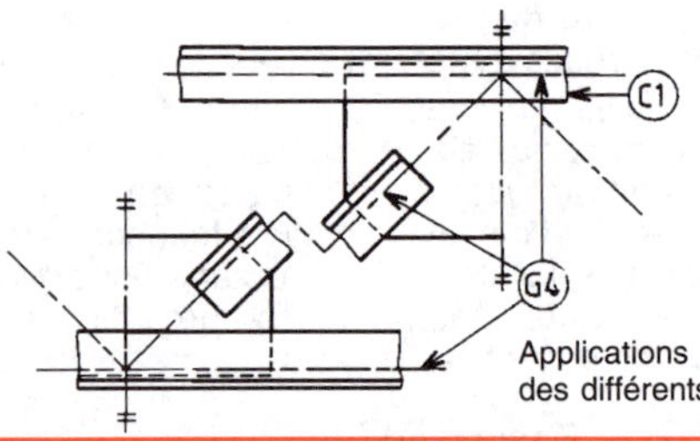

Applications caractéristiques des différents types de traits

③

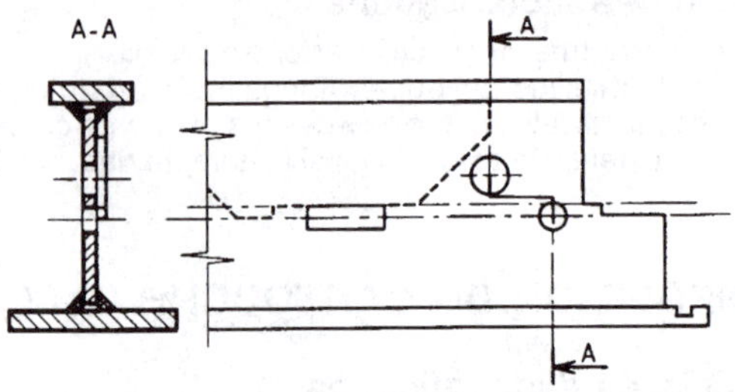

④

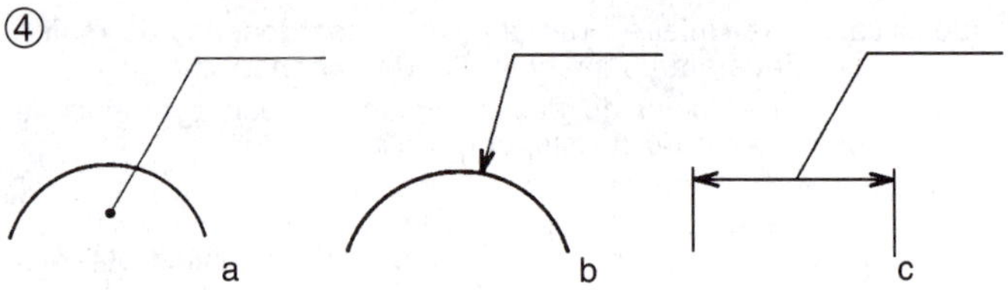

2-2. Termes particuliers

Dessin de détails : dessin à grande échelle d'une partie d'ouvrage, destiné à donner tous les renseignements utiles sur certains points, impossibles à préciser sur un dessin d'ensemble représentant la construction.

Dessin de façade : élévation d'une construction.

Dessin de récolement : dessin établi après achèvement et réception de l'ouvrage pour en donner l'état réel.

Plan d'ensemble : à échelle réduite, il indique les positions respectives des opérations dans un ensemble et peut comporter des observations relatives aux axes des voies, points d'eau, systèmes d'égouts, jardins...

Plan d'exécution des ouvrages (PEO) : accompagné éventuellement de nomenclatures et d'instructions techniques (p. 79), il définit sans ambiguïté, conjointement avec les spécifications techniques détaillées, les travaux des divers corps d'état à exécuter. Exemple détaillé page 10 : le plan de coffrage.

Plan de masse : il identifie le terrain et précise la disposition des constructions dans celui-ci et par rapport au voisinage.

Plan de situation : il indique la position et l'orientation des constructions par rapport au lieu d'implantation, aux moyens d'accès, au tracé général du terrain, à l'environnement et aux réseaux d'amenée et d'écoulement.

Profil : section, par un plan ou un cylindre sécant vertical, généralement établie pour représenter une infrastructure.

Série minute : ensemble des dessins originaux (avec éventuellement les plans intermédiaires ayant conduit aux dessins portant les derniers indices modificatifs) conformes aux plans des ouvrages établis à un stade d'étude donné.

3. VUES (NF E 04-520)

- **Dénomination des vues : figure 1.**
- **Méthode de disposition : figure 2.**

La vue la plus caractéristique de l'ouvrage est choisie comme vue principale. Toute vue autre que cette dernière doit être identifiée comme indiqué (fig. 1).

La désignation de la vue est placée en position normale de lecture du dessin, à proximité de la flèche en trait fort en indiquant la direction et le sens d'observation sur la vue principale.

- **Vues particulières**

Vue partielle : vue incomplète remplaçant la vue entière lorsque la représentation de celle-ci n'est pas indispensable à la compréhension du dessin. Elle est limitée par un trait continu fin à main levée ou droit avec zigzag (fig. 3).

Vue locale : elle peut remplacer la vue entière à condition que la représentation soit sans ambiguïté. Elle est dessinée en trait continu fort et reliée à la vue principale par un trait mixte fin (fig. 4 et 5).

①

Façade nord	Vue D
Façade sud	Vue A
Façade ouest	Vue B
Façade est	Vue C

4. SPÉCIFICATIONS RELATIVES À QUELQUES VUES EN PLAN DU BÂTIMENT

4-1. Pour un étage classique

Plan de coupe à 1 m au-dessus du sol fini, sauf si l'arase supérieure des allèges est à plus d'un mètre. Le plan de coupe est alors à 0,10 m du dessus du rejingot.

Représenter (p. 4) :
- les parties situées dans le plan sécant,
- les parties situées au-dessus de celui-ci.

4-2. Pour un étage voûté ou mansardé

Plan de coupe au-dessous de la naissance des voûtes.
Représenter dans le plan d'un étage sous combles la surface laissée par les rampants de toiture, ou les cloisons de redressement éventuelles, au niveau d'un plan horizontal passant à 1,30 m au-dessus du sol fini (fig. 6). Le trait limitant la partie vue de la toiture au niveau du plan de coupe est renforcé (p. 4).

②

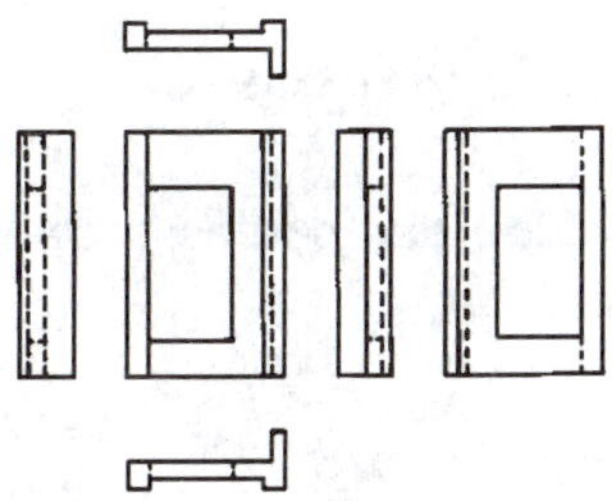

③

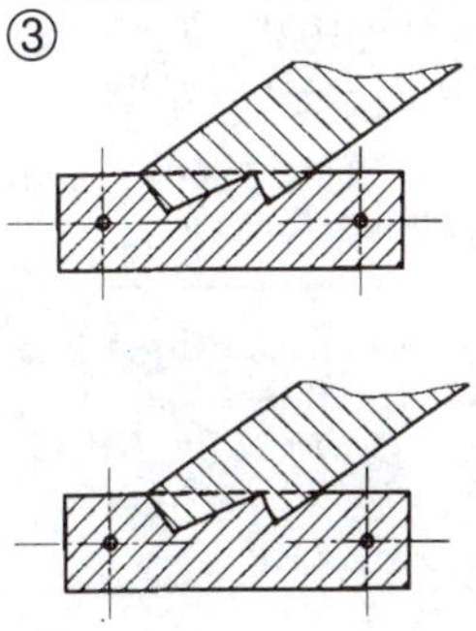

④

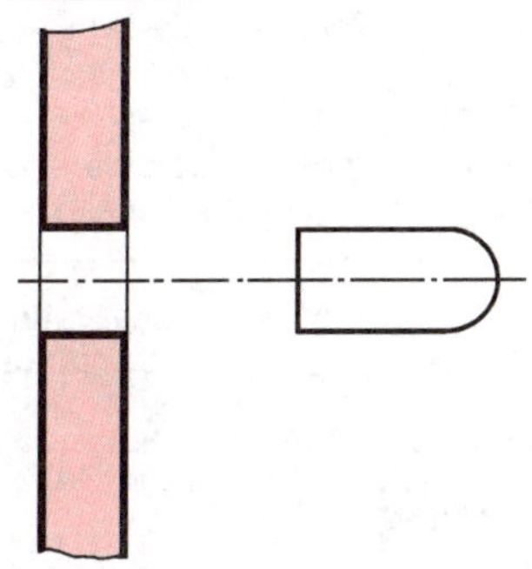

⑤

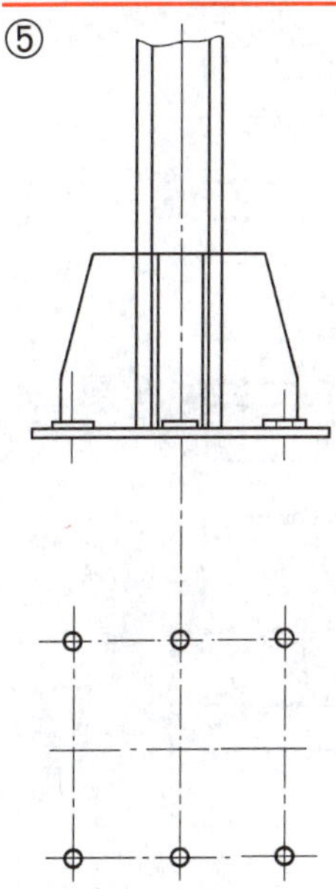

⑥

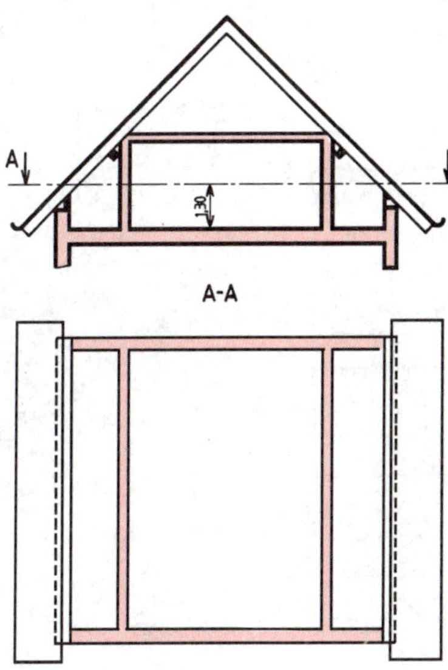

4-3. Représentation conventionnelle des escaliers

- Terminologie : page 138.
- On procède ainsi :
  - Couper les escaliers au milieu de la septième contremarche et marquer celle-ci par un trait renforcé ou par deux traits mixtes fins inclinés.
  - Limiter la partie vue par un trait fort.
  - Indiquer le sens de montée des escaliers par une flèche dirigée vers le haut, placée sur la ligne de foulée, et numéroter les marches sur leur giron, en partant de 1 pour chaque étage jusqu'à la marche palière comprise.
- Si l'escalier n'a qu'une volée ou s'il s'agit de la première volée (fig. 1a et b), représenter en trait mixte fin à deux tirets la partie située au-dessus du plan de coupe.
- Si l'escalier a plusieurs volées superposées (fig. 2a et b), figurer sur un plan d'étage le départ de la volée supérieure jusqu'à la septième contremarche et toute la partie possible limitée par un trait continu fin y compris l'arrivée à l'étage de la volée inférieure.

5. COUPES ET SECTIONS

5-1. Représentation des parties coupées

Elles sont mises en évidence :
- en limitant les contours des sections par des traits renforcés,
- en utilisant des hachures, des trames, des pochages, des ombrages.

- Section de faible épaisseur : entièrement noircies (fig. 3). Prévoir une séparation (espace blanc ou trait de lumière) entre des sections contiguës (fig. 4).
- Section composite : les différents matériaux utilisés sont mis en évidence en modulant l'épaisseur des traits de contour.

5-2. Hachures

L'intervalle entre traits (en général, continus fins) est défini selon l'importance de la surface à hachurer.

- Inclinaisons des hachures : en général, 45° par rapport aux lignes principales du contour de la section.
- Surfaces importantes (fig. 5) : simple bordure placée à l'intérieur du contour de la surface.
- Graphisme à l'intérieur des parties coupées : figure 6.
- Représentations particulières : figure 7.

5-3. Dispositions analogues aux vues : page 3

①

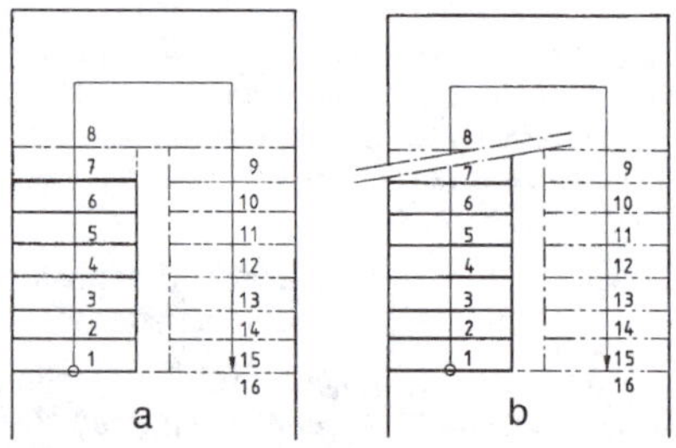

a b

③

②

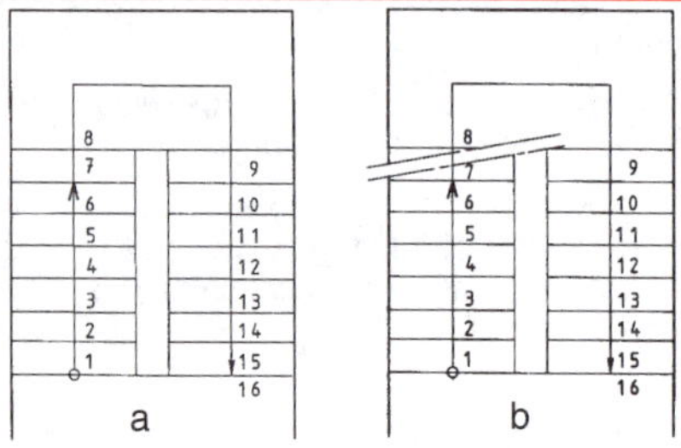

a b

④

⑤

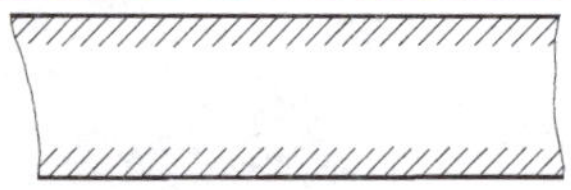

⑥

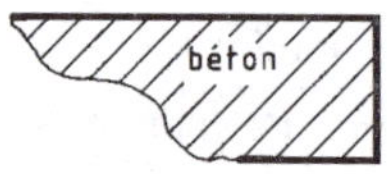

⑦

Formes et représentations spécifiques aux matériaux pour les identifier sur un dessin

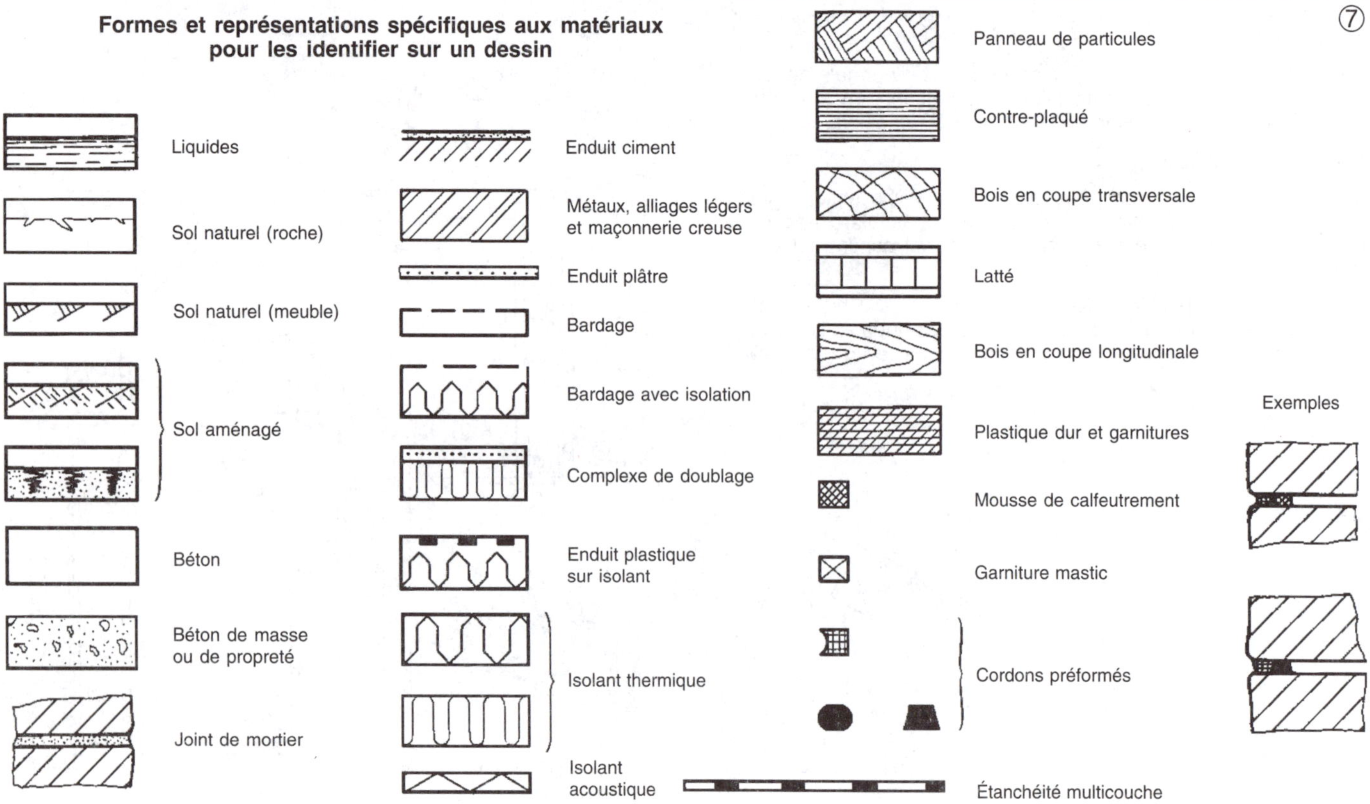

5-4. Repérage des coupes et des sections

Quand la localisation du plan de coupe est évidente (fig. 1), on ne met pas d'indication particulière.

Dans le cas contraire ou s'il y a plusieurs plans de coupe sur la même vue, la position du (des) plan(s) de coupe est indiquée par un trait mixte fin, fort aux extrémités et aux changements de plan de coupe.

Le plan de coupe est alors repéré (fig. 2), le sens d'observation étant indiqué par les flèches en trait continu fort.

5-5. Représentation de coupes ou sections particulières

Coupe brisée à plans parallèles (fig. 3) : dans la vue en coupe, le changement de plan de coupe est matérialisé par un trait mixte fin et, le cas échéant, par un décalage d'alignement des hachures.

Coupe brisée à plans successifs : figure 4.

Coupes de nervures, d'éléments de fixation ou d'éléments analogues : ils sont, en principe, représentés non coupés (fig. 5).

Coupe par deux plans concourants : figure 5.

Coupes locales : elles sont limitées par un trait continu fin à main levée (fig. 6a) ou droit avec zigzag (fig. 6b).

Sections

- Section rabattue sur place : contour en trait continu fin (fig. 7).
- Section sortie : contour en trait continu renforcé. La section peut être placée soit dans la position de projection normale (fig. 8), soit dans une position différente identifiée comme indiqué figure 10.
- Disposition de sections successives : figure 9.

6. ÉLÉVATIONS

La représentation graphique devant être adaptée à la destination du dessin, toute initiative est laissée à l'exécutant. Le rendu de l'image de l'élévation peut faire appel à tous les procédés d'expression.

①
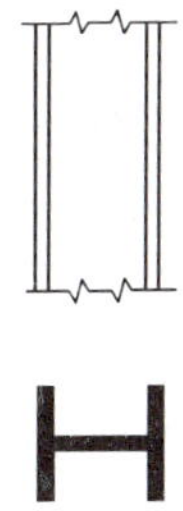

②
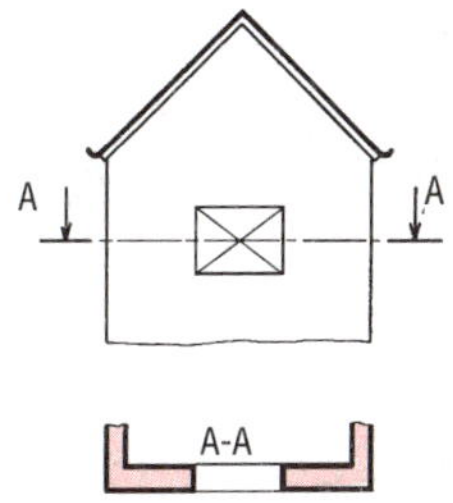

③
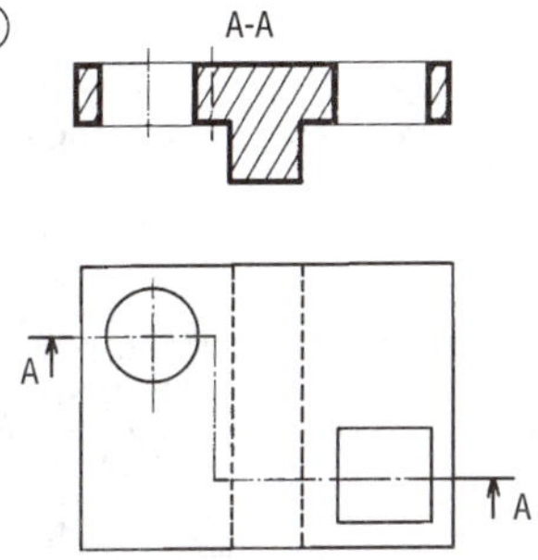

⑤
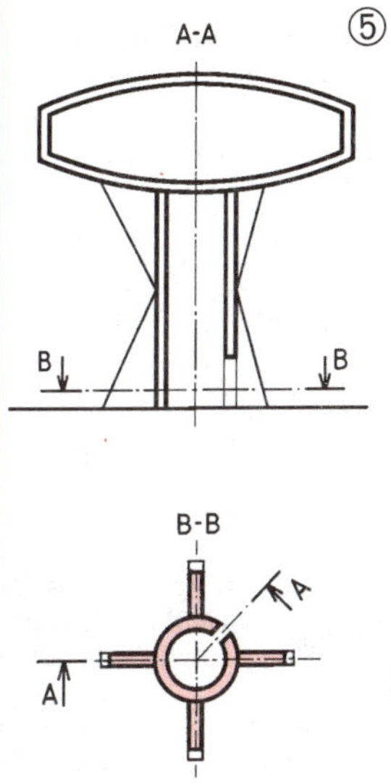

④
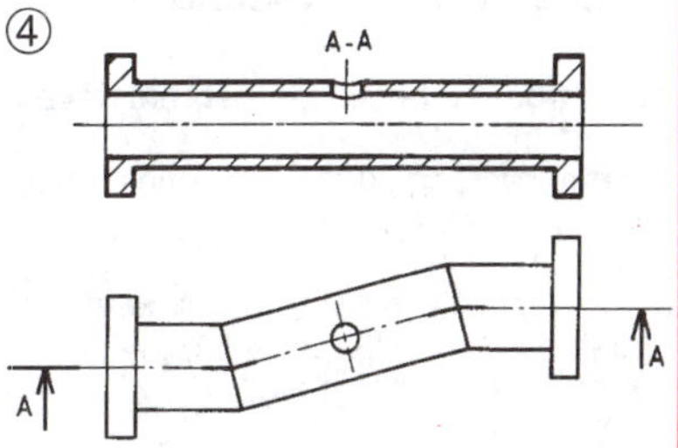

⑥
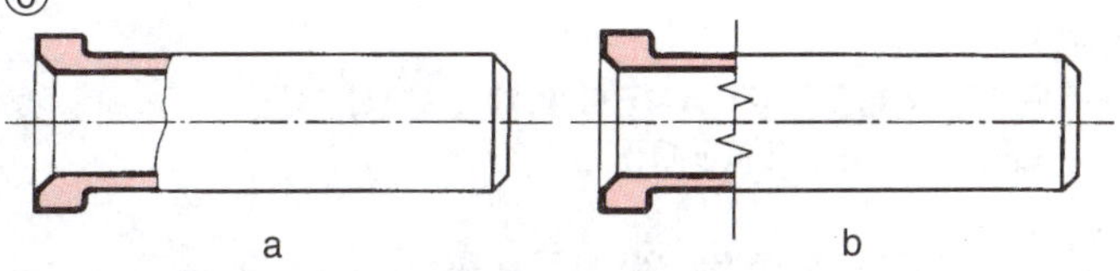

⑦
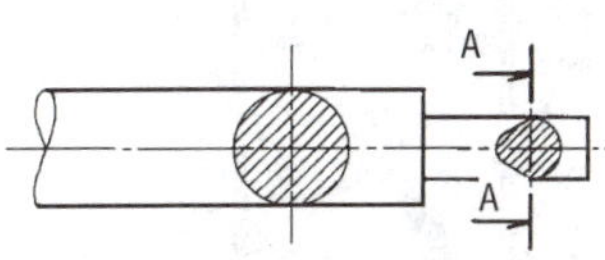

⑧
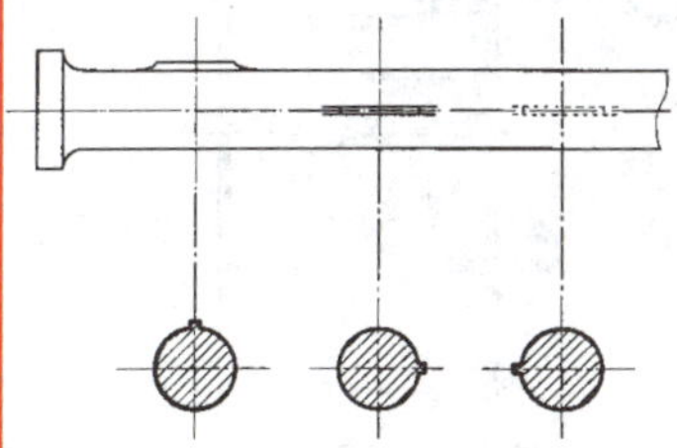

⑩
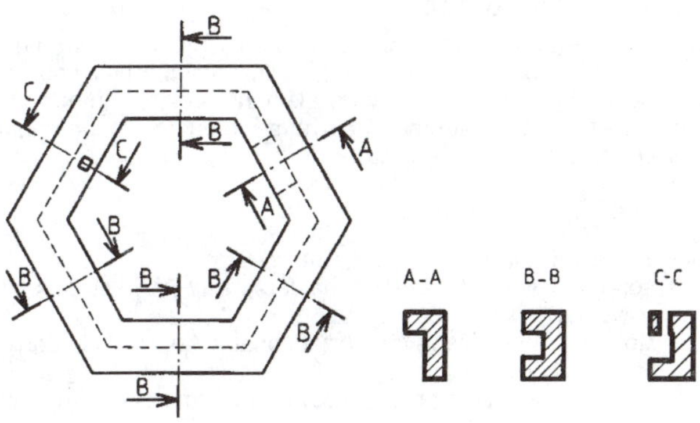

⑨
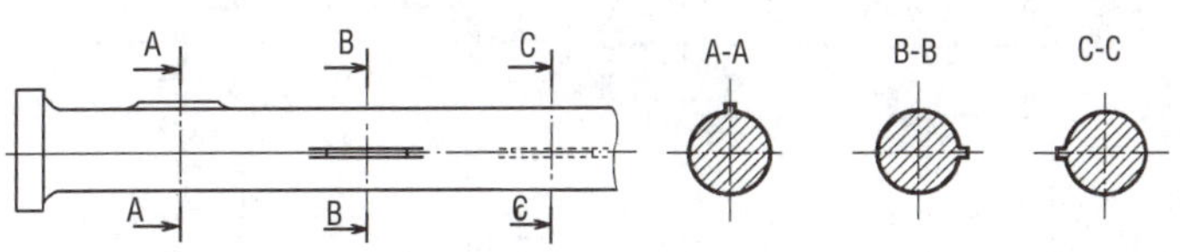

7. PARTIES CONTIGUËS

Les parties contiguës d'un élément voisin seront dessinées (si nécessaire) en trait mixte fin à deux tirets (type K1, p. 2). L'élément voisin ne doit pas cacher l'élément principal mais peut être caché par ce dernier (fig. 1). Dans les coupes, les éléments voisins ne doivent être ni hachurés, ni pochés, ni ombrés.

8. INTERSECTIONS

8-1. Intersections réelles

Les lignes géométriques réelles d'intersection doivent être exécutées en trait continu fort (type A1, p.2), si les intersections sont visibles, et en trait interrompu si elles sont cachées (fig. 2).

8-2. Intersections fictives

Les lignes d'intersections fictives de surfaces raccordées par un congé ou par un arrondi peuvent être représentées dans une vue au moyen d'un trait continu fin (type B, p.2) ne touchant pas les contours (fig. 3).

8-3. Représentation simplifiée des intersections

Pour les intersections :
- de deux cylindres : la ligne courbe d'intersection est remplacée par une ligne droite (fig. 4a et b) ;
- d'un cylindre et d'un prisme rectangulaire : la ligne droite d'intersection est déplacée (fig. 4c et d).

On adoptera une représentation simplifiée lorsque les dimensions transversales des deux éléments sont très différentes ; on l'évitera si l'on s'écarte beaucoup de la représentation réelle.

En représentation simplifiée, les lignes d'intersections fictives ne sont pas représentées.

9. SURFACES PLANES OU COURBES, TROUS ET TRÉMIES

9-1. Surfaces planes en général

Pour indiquer, sans vue ou coupe supplémentaire, la forme d'une surface inclinée sur le plan de projection (faces latérales d'un parallélépipède ou d'un tronc de pyramide) on peut tracer des traits continus fins (type B) parallèles et équidistants, perpendiculaires à la ligne de plus grande pente de cette surface plane (fig. 5).

9-2. Surface courbe

Pour indiquer, sans vue ou coupe supplémentaire, la forme courbe d'une surface on peut tracer des traits continus fins figurant les génératrices. Lorsqu'il s'agit d'un élément circulaire interrompu, la représentation de l'extrémité peut être exécutée par une ligne en trait fin (type C1, p. 2) en forme de huit (fig. 6).

9-3. Trous et trémies

Un trou, dans une partie vue, se représente :
- soit en dessinant des diagonales en trait fin dans des figures polygonales (fig. 7),
- soit par deux diamètres orthogonaux en trait fin dans des figures circulaires (fig. 7),
- soit au moyen d'un pochage sur le bord intérieur du trou (fig. 8).

10. PARTIES SITUÉES EN AVANT OU AU-DESSUS DU PLAN DE COUPE

Si la représentation de parties se trouvant en avant ou au-dessus du plan de coupe est nécessaire, on les dessine en trait mixte fin à deux tirets (fig. 9).

①
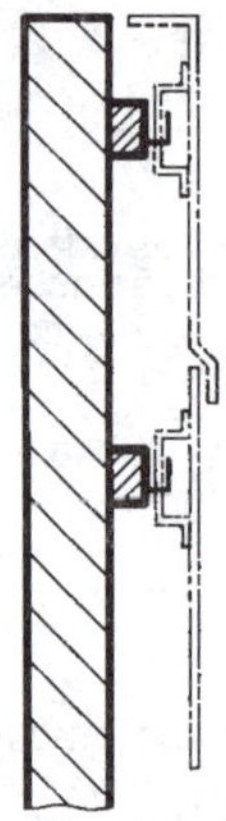

②
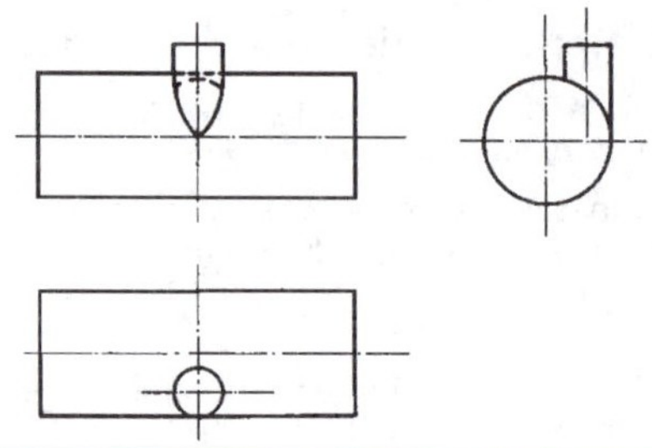

③
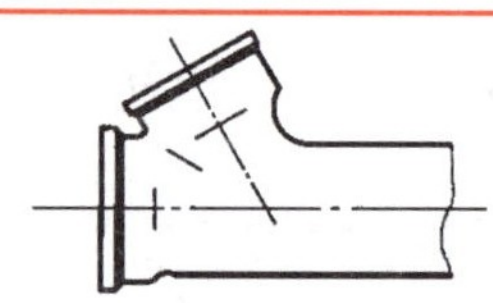

④
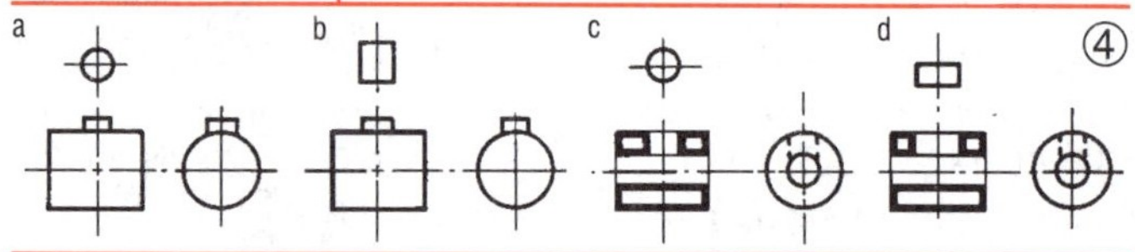

⑤
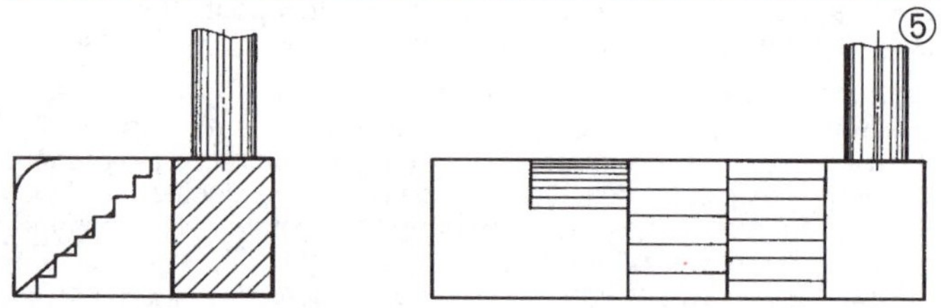

⑥
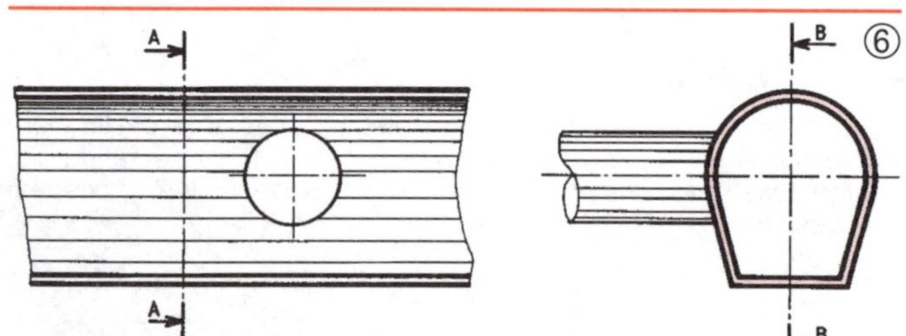

⑦
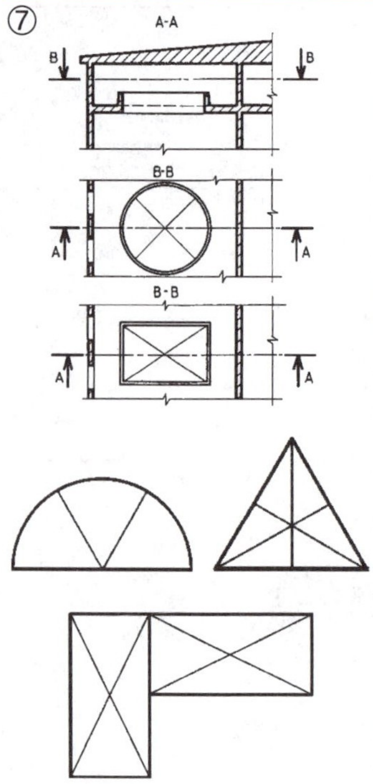

⑧
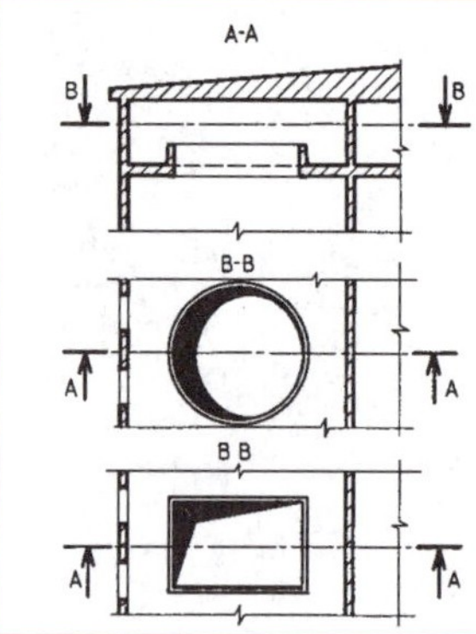

⑨
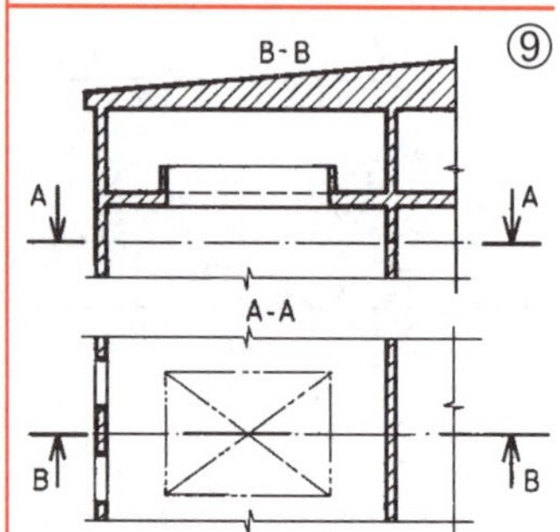

1. DÉFINITIONS

Cotation : ensemble des opérations aboutissant à l'indication de cotes sur un dessin (choix des dimensions cotées, dispositions et exécution des éléments graphiques, inscription de la valeur de la cote).

Cote : valeur numérique accompagnée des éléments graphiques qui, sur les dessins, permettent d'identifier la dimension correspondante. Elle est exprimée dans une unité de mesure appropriée, de façon à définir complètement tout ou partie d'une construction, ou des composants qui la constituent.

2. RÈGLES GÉNÉRALES

Chaque cote est inscrite une seule fois, de préférence sur les vues ou coupes qui représentent le plus clairement possible la dimension cotée.

Unité (à indiquer dans le cartouche) : km, m, mm.

S'il s'avère nécessaire d'utiliser une autre de ces trois unités sur le même dessin, le symbole de cette unité doit figurer à la suite de la valeur concernée, à l'exception de la cotation des niveaux (p. 9). Dans le cas de cote non à l'échelle, (vue interrompue ou modification de valeur), la valeur de la cote est soulignée.

2-1. Éléments graphiques de la cote (fig. 1)

- **Épaisseurs des traits :** page 2.
- **Lignes d'attache et ligne de cote**

Dans la mesure du possible, elles ne doivent pas se couper, ni couper d'autres lignes du dessin.

Lignes d'attache (fig. 1) : elles limitent la cote, et sont tracées perpendiculairement à l'élément à coter, sauf nécessité (fig. 2).

Ligne de cote (fig. 1) : représentant la dimension cotée qui lui est parallèle, elle est tracée sans interruption d'une ligne d'attache à l'autre :
- même s'il s'agit d'une vue interrompue (fig. 3),
- en dehors de certaines cotations : page 8 (fig. 7).

Elle ne peut coïncider avec un axe ou un contour, à une exception près (origine des cotes cumulées : p. 8).

- **Extrémités de la ligne de cote**

Pour un jeu de dessins donné, on choisit, pour les cotes, un type d'extrémité et ses proportions, en fonction du dessin sur lequel elles figurent (dimension, aspect général).

Flèche : deux branches, en trait fort, formant entre elles un angle de 30° à 60° (fig. 4a et c).
– Disposition sur la ligne de cote : figure 7.

Barre oblique : ligne courte, en trait fort, inclinée à 45° par rapport à la ligne de cote (fig. 4b).

Point : figure 4c.

Cercle d'origine commune : il identifie l'origine commune des cotes cumulées, et se représente par un cercle en trait fin (Ø = 3 mm) (fig. 5 et 6).

Lorsque la longueur de la ligne de cote est trop limitée entre deux lignes d'attache consécutives, certaines extrémités de lignes de cote peuvent être identifiées par des points, alors que le choix d'ensemble s'est porté sur la flèche ou la barre oblique (fig. 7).

①

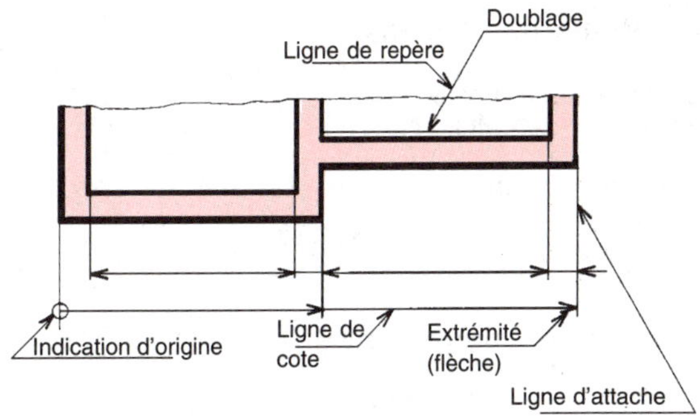

②

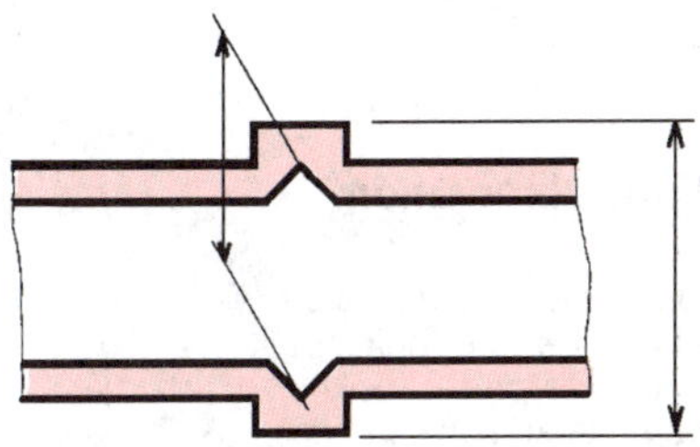

③

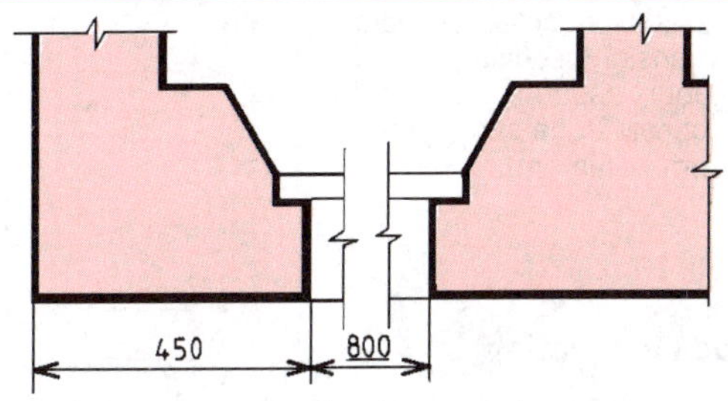

④

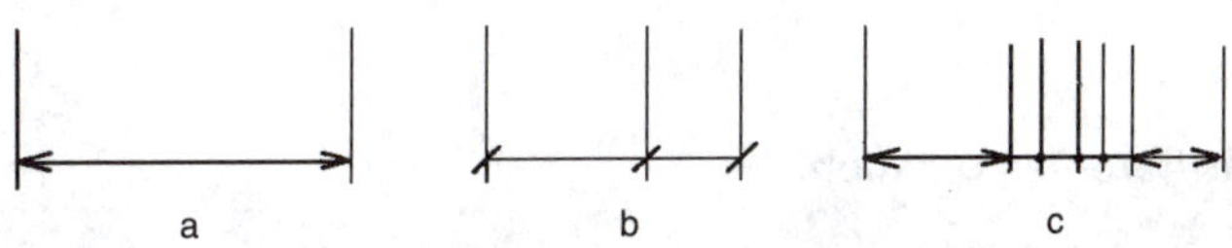

⑤

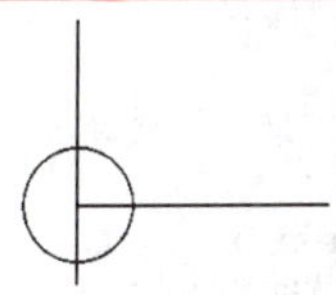

⑥

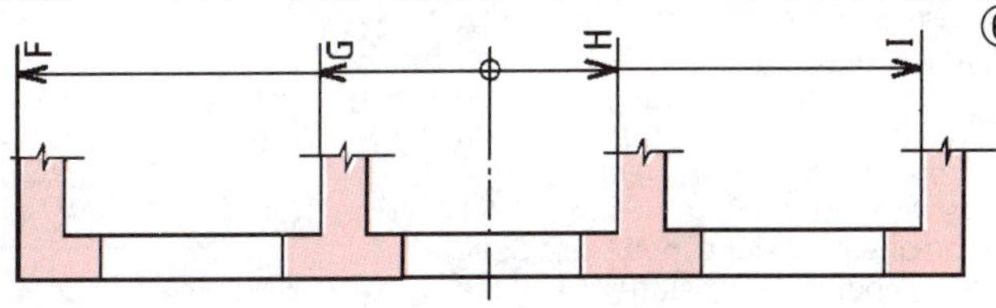

⑦

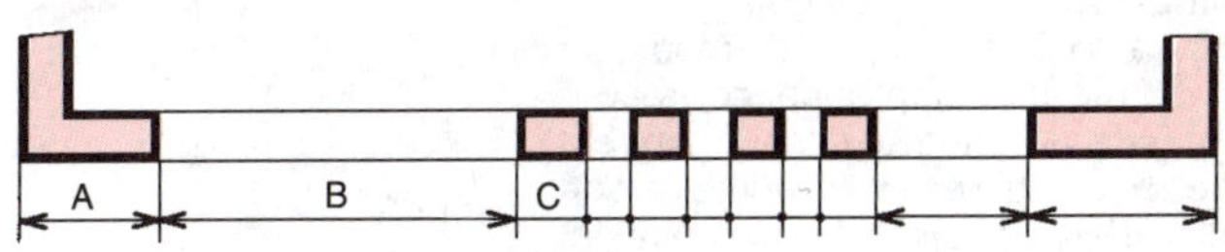

2-2. Cotations particulières

Ligne de repère et symboles accolés à une valeur de cote : figure 1.

Circonférence et arc de circonférence : figure 2.

Cordes et arcs : figure 3.

Angles et secteurs (cotés en grades ou degrés) : figure 4.

Pente : figure 5.

Talus : figure 6.

2-3. Inscription, disposition

La disposition des cotes est choisie pour faire ressortir clairement l'objectif du dessin, et pour l'interpréter facilement, en fonction de son utilisation (fabrication, implantation, montage). Les valeurs sont inscrites en caractères de dimensions suffisantes (DTU P06-003) pour assurer une bonne lisibilité du dessin et de ses reproductions (2,5 mm minimum).

- **Place de l'inscription**

La valeur de la cote est placée, pour être lue aisément, dans un endroit dégagé : figure 7.

- **Différentes cotations**

En série : figure 8a.

En parallèle : figure 8b.

A cotes cumulées : figure 8c.

En coordonnées : cette cotation est utilisée dans un plan relatif aux repères (points) d'implantation établis sur le terrain d'un chantier de construction, en vue d'effectuer l'implantation à l'endroit prévu.
- cartésiennes (fig. 9) : chaque point est désigné par deux ou trois coordonnées dans un système cartésien.
- polaires : chaque point est désigné par une distance et une orientation dans un système polaire.

Combinée : suivant les buts assignés aux dessins, on choisit le mode de cotation le plus approprié, mais souvent sur un même dessin, on est amené à utiliser une combinaison des différents modes de cotation, répondant chacun à un objectif précis et différent.

①

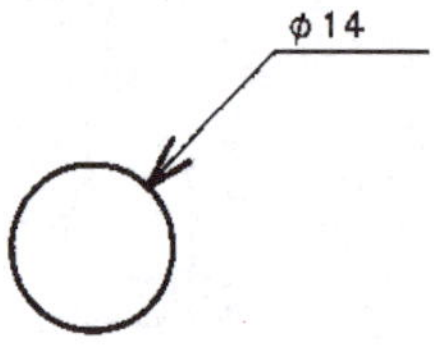

Ø Diamètre (circonférence, cylindre) la lettre D est tolérée.
R Rayon (arc de circonférence).
□ Carré (section carrée).
S Ø Diamètre de sphère, les lettres SD sont tolérées.
S R Rayon de coupôle sphérique.

②

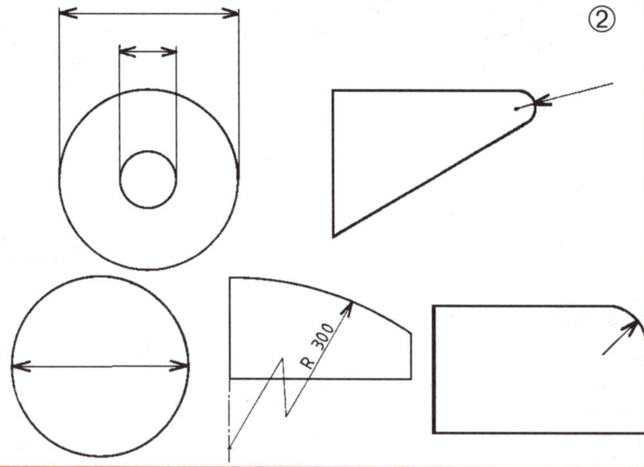

③

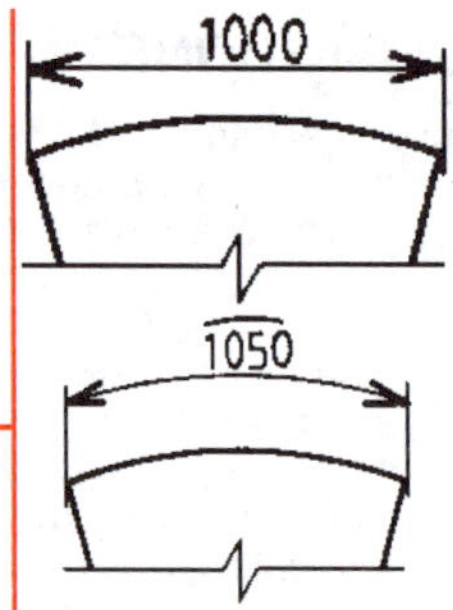

④

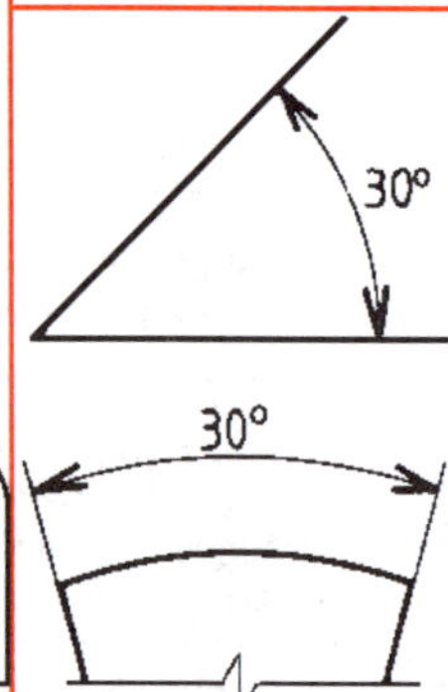

⑤

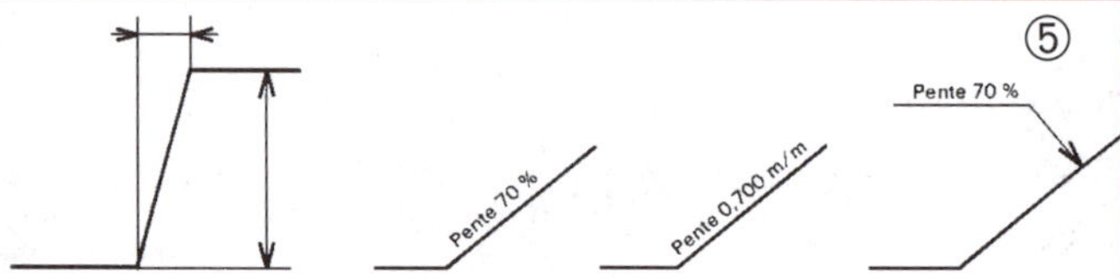

⑥

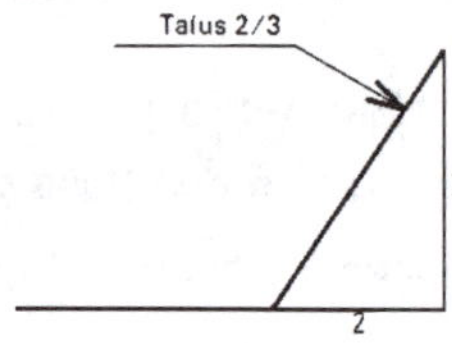

⑦

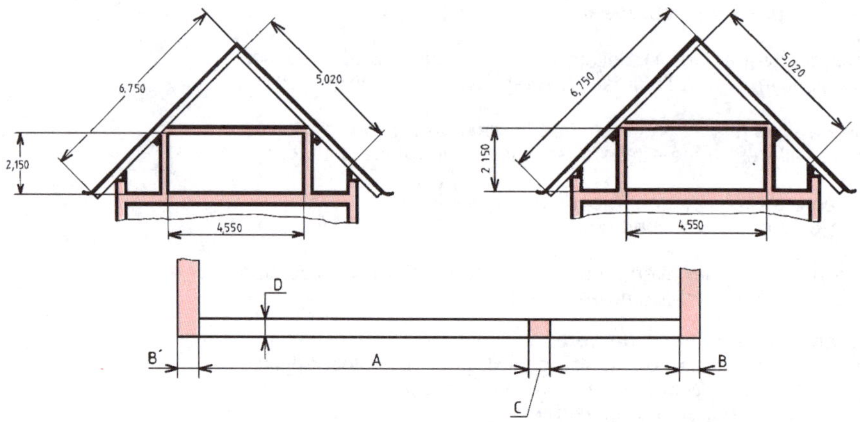

⑧

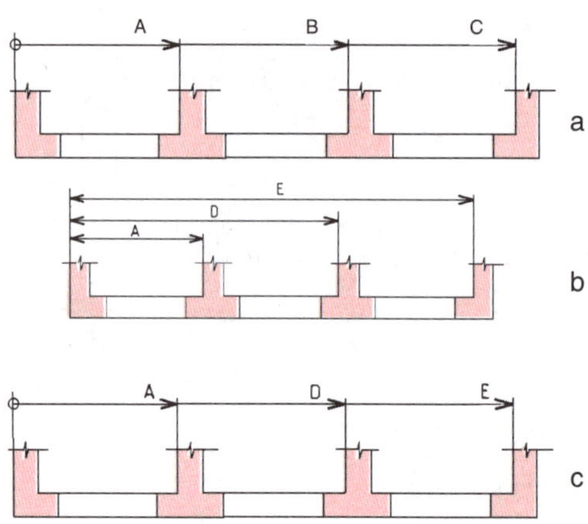

⑨

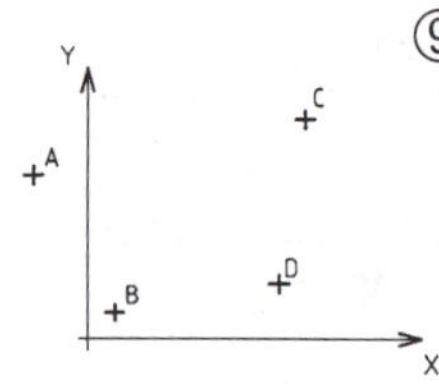

	X	Y
A	− 10	30
B	5	5
C	40	40
D	35	10

2-3. Inscription, disposition (*suite*)

Cotation simplifiée : si un élément a des dimensions trop petites pour qu'on puisse clairement utiliser une cotation en série ou en parallèle, deux solutions sont possibles :

- les cotes intéressantes ou repères normalisés (fig. 1 a et b) sont indiqués à proximité et reliés à l'élément par une ligne de repère,
- les cotes sont inscrites dans une nomenclature, chaque élément étant repéré par un chiffre, une lettre, ou un repère de fabrication (fig. 1c) figurant dans la nomenclature.

2-4. Cotation des niveaux

Un niveau est une cotation verticale cumulée (obligatoirement en mètre), positive ou négative, indiquant l'altitude de parties caractéristiques de la construction par rapport à un niveau de référence. Il concerne la face de l'ouvrage indiquée par la flèche :

- vers le bas : face supérieure (fig. 2a),
- vers le haut : face inférieure (fig. 2b).

La partie horizontale de la ligne de repère permet l'inscription de la cote.

Niveau de référence (fig. 2) : il s'agit le plus souvent d'un repère géodésique d'altitude du nivellement général de la France (NGF).

Pour un projet (ou une partie d'ouvrage), on peut établir un niveau de référence propre (ex. : le sol fini du rez-de-chaussée) appelé 0,000 et rattaché au niveau NGF.

- Représentation (fig. 2) : chaque ouvrage est rattaché à son niveau de référence 0,000, lui-même rattaché au niveau NGF (valeur inscrite immédiatement sous la ligne de repère).

Indication des autres niveaux :

- coupes verticales, élévations : flèche ouverte à angle droit (fig. 3a et b).
- vues en plan (fig. 3c) : cotes situées à l'intérieur d'un cercle en trait fin.
- surfaces en pente (fig. 3b et c).

2-5. Nus des ouvrages verticaux

Un nu d'ouvrage vertical est une cotation horizontale relative (positive vers l'extérieur), indiquant la position de différents parements de la construction par rapport à un nu de référence (fig. 4a).

Nu de référence (fig. 4b) : surface verticale importante pour l'ouvrage lui-même (ex. : façade) ou par rapport au nu d'un ouvrage voisin (ex. : alignement).

Indication des autres nus (fig. 4) :

- coupes verticales, vues en plan : cotes situées au-dessus d'une ligne de repère horizontale, terminée par une flèche ouverte à angle droit, pointée sur la surface verticale considérée.
- élévations : cote située à l'intérieur d'un cercle en trait fin.

①

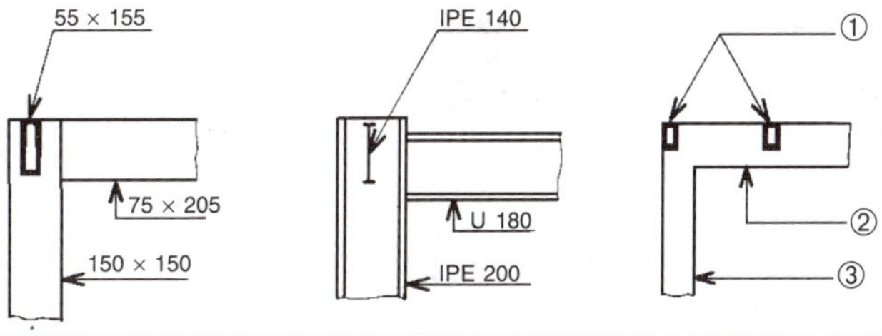

②

③

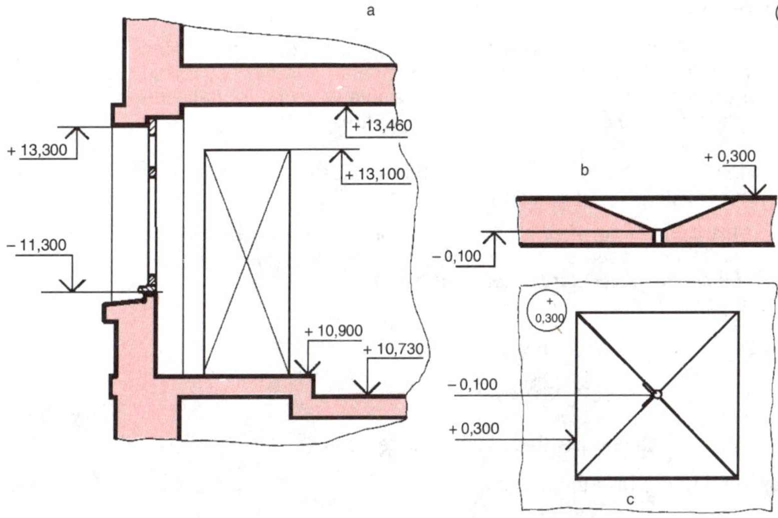

④

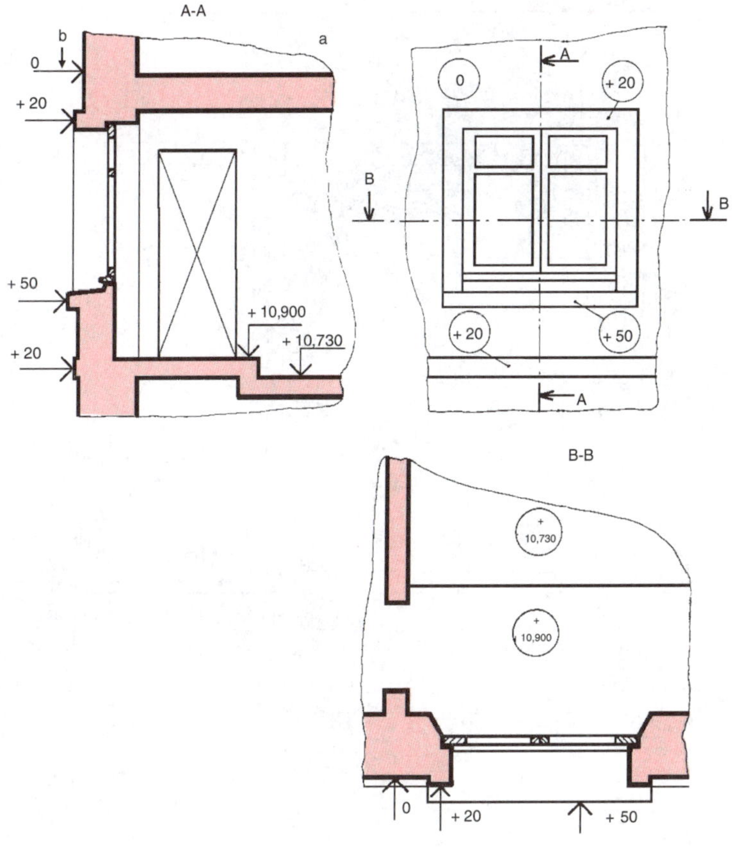

1. DESSINS DE COFFRAGE

Un dessin de coffrage est l'ensemble des vues définissant les formes extérieures brutes, obtenues après décoffrage, des éléments en béton d'un ouvrage.

2. PLAN DE COFFRAGE RELATIF AU PLANCHER

Vue de dessus de l'élément à exécuter, avant mise en œuvre du béton, quelque soit la technique de fabrication à employer.

On désigne ce plan :
- soit par sa cote de niveau dans le bâtiment,
- soit par le numéro de l'étage (ex. : plancher du premier étage).

Conventions de représentation :

Les éléments porteurs verticaux (murs, poteaux) sont représentés comme s'ils étaient coupés. Ils sont considérés comme coulés ou mis en place jusqu'au niveau de la face inférieure de la dalle de plancher ou des éléments horizontaux (poutres, linteaux...) faisant partie du plancher.

Les éléments porteurs horizontaux sont fabriqués avec le plancher : on les considère coffrés mais non coulés.

> *Attention : il convient de bien distinguer un dessin **de** coffrage (défini ci-dessus) d'un dessin **du** coffrage qui représenterait les éléments constituant le moule du béton.*

Repérages conventionnels :
- poutre : **3** - 0,3 × 0,4,
- linteau : **L 1** - 0,15 × 0,45,
- poteaux : **P1**
- dalles et chaînages (facultatif) : figure 1.

Doivent figurer obligatoirement :
- les cotes permettant l'implantation et l'exécution des éléments porteurs, trémies et réservations,
- les équarissages des poutres, linteaux, chaînages horizontaux, etc., (fig. 1),
- l'épaisseur de la dalle (inscrite en trait fort à l'intérieur de deux cercles concentriques en traits fins),
- les niveaux.

3. DESSIN DE COFFRAGE DE FONDATIONS

C'est une vue de dessus des fondations et des ouvrages porteurs verticaux qu'elles supportent, **après** coulage ou mise en place. Les éléments porteurs horizontaux sont considérés comme coffrés ou installés s'ils sont préfabriqués (ex : longrines).

Conventions de représentation :
- Le niveau conventionnel du plan de coupe se situe juste au-dessus de la face supérieure des fondations ou de celles des éléments porteurs horizontaux.
- On utilisera des plans de coupe parallèles si les niveaux supérieurs des fondations sont différents.
- On admet que les terres n'ont pas été remblayées : les fondations sont vues et donc dessinées en trait continu fort ainsi que les éléments porteurs horizontaux.
- Les éléments porteurs verticaux (coupés et contenus dans le plan de coupe) sont dessinés en trait continu renforcé puis pochés ou hachurés.

Repérages conventionnels (fig. 2) :
- semelles : **S1, S2,**...
- poteaux : **P1, P2,**...
- longrines : **LG1, LG2,**... : (fig. 2).

Doivent figurer en outre les cotes permettant l'implantation et l'exécution :
- des fondations,
- des longrines,
- des éléments porteurs verticaux par rapport à celles-ci.

①

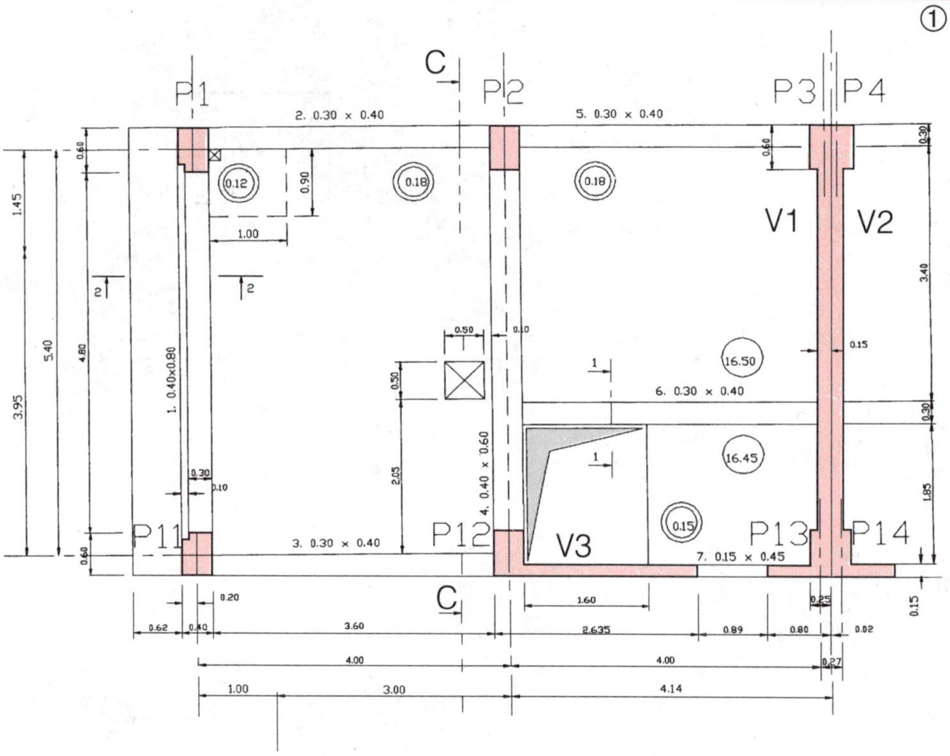

②

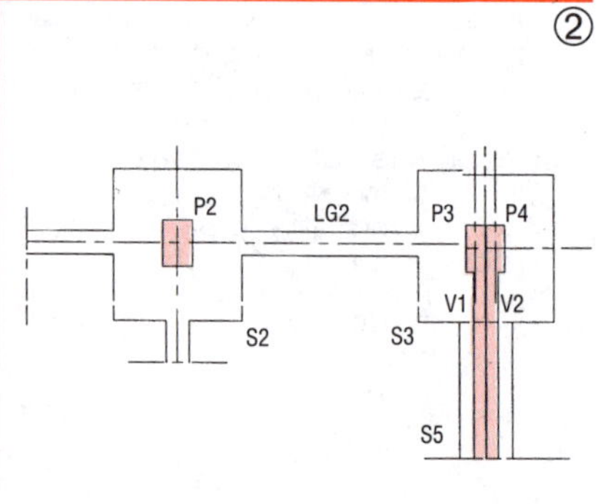

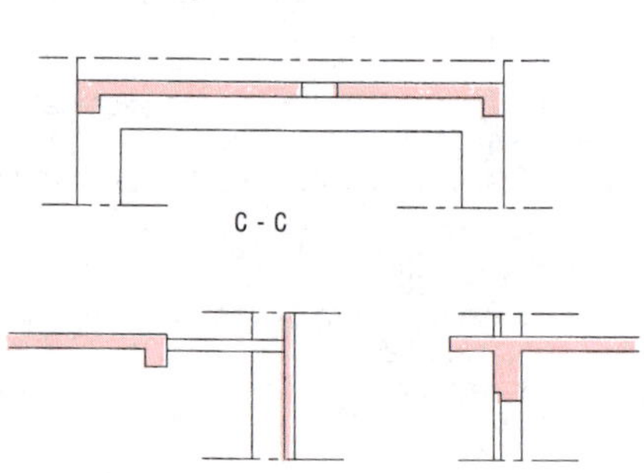

1. DÉFINITION

Dessin d'armatures : ensemble des vues qui définissent les formes et les positions des armatures des éléments en béton d'un ouvrage (en conformité avec le calcul).

2. RÈGLES GÉNÉRALES

Les formats, échelles, dispositions des vues, coupes, détails et traits sont choisis conformément à la norme NF P 02-001 : pages 1 à 6.

Les armatures sont représentées sur un fond de dessin de coffrage tracé en trait fin (fig. 1). Dans certains cas, on utilise un contre-calque issu d'un plan de coffrage.

3. SYMBOLES GRAPHIQUES CONCERNANT LES ARMATURES

3-1. Armatures de béton armé

- Les armatures non perpendiculaires au plan de projection sont représentées par un trait fort ou renforcé. Les armatures longitudinales sont représentées en trait renforcé sauf les armatures de répartition. Les armatures transversales (cadres, étriers, épingles), les armatures de répartition et les armatures de construction sont représentées par un trait fort (fig. 1).
- En coupe transversale une barre est représentée par un cercle noirci (fig. 1). Si l'échelle le permet, on représente l'armature avec son diamètre nominal (cas de détail à grande échelle).
- Ancrage courbe d'extrémité de barres :

Un crochet projeté sur un plan parallèle au sien se dessine tel qu'il est (à l'échelle du dessin) : figure 2a.

S'il est projeté perpendiculairement à son plan, on l'indique conventionnellement comme sur la figure 2b.

- Barres situées dans un plan :

L'extrémité d'une barre masquée par une autre barre se représente par une légère déviation (fictive) de l'extrémité de la, (ou des) barre(s) : figure 3.

3-2. Panneaux de treillis soudés

Deux représentations sont possibles :
- par un rectangle (en trait fort) délimitant le contour du panneau, une diagonale (en trait fort) précisant ce rectangle. On indique le sens des fils de plus gros diamètre par un trait renforcé (sur la diagonale) (fig. 4a). Cette représentation s'impose lorsque la découpe du treillis soudé est polygonale ou curviligne (fig. 4b) ;
- par une croix où les fils de plus gros diamètre sont en trait renforcé et les autres branches en trait fort, le centre représente un carré en trait fin dont les sommets sont situés sur les fils, ceux-ci ayant les dimensions du panneau (fig. 5).

Chacune de ces représentations peut être complétée par l'indication d'un repère qui est le même que celui figurant dans la nomenclature si elle existe.

3-3. Armatures de précontrainte

3-3-1. Vue en plan ou en projection

- Barre, armature pré-tendue ou câble de précontrainte sont représentés par un trait mixte renforcé à deux tirets (fig. 6). Si l'échelle le permet (cas de détail à grande échelle), l'élément est représenté tel qu'il est.
- Ancrage actif (fig. 7a), ancrage passif (fig. 7b).
- Coupleur actif (fig. 8a), coupleur passif (fig. 8b).

3-3-2. Vue en coupe transversale

- Câble post-tendu dans sa gaine : cercle en trait renforcé (représentant sa gaine) (fig. 9a).
- Armature pré-tendue (exemple : fil adhérent) : croix en trait renforcé (fig. 9b).
- Ancrage : cercle en trait renforcé avec traits d'axes (fig. 9c). Pour les plans à grande échelle, l'ancrage est représenté intégralement.

①

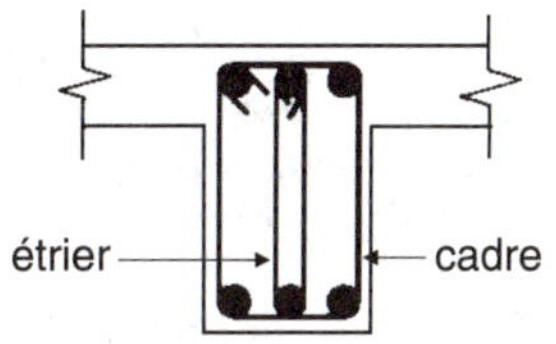

②

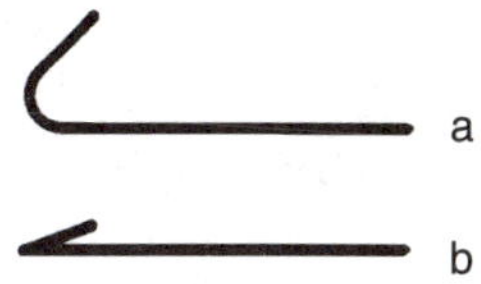

③

④

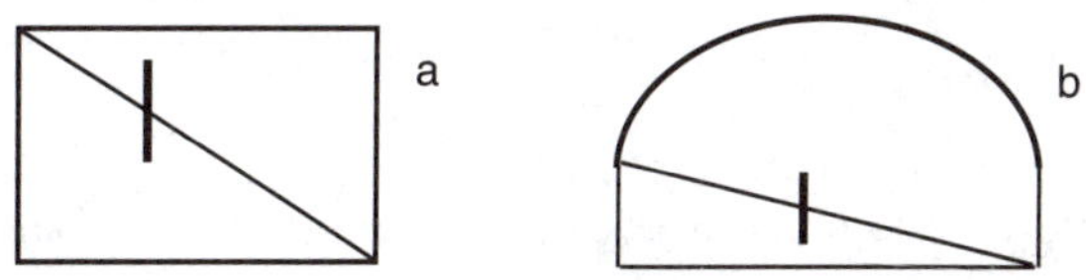

⑤

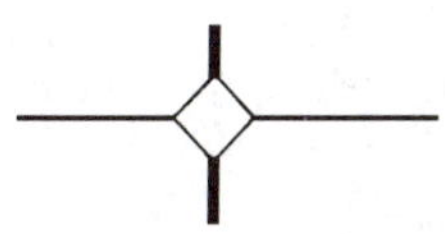

⑥

⑦

⑧

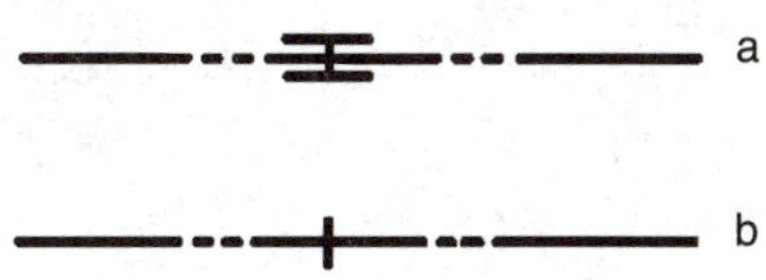

⑨

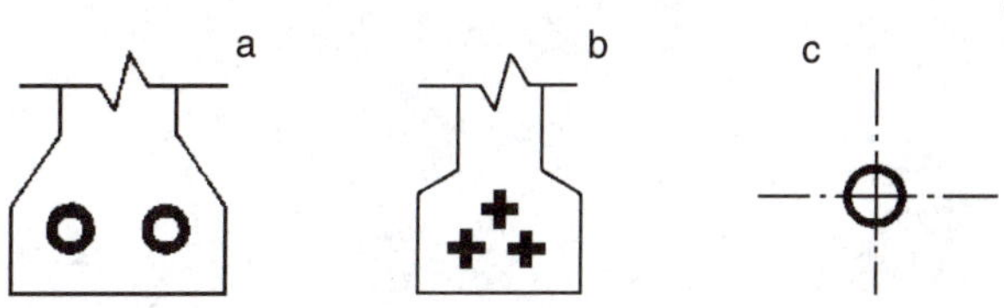

4. ARMATURES RÉPÉTITIVES

Pour une meilleure lisibilité :

- les armatures transversales des poutres,
- les armatures des dalles ou des semelles vues en plan, dont les espacements sont les mêmes, ne sont pas toutes représentées.

Pour les armatures transversales des poutres, représenter la première file pour chaque espacement différent (fig. 1).

Pour les dalles et les semelles :

- armées de barres : représenter une seule armature courante. Une ligne de cote perpendiculaire au cours de celle-ci indique les limites des éléments identiques (sur cette ligne est cotée, le nombre d'espacements multiplié par leur valeur en mm) (fig. 2).
- armées de treillis soudés : il est recommandé de représenter les deux premiers (fig. 3).

Pour plus de clarté et d'efficacité, tous les éléments armés de manière identique peuvent être repérés par une désignation alphanumérique indiquant le type de dessin d'armatures (fig. 4a et b). Un seul élément est alors décrit (l'élément **a** est composé ici de trois panneaux).

À titre d'illustration, un exemple de dessin de ferraillage d'une dalle est proposé figure 7.

5. COUPE

Représenter uniquement les armatures situées immédiatement derrière le plan de coupe (voir coupes AA ou BB fig. 5 et fig. 6).

6. ARMATURES DES POUTRES ET DES POTEAUX

Épaisseurs des traits : page 2.

Une cotation partielle apparaît figures 5 et 6 ; elle est à compléter suivant les indications données page 14.

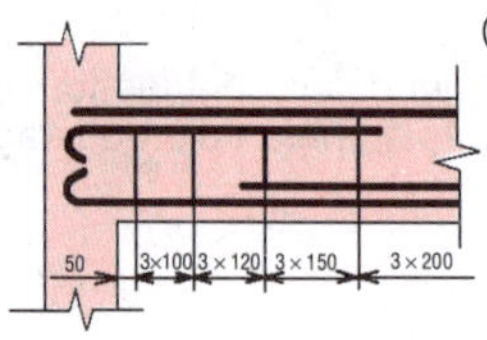

①

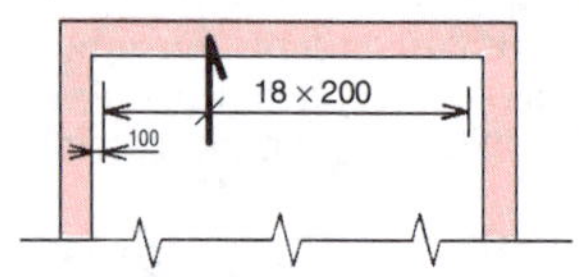

②

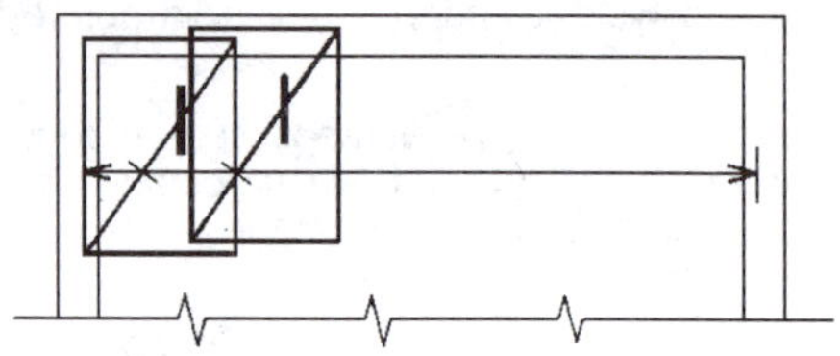

③

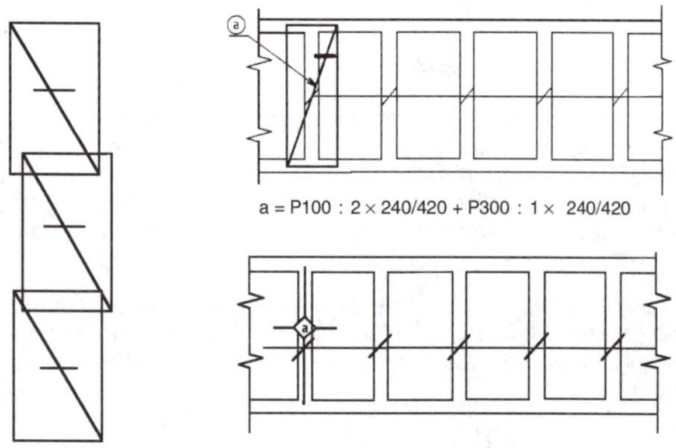

④ a b

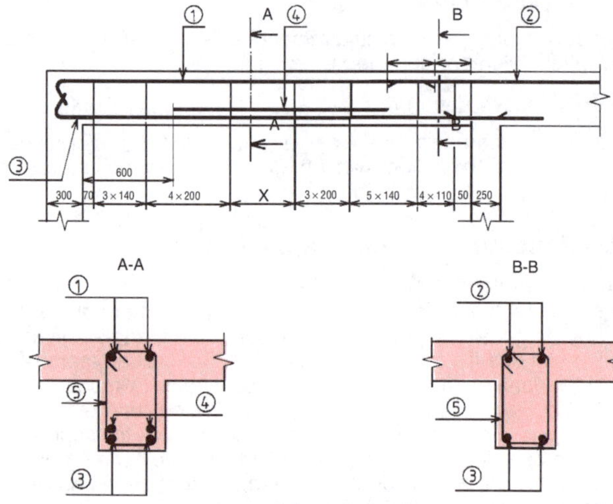

⑤

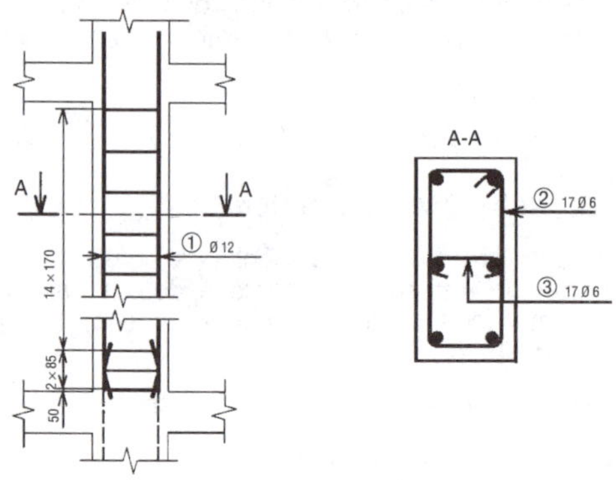

⑥

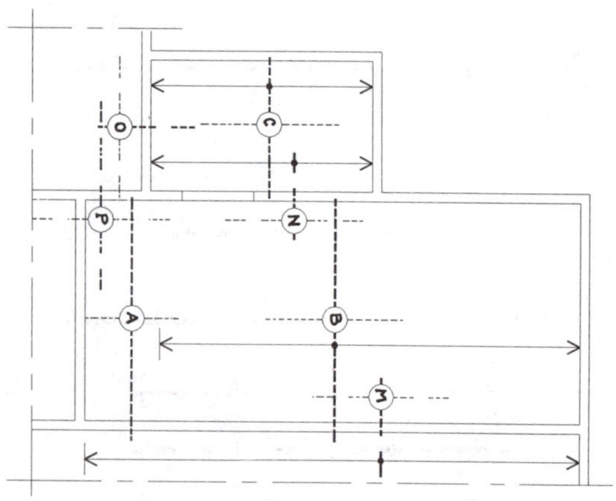

⑦

	rep	nombre	dimension (mm)
INF.	A	1	1200 × 4800
	B	4	2400 × 4800
	C	2	2400 × 2400
SUP.	M	5	2400 × 1650
	N	2	2400 × 1650
	O	1	2400 × 1650
	P	1	2400 × 1200

7. ARMATURES DES DALLES

Deux types de représentation sont possibles :

- par deux dessins (fig. 1 et 2) :
  - l'un définit les lits d'armatures inférieurs,
  - l'autre définit les lits d'armatures supérieurs.

Lits supérieurs et lits inférieurs définissent le ferraillage de la dalle. Ici, il s'agit de barres ; mais on pourra adopter cette représentation pour des dalles armées de treillis soudés afin d'obtenir une lecture plus claire des plans.

- par un dessin :

Dans ce cas, les lits inférieurs et supérieurs étant présents sur le même dessin, les lits supérieurs sont représentés en trait interrompu (fort et renforcé).

Suivant la représentation que l'on adopte, ce principe conduit à deux dessins différents :

- représentation des treillis par des rectangles ; contour des treillis des lits supérieurs en trait interrompu renforcé (fig. 3),
- représentation des treillis par des croix ; pour les lits supérieurs (fil porteur en trait interrompu renforcé, fil de répartition en trait interrompu fort) (fig. 5).

L'appellation de la disposition des lits d'armatures va des armatures les plus proches de la peau du coffrage ou de la pièce en béton (1er lit) aux armatures voisines situées plus profondément dans le béton (2e lit, ...) : figure 4.

①

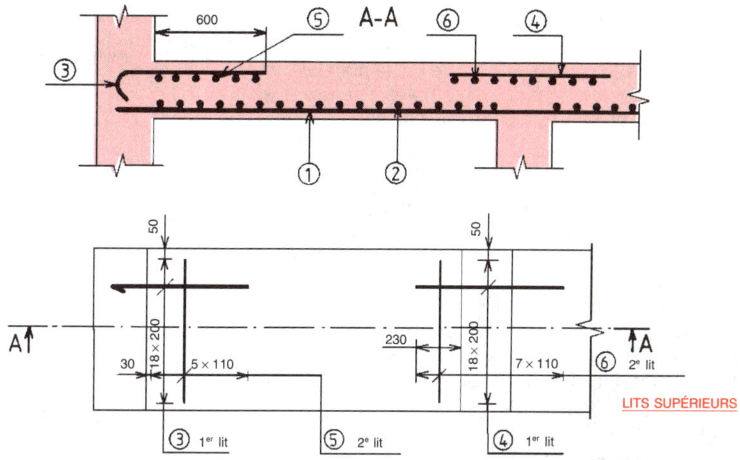

②

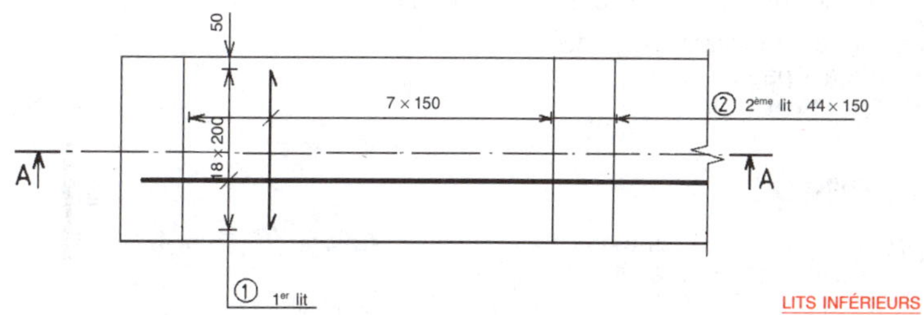

③

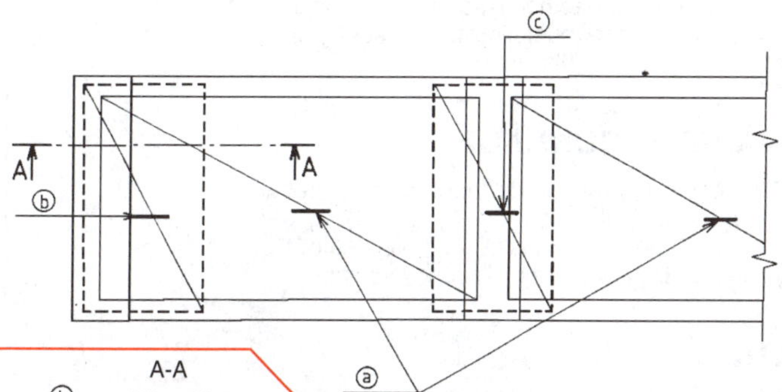

④

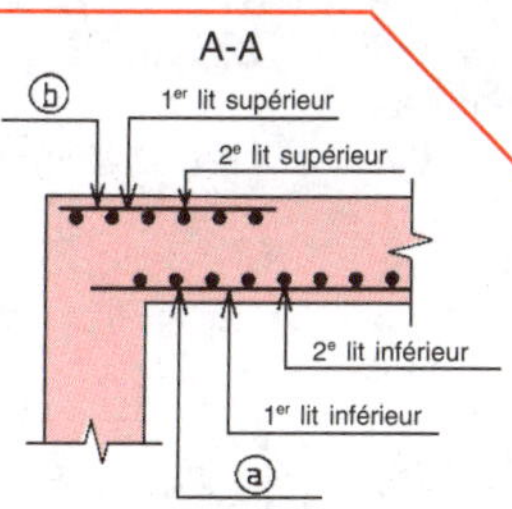

8. ARMATURES FIGURANT SUR UN AUTRE PLAN

Dans ce cas, il y a deux possibilités :

- un texte de repérage (fig. 6),
- la représentation est réalisée totalement en trait interrompu fort (fig. 7).

Remarque : Les chaînages et les armatures des linteaux, appartenant à la fois au plancher et au voile, sont représentés sur les dessins d'armatures des voiles.

⑤

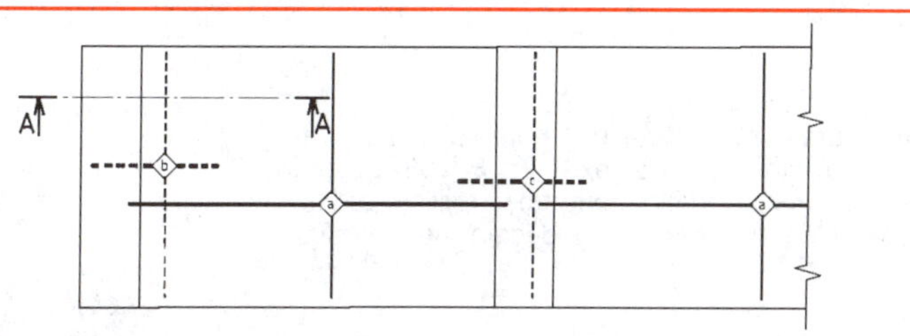

9. ARMATURES EN ATTENTE

Ces armatures sont représentées en trait renforcé en position d'attente et les parties dépliées en trait interrompu renforcé en position définitive (fig. 8).

⑥

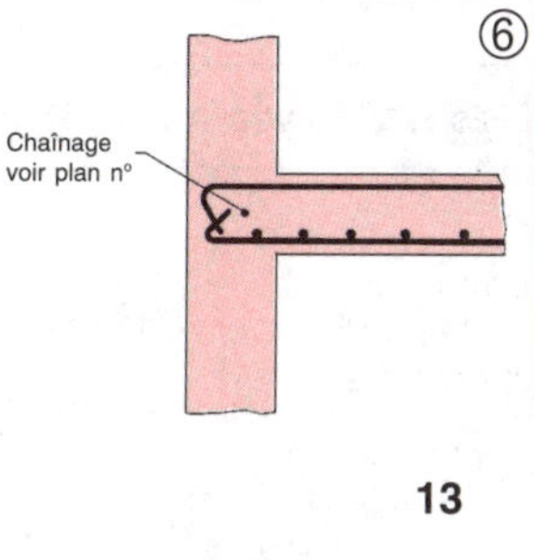

⑦

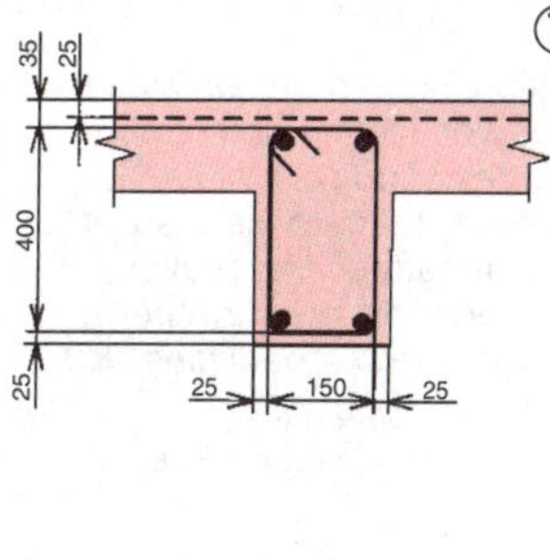

⑧

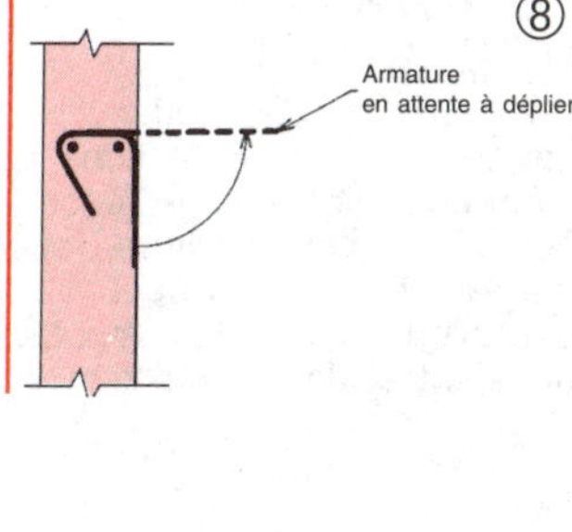

10. NOMENCLATURE

Définissant chaque armature, elle figure sur le plan lui-même, ou constitue un cahier séparé. Exemples : figure 1 pour les treillis soudés et figure 2 pour les barres.

Commentaires de la figure 2 :

- Repère : numéro de repérage de l'acier.
- Nuance : ∅ pour les aciers lisses, HA pour les aciers à haute adhérence, type de panneau pour le treillis soudé utilisé (préciser dans la note à quel catalogue de fabricant on se réfère).
- Diamètre de l'armature (mm).
- Nb par élément : nombre d'armatures pour un élément.
- Nb d'éléments : nombre d'éléments identiques.
- Nb total : produit des deux quantités précédentes.
- Espacement coté en mm.
- Longueur de coupe : longueur développée (mm).
  - * *Ne pas dépasser 12 m.*
  - * *Longueur commerciale courante 6 à 15 m.*
- Code forme : facultatif, page 15.
- Façonnage : page 15.
- Longueur totale (m).

11. REPÉRAGE

Au minimum : un numéro entouré d'un cercle en trait fin, situé sur une ligne de repère (fig. 3).

- Si la nomenclature n'est pas sur le plan, les numéros repères sont complétés (fig. 4).
- Si la nomenclature n'est pas nécessaire, les renseignements permettant de fabriquer l'armature sont portés directement sur le dessin (fig. 5).

12. SCHÉMA DE FAÇONNAGE

Coté hors tout (excepté les rayons de façonnage), il définit la forme et les cotes de fabrication (fig. 6) :

- façonnage par pliage = forme d'allure polygonale,
- façonnage par cintrage = forme d'allure circulaire.

13. COTATION

Elle définit la position relative des différentes armatures élémentaires et leur position par rapport à un nu de coffrage, lors de la mise en œuvre.

Hormis les longueurs entre appuis et les longueurs d'appuis des éléments horizontaux, la hauteur libre et les épaisseurs des éléments horizontaux, aucune cote de coffrage ne doit figurer.

Tolérance admise pour la position relative de deux cadres, étriers ou épingles : ± 10 mm.

14. NOTE

Un dessin d'armatures comportera une note (p. 79) contenant les nuances d'aciers utilisés (ex. : Fe E 235, p. 29), les références pour les dénominations des treillis soudés, les enrobages, et les références au dessin de coffrage correspondant.

15. ÉTIQUETTES

Les armatures sortant de fabrication sont munies, avant leur transport sur le lieu d'utilisation, d'étiquettes comportant au minimum les indications suivantes : nom du chantier et/ou nom de l'ouvrage (code autorisé), numéro de plan et numéro de nomenclature, repère d'armature. On prévoira, par armature ou par paquet d'armatures de même repère, une étiquette, résistant aux intempéries, aux conditions de transport et de manutention (fig. 7).

①

Repère	Type	Nb par élément	Nb d'éléments	Nb total	Dimensions (mm)	Masses totales par repère (kg)	
						P 100	P 400
2	P 131R	2	5	10	1 200 × 2 350	50,055	
3	P 221R	1	5	5	2 400 × 2 350		69,964
4	P 131R	2	5	10	2 000 × 2 350	83,425	
					Masse totale :	133,480 kg	69,964 kg

②

Repère	Nuance	Diamètre (mm)	Nb par élément	Nb d'éléments	Nb total	Espacement (mm)	Longueur de coupe (mm)	Code forme	Façonnage	Longueur totale (m)	Indice de modification
1	HA	12	4	6	24	200	1 750	1 043	200 1 600	42,000	

③

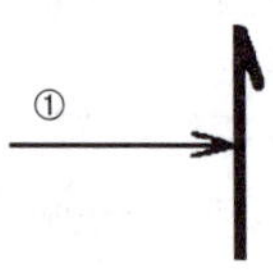

④

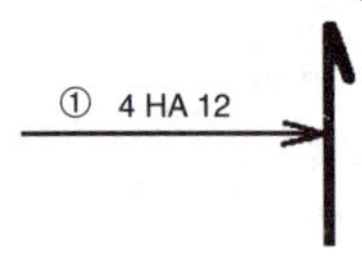

⑤

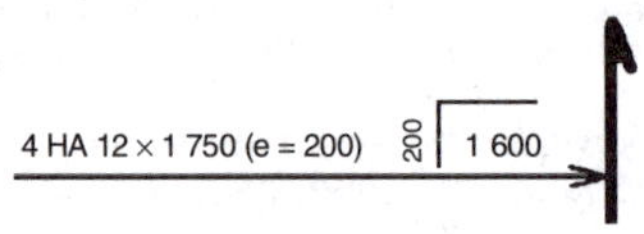

⑥

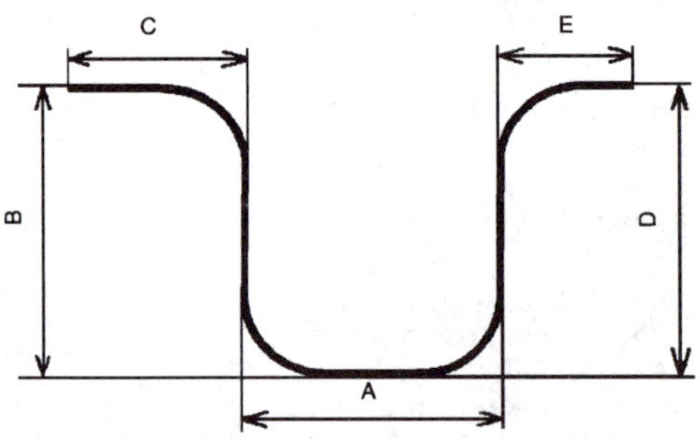

⑦

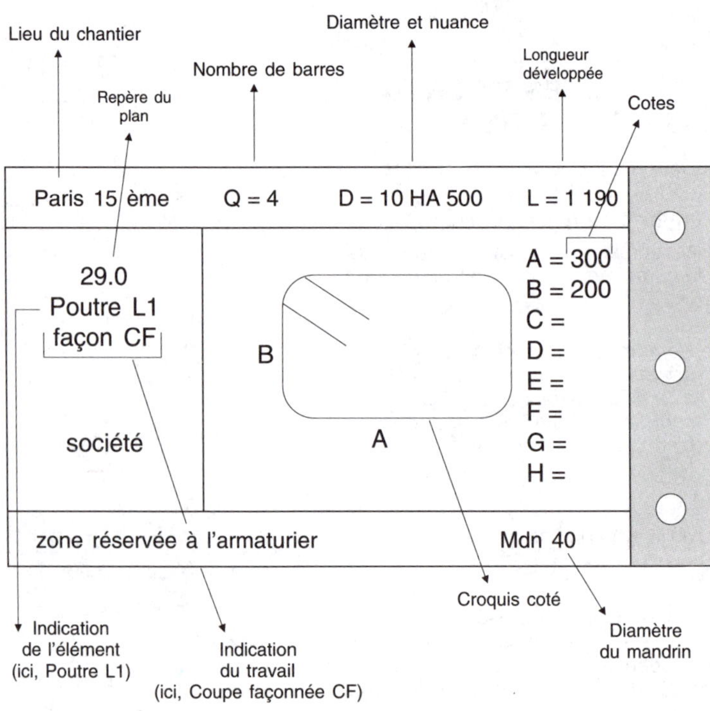

1. COURBES, COUDES ET ANCRAGES

- **Ronds lisses** des nuances Fe E 215 et Fe E 235, page 29 : les diamètres des mandrins de cintrage sont supérieurs à 5 ∅ sauf pour les cadres, étriers et épingles (∅ < 16 mm) pour lesquels on prendra 3 ∅, en respectant les valeurs minimales (fig. 1).
- **Armatures à haute adhérence** : une armature élémentaire est façonnée à l'aide d'un seul mandrin, en adoptant le plus grand, parmi ceux indiqués par le tableau pour les divers plis (fig. 1).

  Pour rendre possible le façonnage, les longueurs droites sont au moins égales à cinq fois le diamètre de la barre (fig. 2).
- **Tolérances de fabrication** : figure 3.
- **Ancrages par courbure normalisés** : figure 4.

2. PRINCIPE DE CODIFICATION DES ARMATURES

Chaque forme d'armature est repérée par un code comportant quatre chiffre répartis en trois groupes :

- groupe 1 : un chiffre → famille de la « forme »
  0 à 7 : nombre de changements de direction,
  8 : formes d'allures circulaires,
  9 : autres formes.
- groupe 2 : deux chiffres de 00 à 99 → « numéro d'ordre »
  00 à 09 : formes préférentiellement planes,
  10 à 19 : formes préférentiellement gauches,
  20 à 89 : autres formes codifiées planes,
  90 à 98 : autres formes codifiées gauches,
  99 : autres formes.
- groupe 3 : un code (chiffre 1 à 4) détermine le choix des mandrins à utiliser pour le façonnage.
  1 à 3 : se reporter figure 1,
  4 : autres cas, préciser le diamètre.

3. FORMES PRÉFÉRENTIELLES

Actuellement, le nombre des formes utilisées est grand, alors que la plupart des problèmes techniques pourraient être résolus avec un nombre beaucoup plus réduit. Les formes préférentielles (fig. 5) permettent une évolution dans ce sens, notamment en permettant des économies en cas de fabrication industrielle.

Les cotes représentées sans indices doivent être données obligatoirement. Dans le cas de lettres sans indices, on donne la cote qui permet la définition la plus appropriée.

Diamètre minimal des mandrins de façonnage ①

Nuance	Forme	Diamètre nominal (mm)													
		4	5	6	7	8	9	10	12	14	16	20	25	32	40
Fe E 400 Fe TE 400 Fe E 500 Fe TE 500	Cadres, étriers, épingles ou ancrages d'extrémités (code 1)	20	20	30	30	30	40	40	50	70	100	150	Sans objet		
	Ancrages (code 2)	40	50	70	70	70	100	100	100	150	150	200	250	300	400
	Coudes (code 3)	Sans objet		100	100	100	150	150	200	200	250	300	400	500	500
Fe E 215 Fe E 235	Cadres, étriers, épingles ou ancrages d'extrémités (code 1)			20		30		30	40	50	50	Sans objet			
	Ancrages et courbes			30		40		50	70	70	100	100	150	200	200

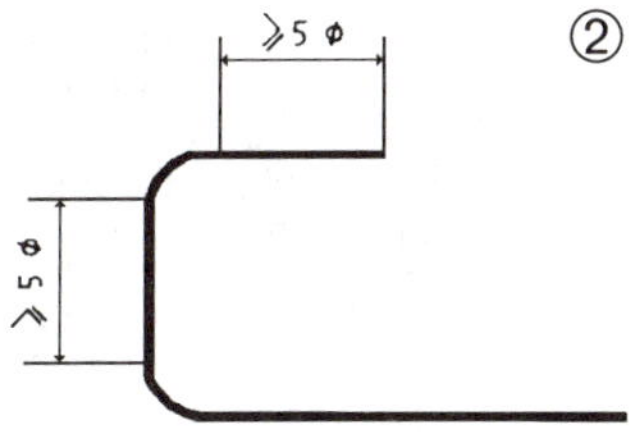

②

③ Tolérances en mm
- Sur longueur droite d'extrémité d'ancrage par courbure $^{+10}_{0}$
- Sur autres dimensions des éléments coupés façonnés

$L \leq 1$ m : L^{0}_{-10}	$3 \leq L \leq 4$ m : L^{0}_{-40}
$1 \leq L \leq 2$ m : L^{0}_{-20}	$L > 4$ m : L^{0}_{-50}
$2 \leq L \leq 3$ m : L^{0}_{-30}	

④

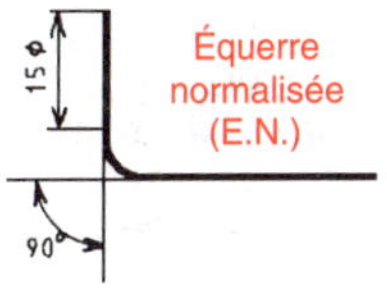

Équerre normalisée (E.N.)
Code 1012

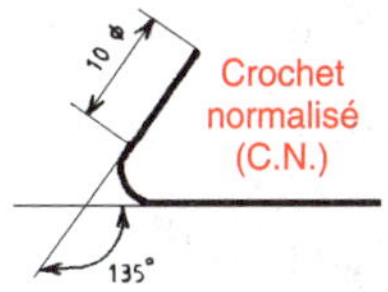

Crochet normalisé (C.N.)
Code 1022

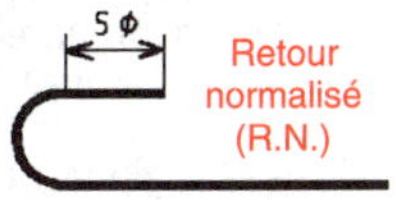

Retour normalisé (R.N.)
Code 1032

⑤

Code		Schéma	Observation
0.00			Barre coupée
0.01			Grande longueur
1.00	3	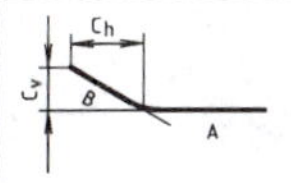	
1.01	2	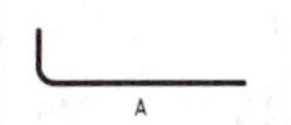	E.N.
1.02	2	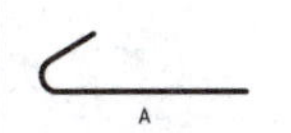	R.N.
1.03	1	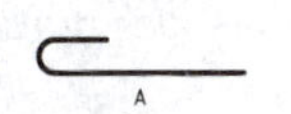	C.N.
1.04	1 2 3 4	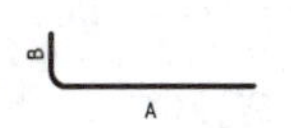	
1.05	1 2 3 4	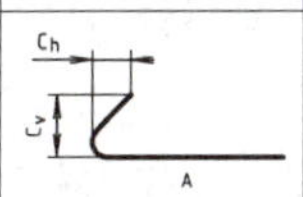	
2.00	1 2		E.N.
2.01	1	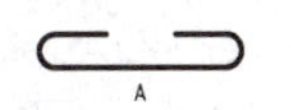	C.N.
2.02	2	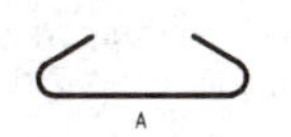	R.N.
2.03	1	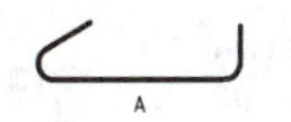	E.N. R.N.

Code		Schéma	Observation
2.04	1 2 3 4	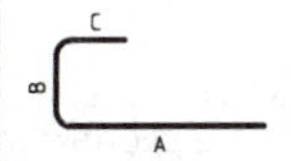	
2.05	3	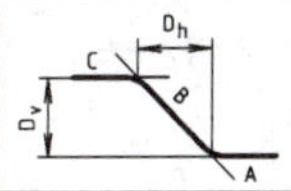	
3.00	1 2 3 4	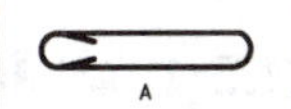	C.N.
3.01	1 2 3 4	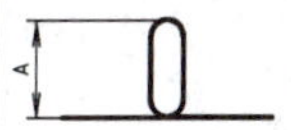	Retours d'équerre 30 ∅ + r
4.00	1	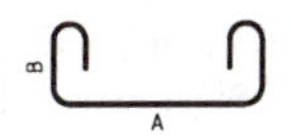	C.N.
4.10	1	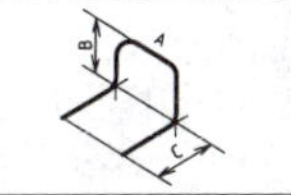	Vue perspective
4.11	1	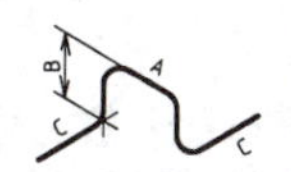	Vue perspective
5.00	1	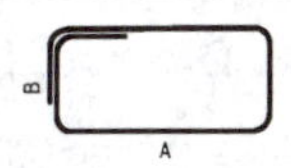	E.N.
5.01	1	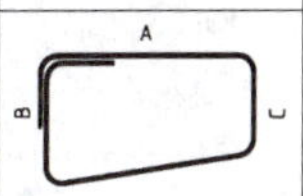	E.N.
8.00	4	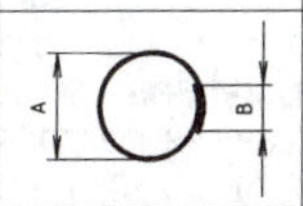	
8.01	4	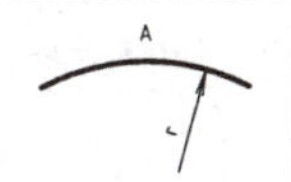	
8.10	4	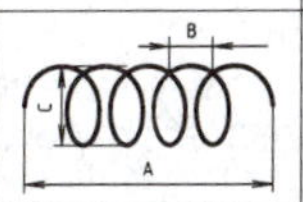	Vue perspective

– R.N. : Retour normalisé à 135°
– r : Rayon de cintrage

– C.N. : Crochet normalisé
– E.N. : Équerre normalisée

BASES DE CALCUL DES CONSTRUCTIONS (1/10)
CHARGES D'EXPLOITATION DES BÂTIMENTS
NF P 06-001

Les valeurs définies pages 17 et 18 sont nominales. Leurs conditions de prise en compte et de pondération, de même que celles des charges permanentes, sont données par les règles de calcul en vigueur propres à chaque matériau structurel. Elles sont à considérer comme des valeurs caractéristiques pour l'application des règles de calcul à caractère probabiliste ou semi-probabiliste. Sauf indication contraire du **Document particulier du marché (DPM),** elles définissent :

- les obligations contractuelles des constructeurs,
- les limites d'un usage normal de la construction.

Indépendamment des charges d'exploitation, les autres charges et actions à prendre en compte dans les calculs sont :

- le poids propre, le poids des ouvrages et équipements fixes (p. 19 et 20) ;
- les charges climatiques (vent, neige, pluie, grêle) définies par des textes spécifiques (p. 21 à 25) ;
- les poussées et pressions des solides ou liquides (p. 44) ;
- les déformations imposées dues aux mouvements du sol ;
- les charges dues au procédé d'exécution (résultant des données du projet) ;
- les effets des variations de température, retraits et autres variations dimensionnelles définies par les règles de calcul des divers matériaux structurels (p. 57) ;
- les séismes ou autres actions accidentelles ;
- les autres actions variables non spécifiques (ex. : camion des pompiers défini par le Règlement de Sécurité des ERP 25-06-1980), les charges données n'ayant pas un caractère exhaustif.

1. LIMITES D'APPLICATION

Les charges d'exploitation résultent de l'usage des locaux par opposition au poids des ouvrages qui constituent ces locaux ou des équipements fixes.

Pour un mode normal d'occupation, elles correspondent :

- aux personnes,
- au mobilier et au matériel,
- aux matières en dépôt.

Les charges d'entretien correspondent aux matériels et matériaux qui peuvent être placés sur les ouvrages lors des travaux de réfection et de transformation.

2. CHARGES D'EXPLOITATION DONT LA VALEUR MINIMALE PEUT ÊTRE FIXÉE DE FAÇON GÉNÉRALE

En général, les charges d'exploitation (p. 17 et 18) sont appliquées sur les planchers.

Elles sont utilisées en tenant compte :

- des surfaces auxquelles elles s'appliquent ;
- des dégressions horizontales ou verticales retenues (p. 17), liées aux types et caractères des charges en cause ;
- des conditions défavorables possibles de leur distribution (ex. : travées partiellement ou totalement déchargées) ;
- de leur mode de prise en compte, etc.

Elles comprennent les équipements légers (canalisations de distribution, appareils de chauffage individuels, appareils sanitaires, etc.).

Elles ne comprennent pas :

- les cloisons, plafonds, sols, enduits et revêtements,
- les gaines et conduits de fumées, les appareils lourds.

Les valeurs indiquées ne tiennent pas compte des phénomènes d'amplification dynamique, dus à des causes particulières, qui sont définis par les Documents particuliers du marché (DPM).

3. DESCENTE DES CHARGES VERTICALES

Elle est obtenue en déterminant le cheminement des efforts dans la structure, depuis leur point d'application jusqu'aux fondations.

D'une façon générale, les charges se distribuent en fonction des surfaces de planchers SP attribuées à chaque élément porteur (refend, poutre, poteau...) et appelées **surfaces d'influence.**

Exemples :

- structure à refends transversaux parallèles : figure 1a.
- structure mixte (fig. 1b) : les planchers sont découpés selon le schéma de rupture le plus probable (lignes de rupture à 45° dans les angles ou parallèles aux grands côtés).

SP peut, dans les cas courants, être assimilée à la charge que supporterait l'élément porteur dans les hypothèses suivantes :

- charges uniformément distribuées sur toute la surface susceptible d'être chargée,
- appui simple des poutres sur les poteaux, des poutrelles sur les poutres et des dalles sur les poutrelles et poutres,
- absence de continuité entre les travées successives des poutres, poutrelles et dalles.

Attention : Les charges doivent alors être majorées de 10 ou 15 %, pour l'élément porteur voisin de l'appui de rive (fig. 2a et b), en fonction du nombre de travées.

4. RÉDUCTION POUR GRANDE SURFACE OU MAJORATION POUR PETITE SURFACE

Les valeurs indiquées (p. 17 et 18) pour les charges d'exploitation correspondent à une « surface de référence » $S_0 = 15$ m^2.

La valeur unitaire à prendre en compte dans le calcul d'un élément porteur dépend de la surface d'influence SP supportée par cet élément (fig. 1a et b).

- Coefficient à appliquer à la référence S_0 : figure 3.

Une valeur relative à une surface inférieure à 1 m^2 n'est pas à prendre en compte, à condition de définir une charge concentrée pour les conditions de poinçonnement et de flexion locale.

①

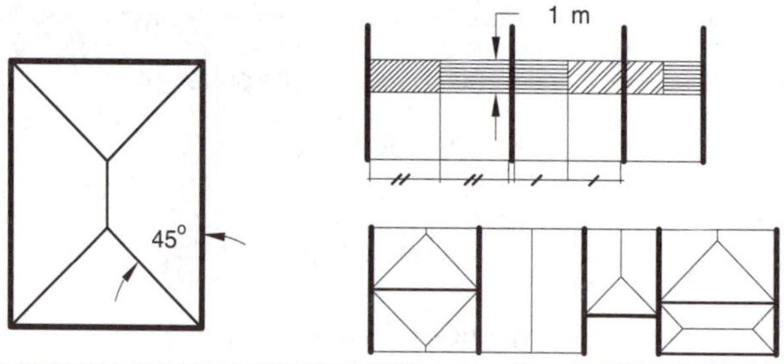

a

b

②

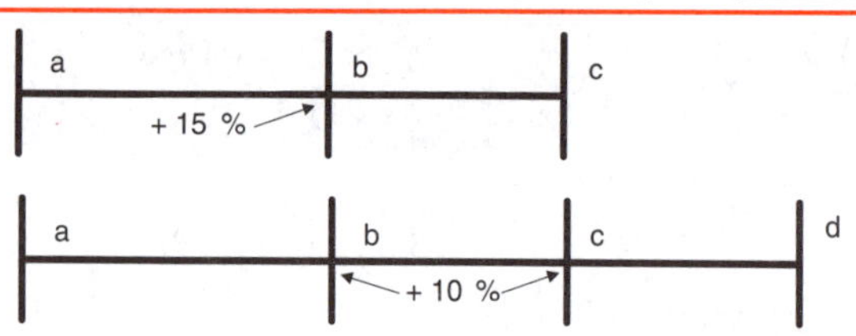

a

b

③

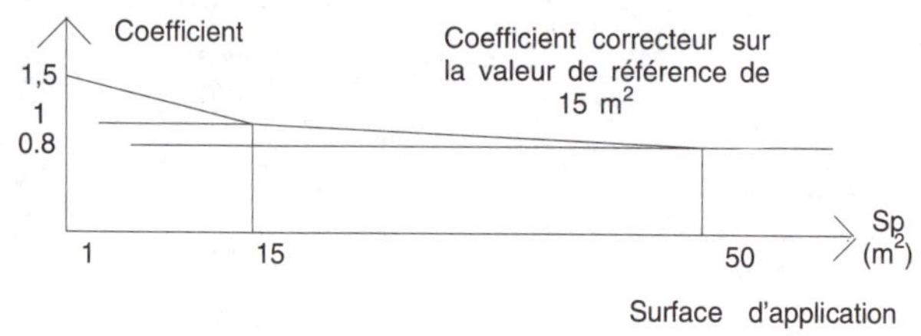

5. DÉGRESSION EN FONCTION DU NOMBRE D'ÉTAGES

La loi de dégression de base (fig. 1) s'applique aux bâtiments à grand nombre de niveaux où les occupations des divers niveaux peuvent être considérées comme indépendantes.

Elle n'est pas cumulable avec les réductions pour grande surface, c'est-à-dire qu'elle s'applique à la valeur nominale de référence donnée page 18.

Les niveaux occupés par des locaux industriels ou commerciaux ne sont pas comptés dans le nombre d'étages intervenant dans la loi de dégression : les charges sur ces planchers sont prises en compte sans abattement.

6. CHARGES CONCENTRÉES

Sauf indications contraires, on considère une charge représentant le pied d'un meuble ou équipement pour les vérifications au poinçonnement ou de flexion locale indépendamment des charges au mètre carré :

- valeur égale à 2 kN,
- concentrée sur un appui de diamètre 25 mm,
- appliquée au niveau du sol fini (tenant compte éventuellement des chapes et revêtements de sol dur).

Bâtiments à usage d'habitation ou d'hébergement ①

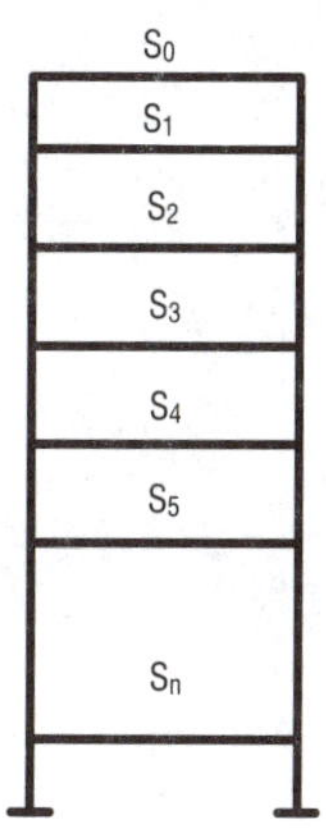

surcharges différentes	surcharges identiques $S_1 = S_2 = S_3 = \ldots = S$
$\Sigma_0 = S_0$	$\Sigma_0 = S_0$
$\Sigma_1 = S_0 + S_1$ (coefficient de réduction)	$\Sigma_1 = S_0 + S$
$\Sigma_2 = S_0 + 0{,}95\,(S_1 + S_2)$	$\Sigma_2 = S_0 + 1{,}9\ S$
$\Sigma_3 = S_0 + 0{,}90\,(S_1 + S_2 + S_3)$	$\Sigma_3 = S_0 + 2{,}7\ S$
$\Sigma_4 = S_0 + 0{,}85\,(S_1 + S_2 + S_3 + S_4)$	$\Sigma_4 = S_0 + 3{,}4\ S$

Ensuite ,les expressions suivantes donnent une bonne approximation par excès.

$\Sigma_n = S_0 + [(3 + n) / 2n]\,[\Sigma_{i\,=\,1,n}\,(S_i)]$ pour $n \geq 5$	$\Sigma_n = S_0 + [(n + 3) / 2]\,S$ pour $n \geq 5$

Coefficient de réduction limité à 0,5

Bâtiments de bureaux : la dégression s'applique à la fraction de la charge d'exploitation égale à cette dernière diminuée de 1 kN/m^2.

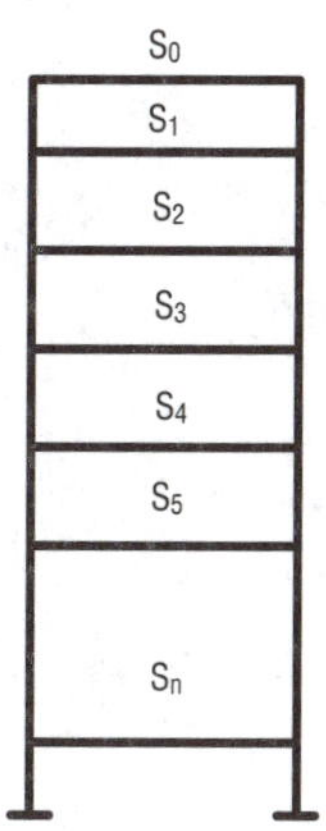

surcharges identiques $S_1 = S_2 = S_3 = \ldots = S$ (kN/m^2)

	coefficient de réduction
$\Sigma_0 = S_0$	
$\Sigma_1 = S_0 + S$	
$\Sigma_2 = S_0 + 1{,}9\ S + 0{,}1$	$(1{,}9 = 0{,}95 \times 2)$
$\Sigma_3 = S_0 + 2{,}7\ S + 0{,}3$	$(2{,}7 = 0{,}90 \times 3)$
$\Sigma_4 = S_0 + 3{,}4\ S + 0{,}6$	$(3{,}4 = 0{,}85 \times 4)$

Ensuite ,l'expression suivante donne une bonne approximation.

$\Sigma_n = S_0 + [(3 + n) / 2\ n]\,(S - 1) + \ 0{,}2\ n$ pour $n \geq 5$

Coefficient de réduction limité à 0,5

7. CLOISONS DE DISTRIBUTION

Il s'agit des cloisons non porteuses, subdivisant les locaux, dont il existe une densité relativement importante et régulière dans certains types de bâtiments (habitation, bureaux, etc.).

On distingue deux catégories :

- cloisons « très légères » : poids linéique < 1,0 kN/m.
- cloisons « légères » : poids linéique < 2,5 kN/m.

Attention aux changements ultérieurs éventuels !

Nota : Les planchers en béton couramment utilisés dans l'habitation assurent une bonne répartition des charges, donc les cloisons peuvent être prises en compte comme une charge permanente uniformément répartie égale à :

– 0,40 kN/m^2 pour les cloisons « très légères »,

– 1,0 kN/m^2 pour les cloisons « légères ».

Pour des bâtiments à refends transversaux porteurs rapprochés (ne comportant pratiquement pas de cloisons parallèles aux refends), ces charges peuvent être ramenées à 0,20 kN/m^2 et 0,40 kN/m^2.

8. CHARGES D'ENTRETIEN DES TOITURES

Les toitures non accessibles aux usagers le sont, par contre, pour l'entretien de la toiture et des ouvrages en saillie. Les charges d'entretien ont un caractère différent des charges d'exploitation, du point de vue de leur fréquence, de leur durée et par conséquent des combinaisons d'actions. Elles ne sont pas cumulées avec les charges climatiques.

En outre, il est conseillé de se préoccuper de l'accrochage, à des éléments de charpentes ou aux acrotères, des supports de balancelles utilisées pour le ravalement. Il est aussi rappelé que l'on doit tenir compte dans certains cas de terrasses et toitures à faible pente, de la possibilité d'accumulation d'eau jusqu'au niveau des trop-pleins.

8-1. Couvertures sur charpente

- Portée ≤ 2 m : charge unitaire 1 kN à mi-portée,
- 2 m ≤ portée ≤ 3 m : deux charges concentrées de 1 kN, sont placées à 1 m d'intervalle dans les conditions les plus défavorables,
- Portée ≥ 3,00 m : deux charges concentrées de 1 kN sont appliquées aux 1/3 et 2/3 des portées.

8-2. Couvertures en éléments autoportants

- Éléments de dimensions et poids modérés manipulables sans appareils : deux charges concentrées (1 kN plus le demi-poids de l'élément) sont appliquées aux 1/3 et 2/3 des portées,
- Éléments de grande portée mis en place avec des moyens spéciaux : étude particulière.

8-3. Terrasses et toitures non accessibles recevant une étanchéité

La charge d'entretien affecte une surface de 10 m^2 s'ajoutant au poids propre de la couverture, placée dans les conditions les plus défavorables. Sa valeur au m^2 (1 kN mini.) est égale au poids moyen des matériaux constituant l'étanchéité et de ceux placés au-dessus d'elle plus 0,50 kN.

Elle correspond à la réfection de l'étanchéité et enveloppe les effets des autres charges d'entretien.

BASES DE CALCUL DES CONSTRUCTIONS (3/10)

CHARGES D'EXPLOITATION DES BÂTIMENTS

NF P 06-001

① DÉTERMINATION DE LA CHARGE D'EXPLOITATION Q (kN/m²) SELON LA NATURE DES LOCAUX

Libellé	Q kN/m²	Nota	Libellé	Q kN/m²	Nota
Hébergement en chambres, salles de jeux des crèches.	1,5	RH* MH*	Salles d'exposition – moins de 50 m² – 50 m² ou plus.	2,5 3,5	RH* RH*
Dortoirs collectifs ou salles de restaurants, cafés, cantines (100 places assises maxi.).	2,5	RH* MH*	Boutiques et annexes.	5,0	RH* MH*
Bureaux proprement dits, salles de réunions avec tables de travail.	2,5	RH* MH*	Salles de lecture des bibliothèques.	4,0	RH* MH*
Halles diverses (gares, etc.) où le public se déplace.	4,0	RH*	Salles de conférences, de théâtre, tribunes et autres lieux avec sièges.	4,0	
Salles avec assistance debout, salles de danse.	5,0		Cuisines des collectivités (hors gros matériel).	2,5	
Garages et parcs de stationnement de voitures légères (ateliers d'entretien et de réparation exclus).	2,5	(1)	Circulations intérieures des bâtiments mini. maxi.		(3)
Salles, tribunes, gradins avec places debout.	6,0		Balcons – mini. – maxi.	3,5 6,0	 (2)
			Loggias.		(2)

* RH = réduction pour grandes surfaces (p. 16).
* MH = majoration pour petites surfaces (p. 16).
* Nota 1 : coefficient de réduction de 0,6 pour 60 m² de surface intéressée et plus, ramené linéairement à 1 pour 20 m², effet dynamique compris. Charge poinçonnante : 8 kN sur un carré de 10 cm.

* Nota 2 : la valeur ne sera pas inférieure à celle des locaux desservis, pour atteindre 5 kN/m² lorsqu'une accumulation statique d'un grand nombre de personnes y est normalement prévisible.
* Nota 3 : prendre comme charge celles des locaux contigus.

② DÉTERMINATION DE LA CHARGE D'EXPLOITATION Q (kN/m²) SELON LE TYPE D'USAGE DU BÂTIMENT

Libellé	Q kN/m²	Nota
HABITATION		
Logements y compris combles aménageables.	1,5	RH*
Balcons.	3,5	
Escaliers (sauf marches isolées), halls d'entrée.	2,5	
Combles non aménageables, non accessibles normalement :		
– avec plancher	1,0	
– sans plancher (partie accessible pour l'entretien)	1 kN	(ponctuelle)
Greniers proprement dits.	2,5	
Étages des caves.	2,5	
BUREAUX		
Bureaux proprement dits.	2,5	RH* MH*
Bureaux paysagers.	3,5	RH* MH*
Circulations et escaliers.	2,5	
Halls de réception.	2,5	
Halls à guichets.	4,0	RH*
Salle de projection et de conférence (< 50 m²).	3,5	
Cantines	2,5 à 3,5	
Salles de réunion avec tables	2,5	
Zone de dépôts.	3,5	
Salles d'ordinateurs et de reprographie.	2,5	(1)

Libellé	Q kN/m²	Nota
USAGES SPORTIFS		
Habituellement (voir les DPM quand il en existe).	5	
TOITURES ET TERRASSES		
Terrasses techniques (DTU n° 43-1). À compter, en plus des charges dues à la circulation et au stockage des chariots, balancelles, etc.	1,5	
Terrasses privées (hors jardinières éventuelles).	1,5	
Terrasses recevant du public (restaurants, etc.).		(2)
Dalles et jardins privatifs. À compter, en plus du poids des terres.	1,0	
BÂTIMENTS SCOLAIRES ET UNIVERSITAIRES		
Salles avec assistance debout : circulations, escaliers, surfaces polyvalentes de regroupement, d'abri, de jeux.	4,0	
Cuisines collectives.	5,0	MH*
Salles de réunions, salles polyvalentes utilisées normalement avec des sièges, bibliothèque, lingerie.	4,0	
Amphithéâtres, salles de classe remodelables, locaux équivalents, cantines, réfectoires.	3,5	
Laboratoires, ateliers, dortoirs, locaux médicaux, galeries de liaison, salles de classe et locaux équivalents, garages à vélos.	2,5	(1)
Hébergement individuel.	1,5	RH* MH*

* RH = réduction pour grandes surfaces (p. 16).
* MH = majoration pour petites surfaces (p. 16).

* Nota 1 : équipement lourd non compris !
* Nota 2 : détermination en fonction de l'usage.

① POIDS VOLUMIQUE ET ANGLE DU TALUS NATUREL POUR DIVERS CORPS EN VRAC		Talus naturel degré	G kN/m^3
Avoine en vrac		30	5,5
Briquettes :	– en vrac	–	5
	– empilées	–	13
Blé, orge, seigle		30	8
Bois en bûches			
– conifères :	– sec	45	4,5
	– humide	45	6,5
– feuillus :	– sec	45	7
	– humide	45	10
Bois en copeaux :	– en vrac	25	2
	– compact	45	3
Cendres		35	8
Farine :	– en vrac	25	6
	– en sacs	–	5
Foin et paille :	– en vrac	–	1
	– bottelé	–	1,5
Fruits		35	4,5
Gravier		35	17
Houille, anthracite	– sèche	35	8
	– humide	30	10
Mâchefer		45	8
Papier :	– empilé	–	11
	– en rouleau	–	16
Pommes de terre		30	7
Sable		30 à 35	17 à 19
Sel :	– en sacs	–	10
	– en vrac	40	12
Sucre :	– en sacs	–	16
	– en vrac	35	9
Terre :	– sèche	40	18
	– humide	20	21
Classeurs, armoire, bibliothèque, compte tenu des vides		–	6

② POIDS VOLUMIQUE DE QUELQUES MATÉRIAUX		G kN/m^3
Acier		78,5
Aluminium		27
Asphalte coulé		18
Béton bitumineux		22
Béton non armé		22
Béton armé		25
Béton de granulats légers		7,5 à 15,5
Blocs de liège		4
Bois de conifères séché à l'air		6
Bois de feuillus séché à l'air		8
Bois durs tropicaux		10
Calcaire tendre		18
Calcaire compact, marbre, granit		28
Calcaire de dureté moyenne		22
Fonte		72,5
Grès		25
Maçonnerie		
– sans enduits :	– en moellons	23
	– en briques pleines	19
	– en briques perforées	13,5
	– en briques creuses	9
– blocs de béton pleins en granulats lourds		21
creux en granulats lourds		13,5
– pierre de taille		27
Métaux cuivreux		89
Plomb		114
Verre		25

③ POIDS SURFACIQUE APPROXIMATIF DES PLANCHERS	G kN/m^2
Dalles pleines en béton armé, par cm	0,25
Planchers préfabriqués à éléments jointifs de dalles alvéolées, à alvéoles de petites dimensions	
– 12 cm	2 à 2,5
– 16 cm	2,4 à 2,9
– 20 cm	2,8 à 3,3
– 24 cm	3,2 à 3,7
Planchers nervurés à poutrelles préfabriquées ou nervures coulées sur place, avec entrevous en béton.	
– Entraxe 60 cm	
montages avec table de compression	
– 12 + 4 cm	2,5 à 2,6
– 16 + 4 cm	2,75 à 2,85
– 20 + 4 cm	3,1 à 3,3
– 25 + 5 cm	3,6 à 4
montages sans table de compression	
– 16 cm	2,2 à 2,3
– 20 cm	2,6 à 2,8
– 24 cm	2,9 à 3,1
Dito avec entrevous en terre cuite	
– Entraxe 60 cm	
montages avec table de compression	
– 12 + 4 cm	2,2 à 2,3
– 16 + 4 cm	2,5 à 2,6
– 20 + 4 cm	2,8 à 3
– 25 + 5 cm	3,2 à 3,6
montages sans table de compression	
– 16 cm	1,9 à 2
– 20 cm	2,2 à 2,4
– 24 cm	2,5 à 2,7
Dito avec entrevous très légers (type polystyrène) ou sans entrevous	
montages avec table de compression	
– 12 + 4 cm	1,5 à 1,7
– 16 + 4 cm	1,7 à 2
– 20 + 4 cm	1,8 à 2,1
– 25 + 5 cm	2,4 à 2,8

④ POIDS SURFACIQUE APPROXIMATIF DES REVÊTEMENTS DE PLANCHERS	G kN/m^2
Carrelages scellés, y compris la couche de mortier de pose de 2 cm	
– Grès cérame mince (e = 4,5 mm)	0,5
– Grès cérame (e = 9 mm)	0,6
– Dallage céramique, pierre dure (15 à 30 mm)	0,7 à 1
Carrelages ou dallages collés, par cm	0,2
Chape en mortier de ciment, par cm	0,2
Chape flottante en asphalte, 2 à 2,5 mm, y compris couche élastique, revêtement de sol non compris	0,5
Dalle flottante en béton, sous couche élastique comprise, par cm	0,22
Parquets de 23 mm, y compris lambourdes	0,25
Sols minces textiles ou plastiques (collés ou tendus) et parquets mosaïques, y compris ragréage du support	0,08

① POIDS SURFACIQUE APPROXIMATIF DES MAÇONNERIES (ENDUITS NON COMPRIS)		G kN/m²
Parois en terre cuite		
Briques pleines	– 5,5 cm	1,5
	– 10,5 cm	2
	– 21,5 cm	4,05
	– 33 cm	6,3
Briques creuses	– 5 cm	0,45
	– 10 cm	0,9
	– 15 cm	1,3
	– 20 cm	1,75
	– 25 cm	2,15
	– 30 cm	2,6
Briques perforées	– 5,5 cm	0,7
	– 10,5 cm	1,4
	– 21,5 cm	2,95
	– 33 cm	4,5
Blocs perforés	– 17,5 cm	2,3
	– 22,5 cm	2,95
	– 27,5 cm	3,6
Parois en blocs en béton		
Blocs pleins de béton de granulats lourds		
	– 5 cm	1,05
	– 10 cm	2,1
	– 15 cm	3,15
	– 20 cm	4,2
Blocs creux de béton de granulats lourds (parois épaisses)	– 5 cm	0,65
	– 10 cm	1,35
	– 15 cm	2
	– 20 cm	2,7
	– 25 cm	3,25
	– 30 cm	3,85
Blocs pleins de béton d'argile ou de schiste expansé (béton :750 à 1550 kg / m³)		
	– 5 cm	0,45 à 0,8
	– 10 cm	0,9 à 1,6
	– 15 cm	1,35 à 2,4
	– 20 cm	1,8 à 3,2
Blocs creux de béton d'argile ou de schiste expansé, blocs à parois épaisses, (béton : 750 à 1550 kg / m³)	– 10 cm	0,6 à 1
	– 15 cm	0,9 à 1,5
	– 20 cm	1,2 à 2
	– 25 cm	1,5 à 2,5
Blocs pleins de béton de laitier expansé ou de pouzzolane (béton : 1450 kg / m³)		
	– 5 cm	0,75
	– 10 cm	1,5
	– 15 cm	2,25
	– 20 cm	3
Blocs creux de béton de laitier expansé ou de pouzzolane, blocs à parois épaisses, (béton : 1450 kg / m³)	—10 cm	0,95
	– 15 cm	1,4
	– 20 cm	1,9
	– 25 cm	2,3
Blocs pleins de béton cellulaire autoclavé (béton : 600 kg / m³)	– 15 cm	1,2
	– 20 cm	1,6
	– 25 cm	2,05
	– 30 cm	2,45

② POIDS SURFACIQUE APPROXIMATIF DES MAÇONNERIES (ENDUITS NON COMPRIS)		G kN/m²
Cloisons en carreaux de plâtre à parements lisses	– 1 cm	0,1
Pierre de taille		
Parois pleines	– 20 cm	5,3
	– 30 cm	8,1
Revêtements autoportants	– 8 cm	2,2
Revêtements attachés	– 3 cm	0,8
Revêtements scellés (y compris le mortier)		0,4
Enduits		
en plâtre	– 1 cm	0,1
au mortier de liants hydrauliques	– 1 cm	0,18

③ POIDS SURFACIQUE APPROXIMATIF DES TOITURES	G kN/m²
Support de la couverture	
– lattis ou liteaux en sapin	0,03
– voligeage en sapin	0,1
– support céramique	0,45
Sous toitures (par cm d'épaisseur)	
– contreplaqués okoumé	0,05
– panneaux de lin	0,04
– plaques de plâtre (genre Placoplâtre ou Pré-gypan)	0,09
– panneaux de paille compressée	0,03
– plaques planes d'amiante ciment	0,11
Couvertures métalliques	
– zinc (voligeage et tasseaux compris)	0,25
– alu 8/10 (plaques ondulées sans support)	0,03
– alu 8/10 (voligeage et tasseaux compris)	0,17
– acier inox (voligeage et tasseaux compris)	0,25
– tôle ondulée d'acier galvanisé 8/10	0,06
Couvertures en ardoises (lattis et voligeage compris)	
– ardoises naturelles ordinaires	0,28
– ardoises modèle en amiante ciment	0,3
Couvertures en tuiles (liteaux, voliges ou support compris)	
– tuiles mécaniques à emboîtement	0,35 à 0,45
– tuiles plates	0,55 à 0,75
– tuiles canal	0,4 à 0,6
– tuiles béton	0,45
Couvertures en éléments auto-portants non métalliques	
– plaques ondulées d'amiante ciment	0,17
– plaques profilées d'amiante ciment sur support de tuiles canal (y compris les tuiles)	0,4
Terrasses	
– asphalte coulé en 0,5 cm, plus 1,5 cm d'asphalte coulé sablé	0,5
– étanchéité multicouche en ciment volcanique, enduit plastique ou feutre bitumé, 2 cm	0,12
– gravillon pour protection de l'étanchéité, par cm	0,2
– protection de l'étanchéité réalisée par une couche d'asphalte gravillonné de 2 cm sur deux feuilles papier kraft.	0,5

Les valeurs représentatives de la charge statique de neige, sur toute surface au-dessus du sol, soumise à l'accumulation de la neige (notamment les toitures), sont définies par régions (fig. 1), en fonction de l'altitude (fig. 2 et 3), pour les zones d'altitude supérieure à 200 m.

L'accumulation de la neige sur les toits est rarement uniforme (formation de congères dans les zones d'ombre aérodynamique par exemple). Les déséquilibres de charges peuvent, en outre, être accentués sous l'effet de certains facteurs (enlèvement volontaire de la neige, vent, dégel, etc.). Ces effets sont pris en compte en étudiant différents cas de charges (p. 22) correspondant à des répartitions de neige différentes.

1. DOMAINE D'APPLICATION DE LA CARTE NEIGE

- France métropolitaine.
- Altitude inférieure à 2 000 m. Au-delà de cette altitude, les conditions locales sont déterminantes.
- Masse volumique de la neige prise égale à 150 kg / m^3.

2. CHARGE DE NEIGE SUR LE SOL s_0

La charge de neige sur le sol s_0 par unité de surface est fonction de la localisation géographique (fig. 1) et de l'altitude du lieu considéré (fig. 2 et 3). La valeur obtenue est une valeur plancher. Les Documents particuliers des marchés (DPM) peuvent parfois majorer s_0, pour tenir compte de conditions locales défavorables, sans toutefois dépasser, en principe, 50 %.
Quand le découpage des régions traverse un département, il convient de consulter les Règles Neige 84 (annexe 1) pour identifier, à partir du canton où se situe l'opération, la zone de neige.

- Zones dont l'altitude est inférieure à 200 m : figure 2.
- Zones dont l'altitude est supérieure à 200 m : figure 3.

pour 200 m < h ≤ 500 m

$$s_0 = s_{0\,min} + \frac{0{,}15\,h - 30}{100}$$

pour 500 m < h ≤ 1 000 m

$$s_0 = s_{0\,min} + \frac{0{,}3\,h - 105}{100}$$

pour 1 000 m < h ≤ 2 000 m

$$s_0 = s_{0\,min} + \frac{0{,}45\,h - 255}{100}$$

avec h en m et s_0 en kN / m^2

Au-delà, les DPM doivent préciser s_0.

3. CHARGE DE NEIGE SUR LES TOITURES OU AUTRES SURFACES, SOUMISE À L'ACCUMULATION DE LA NEIGE s

s est une charge caractéristique (au sens des directives communes de 1979), représentant la charge de neige sur une toiture, ou toute autre surface, soumise à l'accumulation de la neige (fig. 4, p. 22 et 23).

Par unité de surface, en projection horizontale, s vaut :

$$s = \mu\, s_0$$

- s_0 est la valeur de la charge de neige,
- μ est un coefficient de forme : sa valeur nominale de base, égale à 0,8, correspond à une toiture plate avec vent faible. Traduisant l'interaction phénomène-construction, il est fonction de la forme de la toiture (ex. : fig. 3), prenant plusieurs valeurs, selon le cas de charge considéré (détaillés p. 22).

Les valeurs indiquées par la suite sont valables pour des formes ou types de toitures et d'obstacles courants.

Nota : La prise en compte éventuelle des charges de neige doit se faire selon les principes définis et illustrés pour les toitures courantes, moyennant toute adaptation utile et recours, le cas échéant, à des essais particuliers ou à l'avis de spécialistes

①

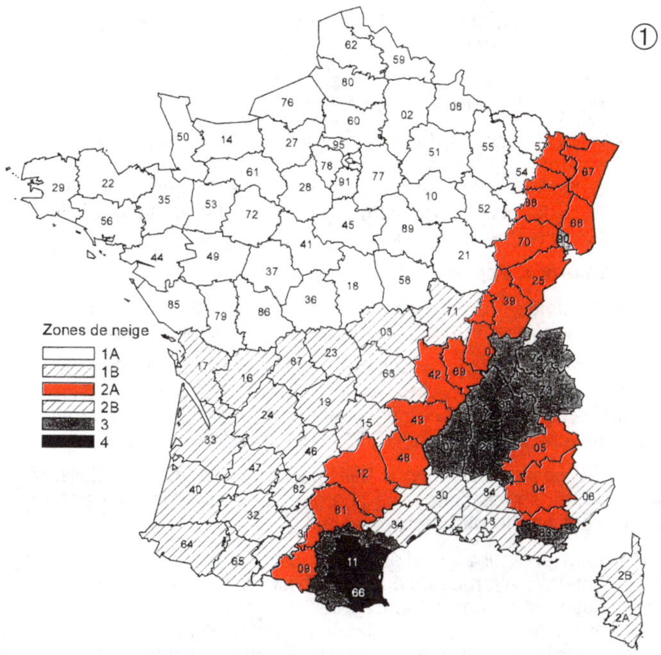

②

Zones dont l'altitude est inférieure à 200 m						
	Zones climatiques					
Charge de neige (kN / m^2)	1A	1B	2A	2 B	3	4
sur le sol s_0	0,45	0,45	0,55	0,55	0,65	0,9
accidentelle s_{0a}	-	1,00	1,00	1,35	1,35	1,80

③

Zones d'altitude au-dessus de 200 m

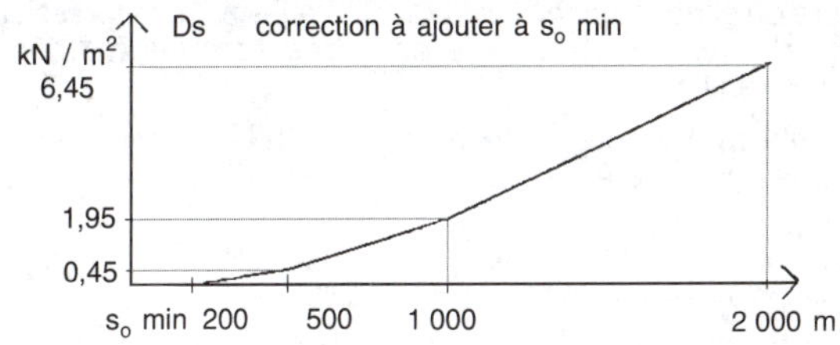

④

Toitures simples à un versant plan

cas I Vent faible

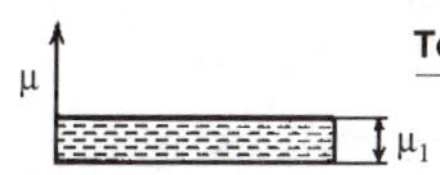

Toitures courantes

$0 \le \beta \le 30^\circ$	$\mu_1 = 0{,}8$
$30^\circ < \beta < 60^\circ$	$\mu_1 = 0{,}8 - 0{,}8\left(\frac{\beta - 30}{30}\right)$
$\beta \ge 60^\circ$	$\mu_1 = 0$

Toitures avec dispositifs de retenue

$0 \le \beta \le 45^\circ$	$\mu_1 = 0{,}8$
$45^\circ < \beta < 75^\circ$	$\mu_1 = 0{,}8 - 0{,}8\left(\frac{\beta - 45}{30}\right)$
$\beta \ge 75^\circ$	$\mu_1 = 0$

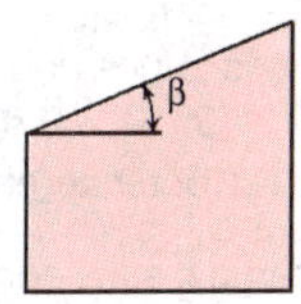

cas II
Sans objet.

cas III Vent fort
Sans objet sauf si la toiture est sous le vent et si $\beta > 15^\circ$: les valeurs de μ_1 sont celles du cas I.

4. CAS DE CHARGES

Pour les formes ou types de toitures et d'obstacles courants (fig. 1 et 2 et p. 23), quatre cas de charges sont envisagés :

- Cas I : vent faible (charge de neige répartie sans redistribution par le vent).
- Cas II : vent modéré (à partir de 6 m/s, charge de neige répartie après redistribution par le vent).
- Cas III : vent fort (à partir de 20 m/s, charge de neige répartie après redistribution et enlèvement partiel par le vent).
- Cas IV : déséquilibre de charge local (la charge de neige est répartie conformément aux cas I, II et III sur une partie de la surface et la moitié de cette charge est répartie sur le reste de la surface, de manière à produire l'effet le plus défavorable dans l'élément considéré).

Conditions d'application :

- Les valeurs de μ_1, pour les cas de charges I à III, sont fixées en supposant un environnement topographique normal.

Dans le cas où les conditions d'abri quasi permanentes de la toiture, dues aux bâtiments voisins, conduiraient à supprimer pratiquement le déplacement de la neige par le vent, le coefficient μ_1 doit être multiplié par 1,25, sauf effets de glissement.

- Le cas IV est donc à utiliser pour la justification d'éléments pour lesquels l'effet des charges correspondant aux cas I à III n'est pas le plus défavorable.

Il s'agit, en général, d'éléments de charpentes sujets à des sollicitations alternées, ou sensibles aux modifications de la distribution des charges, c'est-à-dire dont les sollicitations sont faibles ou nulles sous répartition uniforme. (Exemple : diagonales de ferme). La répartition doit toutefois correspondre à des circonstances plausibles.

Remarque : pour les toitures déformables (à l'exclusion des toitures en béton), à très forte pente et à étanchéité multicouche, la charge de neige sera déterminée selon les indications données page 23 (fig. 2).

5. AUTRES VALEURS REPRÉSENTATIVES

5-1. Compatibilité des actions de la neige et du vent

Par mesure de simplification, il est admis que les actions (pressions et succions) du vent sur la toiture enneigée sont les mêmes que sur la toiture sans neige.

La compatibilité des actions de la neige et du vent varie selon l'altitude h du lieu considéré :

- $h \leq 500$ m :
  - cas I, II et IV (déduit de I et II) : incompatibilité,
  - cas III et IV (déduit de III) : compatibilité.
- 500 m $< h$:
  - cas I, II et IV (déduit de I et II) : compatibilité partielle (valeur caractéristique de la charge de neige prise égale à 0,5 s),
  - cas III et IV (déduit de III) : compatibilité.

5-2. Charges accidentelles

Une vérification sous charge accidentelle s_a est prévue dans certaines zones conformément aux indications de la carte des charges de neige (p. 21) et du tableau 2 (p. 21).

s_a est obtenue en appliquant les coefficients μ de la même manière qu'à s_0 : $s_a = \mu\ s_{0a}$. Elle est appliquée uniquement dans le cas de charge I, sans addition pour l'altitude. Elle s'additionne à s_0 et s_1.

5-3. Cas particuliers : noues, pentes du fil d'eau faibles...

Une majoration s_1 augmente s ($s \rightarrow \mu\ s_0 + s_1$) :
- pente inférieure ou égale à 3 % : $s_1 = 0{,}2$ kN/m²,
- 3 % < pente < 5 % : $s_1 = 0{,}1$ kN/m².

La zone de majoration s'étend dans toutes les directions sur une distance de 2 m au-delà de la zone à faible pente nominale du fil d'eau.

Toitures simples à deux versants plans (2) ①

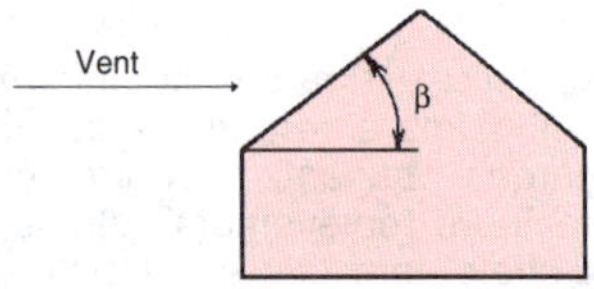

cas I Vent faible
Les valeurs de μ sont celles du cas I de la toiture : fig. 4, page 21.

cas II Vent modéré

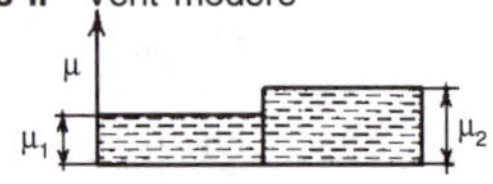

Toitures courantes	
$0 \leq \beta \leq 15°$	$\mu_1 = \mu_2 = 0{,}8$
$15° < \beta \leq 30°$	$\mu_1 = 0{,}8 - 0{,}4\left(\frac{\beta - 15}{15}\right)$ $\mu_2 = 0{,}8 + 0{,}4\left(\frac{\beta - 15}{15}\right)$
$30° < \beta \leq 60°$	$\mu_1 = 0{,}4 - 0{,}4\left(\frac{\beta - 30}{30}\right)$ $\mu_2 = 1{,}2 - 1{,}2\left(\frac{\beta - 30}{30}\right)$
$\beta > 60°$	$\mu_1 = \mu_2 = 0$

avec les limitations suivantes :
pour $22{,}5° < \beta < 35°$ $\mu_2 = 1$

Toitures avec dispositifs (1) de retenue	
$0 \leq \beta \leq 15°$	$\mu_1 = \mu_2 = 0{,}8$
$15° < \beta \leq 45°$	$\mu_1 = 0{,}8 - 0{,}4\left(\frac{\beta - 15}{30}\right)$ $\mu_2 = 0{,}8 + 0{,}4\left(\frac{\beta - 15}{30}\right)$
$45° < \beta \leq 75°$	$\mu_1 = 0{,}4 - 0{,}4\left(\frac{\beta - 45}{30}\right)$ $\mu_2 = 1{,}2 - 1{,}2\left(\frac{\beta - 45}{30}\right)$
$\beta > 75°$	$\mu_1 = \mu_2 = 0$

avec les limitations suivantes :
pour $30° < \beta < 50°$ $\mu_2 = 1$

cas III
Vent fort

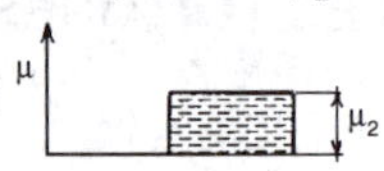

Sans objet sauf si $\beta > 15°$: $\mu_1 = 0$; μ_2 : voir cas II (Vent modéré).

(1) Il s'agit de dispositifs tels que crochets, barres à neige intéressant l'ensemble de la surface et empêchant ou réduisant le glissement de la neige en fonction de la pente.

(2) Dans le cas de toitures asymétriques à deux plans, chaque côté de la toiture doit être considéré comme une moitié d'une toiture symétrique correspondante.

Noues des toits multiples symétriques (3) ②
(avec pente inférieure à 60°)

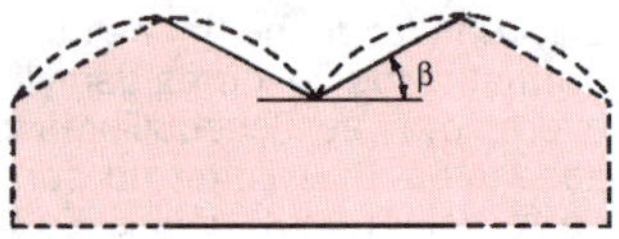

cas I Vent faible

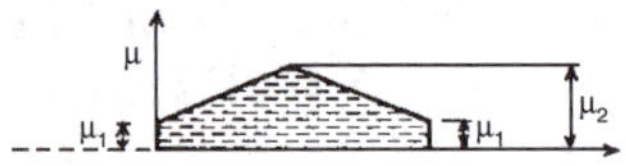

$0 \leq \beta \leq 30°$	$\mu_1 = \mu_2 = 0{,}8$
$30° < \beta \leq 60°$	$\mu_1 = 0{,}8 - 0{,}8\left(\frac{\beta - 30}{30}\right)$ $\mu_2 = 0{,}8 + 0{,}8\left(\frac{\beta - 30}{30}\right)$

cas II et III Vent modéré et fort

$0 \leq \beta \leq 15°$	$\mu_1 = \mu_2 = 0{,}8$
$15° < \beta \leq 30°$	$\mu_1 = 0{,}8 - 0{,}4\left(\frac{\beta - 15}{15}\right)$ $\mu_2 = 0{,}8 + 0{,}8\left(\frac{\beta - 15}{15}\right)$
$30° < \beta \leq 60°$	$\mu_1 = 0{,}4 - 0{,}4\left(\frac{\beta - 30}{30}\right)$ $\mu_2 = 1{,}6$

(3) Pour les versants extérieurs, les valeurs de μ sont, s'il y a lieu, celles de μ_1 de la toiture (fig. 4, p. 21), dans les cas I, II et III, avec dispositif de retenue.
Pour les noues de toits en voûte, les valeurs de μ dans les différents cas peuvent être utilisées le cas échéant.

Noues des toits multiples dissymétriques (avec pente inférieure à 60°)

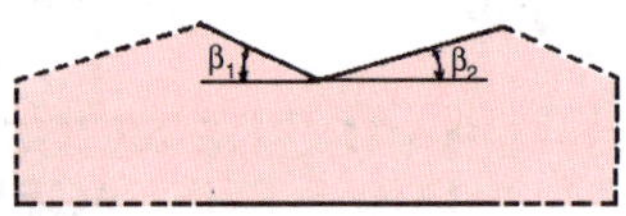

1° si β_1 et $\beta_2 \leq 45°$: les valeurs de μ_1 et μ_2 sont évaluées dans les différents cas avec :

$$\beta = \frac{\beta_1 + \beta_2}{2}$$

2° si β_1 ou $\beta_2 > 45°$: une analyse à partir des phénomènes de base (glissement de la neige, redistribution par le vent,...) est à faire pour la détermination des valeurs de μ.

①

Toitures à redans (sheds) (1)

(1) Pour les versants extérieurs, les valeurs de μ sont, s'il y a lieu, celles de la toiture du type (fig. 1, p. 22) dans les cas I, II et III.

Pour les sheds de toits en voûte, les valeurs de μ dans les différents cas peuvent être utilisées le cas échéant.

Si $\beta > 45^o$, une analyse particulière à partir des phénomènes de base (glissement de la neige, redistribution par le vent) est à faire pour la détermination des valeurs de μ.

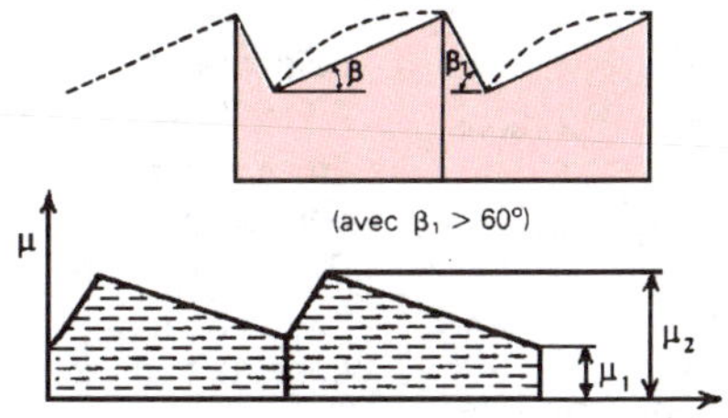

Se reporter figure 2, page 22, sauf si $\beta > 60^o$:

$\mu_1 = 0$
$\mu_2 = 1,6.$

②

Toitures déformables à très faible pente avec étanchéité

Les coefficients μ_1 et μ_2 des toitures (pages 21, 22 et fig. 1) sont majorés pour les cas de charge I et II sans toutefois que la charge majorée dépasse :

$1,3 \text{ kN/m}^2$ si $s_o \leq 1,3 \text{ kN/m}^2$
s_o si $s_o > 1,3 \text{ kN/m}^2$.

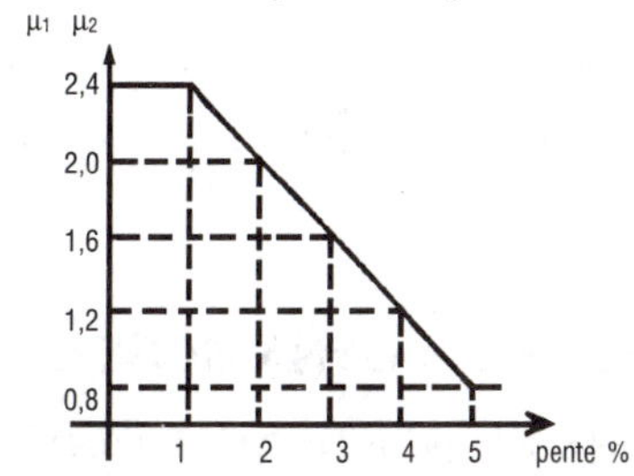

③

Toitures courbes cylindriques (effectuer des essais pour les coupoles)

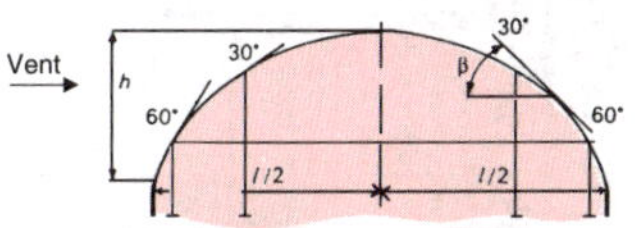

$\mu = 0$ pour les zones où $\beta > 60^o$

cas I Vent faible

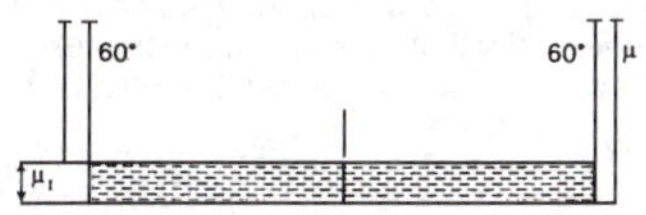

$\mu_1 = 0,8$

cas II Vent modéré

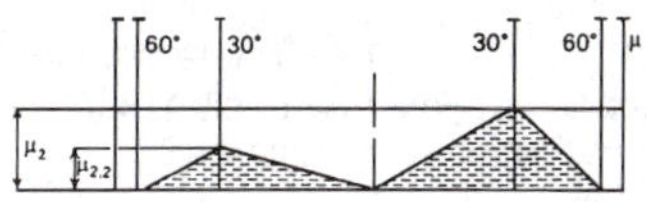

cas III Vent fort

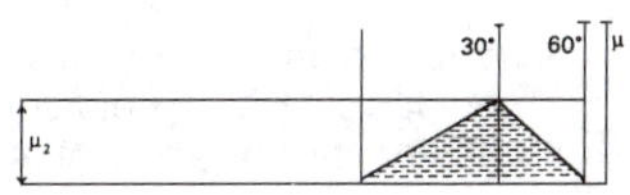

cas II et III : Sans objet si $h / \ell < 1/10$

$\mu_2 = 0,3 + 10\, h / \ell \quad (\mu_2 \leq 2)$

④

Saillies et obstacles locaux

cas I Pas d'influence de l'obstacle

cas II Vent modéré

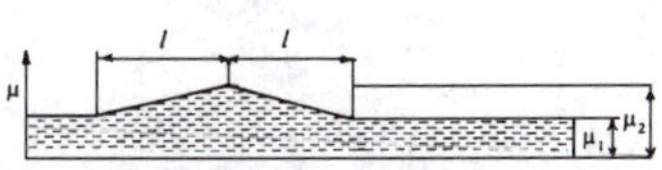

$\mu_2 = 2h / s_o$ (h en m ; s_o en kPa)

$\mu_1 = 0,8$

$\ell = 2$ h.

Limitations :

$0,8 \leq \mu_2 \leq \begin{cases} 2 \text{ (obstacles locaux)} \\ 1,6 \text{ (acrotères)} \end{cases}$

$5 \text{ m} \leq \ell \leq 15 \text{ m}.$

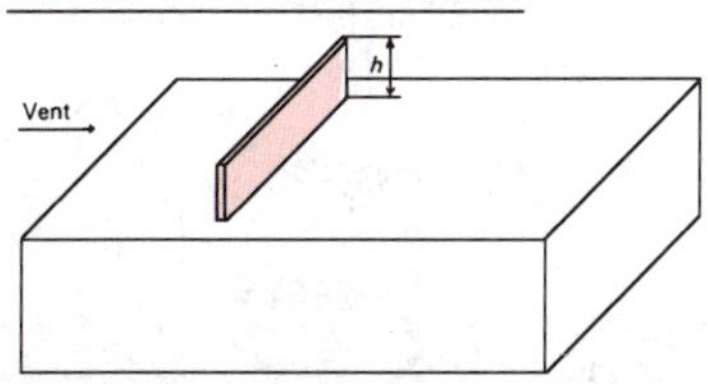

cas III Vent fort

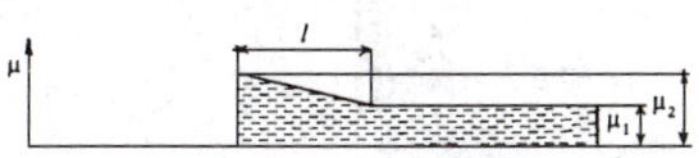

Les valeurs et les limitations de μ_1 et de μ_2 sont celles mentionnées dans le cas II.

⑤

Bords de toitures courantes

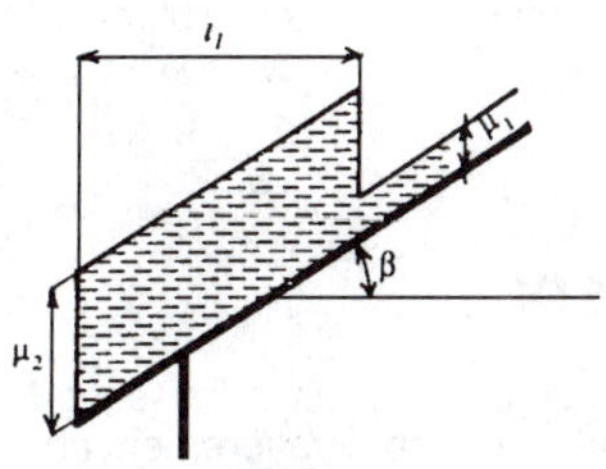

Conditions :

– altitude < 500 m

– $\beta > 20^o$

– présence d'un obstacle gênant le glissement de la neige (chêneau par exemple).

μ_1 = se reporter page 21, figure 4

$\mu_2 = 1,6$

$\ell_1 = 2\, \mu_1\, s_o$ (ℓ_1 en m, s_o en kPa).

⑥

Toitures à plusieurs niveaux

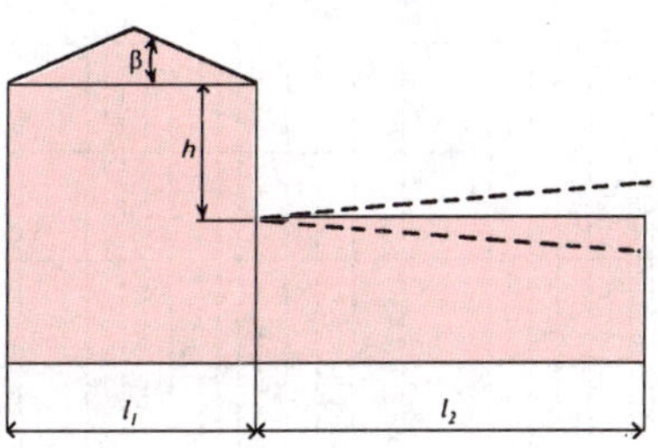

Pour les toitures supérieures, les valeurs de μ sont celles des types de toiture correspondant.

cas I Vent faible

Chaque niveau de toiture est à considérer indépendamment de l'autre.

cas II ou III Vent modéré ou fort

$\mu_1 = 0,8$

$\mu_2 = \mu_s + \mu_w$

où

- μ_s dû au glissement
- μ_w dû au vent

$\mu_w = \dfrac{2h}{s_o}$ (h en m ; s_o en kPa)

avec $0,8 \leq \mu_w \leq 2,8$

$\ell_3 = 2\, h$ avec $5 \text{ m} \leq \ell_3 \leq 15 \text{ m}.$

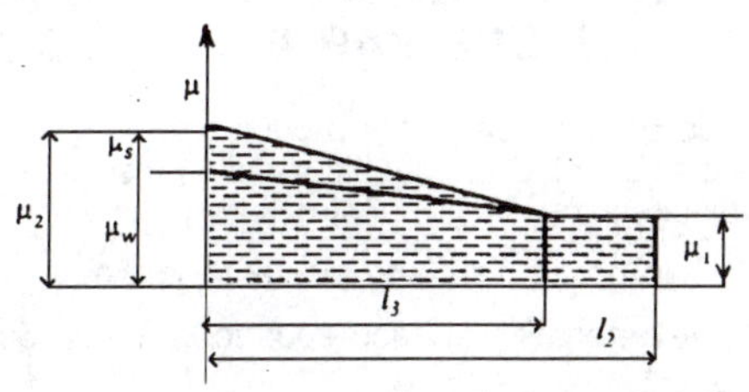

- $\ell_3 \leq \ell_2$.
- $\beta > 15^o$: μ_s est déterminé à partir de la charge additionnelle provenant de la pente adjacente de la toiture supérieure (au plus 50 % de la charge totale maximale possible sur cette pente, répartie linéairement comme indiqué sur le croquis ci-dessus).
- $\beta \leq 15^o$: $\mu_s = 0$.

L'action exercée sur une paroi par le vent est considérée comme normale à cette paroi (fig. 1).

Elle dépend :

- de la vitesse du vent,
- de la catégorie de la construction et de ses proportions d'ensemble,
- de l'emplacement de l'élément étudié dans la construction et de son orientation par rapport au vent,
- des dimensions de l'élément considéré,
- de la forme de la paroi à laquelle appartient l'élément considéré.

1. PRESSION DYNAMIQUE q

On appelle q la pression dynamique exercée par le vent sur une surface plane, normale à sa direction au point frappé par le filet d'air dont la vitesse s'annule. Elle est indépendante de la nature, de la position et des dispositions de la construction.

La pression dynamique de base, fixée par les règles en fonction de la hauteur (h) au-dessus du sol, est ensuite affectée de coefficients propres au projet étudié fonction :

- de la région (fig. 3) : kr (fig. 2) ; la pression normale convient pour les calculs aux états-limites de service, la pression extrême intervenant pour les calculs aux états-limites ultimes ;
- du site (abrité, exposé, ...) : ks (fig. 2),
- d'un effet de masque,
- d'un effet des dimensions (réduction pour les grands éléments, fig. 4).

Valeur corrigée : q = (460 + 7 h) kr ks **(N/m^2)**

- Valeurs minimales : réductions < 33 %, avec
 * pression dynamique normale corrigée > 30 daN/m^2,
 * pression dynamique extrême corrigée > 52,5 daN/m^2.

2. PRISE EN COMPTE D'UN EFFET DE MASQUE

Une minoration de 25% de la valeur de q est admise pour les surfaces abritées, notamment quand elles sont entièrement abritées par un masque pour toutes les directions du vent dans le plan horizontal.

3. ACTION ÉLÉMENTAIRE UNITAIRE SUR UNE PAROI

Elle est donnée par le produit c.q, où q est la pression dynamique corrigée et c un coefficient de pression (donné, en fonction des dispositions de la construction, page 25) :

- c positif : surface au vent (fig. 5a),
- c négatif : surface sous le vent (fig. 5b).

On distingue les actions statiques :

- extérieures **(coefficient c_e)**, pressions ou succions sur les parois extérieures de la construction.
- intérieures **(coefficient c_i)**, essentiellement fonction de la perméabilité de la paroi (état de surpression ou dépression du volume intérieur de la construction, résultant de l'orientation des ouvertures par rapport au vent, de leur importance et de leur perméabilité).

4. ACTION RÉSULTANTE UNITAIRE SUR UNE PAROI PLANE

Elles sont déterminées en combinant de la manière la plus défavorable, pour chaque élément, les actions extérieures moyennes et les actions intérieures.

La somme algébrique des actions élémentaires, par m^2 sur une paroi, donne : $p_r = (c_e - c_i)$ qr, qr étant la valeur moyenne de q sur la paroi.

Les coefficients c_e et c_i sont donnés page 25 pour les constructions respectant le domaine de validité des règles simplifiées.

①

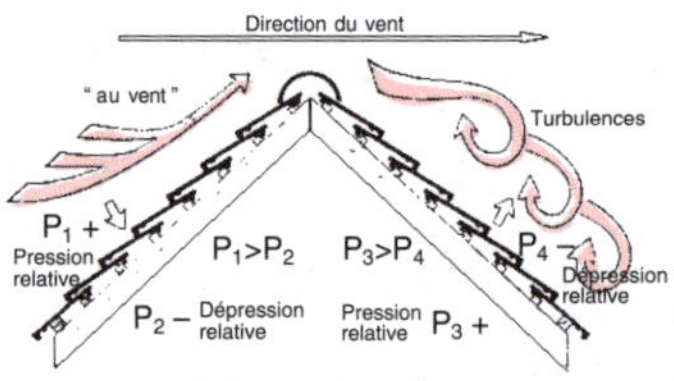

LES PHÉNOMÈNES DE PRESSION / DÉPRESSION

La direction moyenne d'ensemble du vent étant supposée horizontale, on distingue des surfaces dites « au vent » et « sous le vent ».

②

	kr	
	pression	
Région	normale	extrême
I	1	1,75
II	1,4	2,45
III	1,8	3,15

	ks		
	Site		
Région	protégé	normal	exposé
I	0,8	1	1,35
II	0,8	1	1,3
III	0,8	1	1,25

⑤

ⓐ

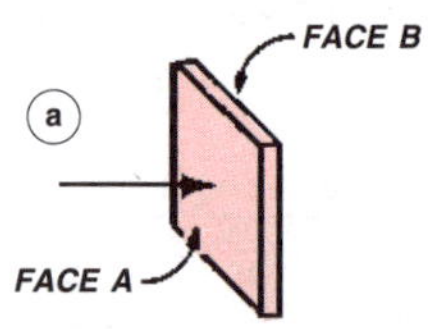

Pression ou surpression sur la face A : c > 0.

ⓑ

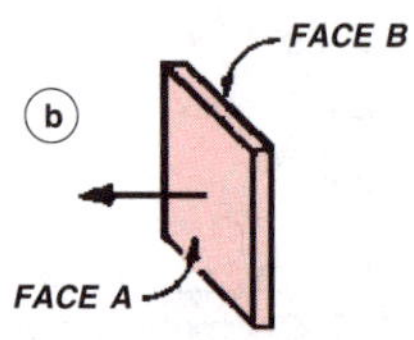

Succion ou dépression sur la face A : c < 0.

VENT – CARTE DES RÉGIONS ③

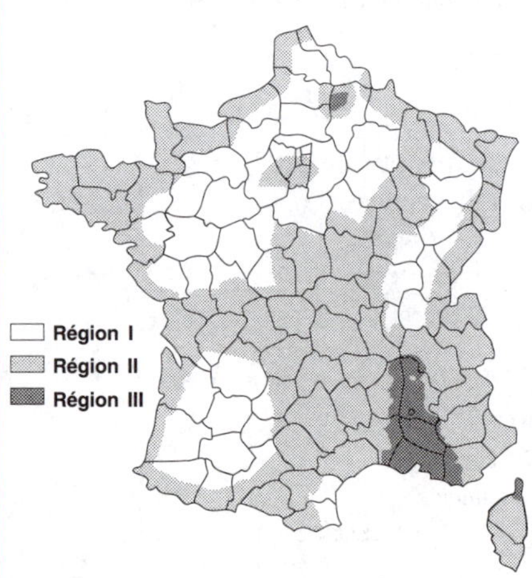

Coefficient de réduction δ des pressions dynamiques pour les grandes surfaces ④

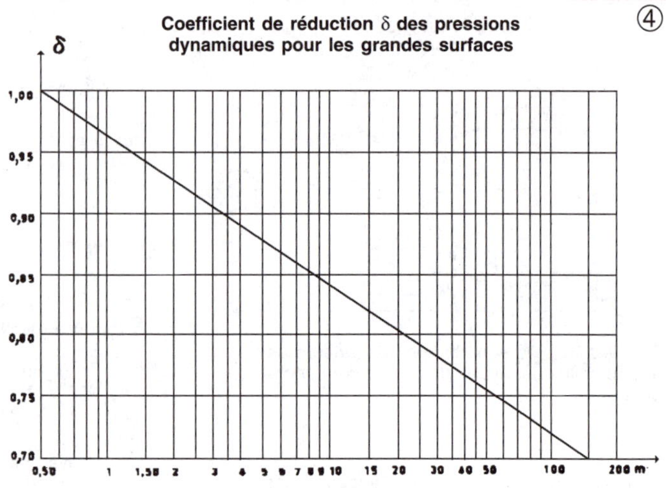

PLUS GRANDE DIMENSION DE LA SURFACE OFFERTE AU VENT

4. ACTION RÉSULTANTE UNITAIRE SUR UNE PAROI PLANE (suite)

- **Coefficient c_e :**
  - parois verticales au vent : $c_e = +0{,}8$.
    sous le vent : $c_e = -0{,}5$.
  - toitures à versants plans ou en voûte (fig. 1) :
    - ⋆ vent normal aux génératrices : α désigne l'angle en degrés du versant avec le plan horizontal ou de la tangente à la voûte avec l'horizontale (fig. 3) .
    - ⋆ vent parallèle aux génératrices : $c_e = +0{,}5$.
- **Coefficient c_i :**
  - Constructions fermées : $c_i = \pm\ 03$.
  - Constructions ouvertes au vent : $c_i = +0{,}8$.
    sous le vent : $c_i = -0{,}5$.

5. ACTION D'ENSEMBLE DU VENT SUR LA CONSTRUCTION

L'action résultante sur une paroi plane de surface S vaut :

$$P = p_r\, S \text{ (P algébrique).}$$

L'action d'ensemble du vent sur la construction, dans une direction donnée, représente la résultante géométrique de toutes les actions P, sur les parois, à l'exception des majorations apportées par les actions locales. Elle se décompose en deux termes :

- traînée T : effet d'entraînement et de renversement, dans la direction horizontale du vent (fig. 2).
- portance U : effet de soulèvement, éventuellement de renversement, selon une verticale ascendante (fig. 2).

6. DOMAINE D'APPLICATION DES RÈGLES SIMPLIFIÉES

Elles concernent plus spécialement les bâtiments à usage d'habitation ou de bureaux, constitués par des blocs parallélépipédiques, composés en pratique d'étages identiques, de hauteur normale, avec murs et cloisons en maçonnerie.

Elles constituent une enveloppe défavorable, par rapport aux règles générales ! Il ne faut jamais combiner ces deux ensembles de règles qui forment chacun un tout.

6-1. Caractéristiques de la construction (fig. 3)

- Terrain sensiblement horizontal sur un grand périmètre.
- Bloc unique ou blocs accolés à une toiture unique : l'ensemble des blocs, comme chaque bloc pris séparément, répond aux conditions :
  - base au niveau du sol : un rectangle.
  - hauteur h (différence entre les niveaux de la base de la construction et de la crête de la toiture) : 30 m.
  - couverture : toiture terrasse, toiture unique (hauteur f, à un ou deux versants inclinés au plus de 40° sur l'horizontale), voûte (le plan tangent à la naissance des directrices de la voûte est incliné au plus de 40° et de moins de 22° sur l'horizontale).
  - parois verticales : planes sans décrochements, reposant directement sur le sol, elles présentent une perméabilité μ inférieure ou égale à 5 %, ou pour une seule d'entre elles égale ou supérieure à 35 %.

    La perméabilité μ d'une paroi est définie comme le rapport de la surface d'ouvrants à la surface de la paroi.

    ⋆ Bâtiments d'habitation (la construction est dite « fermée ») : μ = 5 %.

    ⋆ Paroi de la construction ou d'un compartiment de celle-ci, munie d'une grande baie libre ou de parties ouvrantes pouvant découvrir simultanément plus du tiers de la surface de cette paroi : μ = 35 % (la construction est dite « ouverte »).

Nota : Les blocs intermédiaires sont considérés comme fermés et isolés, et vérifiés pour résister à des actions d'ensemble égales aux 6 / 10e de celles calculées pour l'ensemble, le vent soufflant normalement au plan des joints.

6-2. Actions locales sur la couverture

Elles s'ajoutent aux actions extérieures moyennes sur les faces inférieures des débords de toiture où les actions intérieures s'ajoutent sans que le coefficient résultant dépasse respectivement (– 2) ou (– 3) : figure 4b.

- Rives de toitures et d'arêtes verticales (fig. 4a) : à partir de la rive ou de l'arête verticale, sur une profondeur égale au 1/10e de la plus petite dimension horizontale de la construction b :

$$c = 2\, c_e \text{ (succion).}$$

- Angles des parties communes précédemment définies concernant les rives de toiture :

$$c = 3\, c_e \text{ (succion).}$$

Ces actions locales sont applicables au calcul des éléments de couverture, de revêtement ou de zinguerie, à leurs attaches et appuis dans la zone étudiée.

①

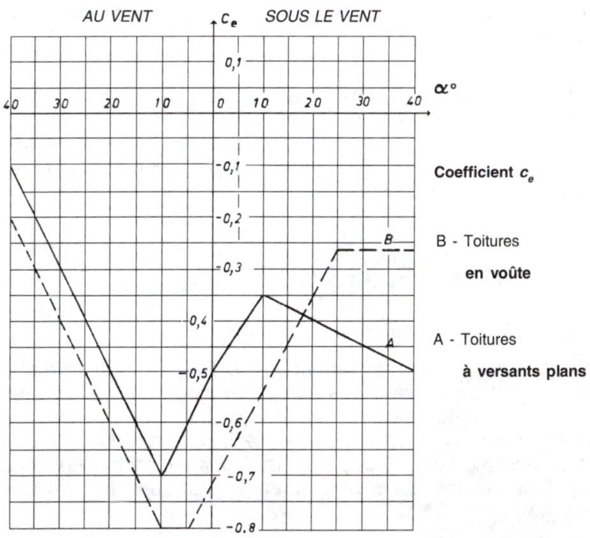

②

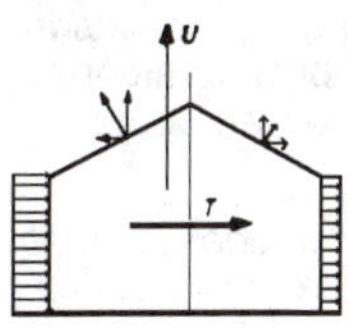

④

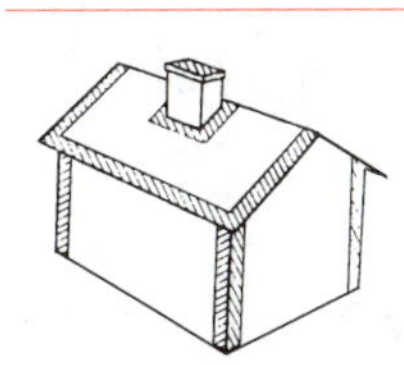

a

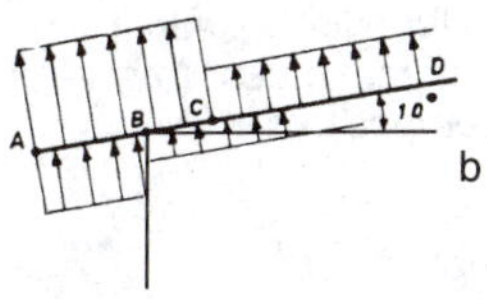

b

Dans la zone AB coefficient résultant de – 2,2 limité à – 2.
Dans la zone BC coefficient résultant de – 1,7.
Dans la zone CD coefficient résultant de – 1,0.

③

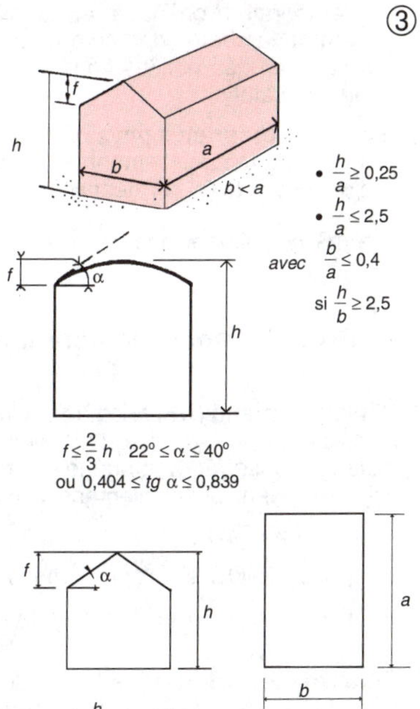

LIANTS HYDRAULIQUES (1/10)
DÉFINITIONS, CONSTITUANTS
NF P 15-301 (ENV 197-1), 311 et 312

1. DÉFINITIONS

- **Un liant hydraulique** (noté LH) est une poudre minérale qui forme avec l'eau une pâte **faisant prise** et **durcissant progressivement**, même à l'abri de l'air, notamment sous l'eau.

Les ciments sont des LH formés de constituants anhydres, cristallisés ou vitreux, mélangés intimement après broyage,

- renfermant essentiellement de la silice, de l'alumine et de la chaux (quelques additions en petites quantités sont autorisées),
- dont le durcissement est principalement dû à la formation par combinaison de ces constituants anhydres avec l'eau, de silicates et d'aluminates de calcium hydratés très peu solubles dans l'eau.

Le Précis de Chantier AFNOR-NATHAN (chap. BÉTON) détaille p. 53 à 54 la composition, les propriétés et grandeurs caractéristiques (temps de prise, retraits...) des ciments (NF P15-301).

- **Les chaux hydrauliques naturelles** (NHL) sont des LH résultant de la cuisson de calcaires naturels plus ou moins argileux, avec réduction en poudre par extinction, suivie ou non de mouture, avec ou sans addition de grappiers ou autres constituants : clinker, laitier, pouzzolane.

- **Les chaux hydrauliques artificielles** (XHA) sont des LH dont les éléments actifs essentiels, semblables à ceux des ciments, sont choisis et traités pour leur conférer une grande plasticité une faible fissurabilité et des résistances mécaniques de valeur moyenne.

2. CONSTITUANTS DES CIMENTS

Pour être employés en cimenterie, ils ont :

- **soit des propriétés hydrauliques,** c'est-à-dire qu'ils forment, par réaction avec l'eau, des composés hydratés stables très peu solubles dans l'eau, présentant une forte adhérence entre eux et aux granulats, créant ainsi une cohésion croissante des pâtes, des mortiers et des bétons. Pour se déclencher, ces propriétés nécessitent parfois un catalyseur constitué par une base forte ;
- **soit des propriétés pouzzolaniques,** c'est-à-dire qu'ils forment, à température ordinaire, en présence d'eau, par combinaison avec de la chaux, des composés hydratés stables, analogues à ceux formés par les constituants hydrauliques au cours de leur hydratation ;
- **soit des propriétés physiques** qui améliorent certaines qualités du ciment (accroissement de la maniabilité et de la compacité, diminution de la perméabilité...).

Un même constituant peut avoir plusieurs de ces propriétés.

2-1. Produits spécialement fabriqués

- **Clinker Portland (K)** : silicates et aluminates de calcium anhydres obtenus par cuisson jusqu'à fusion partielle (clinkérisation) d'un mélange dosé et homogénéisé de matières crues (argile et calcaire) ayant principalement comme composants :
  - la chaux (CaO),
  - la silice (SiO_2) et en proportions moindres,
  - l'alumine (Al_2O_3) et des oxydes de fer (Fe_2O_3).

- **Pouzzolanes artificielles (Z)** : matière (essentiellement la silice, l'alumine et l'oxyde de fer) ayant subi un traitement thermique lui conférant des propriétés pouzzolaniques.

2-2. Sous-produits sélectionnés et provenant d'autres industries

- **Laitier granulé de haut fourneau (S)** : produit granulé obtenu par refroidissement brusque (trempe à l'eau généralement) de la scorie en fusion provenant principalement du traitement des minerais de fer en haut-fourneau.

- **Cendres volantes de houille ou de lignite (C)** : produit pulvérulent, résidu de la combustion en centrale thermique de houille ou de lignite pulvérisée, généralement entraîné par les fumées et obtenu par dépoussiérage.

2-3. Produits naturels subissant seulement un séchage, une pulvérisation avant incorporation

- **Fillers (F)** : obtenus par broyage fin ou par pulvérisation de roches naturelles ou non (calcaire, basalte, laitiers, bentonite, kieselguhr...), agissant sur certaines qualités des ciments : maniabilité accrue, perméabilité, fissurabilité et capillarité diminuée. Ils peuvent être inertes, ou actifs s'ils ont des propriétés hydrauliques ou pouzzolaniques.

- **Pouzzolanes naturelles (Z)** : produit d'origine volcanique composé de silice, d'alumine et d'oxyde de fer, ayant des propriétés pouzzolaniques.

3. ADDITIONS (EN PETITES QUANTITÉS)

- **Sulfate de calcium** : incorporé sous forme de gypse ou d'anhydrite pour régulariser la prise.

- **Sels solubles** (moins de 1 %) : la nature du sel doit figurer sur les sacs ou toute pièce accompagnant le ciment. Ils sont interdits dans les ciments Portland.

- **Agents de mouture** : incorporés pour séparer les grains et favoriser le broyage.

4. PRINCIPALES CATÉGORIES DE CIMENT

Notons symboliquement chaque produit par des groupes de lettres qui figurent dans chaque définition :

- **Ciment Portland : CPA-CEM I**
- **Ciment Portland composé : CPJ-CEM II**
- **Ciment de Haut-Fourneau : CHF-CEM III**
- **Ciment de laitier au clinker : CLK-CEM IV**
- **Ciment au laitier et aux cendres : CLC-CEM V**

Une désignation plus précise est définie page 27.

① Pourcentage en masse des principaux constituants

Notation	K	S	Z	V	Divers
CPA-CEM I	95-100				0-5
CPJ-CEM II/A CPJ-CEM II/B	80-94 65-79	6-20 (1) (2) 21-35 (1) (2)			
CHF-CEM III/A CHF-CEM III/B CHF-CEM III/C	35-64 20-34 5-19	36-65 (1) 66-80 (2) 81-95			0-5
CLC-CEM V/A CLC-CEM V/B	40-64 20-39	18-30 31-50	18-30 (1) 31-50		0-5

Les pourcentages s'entendent tolérances comprises, avant incorporation des produits d'addition, notamment le sulfate de calcium.
(1) Le fabricant est tenu à une déclaration de composition et s'engage à faire varier les constituants dans une proportion de ± 5 % au plus.
(2) Au maximum 5 % de fillers (F).

5. CLASSES DE RÉSISTANCE DES LIANTS HYDRAULIQUES, DOSAGES DES BÉTONS EN FONCTION DES RÉSISTANCES À OBTENIR ET DES CONDITIONS DE FABRICATION (BAEL 91 ART. B6)

Les liants hydrauliques sont classés en **classes de résistance** (NF P 15-301) exprimées en MPa (fig. 1), suivant leur **résistance à la compression,** mesurée **à 28 jours d'âge,** selon la norme NF EN 196-1. Des sous-classes apparaissent parfois pour mesurer la résistance à 2 jours.

Le tableau ci-dessous indique les dosages, en kg/m^3, permettant d'atteindre dans la grande majorité des cas les résistances caractéristiques indiquées.
Les indications correspondent à des bétons plastiques présentant un affaissement de l'ordre de 10 cm au cône d'ABRAMS.

- CC : conditions courantes de fabrication.
- AS : CC avec autocontrôle surveillé.

Classes du ciment		45 et 45R		55 et 55R	
Conditions de fabrication		CC	AS	CC	AS
Résistance à la compression mesurée à 28 j fc 28	16 MPa	300			
	20 MPa	350	325	325	300
	25 MPa	(1)	400	375	350
	30 MPa		(1)	(1)	(1)

(1) : dosage à justifier par une étude appropriée.

CLASSES DE RÉSISTANCE (MPa)

	Classe	Sous-classe	Résistance à la compression garantie – Limite inférieure à 2 jours	Limite inférieure à 7 jours	Limite inférieure à 28 jours	Limite supérieure à 28 jours
Ciment (NF P 15-301)	32,5	–	–	–	≥ 32,5	≤ 52,5
		R (rapide)	≥ 13,5			
	42,5	–	≥ 12,5		≥ 42,5	≤ 62,5
		R (rapide)	≥ 20			
	52,5	–	≥ 20		≥ 52,5	–
		R (rapide)	≥ 30			
	HP	–	–		55	–
		R (rapide)	27		55	–

Chaux (NF P 15-301, 302)	Classe XHA	Classe NHL	Résistance à la compression à 7 jours		Résistance à la compression à 28 jours	
		2				2 à 5
	60	3,5	3	≥ 1,5	6	6 3,5 à 10
	100	5	5	≥ 2	10	10 5 à 15

La nouvelle norme NF P 15-301 est applicable à compter du 1/01/1995. Tous les documents parus antérieurement comme par exemple les DTU ou le BAEL 91 prendront en compte, au fur et à mesure des révisions, les modifications. En attendant cette homogénéisation, nous laissons figurer dans l'ouvrage la désignation qui figure encore dans le document concerné. Exemple : le tableau ci-contre est issu du BAEL 91 (la classe 45 correspond dorénavant à la classe 32,5).

- Exemple de désignation d'un ciment (NF P 15-301) :
  - CPA-CEM I 42,5 R : ciment Portland de classe de résistance 42,5 ayant une résistance élevée au jeune âge ;
  - CPJ-CEM II/B 32,5 R : ciment Portland composé contenant 65 à 79 % de clinker ; classe 32,5, résistance au jeune âge ordinaire.
- Exemple de désignation d'une chaux : XHA 100, NF P 15-310 ; NHL 3,5, NF P 15-311.

6. PRÉCONISATIONS D'EMPLOIS DES CIMENTS COURAMMENT UTILISÉS (NF P 15-010)

L'absence de signes dans une colonne n'interdit pas l'utilisation du ciment correspondant mais signifie que d'autres liants sont conseillés pour des raisons économiques ou techniques	(ex 35)	32,5 (ex 45)					32,5 R (ex 45 R)			42,5 R (ex 55)			(ex 55 R)		52,5 (ex HP)
	CPJ	CLK	CHF	CLC	CPJ	CPA	CLK	CPJ	CPA	CHF	CPJ	CPA	CPJ	CPA	
Maçonnerie	■				■			■							
Béton courant (non armé ou faiblement armé pour remplissage, fondation, portée réduite)	■	■	■	■	■		■	■		■					
Béton armé (structures porteuses)		■			■	■		■	■		■	■	■	■	■
Béton armé avec décoffrage accéléré											■	■	■	■	■
Produits préfabriqués en béton non armé					■	■		■	■		■	■	■	■	■
Éléments préfabriqués en béton armé (poutres, prédalles, panneaux...)						■			■		■	■	■	■	■
Béton précontraint (1)						■			■			■		■	■
Stabilisation des sols et graves ciment	■	■			■			■							
Travaux en grandes masses	■	■	■	■	■	■									
Travaux en milieux agressifs (eau de mer ou eaux sulfatées, terrains gypseux...) (1) (prise Mer) : NF P 15-317, -319		■	■	■			■			■					
Travaux par temps froid												■		■	■

(1) Des aptitudes à des emplois particuliers sont énoncées par la commission interministérielle permanente des liants hydrauliques et des adjuvants des bétons, mortiers et coulis (COPLA). L'AFNOR publie régulièrement la liste des ciments admis à la marque NF VP.

7. EMBALLAGE ET MARQUAGE

L'inviolabilité des emballages est garantie (NF P 15-300) par les techniques de fabrication pour les sacs en papier (NF H 11-002, H 13-042, et Q 12-005 : fermeture de la valve permettant un remplissage par injection du sac de ciment), par un scellé pour les conteneurs.
Les sacs portent les indications suivantes (fig. 2) : NF P 15-301, la classe du ciment, éventuellement le signe NF ou la marque NF VP. Des indications complémentaires peuvent apparaître : sel soluble (formule chimique et teneur en sel anhydre), cendres hydrauliques, adjuvant incorporé, prise mer. La masse nette du sac ainsi que les noms du fabricant et de l'usine productrice doivent être marqués de façon explicite.

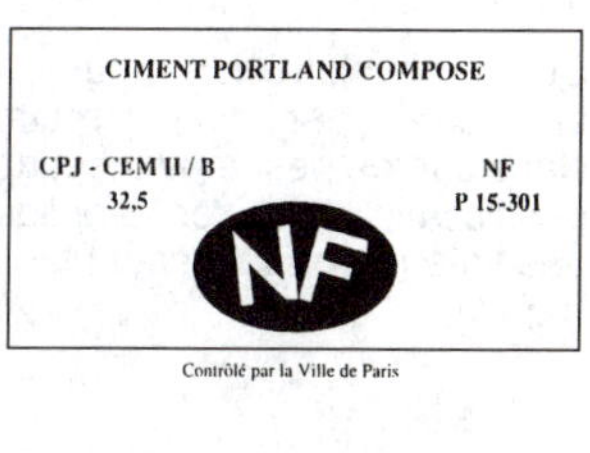

Le béton est un mélange intime de :

- granulats inertes ;
- liants hydrauliques ;
- eau ;

qui, après sa mise en œuvre, durcit dans l'eau ou dans l'air, grâce au liant qu'il contient.

Pour composer un béton, il faut connaître :

- l'ouvrage à construire ;
- les moyens utilisés pour le mettre en œuvre.

Il est nécessaire de fixer :

- la résistance que devra atteindre le béton en service : aptitude du matériau à s'opposer aux actions mécaniques ;
- l'ouvrabilité qu'il devra avoir au moment du coulage : aptitude du béton à une bonne mise en œuvre pour un bon enrobage des armatures et un parfait remplissage du coffrage ;
- la dimension maximale des granulats (D) : on a toujours intérêt à utiliser, pour commencer une composition granulométrique d'un béton, le plus gros granulat possible. Il faut toutefois que ces grains puissent passer entre les mailles du ferraillage (p. 69).

Il faudra choisir le meilleur compromis, par rapport aux objectifs à atteindre : résistance, ouvrabilité et durabilité.

La méthode, utilisant des abaques, fournit dans chaque cas particulier une solution (béton de résistance ou d'ouvrabilité données admettant une grosseur maximale des granulats) qui satisfait aux nécessités du chantier, après légère mise au point éventuelle.

Elle aboutit à un dosage en masse, moyennant une estimation préalable de l'humidité contenue dans les granulats.

Cette évaluation peut être effectuée par une méthode classique de pesée avant et après dessiccation, ou en appliquant des valeurs forfaitaires du tableau (fig. 1).

Exemple d'utilisation pratique

Abaque n° 2 : béton normal avec D = 25 mm

On désire un béton mou d'affaissement 11 cm au cône d'ABRAMS (1), avec une résistance élevée de 35 MPa (2). On obtient la composition :

(3) Ciment (classe 45) : 400 kg/m^3 + adjuvant.
(4) Sable 0/5 mm (à l'état sec) : 435 litres.
(5) Gravillon 5/25 mm : 795 litres.
(6) Dosage en eau : point E'.
(7) Les granulats sont humides.
(8) Rajouter 105 litres d'eau.

Degré d'humidité des granulats :

- Sec (cas rare) : aspect mat, laissant la main un peu poussiéreuse.
- Humide (cas fréquent) : aspect brillant, laissant la main mouillée. Les grains de sable y adhèrent légèrement et on peut en faire une boulette en le comprimant.
- Mouillé : granulats après une pluie importante.
- Trempé (cas rare) : granulats complètement saturés, à peine égouttés.

Degré d'humidité des granulats ①

Pourcentage d'eau en masse

	Sec	Humide	Mouillé	Trempé
dans le sable	0 à 3 %	4 à 7 %	8 à 11 %	12 à 15 %
dans le gravier	1 %	3 %	5 %	6 %

②

Abaque n° 1 - Béton normal - D = 16 mm

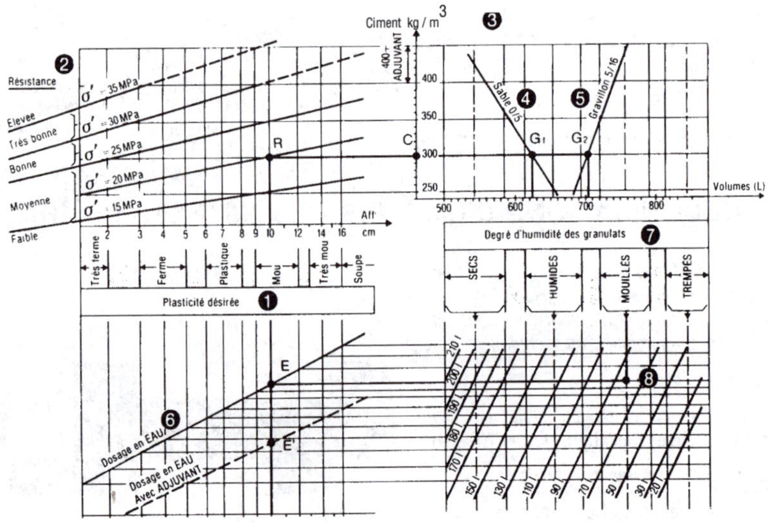

Abaque n° 2 - Béton normal - D = 25 mm

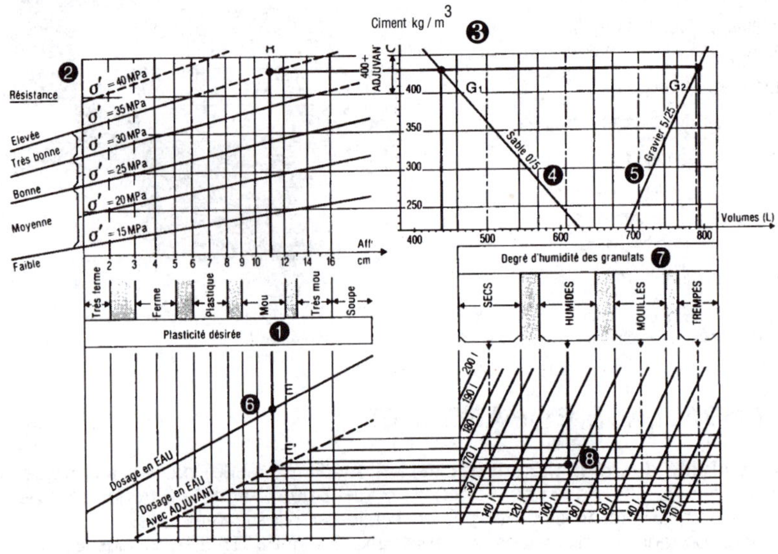

Nota : Il est souhaitable de vérifier les résultats sur des éprouvettes par des essais de convenance, tant pour la résistance que pour l'ouvrabilité.

① CARACTÈRES MÉCANIQUES GARANTIS

Barres lisses (NF A 35-015)	**Ø**	
– Nuance Fe E – Limite d'élasticité (MPa) – Résistance en traction (MPa) – Allongement de rupture	215 215 330/410 22 %	235 235 410/490 25 %
Barres à haute adhérence (NF P 35-015 et 019)	**HA**	
– Nuance Fe E – Limite d'élasticité (MPa) – Résistance en traction (MPa) – Allongement de rupture	400 400 480 14 %	500 500 550 12 %
Treillis soudés	**TS**	
– Nuance Fe E – Limite d'élasticité (Mpa) – Résistance en traction (MPa) – Allongement de rupture	500 500 550 8 %	

② CARACTÈRES D'ADHÉRENCE

L'adhérence acier-béton est caractérisée par les coefficients :

– d'adhérence dit de fissuration η,
– de scellement Ψs.

Barres (tous diamètres)

	Ø	HA
Ψ_s η	1	1,5 1,6 en général

Treillis soudés (tous types standard)

	TSL	TSHA Ø < 6 mm	TSHA Ø ≥ 6 mm
Ψ_s η	1	1,5 1,3	1,5 1,6

③ ANCRAGES RECTILIGNES (BAEL 91 : Art. A.6.1 et 6.2)

Valeurs calculées

La longueur de scellement droit ls est donnée en fonction de la résistance courante des bétons : ls = k Ø

k	fc 28 (MPa)	20	25	30	35
HA	Fe E 400	42	36	32	28
	Fe E 500	52	44	39	34
Ø	Fe E 215	49	42	39	34
	Fe E 235	54	46	42	37

Valeurs forfaitaires

– Barres : HA ls = 40 Ø
Ø ls = 50 Ø

– Treillis = 3 soudures pour les fils porteurs et 2 soudures pour les fils de répartition (voir ci-contre).

BARRES : caractéristiques dimensionnelles ④

Ø mm	nombre de barres 1	2	3	4	5	6	7	8	9	Masse (kg/m)
6	0,28	0,57	0,85	1,13	1,41	1,69	1,98	2,26	2,54	0,222
8	0,50	1,00	1,50	2,01	2,51	3,01	3,51	4,02	4,52	0,395
10	0,79	1,57	2,35	3,14	3,92	4,71	5,45	6,28	7,07	0,617
12	1,13	2,26	3,39	4,52	5,65	6,78	7,92	9,04	10,18	0,888
14	1,54	3,08	4,62	6,16	7,70	9,24	10,78	12,32	13,85	1,210
16	2,01	4,02	6,03	8,04	10,05	12,10	14,07	16,13	18,15	1,580
20	3,14	6,28	9,42	12,57	15,71	18,85	21,99	25,13	28,27	2,466
25	4,91	9,82	14,73	19,63	24,54	29,45	34,36	39,27	44,18	3,850
32	8,04	16,08	24,13	32,17	40,21	48,25	56,30	64,34	72,38	6,313
40	12,57	25,13	37,70	50,27	62,83	75,40	87,96	100,53	113,10	9,864

Treillis soudés Produits standard sur stock ⑤

largeur unique 2,40 m
(désignation ADETS, 09-1994)

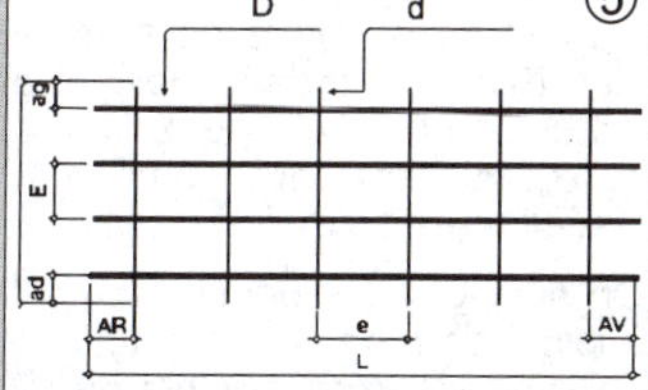

	Désignation	Section S (cm²/m)	Section s (cm²/m)	E e (mm)	D d (mm)	Abouts AV-AR ad-ag (mm)	L (m)	Rouleaux	Panneaux	Masse nominale (kg/m²)	1 rouleau ou 1 panneau surface (m²)	1 rouleau ou 1 panneau masse (kg)
TREILLIS DE PEAU	R 80R	0,80	0,53	200 300	4,5 4,5	100-150 100	50,00	•		1,042	120,00	125,10
	P 80R	0,80	0,53	200 300	4,5 4,5	150 100	3,60		•	1,042	8,64	9,00
	R 80C	0,80	0,80	200 200	4,5 4,5	100 100	40,00	•		1,250	96,00	120,00
	P 80C	0,80	0,80	200 200	4,5 4,5	100 100	3,60		•	1,250	8,64	10,80
	P 99V	0,99	0,80	200 160	4,5 4,5	135-25 100	3,20		•	–	–	9,60
TREILLIS DE STRUCTURE	P 131R	1,31	0,95	150 250	5 5,5	125 75	4,75		•	1	11,40	20,23
	P 188 R	1,88	0,95	150 250	6 5,5	125 75	6,00		•	2,228	14,40	32,08
	P 221R	2,21	0,95	150 250	6,5 5,5	125 75	6,00		•	2,481	14,40	35,73
	P 283R	2,83	0,95	100 250	6 5,5	125 50	6,00		•	2,968	14,40	42,74
	P 385R	3,85	1,47	100 300	7 7,5	150 50	6,00		•	4,177	14,40	60,14
	P 503R	5,03	1,77	100 250	8 7,5	125 50	6,00		•	5,338	14,40	76,87
	P636R	6,36	2,12	100 300	9 9	150 50	6,00		•	6,653	14,40	95,81
	P 221C	2,21	2,21	100 200	6,5 7,5	100 75	6,00		•	3,468	14,40	49,94
	P 385C	3,85	3,85	100 100	7 7	50 50	6,00		•	6,040	14,40	86,98
	P 636C	6,36	6,36	100 100	9 9	50 50	6,00		•	9,980	14,40	143,71

Ancrage et entraînement des treillis soudés
Sont conventionnellement considérés comme :

– fils porteurs : les plus grands diamètres (D) et les fils qui leur sont perpendiculaires de diamètre (d) tel que d > D - 2 mm ;
– fils de répartition : les autres.

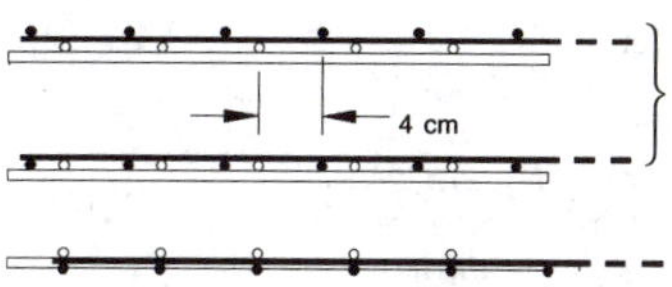

dispositions possibles
nappes en recouvrement dans des plans distincts
nappes en recouvrement dans le même plan

BRIQUES CREUSES, PLEINES OU PERFORÉES (5/10) ET BLOCS PERFORÉS EN TERRE CUITE NF P 13-301 et 305, AFNOR DTU P 10-202 (DTU N° 20-1)

Obtenues par façonnage, filage et/ou pressage, séchage et/ou cuisson d'une pâte argileuse, les briques traitées ici sont employées dans les ouvrages de maçonnerie courante : murs, cloisons, doublages... Selon le type de produit, sa destination, son rôle et les règles de l'art (AFNOR P 10-202 ou DTU n° 20-1), la géométrie d'un élément et ses dimensions varient. On trouve notamment des formes particulières traitant des points singuliers et donnant les mêmes caractéristiques qu'en partie courante : brique d'angle, bloc à feuillure, planelle, brique linteau, plaquettes destinées à revêtir certains éléments d'ouvrage (chaînage, poteau...).

①

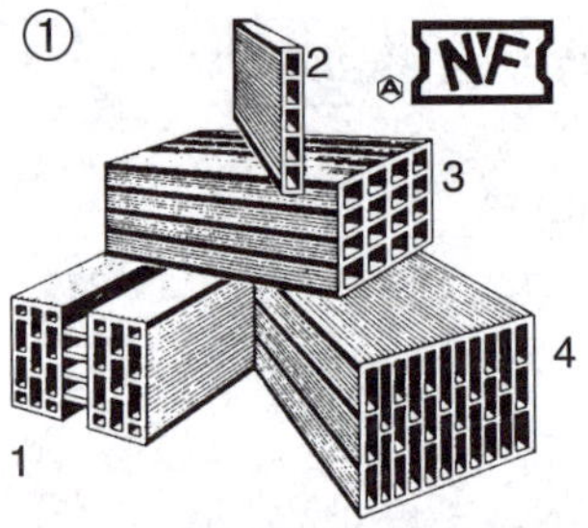

1. Brique (RJ) à rupture de joint : la mise en œuvre respectant la discontinuité du joint de pose horizontal reste difficile à maîtriser.

2. Brique plâtrière utilisée pour les cloisons de distribution ou de doublages (p.89).

3. Utilisée en façade ou refend, en remplissage ou en porteur, selon l'épaisseur.

4. Brique creuse à pouvoir isolant élevé.

1. BRIQUES CREUSES (NF P 13-301)

Ce produit ouvert aux deux extrémités comporte des cloisonnements intérieurs longitudinaux continus sur toute leur longueur. Un marquage garantit la fourniture de matériaux de qualité, de caractéristiques bien définies et identiques : il est présent sur 25% au moins des briques creuses ainsi que l'indication sur l'usine productrice, l'année et le mois de fabrication. 10% au moins portent la catégorie de résistance (fig. 3).

On distingue les briques (C) à faces de pose continues, montées à joints de mortier horizontaux continus des briques (RJ) à rupture de joint, montées à joints de mortier horizontaux discontinus pour améliorer le comportement thermique du mur : figure 1.

- Cotes de fabrication courantes en cm : figure 2.
- Classification mécanique (fig. 3) : on distingue les briques à résistance garantie (caractérisée d'après leur résistance R moyenne et minimale à l'écrasement, rapportée à la surface brute de la brique, exprimée en MPa dans l'une des classes de résistance) des briques ordinaires.
- Exemples de désignation :
  - Brique C 40, 16 trous de 15 × 20 × 40, NF P 13-301
  - Brique RJ 60 à 5 rangées verticales d'alvéoles de 22,5 × 20 × 40, NF P 13-301.

② Famille	E × H × L (cm)	
Briques plâtrières	3,5 × 20 × 40 3,5 × 25 × 40 4 × 20 × 40 4 × 25 × 40 5 × 20 × 40 5 × 25 × 40	5 × 40 × 50 6 × 20 × 40 6 × 25 × 40 7 × 20 × 40 7 × 25 × 40 7,5 × 20 × 40 7,5 × 25 × 40
Briques de moyen et grand format	8 × 20 × 40 8 × 25 × 40 10 × 20 × 40 10 × 25 × 40 11 × 20 × 40 11 × 25 × 40	15 × 20 × 40 15 × 30 × 57 20 × 20 × 40 20 × 30 × 57 25 × 20 × 40 30 × 20 × 40
Brique à rupture de joint	20 × 20 × 40 22 × 20 × 40 22,5 × 20 × 40	25 × 20 × 40 27,5 × 20 × 40

③ Brique à résistance garantie (classe de résistance)			
Désignation			Résistance à l'écrasement R (MPa)
C ou RJ40	C ou RJ60	C ou RJ80	
4	6	8	Moyenne
3,2	4,8	6,4	Minimale
Brique ordinaire			
Moyenne			R ≥ 2 MPa
Minimale			R ≥ 1,6 MPa

Nota : La catégorie de résistance n'est pas garantie

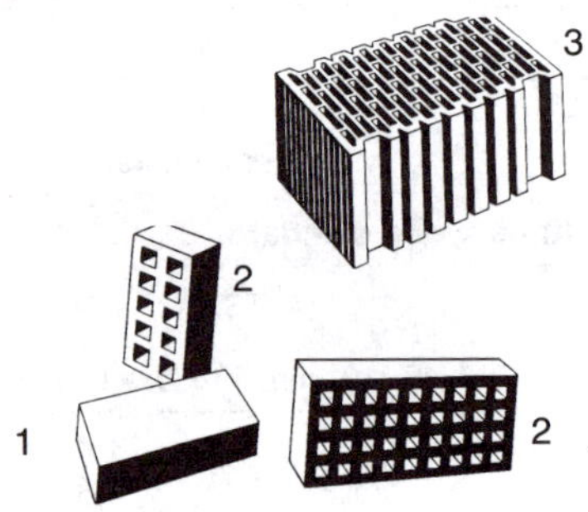

④

1. Brique pleine.

2. Brique creuse.

3. Bloc creux à pouvoir isolant élevé.

Nota : Un mulot est un élément de décoration d'un parement (épaisseur plus faible).

2. BRIQUES PLEINES OU PERFORÉES ET BLOCS PERFORÉS EN TERRE CUITE À ENDUIRE (NF P 13-305)

Ce produit plein ou perforé verticalement est monté à joints de mortier épais.

Employés pour l'habitation, ils sont généralement enduits ou protégés extérieurement, contribuant à améliorer des caractéristiques physiques du mur (thermique, acoustique, feu) ou pour rattraper des irrégularités de surface afin d'obtenir une surface plane destinée à recevoir ultérieurement un parement décoratif.

On distingue plusieurs modèles :
- Brique pleine : format le plus courant 6 × 11 × 22 cm.
- Brique perforée : largeur inférieure à 14 cm, somme des perforations < 50% de la section perpendiculaire à la face de pose.
- Bloc perforé : permettant de réaliser toute l'épaisseur brute du mur avec un seul élément (de grand format).

- Classification : figure 5.
- Cotes de fabrication courantes en mm : figure 6.
- Exemples de désignation :
  - Brique pleine pressée BP 200, 5,5 × 10,5 × 22, NF P 13-305.
  - Bloc perforé 22,5 × 8,5 × 25, BP 150, NF P 13-305.

Attention, les dimensions en cm indiquent :
– pour une brique : hauteur, largeur, longueur.
– pour un bloc : largeur, longueur, hauteur.

⑤ Catégorie	Résistance à l'écrasement R rapportée à la surface brute (MPa)			
	Brique (largeur ≤ 14 cm)		Bloc (largeur ≥ 14 cm)	
	Moyenne	Minimale	Moyenne	Minimale
Ordinaire	12,5	10	10	8
BP 150	–	–	15	12
BP 200	20	16	20	16
BP 300	30	24	30	24
BP 400	40	32	40	32

⑥ Type	Épaisseur (mm)	Largeur (mm)	Longueur (mm)	Autres types
Briques pleines ou perforées	40 55 60 55	105	220 220 220 330	Bloc perforé : largeur ≥ 14 cm hauteur ≤ 30 cm longueur ≤ 60 cm
Mulots pleins ou perforés	40 55 60 60	50 50 55 60	220	Perforations : < 60 % de la section perpendiculaire à la face de pose.

Un bloc (pour mur et cloison), généralement parallélépipédique, est produit industriellement en béton homogène, non armé, pour être monté sur chantier à joints de mortier, plus rarement à joints secs.

Lorsqu'ils sont employés pour l'habitation, ils sont généralement enduits ou protégés extérieurement, soit pour contribuer à améliorer certaines caractéristiques physiques du mur (thermique, acoustique, feu), soit pour rattraper les irrégularités de surface afin d'obtenir une surface plane destinée à recevoir ultérieurement un parement décoratif.

Les blocs les plus couramment utilisés sont estampillés d'une marque NF (fig. 1), qui garantit la fourniture de matériaux de qualité, aux caractéristiques bien définies et identiques. Ils sont dits « de granulats courants » lorsque la masse volumique réelle de leur béton constitutif est supérieure à 1700 kg/m^3, « de granulats légers » autrement.

On distingue trois catégories, selon l'importance de la surface des alvéoles :

- blocs pleins sans alvéoles,
- blocs perforés (section nette > 80% section brute),
- blocs creux (section nette > 60% section brute).

Selon le type de produit, la destination et le rôle du bloc dans la construction, sans oublier les règles de l'art (conception, calcul et exécution des maçonneries en blocs de béton : DTU n° 20-1), la géométrie des blocs et leurs dimensions varient. On peut citer des formes de bloc, des accessoires permettant de traiter des points singuliers des maçonneries : bloc d'angle, bloc de coupe, bloc à feuillure, bloc d'about, planelle, bloc en L et bloc linteau...

- Classification : d'après leur résistance minimale garantie R, rapportée à la section brute, exprimée en MPa dans l'une des classes de résistance (fig. 2) : 95 % de la production doit présenter une résistance au moins égale à la valeur correspondante du tableau.
- Désignation d'un bloc destiné à être enduit : les dimensions d'appellation d'un bloc, exprimées en cm, diffèrent des dimensions de fabrication, et prennent en compte l'épaisseur moyenne des joints horizontaux (1 cm) et verticaux (0,6 cm).
  - fabrication : (20 + 0,5) × (19 + 0,4) × (49, 4 + 0,5) (cm)
  - appellation : 20 × 20 × 50 (cm)

Exemples de désignation :
- Bloc en béton de granulats courants, perforés, B 80, 20 × 20 × 50, NF P 14-301, Marque NF.
- Bloc en béton d'argile expansée, creux, 2 lames d'air, L 25, 1 100 kg/m^3, 20 × 20 × 50, NF P 14-304, Marque NF.

①

Marquage des blocs :
date de fabrication, identification de l'usine et sigle NF
sur au moins 5 % des fabrications

② Caractéristiques mécaniques		Blocs creux			Blocs pleins et perforés		
Granulat courant	Classe	B 40	B 60	B 80	B 80	B 120	B 160
	R (MPa)	4	6	8	8	12	16
Granulat léger	Classe	L 25	L 40	–	L 35	L 45	L 70
	R (MPa)	2,5	4	–	3,5	4,5	7

③ **Domaine d'utilisation des blocs**

		Dessin	Dimensions d'appellation	Masse indicative (kg)	Façade	Refend	Soubassement enterré	Cloison	About de plancher
Blocs en béton de granulats courants (NF P 14-301)	creux	1	5 × 20 × 50	7^5				•	•
		1	7^5 × 20 × 50	10^5				•	•
		1	10 × 20 × 50	11				•	
		1	12^5 × 20 × 50	12	•			•	
		1	15 × 20 × 50	13	•	•		•	
		2	15 × 20 × 50	16	•	•		•	
		2	17^5 × 20 × 50	17^5	•	•		•	
		2	20 × 20 × 50	19	•	•	•	•	
		3	20 × 20 × 50	20	•	•	•		
		4	22^5 × 20 × 50	23	•	•	•		
		5	27^5 × 20 × 50	29	•	•	•		
	pleins et perforés	1	5 × 20 × 40	7^5				•	•
		1	5 × 20 × 50	9^5					
		2	5 × 20 × 40	6					
		2	5 × 20 × 50	8					
		1	7^5 × 20 × 40	10^5				•	•
		1	7^5 × 20 × 50	13					
		2	7^5 × 20 × 40	8^5					
		2	7^5 × 20 × 50	11					
		1	10 × 20 × 40	14	•			•	
		1	10 × 20 × 50	17^5					
		3	10 × 20 × 40	11^5					
		3	10 × 20 × 50	14					
		1	12^5 × 20 × 40	17	•			•	
		1	12^5 × 20 × 50	22					
		3	12^5 × 20 × 40	14					
		3	12^5 × 20 × 50	17^5					
		1	15 × 20 × 40	21	•	•		•	
		1	15 × 20 × 50	26					
		4	15 × 20 × 40	18					
		4	15 × 20 × 50	21					
		1	17^5 × 20 × 40	25	•	•		•	•
		1	17^5 × 20 × 50	30					
		4	17^5 × 20 × 40	21					
		4	17^5 × 20 × 50	25					
		1	20 × 20 × 40	28	•	•	•	•	•
		1	20 × 20 × 50	34					
		4	20 × 20 × 40	27					
		4	20 × 20 × 50	28					
Blocs en béton de granulats légers (NF P 14-304)	creux	1	5 × 20 × 50	3^5				•	•
		1	7^5 × 20 × 50	5				•	•
		1	10 × 20 × 50	7^5	•			•	•
		2	15 × 20 × 50	11	•	•		•	
		2	17^5 × 20 × 50	11^5	•	•		•	
		2	17^5 × 30 × 50	17^5					
		2	20 × 20 × 50	13	•	•	•	•	
		2	20 × 30 × 50	18					
		2	22^5 × 20 × 50	15	•	•	•		
		2	22^5 × 30 × 50	19					
		2	25 × 20 × 50	17	•	•	•		
		3	27^5 × 20 × 50	18^5	•	•	•		
		4	27^5 × 20 × 50	19	•	•	•		
		3	30 × 20 × 50	21	•	•	•		
	pleins ou perforés	1	5 × 20 × 50	5				•	•
		2	5 × 20 × 50	4^5					
		1	10 × 20 × 50	8	•			•	
		1	15 × 20 × 50	11	•	•		•	
		1	15 × 30 × 50	17					
		1	17^5 × 20 × 50	13	•	•		•	
		1	20 × 20 × 50	15	•	•	•		
		3	20 × 30 × 50	23					

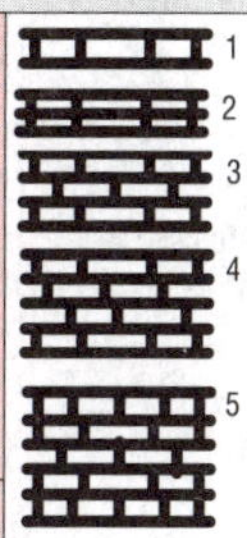
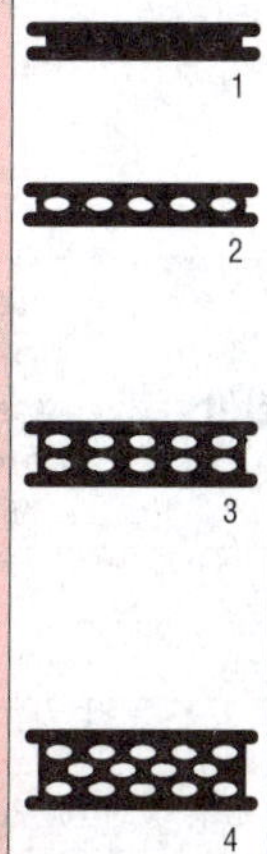
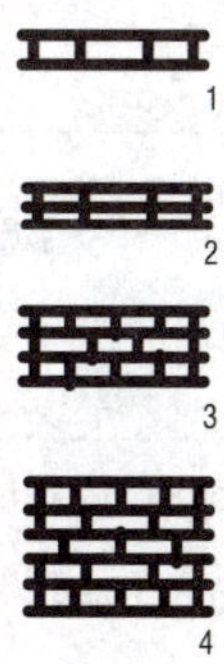
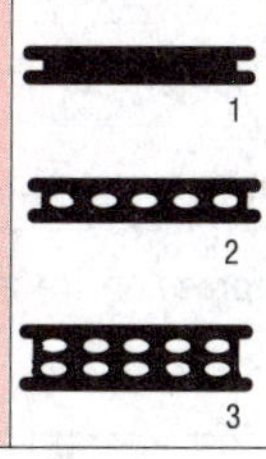

BOIS MASSIFS

NF B 50-002, AFNOR DTU P 21-701 (RÈGLES CB 71)

Vocabulaire (NF B 50-002)

- Aubier : région externe du bois correspondant aux couches les plus récemment formées et comportant encore des cellules vivantes.
- Cœur de l'arbre : partie centrale du tronc et de ses ramifications.
- Couche d'accroissement : quantité de bois produite pendant une période de végétation.
- Nœud : partie d'une branche englobée dans le bois.
- Contre-fil : bois dont les fibres sont successivement inclinées en sens différents par rapport à l'axe de l'arbre.
- Fente : séparation d'éléments contigus du bois dans le sens longitudinal.
- Grume : tronc d'un arbre abattu et recouvert ou non de son écorce.

Essences couramment utilisées (fig. 2) : préconisées par le DTU P 21-701 (règles CB 71) pour les charpentes.

Débits des bois de construction (fig. 3) : ils peuvent varier avec l'essence.

Classement technologique

- Définitions :
  - Catégorie 1 : bois de haute résistance, sain et scié à vives arêtes, nœuds vifs Ø ≤ 30 mm,
  - Catégorie 2 : bois de bon choix, sain et scié à vives arêtes, nœuds Ø ≤ 40 mm,
  - Catégorie 3 : bois de qualité courante.
- Spécifications : figure 1.

Contraintes admissibles dans les bois massifs à 15% d'humidité (fig. 4) : ce sont des valeurs forfaitaires prenant en compte les défauts des bois. Elles sont fonction de l'essence, du classement technologique (catégorie) et de l'humidité des bois.

①		Résineux			Chêne		
Catégorie		1	2	3	1	2	3
Ép. moyenne des accroissements (mm)		≤ 3	≤ 5	< 10	> 7	> 4	–
Densité mini. à 20 % d'humidité		0,5	0,45	–	0,8	0,75	–
Pente du fil (%)	(1)	7	12	18	7	12	18
	(2)	10	20	23	10	20	23

(1) maximum
(2) maximum localement

② Nom officiel	Description sommaire	Densité à 15 % d'humidité	Durabilité	Observations
Épicea	Tendre, hétérogène, blanc ou légèrement rosé, lustré, odeur résineuse, aubier non distinct.	0,40 à 0,50	Assez bonne	Rechercher les accroissements serrés. Bois d'utilisation courante pour les charpentes (très résistant pour sa densité).
Pin maritime	Mi-dur, très hétérogène, cœur rougeâtre très résineux, aubier abondant, blanchâtre.	0,55 à 0,75	Assez bonne (très bonne si gemmés)	Rechercher les accroissements serrés. Convient pour les charpentes légères. Sciages de longueur limité.
Pin sylvestre	Mi-dur, hétérogène, cœur rougeâtre, peu résineux, aubier plus pâle.	0,50 à 0,60	Bonne	Rechercher les accroissements serrés. Bois de choix pour les charpentes.
Sapin	Tendre, hétérogène, blanc mat ou légèrement rougeâtre non résineux, aubier peu ou pas distinct.	0,45 à 0,55	Moyenne	Rechercher les accroissements serrés. Convient pour les charpentes abritées.
Chêne	Ferme, hétérogène, maillé sur quartier, cœur brun jaunâtre, aubier distinct.	0,60 à 0,75	Très bonne (sauf l'aubier)	Rechercher les accroissements larges. Éliminer l'aubier. Convient pour charpentes lourdes en gros équarrissages (aubier sujet à la piqûre s'il n'est pas traité préventivement).

③ Débit	Rapport des côtés (r)	Longueur (cm)	Section (e = épaisseur ; l = largeur) e et l sont données en mm
Planche	r ≥ 4	300 et plus, par tiers de mètre	22 ≤ e ≤ 55
Madrier	2 ≤ r ≤ 3	200 et plus, par tiers de mètre	75 × 205 à 105 × 225
Basting	2 ≤ r ≤ 3		55 × 155 à 65 × 185
Chevron	r ≈ 1		40 ≤ l ≤ 120
Lambourde		100 et plus, par multiple de 10	26 × 65 à 45 × 105
Frise		200 et plus, par tiers de mètre	18 ≤ e ≤ 35 ; 40 ≤ l ≤ 120
Volige	r ≥ 4	200 et plus, par tiers de mètre	e ≤ 22
Liteau			18 × 35 à 30 × 40
Latte			5 ≤ e ≤ 12 ; 26 ≤ ℓ ≤ 55

④ Contraintes admissibles forfaitaires (MPa)		Résineux			Chêne		
Sollicitations		1	2	3	1	2	3
Compression axiale		13,1	10,3	8,2	13,6	10,9	9,8
Traction axiale		15,2	8,7	(2,7)	16,4	9,8	(3,8)
Flexion statique		14,2	10,9	8,7	14,7	12,5	10,9
Cisaillement longitudinal		1,5	1,3	1,1	2,2	1,6	1,3
Traction transversale		0,9	0,7	0	1,3	1,1	0
Compression transversale		2,7	2,2	1,7	4,9	4,3	3,2

Nota : ( ) emploi à éviter

Charges admissibles (fig.1)

Ce tableau, extrait du cahier CTB 50 de février 1962, donne les **charges totales en daN** susceptibles d'être supportées par des bois posés sur chant en fonction de la section et de la portée sachant que :

- les poutres sont posées librement sur leurs appuis et la charge est appliquée sur 5 ou 6 points équidistants,
- le bois est de catégorie 3 et son humidité est de 15%,
- le **nombre supérieur** correspond à la charge totale admissible pour la portée indiquée. Le **nombre inférieur, en gras,** correspond dans les mêmes conditions à la charge totale admissible pour une déformation permanente de 1/300 de la portée.

Panneau contreplaqué

Matériau obtenu par collage de plis superposés à fils croisés. En général, les plis extérieurs et intérieurs sont placés symétriquement de chaque côté d'un pli central ou d'une âme. Si l'âme est constituée d'un matériau autre que le bois massif ou des placages, il doit exister au moins 2 placages croisés de part et d'autre de cette âme.

Utilisation du contreplaqué PIN DES LANDES :

- Planchers (fig. 2 : planchers porteurs sur 3 appuis ou plus supportant des charges uniformément réparties),
- Toiture (fig. 3) : éléments porteurs supports de couvertures.

Nota : Dans les 2 cas, ces panneaux sont posés sur 3 appuis et plus, petits côtés supportés en continu, grands côtés (sens du fil du bois des faces) non supportés mais assemblés rainés bouvetés ou par fausse languette contreplaqué (sens du fil du bois des faces perpendiculaire aux appuis).

Panneau de particules

Matériau en plaque fabriqué sous pression essentiellement à partir de particules de bois avec ou sans apport de liant (liants hydrauliques exclus)

- Épaisseurs (mm) : 6, 8, 10, 12, 16, 19, 22, 25, 35, 50 et 70.
- Longueurs : 200 à 610 cm.
- Largeurs : 120 à 185 cm.

① b × h (mm)	Portées (m)														
	0,50	0,75	1,00	1,25	1,50	1,75	2,00	2,50	3,00	3,50	4,00	4,50	5,00	6,00	7,00
27 × 27	30 **19**														
27 × 50	110 **107**	74 **48**	55 **27**												
27 × 130					255 **213**	218 **156**	191 **120**	153 **77**	127 **53**						
27 × 165							301 **239**	241 **153**	200 **106**	172 **78**	150 **60**				
35 × 35	70 **46**	47 **21**	35 **11**												
35 × 50	150 **134**	100 **60**	75 **33**	60 **21**											
35 × 130					335 **272**	287 **200**	251 **153**	201 **98**	167 **68**	143 **50**					
35 × 165							402 **311**	322 **199**	267 **138**	229 **102**	200 **78**		160 **50**		
35 × 180							478 **407**	382 **260**	317 **181**	272 **133**	237 **102**		190 **65**		
35 × 225								593 **508**	493 **353**	422 **259**	369 **199**		295 **127**		
50 × 50		134 **106**	100 **59**	80 **38**	67 **26**										
50 × 180							678 **586**	543 **375**	451 **260**	386 **191**	337 **147**	300 **116**	270 **94**		
50 × 225								844 **727**	701 **505**	601 **371**	525 **284**	466 **225**	420 **182**	347 **127**	
50 × 300									1 252 **1 196**	1 072 **879**	937 **673**	832 **532**	750 **431**	622 **299**	532 **220**
65 × 165							753 **586**	603 **375**	501 **260**	429 **191**	375 **147**	333 **116**	300 **94**		
65 × 180							878 **754**	703 **482**	584 **335**	500 **246**	437 **188**	388 **149**	350 **121**		
75 × 75	281 **160**	234 **111**	201 **81**	175 **62**	141 **40**										
75 × 180								804 **559**	668 **388**	572 **285**	500 **218**	444 **173**	400 **140**		
75 × 225								1 266 **1 087**	1 052 **755**	901 **555**	787 **425**	699 **336**	630 **272**	523 **189**	
75 × 330										1 945 **1 754**	1 700 **1 343**	1 510 **1 062**	1 360 **860**	1 129 **597**	966 **439**
100 × 150							941 **673**	754 **431**	626 **299**	536 **220**	469 **168**				
100 × 250									1 737 **1 382**	1 487 **1 016**	1 300 **778**	1 154 **614**	1 040 **498**	863 **346**	
100 × 300									2 505 **2 392**	2 145 **1 758**	1 875 **1 346**	1 665 **1 063**	1 500 **861**	1 245 **598**	1 065 **439**
150 × 250									2 605 **2 073**	2 231 **1 523**	1 950 **1 166**	1 732 **922**	1 560 **746**	1 295 **518**	
150 × 300										4 290 **4 187**	3 750 **3 206**	3 330 **2 533**	3 000 **2 052**	2 490 **1 425**	2 130 **1 047**

Portées pratiques admissibles (en cm) en fonction des charges (en daN/m²) à supporter

②	Flèches (mm)		Épaisseur du panneau (mm)					
	2	1	15	18	21	25	27	31
Charge en daN/m²	300	150	72,8	83,5	93,7	101,4	107,4	119,1
	400	200	67,7	77,5	87,2	94,3	100	110,9
	500	250	64,1	73,5	82,5	89,2	94,5	104,9
	600	300	61,2	70,2	78,7	85,2	90,4	102,2
	800	400	57,0	65,4	73,4	79,4	84,1	93,2
	1 000	500	54,4	61,8	69,4	75,0	79,5	88,2
	1 500	750	48,7	55,9	62,6	67,8	71,8	79,7

Pour des panneaux de plancher dont les 4 côtés sont supportés en continu et avec au moins un appui continu, intermédiaire, multiplier les distances entre appui par 1,10.

③	Flèches (mm)	Épaisseur (mm)		
	1/400e de la portée	15	18	21
Charge en daN/m²	100	62,5	83,3	125
	150	62,5	83,3	83,3
	200	50	83,3	83,3
	300	–	62,5	62,5
	400	–	62,5	62,5
	900	–	–	50

CARACTÉRISTIQUES THERMIQUES DES PRINCIPAUX MATÉRIAUX (9/10) UTILISÉS EN BÂTIMENT

AFNOR DTU P 50-702 (**RÈGLES Th**-K97), **NF B 20**-001 à 009, **NF B 51**-100, **NF T 56**-201, 202, 203 et 204

Les valeurs indiquées ci-dessous sont extraites des règles Th-K97. Pour l'utilisation de matériaux non traditionnels, on se reportera aux indications du constructeur ou aux valeurs données dans les Avis Techniques du CSTB.

$$R = \frac{1}{hi} + \Sigma Rc + \frac{1}{he}$$

La résistance totale de la paroi est la somme des résistances superficielles et des résistances en conduction (p. 177).

1. LES MATÉRIAUX HOMOGÈNES sont caractérisés par le coefficient de conductivité thermique λ (W/m°C). La résistance en conduction R_c d'une paroi homogène d'épaisseur e est obtenue en divisant e par λ. Le coefficient K vaut 1/R.

Matériau	λ W/m°C
Isolant plastique	
• Polystyrène expansé	
– moulé (NF T 56-201)	
qualité Q1	0,046
qualité Q2	0,043
qualité Q3	0,040
qualité Q4 et Q5	0,038
– autre fabrication	0,037 à 0,043
• Polystyrène extrudé	0,031 à 0,036
• Mousse rigide de PVC (NF T 56-202)	
qualité Q2	0,031
qualité Q3	0,034
• Mousse rigide de Polyuréthanne (NF T 56-203)	
qualité Q1 et Q2	0,031
qualité Q3 et Q4	0,034
• Mousse rigide formo-phénolique (NF T 56-204)	0,050
• Isolant fabriqué à partir d'autres matières plastiques alvéolaires	0,065
Isolant en laine minérale manufacturé	
• Laine de verre (NF B 20-001 à 009)	
classe VA	0,034 à 0,047
classe VB	0,035 à 0,051
classe VC	0,036 à 0,056
classe VD	0,043 à 0,054
classe VE	0,037 à 0,039
• Laine de roche	
classe RA	0,038 à 0,047
classe RB	0,039 à 0,041
• Autres laines minérales	0,065

Matériau	λ W/m°C
Isolants divers	
• Verre cellulaire	0,050
• Panneaux de fibre de bois (NF B 51-100) (type Fibralith)	0,060 à 0,067
• Panneau de perlite expansée + cellulose	0,060
Les matériaux de structure	
• Granit et pierres lourdes	3,00
• Pierres calcaires	1,40
• Béton plein	1,75
– caverneux	1,40
– léger pouzzolane	0,52
– léger d'argile expansé	1,05
– léger de perlite	0,31
• Verre	1,10
• Acier	52
• Aluminium	230
• Zinc	110
• Plomb	35
• Bois feuillus mi-lourd	0,23
• Bois feuillus léger	0,12
• Bois résineux	0,15
Les matériaux de parement	
• Enduit ciment	1,15
– plâtre	0,35
• Plaque de plâtre	0,50
• Panneaux de particules de bois	0,14
• Panneaux contreplaqué ou latté	0,12
• Liège comprimé	0,10
• Amiante ciment	0,95

2. LES MATÉRIAUX HÉTÉROGÈNES sont directement caractérisés par leur résistance thermique Rc.

Matériau	Épaisseur e (cm)	R_c (m² °C/W)
• Blocs de béton plein en béton de gravillon (p. 31)	7,5	0,02
	10	0,04
	15	0,07
	20	0,10
	25	0,13
	30	0,16
• Blocs de béton plein en béton de pouzzolane ou de laitier expansé (p. 31)	7,5	0,08
	10	0,13
	15	0,21
	20	0,30
	25	0,39
	30	0,48
• Blocs de béton creux de pouzzolane ou de laitier expansé (p. 31)	10	0,17
	15	0,24
	20	0,38
	25	0,45
	30	0,53

Matériau	Épaisseur e (cm)	R_c (m² °C/W)
• Blocs de béton creux à parois minces (p. 31)	7,5	0,08
	10	0,09
	15	0,13
	20	0,21
	25	0,28
	30	0,37
• Blocs de béton cellulaire (masse volumique 400 kg/m³	10	0,64
	15	0,83
	20	1,11
	25	1,40
	30	1,66
• Blocs de béton creux à parois épaisses (p. 31)	10	0,09
	15	0,10
	20	0,12
	25	0,21
	30	0,28

3. LES MURS ET CLOISONS

Matériau	épaisseur (cm)	R_c (m² °C/W)
• Brique pleine	11	0,11
• Brique creuse	5 7,5 10 15 20 25 30	0,10 0,16 0,20 0,30 0,39 0,45 0,59
• Brique « G »	20 25 30 35	0,54 0,67 0,78 0,92

Matériau	épaisseur (cm)	R_c (m² °C/W)
• Carreaux de plâtre	5 6 7 10	0,14 0,16 0,20 0,29
• Plaque de plâtre à parement de carton	1 1,25 à 1,50	0,03 0,04
• Cloisons sèches	voir doc. fabricant	
• Cloisons de doublage	voir doc. fabricant sinon $R = R_{isolant} + R_{doublage}$	
• Lame d'air verticale	e > 11 mm	0,14

4. LES PLAFONDS À POUTRELLES ET ENTREVOUS (entraxe des poutrelles inférieur à 67 cm)

Entrevous		R_c (m² °C/W)			
Nature de l'entrevous	Nombre d'alvéoles	Hauteur de l'entrevous			
		12	16	20	25
• Terre cuite alvéolée ①	2	0,19	0,23	0,26	0,31
	3	–	0,26	0,30	0,35
• Béton de gravillons ②	1	0,11	0,13	0,15	0,18
	2	–	–	0,22	0,25

Entrevous		R_c (m² °C/W)	
Nature de l'entrevous	Largeur de la poutrelle	Hauteur de l'entrevous	
		16	20
• Polystyrène sans talon ③	10	1,02	1,15
	12	0,89	1,00
• Polystyrène avec talon ④	10	2,76	3,19
	12	2,62	3,00

Nota : Les fabricants de poutrelles indiquent la résistance thermique des planchers qu'ils proposent. Se référer, de préférence, à ces valeurs.

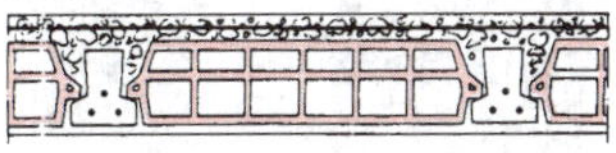
①

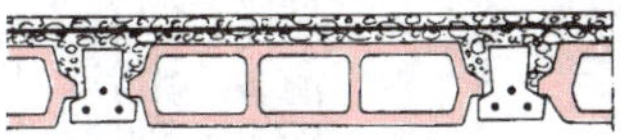
②

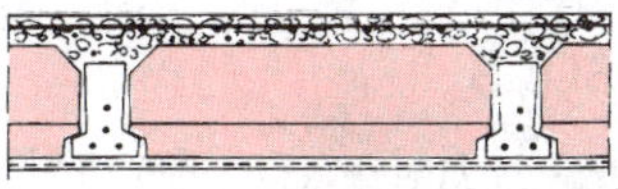
③

④

5. LES PLAFONDS

5-1. Matelas isolant de laine minérale sur ossature bois

On rencontre ce cas principalement en maison individuelle pour des plafonds légers ou sous rampant. Les pages 189 et 190 détaillent les dispositions constructives essentielles.

- Un seul panneau disposé entre l'ossature bois : figure 5a.
  - plafond : l'ossature est constituée de solivettes de 3 à 4 cm, d'épaisseur espacées d'environ 30 cm ;
  - rampant : l'ossature est constituée de chevrons, d'épaisseur 6 à 8 cm, espacés de 60 cm.

La résistance thermique de l'ensemble isolant + ossature est donnée par la formule :

$$Rp = c \times R$$

avec R = résistance thermique de l'isolant.
c = un coefficient minorateur pris dans le tableau 6.

- Un double matelas d'isolant : figure 5b.

La résistance thermique de l'ensemble isolant + ossature est donnée par la formule :

$$Rp = (c_1 \times R_1) + (c_2 \times R_2)$$

c1 et c2 sont respectivement les coefficients c de la couche 1 et de la couche 2 : figure 6.

S'il n'y a pas d'ossature coupant la couche isolante, on a : c = 1.

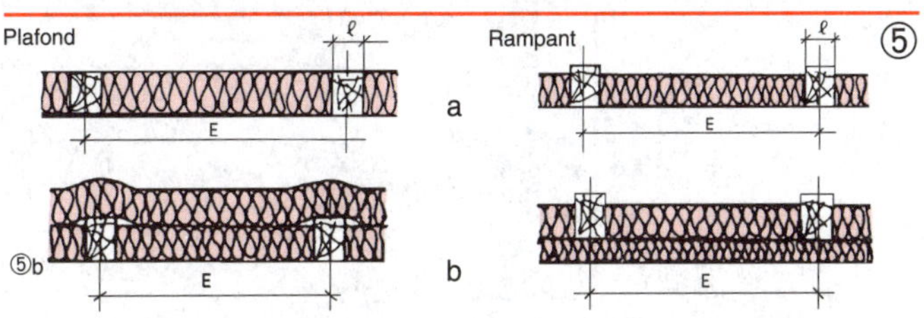

5-2. Matériaux déposés en vrac sur les planchers hauts sous combles perdus

La valeur de la résistance de la partie isolante ou de l'isolant + ossature est donnée figure 7.

5-3. Lame d'air horizontale

- Lame d'air horizontale, flux ascendant : R = 0,14 m² °C/W pour une épaisseur ≥ 11 mm.
- Lame d'air horizontale, flux descendant : R = 0,20 m² °C/W pour une épaisseur > 55 mm.

⑥ Conductivité thermique de l'isolant (W/m°C)	de 0,025 à 0,034	de 0,035 à 0,044	de 0,045 à 0,054	de 0,055 à 0,065
c, c_1, c_2	0,72	0,78	0,82	0,86

⑦ Épaisseur moyenne de la couche déposée	10 cm		15 cm		20 cm	
	plafond à solives	plafond plat	plafond à solives	plafond plat	plafond à solives	plafond plat
• Copeaux de mousse de PVC	1,8	2,3	2,7	3,4	3,6	4,5
• Granulat de verre expansé (granulométrie 3/8)	1,3	1,4	1,9	2,1	2,5	2,9
• Vermiculite granulométrie < 4	1,3	1,5	2,0	2,2	2,6	3,0

plafond plat

plafond à solives

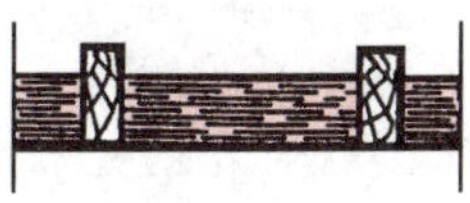

TERRASSEMENTS, SOLS ET FONDATIONS (1/19)
IDENTIFICATION DES SOLS

1. DÉFINITIONS

Le sol est un matériau complexe constitué par des grains solides (**squelette**) provenant de la désagrégation d'une roche mère ou d'un végétal, comportant entre eux de l'eau interstitielle et un gaz (air) (fig. 1). Un sol est saturé quand tous les interstices sont remplis d'eau.

Porosité n :
n = Volume des vides / Volume total
n = Volume (air + eau) / Volume total = (Va + Vw) / V

Indice des vides e :
e = Volume des vides / Volume des grains
e = Volume (air + eau) / Volume des solides = (Va + Vw) / Vs

Degré de saturation Sr en % :

Sr = (Vw / Vv) × 100

Teneur en eau w en % :
w = (Poids de l'eau / Poids des grains) × 100
w = (Ww / Ws) × 100

Poids volumique en kN / m^3 : symbole γ
- le poids volumique du sol apparent (ou du sol humide) : γ = W / V
- le poids volumique du sol sec : γd = Ws / V.
- le poids volumique des grains du sol : γs = Ws / Vs.

Pour un sol courant, γs est compris entre 26 et 27 kN / m^3.Pour un sable, γd peut varier de 16 à 21 kN / m^3 selon l'état de compacité du sol.
Les paramètres définis ci-dessus sont liés entre eux. Le tableau de la figure 2 donne les principales relations.
On trouvera figure 3 quelques exemples de valeurs.

2. IDENTIFICATION DES SOLS

Les cartes géologiques ou les prélèvements d'échantillons permettent une connaissance géologique du sol. Ces sondages carottés (fig. 5) permettent de définir avec précision la succession des différentes couches de terrain. Mais cette identification n'est pas suffisante en mécanique des sols. L'échantillon de sol prélevé (fig. 4), le plus intact possible à l'aide d'un carottier (la carotte étant placée dans une gaine métallique scellée à la cire pour éviter la dessiccation), est analysé au laboratoire.

On distingue deux grandes catégories d'essais :

- les essais effectués en laboratoire sur des échantillons de sols les moins remaniés possible,
- les essais effectués sur place *(in situ)* à l'endroit même des ouvrages à construire.

Paramètres physiques de quelques sols ③

	Sols types	e	w %	γd kN / m^3	γ kN / m^3
reconstitués et saturés	Sable lâche avec des grains de même dimensions	0,85	32	14,3	18,9
	Sable serré avec des grains de dimensions très différentes	0,43	16	18,6	21,6
	Argile glaciaire raide	0,6	22	17,0	20,7
	Argile très molle (bentonite)	5,2	194	4,3	12,7
naturels et saturés	Sable de Loire	0,52	24	15,3	19
	Limon d'Orly	1,20	22	16,4	20
	Argile verte (région parisienne)	0,98	30	14,6	19
	Argile molle de Cran (Bretagne)	2,90	100	8	16
	Vase (Caen)	2,88	120	6,3	13,9
	Craie (région parisienne)	–	22	16,4	20
	Tourbe (Caen)	6,88	320	2,8	11,8

Fonctionnement du carottier à piston stationnaire à câble ④

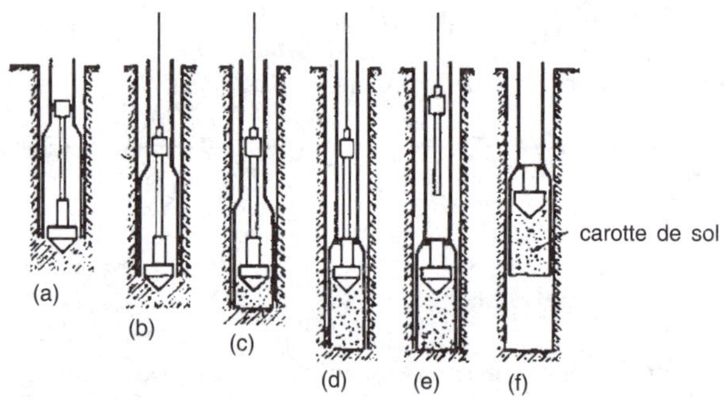

(a) fonçage piston verrouillé
(b) arrêt de fonçage et déverrouillage du piston
(c) fonçage du carottier, piston maintenu fixe par le câble
(d) verrouillage du piston en fin de course et déverrouillage de la tige du piston
(e) remontée de la tige du piston et enlèvement du câble
(f) remontée du carottier.

①

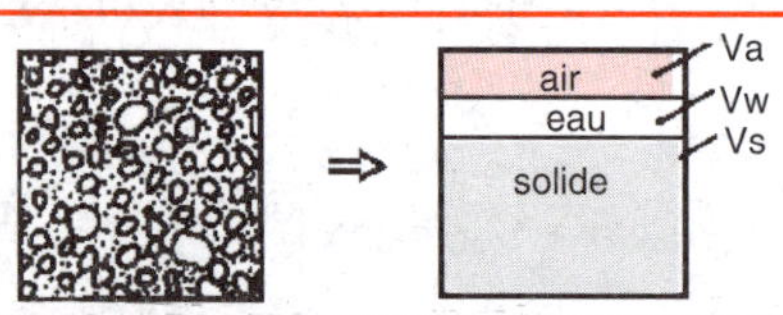

- Vv = Volume des vides = Va + Vw
- V = Volume total = Va + Vw + Vs
- Ww = poids de l'eau
- Ws = poids des grains solides
- W = poids total

②	Définition	n	e	γ	γd
Teneur en eau w (%)	$\frac{Ww}{Ws}$	$w = \frac{n\ Sr\ \gamma w}{(1-n)\ \gamma s}$	$w = \frac{e\ Sr\ \gamma w}{\gamma s}$	$w = \frac{\gamma - \gamma d}{\gamma d}$	$w = \left(\frac{1}{\gamma d} - \frac{1}{\gamma s}\right) \gamma w$
Porosité n	$\frac{Vv}{V} = \frac{Vw + Va}{V}$	–	$n = \frac{e}{1+e}$	$n = 1 - \frac{\gamma}{(1+w)\ \gamma s}$	$n = \frac{\gamma s - \gamma d}{\gamma s}$
Indice des vides e	$\frac{Vv}{Vs} = \frac{Vw + Va}{Vs}$	$e = \frac{n}{1-n}$	–	$e = \frac{\gamma s\ (1+w)}{\gamma} - 1$	$e = \frac{\gamma s - \gamma d}{\gamma d}$
Poids volumique apparent : γ en kN/m³	$\frac{W}{V} = \frac{Ws + Ww}{Vs + Vw + Va}$	$\gamma = (1-n)(1+w)\ \gamma s$	$\gamma = \frac{(1+w)}{1+e}\ \gamma s$	–	$\gamma = (1+w)\ \gamma d$
Poids volumique apparent sec : γd (kN / m³)	$\frac{Ws}{Vs + Vw + Va}$	$\gamma d = (1-n)\ \gamma s$	$\gamma d = \frac{\gamma s}{1+e}$	$\gamma d = \frac{\gamma}{1+w}$	–
Poids volumique des grains : γs (kN / m³)	$\frac{Ws}{Vs}$	$\gamma s = \frac{\gamma}{(1-n)(1+w)}$	$\gamma s = (1+e)\ \gamma d$	$\gamma s = \frac{\gamma}{(1-n)(1+w)}$	$\gamma s = \frac{\gamma d}{(1-n)}$

Exemple de résultat d'un sondage carotté ⑤

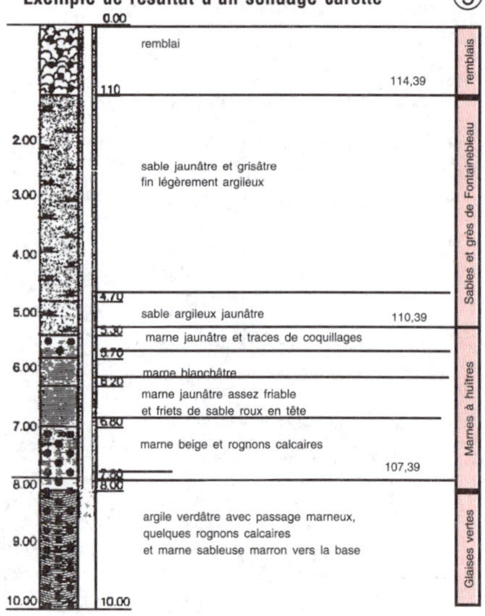

2-1. Analyse granulométrique

Un premier classement existe pour les grains de sol, en fonction de leur diamètre (fig. 1). Mais il est insuffisant pour caractériser un sol.

On réalise donc une analyse granulométrique pour représenter la répartition en poids des différents éléments contenus dans le sol (fig. 3) :

- d'abord par **tamisage** pour trier les particules de diamètre supérieur à 80 µm ;
- ensuite par **sédimentométrie** pour les éléments de diamètre inférieur à 80 µm (méthode basée sur le temps de dépôt des particules solides en suspension dans un fluide).

Cette analyse granulométrique se traduit par le tracé de la courbe granulométrique : figure 3.

La forme de cette courbe est caractérisée par deux coefficients sans dimensions :

- le coefficient d'uniformité $Cu = \frac{D_{60}}{D_{10}}$
- le coefficient de courbure $Cc = \frac{D_{30}^2}{D_{60} \times D_{10}}$

avec Dn = dimension à laquelle sont inférieurs n% des grains.

Exemple : figure 3.

D_{60} = 0,17 mm ; D_{30} = 52 µm; D_{10} = 14 µm ;
d'où Cu = 12,14 et Cc = 1,14

① Classification selon le diamètre du grain (granulométrie)

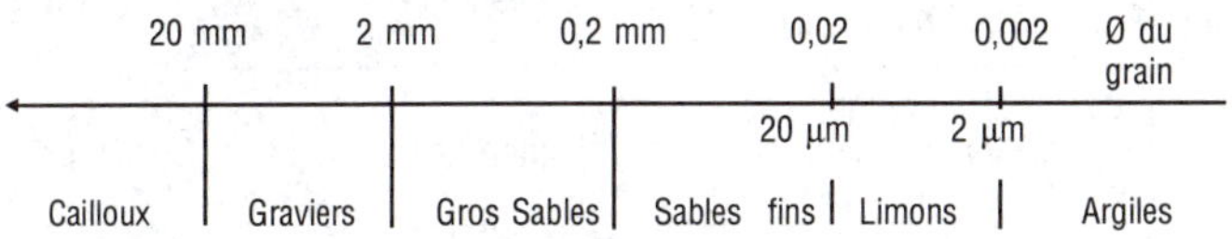

2-2. Limites d'Atterberg (NF P 94-051)

Ces essais sont conduits uniquement sur les éléments fins du sol (fraction passant au tamis de 0,4 mm). Ils consistent à faire varier la teneur en eau de cette fraction de sol en observant sa consistance : figure 2.

On utilise principalement deux limites : **w_L limite de liquidité et w_P limite de plasticité.**

De ces deux limites, on déduit l'indice de plasticité I_P:
$I_P = w_L - w_P$ (zone sur laquelle le sol est plastique).

2-3. Les matières organiques

Certains sols (tourbes, vases...) sont essentiellement composés de matières organiques en décomposition plus ou moins avancée. La présence dans le sol de ces matières entraîne une grande plasticité et une grande compressibilité dues à une importante rétention d'eau.

Deux méthodes (trop longues à exposer ici) permettent de connaître la quantité de matière organique, exprimée par MO : poids des matières organiques / poids du sol.

② Limites d'Atterberg

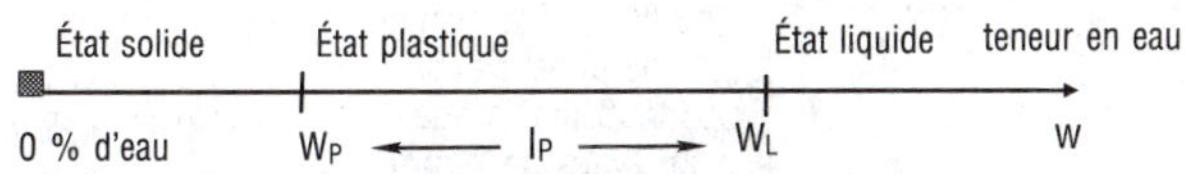

Ip représente l'étendue du domaine plastique
$I_p = W_L - W_P$

Indice de plasticité I_P	Degré de plasticité du sol considéré
0 – 5	non plastique
5 – 15	peu plastique
15 – 40	plastique
> 40	très plastique

③

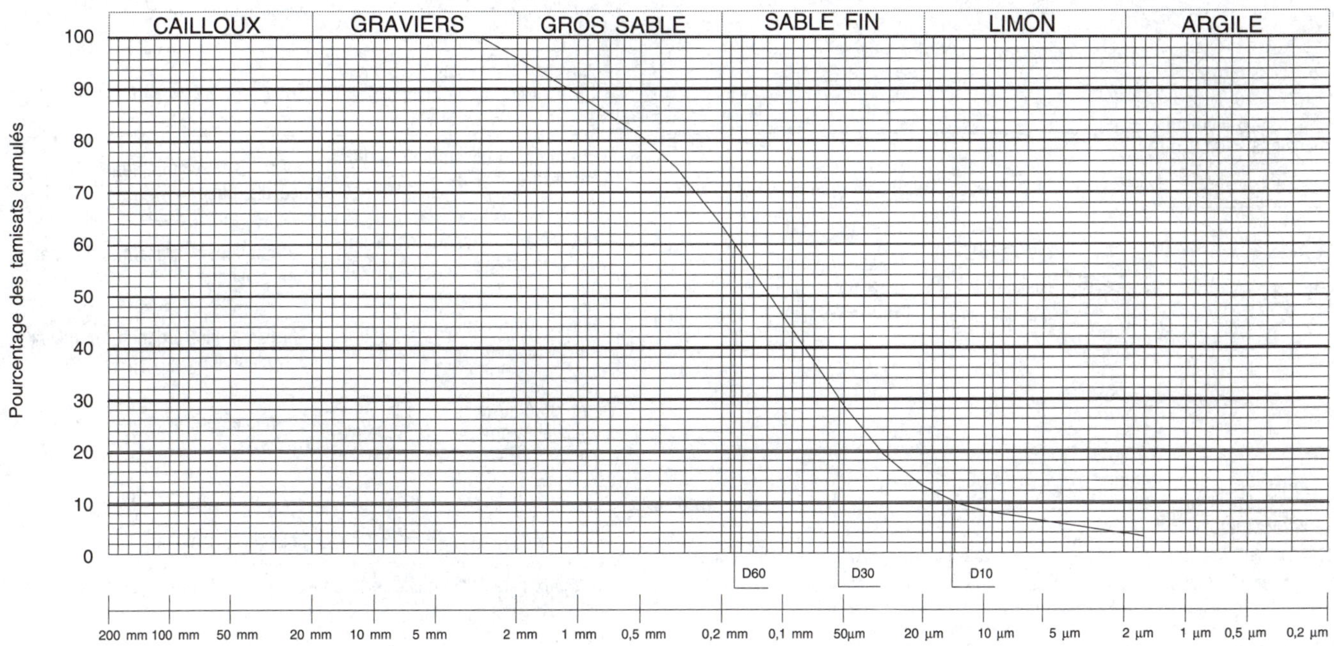

2-4. Classification des sols (fig. 1 et 2)

A partir de ces différents essais, le Laboratoire Central des Ponts et Chaussées (LCPC) propose un classement comportant 3 grandes classes de sols :
- les sols grenus,
- les sols fins,
- les sols organiques.

①

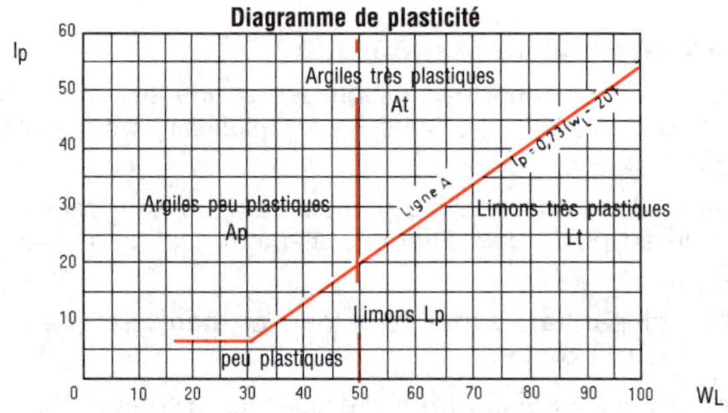

Classification des sols selon le Laboratoire Central des Ponts et Chaussées ②

+ de 50 % des éléments de dimensions ≥ 0,08 mm Sols grenus	+ de 50 % des éléments de dimensions ≥ 0,08 mm sont retenus au tamis de 2 mm Grave	– de 5 % des éléments < 0,08 mm et examiner la courbe granulométrique (1)	$Cu > 4$ et $1 < Cc < 3$	Grave bien graduée (Gb)
			$Cu < 4$ ou $Cc > 3$ ou $Cc < 1$	Grave mal graduée (Gm)
		+ de 12 % des éléments < 0,08 mm et faire les limites d'Atterberg, déterminer W_L et W_P et situer le point $I_P.W_L$ (1)	Point situé au-dessous de la ligne A du diagramme de plasticité	Grave limoneuse (GL)
			Point situé au-dessus de la ligne A du diagramme de plasticité	Grave argileuse (GA)
	+ de 50 % des éléments de dimensions ≥ 0,08 mm passent au tamis de 2 mm Sable	– de 5 % des éléments < 0,08 mm et examiner la courbe granulométrique (1)	$Cu > 6$ et $1 < Cc < 3$	Sable bien gradué (Sb)
			$Cu < 6$ ou $Cc < 1$ ou $Cc > 3$	Sable mal gradué (Sm)
		+ de 12 % d'éléments < 0,08 mm Faire les limites d'Atterberg, déterminer W_L et W_P et situer le point I_P-W_L dans le diagramme de plasticité (1)	Point situé au-dessous de la ligne A du diagramme de plasticité.	Sable limoneux (SL)
			Point situé au-dessus de la ligne A du diagramme de plasticité.	Sable argileux (SA)
MO(2) ≤ 10 % et + de 50 % des éléments de dimensions < 0,08 mm Sols fins	MO ≤ 3 % Argile (A) ou Limon (L)	Faire les limites d'Atterberg, déterminer W_L et W_P et situer le point I_P-W_L dans le diagramme de plasticité	Point situé au-dessous de la ligne A du diagramme de plasticité et $W_L < 50$	Limon peu plastique (Lp)
			Point situé au-dessous de la ligne A du diagramme de plasticité et $W_L > 50$	Limon très plastique (Lt)
			Point situé au-dessus de la ligne A du diagramme de plasticité et $W_L < 50$	Argile peu plastique (Ap)
			Point situé au-dessus de la ligne A du diagramme de plasticité et $W_L > 50$	Argile très plastique (At)
	10 % ≥ MO > 3 % Sol faiblement organique (fo)	Faire les limites d'Atterberg, déterminer W_L et W_P et situer le point I_P-W_L dans le diagramme de plasticité	Point situé au-dessous de la ligne A du diagramme de plasticité et $W_L < 50$	Sol faiblement organique limoneux peu plastique (fo-Lp)
			Point situé au-dessous de la ligne A du diagramme de plasticité et $W_L > 50$	Sol faiblement organique limoneux très plastique (fo-Lt)
			Point situé au-dessus de la ligne A du diagramme de plasticité et $W_L < 50$	Sol faiblement organique argileux peu plastique (fo-Ap)
			Point situé au-dessus de la ligne A du diagramme de plasticité et $W_L > 50$	Sol faiblement organique argileux très plastique (fo-At)
MO > 10 % Sols organiques	10 % < MO < 30 %			Sol moyennement organique (mo)
	MO ≥ 30 %			Sol très organique (to)

(1) entre 5 et 12 % d'éléments < à 0,08 mm : cas limite nécessitant le double symbole adapté aux caractéristiques de la courbe granulométrique et de plasticité.
Exemple : Gb-GL = grave bien graduée – grave limoneuse
Sb-SL = sable bien gradué – sable limoneux
(2) MO : matières organiques (p. 37)

3. LES ESSAIS DE RÉSISTANCE DES SOLS

Les études de sols seront de deux types :

- une première sera conduite quand le sol est complètement drainé (long terme pour les sols cohérents, long et court terme pour les sols pulvérulents),
- une seconde quand le sol n'est pas encore drainé (court terme).

En effet, l'eau induit des forces de cohésion entre les grains du squelette : s'ils sont de dimensions importantes, les forces sont faibles devant le poids propre des grains et, l'eau a donc une faible influence (cas des sols purement pulvérulents).

S'ils sont de petites dimensions, les efforts de cohésion sont importants devant le poids propre des particules et l'eau a un effet prépondérant (cas des sols cohérents) : figure 1.

3-1. Les essais de laboratoire

Les plus utilisés sont :

- **l'essai de cisaillement direct** (fig. 2),
- **l'essai triaxial** (fig. 3).

Chaque essai comporte deux phases :

- phase 1 : recompression du sol, avec ou sans drainage de l'eau contenue dans l'échantillon (essai consolidé ou non consolidé),
- phase 2 : conduite du sol à la rupture par cisaillement, avec ou sans drainage.

L'essai de cisaillement non consolidé non drainé, correspond au comportement des sols à court terme.
L'essai de cisaillement, consolidé et drainé, correspond au comportement à long terme.

3-1.1. Essai de cisaillement direct (fig. 2)

L'échantillon de sol à étudier est placé entre deux demi-boîtes (de section S) qui peuvent se déplacer l'une par rapport à l'autre (boîte de Casagrande).

Un piston permet d'exercer un effort de compression sur l'échantillon. Une demi-boîte, se déplaçant au cours de l'essai, cisaille le sol suivant un plan bien défini. On réalise plusieurs fois l'essai en faisant varier l'effort de compression Pi, et on note l'effort de cisaillement Ti. On reporte ensuite sur un graphique la contrainte de compression $\sigma = Pi / S$ et celle de cisaillement $\tau = Ti / S$.
La droite d'équation : $\tau = C + \sigma \tan \Phi$ est la courbe intrinsèque du sol : figure 4.
Cet essai donne de bons résultats sur les sols plutôt pulvérulents (sol grenu). À une vitesse de cisaillement de 1,5 mm / min, l'essai est alors drainé. On peut utiliser ces résultats pour des études à long terme. Sur des sols cohérents (argile, limon, sable fin argileux), l'interprétation est difficile et on préfère utiliser l'essai triaxial.

3-1.2. Essai triaxial (fig. 3)

Cet essai consiste à soumettre une éprouvette cylindrique de sol à une étreinte latérale (simulant la pression des terres autour de l'échantillon) et à augmenter l'effort de compression jusqu'à la rupture de l'éprouvette.
On réalise plusieurs essais en faisant varier l'étreinte latérale. On trace la courbe intrinsèque du sol pour obtenir l'angle de frottement interne Φ' et la cohésion C'. Si le chargement se fait très lentement, on peut avoir un essai consolidé et drainé. On retrouve la droite d'équation (fig. 4) : $\tau = C' + \sigma' \tan \Phi'$. Les paramètres C' et Φ' permettent alors de faire des études à long terme.
Sur les sols cohérents, en appliquant l'étreinte latérale et la compression à drainage fermé, on recrée le comportement à court terme. La résistance du sol est constante (droite intrinsèque parallèle à l'axe des σ) et vaut Cu : cohésion non drainée.

3-2. Essais en place *(in situ)*

Nous nous limiterons ici aux essais utilisant les appareils les plus courants : pénétromètres et pressiomètres.

3-2.1. Les pénétromètres

On enfonce un train de tiges (diamètre 3 à 6 cm) dans le terrain. Selon le mode de pénétration, on distingue :

- le pénétromètre dynamique qui est enfoncé par battage : une masse connue, soulevée d'une hauteur connue, percute le train de tiges.
- le pénétromètre statique qui est enfoncé à l'aide d'un vérin installé sur un camion.

①

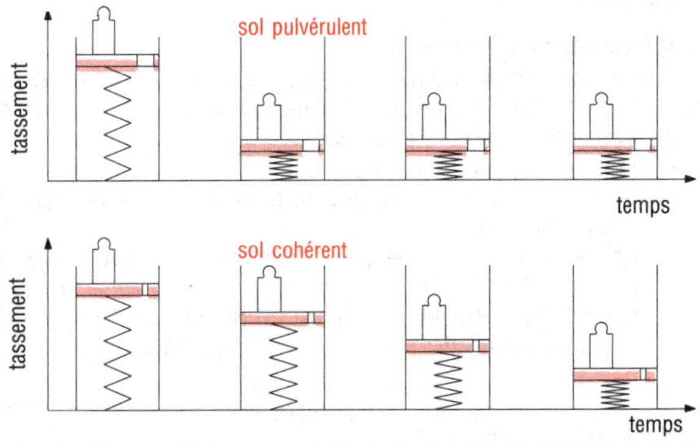

Quand on applique un effort sur un sol saturé, il est immédiatement repris par l'eau. Elle s'évacuera rapidement dans un sol pulvérulent, mais mettra beaucoup plus de temps dans un sol purement cohérent.

Schéma de la boîte de cisaillement (NF P 94-070) ②

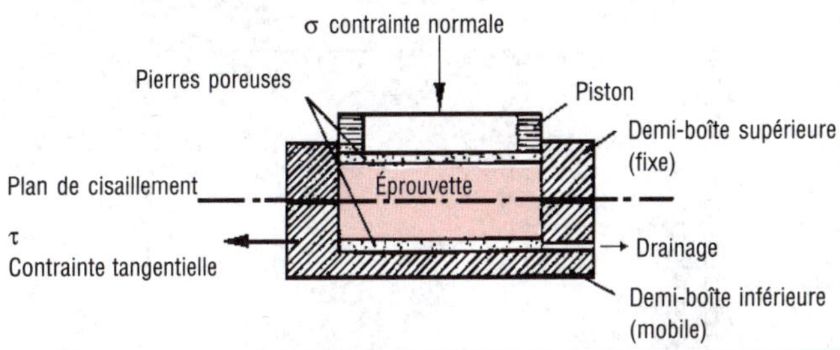

Schéma de la cellule triaxiale ③

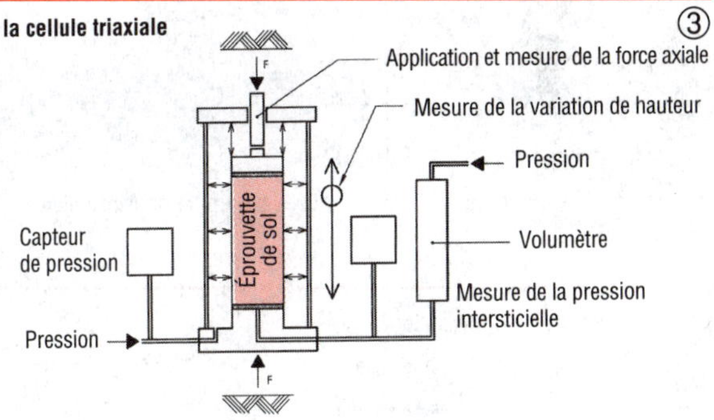

Représentation de MOHR-COULOMB ④

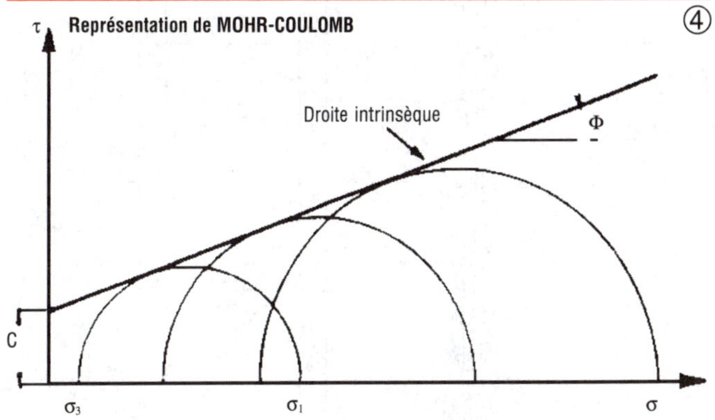

3-2.1. Les pénétromètres (*suite*)

Les pénétromètres statiques

Le train de tiges, terminé par une pointe, est enfoncé dans le sol à vitesse lente et constante. Son diamètre varie selon les modèles de 3,6 à 5 cm. Ils permettent d'obtenir séparément **qc** (contrainte sous la pointe) et **fs** (résistance au frottement latéral). Les résultats sont représentés par des graphiques donnant **qc** et **fs** en fonction de la profondeur : figure 1.

Cet essai donne de bons résultats pour le dimensionnement des fondations superficielles.

Les pénétromètres dynamiques

On compte le nombre de coups nécessaires pour enfoncer le train de tige de 10 cm. On en déduit la résistance en pointe grâce à la formule des Hollandais (fig. 2), avec :

- M = masse frappante : mouton
- M' = masse frappée : pénétromètre et ses accessoires (train de tiges, enclume, guide)
- e = pénétration moyenne par coup : 10 cm divisé par le nombre de coups
- g = accélération de la pesanteur (9,81 m / s^2)
- H = hauteur de chute de la masse frappante.

On reporte alors le nombre de coups ou la résistance en pointe (Rp) en fonction de la profondeur. De la résistance en pointe, on déduit la contrainte de pointe **qd**.

On peut utiliser cet essai pour le prédimensionnement des fondations superficielles sur des terrains grenus.

3-2.2. Les pressiomètres (fig. 3)

C'est un essai réalisé grâce à l'expansion d'une cellule cylindrique descendue dans le sol, soit dans un avant-trou foré au préalable, soit de façon autonome par autoforage.

L'essai est effectué tous les mètres. On mesure la pression et le volume de liquide envoyé dans la cellule. On obtient des courbes pressions-volumes :

- po = pression horizontale des terres au repos à la profondeur considérée,
- pf = pression de fluage qui correspond à une certaine « rupture » du sol,
- pl = pression limite correspondant au doublement de volume de la cellule.

① **Pénétromètre statique**

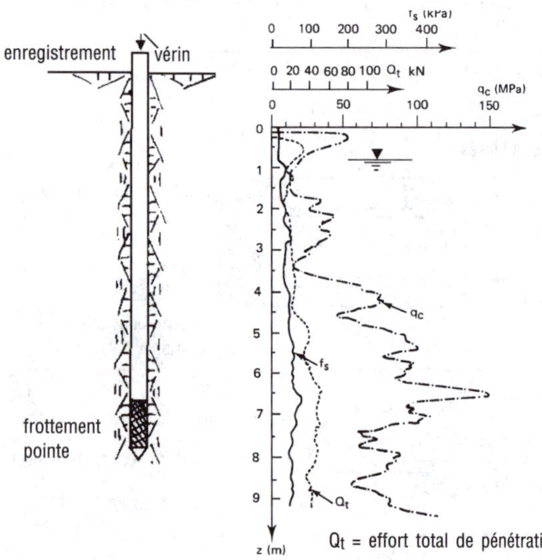

② **Pénétromètre dynamique**

$$Rp = \frac{M}{e\,(M + M')} \times MgH$$

$$qd = \frac{Rp}{A}$$

A = section de la pointe

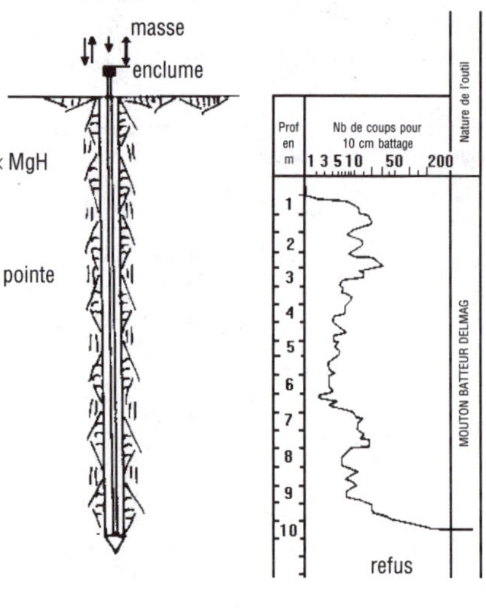

③ **Pressiomètre**

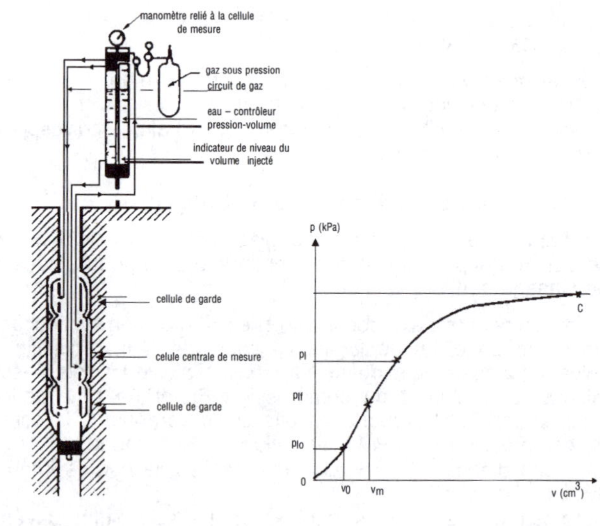

Le diamètre de la cellule est de 6 cm.

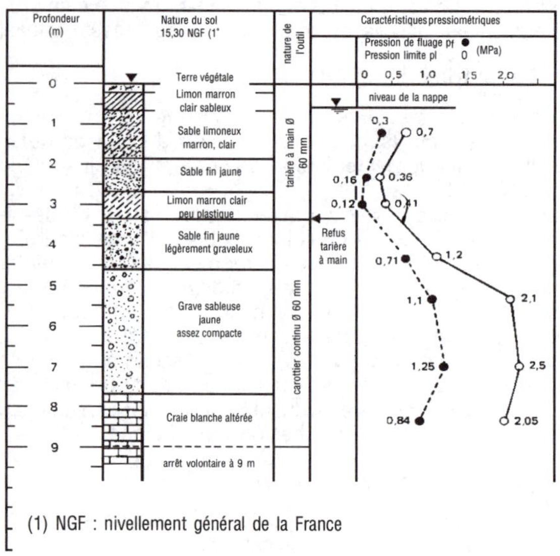

(1) NGF : nivellement général de la France

TERRASSEMENTS, SOLS ET FONDATIONS (6/19)
FONDATIONS SUPERFICIELLES : DÉFINITIONS, PRINCIPES DU DIMENSIONNEMENT
AFNOR DTU P 11-711 et 211 (DTU N° 13-11 et 13-12)

1. FONCTIONS, DÉFINITIONS

Les fondations d'un ouvrage sont les éléments de la structure assurant la transmission des efforts de cette structure sur le sol.

La descente de charge permet de connaître les actions de la structure sur les fondations (p. 16).

La mécanique des sols permet, de son côté, de connaître l'action du sol sur les fondations.

Vis-à-vis du sol, la fondation assumera sa fonction tant que :

- son équilibre statique est assuré (pas de glissement, de basculement ou d'enfoncement de la fondation),
- le tassement n'entraîne pas de désordre dans la structure.

Selon la valeur de D / B, la fondation sera considérée comme superficielle ou profonde : figure 2.

Les semelles de fondations peuvent être isolées (sous un poteau) ou filantes (sous un mur) : figure 3.

2. PRINCIPES DU DIMENSIONNEMENT

2-1. Contrainte de calcul du sol

Pour déterminer une fondation superficielle, on utilise une contrainte de calcul q (contrainte verticale pouvant être mobilisée sous la fondation sans danger de tassement et de rupture).

Cette contrainte q est :

- soit déduite de l'expérience acquise sur des réalisations voisines ou sur des sols biens répertoriés :
  - a priori, on pourra prendre comme valeur de q (DTU n° 13.11) celle du tableau de la figure 1.
  - ou encore, en consultant la carte géologique locale, estimer la contrainte à l'aide du tableau de la figure 4 (d'après M. Coin).
- soit déterminée à partir des essais de mécanique des sols.

La mécanique des sols permet de connaître la contrainte ultime qu que peut supporter le sol sous une fondation. La contrainte de calcul q est la plus petite des deux valeurs : qu / 2 ou la contrainte n'entraînant pas de tassements différentiels trop importants dans la structure. Dans la majorité des sols et pour les bâtiments courants, on pourra a priori prendre q = qu / 2. Il conviendra de se préoccuper des tassements quand les charges apportées seront importantes (silos, réservoirs, piscines, etc.) et quand le sol sera constitué d'argiles, limons et autres sols organiques.

2-2. Effort de la structure sur les fondations

La descente de charge effectuée sur la structure porteuse donne l'effort ultime au pied des poteaux et des murs. En y ajoutant le poids propre des fondations (pondéré par le coefficient 1,35) on trouve l'effort apporté par l'ouvrage sur le sol : Nu.

2-3. Bilan : surface de la semelle de fondation

La surface S de la semelle devra satisfaire la relation suivante :

$$S \geq Nu/q$$

① Nature du sol	q (MPa)
Roches peu fissurées saines non désagrégées de stratification favorable	0,75 à 4,5
Terrain non cohérent à bonne compacité	0,35 à 0,75
Terrain non cohérent à moyenne compacité	0,20 à 0,40
Argile	0,03 à 0,30

②

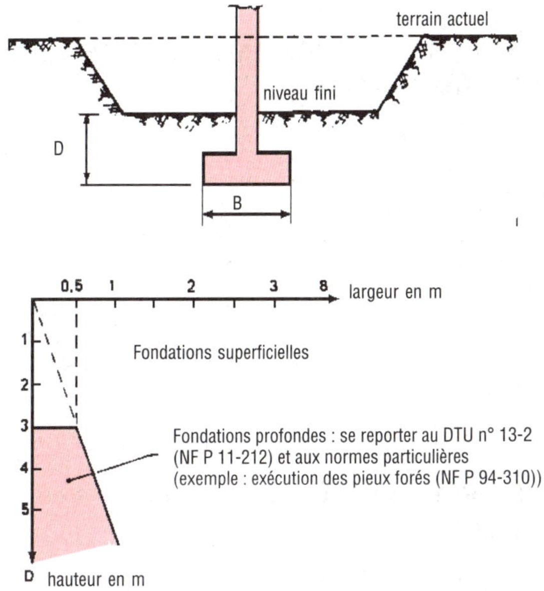

③

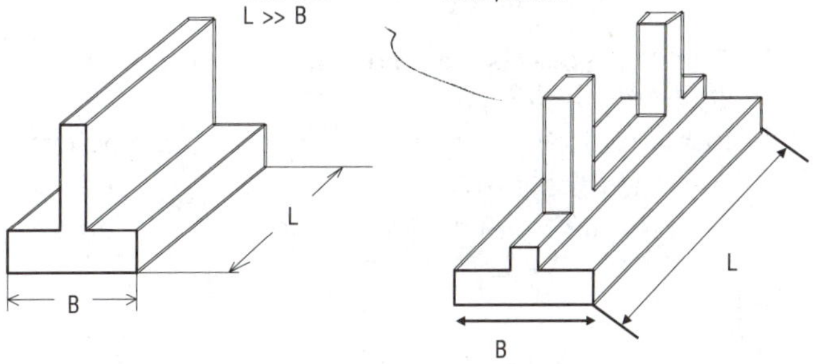

Semelle isolée sous poteau

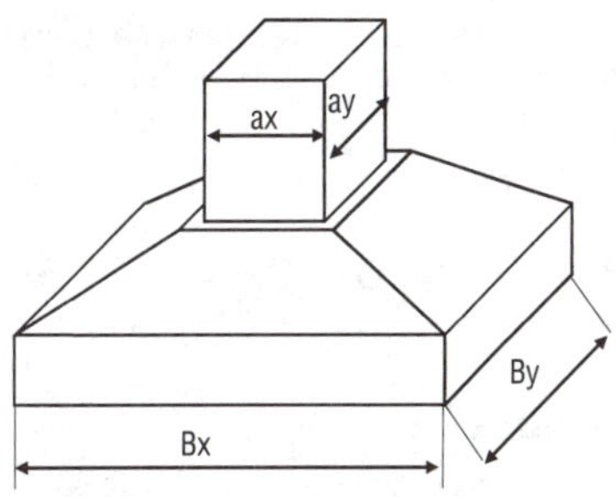

- Semelle filante : étude sur 1 m de long, Nu en kN / m.

$$B \geq \frac{Nu}{q}$$

- Semelle ponctuelle : Nu en kN

$$Bx \cdot By \geq \frac{Nu}{q}$$

avec $\frac{ax}{Bx} = \frac{ay}{By}$ de préférence

Nature géologique du sol	q (MPa) ④
Limon de plateaux	0,15 à 0,30
Terre à meulière	0,30 à 0,45
Marne verte, argile	0,07 à 0,45
Alluvions anciennes, sables et graviers	0,60 à 0,90
Sables de Beauchamp	0,75 à 1,50
Craie	0,90 à 1,00
Marne + caillasse	0,75 à 1,50
Calcaire grossier	1,80 à 4,50

3. DIMENSIONNEMENT À L'AIDE DES ESSAIS DE LABORATOIRE

Ces essais, définis page 39, permettent de déterminer les paramètres : γ (poids volumique), C (cohésion) et Φ (angle de frottement interne).

– Dans le cas de terrains pulvérulents (grave et sable), le calcul se fait à long terme avec C' et Φ' (valeurs de C et Φ drainés).
– Dans le cas de terrains cohérents (argileux), on fait un double calcul, à court terme avec Cu et Φu, et à long terme avec C' et Φ'.
– Les résultats obtenus avec cette théorie sont parfois assez éloignés des valeurs mesurées expérimentalement. On utilisera de préférence les essais au pénétromètre statique ou au pressiomètre.

Plaçons-nous dans le cas d'une semelle de largeur B, de longueur L, d'encastrement D, fondée sur terrain horizontal.

3-1. Semelle soumise à une charge centrée

On a alors :

$$qu = \{\gamma D\} \times Nq + \left\{(1 - 0{,}2\,\frac{B}{L})\,\frac{\gamma B}{2}\right\} N\gamma + \left\{(1 + 0{,}2\,\frac{B}{L})\,C\right\} \times Nc$$

Nq, Nc, Nγ étant les facteurs de portance dont les valeurs sont données dans le tableau (fig. 1).

3-2. Semelle soumise à une charge centrée inclinée (fig. 2a)

Si la charge est inclinée sur la verticale d'un angle δ, la formule devient :

$$qu = iq\,\{\gamma D\} \times Nq + i\gamma\left\{(1 - 0{,}2\,\frac{B}{L})\,\frac{\gamma B}{2}\right\} \times N\gamma + ic\left\{(1 + 0{,}2\,\frac{B}{L})\,C\right\} \times Nc$$

avec : $ic = iq = (1 - \frac{2\delta}{\pi})^2$ et $i\gamma = (1 - \frac{\delta}{\Phi})^2$

3-3. Semelle soumise à une charge excentrée (fig. 2b)

Si la charge est excentrée d'une valeur e, on remplacera B dans les formules ci-dessus par la valeur fictive B' = B – 2e.

4. DIMENSIONNEMENT À L'AIDE DES ESSAIS EN PLACE *(IN SITU)*

4-1. Pénétromètre dynamique

Du nombre de coups nécessaires pour traverser une couche, on déduit la résistance du sol sous la pointe Rp puis la contrainte qd = Rp / section droite de la pointe.
Pour une semelle soumise à une charge verticale centrée, la contrainte qu vaut qd / 7.
Cet essai est utilisé pour le prédimensionnement rapide dans le cas des sols grenus.

4-2. Pénétromètre statique (fig. 3)

Pour une semelle de largeur B, de longueur L, soumise à un chargement centré, la contrainte qu vaut :

$$qu = k_c\, q_{ce} + \gamma D$$

– γ = poids volumique du sol,
– q_{ce} = résistance en pointe moyenne sous la fondation.
Sur une profondeur de 1,5 B, on calcule la moyenne q_{cm} :

$$q_{cm} = \text{surface hachurée} / 1{,}5\ B$$

On trace une droite à 1,3 q_{cm}, pour éliminer toutes les valeurs supérieures. On obtient :

$$q_{ce} = \text{nouvelle surface} / 1{,}5\ B$$

– k_c = facteur de portance qui est fonction :
* du type de sol,
* des dimensions de la fondation (B et L),
* de l'encastrement relatif (D / B).

Pour les valeurs de D / B supérieures à 1,5, le coef. k_c garde la valeur qu'il avait pour D / B = 1,5.

Remarque : dans le cas où le profil de pénétration fait apparaître, sous la fondation, des valeurs de résistance en pointe inférieures à 0,5 MPa, il sera prudent de faire une étude complémentaire (autre type de fondation, autre niveau, etc.).

① **Facteurs de portance : Nc, Nγ, Nq**

Φ en degrés	Nc	Nγ	Nq	Φ en degrés	Nc	Nγ	Nq
0	5,14	0	1,00	29	27,90	15,50	16,40
5	6,50	0,10	1,60	30	30,00	18,10	18,40
10	8,40	0,50	2,50	31	32,70	21,30	20,60
15	11,00	1,40	4,00	32	35,50	25,10	23,20
20	14,80	3,50	6,40	33	38,70	29,50	26,10
21	15,80	4,10	7,10	34	42,20	34,80	29,40
22	16,90	4,90	7,80	35	46,00	41,10	33,30
23	18,10	5,80	8,70	36	50,60	49,00	37,80
24	19,30	6,90	9,60	37	55,70	58,50	42,90
25	20,70	8,10	10,70	38	61,40	70,00	48,90
26	22,20	9,50	11,80	39	67,90	84,00	56,00
27	24,00	11,40	13,20	40	75,30	100,00	64,20
28	25,80	13,20	14,70	45	134,00	254,00	135,00

②

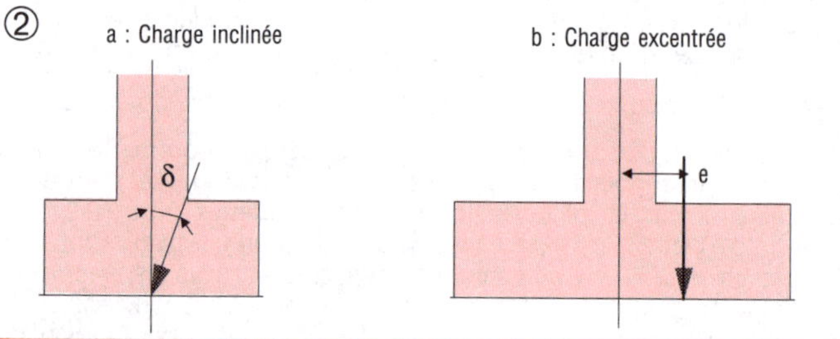

③ **Pénétromètre statique**

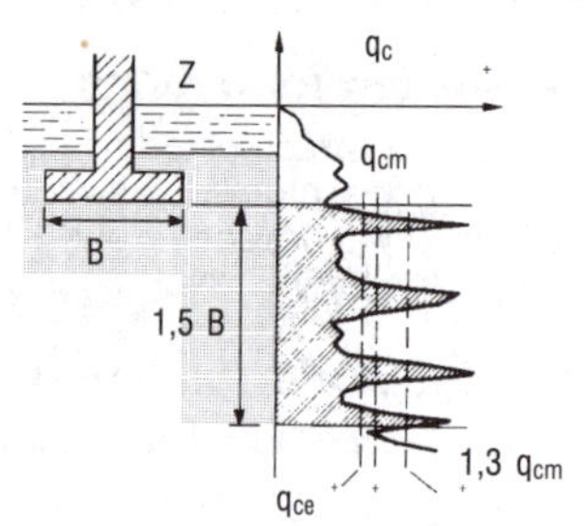

	TYPE DE SOL
I	Argile Limon
II	Sables Graviers
III	Craie Marnes Marno-calcaire Roches altérées ou fragmentées

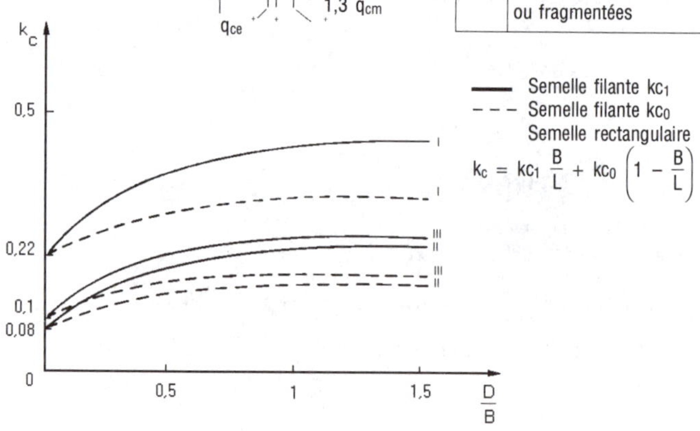

4-3. Pressiomètre (fig. 1)

Pour une semelle de largeur B, de longueur L, soumise à un chargement centré, la contrainte qu vaut :

$$qu = K_p \, pl_e + \gamma D$$

– γ = poids volumique du sol,
– pl_e = pression limite nette équivalente (pression moyenne calculée sur une hauteur de 1,5 B sous la fondation, en plafonnant les valeurs maximales à 1,5 fois les valeurs minimales).
– K_p = le facteur de portance qui est fonction :
  * du type de sol,
  * des dimensions de la fondation (B et L),
  * de l'encastrement relatif (D / B).

Pour les valeurs de D / B supérieures à 1,5, le coefficient K_p garde la valeur qu'il avait pour D / B = 1,5.

4-4. Cas particuliers

4-4.1. Les charges inclinées

Dans le cas de charges inclinées d'un angle δ par rapport à la verticale, la valeur :
$k_c \, q_{ce}$ pour l'essai pénétrométrique,
$K_p \, pl_e$ pour l'essai pressiométrique,
sera affectée d'un coefficient minorateur donné figure 2.

4-4.2. Les charges excentrées

Si e est l'excentrement de la charge, on prendra en compte une largeur B' = B – 2e à la place de B.

5. DISPOSITIONS PARTICULIÈRES

• Fondations sur un terrain incliné ou à des niveaux différents : C'est un cas plus délicat que ceux traités ci-dessus. Pour plus de détails, on pourra consulter l'ouvrage du SETRA : « Fond 72 ». En règle générale, pour des fondations à des niveaux différents, on adoptera la disposition de la figure 3.

• Fondations au voisinage de fouilles, de pieux (fig. 5) : Quand il existe des ouvrages ou des fouilles, à proximité immédiate de la fondation, il convient de vérifier que les efforts supplémentaires apportés par ces fondations peuvent être supportés sans dommage.

• Fondations dans des milieux agressifs : Il est souhaitable d'effectuer des prélèvements d'eau et de sol en vue de déterminer l'agressivité du milieu. On en déduira principalement le choix du ciment (page 27), voire un dosage en ciment (P 15-010).

• Précautions contre le gel (fig. 4) : Le niveau d'assise des fondations devra être descendu à un niveau de sol non soumis au gel. Cette profondeur varie en France métropolitaine entre 0,50 m et 1 m selon la zone climatique et l'altitude.

①
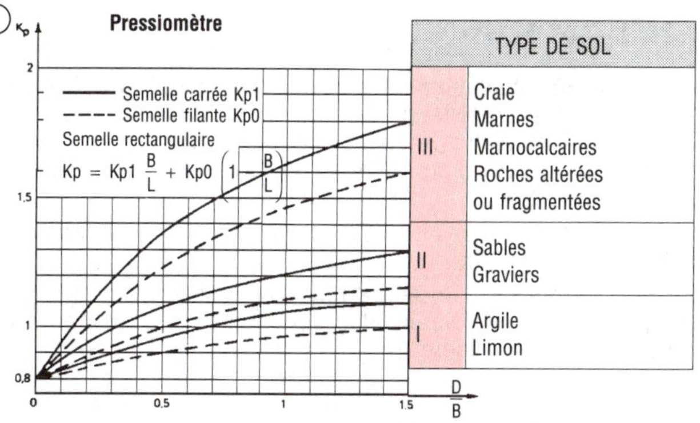

② Correction pour les charges inclinées
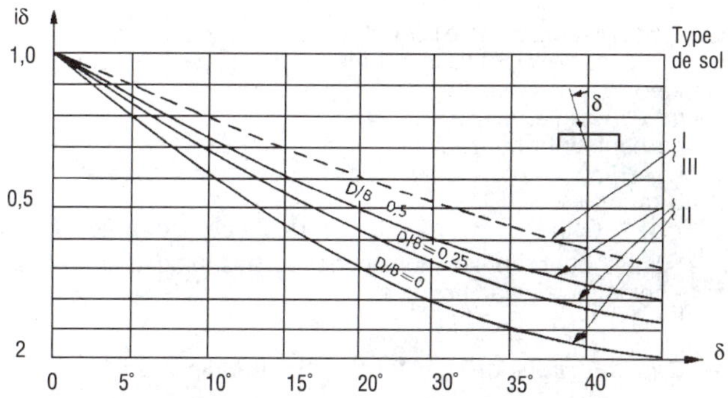

③ Fondations à des niveaux différents
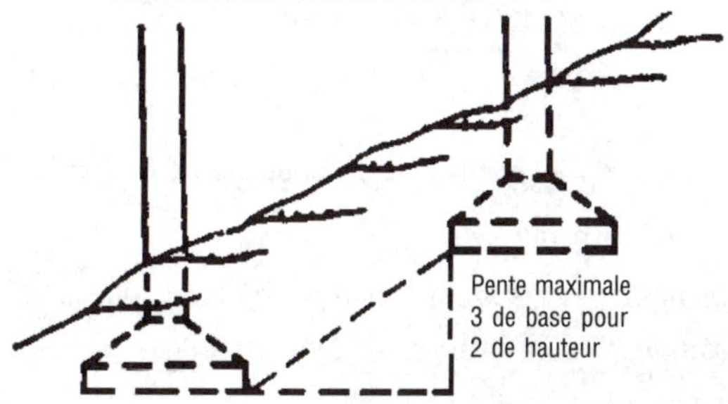

④ Profondeur hors gel
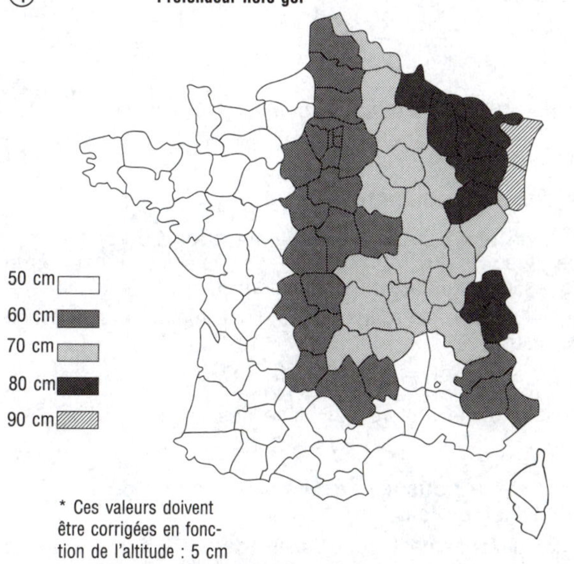

* Ces valeurs doivent être corrigées en fonction de l'altitude : 5 cm pour 200 m au-dessus de 150 m d'altitude.

⑤
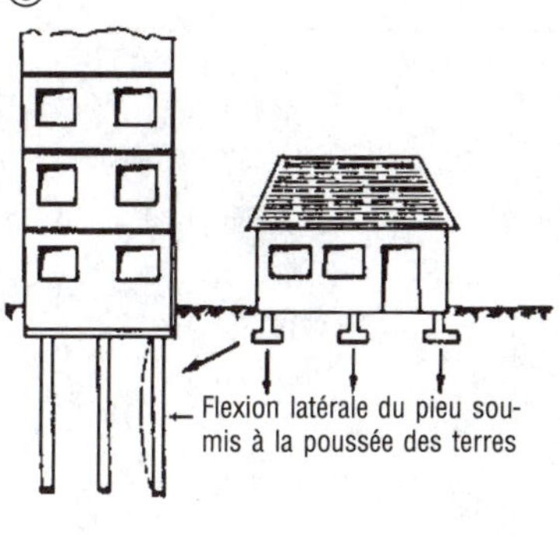

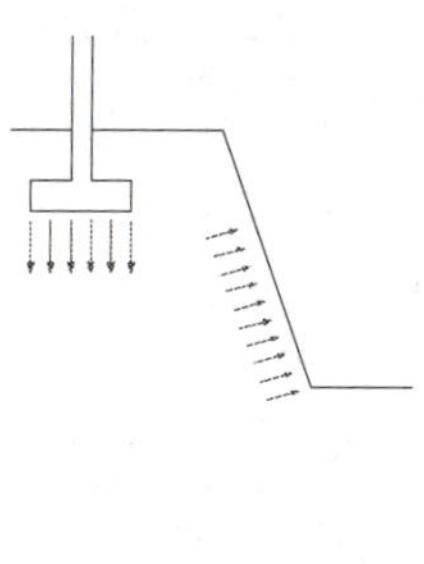

Fouilles au voisinage des fondations

1. INTRODUCTION

Les ouvrages de soutènement sont des constructions destinées à éviter l'éboulement ou le glissement d'un talus de terrain trop pentu. Ils sont employés en sites montagneux pour protéger les chaussées contre les éboulements de terre (et avalanches), en site urbain afin de réduire l'emprise des talus, etc., (fig. 1).

La mécanique des sols permet le calcul des efforts exercés par le sol sur ces ouvrages.

A l'arrière du mur, les terres retenues engendrent sur l'écran un effort de **poussée**. Le terrain situé devant le mur pourra mobiliser un effort de **butée** : figure 2.

2. LES CONTRAINTES DANS LE SOL AU REPOS (fig. 3)

Pour un terrain horizontal, à l'équilibre, non chargé (pas de fondations à proximité par exemple), le sol étant homogène, un point P à la profondeur z subit (fig. 3) :

- une contrainte verticale $\sigma v = \gamma z$.
- une contrainte horizontale (étreinte latérale) :
  $\sigma h = Ko\ \gamma z = Ko\ \sigma n$, avec Ko coefficient de poussée des terres au repos
  $Ko = 1 - \sin \Phi$ (formule de Jacky, fig. 4 et 5).

On a donc, pour un sol homogène soumis uniquement à son propre poids, une répartition des contraintes dans le sol triangulaire (σh et σv) : figure 6.

2-1. Cas des sols pulvérulents (C = 0 et Φ ≠ 0)

La rupture par poussée se traduit par un déplacement, le sol n'est plus alors au repos et la contrainte horizontale prend la valeur suivante :

$$\sigma h = \sigma v \tan^2\left(\frac{\pi}{4} - \frac{\Phi}{2}\right)$$

Si on appelle Kp le coefficient de poussée, $Kp = \tan^2\left(\frac{\pi}{4} - \frac{\Phi}{2}\right)$,

il vient : $\sigma h = Kp\ \sigma v$.

Remarque : Les surfaces de rupture du sol, quelle que soit la profondeur, sont planes et font un angle $\left(\frac{\pi}{4} + \frac{\Phi}{2}\right)$, avec l'horizontale (fig. 7).

Quand il y a rupture du sol par butée, la contrainte horizontale dans le sol vaut :

$$\sigma h = \sigma v \tan^2\left(\frac{\pi}{4} + \frac{\Phi}{2}\right)$$

Si on appelle Kb le coefficient de butée, $Kb = \tan^2\left(\frac{\pi}{4} + \frac{\Phi}{2}\right)$

il vient alors : $\sigma h = Kb\ \sigma v$.

2-2. Cas des sols cohérents (C ≠ 0)

Le calcul devra être conduit à court terme (avec Cu et Φu) et à long terme (avec C' et Φ'). En général, c'est le calcul à long terme qui donne les résultats les plus défavorables.

La contrainte dans le sol, dans le cas d'une rupture par poussée des terres, vaut :

$$\sigma h = Kp\ \sigma v - 2C\ Kp^{1/2}$$

et dans le cas d'une rupture par butée des terres :

$$\sigma h = Kb\ \sigma v + 2C\ Kb^{1/2}$$

2-3. Calcul de la poussée résultant d'une charge sur le terre-plein

- Charge uniformément répartie q (par m^2) : la contrainte horizontale supplémentaire sera uniforme (fig. 8a).
- Charge linéaire concentrée : figure 8b.

①

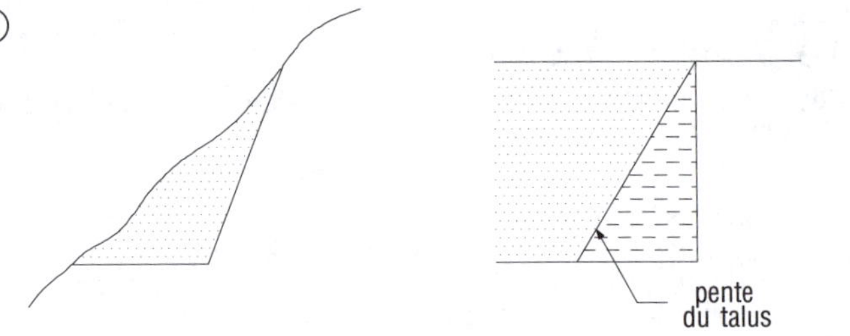

②

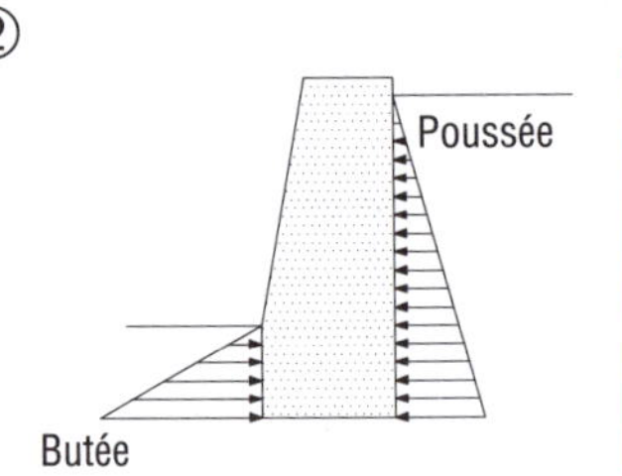

③

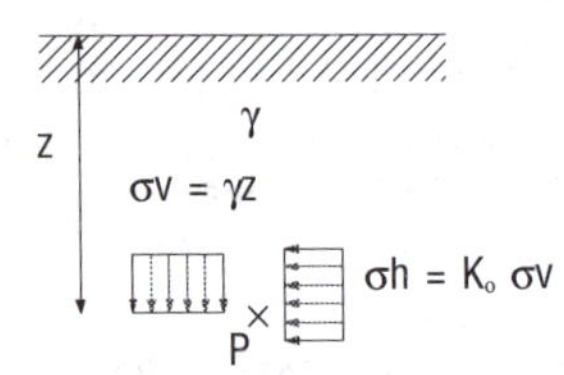

④ Ko		Valeur de Kp, Ko, Kb, pour divers angles de frottement Φ ⑤			
Type de sol	Ko	Φ	Kp	Ko	Kb
Sable lâche	0,45 à 0,50	20	0,490	0,658	2,04
Sable compact	0,40 à 0,45	25	0,406	0,577	2,46
Argile normalement consolidé	0,50	30	0,333	0,500	3,00
		35	0,271	0,426	3,66
Argile surconsolidé	> 0,50	40	0,217	0,357	4,60

⑥

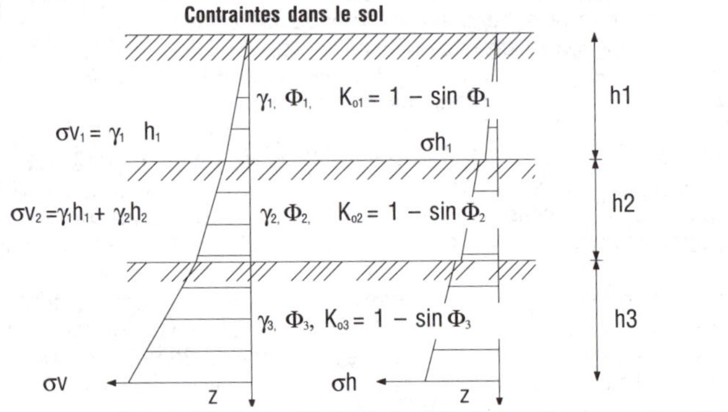

⑦

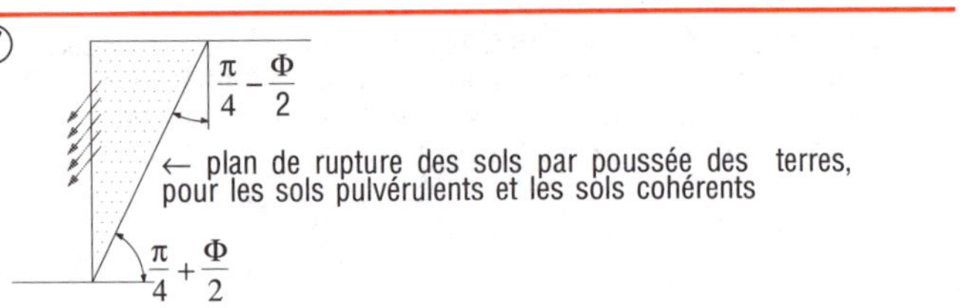

⑧

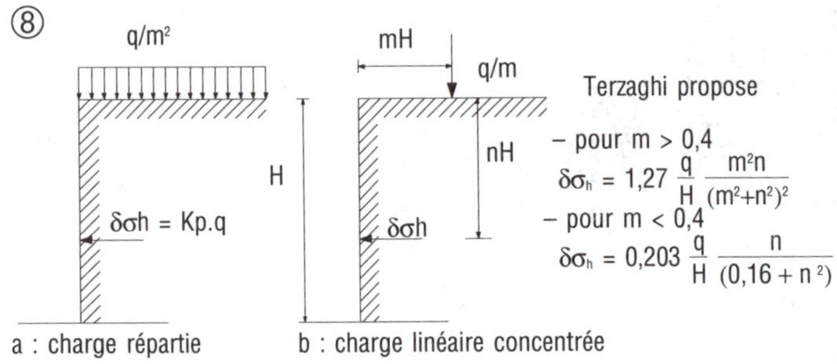

Nous regroupons, dans ce sous-chapitre, différentes solutions, pour le **blindage des fouilles** (phase provisoire) et pour la réalisation de voiles contre terre de l'infrastructure d'un bâtiment dont les modes de fonctionnement sont semblables du point de vue mécanique des sols.

On distingue trois cas :
- les murs encastrés en pied, donc maintenus uniquement par leur fiche dans le sol,
- les murs fichés dans le sol et maintenus en tête par une rangée de tirants ou de butons,
- les murs à plusieurs rangées d'ancrages ou de butons.

1. PRÉDIMENSIONNEMENT DES VOILES ET DES RIDEAUX

On considère qu'il n'y a pas frottement de la terre sur le voile et donc que la poussée et la butée sont des efforts horizontaux.

1-1. Mur uniquement encastré en pied

Les contraintes appliquées sur ce mur se répartissent selon la figure 1. En simplifiant, on peut admettre le schéma mécanique de la figure 2. On suppose que l'effort de contre-butée se trouve en O.

1-1.1. Calcul de la profondeur de la fiche F

$$F = f + 0{,}2\ fo = f' + fo + 0{,}2\ fo$$

avec $f' = \dfrac{Kp}{Kb - Kp} \times H$

Il suffit donc de connaître fo.

Les équations de la statique et en particulier, le moment par rapport à O, nous donnent l'équation du troisième degré de la forme suivante à résoudre :

$$\left(\frac{Kb}{2} - Kp\right) fo^3 + 3\left(f' \frac{Kb}{2} - H'Kp\right) fo^2$$
$$+ 3\left(f'^2 \frac{Kb}{2} - H'^2 Kp\right) fo + \frac{Kb}{2} f'^3 - KpH'^3 = 0$$

Remarque : On a pris un coefficient de sécurité de 2 sur la butée.

1-1.2. Calcul du voile ou du rideau

On peut ensuite calculer la contre-butée C et tracer les diagrammes de moment fléchissant, d'effort tranchant, pour dimensionner le mur ou le rideau de palplanches.

1-2. Mur fiché dans le sol et ancré en tête

Deux méthodes classiques sont utilisables :
- rideau simplement buté en pied, ancré en tête,
- rideau encastré, ancré en tête.

En pratique, on prendra comme fiche réelle une valeur moyenne entre les deux fiches déterminées par les méthodes ci-dessus.

1-2.1. Rideau ancré simplement buté en pied (fig. 3)

On considère qu'il n'y a pas de contre-butée dans le sol. On est donc en butée simple. Le schéma mécanique est alors celui de la figure 4.

Pour calculer la fiche F, on traduit l'équilibre du mur. L'équation de moment par rapport au point d'ancrage, nous conduit à une équation du troisième degré de la forme :

$$(H + F)^2\ Kp\left(\frac{2}{3} H + \frac{2}{3} F - l\right) - F^2 \frac{Kb}{2} (H + \frac{2}{3} F - l) = 0$$

Remarque : Comme précédemment, on a pris un coefficient de sécurité de 2 sur la butée pour obtenir un $F_{réel}$.

① **Rideau non ancré, efforts et déplacements**

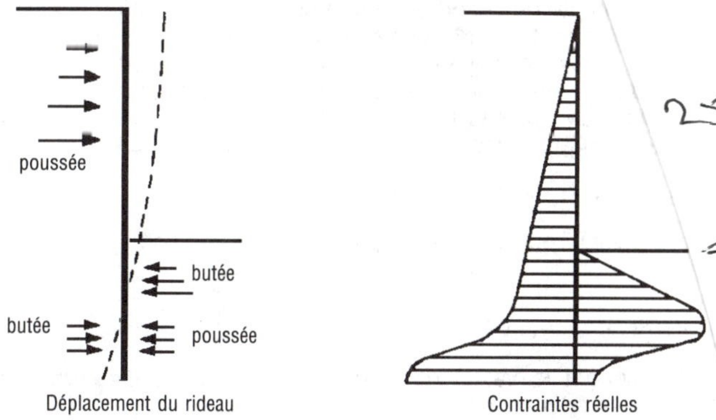

② **Hypothèses admises pour le calcul d'un rideau non ancré**

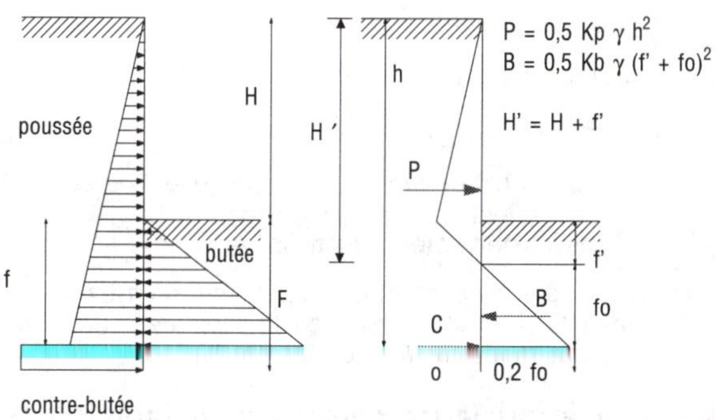

③ **Rideau ancré**

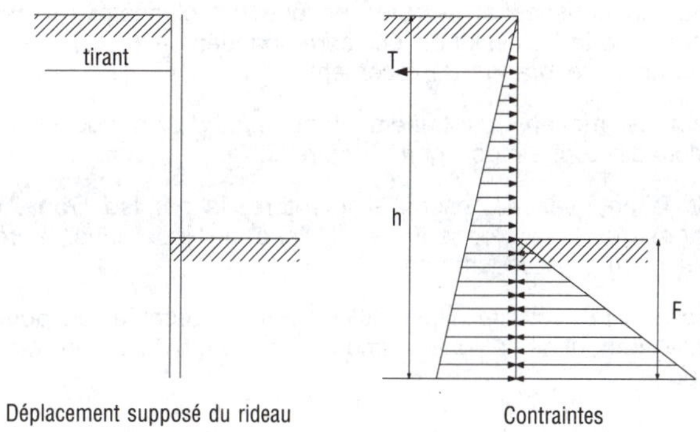

④

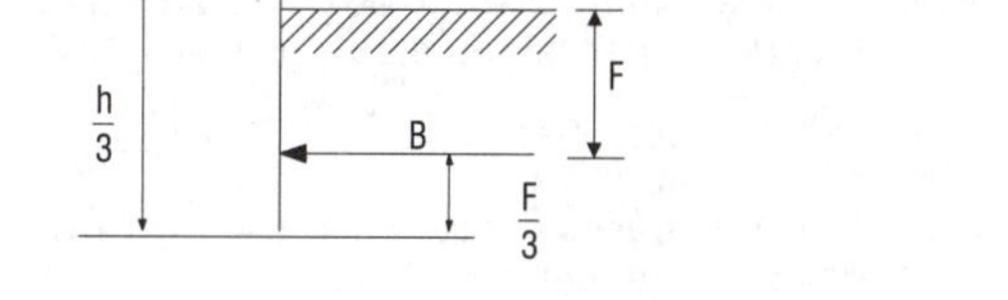

Hypothèses admises pour le calcul d'un rideau ancré

1-2.2. Rideau encastré ancré en tête

On tient compte de l'effort de contre-butée. Le schéma mécanique (fig. 1) ne permet pas de résoudre directement le problème. Il faut faire l'hypothèse supplémentaire suivante : le point où le moment de flexion est nul et le point de dépression résultante nulle sont confondus. Le schéma mécanique du mur est équivalent à celui de deux poutres indépendantes et juxtaposées : figure 2.

– f' est calculé de la même façon que page 47.

– En écrivant l'équilibre de la poutre supérieure, on a :

$$(H - l + f') \times R = zp \times P'$$

R est donc connue et T = P' – R.

– En reportant la valeur de R dans les équations d'équilibre de la poutre inférieure, on a :

$$fo = \sqrt{\frac{6R}{\gamma K_b}}$$

car $B' = 0{,}5\ Kb\ fo^2$ et $B' = 3\ R$,

d'où $F_{réel} = f' + 1{,}2\ fo$.

Remarque : On ne prend pas de coefficient de sécurité.

1-2.3. Dimensionnement du mur

Après avoir déterminé les efforts d'ancrage, on trace le diagramme du moment fléchissant le long de la « poutre » pour en déduire les caractéristiques mécaniques de l'écran.

1-3. Mur à plusieurs rangées d'ancrage

Dans le cas d'ouvrages se déplaçant très peu (ancrage par plusieurs rangées de tirants précontraints ou d'étrésillons par exemple), la poussée et la butée ne peuvent plus être connues par les méthodes classiques qui correspondent à la rupture du sol et donc à de grands déplacements.

A défaut de moyens de traitement automatisé, on adoptera la répartition de contraintes donnée figure 3.

L'effort de poussée est essentiellement repris par les tirants ou les butons, et la profondeur de la fiche ne joue plus le rôle principal décrit précédemment.

En résolvant le système hyperstatique qui en découle, on pourra trouver le moment de flexion maximum, permettant de dimensionner l'ouvrage.

① Déplacement du rideau et contraintes

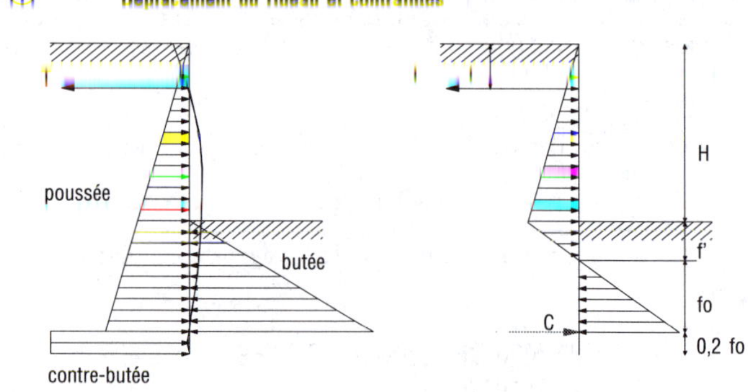

② Schéma de calcul et résolution

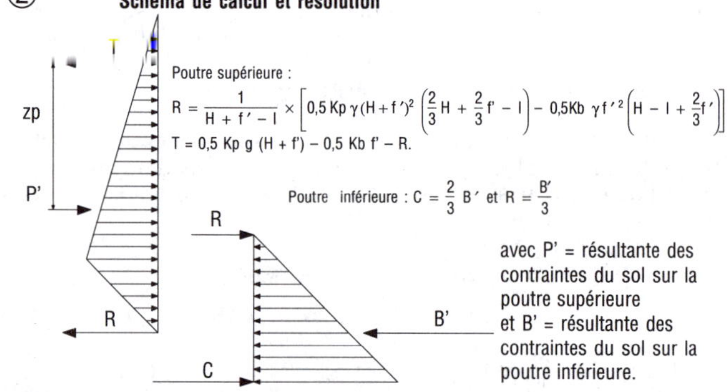

③ Diagramme des contraintes

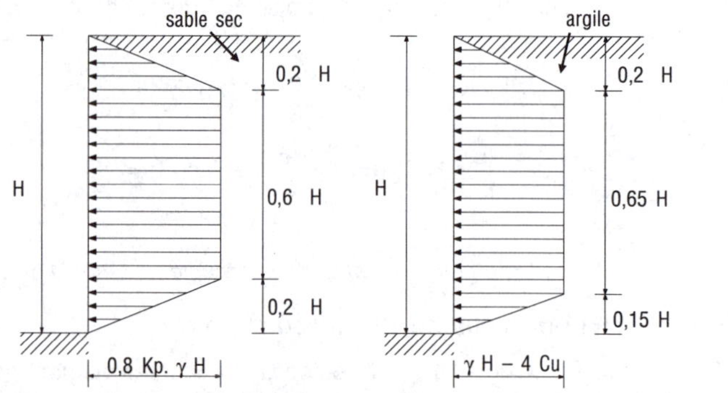

2. LES SOLUTIONS TECHNOLOGIQUES

2-1. Blindage des fouilles provisoires

2-1.1. Rideau de palplanches (fig. 4) : NF P 94-322

Les rideaux de palplanches constituent une importante catégorie d'ouvrage de soutènement. Ils sont essentiellement utilisés en travaux publics, et dans la plupart des cas, le rideau est ancré en tête.

Les palplanches sont des profilés en acier laminé de longueur maximale 27 m. Elles sont mises en œuvre par battage, vibrofonçage, etc. (le plus souvent par paires préassemblées).

L'étude se fait en trois phases :
- calcul de la fiche,
- calcul de l'effort dans le tirant (pour les rideaux ancrés en tête) et détermination de celui-ci,
- dimensionnement du type de palplanches du rideau, à l'aide de la figure 4 pour les palplanches classiques.

④ Palplanches courantes (par paire)

Profil	Module d'inertie I / v (cm³)	Moment d'inertie I (cm⁴)
SL 2	300	1 950
SL 3	550	5 550
SL 4	850	10 600
SL 5	1 050	14 700
L II	850	8 500
L III	1 360	16 800

Les palplanches sont le plus souvent en acier du type Fe E 235 (page 29). On dimensionne le rideau de palplanches en limitant la contrainte à la valeur admissible $\overline{\sigma}_a$ prise égale à 160 MPa. Pour 1 m de large, on aura $\frac{I}{v} \geq \frac{Mmax}{\overline{\sigma}a}$, avec $\frac{I}{v'}$, module d'inertie choisi ci-contre.

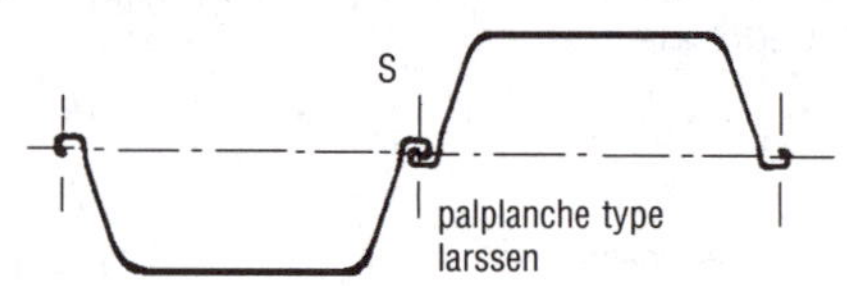

S serrures

2-1.2. Parois berlinoises

Ce type de paroi est constitué de profilés métalliques, (I ou H), descendus dans des forages et scellés en pied, entre lesquels on vient placer, au fur et à mesure de la progression de l'excavation, des planches en bois ou des panneaux métalliques. On évite de laisser un vide entre les planches et le sol afin d'empêcher une décompression du terrain.

Les profilés sont ensuite maintenus à l'aide de tirants ou de butons. De nombreuses variantes existent : figure 3. L'espacement des profilés est de l'ordre de 2,50 m. Le mode opératoire est détaillé figure 2.

2-2. Ouvrages définitifs

En général, leurs fonctions sont multiples. Ils servent d'abord au maintien provisoire des terres pendant la réalisation de la construction (ancrage par des tirants), puis au maintien définitif (reprise de la poussée par les planchers). Ils pourront aussi servir de fondations, d'écran étanche, d'où la complexité de l'étude.

2-2.1. Parois berlinoises béton

Le principe de réalisation de la paroi berlinoise est conservé. Le remplissage entre les profilés est réalisé par des voiles en béton armé. Ils sont coulés derrière une banche (paroi parisienne), ou confectionnés en béton projeté. On laisse des armatures en attente pour les futures dalles de plancher : figure 3.

2-2.2. Parois parisiennes

C'est une méthode dérivée de la paroi berlinoise. Les poteaux placés dans le forage sont préfabriqués en béton armé. Les voiles, entre les poteaux, sont coulés en place après qu'une cage d'armatures, reliée aux aciers en attente, a été disposée (fig. 1).

① **Schéma d'une paroi « parisienne» : vue de dessus**

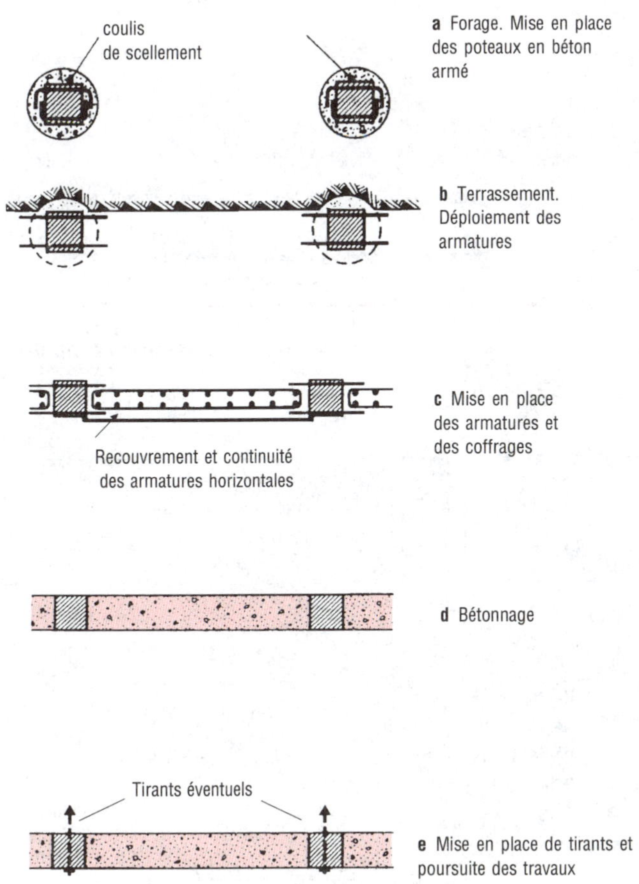

② **Schéma d'exécution d'une paroi « berlinoise »**

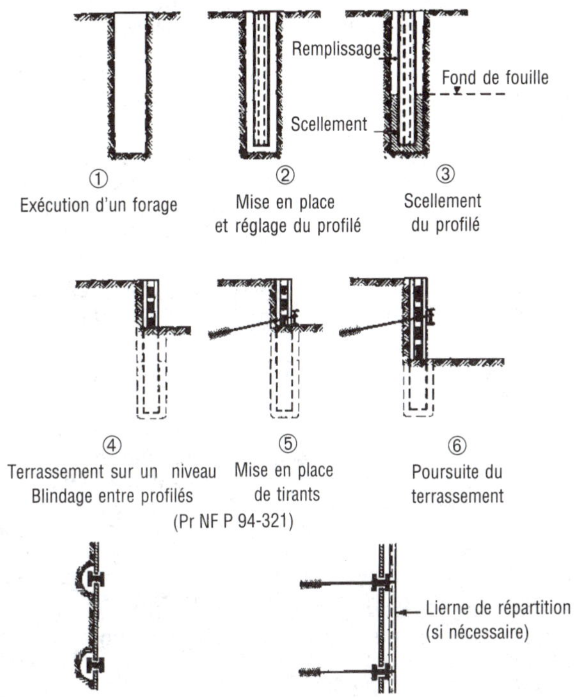

③ **a : Paroi berlinoise spéciale, avec profilé béton préfabriqué**

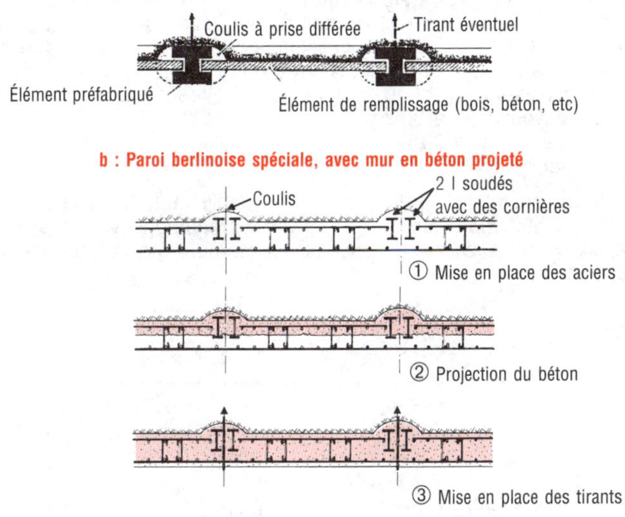

Schéma d'une paroi « parisienne » : coupe

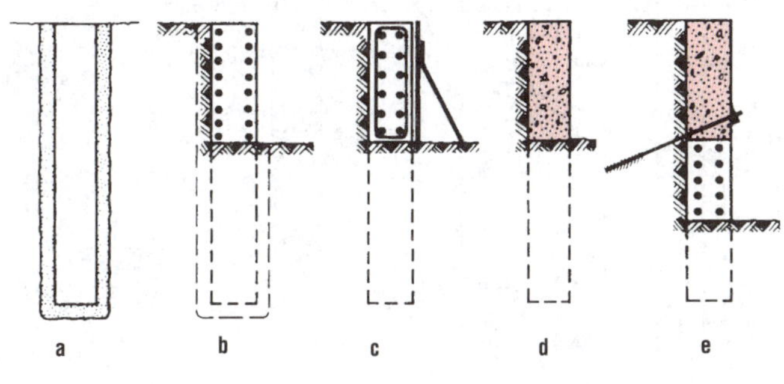

2-2.3. Parois moulées

C'est un mur réalisé dans une tranchée forée à la boue, dont la fonction est de maintenir les parois de l'excavation. Le forage est exécuté à l'aide d'une benne preneuse guidée verticalement ou à l'aide d'un trépan pour les terrains durs. L'ouvrage est coulé en place après descente d'une cage d'armature dans la tranchée, ou préfabriqué.

Quand la paroi excède une certaine longueur (une dizaine de m), on divise la paroi à réaliser en éléments ou panneaux de longueur moyenne comprise entre 5 et 6 m que l'on réalise soit alternativement (panneau primaire, panneau secondaire), soit à la suite l'un de l'autre.

La continuité entre panneaux est assurée, dans les systèmes traditionnels par un tube métallique aménageant une cavité qui est ensuite bétonnée ou injectée : figure 2.

On peut aussi utiliser des éléments préfabriqués en béton armé comme joint entre panneaux : figure 3.

Le bétonnage d'un panneau doit se faire en une seule fois. On utilise un (ou plusieurs) tube plongeur de diamètre de 20 à 30 cm qui descend jusqu'au fond de la tranchée. Le béton remonte dans la tranchée en repoussant la boue de forage. La partie supérieure de béton, en contact avec la boue et donc de mauvaise qualité, sera détruite sur l'épaisseur polluée (c'est ce qu'on nomme le recépage). Le béton ne sera jamais vibré. Un ferraillage et une composition de béton type sont donnés figure 5.

Les bennes utilisées pour l'excavation ont une largeur variant de 0,52 à 1,62 m et on atteint, habituellement, des profondeurs de 30 m, exceptionnellement 60 à 80 m. Le mode opératoire est détaillé figure 1.

Les parois moulées préfabriquées (fig. 4) permettent d'obtenir une bonne qualité de parement de l'ouvrage. Elles se composent de panneaux identiques s'emboîtant les uns dans les autres grâce à un système de rainures et languettes permettant aussi le guidage vertical lors de la descente des éléments. La mise en place se faisant à la grue, le poids est limité à une cinquantaine de tonnes. Leurs dimensions varient dans les fourchettes suivantes :
- épaisseur : 30 à 80 cm,
- hauteur : 10 à 20 m,
- largeur : 1,5 à 2,5 m.

La boue est alors remplacée par un coulis autodurcissant pour éviter la décompression entre le voile préfabriqué et les terres. Ce coulis est aussi conçu pour être facilement ôté du côté visible de la paroi.

① Principe d'exécution

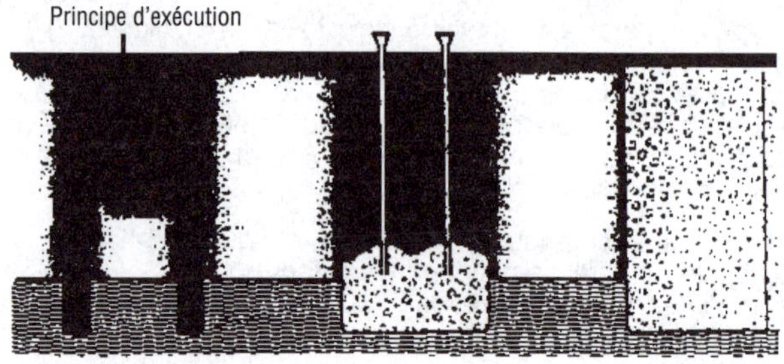

② Joints entre panneaux : joint à clavette

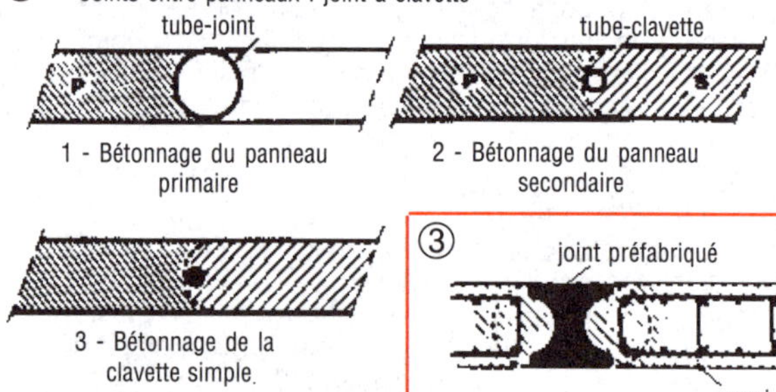

③

④ Paroi moulée préfabriquée (exemple)

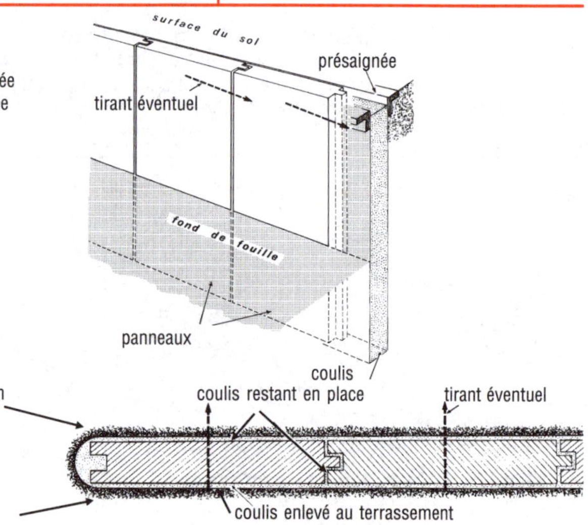

⑤ Cage d'armature type

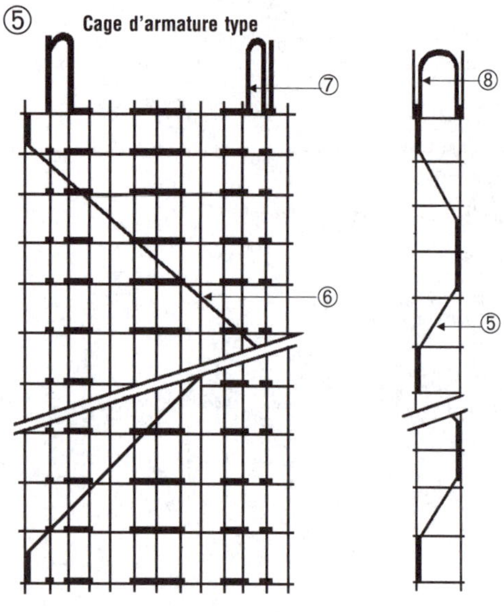

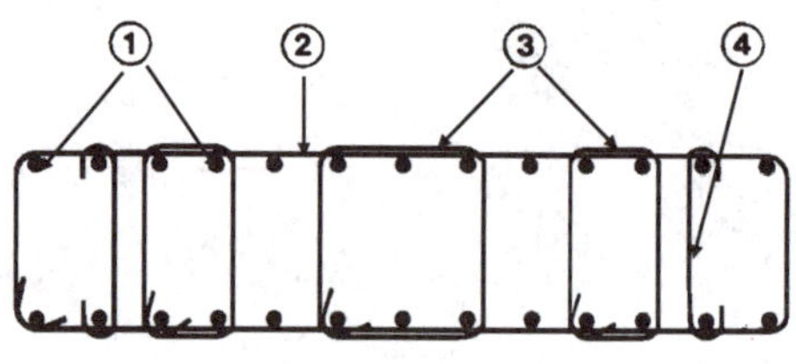

①	Barres verticales	HA 16, HA 25
②	Cadre caisson	HA 16
③	Cadres intérieurs	HA 14, HA 16
④	Épingles	Ø 10 à Ø 16
⑤⑥	Raidisseurs	Ø 16
⑦	Anse de positionnement	
⑧	Anse de levage	

Caractéristiques des parois moulées		
Largeur de l'outil (m)	0,52 0,62 0,82	1,02 1,22 1,52
Béton		
granulats 0 – 5 mm 5 – 5 mm	900-950 kg 900-950 kg	
ciment CLK 45	350-400 kg	
eau	200 l	
Des retardateurs permettent de poursuivre un bétonnage pendant plusieurs heures.		
Règles BAEL 91	Résistance caractéristique fc28 = 23 MPa	

1. LES FOUILLES

La construction d'un ouvrage commence par les travaux de terrassement, c'est-à-dire par des mouvements de terre. Les travaux débutent par le décapage de la terre végétale (épaisseur minimum 20 cm) sur l'emplacement de la future construction. Elle sera généralement stockée pour être remise en place à la fin du chantier pour modeler des espaces verts.

Le déblai est réalisé par l'excavation dans le sol. Les terres déplacées sont placées en couches successives sur le terrain, on constitue alors un remblai : figure 1.

Les matériels utilisés pour ces travaux sont détaillés, ainsi que leur mise en œuvre, dans le Précis de chantier (AFNOR/Nathan).

1-1. Quelques définitions (fig. 2)

- **Fouilles en rigole** : une fouille est dite « rigole » lorsque sa largeur ℓ et sa profondeur h satisfont aux relations :

  $\ell \leq 2$ m et $h \leq 1$ m.

- **Fouilles en tranchée** : une fouille est dite « tranchée » lorsque ℓ et h satisfont aux relations suivantes :

  1er cas : $\ell \leq 2$ m ; on doit alors avoir : $h > 1$ m.
  2e cas : $\ell > 2$ m ; on doit alors avoir : $h > \ell/2$.

Quand la longueur L et la largeur ℓ sont du même ordre de grandeur et :

- quand h > 1 m, c'est **un puits**.
- quand h < 1m, c'est **une fouille en trou**.

Une tranchée ou un puits, dont la profondeur et la largeur définissent un point situé sous la droite de la figure 3, doit être blindé, étrésillonné ou étayé lorsque les parois sont sensiblement verticales (décret du 8.01.65).

- **Excavation superficielle** : une fouille est dite en « excavation superficielle » lorsque sa largeur ℓ et sa profondeur h satisfont aux relations :

  $\ell \geq 2$ m et $h \leq \ell/2$

1-2. Classification des terrains du point de vue terrassement

Les travaux de terrassement dépendent de la nature du sol à extraire et ils sont donc classés par ordre de difficulté d'extraction :

- terrain ordinaire : terres végétales, sables meubles, remblais récents, gravois ;
- terrain argileux ou caillouteux non compact : ce sont donc les terrains argileux, pierreux ou caillouteux, tufs, marnes fragmentées, sables agglomérés par un liant argileux ;
- terrain compact : argiles compactes, glaises et sables fortement agglomérés ;
- roches (devant être attaquées au pic ou à la pioche) ;
- roches dures (devant être attaquées au coin, à la pointerolle ou au marteau piqueur) ;
- roches très dures (emploi de la mine, d'explosif) ;
- roches de sujétion : roches très dures pour lesquelles l'emploi de l'explosif est interdit.

Les « terrassiers » distinguent, pour leur part, 3 groupes de sols :

- terrains meubles pouvant être attaqués directement par une chargeuse ou une pelle mécanique ;
- terrains rocheux défonçables pouvant être attaqués par un engin chargeur, après défonçage du roc (par exemple à l'aide d'un tracteur équipé d'une dent défonceuse) ;
- terrains rocheux nécessitant un dynamitage.

1-3. Exécution des fouilles

Les fonds de fouilles doivent être dressés horizontalement, sauf si on craint des venues d'eau. Il est alors préférable de prévoir une pente de 2 à 5% de l'ensemble de la fouille, ou des rigoles. Les parois des fouilles sont soit étayées, soit taillées avec fruit : pages 52 à 54.

① **Terrassement**

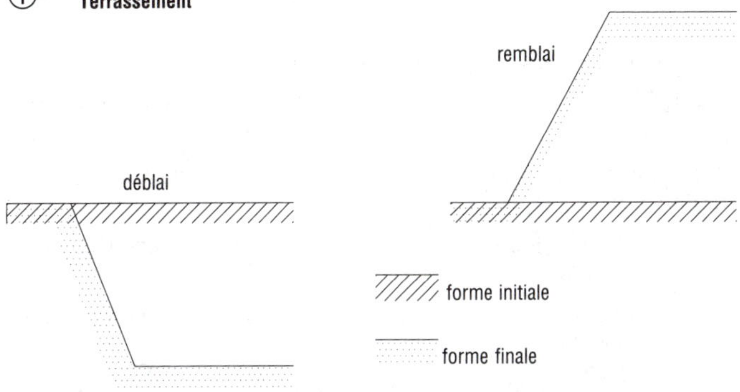

② **Fouille**

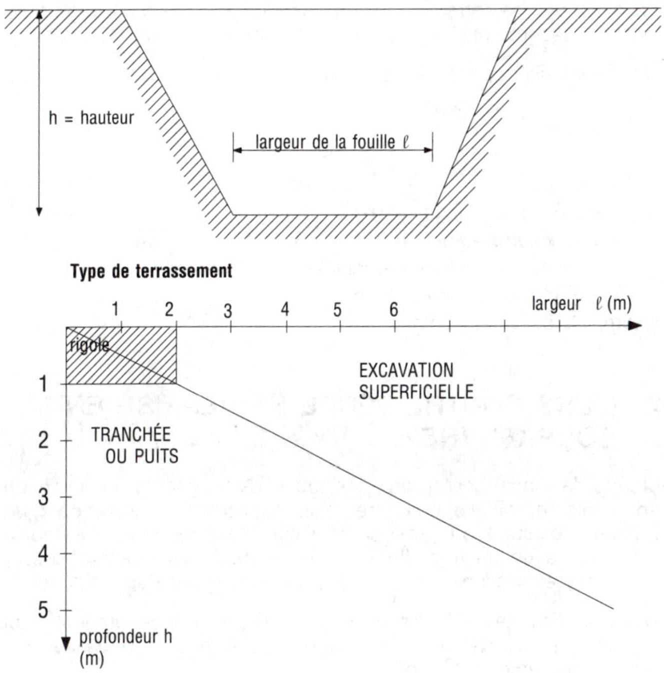

③ **Type de terrassement**

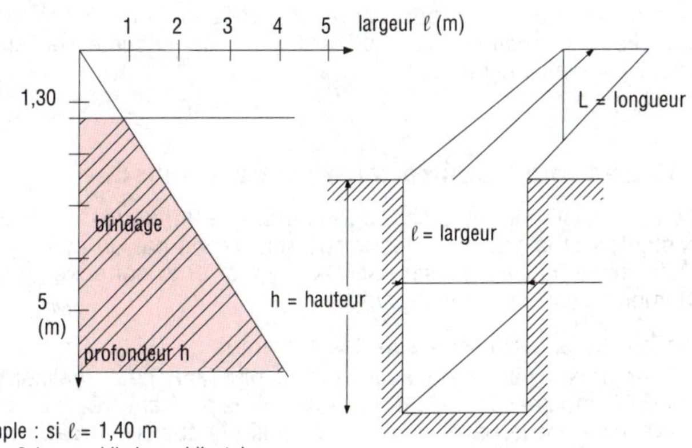

Exemple : si ℓ = 1,40 m
et h = 3,1 m ⇒ blindage obligatoire

1-3. Exécution des fouilles (suite)

Dans le cas de terrains sensibles à l'action de l'eau ou de l'air (certaines marnes, argiles, schistes, etc.), il y a lieu de réaliser le bétonnage des fondations aussitôt après la finition du fond et des parois, ou sinon de protéger la fouille avec des films plastiques.

Tolérances d'exécution :

Les surprofondeurs par rapport aux niveaux fixés sont inférieures à :

- 5 cm pour des terrains non rocheux ;
- 10 cm pour les terrains rocheux (20 cm pour les roches très dures).

Pour l'implantation, des écarts par excès sont admis, tout en étant inférieurs à :

- 10 cm pour les fouilles en tranchée, puits ou en excavation superficielle ;
- 5 cm pour les fouilles en rigole dans les terrains non rocheux.

1-4. Le foisonnement des terres

En excavant les terres, le volume occupé par celles-ci augmente lors de la décompression du sol. C'est le phénomène de foisonnement.

On définit un coefficient de foisonnement (en %) qui correspond à :

$$f = \frac{V - V_o}{V_o} \times 100 \quad \text{ou} \quad f = \frac{\rho_o - \rho}{\rho} \times 100$$

avec Vo = volume initial (en place)
V = volume final
ρ_o = masse volumique initiale
ρ = masse volumique finale.
Exemples de valeur : figure 1.

2. MURS CONTRE TERRE ET REPRISE EN SOUS-ŒUVRE

Quand la construction projetée possède plusieurs niveaux de sous-sols, et qu'elle doit être mise en œuvre à proximité d'un bâtiment existant ou près de la limite de propriété, une fouille classique avec un fruit (fig. 2 et 4) ne peut pas être réalisée. Il faut alors employer des méthodes de construction spécifiques.

Dans le cas de la figure 3 (coupe BB), on place un voile qui reprend les efforts du futur bâtiment ainsi que la poussée des terres adjacentes : figure 5.

Dans le cas de la figure 3 (coupe AA), quand la fondation est à proximité d'une construction existante, on peut soit utiliser la méthode précédente (fig. 6), soit faire une reprise en sous-œuvre du mur existant pour descendre sa fondation au niveau de la nouvelle construction (fig. 7). Pour plus de sécurité, on devra étayer l'ancien bâtiment.

2-1. Les murs contre terre ou voile masque

C'est la méthode la plus courante. Les efforts des fondations existantes et la poussée des terres sont repris par un ouvrage en béton armé. Le mur voisin est laissé intact et le sol sous l'ancien bâtiment n'est pas décomprimé.

Les solutions recensées sont les suivantes :

- Pour trois niveaux de sous-sols et plus, on peut réaliser des parois moulées (p. 50), le terrassement étant réalisé après exécution de la paroi. Une autre solution consiste à réaliser des parois parisiennes ou berlinoises (p. 49).

①

Valeur moyenne de foisonnement (1)	
Argile	35 %
Terre végétale	25 %
Sable, gravier	12 à 15 %
Rochers	65 à 70 %

(1) Le précis de chantier (AFNOR/NATHAN) détaille ces valeurs et leur utilisation pour déterminer le matériel nécessaire à une opération de terrassement.

② **Réalisation de l'infrastructure sur un terrain sans contrainte extérieure**

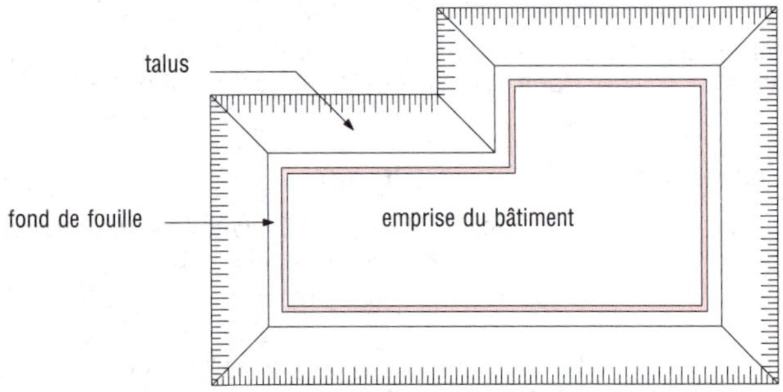

③ **Infrastructure en limite de propriété ou contre un bâtiment existant**

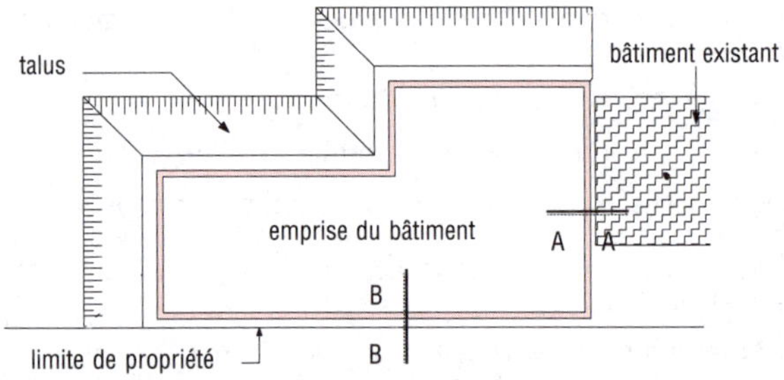

④ **Fouille classique**

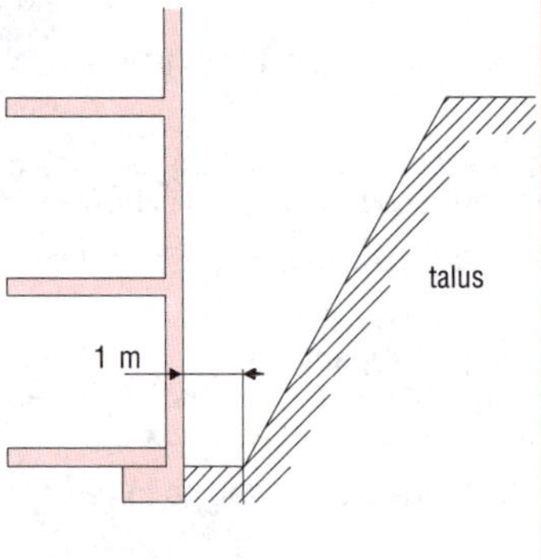

⑤ **Coupe BB en limite de propriété**

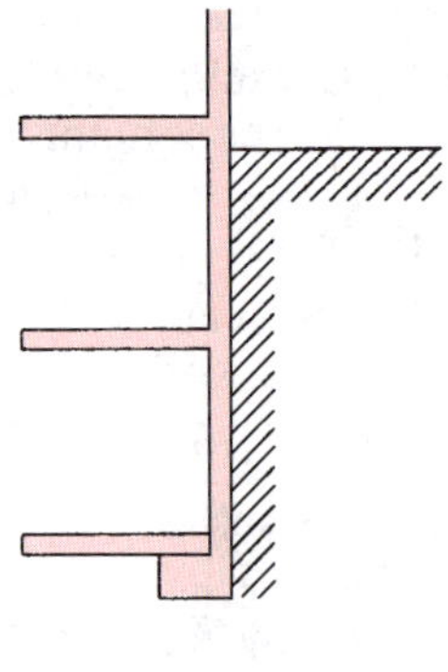

⑥ **Coupe AA au droit d'un mur existant**

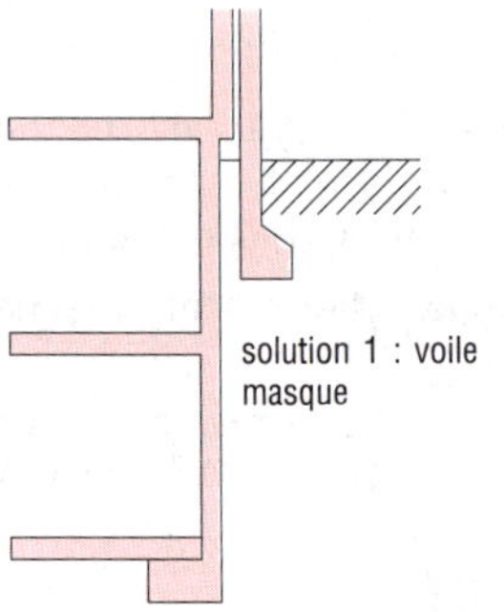

⑦

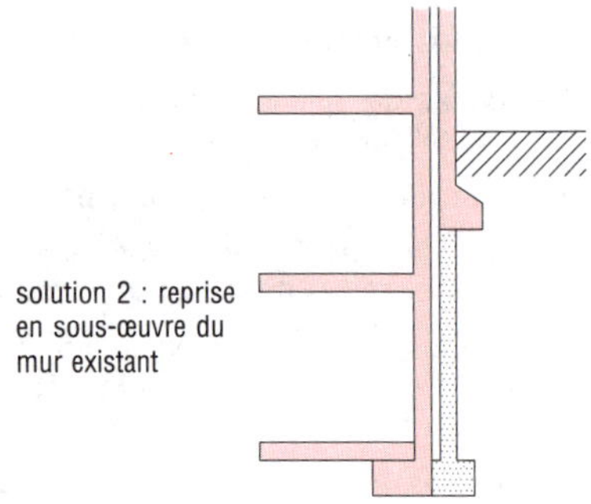

2-1. Les murs contre-terre ou voile masque (suite)

Pour moins de trois niveaux, on réalise un voile contre terre. La difficulté est alors de pouvoir terrasser, au niveau du mur à couler, sans décomprimer le sol. On procède en général par tranches, les efforts se reportant, sur le terrain restant, par des voûtes de décharge : figure 1.

2-1.1. Réalisation par puits alternés ou avant exécution du gros de la fouille

On ouvre des puits à la limite de l'ouvrage à réaliser. Les puits sont blindés au fur et à mesure de la descente grâce à des planches verticales (2 m de long, largeur 30 cm) et des cadres (espacement de 1,20 m à 1,50 m) : figure 3. La longueur du puits est comprise entre 1,30 m et 2,50 m.

On bétonne le mur, par passe de 2,50 m de haut environ, soit en descendant, soit en remontant, après avoir atteint le niveau désiré. En remontant, il faudra le plus souvent laisser le blindage au fond du coffrage. En descendant, on pourra couler directement contre terre si la surface bétonnée est faible.

Les liaisons avec la reprise adjacente se font à l'aide d'armatures en attente sur le pourtour du voile :
- soit en repliant les aciers dans la partie bétonnée qu'on ressortira par la suite,
- soit en fichant les aciers en terre qu'on dégagera en retirant le terrain.

Le choix de l'ordre pour exécuter ces puits revêt une certaine importance. On commence de préférence par les angles du bâtiment existant et on alterne comme indiqué sur la figure 2.

Les murs ainsi réalisés sont maintenus à l'aide de butons, tant que la structure du bâtiment, susceptible de reprendre les efforts de poussée des terres, n'est pas en place.

2-1.2. Réalisation par talus banquette ou après exécution du gros de la fouille (deux niveaux maximum)

On réserve pendant le terrassement général une banquette talutée en avant du mur à reprendre ou en avant du mur périphérique de l'ouvrage.

On exécute ensuite une tranchée blindée de faible largeur, dans le talus, jusqu'à la limite à atteindre, pour pouvoir alors couler un élément du mur contre terre. On réalise le voile soit en remontant, soit en descendant (on terrasse alors la tranchée en autant de fois que de phases de bétonnage) : figures 4 et 5.

On pourra d'ailleurs commencer par la réalisation des niveaux de sous-sols situés dans la partie centrale de l'ouvrage, la structure ainsi réalisée servant par la suite à reprendre la poussée des terres sur les murs extérieurs, dès que les butons sont retirés.

① **Vue de dessus** — **Coupe**

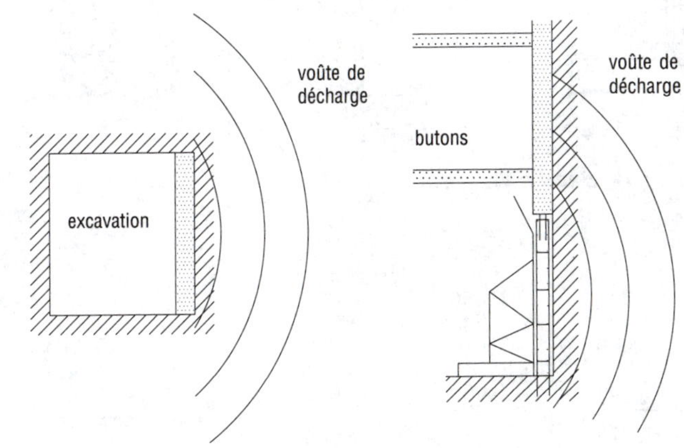

VOILE MASQUE

② **Vue en plan**

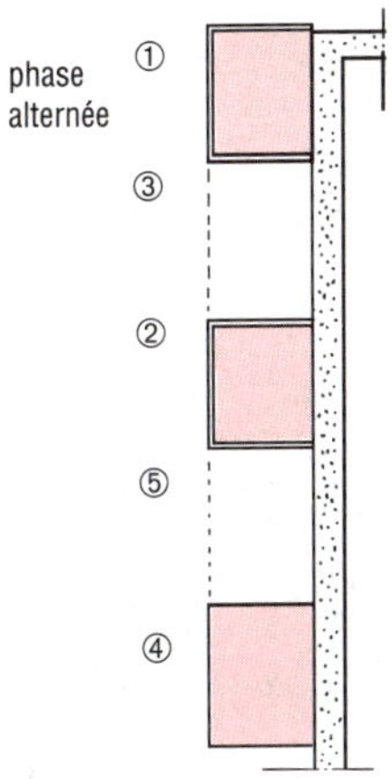

③ **Coupe sur un puits, blindage**

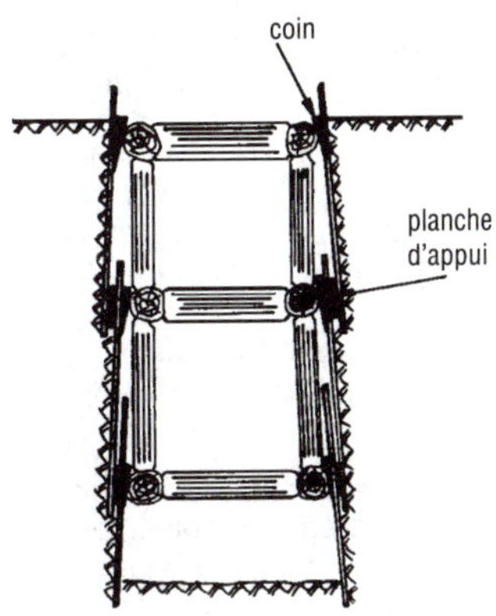

④

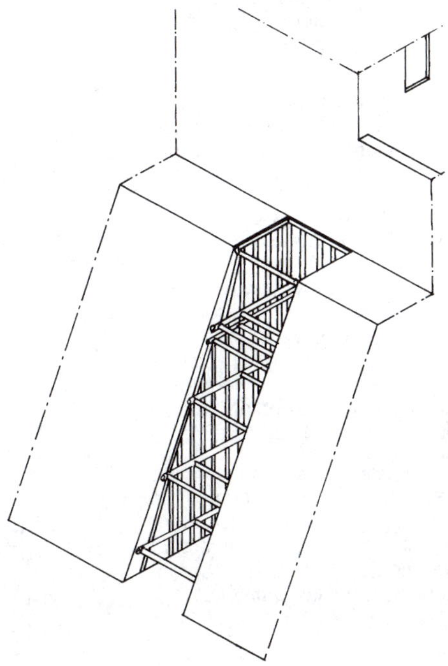

⑤

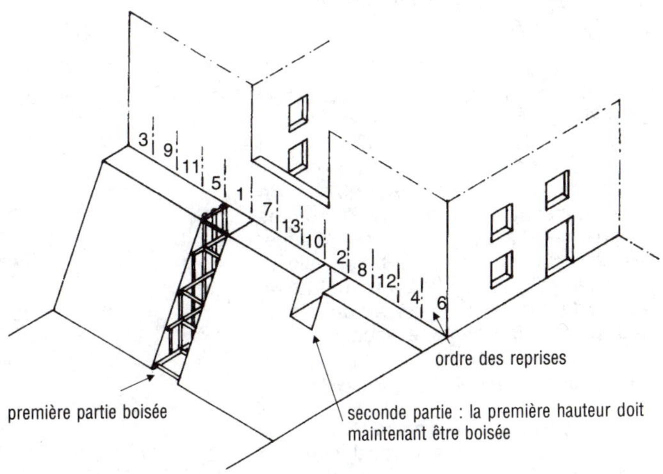

2-1.3. Réalisation à l'avancement

On réalise le mur à l'intérieur d'une tranchée blindée. Le bétonnage se fait au fur et à mesure de l'avancement de la tranchée (fig. 1). Cette méthode est réservée pour de faibles profondeurs, sauf si on prévoit le maintien des voiles par des tirants d'ancrages.

2-2. Les reprises en sous-œuvre (fig. 2)

La méthode consiste à reprendre le mur existant en créant de nouvelles fondations au niveau du futur ouvrage.

Selon la profondeur, le type de sol et l'emprise du chantier, on choisit une méthode similaire à l'une des trois décrites précédemment : puits blindés, talus banquettes ou encore à l'avancement.

La reprise est traditionnellement faite en maçonnerie de moellons, mais de plus en plus on préfère le béton armé coulé en place.

- Reprise en maçonnerie : on prévoit un harpage ou un chaînage pour assurer la liaison avec la future tranche du mur. On procède alors, le plus souvent, en remontant après avoir blindé le fond de l'excavation. Le blindage est laissé dans le sol. Un mortier est maté entre le nouveau mur et l'ancienne fondation pour éviter la décompression de l'ancien mur et donc l'apparition de fissures.
- Reprise en béton armé : on procède en descendant, en aménageant dans le haut du coffrage une ouverture inclinée pour venir convenablement remplir le moule. Des aciers seront prévus pour assurer la continuité.

3. LA PENTE (POSSIBLE) DES TALUS

Le mode de rupture classique d'un talus raide dans un sol homogène n'est pas simple et se rapproche d'un grand glissement (page 46). La surface de glissement des terres ressemble à un cercle passant par le pied du talus. Les travaux de Biarez peuvent se résumer très succinctement : figure 3. Les valeurs proposées correspondent à la rupture du talus, il faut donc se situer au-delà si on veut obtenir une certaine sécurité.

- **Cas particulier des talus verticaux**

Dans le cas de sol cohérent ($C \neq 0$), on peut dresser un talus vertical stable à court terme. Cette hauteur verticale limite est de l'ordre de $h = 3{,}85\ C/\gamma$. Pour des raisons de sécurité, on réduira cette valeur à $h = 2\ C/\gamma$.

① **Réalisation de la paroi à l'avancement : coffrage et phasage**

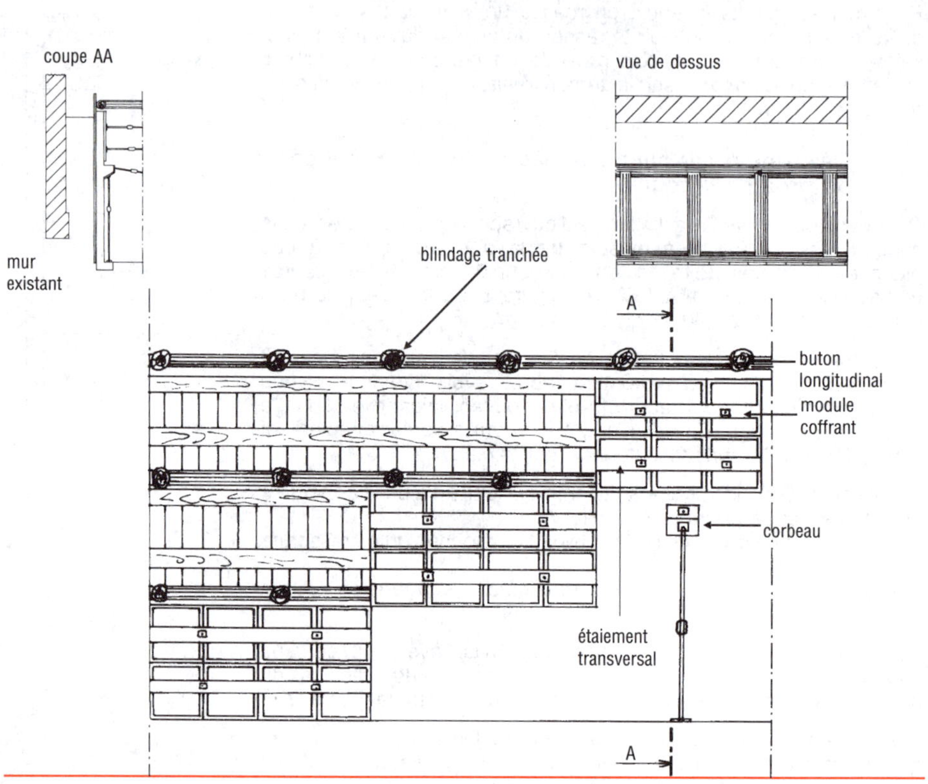

② **Reprise en sous-œuvre d'un mur en maçonnerie**

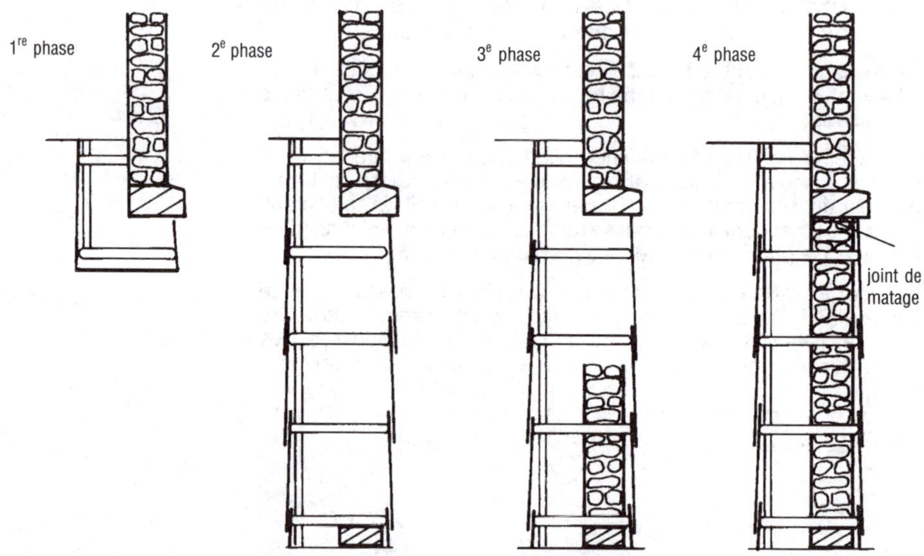

③ **Valeur de C / γ H, d'après Biarez**

Φ \ β	80°	70°	60°	45°
35°	0,105	0,075	0,050	0,020
30°	0,120	0,090	0,070	0,030
25°	0,135	0,105	0,080	0,045
20°	0,150	0,125	0,100	0,065
15°	0,165	0,140	0,120	0,090

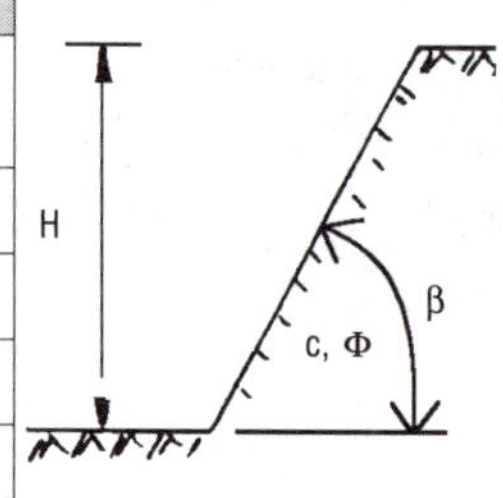

Les pièces prismatiques de structures en béton armé (fig. 1) telles que dalles, poutres, poteaux, voiles... sont obtenues par moulage du béton (matériau fragile issu d'un mélange ciment-granulat-eau durci (p. 28)) dans un coffrage dans lequel, au préalable, des armatures d'acier ont été disposées (fig. 2) ; du fait de la faible résistance à la traction du béton, leur présence dans les zones tendues (où le béton est fissuré) est nécessaire pour équilibrer les efforts engendrés par les charges appliquées à la pièce. En l'absence d'armatures, les efforts pourraient entraîner une rupture brutale de la pièce.

Le domaine d'application du présent chapitre est principalement limité aux constructions :

- **courantes** (bâtiments d'habitation, d'hébergement, de bureaux, scolaires, hospitaliers, commerciaux – excepté le stockage –, salles de spectacles) : figure 3 et page 18.
- **industrielles** (bâtiments industriels – usines, ateliers – et entrepôts) : figure 3 et page 18.
- **spéciales** qui comprennent à la fois des éléments de structure du type constructions « courantes » et « industrielles » (bâtiment comportant des parkings de véhicules légers, par exemple).
- **contreventées** dans le cas des bâtiments à étages, par un système de pans verticaux dont la rigidité est assurée par des triangulations, des voiles en béton armé, des panneaux en maçonnerie porteuse (ou même des panneaux de remplissage) de résistance suffisante.

Une fois les dispositions des ouvrages dessinées et leurs dimensions définies, la justification par le calcul des ossatures et éléments courants de structure en béton armé relève des règles BAEL91.

Les calculs justificatifs sont conduits :

- **selon la théorie des états-limites** dans lesquels, en général, une condition de déformation limite du béton et de l'acier ou d'une structure (ou d'un de ses éléments) est strictement satisfaite. Dans certains cas, une condition complémentaire de contrainte limite est requise.
- **selon 2 catégories d'états-limites :**
  - les états-limites ultimes (ELU) au-delà desquels la sécurité à la rupture n'est plus garantie :
    * ELU de l'équilibre statique,
    * ELU de la résistance du béton ou de l'acier,
    * ELU de stabilité de forme (flambement...),
  - les états-limites de service (ELS) au-delà desquels les conditions normales d'exploitation et de durabilité de la construction ou d'un de ses éléments ne sont plus satisfaites :
    * ELS de déformation (instantanée ou différée),
    * ELS d'ouverture des fissures.
- **selon le processus suivant :**
  - détermination des caractéristiques d'exposition de la construction (ou d'un de ses éléments) par rapport à son environnement, si aucune précision n'est fournie dans le CCTP,
  - premier choix des caractéristiques du béton et de l'acier,
  - inventaire des actions, détermination des actions simultanées, des combinaisons d'actions correspondantes et des valeurs des coefficients de pondération sur les actions (selon que l'ouvrage est étudié en situation durable ou transitoire),
  - calcul des sollicitations avec recherche, pour chaque combinaison, du cas de charge le plus défavorable conduisant, pour des situations ne relevant pas de dispositions forfaitaires (définies dans les règles BAEL) à l'établissement de courbes-enveloppes,
  - justification des pièces vis-à-vis des sollicitations normales et tangentes aux différents états-limites.

Cette détermination par le calcul, alliée à une bonne connaissance des « règles de l'art » et au respect des dispositions constructives réglementaires, doit nécessairement aboutir à l'établissement de dessins d'armatures permettant une mise en œuvre de qualité (p. 79).

1. CARACTÉRISTIQUES D'EXPOSITION [B.2.4.][1]

Elles permettent de définir les trois degrés de nocivité des ouvertures de fissures :

- **fissuration préjudiciables** (FP)
  - pour des éléments exposés aux intempéries, ou à des condensations, ou alternativement noyés et émergés en eau douce,
- **fissuration très préjudiciable** (FTP) (AFNOR P 18-011)
  - pour des éléments exposés à un milieu agressif (eau de mer, embruns, brouillards salins, eau très pure, gaz ou sols particulièrement corrosifs) ou devant assurer une étanchéité,
- **fissuration peu préjudiciable** (FPP) : autres cas, par exemple,
  - pour des éléments situés dans des locaux couverts et clos, non soumis à des condensations,
  - pour des parements non visibles ou pour lesquels des conditions spécifiques d'ouvertures de fissures n'ont pas été requises.

1. [B.2.4.] : référence aux articles du BAEL 91.

①

②

Type de construction	Q_B	Fi ③
courantes [B.2.1.]	$\leq \begin{cases} 2G \\ \text{ou} \\ 5\text{kN/m}^2 \end{cases}$	$\leq \text{Max} \begin{cases} 2\text{kN} \\ 0{,}25 Q_{BT} \end{cases}$
industrielles [B.2.2.]	$> \begin{cases} 2G \\ \text{ou} \\ 5\text{kN/m}^2 \end{cases}$	importantes si Fi mobiles, effets dynamiques

G : charges permanentes,
Q_B : charges d'exploitation } valeurs indiquées p. 16 et suivantes
Fi : charge localisée appliquée à un élément de plancher
Q_{BT} : charge d'exploitation *totale* appliquée à cet élément

2. CHOIX DES CARACTÉRISTIQUES DU BÉTON ET DE L'ACIER [A.2. ; B.1.][1]

2-1. Béton

2-1.1. Résistance caractéristique

Pour l'établissement des projets, le béton est défini par la valeur de sa résistance à la compression à l'âge de 28 jours (j = 28), dite valeur caractéristique requise et notée f_{c28}.

f_{c28} est obtenue à partir d'une exploitation statistique des résultats d'essais de compression axiale sur éprouvettes cylindriques de béton prélevé lors du coulage (section 200 cm^2, hauteur 32 cm, diamètre 16 cm).

C'est pourquoi on attribuera, d'emblée, une valeur à f_{c28}, sachant que, suivant la qualité du contrôle escompté sur chantier, les valeurs de f_{c28} facilement atteintes varient de 20 à 35 MPa ; un tableau p. 27 donne des valeurs de f_{c28} admises, a priori, pour des bétons courants, selon le dosage en ciment.

La résistance f_{cj} (à j jours) des bétons non traités thermiquement est donnée figures 1 et 2.

2-1.2. Résistance caractéristique à la traction à j jours

Valeur conventionnelle notée f_{tj} avec $f_{tj} = 0,6 + 0,06\ f_{cj}$ pour $f_{cj} \le 60$ MPa (fig. 3).

2-1.3. Déformations longitudinales

- Module de déformation longitudinale
  - instantanée (durée d'application des contraintes normales inférieure à 24 heures), à j jours :
    $$E_{ij} = 11\ 000\ (f_{cj})^{1/3},$$
  - différée (effets du fluage) :
    $$E_{vj} = 3700\ (f_{cj})^{1/3},$$
- Raccourcissement unitaire ε_r dû au retrait : figure 4.

2-1.4. Coefficient de Poisson ν

- ν = 0 pour le calcul des sollicitations,
- ν = 0,2 pour le calcul des déformations.

2-1.5. Coefficient de dilatation thermique : 10^{-5} /°C

2-2. Aciers

Définis page 29, les caractères à prendre en compte dans les calculs sont la section nominale de l'armature, la limite d'élasticité garantie f_e, les coefficients de fissuration (η) et de scellement (ψs), le module de déformation longitudinale ($E_s = 2 \times 10^5$ MPa) et le diagramme contraintes-déformations figure 5.

3. ACTIONS [A.3. ; B.3.1. ; B.5.1. ; B.5.2. ; B.6.1. ; B.6.2,1. ; B.8.1. ; B.8.2. ; B.9.2. ; annexes D.1.2. et D.2.2][1]

3-1. Nature des actions

Les actions sont les forces et moments appliqués à une structure directement (charges permanentes, climatiques, d'exploitation, etc.) ou indirectement (du fait de déformations imposées : retrait, fluage, variations de température, tassements d'appuis, etc.).

3-1.1. Actions permanentes G

Elles ont une intensité constante ou peu variable dans le temps :
- poids propre des structures (masse volumique du béton armé : 2 500 kg/m^3) et des équipements fixes (cloisons, revêtements...)
- efforts (poids, poussées, pressions) dus à des terres ou liquides dont les niveaux varient peu,
- efforts dus aux déformations imposées en permanence à la construction.

- Valeurs conventionnelles : pages 19 et 20.

3-1.2. Actions variables Q_i

Leur intensité varie fréquemment et de façon importante dans le temps :

- Charges d'exploitation Q_B : pages 16 à 18.
- Charges climatiques (neige Sn et vent W) : pages 21 à 25.
  - La valeur nominale de Sn est égale
    * si Sn ≤ 0,5 kN/m^2, à la « neige normale » des règles NV 65 révisées et Neige 84,
    * si Sn > 0,5 kN/m^2, à la « neige normale » majorée de la quantité 0,12 (Sn – 0,5) en kN/m^2.
  - La valeur nominale de W est égale au « vent normal » des règles NV 65 révisées, aux ELS, et 1,2 fois cette valeur aux ELU.
  - Altitude inférieure à 500 m : les actions de la neige et du vent sont considérées comme incompatibles dans la majorité des cas (p. 22).

① f_{cj} ↘	j ≤ 28	28 < j < 60	j ≥ 60
$f_{c28} \le 40$ MPa	$\frac{j}{4,76 + 0,83\,j} f_{c28}$* (1)	f_{c28} ou expression (1)*	f_{c28} ou 1,1 f_{c28}*
$f_{c28} > 40$ MPa	$\frac{j}{1,40 + 0,95\,j} f_{c28}$*		

* pour les vérifications autres que la justification de la résistance des sections

② f_{cj} / f_{c28} ↘	j = 2	j = 7	j = 14	j = 21
$f_{c28} \le 40$ MPa	0,3115	0,6623	0,8547	0,9464
$f_{c28} > 40$ MPa	0,6061	0,8696	0,9524	0,9836

③ Résistance caractéristique à la traction

f_{c28} (MPa)	20	25	30	35	40	45	50	55	60
f_{t28} (MPa)	1,8	2,1	2,4	2,7	3	3,3	3,6	3,9	4,2

④ Climat	Très humide	Humide (France sauf quart S.E.)	Tempéré sec (quart S.E. de la France)	Chaud et sec	Très sec désertique
$\varepsilon_r \cdot 10^4$	1,5	2	3	4	5

⑤

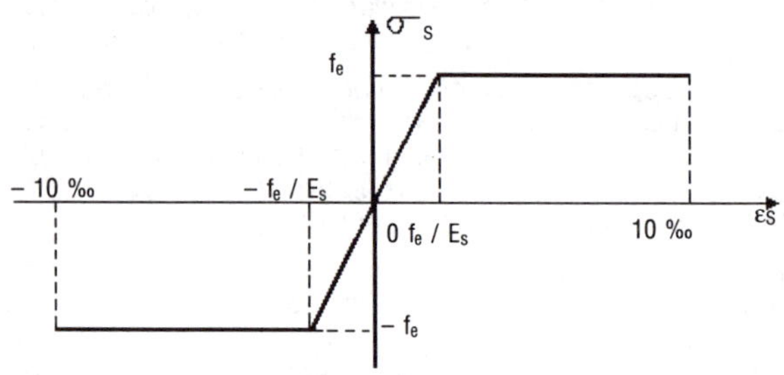

1. [...] : référence aux articles du BAEL 91.

3-1.2. Actions variables Qi (suite)

- Charges appliquées en cours d'exécution, dues aux ouvrages provisoires ou aux procédés de construction.
- Actions dues à la température (déterminées à partir de variations uniformes de température égales à + 30° C et à – 40° C dont une partie de ± 10° C rapidement variable) : on n'en tient pas compte pour des dimensions maximales entre joints de :
  - 25 m dans les régions sèches et à fort contraste thermique (départements voisins de la Méditerranée),
  - 30 à 35 m dans les régions de l'Est, les Alpes et le Massif central,
  - 40 m dans la région parisienne,
  - 50 m dans les régions humides et tempérées (départements de l'Ouest).

3-1.3. Actions accidentelles

- Séismes : AFNOR DTU P 06 003 (Règles parasismiques 92) et AFNOR DTU P 06 008 (Règles PS-MI 89).

3-2. Combinaisons d'actions

Les justifications sont menées à partir des combinaisons d'actions les plus défavorables. Elles conduisent à associer aux actions permanentes G (pondération 1,35 ou 1) une action variable de base Q_1 (pondération γ_{Q1}) et des actions variables d'accompagnement Q_i (pondération γ_{Qi}).

Certaines combinaisons font intervenir G_{max} et G_{min} (actions permanentes défavorables et favorables) qui désignent alors des actions d'origine et de nature différentes (exemple : pour caractériser l'action d'un remblai, on prend la valeur minimale du poids G_{min} – effet favorable – et la valeur maximale de la poussée G_{max} – effet défavorable – car les incertitudes sur ces deux éléments ont des origines physiques différentes. Mais le poids propre d'un élément de structure sera introduit avec le même coefficient sur toute sa longueur).

3-2.1. Combinaisons fondamentales

- aux ELU de résistance
  $1{,}35\ G_{max} + G_{min} + \gamma_{Q1}\ Q_1 + \sum 1{,}3\ \psi_{0i}\ Q_i$ (fig. 1)
- aux ELS
  $G_{max} + G_{min} + Q_1 + \sum \psi_{0i}\ Q_i$ (fig. 2)

3-2.2. Cas des éléments de planchers

- soumis à G et Q_B (combinaisons aux ELU) : figure 3
- soumis à G, Q_B et W : figure 4
- soumis à G, Q_B et S_n : idem figure 4 en remplaçant W par S_n sauf pour les toitures-terrasses des immeubles où est prise en compte, soit Q_B, soit S_n, mais non les deux simultanément.

3-2.3. Cas des poteaux sollicités en « compression centrée »

Q_B représente ici l'action des charges d'exploitation au niveau considéré en appliquant s'il y a lieu, la loi de dégression verticale dans les bâtiments à étages (p. 17), dont les effets ne sont pas cumulables avec ceux de la règle de réduction pour grandes surfaces (p. 16).

- soumis à G et Q_B (combinaisons aux ELU) : figure 3.
  Sauf si des porte-à-faux importants sont susceptibles de provoquer des efforts de soulèvement dans certains poteaux, l'unique combinaison à considérer, dans la plupart des cas, est :

$$1{,}35\ G + 1{,}5\ Q_B$$

- soumis à G, Q_B et W (poteau constituant membrure d'un dispositif de contreventement) : figure 4.
  Dans les cas les plus courants, les 4 combinaisons à considérer sont :
  (1) $1{,}35\ G + 1{,}5\ Q_B$
  (2) $1{,}35\ G + 1{,}5\ Q_B + W$
  (3) $1{,}35\ G + 1{,}5\ W + 1{,}3\ \psi_0\ Q_B$ (voir fig. 1)
  (4) $G + 1{,}5\ W$.
- Autres poteaux – ceux d'ossatures calculées en portiques sous l'action de G, Q_B et W – : figure 4

3-2.4. Cas des fondations

- si le point d'appui est soumis à une charge dite « centrée » ne faisant intervenir que G et Q_B, l'unique combinaison à considérer dans la plupart des cas est : $1{,}35\ G + 1{,}5\ Q_B$.
- sinon les combinaisons d'actions à considérer pour déterminer les efforts transmis aux points d'appui sont définies figure 4

① Actions permanentes	Actions variables		
$1{,}35\ G_{max} + G_{min}$	de base $\gamma_{Q1} Q1$	d'accompagnement $1{,}3\ \psi_{02} Q_2$ (1)	d'accompagnement $1{,}3\ \psi_{03} Q_3$ (2)
1,35 G ou G	1,5 Q_B	0 ou W ou S_n ou W + S_n	0 ou 0,8 T
	1,5 W	0 ou $1{,}3\psi_0 Q_B$ ou S_n ou $1{,}3\psi_0 Q_B + S_n$	0 ou 0,8 T
	1,5 S_n	0 ou $1{,}3\psi_0 Q_B$ ou W ou $1{,}3\psi_0 Q_B$ + W	0 ou 0,8 T

(2) Les effets de la température ne sont généralement pas pris en compte ; s'ils doivent intervenir en tant qu'action de base, ils sont introduits avec le coefficient 1,35.

② Actions permanentes	Actions variables	
$G_{max} + G_{min}$	de base Q_1 (3)	d'accompagnement $\psi_{02} Q_2$ (1)
G	Q_B	0 ou 0,77 W ou 0,77 S_n
	W	0 ou $\psi_0 Q_B$
	S_n	0 ou $\psi_0 Q_B$

(3) Lorsqu'il y a lieu d'introduire la température en tant qu'action de base, elle intervient avec la valeur nominale.

③ Combinaisons	Travées chargées	Travées déchargées
(1)	1,35 G + 1,5 Q_B (**)	1,35 G
(2) (*)	G + 1,5 Q_B	G

(*) La combinaison (2) ne doit être prise en compte que dans le cas d'une travée prolongée par un porte-à-faux.

(**) L'action Q_B est prise en compte par travées entières.

④ Combinaisons	Travées chargées	Travées déchargées
(1)	1,35 G + 1,5 Q_B	1,35 G
(2)	G + 1,5 Q_B	G
(3)	1,35 G + 1,5 Q_B + W	1,35 G + W
(4)	G + 1,5 Q_B + W	G + W
(5)	1,35 G + 1,5 W + 1,3 $\psi_0 Q_B$	1,35 G + 1,5 W
(6)	G + 1,5 W + 1,3 $\psi_0 Q_B$	G + 1,5 W

(1) $\psi_0 = 0{,}77$ (+) pour tous les locaux excepté les archives et les parcs de stationnement où $\psi_0 = 0{,}9$.
(+) lorsque l'action de base est la neige, pour une altitude > 500 m, majorer ψ_0 de 10 %.

3-3. Simplifications admises dans l'évaluation des charges s'exerçant sur des éléments de structure de constructions courantes (planchers, poteaux, fondations)

Agissent sur un élément porteur :
- les charges qui lui sont directement appliquées,
- les charges transmises par les éléments qu'il supporte, compte tenu de leur continuité éventuelle (encastrements partiels selon la rigidité de torsion des appuis).

A titre d'exemple (fig. 1), les charges provenant de la dalle (ou hourdis) d'épaisseur h_0, sont transmises aux porteurs verticaux soit par l'intermédiaire d'un réseau de poutres (PP et PS) qui les reportent sur les poteaux (P_1, P_2...) ou les voiles (V_1, V_2...), soit directement sur les voiles. Ces charges sont affectées conventionnellement selon un découpage par zones délimitées par les fissures probables qu'induirait un essai de la dalle à la rupture : pour les dalles rectangulaires, l'inclinaison à 45° conduit à des découpes en triangles et trapèzes isocèles (p. 16).

3-3.1. Charges transmises par les hourdis aux poutres (secondaires ou principales)

La continuité est négligée (fig. 2).

Ex : – zone (abcd, a'b'c'd') pour la PS axée file 3,
– 3 zones (cdg, c_1 d_1 g_1) pour la PP file B.

3-3.2. Charges transmises par les poutres secondaires (ou poutrelles) aux poutres principales : (fig. 1)

- Cas des planchers à charge d'exploitation Q_B modérée (fig. 3, p. 55). La continuité est négligée sauf :
  - pour les travées de rive prolongées par une console où l'on tient compte de l'effet de console.
  - pour les travées de rive des poutres secondaires (ou poutrelles) et poutres principales où on tient compte de la solidarité sur le premier appui intermédiaire :
    * soit en prenant en compte les moments de continuité adoptés (fig. 1, p. 60),
    * soit en majorant forfaitairement les réactions correspondant aux travées indépendantes (continuité négligée)
      de 15 % s'il s'agit de poutres à 2 travées,
      de 10 % s'il s'agit de poutres de plus de 2 travées.

- Cas des planchers à charge d'exploitation Q_B relativement élevée (fig. 3, p. 55) :
  - on tient compte de la continuité des poutres secondaires en appliquant Q_B sur les travées de part et d'autre de la poutre principale sans pousser plus loin l'étude des chargements par travées alternées. Les moments de continuité sont alors évalués comme indiqué page 60.

3-3.3. Charges verticales agissant sur les poteaux

Elles peuvent être évaluées :
- en appliquant la loi de dégression sur Q_B (pour les bâtiments à étages) définie page 17,
- en admettant la discontinuité des différents éléments de plancher (hourdis, poutrelles, poutres), ce qui conduit, pour les bâtiments comportant des travées solidaires supportées par deux files de poteaux de rive et une ou plusieurs files de poteaux centraux, à majorer ces charges, dans certains cas, de 10 à 15 % : figure 3.

Ex. : zone eff'e' pour le poteau P_1 (fig. 1).

Pour des éléments de rive prolongés par des porte-à-faux, on tient compte de l'effet de console pour évaluer les charges transmises aux poteaux en admettant la discontinuité des travées au droit des poteaux voisins des poteaux de rive.

3-3.4. Charges transmises aux fondations

Les charges apportées par les éléments de la structure (poteaux, murs, voiles...) sont évaluées selon les méthodes exposées précédemment et sont appliquées aux fondations qui les transmettent au sol directement (semelles reposant sur le sol, radiers...), ou par l'intermédiaire d'autres organes (semelles sur pieux).

Coupe II ①

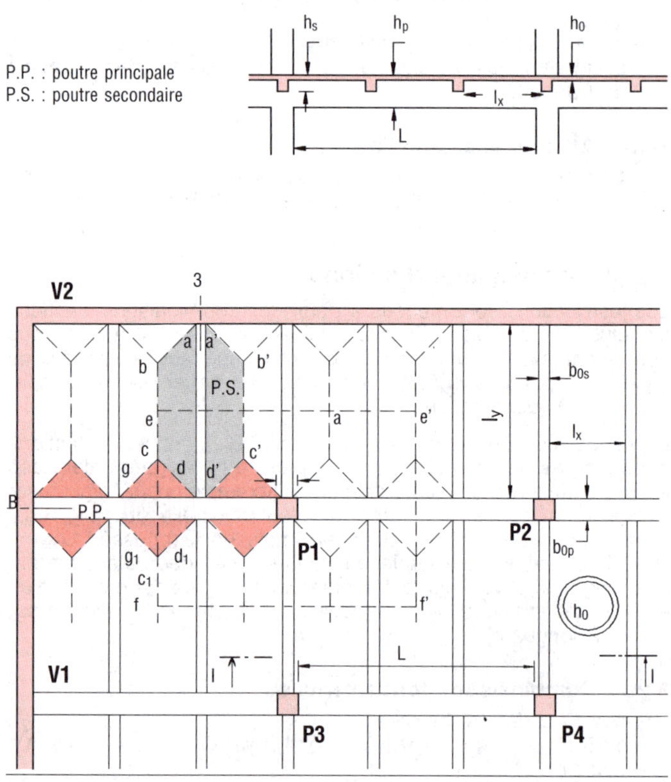

Charge répartie équivalente peq ②

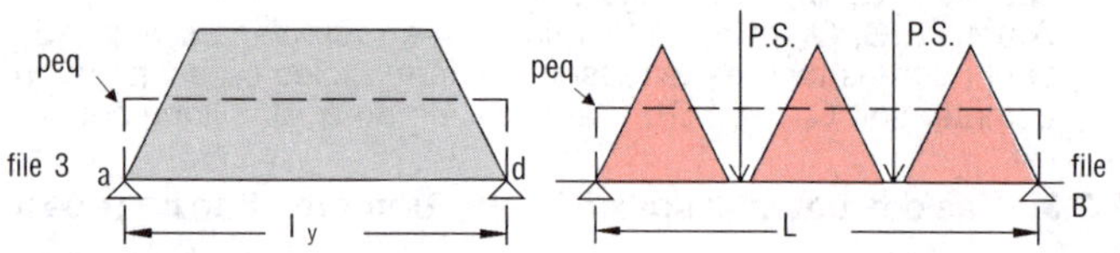

$$peq = pl_x\left[1 - \frac{1}{3}\left(\frac{l_x}{l_y}\right)^2\right]$$

③

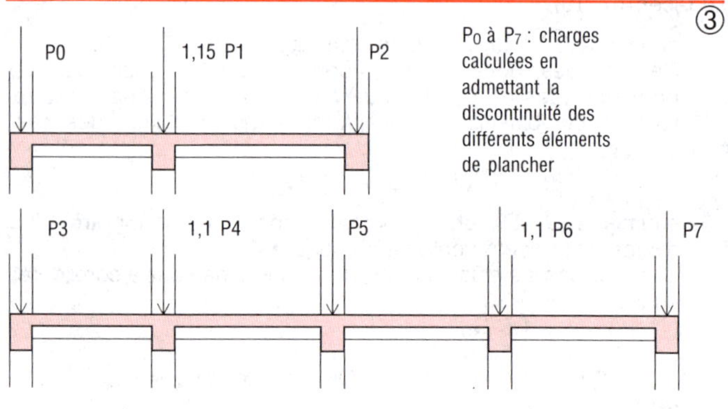

4. CALCUL DES SOLLICITATIONS

[A.3. ; B.3. ; B.6.1. ; B.6.2. ; A.4.1. ; A.5.2,1. ; A.8.2. ; B.7.1. ; B.8.1. ; B.9. ; E1 ; E2][1]

4-1. Généralités

Les sollicitations (éléments de réduction des efforts intérieurs déterminés au centre de gravité d'une section droite de la pièce : **efforts normal N et tranchant V, moments de flexion M et de torsion T**) sont calculées à partir des combinaisons d'actions indiquées précédemment :

– en utilisant, pour la structure, un modèle généralement élastique et linéaire,

– selon les procédés de la résistance des matériaux dans la mesure où ils sont applicables ou selon des méthodes simplifiées citées par la suite.

4-1.1. Les calculs permettant la détermination des inconnues hyperstatiques de toute nature sont conduits à partir

– des sections brutes (les vides réservés dans la section ne sont pas déduits) ;

– des constantes mécaniques (aires, moments d'inertie, ...) calculées sur les sections de béton seul des pièces supposées non fissurées (sans tenir compte des sections d'acier) : cette simplification est admise si ces inconnues ne dépendent pas de la valeur du module d'élasticité et si les rapports des déformabilités des différentes pièces composant la structure ne sont pas fondamentalement changés (déformabilité d'un tirant après fissuration).

4-1.2. Autres simplifications admises

– les sollicitations du second ordre (par exemple, moment de flexion résultant de la déformation due à un moment du premier ordre) peuvent souvent être négligées (ou prises en compte forfaitairement), sauf pour les vérifications d'ELU de stabilité de forme ;

– pour des pièces telles que poutres, dalles... dont les conditions d'encastrement sur des éléments plus massifs sont difficiles à apprécier, **les moments d'encastrement peuvent être pris égaux à des fractions forfaitaires des moments fléchissants maximaux supportés par la pièce supposée articulée sur ses appuis.**

4-1.3. Les règles BAEL distinguent les justifications vis-à-vis des sollicitations

– **normales** (contraintes correspondant à l'effort normal N et au moment de flexion M) ;

– **tangentes** (contraintes correspondant à l'effort tranchant V et au moment de torsion T).

4-2. Sollicitations de calcul dans les éléments courants de structure en béton armé

Elles résultent des combinaisons fondamentales d'actions définies page 57 et sont évaluées à partir des méthodes simplifiées des règles BAEL 91, pour la plupart des constructions visées dans ce chapitre.

4-2.1. Sollicitations dans les poutres de plancher simplement fléchies

Seules seront étudiées les sollicitations dans les poutres hyperstatiques ; il faut toutefois signaler le cas isostatique de la poutre sur appuis simples prolongée par un porte-à-faux où les cas de charges à considérer sont donnés figure 4.

1. [...] Référence aux articles du BAEL 91.

2. Voir article de H. THONIER – Annales de l'ITBTP N° 455, série Béton 247

Caractéristiques géométriques des poutres nécessaires au calcul des sollicitations :

- section
- portée[2] : distance mesurée
  – entre points d'application des résultantes des réactions d'appui dans le cas de poutres :
  * munies d'appareils d'appui (fig. 1),
  * reposant sur des massifs ou des murs en maçonnerie où la position des points d'application est déterminée en admettant une répartition triangulaire des pressions dont la valeur maximale est la contrainte admissible sur la maçonnerie (fig. 3).
  – entre nus des appuis si les éléments de planchers reposent sur des appuis en béton armé (poutres, poteaux ou voiles) (fig. 2).

Dans ce cas, les sections d'appuis dont on doit justifier la résistance aux moments d'encastrement sont celles des nus intérieurs des appuis sous réserve de vérifier les effets des réactions sur les appuis ou sur les nœuds qui doivent équilibrer les moments correspondants : lorsque notamment, le schéma de calcul des sollicitations fait intervenir les portées entre axes des appuis (par ex. calcul en portique) et que les appuis ont une grande rigidité, les moments de continuité (M') aux nus intérieurs des appuis peuvent être notablement plus faibles que les moments (M) obtenus dans l'axe de ces appuis. Si M" est le moment d'encastrement dans la section au nu de l'appui de la travée concernée supposée parfaitement encastrée, le moment M_u nécessaire à la justification d'ELU est :

$$M_u = \max [\, M' \; ; \; \min (M, M'')] \qquad \text{(fig. 5).}$$

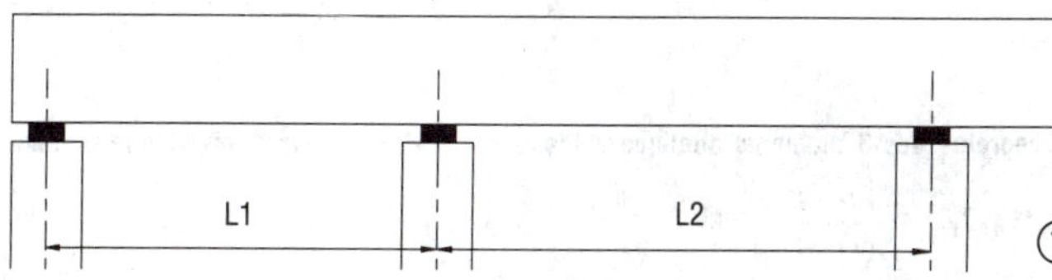

①

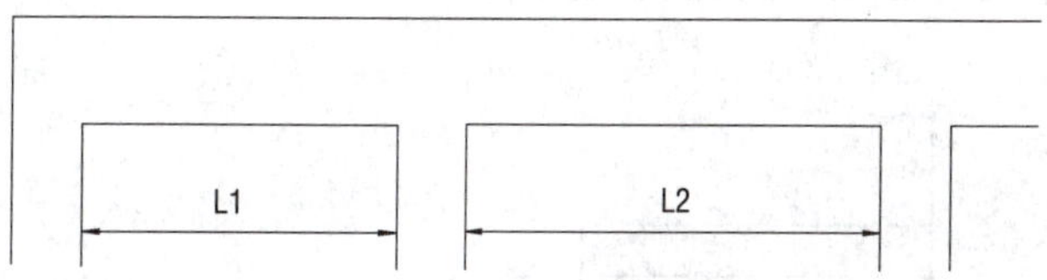

②

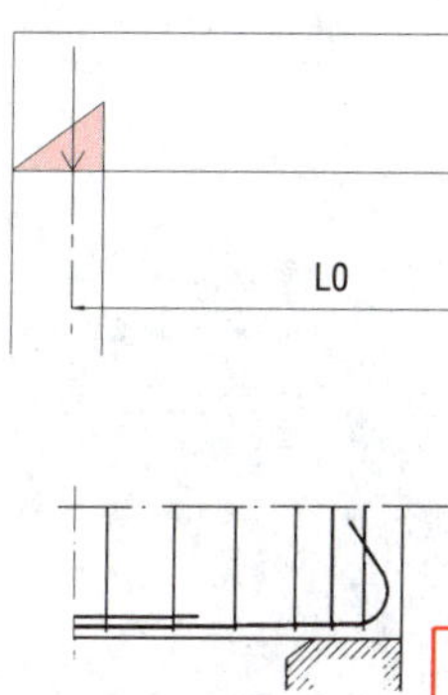

③

Il y a souvent intérêt, pour éviter les épaufrures d'arêtes des appuis en maçonnerie, à adopter une disposition qui ne charge pas les murs ou massifs au droit des arêtes, mais en retrait de celles-ci.

1,35 G + 1,5 Q_B	1,35 G	1er cas
1,35 G	1,35 G + 1,5 Q_B	2e cas
1,35 G + 1,5 Q_B	1,35 G + 1,5 Q_B	3e cas
G + 1,5 Q_B	G	4e cas
G	G + 1,5 Q_B	5e cas

Le quatrième cas de charge est déterminant pour le calcul de la longueur des armatures en chapeaux du côté de la travée. Il doit être pris en considération pour la justification de l'équilibre statique, mais avec 0,9 G dans la travée entre appuis (art. B.3.3,1).
Le cinquième cas de charge est éventuellement déterminant pour la vérification du moment positif en travée.

④

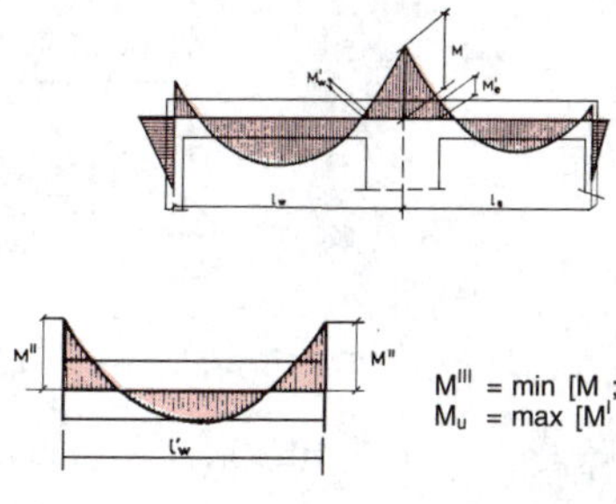

$M''' = \min [M \; ; \; M'']$
$M_u = \max [M' \; ; \; M''']$

⑤

4-2.1. Sollicitations dans les poutres de plancher simplement fléchies (suite)

Méthode de calcul en continuité théorique

- Le théorème des trois moments (fig. 1) :
  - permet d'obtenir les moments de flexion aux appuis d'une poutre continue pour en déduire les moments de flexion et les efforts tranchants le long de la poutre ;
  - établit une relation entre les moments de flexion au droit des appuis de deux travées consécutives d'une poutre continue, les charges s'exerçant sur ces travées et les déplacements d'appuis (translation et rotation) ;
  - utilise les relations simples existant entre les sollicitations et déplacements d'une travée d'une poutre continue et ceux de la « travée de comparaison » (travée indépendante isostatique, libre à ses extrémités, de mêmes caractéristiques géométriques que la travée considérée et soumise aux mêmes charges).

Une application au cas d'une poutre à deux travées soumise à des charges uniformément réparties, puis à des charges « ponctuelles » conduit aux résultats particuliers donnés figure 2.

①

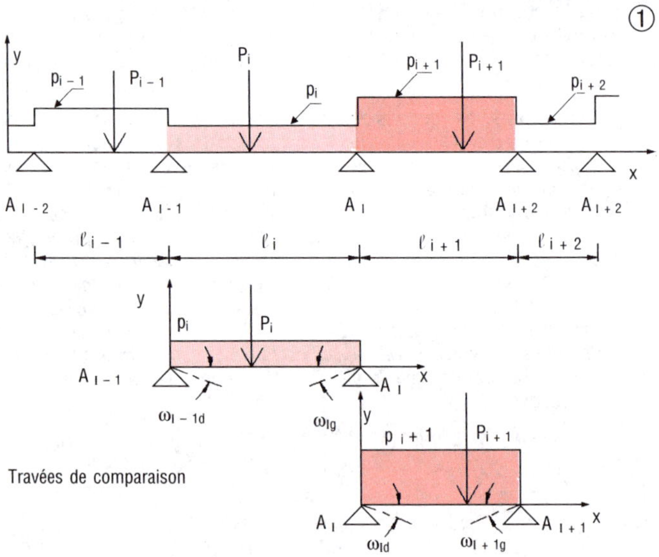

- **Théorème des 3 moments appliqué à l'appui A_I (s'il n'y a pas dénivellation d'appui)**

$$\frac{\ell_i}{I_i} M_{aI-1} + 2\left(\frac{\ell_i}{I_i}+\frac{\ell_{i+1}}{I_{i+1}}\right) M_{aI} + \frac{\ell_{i+1}}{I_{i+1}} M_{aI+1} = 6E(\omega_{Id}-\omega_{Ig}) \qquad (1)$$

- **Poutre de section constante sur toute sa longueur :**

$$\ell_i M_{aI-1} + 2(\ell_i+\ell_{i+1}) M_{aI} + \ell_{i+1} M_{aI+1} = 6EI(\omega_{Id}-\omega_{Ig}) \qquad (2)$$

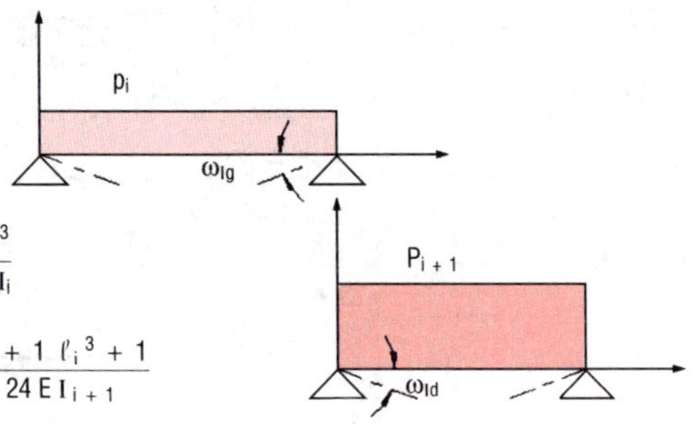

$$\omega_{Ig} = \frac{P_i \ell_i^3}{24 E I_i}$$

$$\omega_{Id} = -\frac{P_{i+1}\,\ell_{i+1}^3}{24 E I_{i+1}}$$

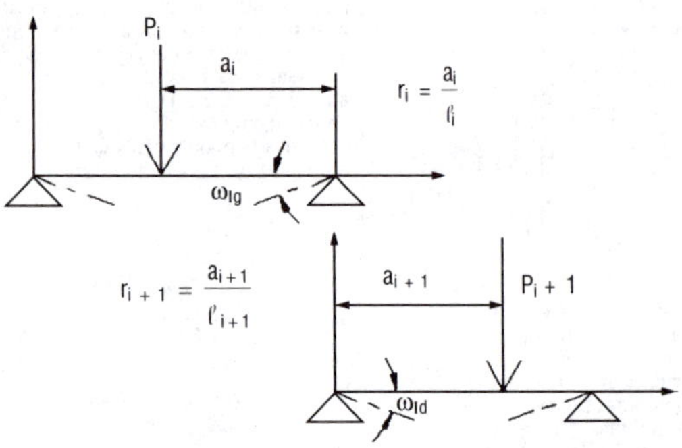

$$r_i = \frac{a_i}{\ell_i} \qquad r_{i+1} = \frac{a_{i+1}}{\ell_{i+1}}$$

$$\omega_{Ig} = \frac{P_i \ell_i^2}{6 E I_i} \cdot r_i \cdot (1-r_i)\,(2-r_i)$$

$$\omega_{Id} = -\frac{P_{i+1}\,\ell_{i+1}^2}{6 E I_{i+1}} \cdot r_{i+1} \cdot (1-r_{i+1}) \cdot (2-r_{i+1})$$

②

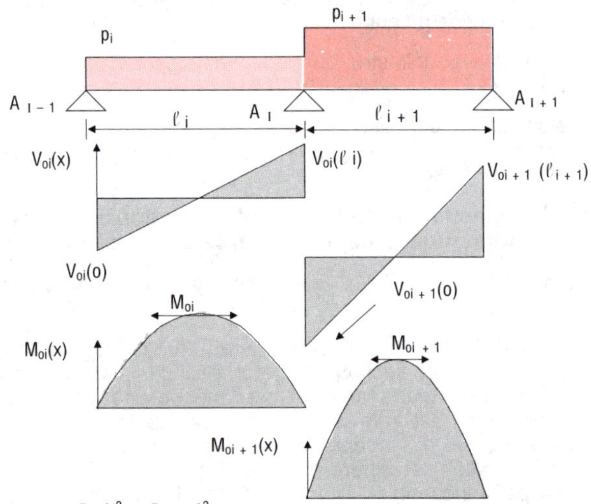

$$(2) \Rightarrow M_{aI} = -\frac{p_i \ell_i^3 + p_{i+1}\ell_{i+1}^3}{8(\ell_i + \ell_{i+1})}$$

- $V_i(x) = V_{oi}(x) + \dfrac{Ma_{I-1} - Ma_I}{\ell_i}$
- $M_i(x) = M_{oi}(x) + Ma_{I-1}\left(1 - \dfrac{x}{\ell_i}\right) + Ma_I\left(\dfrac{x}{\ell_i}\right)$

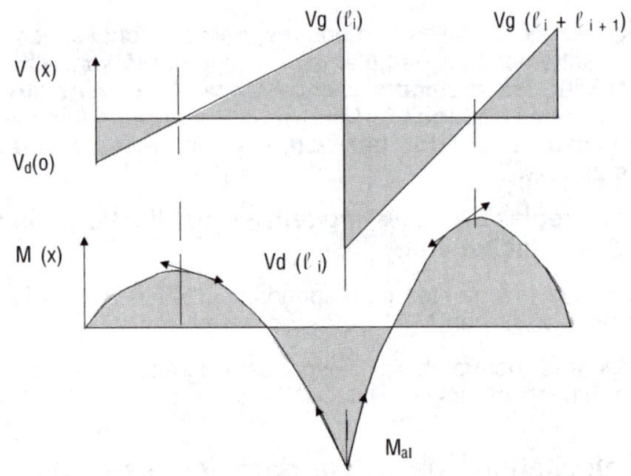

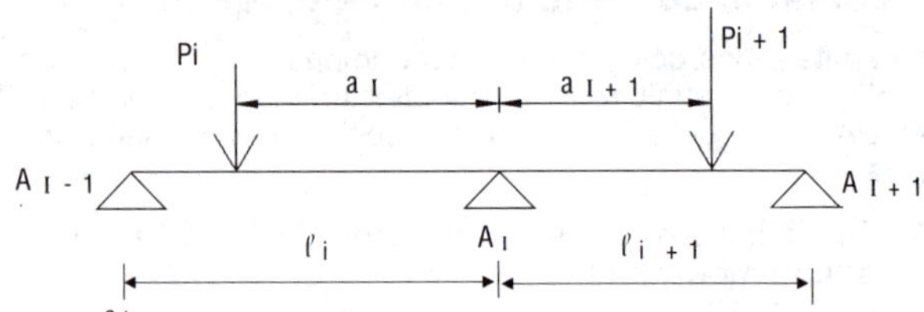

$$r_i = \frac{a_i}{\ell_i} \qquad k_{ri} = \frac{r_i}{2}\cdot(1-r_i)\cdot(2-r_i)$$

$$r_{i+1} = \frac{a_{i+1}}{\ell_{i+1}} \qquad k_{ri+1} = \frac{r_{i+1}}{2}\cdot(1-r_{i+1})\cdot(2-r_{i+1})$$

- $M_{aI} = -k_{ri}\dfrac{P_i \ell_i^2}{\ell_i+\ell_{i+1}} - k_{ri+1}\dfrac{P_{i+1}\ell_{i+1}^2}{\ell_i+\ell_{i+1}}$

4-2.1. Sollicitations dans les poutres de plancher simplement fléchies (suite)

Méthodes simplifiées

Les règles BAEL 91 proposent deux méthodes (l'une, réservée aux « constructions courantes », l'autre principalement destinée aux « constructions industrielles ») dont les domaines d'application sont essentiellement définis par la valeur du rapport Q_B / **G. Elles s'appliquent aux vérifications ELU (et ELS éventuellement).**

Courbes enveloppes : pour des éléments de planchers uniquement sollicités par G et Q_B, les combinaisons à considérer sont celles définies figure 3, page 57.

A) Méthode de calcul applicable aux planchers à charge d'exploitation modérée dite « méthode forfaitaire »

- **Conditions d'application** :

c1 : « constructions courantes » : figure 3, p. 55 ;

c2 : éléments de plancher sollicités en flexion simple (poutre, ou dalle en flexion « dans un seul sens ») ;

c3 : moments d'inertie des sections transversales identiques dans les différentes travées en continuité ;

c4 : rapport des portées successives compris entre 0,8 et 1,25 ;

c5 : fissuration peu préjudiciable.

Si l'une des conditions c3, c4 ou c5 n'est pas satisfaite, on peut appliquer la méthode Caquot minorée : page 63.

- **Principe de la méthode** (p. 59, paragraphe 4-1.2.)

- **Calculs :**

a) Calcul des moments en travée et sur appuis

Pour la travée « i », de longueur l_i, pour laquelle la valeur absolue maximale du moment fléchissant dans la « travée de comparaison » est $|M_{0i}|$, les valeurs absolues maximales :
- du moment sur l'appui "I-1" $|M_{aI-1}|$ appelé M_{wi},
- du moment en travée $|M_{ti}|$,
- du moment sur l'appui "I" $|M_{aI}|$ appelé M_{ei},

peuvent être fixées forfaitairement selon les conditions suivantes :

1. $|M_{ti}| + (M_{wi} + M_{ei}) / 2 \geq F_{0i} \cdot |M_{0i}|$

avec $F_{0i} = \text{Max}\ [\ (1 + 0{,}3\ \alpha)\ ;\ 1{,}05\ ]$

et $\alpha = \theta / (1 + \theta)$ avec $\theta = q_B / g$, (fig. 1 et 2).

2. $|M_{ti}|$, M_{wi}, M_{ei} ne sont pas inférieures aux valeurs données figure 1.

b) Calcul des efforts tranchants : figure 3.

Courbes enveloppes : ne sont pas à établir si $q_B \leq g$, sinon on appliquera la méthode exposée page 62.

① **Valeurs minimales des moments d'appui et de travée**

- **Poutre à 2 travées**

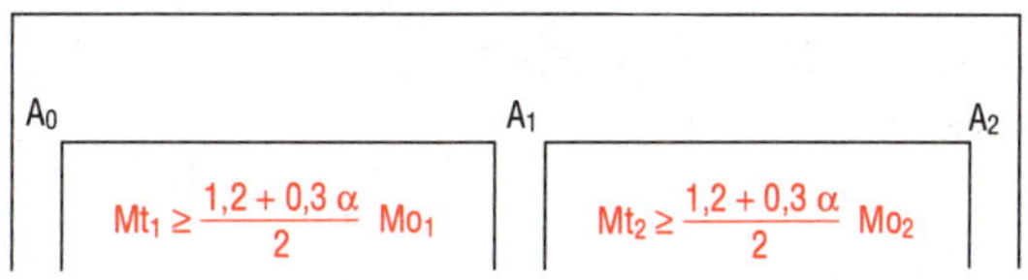

(*) Si on prend le moment d'appui de rive non nul, la résistance de cet appui sous l'effet du moment adopté doit être justifiée.
Même si $Ma_0 = 0$, on place des armatures supérieures capables d'équilibrer un moment forfaitaire de $-\ 0{,}15\ Mo_1$ (sans justifier la résistance de l'appui de rive).

- **Poutre à plus de 2 travées**

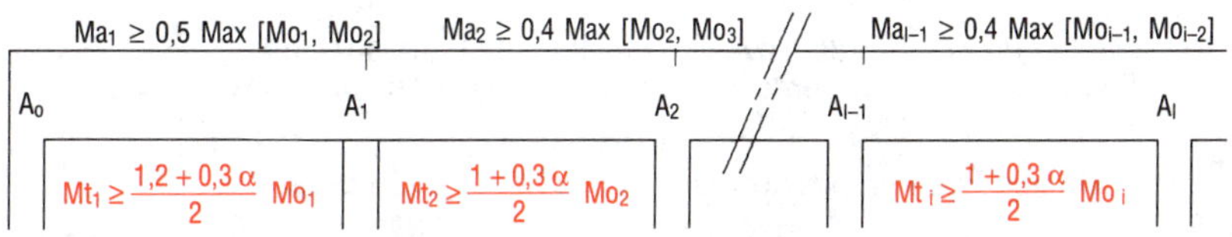

②

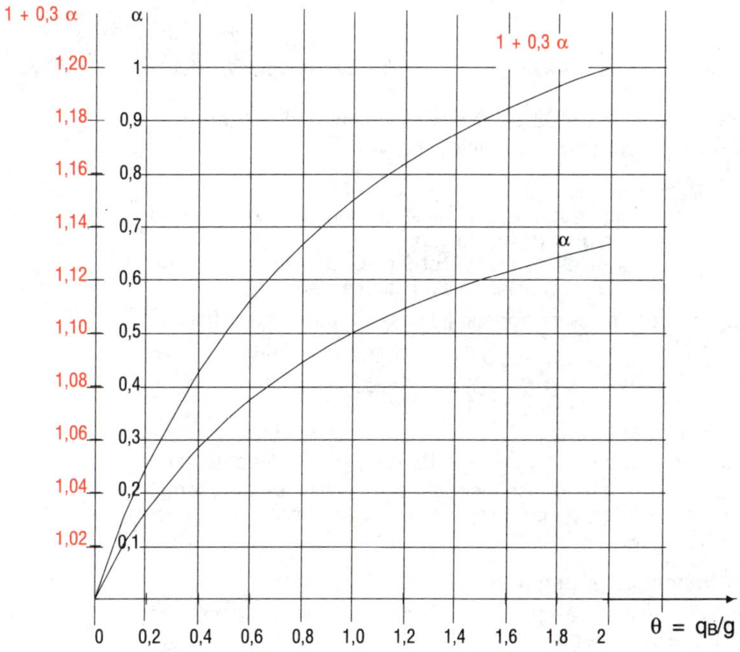

Nota : g et q_B sont les charges directement appliquées sur la poutre.

③	**Travée de rive**		**Travée intermédiaire**
$V_i(x)$	$Vo_i(x) + (Ma_{I-1} - Ma_I) / \ell i$		$Vo_i(x)$
$V_i(o)$ calculé [ou Vi (ℓ i)]	$Vo_i(o) + (Ma_{I-1} - Ma_I) / \ell\ i$		$Vo_{(o)}$
$V_i(o)$ évalué forfaitairement [ou V_i (ℓ_i)]	Poutre à 2 travées	Poutre à plus de 2 travées	Voi(x) : effort tranchant dans la « travée de comparaison »
	1,15 $Vo_i(o)$*	1,10 $Vo_i(o)$*	

* pour appui voisin d'un appui de rive

4-2.1. Sollicitations dans les poutres de plancher simplement fléchies (suite)

B) Méthode de calcul applicable aux planchers à charge d'exploitation relativement élevée dite « méthode Caquot »

- **Conditions d'application :**

c6 : « constructions industrielles » : figure 3, page 55.

c7 : si c3, c4 ou c5 non satisfaites.

- **Principe :**

C'est une méthode de continuité simplifiée qui apporte des corrections à la méthode théorique :

- réduction des moments théoriques sur appuis et accroissement des moments en travée (due à la variation du moment d'inertie des sections transversales (en T) le long de la ligne moyenne de la poutre par suite de la variation de la largeur efficace de la dalle supérieure),
- limitation du nombre de travées recevant les charges d'exploitation (due à l'amortissement des effets des chargements des travées successives).

- **Méthode applicable aux poutres non solidaires des poteaux :**

a) Poutres à moments d'inertie égaux dans les différentes travées :

Moments aux nus des appuis

Le moment au nu de l'appui "I" est calculé en isolant une « poutre » fictive à deux travées (fig. 1) :

- de portée ℓ'_w à gauche et ℓ'_e à droite de l'appui « I » telles que :
  * $\ell' = \ell$ pour une travée de rive, simplement appuyée en rive,
  * $\ell' = 0{,}8\ \ell$ pour une travée intermédiaire,
- soumise à des charges :
  * uniformément réparties par unité de longueur p_w (g,q) à gauche et p_e (g,q) à droite de l'appui « I »,
  * concentrées telles P_w (G,Q) et P_e (G,Q) respectivement à la distance a_w à gauche et a_e à droite de l'appui « I ».

Les moments d'appui sont donnés figure 1 ; k peut être lu figure 2 ou calculé :

$$k = [8r\ (1 - r)\ (2 - r)]\ /\ 17, \text{ avec } r = a / \ell'.$$

Moments en travée

On trace les courbes de moments dans la travée indépendante de portée ℓ (et non ℓ'), issues des combinaisons de charges (permanentes seules, ou permanentes et d'exploitation) pondérées ELU (ou ELS éventuellement).

Efforts tranchants d'appui

On emploie la méthode générale applicable aux poutres continues, en utilisant les moments d'appui.

Courbes enveloppes : les sollicitations maximales dans chaque section sont obtenues à partir des moments d'appui calculés en retenant les dispositions les plus défavorables des charges d'exploitation : hormis les travées prolongées par un porte-à-faux, on considère les charges permanentes pondérées 1,35 g dans toutes les travées (avec 1,35 G s'il y a lieu) et les charges d'exploitation pondérées 1,5 q_B (avec 1,5 Q_B s'il y a lieu) ou 0 (charge d'exploitation nulle) appliquées par travées entières en se limitant aux cas de charges déterminants : exemple figure 3.

b) Poutres à moments d'inertie variables d'une travée à l'autre :

Par rapport au cas précédent, seul diffère le calcul des moments d'appui :

En posant $\beta = (\ell'_e\ I_w) / (\ell'_w\ I_e)$, avec I_w et I_e, moments d'inertie des travées respectivement à gauche et à droite de l'appui « I », les moments d'appui sont donnés figure 1.

①

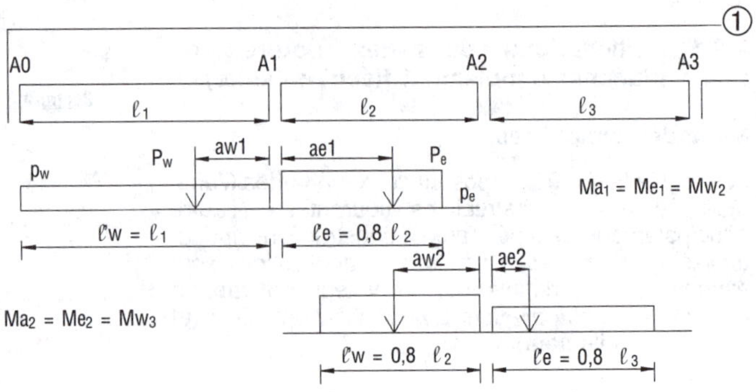

- $I_w = Ie$
- $$M_{ei-1} = M_{wi} = -\frac{p_w\,\ell'^3_w + p_e\,\ell'^3_e}{8{,}5\,(\ell'_w + \ell'_e)} - \frac{k_w\,P_w\,\ell'^2_w + k_e\,P_e\,\ell'^2_e}{\ell'_w + \ell'_e}$$
- $I_w \neq I_e$
- $$M_{ei-1} = M_{wi} = -\frac{p_w\,\ell'^2_w + \beta p_e\,\ell'^2}{8{,}5\,(1 + \beta)} - \frac{k_w\,P_w\,\ell'_w + k_e\,P_e\,\ell'_\beta}{1 + \beta}$$

②

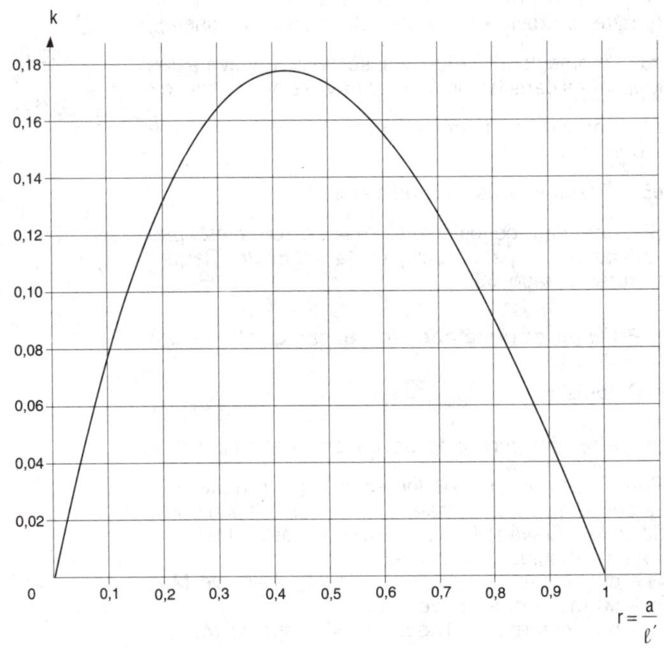

Exemples de sollicitations extrémales obtenues en fonction des cas de charge : ③

Travée i-1	Travée i	Travée i +1	Sollicitations extrémales
	appui I-1	appui I	
1,35g + 1,5q	1,35g + 1,5q	1,35g	M_{aI} max $\lvert V_{Ig}\rvert$ max $\lvert V_{Id}\rvert$ max
1,35g	1,35g	1,35g	M_{ai} min
1,35g	1,35g + 1,5q	1,35g	M_{ti} max
1,35g + 1,5q	1,35g	1,35g + 1,5q	M_{ti} min

4-2.1. Sollicitations dans les poutres de plancher simplement fléchies (suite)

« Méthode Caquot » minorée
Elle est employée lorsque l'une des conditions c3, c4 ou c5 de la méthode forfaitaire n'est pas satisfaite. Elle réduit la part des moments d'appui due aux seules charges permanentes, en la multipliant par un coefficient compris entre 1 et 2/3, et majore corrélativement les moments en travée.

4-2.2. Sollicitations dans les dalles de plancher de bâtiment

Les dalles sont des plaques généralement rectangulaires (grande portée l_y, petite portée l_x, épaisseur h_0 : fig. 1, p. 59) dont les appuis sont des poutres ou des voiles en béton armé (dalles partiellement ou totalement encastrées sur leur contour) ou des murs en maçonnerie (dalles articulées sur leur contour).

Les sollicitations sont évaluées en utilisant :
- soit, un modèle élastique et linéaire (théorie des plaques minces),
- soit, sous réserve de satisfaire aux règles énoncées au commentaire de l'article A.3.2,5, la méthode des lignes de rupture.

Excepté le cas des poutres-dalles (dalles présentant 2 bords libres sensiblement parallèles et distants d'au moins 3 fois l'épaisseur de la dalle), les moments de flexion M_x et M_y (pour des bandes de 1 m de largeur, figure 1) au centre de la dalle sont calculés selon le mode d'appui de son contour à partir d'abaques (Bulletin technique N° 1 et complément du SETRA DOA (*), abaques de Marcus et de Pücher).

Les planchers de bâtiment sont généralement constitués de dalles sur appuis continus (dalles partiellement ou totalement encastrées sur leur contour) ; hormis les panneaux de dalle rectangulaires tels que $\alpha = l_x / l_y < 0{,}4$ (calcul en poutre-dalle selon la méthode exposée pages 61 et 62.), les moments de flexion dans les dalles, telles que $0{,}4 \le \alpha \le 1$, sont calculés en 2 étapes :

A – Calcul des moments de flexion maximaux M_{0x} et M_{0y} au centre de la dalle en la considérant articulée sur son contour.

- Cas des panneaux uniformément chargés (charge par unité d'aire : $p = 1{,}35\ G + 1{,}5\ Q$ à l'ELU, $p = G + Q$ à l'ELS) :

$$M_{0x} = \mu_x . p l_x^2 \text{ et } M_{0y} = \mu_y . M_{0x},$$

μ_x et μ_y sont donnés figure 2 en fonction de α.

- Cas des charges concentrées :
  - si la surface d'impact de la charge est concentrique au contour du panneau (dimensions u // l_x et v // l_y sur le feuillet moyen de la dalle, fig. 3), M_{0x} et M_{0y} sont calculés à partir d'expressions de la forme

$$M_{0x} \text{ (ou } M_{0y}) = (M_1 + \nu . M_2)\ P \ ;$$
$$M_{0y} = (\nu . M_1 + M_2)\ P.$$

P est la charge concentrée totale appliquée à la dalle après pondération, M_1 et M_2 sont donnés dans les abaques de Pigeaud ou de Mougin (**) en fonction des rapports u / l_x et v / l_y, ν est défini page 56.
  - si la surface d'impact de la charge n'est pas concentrique au contour du panneau, M_{0x} et M_{0y} sont calculés par combinaison de résultats provenant de surfaces concentriques successives : figure 4.

B – Affectation de fractions forfaitaires de M_{0x} et M_{0y} selon le processus suivant :
- en travée :

$$M_{tx} \ge (0{,}85 \text{ à } 0{,}75)\ M_{0x} \text{ et } M_{ty} = (0{,}85 \text{ à } 0{,}75)\ M_{0y}$$
selon les conditions d'encastrement,

- sur appuis :

$$M_{ax} = M_{ay} \ge (0{,}4 \text{ à } 0{,}5)\ M_{0x},$$

en respectant les conditions :

$$M_{tx} + (M_{wx} + M_{ex})/2 \ge 1{,}25 . M_{0x}$$
et $$M_{ty} + (M_{wy} + M_{ey})/2 \ge 1{,}25 . M_{0y} \qquad \text{(fig. 5).}$$

(*) SETRA DOA : Service d'études techniques des routes et autoroutes, Département des ouvrages d'art.
(**) Annales de l'ITBTP n° 456 / série béton 275

①

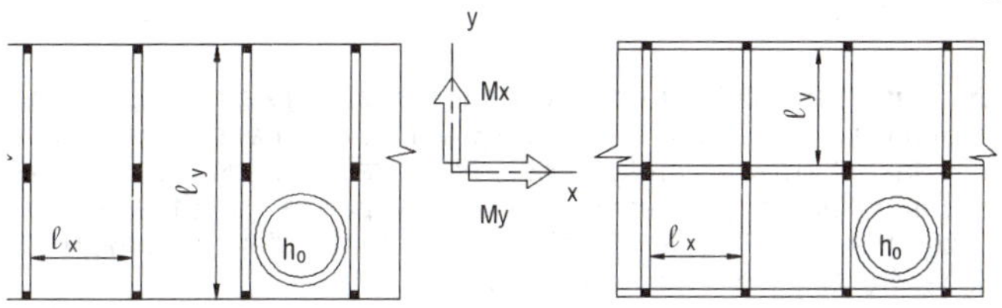

②

$\alpha = \frac{\ell x}{\ell y}$	ν = 0 (Sollicitations) $\mu_x = \frac{M_x}{p \ell_x^2}$	ν = 0 (Sollicitations) $\mu_y = \frac{M_y}{M_x}$	ν = 0,2 (Déformations) μ_x	ν = 0,2 (Déformations) μ_y
0,40	0,110	0,25	0,112	0,293
0,45	0,102	0,25	0,105	0,333
0,50	0,095	0,25	0,098	0,373
0,55	0,088	0,25	0,092	0,420
0,60	0,081	0,305	0,086	0,476
0,65	0,0745	0,369	0,080	0,530
0,70	0,068	0,436	0,074	0,585
0,75	0,062	0,509	0,0685	0,643
0,80	0,056	0,595	0,063	0,710
0,85	0,051	0,685	0,058	0,778
0,90	0,046	0,778	0,053	0,846
0,95	0,041	0,887	0,048	0,923
1,00	0,037	1,000	0,044	1,000

③

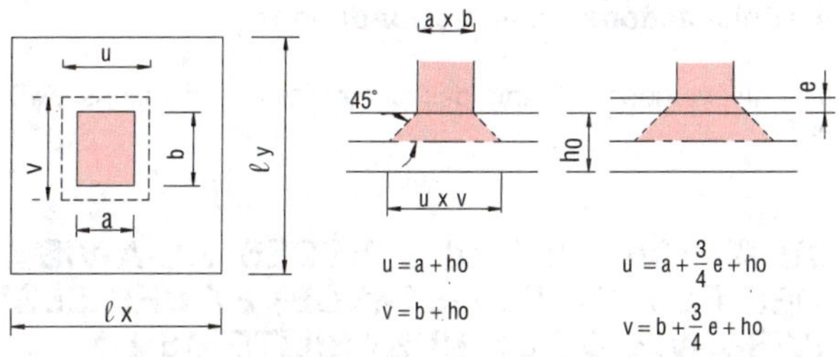

④

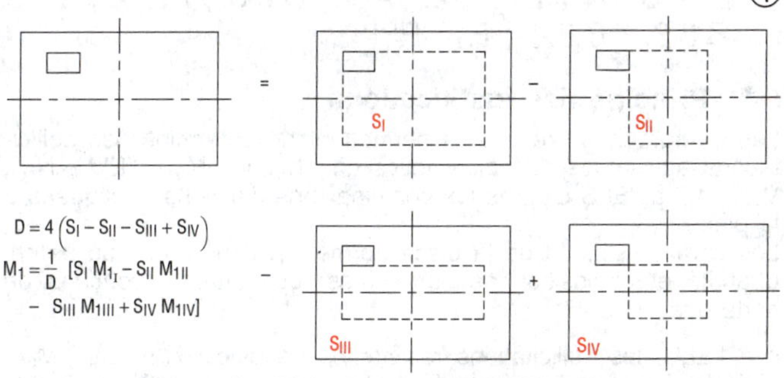

⑤

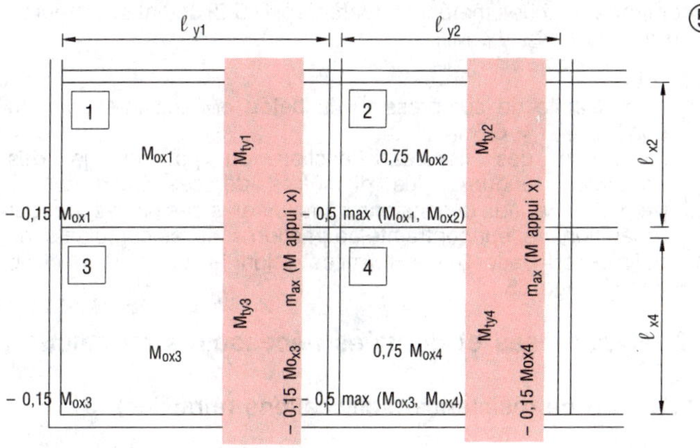

4-2.2. Sollicitations dans les dalles de plancher de bâtiment (suite)

Les planchers, constitués de dalles rectangulaires appuyées sur 4 côtés telles que $\alpha = l_x / l_y < 0{,}4$ et qui ne sont soumises qu'à des charges réparties, peuvent être calculés comme des poutres-dalles dans le sens de la petite portée (p. 61 et 62) en affectant sur les petits côtés des moments d'encastrement du même ordre que sur les grands côtés.
L'étude de ces planchers soumis à des charges concentrées est traitée page 63, paragraphe A.

Détermination des efforts tranchants par unité de longueur sur les bords de la dalle (calcul à l'ELU)
- charges réparties (par unité d'aire) p
  - au milieu du grand côté : $V_{rx} = p_u l_x l_y / (2l_y + l_x)$,
  - au milieu du petit côté : $V_{ry} = p_u l_x / 3$,
- charges concentrées P (cas où u > v)
  - au milieu de u : $V_{cu} = P / (2u + v)$,
  - au milieu de v : $V_{cv} = P / 3u$,

[si u < v, échanger u et v dans V_{cu} et V_{cv}].
Si la dalle est bétonnée sans reprise sur toute son épaisseur et si la contrainte tangente $\tau_u \leq 0{,}07\, f_{cj} / \gamma_b$ (p. 104), aucune armature d'effort tranchant n'est requise.

4-2.3. Sollicitations dans les poteaux

Elles sont évaluées à partir des combinaisons d'actions définies page 57.

4-2.4. Sollicitations dans les fondations

Elles sont évaluées à partir des combinaisons d'actions définies page 57.

5. JUSTIFICATIONS DES PIÈCES VIS-À-VIS DES ELU (DE RÉSISTANCE) ET DES ELS (VIS-À-VIS DE LA DURABILITÉ DE LA STRUCTURE) [A.4. ; A.5. ; B.6.6. ; B.6.7. ; B.8.3. ; B.8.4. ; E1 ; E3][1]

5-1. Principe des justifications

Les paragraphes précédents permettent de déterminer les sollicitations agissantes de calcul telles que N_u, V_u, M_u à l'ELU, N_{ser}, V_{ser}, M_{ser} à l'ELS d'après les combinaisons d'actions appliquées à la pièce.
Les caractéristiques de la pièce (formes et dimensions du béton, quantité et disposition des armatures) doivent être conçues de sorte que :

- à l'ELU, les sollicitations résistantes de calcul N_{uR}, V_{uR}, M_{uR} déterminées conventionnellement à partir des hypothèses sur le comportement des matériaux (paragraphe 5-2) soient supérieures ou égales à N_u, V_u, M_u,
- à l'ELS,
  - la contrainte de compression du béton σ_{bc} soit inférieure ou égale à $f_{bser} = 0{,}6\, f_{cj}$,
  - l'ouverture des fissures (fonction du pourcentage des armatures tendues, des diamètres de ces armatures à proportionner aux dimensions transversales des pièces, de leur répartition, de leur contrainte de traction sous les combinaisons définies en page 57) soit limitée selon le degré de nocivité donné page 55.

5-2. Hypothèses et données nécessaires au calcul

5-2.1. ELU de résistance (sollicitations normales)

hU1 : après déformation, les sections droites restent planes (déformation des fibres proportionnelle à leur distance à l'axe neutre de la déformation),
hU2 : pas de glissement relatif entre les armatures et le béton (mêmes déformations pour les 2 matériaux à l'interface acier-béton),
hU3 : résistance à la traction du béton négligée,
hU4 : diagramme contraintes (σ_{bc}) – déformations (ε_{bc}) du béton utilisable
- dans tous les cas : diagramme « parabole-rectangle » (fig. 1),
- seulement si la section n'est pas entièrement comprimée : diagramme rectangulaire simplifié (fig. 2),

hU5 : diagramme σ_S / ε_S de calcul des aciers : fig. 3,
hU6 : section d'un groupe de barres (tendues ou comprimées) supposée concentrée en son centre de gravité si l'erreur commise $\delta\varepsilon_S / \varepsilon_S$ reste inférieure à 15 %,
hU7 : les déformations des sections sont limitées
- pour l'allongement unitaire de l'acier, à 10 ‰,
- pour le raccourcissement unitaire du béton, à 3,5 ‰ en flexion et à 2 ‰ en compression simple.

Les diagrammes possibles résultant de ces déformations limites définissent 3 domaines à partir des pivots A, B et C (fig. 4).

5-2.2. ELS (durabilité de la structure)

hS1 : idem hU1,
hS2 : idem hU2,
hS3 : idem hU3,
hS4 : acier et béton considérés comme des matériaux linéairement élastiques (retrait et fluage du béton négligés),
hS5 : par convention, le rapport du module d'élasticité longitudinale de l'acier à celui du béton ou « coefficient d'équivalence » $n = E_s / E_b$ est pris égal à 15,

①

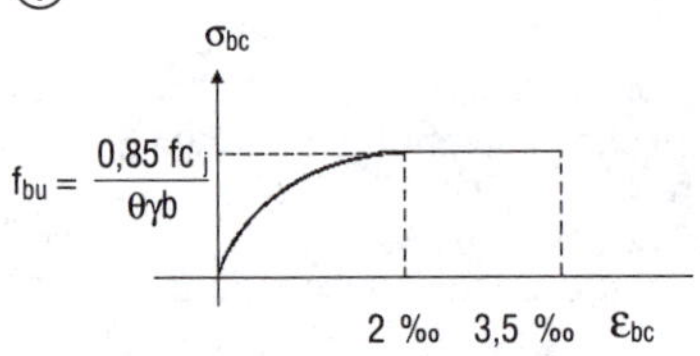

②

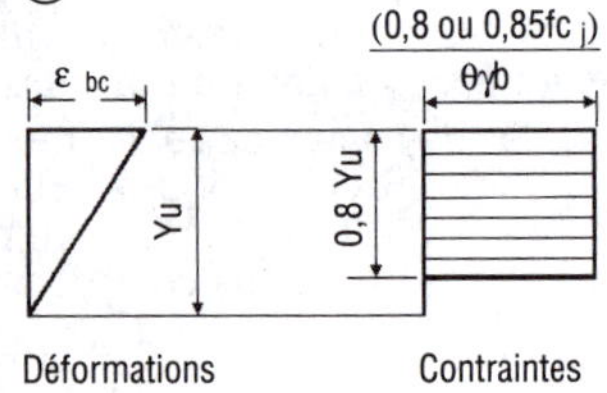

$\gamma_b = 1{,}5$

θ = 1 si Ta > 24 h
θ = 0,9 si 1 < Ta < 24 h
θ = 0,85 si Ta < 1 h
Ta : durée probable d'application de la combinaison d'actions

③

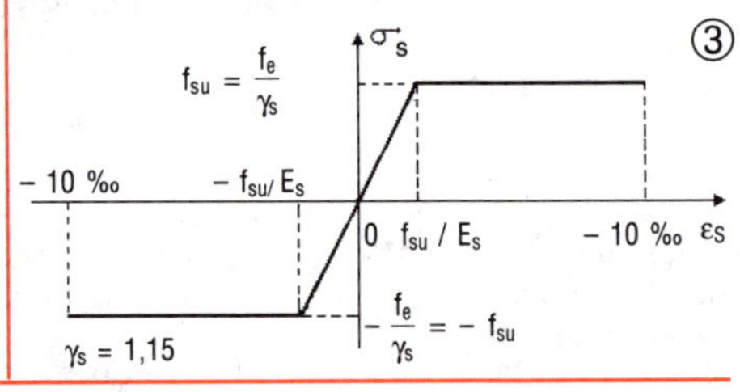

④

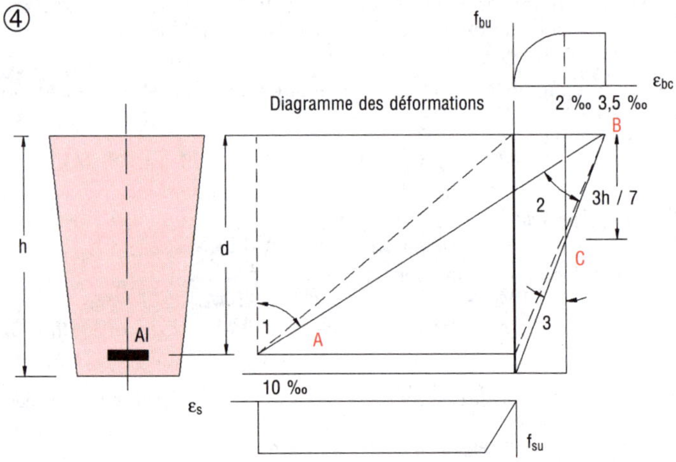

1. [...] Référence aux articles du BAEL 91.

4-2.2. ELS (durabilité de la structure) (suite)

hS6 : les contraintes dans la section sont limitées :
- en compression, pour le béton, à 0,6 f_{c28},
- en traction, pour l'acier, dans le cas où la fissuration est préjudiciable ou très préjudiciable (fig. 1).

Les diagrammes possibles résultant de ces contraintes limites définissent 2 domaines : figure 2.

5-3. Pièces sollicitées en flexion simple : dalles et poutres de plancher

5-3.1. Armatures longitudinales A_l

Principe du calcul
Il est nécessaire de connaître

a) les caractéristiques géométriques de la pièce :
- portée (p. 59),
- section :
  - pour les dalles, section rectangulaire **[SR]** de largeur unitaire et de hauteur h_0,
  - pour les poutres, section en T **[ST]** (fig. 3) définie comme suit :
    * table ($b \times h_0$) où la largeur de hourdis b_1 associée, à prendre en compte de chaque côté de la nervure à partir de son parement, est définie par :

$$b_1 \leq \text{Min}\ \{l_x/2\ ;\ l_y/10\ ;\ 2x_0/3\} \qquad \text{(fig. 4).}$$

* nervure [$b_0 \times (h - h_0)$], h hauteur totale

Remarque : Seules sont prises en compte les sections nettes (vides déduits) sauf précautions spéciales prévues lors du rebouchage.

Le calcul dépend de la position de la zone de béton comprimée (aire Bc). Si celle-ci est située :
- en partie basse de la nervure (section sur appui),

calculer en SR ($b_0 \times h$),

- en partie haute de la section en Té (section en travée),

calculer en SR ($b \times h$), si $Bc \leq (b \times h_0)$,

sinon calculer en ST

b) les caractéristiques mécaniques du béton et de l'acier (diagramme contraintes-déformations, f_{c28}, f_e),

c) le moment de flexion M_f au centre de gravité de la section de béton (évalué d'après les combinaisons d'actions).
On détermine la section d'acier à partir de l'équilibre de la section :

$$A_l = M_f / z.\ \sigma_{st} \qquad \text{(fig. 5)}$$

Il est possible de conduire un calcul ELU donnant A_{lu} puis un calcul ELS donnant A_{lser} et d'adopter $A = \text{Max}\ (A_{lu}, A_{lser})$ mais, des études comparatives ont montré qu'il y a généralement un état-limite déterminant selon les conditions de fissuration :
– FPP : ELU ; **– FP et FTP : ELS**

Détermination des armatures à l'ELU
La section totale d'acier est calculée à partir de la condition $M_u \leq M_{uR}$; mais, la section de la pièce comportant les armatures (diamètres et positions choisis) doit, en plus, vérifier à l'ELS la condition suivante :

σ_{bc} (contrainte de compression du béton) $\leq 0{,}6\ f_{c28}$. (1)

Cette condition peut être prépondérante pour des sections rectangulaires fortement armées : $A_l / b_0.d \geq 1{,}5$ %.
La version antérieure du BAEL admettait de ne pas procéder à la vérification de σ_{bc} si :

$$\overline{\alpha} = (Yu/d) \leq (\gamma - 1)/2 + f_{cj}/100$$

avec $\gamma = M_u / M_{ser}$, (valable pour Fe E 400).

Les abaques page 66, établis pour une pièce de section rectangulaire, permettent d'obtenir une section d'acier A_{lu} satisfaisant simultanément à la condition **(1)**, en posant

$$k_{uM} = M_u / b_0.d^2.f_{c28},$$

A la condition que $KuM \leq \overline{k_{uM}}$ ($\overline{k_{uM}}$ est obtenu figure 1 p. 66 en fonction de $\gamma = M_u / M_{ser}$), la section A_{lu} est obtenue figure 2 p. 66 à partir de θ_u, en fonction de k_{uM}.

Remarque : On admet qu'aucune vérification d'EL d'ouverture de fissures n'est requise dans le cas de FPP sauf pour les ouvrages dont certains éléments peuvent être en contact avec l'eau (réservoir, cuve).

Si $k_{uM} > \overline{k_{uM}}$, des armatures comprimées sont nécessaires et il faut alors se reporter à la démarche générale du calcul détaillé figure 3 p. 66 en rappelant que :
- seules sont prises en compte dans les calculs de résistance, les armatures longitudinales $Ø_l$ comprimées maintenues par des armatures transversales distantes d'au plus $15.Ø_l$,
- $M_{uC} < 0{,}4.M_u$, M_{uC} étant la part du moment de flexion équilibrée en compression par ces armatures.

①		f_{c28} (MPa)	20	25	30	35	40	45	50	55	60
		f_{t28} (MPa)	1,8	2,1	2,4	2,7	3	3,3	3,6	3,9	4,2
		f_{bser} (MPa)	12	15	18	21	24	27	30	33	36
f_{sser}	FP. η = 1,6	400 500	186,7	201,6	215,6	228,6	241	252,8	264	266,7 274,8	266,7 285,2
	FTP. η = 1,6	400 500	152,7	165	176,4	187,1	197,2	200 206,8	200 216	200 224,8	200 233,3

FP : $f_{sser} \leq \min\left[\frac{2}{3} f_e\ ;\ 110\sqrt{\eta f_{t28}}\right]$ FTP : $f_{sser} \leq \min\left[\frac{f_e}{2} f_e\ ;\ 90\sqrt{\eta f_{t28}}\right]$

②
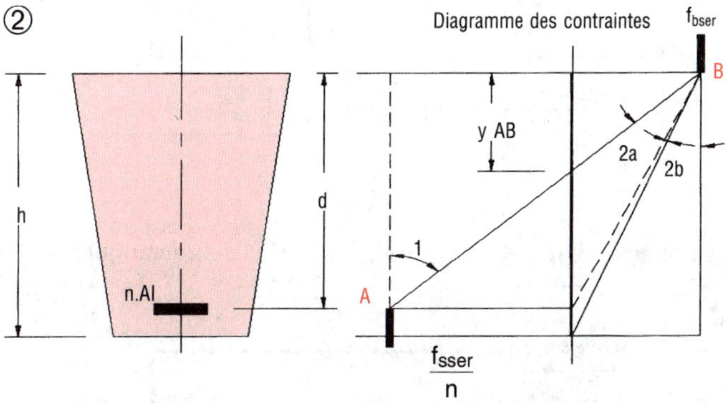

③
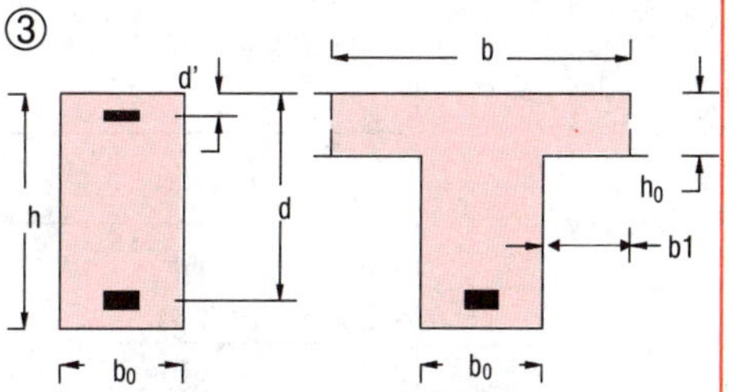

④
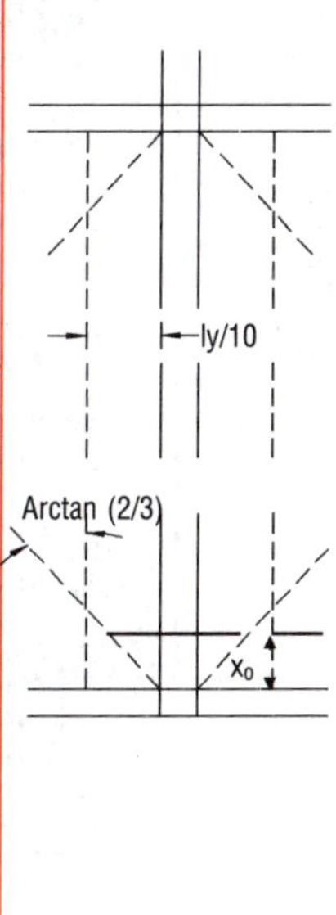

⑤
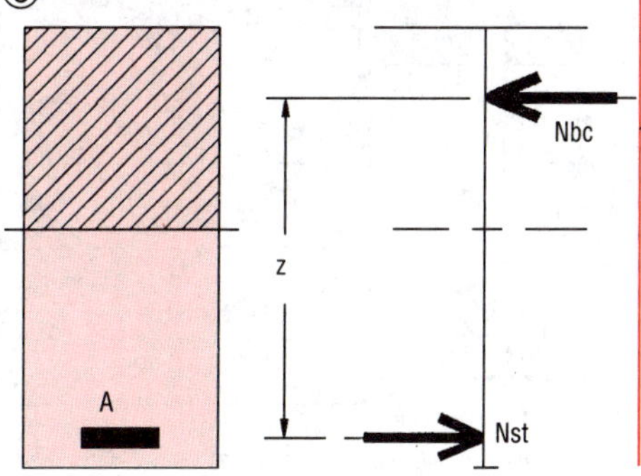

5.3.1. Armatures longitudinales A_l (suite)

Conditions de non-fragilité : toute section fléchie doit être armée de telle sorte que la sollicitation, provoquant la fissuration du béton dans le plan de la section considérée, entraîne dans les aciers une contrainte au plus égale à leur limite d'élasticité garantie. Pour une section rectangulaire, la condition est :

$$A_{lmin} \geq (0{,}23\ b_0\ d\ f_{t28}) / f_e$$

- Si B est l'aire de la section droite de la poutre (comportant une zone tendue), on doit avoir :

$$A_{lmin} \geq 0{,}001\ B$$

- Pour les poutres continues, aucune vérification n'est requise dans les sections sur appui (sauf porte-à-faux)
  - si $A_{lt} \geq A_{l0}$ ou
  - si $A_{lt} + (A_{lai} + A_{lai+1}) / 2 \geq 0{,}002\ B$,

avec : A_{lt} section tendue en travée, A_{l0} section dans la « travée de comparaison », A_{la} section sur appui.

- Pas de vérification si A_l est majorée de 20%.
- Pour les dalles, on se reportera à la page 104.

Le calcul en section en T nécessite l'évaluation du moment résistant ultime équilibré par la table M_{uRT} :
- si $M_u \leq M_{uRT}$, calcul en **SR** (b × h),
- si $M_u > M_{uRT}$, calcul en **ST**.

La démarche complète du calcul est donnée figure 4.

La détermination de A_{lmin} pour une section en T peut être obtenue :
- forfaitairement en majorant de 50% A_{lmin} calculée pour la section rectangulaire (b_0 × h),
- en fonction de b_0 / b et h_0 / h (*).

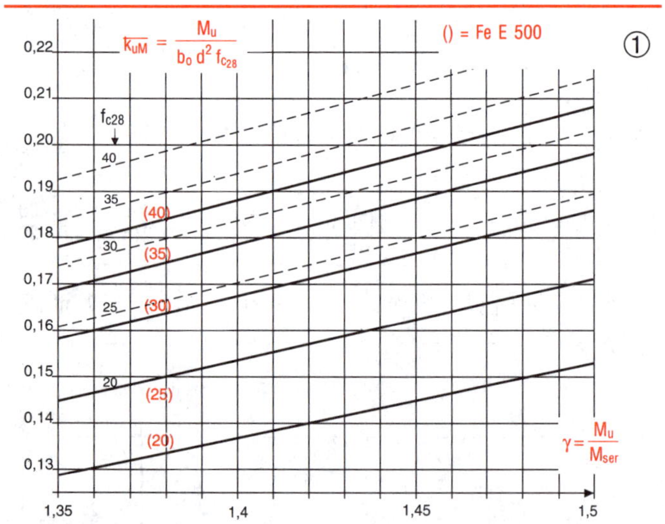

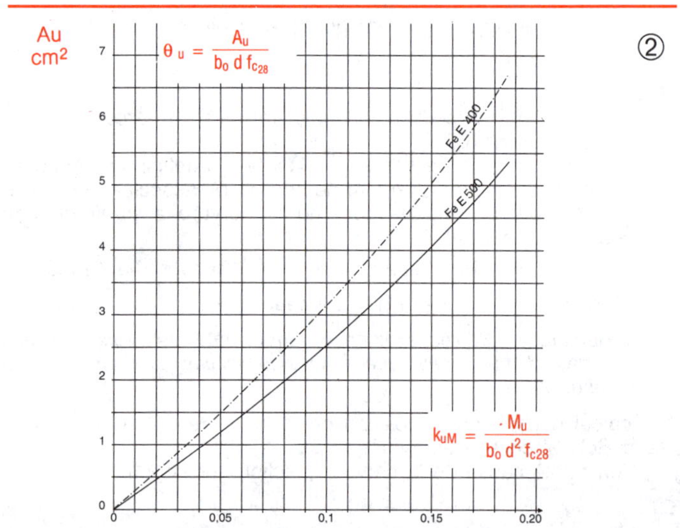

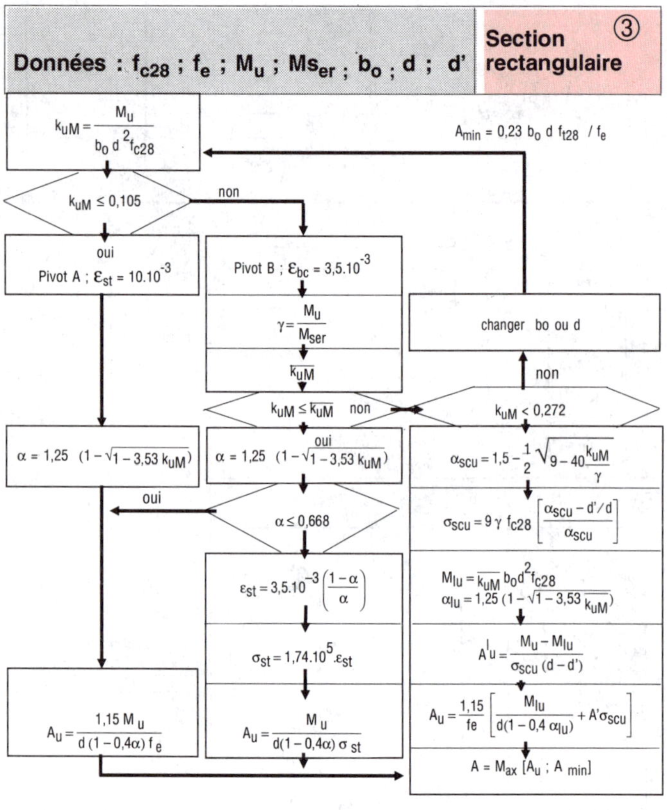

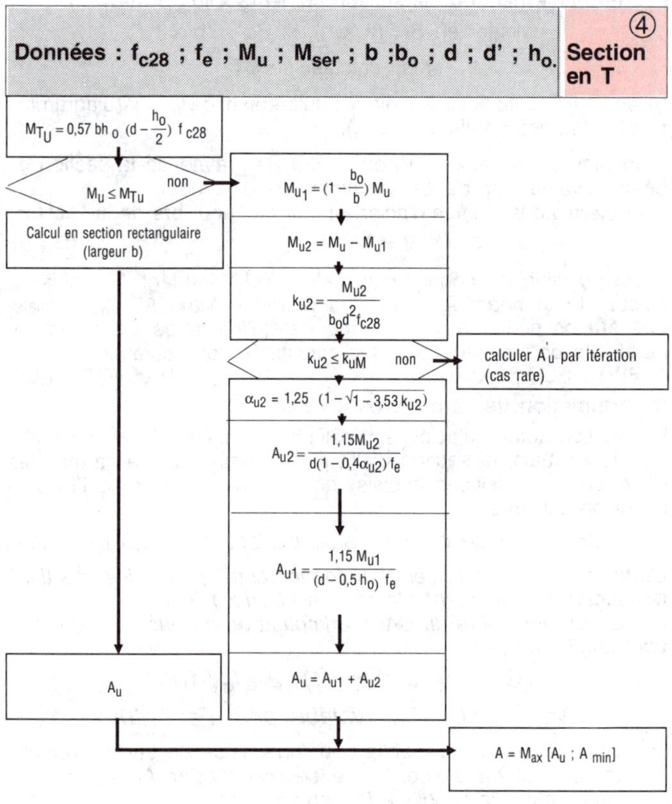

* Abaques de H. Thonier – Annales ITBTP n° 446 / série Béton n° 241

5-3.1. Armatures longitudinales A_l (suite)

Détermination des armatures à l'ELS

Ce calcul n'est possible qu'en FP et FTP en choisissant $\sigma_{st} = f_{sser}$ (voir p. 65) pour limiter la section d'armatures à employer et il est mené à partir de la condition $\sigma_{bc} \leq f_{bser}$.

Lorsque les contraintes limites f_{bser} et f_{sser} sont atteintes simultanément, le diagramme des contraintes est représenté par la droite de référence AB. On peut alors calculer la hauteur relative de l'axe neutre :

$\alpha_{AB} = (y_{AB} / d) = n.f_{bser} / (n.f_{bser} + f_{sser})$ et en déduire le coefficient $\overline{k_{serM}} = [\alpha_{AB}^2 . (3 - \alpha_{AB})] / 90.(1 - \alpha_{AB})$.

En posant $K_{serM} = M_{ser} / (b_0.d^2.f_{sser})$ et si $k_{serM} \leq \overline{k_{serM}}$, la section d'acier Alser peut être obtenue à partir de θ_{ser} en fonction de kserM sur l'abaque figure 1 pour une section rectangulaire.

Si $k_{serM} > \overline{k_{serM}}$, des armatures comprimées sont nécessaires (se reporter à la démarche détaillée figure 2).

Conditions de non-fragilité : page 66.

①

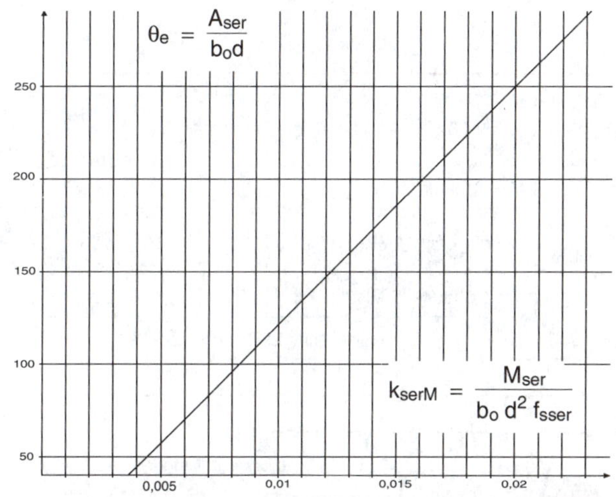

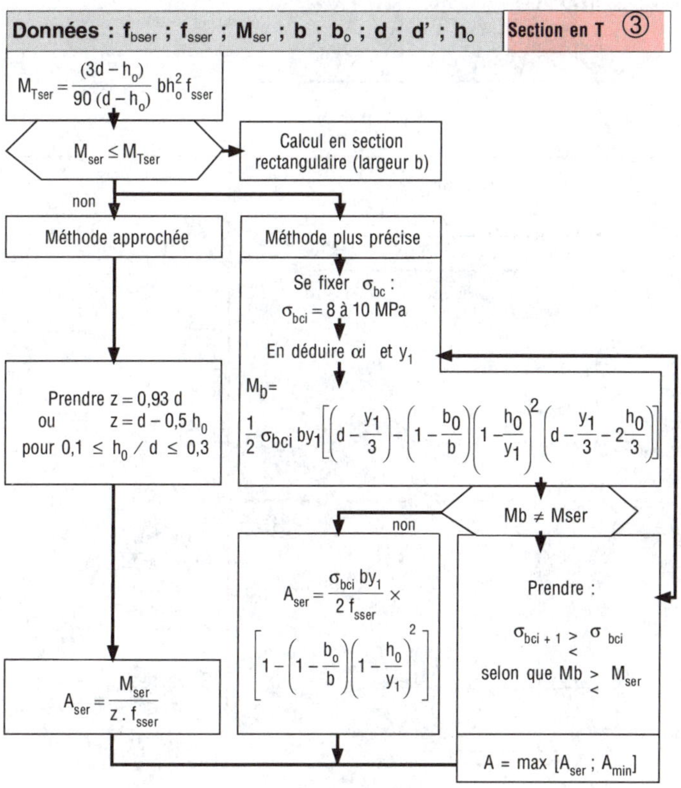

Le calcul en section en T nécessite l'évaluation du moment résistant de service équilibré par la table M_{serRT}
– si $M_{ser} \leq M_{serRT}$, calcul en SR (b × h),
– si $M_{ser} > M_{serRT}$, calcul en ST.

La démarche complète du calcul est donnée figure 3.
Pour la détermination de A_{lmin}, se reporter page 66.

Vérification des contraintes d'une section rectangulaire (fig. 4) de caractéristiques connues (b_0, d, d', A, A') soumise à un moment M_{ser} (matériaux de caractéristiques f_{c28} et f_e).

On doit avoir $\sigma_{bc} = (M_{ser} / I_1) . y_1 \leq 0,6 . f_{c28}$.

y_1 est racine de l'équation :

$y_1^2 + [30.(A + A') / b_0] . y_1 - [30 . (Ad + A'd') / b_0] = 0$

$I_1 = [(b_0 . y_1^3) / 3] + [15 . A'(y_1 - d')^2] + [15 . A (d - y_1)^2]$

Dans le cas de FP et FTP, on vérifie aussi que :

$$\sigma_{st} = 15.(M_{ser} / I_1) . (d - y_1) \leq f_{sser}$$

$$\sigma_{sc} = 15.(M_{ser} / I_1) . (y_1 - d') \leq f_{sser}$$

Section en T : démarche détaillée figure 4.

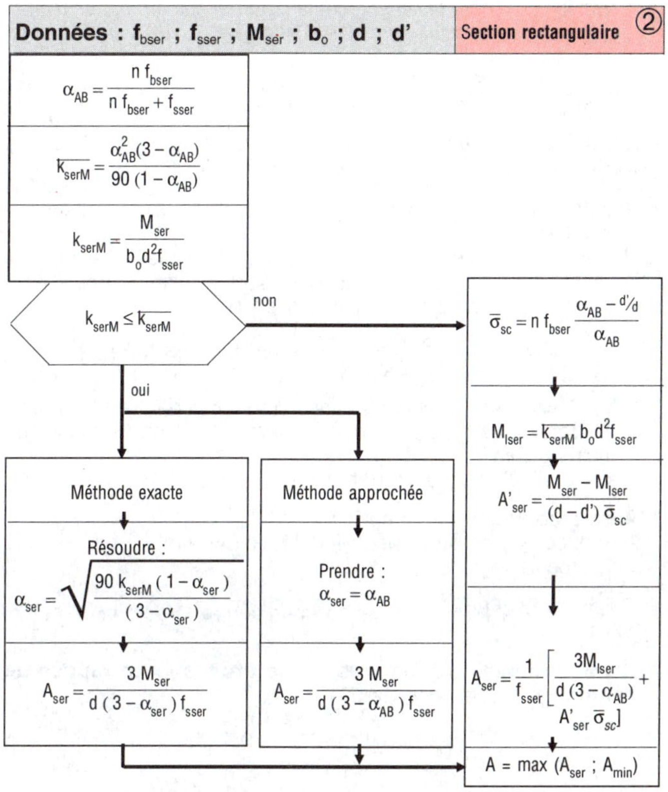

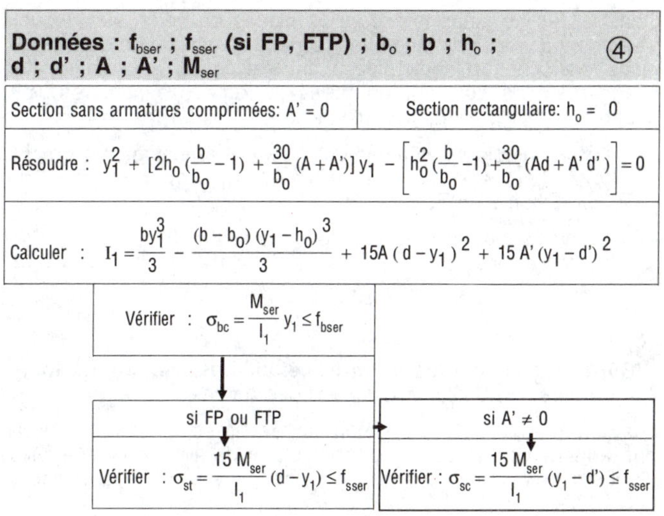

5-3.2. Armatures transversales A_t

Effets des contraintes tangentes dues à l'effort tranchant

Des contraintes de traction σ_{bt} et de compression σ_{bc} sont engendrées suivant des plans inclinés d'environ 45° par rapport à la ligne moyenne de la poutre ; après fissuration, il se produit des fissures délimitant des « bielles » de béton comprimées qui sont cousues entre elles par des armatures d'âme (fig. 1).

L'ensemble (bielles, armatures longitudinales et transversales) mène à des justifications selon un modèle de poutre en treillis.

Les armatures transversales sont parallèles au plan moyen de l'âme, ancrées dans les deux « membrures » et font un angle α avec l'axe longitudinal de la poutre.

Les justifications de l'âme sont conduites à partir de la contrainte tangente conventionnelle $\tau_u = V_u / b_0.d$, V_u étant la valeur de l'effort tranchant dans la section considérée.

Remarque : Pour la vérification du béton et des armatures d'âme, les charges entrant dans l'évaluation de V_u et situées à une distance a de l'appui sont :
– négligées si $a \leq h/2$,
– multipliées par $2a/3h$ si $h/2 < a \leq 3h/2$.

- **Compression excessive des bielles : ELU du béton de l'âme**
Selon la fissuration, on vérifie que $\tau_u \leq \overline{\tau_u}$ (fig. 2).

- **Plastification des armatures transversales : ELU des armatures d'âmes**
Si A_t est la section d'un cours (fig. 3) de limite élastique f_{et} et s_t l'espacement des cours successifs, la section d'armatures d'âme nécessaire pour équilibrer V_u est donnée par :

$$\frac{A_t\, f_{et}}{b_0\, s_t} \geq \frac{1{,}278\,(\tau_u - 0{,}3\, f_{tj}\, k)}{(\cos\alpha + \sin\alpha)} \quad \text{avec } f_{tj} \leq 3{,}3 \text{ MPa et :}$$

k = 1 en flexion simple ou dans le cas de surfaces de reprises de bétonnage munies d'indentations dont la saillie atteint au moins 5 mm,
k = 0 s'il y a reprise ou en cas de FTP.

- **Autres conditions à remplir :**
– Espacement maximal : $s_t \leq \text{Min}\,[0{,}9.d\,;\, 40 \text{ cm}]$.
– Pourcentage minimal :

$$\frac{A_t\, f_{et}}{b_0\, s_t} \geq 0{,}4 \text{ MPa (dérogation pour poutre large : } b_0 > h)$$

- **Poutres munies d'armatures d'âme droites, avec reprise de bétonnage (ou en cas de FTP) :**

$$\frac{A_t\, f_{et}}{b_0\, s_t} \geq \text{Max}\,[1{,}278\, \tau_u\,;\, 0{,}4 \text{ MPa}]$$

- **Liaison des membrures d'une poutre avec l'âme :**

Dans le cas de plans intérieurs de pièces en béton sur lesquels s'exercent des actions tangentes (surface de reprise de bétonnage, plans d'attache de deux pièces entre elles ou à la limite d'un changement de section), on utilise la règle des coutures pour dimensionner les armatures d'attache :

– liaison membrure comprimée (table) – âme (fig. 4) : on doit avoir : $(A_{ti} / s_{ti} + A_{ts} / s_{ts}) \geq (A_t / s_t) / (b_1 / b)$.
Dérogation : BAEL B.6.7,2.

– liaison membrure tendue (talon) - âme (fig. 5) : on doit avoir :

$$A_{tt} / s_{tt} \geq (A_t / s_t) / (A_1 / A).$$

- **Rupture d'adhérence entre le béton et les armatures longitudinales : ELU d'entraînement des barres**

Les efforts appliqués au béton se transmettent aux armatures par adhérence : il est donc nécessaire de limiter la contrainte d'adhérence d'entraînement τ_{se} pour ne pas endommager la liaison béton-acier.

Pour un paquet de barres de section A_{si} et de périmètre u_i (fig. 6), on vérifie que : $\tau_{se} \leq \tau_{se,u}$ avec

$$\tau_{se} = (V_u / 0{,}9.d.u_i).(A_{si} / A_s),$$

A_s : section totale des armatures tendues,
$\tau_{se,u} = \psi_s \,.\, f_{tj}$ (ψ_s coefficient de scellement défini page 29) ou à défaut, prendre :
$\tau_{se,u}$ = 2 MPa (pour les ronds lisses) et 3 MPa (pour les barres HA telles $\psi_s \geq 1{,}5$).

Cas des dalles : voir page 104.

①

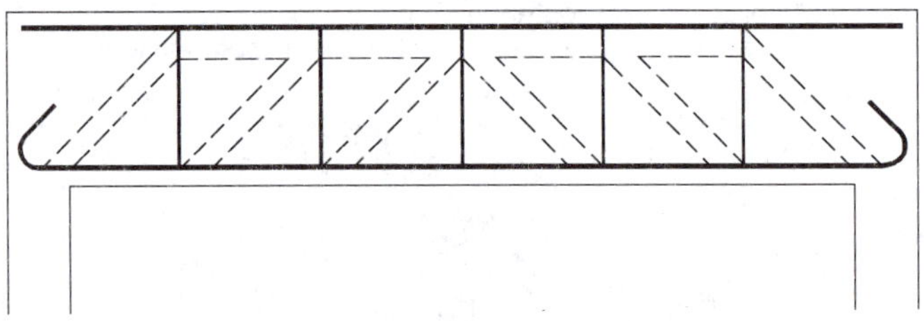

②

$\overline{\tau_u}$ MPa		f_{c28} (MPa)	20	25	30	35	40 à 60
α = 90°	FPP	Min [0,133 fcj ; 5 MPa]	2,67	3,33	4	4,67	5
	FP FTP	Min [0,1 fcj ; 4 MPa]	2	2,5	3	3,5	4
α = 45°		Min [0,18 fcj ; 7 MPa]	3,6	4,5	5,4	6,3	7
45 < α < 90°		Interpoler entre les 2 cas précédents					

③

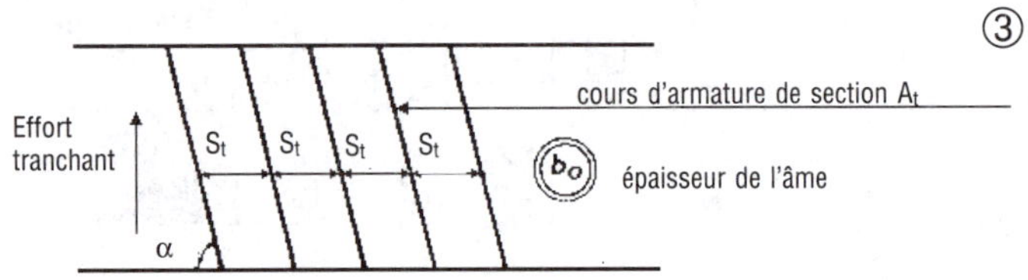

④

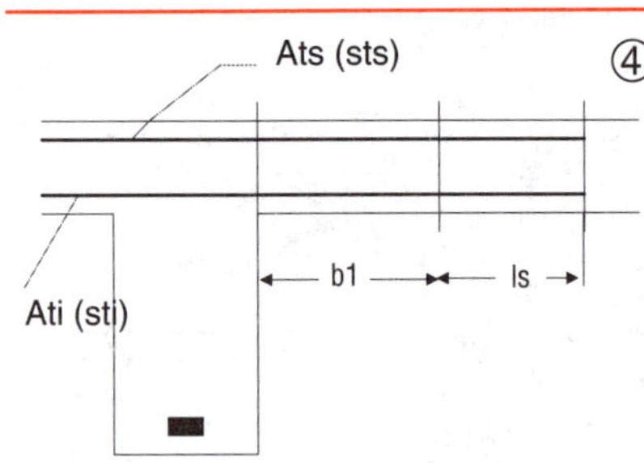

⑤

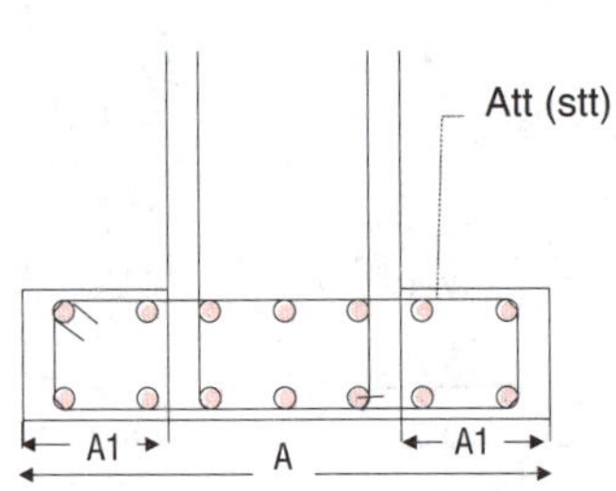

⑥

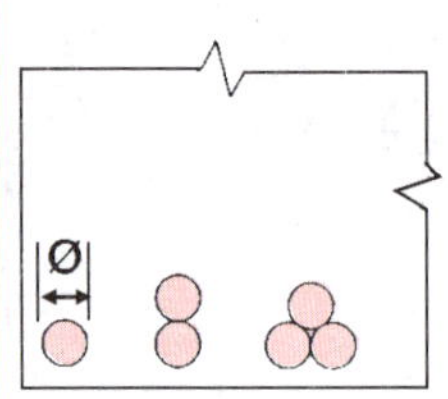

1 barre :
$u_1 = \pi\, Ø_i$

2 barres :
$u_2 = (\pi + 2)\, Ø_i$

3 barres :
$u_3 = (\pi + 3)\, Ø_i$

5-4. Pièces sollicitées en compression « centrée » : poteaux de section rectangulaire (a × b) et a ≤ b

Ces poteaux sont sollicités principalement par un effort normal de compression à l'ELU, N_u, et l'imperfection de rectitude e_r est limitée : $e_r \leq$ Max [1 cm ; $l_0 / 500$], l_0 longueur libre du poteau (fig. 1).

5-4.1. Armatures longitudinales (A')

A' est déduit de l'inéquation $N_u \leq N_{ulim}$;

$$N_{ulim} = \alpha \left[\frac{Br\, f_{cj}}{1{,}35} + A'\, f_{su} \right] \text{ avec}$$

- B_r (section réduite) = (a – 0,02) . (b – 0,02), (m^2)
- α : coefficient réducteur fonction de l'élancement mécanique λ (fig. 2), avec $\lambda = l_f / i$.
  * i est le rayon de giration de la section B calculé dans le plan de flambement ($i = a / \sqrt{12}$),
  * l_f (longueur de flambement) = $0{,}7.l_0$ si le poteau est à ses extrémités, soit encastré dans un massif de fondation, soit assemblé à des poutres de raideur analogue ; sinon, $l_f = l_0$.

Conditions complémentaires : a et b en m, A' en cm^2

Max [8.(a + b) ; 20.a.b] ≤ A' ≤ 500.a.b.

La procédure de calcul est exposée figure 3.

5-4.2. Armatures transversales (Øt, st)

- diamètre øt ≥ valeur normalisée la plus proche de $ø_l / 3$.
- espacement st ≤ Min [15. $ø_l$; 40 cm ; a + 10 cm]

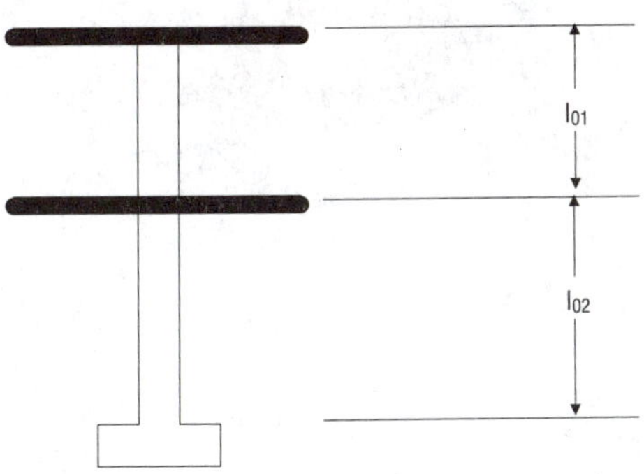

①

6. DISPOSITIONS CONSTRUCTIVES ET VÉRIFICATIONS RÉGLEMENTAIRES CONCERNANT LES ÉLÉMENTS COURANTS DE STRUCTURE EN BÉTON ARMÉ [A.7. ; A.8.1. ; A.4.1,5. ; A.6.1. ; A.5.1. ; A.8.3.]

6-1. Dispositions communes

6-1.1. Protection des armatures contre la corrosion et possibilité de bétonnage correct

Ces deux conditions nécessitent pour toute armature le respect d'un enrobage minimal (fig. 4) :

e (ou e_t) = Max [e_p ; ø (ou øt) ; a ; u] avec

- e_p supérieur ou égal à :
  * 5 cm pour les ouvrages à la mer, exposés aux embruns, aux brouillards salins, aux atmosphères très agressives,
  * 3 cm pour les parois coffrées ou non, soumises à des actions agressives, des intempéries, des condensations, au contact d'un liquide (valeur ramenée à 2 cm si f_{c28} > 40 MPa),
  * 1 cm pour les parois situées dans des locaux couverts et clos, non exposées aux condensations,
- a : largeur du paquet de barres,
- u : défini selon les critères de résistance au feu (page 172).

Le bétonnage nécessite de prévoir un espacement suffisant entre les barres, d'où les prescriptions suivantes :

- pour les dalles : $ø_l \leq h_0 / 10$,
- pour les poutres : øt ≤ Max [$ø_l$; h / 35 ; b_0 / 10],
- $e_h \geq$ Max [$ø_l$; a ; 1,5 c_g], c_g étant la grosseur du plus gros granulat utilisé (par exemple, 25 mm),
- $e_v \geq$ Max [$ø_l$; a ; c_g], (fig. 4).

En cas de maillage dense, voir BAEL A.7.2,6 à A.7.2,8.

λ	0		50		70	②
α	0,85	$\dfrac{0{,}85}{1 + 0{,}2\left(\dfrac{\lambda}{35}\right)^2}$	0,6	$0{,}6\left(\dfrac{50}{\lambda}\right)^2$		0,306

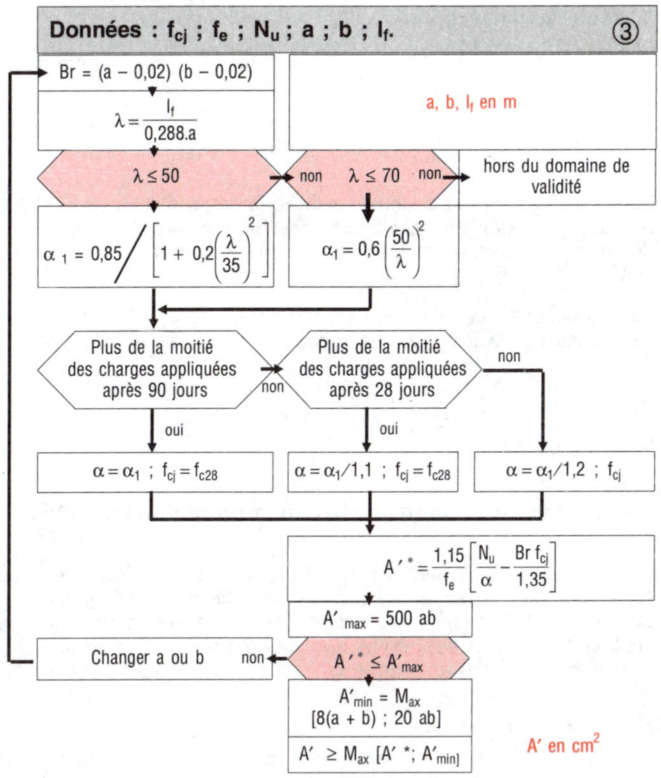

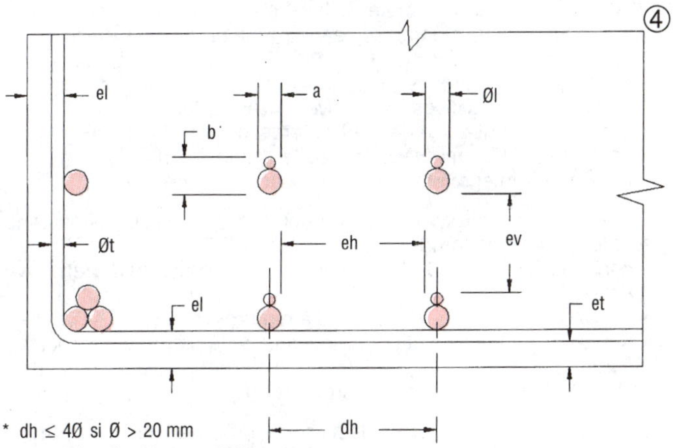

* dh ≤ 4Ø si Ø > 20 mm
* dh ≤ 3Ø si Ø > 20 mm et F.T.P.

6-1.2. Poussées au vide

Une barre courbe proche du parement d'une pièce et sollicitée selon sa ligne moyenne (ancrage par courbure) engendre une poussée dirigée vers l'extérieur qui doit être équilibrée, soit en disposant une ligature ancrée dans la masse du béton, soit en inclinant les retours rectilignes vers la masse du béton (fig. 1).

6-1.3. Ancrages

L'ancrage d'une barre droite dans la masse du béton est réalisé quand l'effort axial maximal transmis $A_{si} \cdot f_e$ est au plus égal à l'effort d'adhérence $u_i\ l_s\ \tau_{su}$, soit $l_s \geq ø\ f_e / 4\ \tau_{su}$ (fig. 2) avec

$\tau_{su} = 0{,}6\ \psi_s^2\ f_{tj}$, (fig. 4) et u_i : page 68, fig. 6.

Des valeurs forfaitaires de l_s sont fournies page 29. Si f_{cj} proche de 60 MPa, prendre l_s / 2.

Pour les ancrages courbes, voir BAEL A.6.1,25 ; valeurs forfaitaires et conditions de cintrage page 15.

6-1.4. Recouvrements

Lorsque la jonction de deux barres parallèles n'est pas réalisée par des procédés tels que manchons ou soudure, les extrémités des barres doivent se chevaucher sur une longueur $l_r = l_s$ si $c < 5ø$, sinon $l_r \geq l_s + c$ (fig. 3).

Les jonctions de barres comprimées sont obligatoirement rectilignes sur la longueur de recouvrement : $l_r' = 0{,}6 . l_s$.

6-2. Poutres

6-2.1. Choix et répartition des armatures longitudinales

Une fois calculées les armatures dans les sections les plus sollicitées (sur appui et en travée), on choisit les diamètres en évitant une trop grande dispersion ; on place les barres dans la section en fonction des règles données page 69. Puis on procède à la répartition des armatures le long de la poutre par arrêt des barres.

Dans le cas de planchers à charge d'exploitation modérée et si la poutre n'est soumise qu'à des charges réparties telles que $q_B \leq g$, on adopte la répartition figure 5.

Sinon, il faut établir une épure :
- à partir de la courbe enveloppe des moments, décalée de 0,8.h dans la direction où le moment augmente en valeur absolue (fig. 6), pour tenir compte forfaitairement de l'effet de l'effort tranchant sur la membrure tendue (calcul à l'ELU en FPP, à l'ELS en FP et FTP),
- en traçant les droites des moments admissibles suivant le nombre de lits utilisés avec : $M_{uRi} = A_{li}\ z_u\ f_{su}$,
  A_{li} section du lit considéré et z_u bras de levier minimal de la section à l'ELU (même principe de calcul à l'ELS),
- en ancrant intégralement chaque barre arrêtée.

- Outre les aciers longitudinaux déterminés par le calcul, il convient de prévoir des armatures de :
  - construction : $A_c \approx 0{,}1\ A_l$ (maintien des armatures transversales),
  - montage : $A_m \approx 0{,}5\ A_c$ (cage d'armatures préfabriquée),
  - « peau » parallèles à la fibre moyenne de la poutre et de section 1 cm² par mètre de paroi (compté perpendiculairement à la fibre moyenne) en FP et 5 cm²/m en FTP.
- Diamètre des armatures les plus proches de la paroi : $Ø \geq 6$ mm (en FP) et 8 mm (en FTP).

①
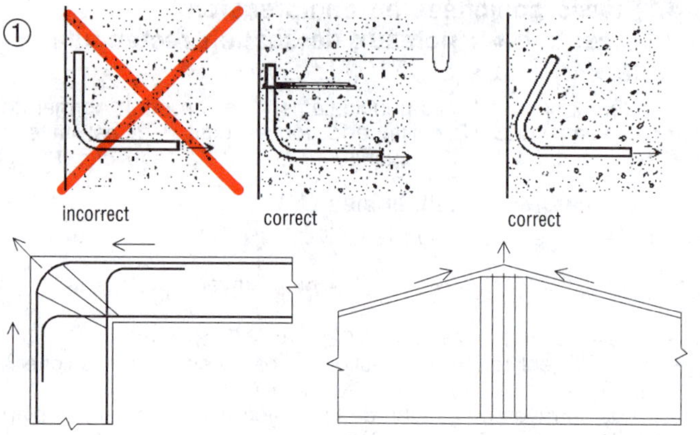

②
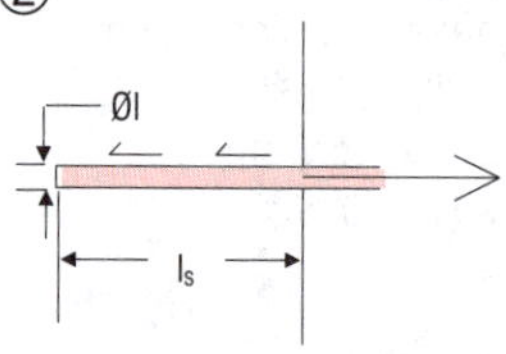

③
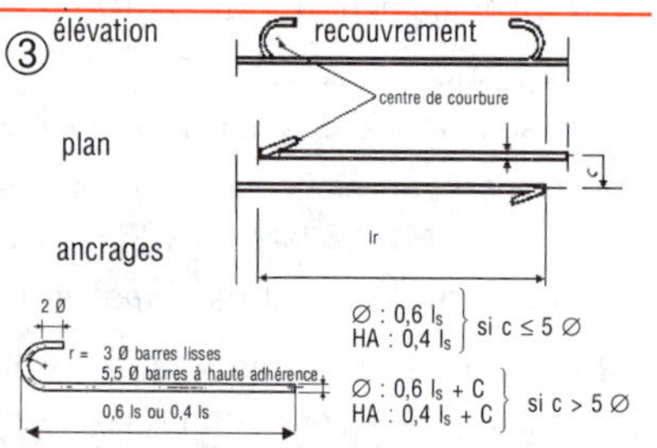

④	f_{cj} (MPa)	20	25	30	35	40	45	50	55	60
	f_{tj} (MPa)	1,8	2,1	2,4	2,7	3	3,3	3,6	3,9	4,2
τ_{su}	$\psi_s = 1$	1,1	1,3	1,4	1,6	1,8	2,0	2,2	2,3	2,5
(MPa)	$\psi_s = 1{,}5$	2,4	2,8	3,2	3,6	4,0	4,5	4,9	5,3	5,7

⑤
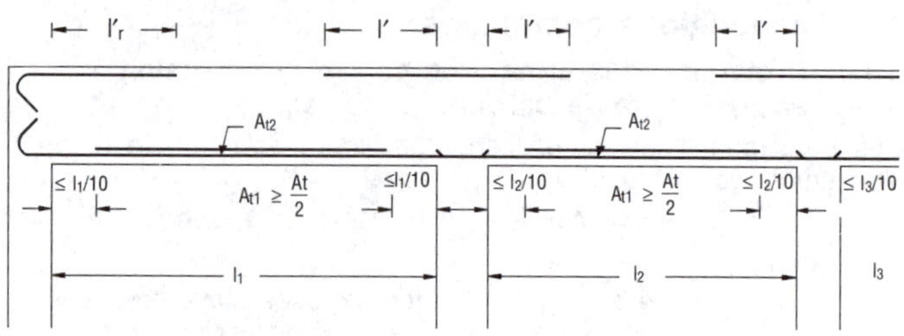

l = Max [li, li + 1]
l' = l/5 (appui intermédiaire) ; l/4 (appui de rive)
l'_i = Max [ls, l/5]
l'_r = Max [ls, l/4]

⑥
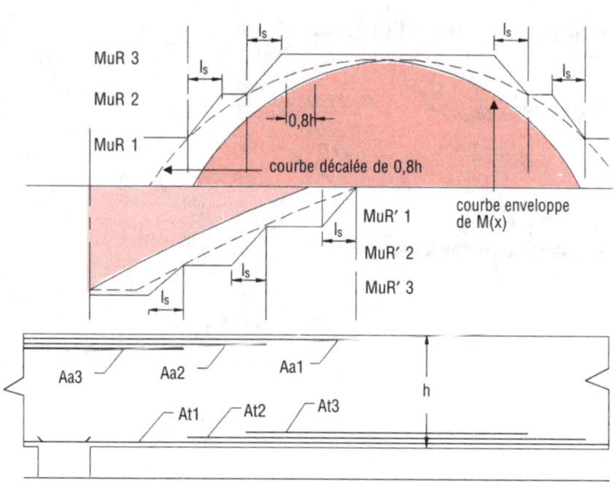

6-2.2. Choix et répartition des armatures transversales

Le choix dépend principalement du nombre et de la position des barres longitudinales du premier lit. Les conditions réglementaires énoncées page 68 permettent alors de déterminer l'espacement maximal des cours le long de la poutre :

$$st \leq \text{Min}\ [st_1\ ;\ st_2\ ;\ st_3]\ \text{avec}$$

$$st_1 \leq \frac{0{,}783\ .\ A_t\ .\ f_{et}}{b_o\ .\ (\tau_u - 0{,}3\ .\ f_{tj}\ .\ k)}\ ;\ st_2 \leq \frac{A_t \cdot f_{et}}{0{,}4\ b_o}\ ;$$

$$st_3 \leq \text{Min}\ [0{,}9\ d\ ;\ 40\ \text{cm}]$$

Si $k = 0$ et $\tau_u = V_u / b_o\ d$, $s_{t1}\ (x) \leq (0{,}783.A_t\ .\ f_{et}\ .\ d)\ /\ V_u\ (x)$

et l'épure donne la suite des espacements : figure 1.

- Pour des poutres de section constante, soumises à des charges uniformément réparties, on peut utiliser la méthode forfaitaire de répartition des espacements st_1 de Caquot : on calcule l'espacement à l'appui st_1 (0). Le premier cours est placé à st_1 (0) / 2 du nu de l'appui. L'espacement des cours suivants est choisi dans la suite des nombres (en cm)

  7 8 9 10 11 13 16 20 25 35 (d'après st_1 (0))

  en répétant la valeur adoptée autant de fois qu'il y a de mètres dans la demi-portée.

- On peut ne pas prévoir d'armatures d'âme dans les poutres secondaires, de portée l, sur une zone de longueur : max [l/2 ; l - 4h] si dans cette zone, $\tau_u \leq 0{,}03\ f_{c28}$.

6-2.3. Zones d'application des efforts

- **Appui simple d'about d'une poutre**

On admet que les charges sont transmises par l'intermédiaire d'une bielle (d'about) inclinée à 45° sur l'axe de la poutre (fig. 2). On doit avoir :

- $A_{1i} \geq A_s = V_{ua} / f_{su}$, (équilibre de la bielle)
  A_{1i} : section du premier lit inférieur des armatures longitudinales,
  V_{ua} : effort tranchant au nu de l'appui.
- $a \geq 3{,}75\ V_{ua} / b_o\ f_{cj}$ (longueur d'appui de la bielle).
  Valeurs de a à utiliser dans les cas courants : fig. 3.

- **Appui intermédiaire (ou appui d'about encastré)**

- Si $|M_u| \leq 0{,}9\ V_{ua}\ d$, on doit avoir (fig. 4) :
  $A_{1i} \geq A_s = (V_{ua} + M_u / 0{,}9.d) / f_{su}$, (généralement, $V_{ua} > 0$ et $M_u < 0$),
- a doit être vérifiée pour chacune des travées adjacentes,
- Vérification de la contrainte moyenne de compression de l'aire d'appui ; on doit avoir : $\sigma_{cm} = R_u / a\ b_o \leq 0{,}867\ f_{cj}$ avec R_u valeur de calcul ultime de la réaction d'appui.

6-3. Dalles : page 104

6-4. Poteaux

- Distribution des armatures : $d_1 \leq$ min [a + 10 cm ; 40 cm],
- Prévoir au moins trois cours d'armatures transversales dans les zones de recouvrement.
- Dispositions constructives : figure 5.

7. DÉFORMATIONS [A.4.6. ; B.6.5.]

Pas de justification si $h / l \geq \max\ [1/16\ ;\ M_t / 10 M_0]$ avec M_t moment de flexion maximal en travée et sous réserve que

$$A / b_o\ d \leq 4{,}2 / f_e$$

Dans le cas contraire, se reporter à B.6.5,2.

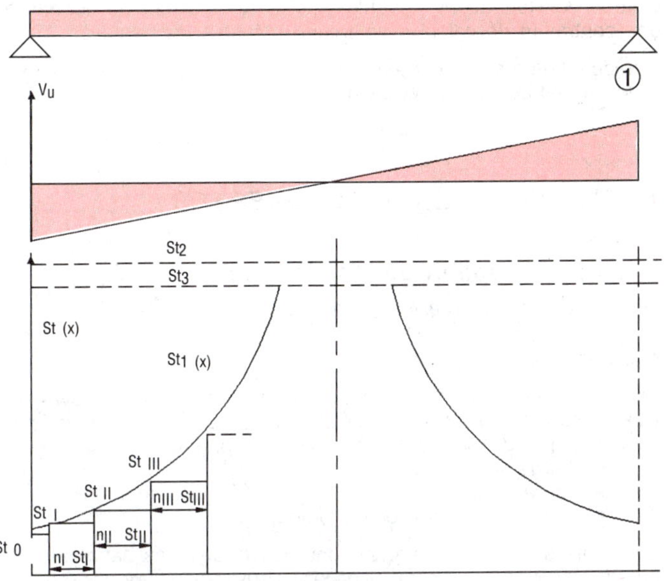

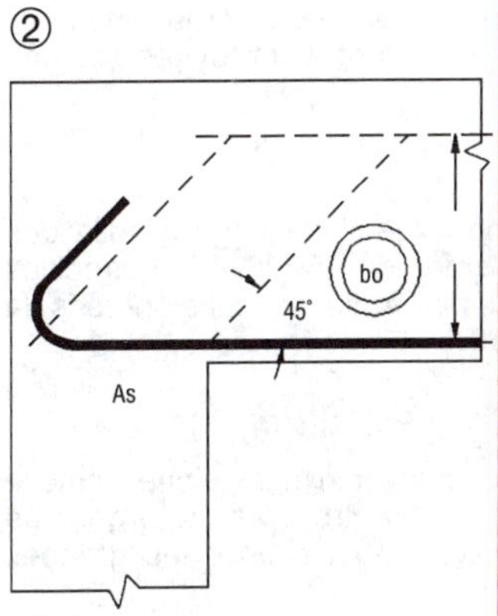

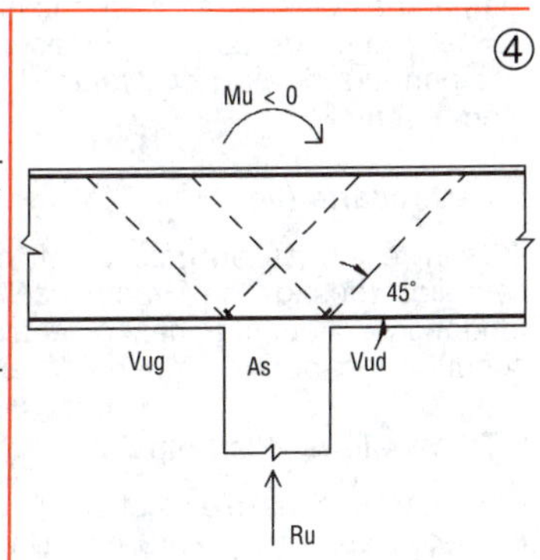

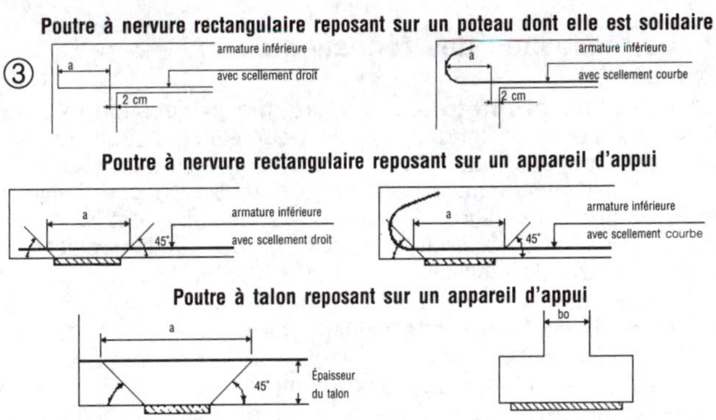

Dans ce dernier cas, l'attention est attirée sur le fait que l'adjonction d'un montant d'épaisseur égale à la largeur de l'appui permet d'augmenter la sécurité vis-à-vis de la bielle d'about.

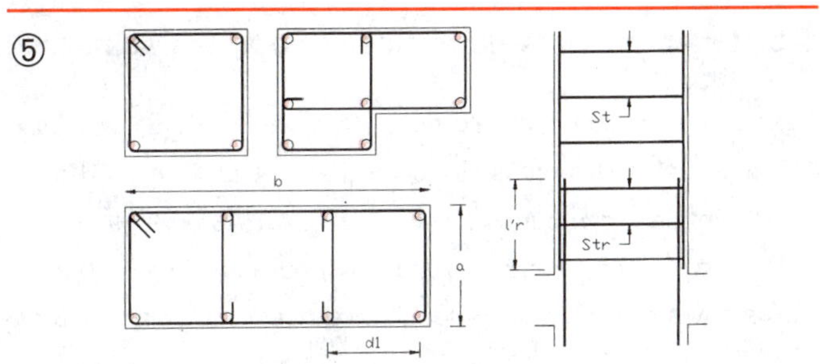

L'étude des fondations superficielles (p. 41) permet de connaître une contrainte de calcul q commune à toutes les semelles.

L'étude « béton armé » détermine les caractéristiques géométriques et les armatures de la fondation.

1. RECOMMANDATIONS DIVERSES

1-1. La conception des fondations

Les précautions liées aux sols sont décrites page 43.

- **Les joints**

Les joints de rupture (fig. 1) sont prévus entre deux ouvrages voisins quand il existe des risques de tassement différents, par exemple, quand il y a des différences importantes :
- de charge,
- de nature du sol,
- de fondation (superficielle, profonde).

Les joints de dilatation (fig. 2) sont prévus pour les bâtiments de grande longueur. Ils sont espacés d'environ 30 m en régions tempérées. Quand le chargement et le sol sont semblables de part et d'autre de ce joint, il n'est pas utile de couper la fondation. Les porteurs de part et d'autre du joint sont alors fondés sur une même semelle.

- **Les redans** (fig. 3)

Ils sont exécutés en gros béton de largeur identique à celle des semelles (dosage en ciment de l'ordre de 250 kg/m^3) quand les fondations situées à des niveaux différents ne satisfont pas la condition de pente inférieure à 2/3.

- **Dimensions des semelles**

Pour des raisons d'exécution, la section minimum d'une semelle en béton est de 20 × 40 cm. Dans les autres cas, la largeur de la semelle est un multiple de 5, voire 10 cm pour les grandes fondations.

1-2. La réalisation des fondations

- **Le béton de propreté** est un béton maigre (dosage minimal 150 kg/m^3), placé en fond de fouille pour éviter la pollution du béton de la fondation par le sol et obtenir une surface plane. Si sa largeur est supérieure à celle de la semelle, on peut l'utiliser pour implanter la fondation. Son épaisseur minimale est de 4 cm. Dans certains cas, on peut le remplacer par un film plastique étanche en fond de fouille.

- **Réalisation de la semelle :** elle peut être coffrée latéralement ou directement coulée dans la fouille, selon ses dimensions et la tenue des terres. L'enrobage des armatures ne doit jamais être inférieur à 3 cm (5 cm dans le cas de terrain agressif). Le bétonnage de la semelle se fait en une seule fois sans reprise de bétonnage.

1-3. Les armatures de chaînage pour des semelles filantes

Prévoir une section minimale de :

- 3 cm^2 pour des ronds lisses Fe E 215, 4 Ø10 ou 3 Ø12
- 2 cm^2 pour des barres HA Fe E 400, 4 HA8 ou 3 HA10
- 1,6 cm^2 pour des treillis soudé (TS) ou barres Fe E 500.

Le recouvrement des aciers longitudinaux est au moins de 35 Ø ou trois soudures pour les treillis (p. 29).

1-4. Le béton utilisé

Pour des semelles uniquement armées d'un chaînage, le dosage minimum de ciment est de 300 à 350 kg/m^3. Dans les autres cas, on prévoira 350 kg/m^3.
On emploie généralement, par précaution contre le risque d'eaux agressives, un ciment du type CLK, CLC ou encore CHF : page 27.

Terminologie

a' ≥ 40 cm
h ≥ 20 cm

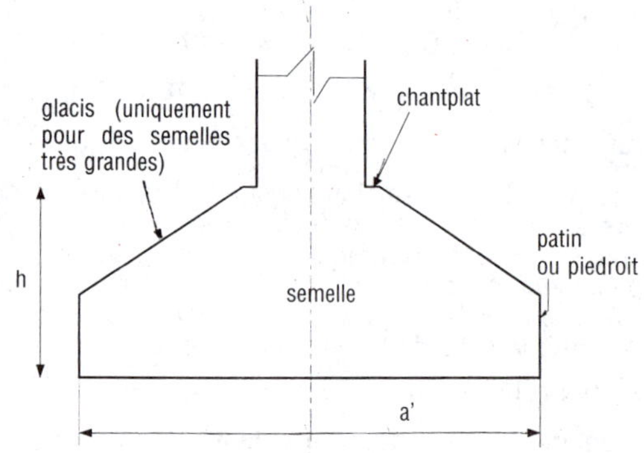

① **Joint de rupture**

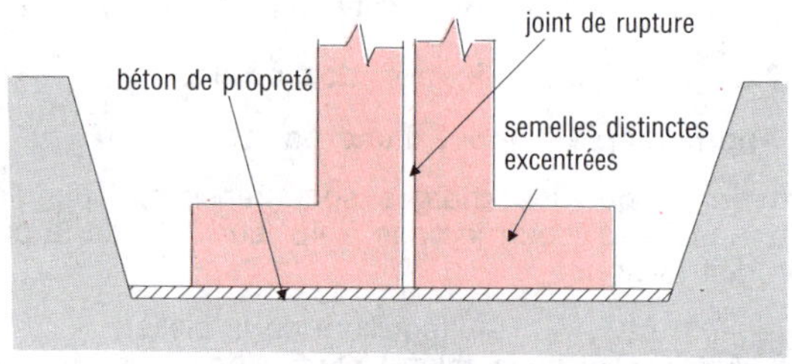

② **Joint de dilatation (espacements donnés p. 83)**

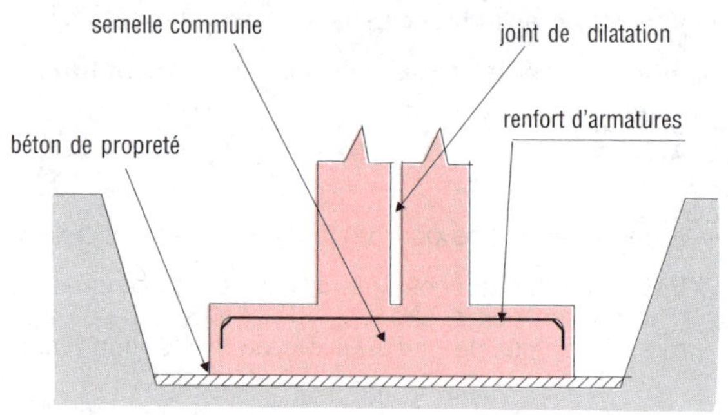

③ **Exemple de redans**

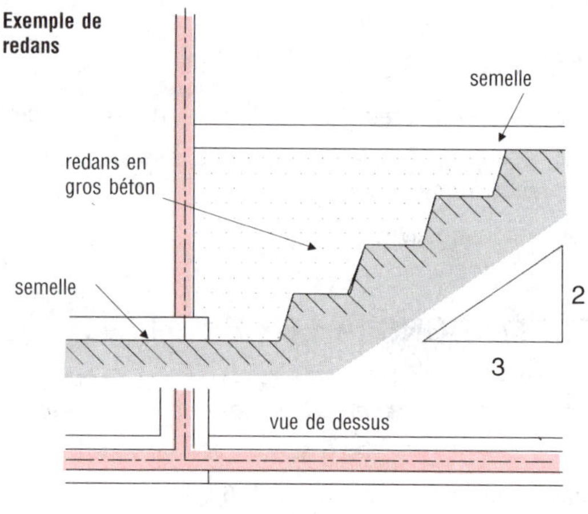

1-5. Prédimensionnement et vérification de la surface de la semelle

Dans le cas classique d'une charge centrée sur la semelle, la surface est prédimensionnée comme indiqué pages 41 à 43.
Les dimensions ainsi trouvées sont majorées de 5 à 10 % et arrondies à des valeurs **réalisables sur un chantier bâtiment**.
On vérifie alors que les efforts appliqués sur la semelle + son poids propre + le poids propre du remblai n'entraînent pas de dépassement de la contrainte q du sol : figure 1.

2. SEMELLE CONTINUE SOUS MUR SOUMISE À UNE CHARGE UNIFORME ET CENTRÉE

2-1. Semelle sans armature transversale

Ces semelles « non armées » se rencontrent quand la hauteur h est supérieure à 2 d_o : figure 2.
La fondation est simplement armée par un chaînage défini page 72 (pas d'acier si le sol est très homogène).

2-2. Semelle armée (fig. 3)

La méthode de calcul utilisée est « la méthode des bielles ».

2-2.1. Hauteur de la semelle : h

Cette méthode implique la condition suivante :

$$\frac{d_o}{2} < d < 2\,d_o \quad \text{ou} \quad \frac{a' - a}{4} < d < a' - a$$

avec h = d + 5 ou 6 cm selon l'enrobage voulu et le diamètre des armatures.
Sous un mur, la semelle de fondation est le plus souvent de section rectangulaire. Dans le cas de fondations très larges (a' de l'ordre de 1,50 ou 2 m), on peut réaliser des glacis pour économiser le béton (mise en œuvre plus difficile). Dans ce cas, la hauteur minimum des piedroits est de 6 ∅ + 6 cm, ∅ étant le diamètre des armatures en cm.

2-2.2. Armatures

Les armatures principales sont les aciers transversaux, les armatures secondaires (longitudinales) servent de chaînage et d'aciers de répartition. L'étude, conduite à l'ELU sur une longueur de 1 m, nous donne la charge p_u en kN/m sur la semelle. La section des aciers principaux A, pour un mètre, vaut :

$$A = p_u \cdot \frac{a' - a}{8d} \cdot \frac{\gamma_s}{f_e} \quad \text{ou} \quad A = p_u \cdot \frac{d_o}{4d} \cdot \frac{\gamma_s}{f_e}$$

On prend pour les aciers de répartition :
Ar = max (A/4, section minimum pour chaînage).
L'espacement maximum entre deux aciers (A ou Ar) est de l'ordre de 30 cm (ou 3 aciers par mètre).

2-2.3. Condition de non-poinçonnement

Il faut vérifier la formule ci-dessous :

$$p_u - \frac{(p_u + 1{,}35\,g_o) \cdot (a + 2h)}{a'} < \frac{0{,}13}{\gamma_b} \cdot h.f_{c28}$$

quand les conditions suivantes sont réunies :
- h < 0,5. (a'- a)
- contrainte de calcul du sol élevé : c'est-à-dire q > 0,6 MPa (très bon sol).

Dans la majorité des cas, on néglige g_o dans la formule ci-dessus.

2-2.4. Liaison mur / fondation

- Mur en maçonnerie : il est construit directement sur la semelle et le ferraillage de la fondation se ramène le plus souvent à un chaînage horizontal.
- Mur en béton armé soumis seulement à un effort de compression : on prévoit des armatures droites en attente au niveau de la reprise de bétonnage entre la semelle et le mur. S'il faut aussi reprendre un effort de flexion, les aciers en attente sont recourbés : figure 4.

① Les sollicitations dans la section S1 sont connues grâce à la descente de la charge (p. 17).

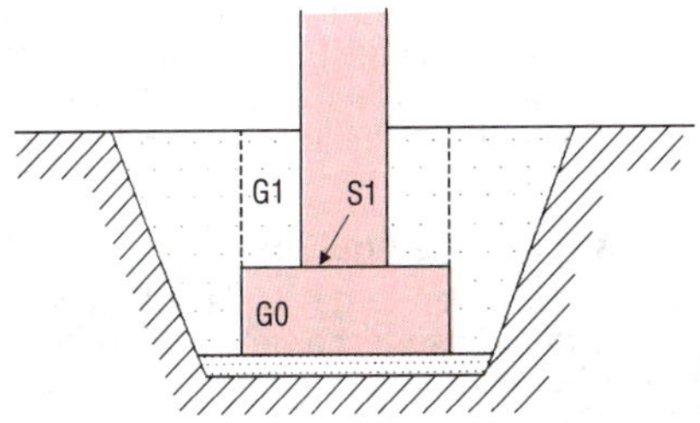

a : Pour une semelle filante soumise à une charge centrée p_u

$$q \geq \frac{p_u + 1{,}35\,(g_0 + g_1)}{a'}$$

b : Pour une semelle ponctuelle de section a' × b' soumise à une charge centrée p_u

$$q \geq \frac{p_u + 1{,}35\,(G_0 + G_1)}{a' \times b'}$$

avec g_0 (et G_0) : poids propre de la semelle
g_1 (et G_1) : poids propre du remblai surmontant la semelle.

② **Semelle non armée**

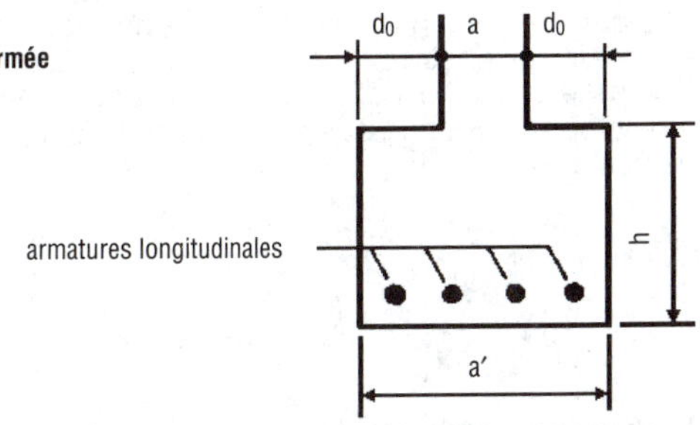

③ **Semelle armée**

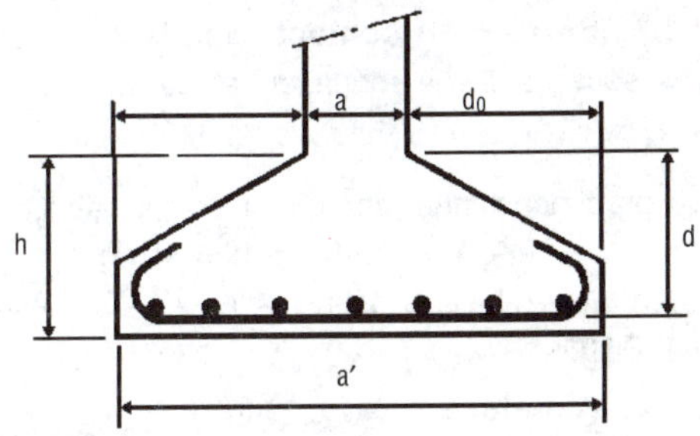

④ **Liaison mur-fondation**

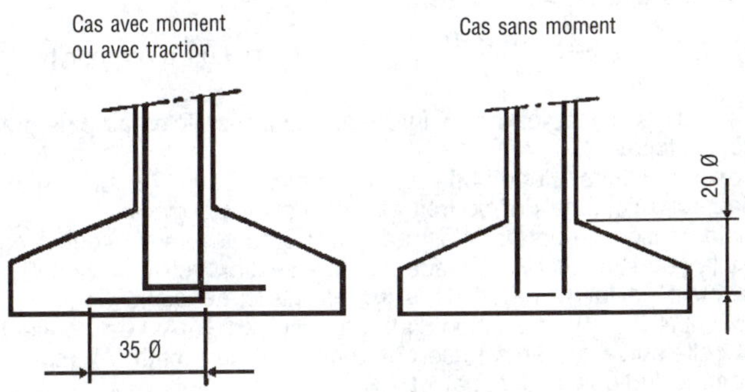

2-2.5. Ancrage et arrêt des aciers principaux (fig. 1)

La contrainte d'adhérence acier béton vaut, pour les aciers principaux,

$$\tau_s = \frac{p_u\,(a' - a)}{2a'd} \cdot \frac{1}{n\pi\varnothing_a} \qquad \text{avec}$$

n : nombre d'aciers principaux au mètre
$\varnothing_a$: diamètre des aciers principaux.

On compare τ_s à τ_{su} (p. 70) :
- si $\tau_s > \tau_{su}$, les extrémités des barres doivent être munies d'ancrage par crochets normaux ou équivalents,
- si $0{,}5\,\tau_{su} < \tau_s \leq \tau_{su}$, l'ancrage par courbure n'est pas nécessaire,
- si $\tau_s \leq 0{,}5\,\tau_{su}$, il est possible d'arrêter les barres comme indiqué (fig. 1c), la longueur minimum des aciers restant supérieure à $80\,\varnothing_a$.

2-2.6. Conseils, points singuliers

- Quand le niveau et les largeurs des fondations sont fixés, la hauteur des semelles sera choisie identique sous tous les voiles pour faciliter la réalisation.
- Quand il existe un débord longitudinal, tel que D > 0,5 h, cette partie d'ouvrage est calculée comme une poutre console : figure 2a.
- Quand la largeur des ouvertures est supérieure à h, il faut en plus armer la semelle comme une poutre : figure 2b.

3. SEMELLE ISOLÉE SOUS POTEAU SOUMIS À UN EFFORT NORMAL CENTRÉ

La méthode utilisée est la « méthode des bielles ». La semelle est armée par deux lits d'aciers, (d_1 et d_2 définies fig. 3).
- semelle rectangulaire : a' x b' avec b' > a' (poteau a x b)
- semelle circulaire : diamètre Ø' (poteau diamètre Ø)

La hauteur h de la semelle doit être telle que les conditions suivantes soient vérifiées :

$$\frac{a' - a}{4} < d_2 < (a' - a) \quad \text{et} \quad \frac{b' - b}{4} < d_1 < (b' - b)$$

$$\text{ou} \quad \left[\frac{\varnothing' - \varnothing}{4} < d_1 \text{ ou } d_2 < \varnothing' - \varnothing\right]$$

3-1. Semelle et poteau rectangulaire

3-1.1. Surface en contact avec le sol : a' × b'

Les sections de la fondation et du poteau sont homothétiques, c'est-à-dire : $\frac{a}{a'} = \frac{b}{b'}$

On prédimensionne, sans tenir compte de G_o et G_1 :

$$a' \times b' > P_u / q$$

Après avoir choisi a' et b', la hauteur h, on vérifie la formule b, (fig. 1, page 73).

3-1.2. Armatures

- Aciers placés parallèlement au grand côté b' :

$$A_x = A_b = \frac{P_u\,(b' - b)}{8\,d_1} \cdot \frac{\gamma_s}{f_e} \quad \text{à répartir sur la largeur a'.}$$

- Aciers placés parallèlement au petit côté a' :

$$A_y = A_a = \frac{P_u\,(a' - a)}{8\,d_2} \cdot \frac{\gamma_s}{f_e} \quad \text{à répartir sur la largeur b'.}$$

Les aciers placés en partie inférieure sont parallèles au plus grand côté : figure 3.

Les conditions d'enrobage sont données page 73 ainsi que la hauteur minimale du piedroit si l'on prévoit un glacis.

Si la section du poteau n'est pas exactement homothétique à celle de la semelle, on la remplace par une section fictive homothétique (a ou b est alors réduit dans les calculs ci-dessus).

Exemple (fig. 4) : la section d'armature suivant X (Ax) est conservée et celle suivant Y sera prise égale au maximum entre Ay (calculée comme indiqué ci-dessus) et Ax/4.

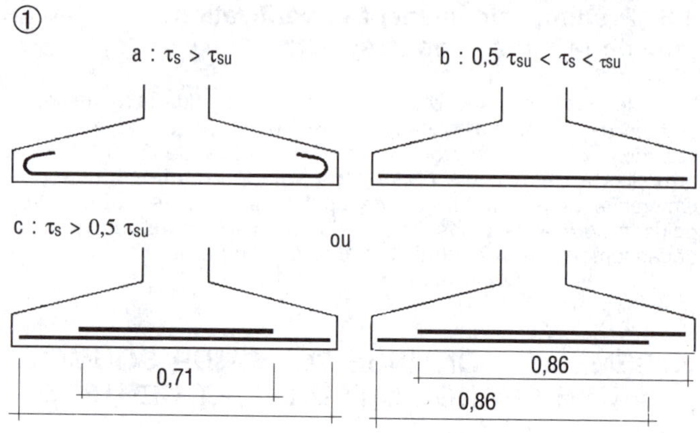

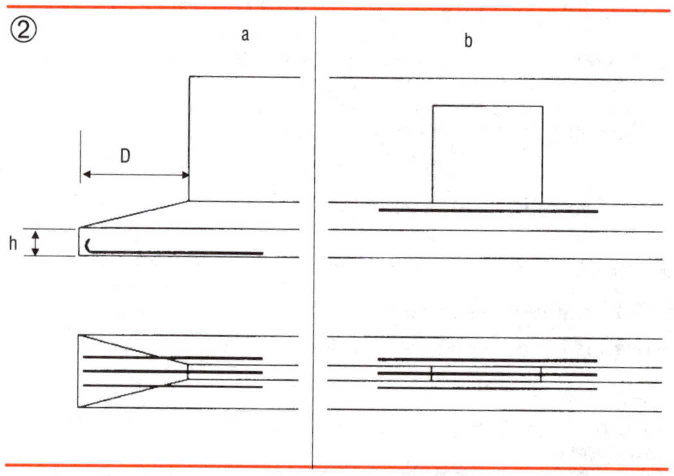

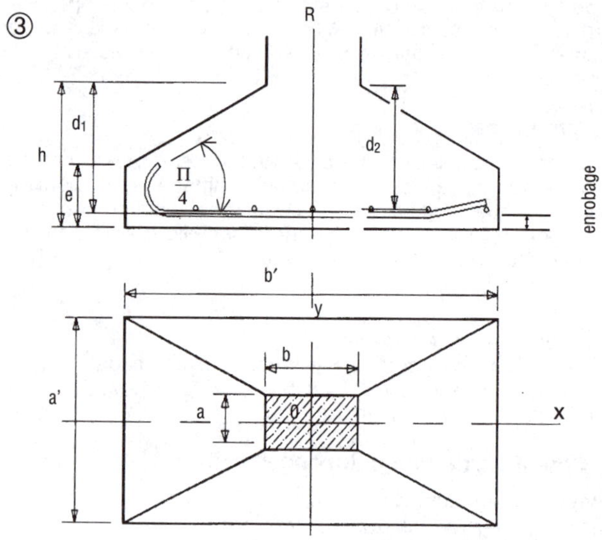

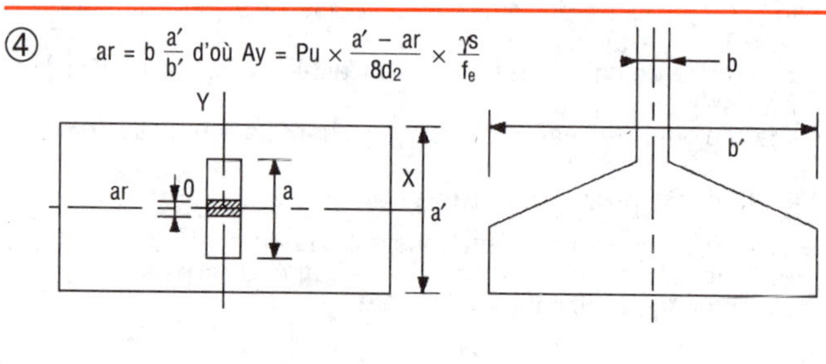

3-1. Semelle et poteau rectangulaire (suite)

3-1.3. Condition de non-poinçonnement

$$P_u - \frac{(P_u + 1{,}35G_o) \,.\, (a + 2h) \,.\, (b + 2h)}{a'b'} < \frac{0{,}13h}{\gamma_b} \,.\, (a + b + 2h)\, f_{c28}$$

3-1.4. Ancrages et arrêts des aciers

τ_s vaut ici :

$$\tau_{sa} = \frac{P_u\,(a' - a)}{2a'd_2} \,.\, \frac{1}{n\pi\varnothing_a}$$

$$\text{et } \tau_{sb} = \frac{P_u\,(b' - b)}{2b'd_1} \,.\, \frac{1}{n\pi\varnothing_b}$$

Les conditions d'ancrage et d'arrêt des barres sont identiques à celles de la page 74.

3-2. Semelle et poteau circulaires

3-2.1. Surface de la semelle

Le diamètre de la semelle est tel que :

$$q > \frac{P_u + 1{,}35\,(G_0 + G_1)}{\pi\, \varnothing'^2} \times 4$$

3-2.2. Armatures

La semelle peut être armée par un quadrillage de 2 nappes orthogonales. La section d'aciers vaut :

$$A = P_u \times \frac{\varnothing' - \varnothing}{8d} \,.\, \frac{\gamma_s}{f_e}$$

- dans la cas de diamètre inférieur à 1 m, les aciers sont uniformément répartis.
- dans le cas de diamètre compris entre 1 et 3 m, les aciers sont répartis selon la figure 1.

3-2.3. Condition de non-poinçonnement

$$P_u - \frac{P_u\,(2h + \varnothing)^2}{\varnothing'^2} < \frac{0{,}065\, h\, \pi}{\gamma_b} \,.\, (2h + \varnothing)\, f_{c28}$$

3-3. Liaison semelle-poteau : page 74

4. SEMELLE ISOLÉE SOUMISE À UN EFFORT NORMAL P_u ET À UN MOMENT FLÉCHISSANT M_u (fig. 2)

On peut conduire un calcul identique pour les murs soumis à un effort normal et à un moment fléchissant, en faisant une étude sur un mètre de long.

P_u et M_u étant connus, on en déduit $e = M_u / P_u$.
La hauteur h est choisie afin de satisfaire la condition de la méthode des bielles (p. 74).

4-1. Surface en contact avec le sol : $a' \times b'$

Elle est choisie de façon à respecter le plus possible l'homothétie de la semelle et du poteau :

$$\frac{a}{a'} = \frac{b}{b'} \quad \text{et } a'(b'-2e) > \frac{P_u + 1{,}35\,(G_0 + G_1)}{q}$$

4-2. Armatures

- Si e < b'/6, on calcule les aciers, dans les deux directions, par la méthode des bielles, en remplaçant P_u par une charge fictive P'_u :

$$P'_u = p\,(a'.b') \text{ avec } p = \frac{P_u + 1{,}35\,(G_0 + G_1)}{a'\,(b' - 2e)}$$

- Si e > b'/6, on utilise, pour les aciers disposés parallèlement à b', la méthode de calcul qui consiste à calculer la section d'acier à l'aide du moment fléchissant dans la section S (fig. 3),

$$\text{d'où} \quad A_u = \frac{M_u}{z\ f_{su}} \qquad \text{(p. 65)}$$

On effectue ensuite les vérifications classiques comme pour les dalles (effort tranchant, poinçonnement, etc.). Pour les aciers parallèles à a', on utilise la méthode des bielles en prenant la charge fictive P'_u définie précédemment.

4-3. Liaison semelle-poteau

L'ancrage des aciers est assuré par des retours à 90° : page 73.

① **Ferraillage type** quand 3 m ≥ Ø' > 1 m

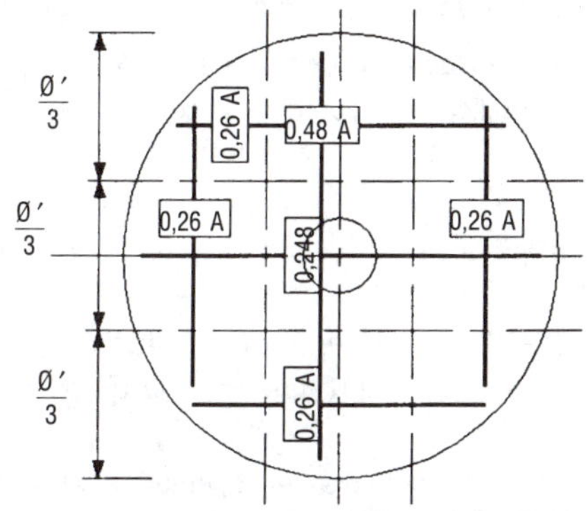

2 nappes perpendiculaires identiques

②

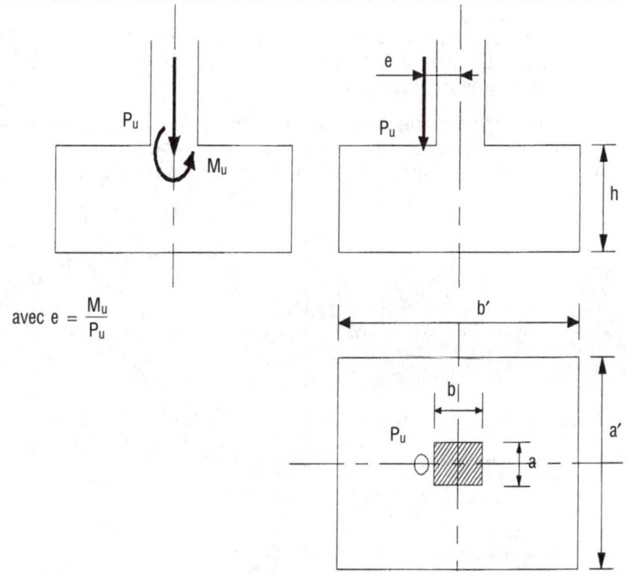

③ **Méthode générale**

- Cas 1 : $b' - 2e \geq \frac{b'}{2} - \frac{b}{4}$

en S, $V_u = pa' \times \left(\frac{b'}{2} - \frac{b}{4}\right)$

et $M_u = \frac{pa'}{2} \times \left(\frac{b'}{2} - \frac{b}{4}\right)^2$

- Cas 2 : $b' - 2e < \frac{b'}{2} - \frac{b}{4}$

en S, $V_u = pa' \times (b' - 2e)$

$M_u = pa' \times (b - 2e) \times \left(e - \frac{b}{4}\right)$

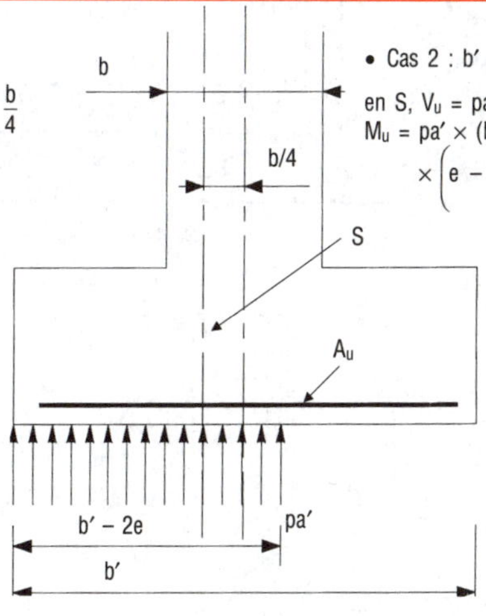

5. SEMELLE EXCENTRÉE (fig.1)

C'est le cas courant de semelles sous poteau ou sous voile, situées en limite de propriété. La fondation, sous l'effet des seuls efforts verticaux, ne peut être en équilibre. Il faut aussi mobiliser des efforts horizontaux. Deux familles de solutions existent.

5-1. Méthode de la butée

L'équilibre peut être obtenu en mobilisant un effort de butée selon le schéma mécanique défini figure 2.

5-1.1. Surface en contact avec le sol : a′ × b′

La répartition des contraintes sous la semelle est constante :

$$\frac{P_u + 1{,}35\,(G_o + G_1)}{a'b'} < q$$

On utilise alors la méthode des bielles pour déterminer la hauteur h et les armatures.

5-1.2. Dimensionnement du buton

L'équilibre de la structure entraîne un effort de butée :

$$H_u = P_u \times e / l.$$

Si cet effort est faible, le frottement sol-fondation peut suffire pour l'équilibrer à condition que :

$$P_u \times \tan\,\delta > H_u$$

avec $\tan\,\delta = 0{,}5$ (ou 2/3 $\tan\,\Phi$).

Autrement, on réalise un buton qui prend appui sur une fondation voisine. L'ensemble travaillant comme un cadre (fig. 3), le buton est en compression simple.

5-1.3. Le poteau ne travaille plus en compression simple, mais en flexion composée : effort normal (P_u) et moment constant sur toute sa hauteur ($M_u = P_u.e$). L'étude de ce type de structure déborde du cadre de cet ouvrage.

5-2. Méthode des longrines de redressement

Une longrine est une poutre reposant sur des fondations et permettant la transmission des efforts de la structure aux semelles.

5-2.1. Étude de la solution 1

La longrine est en appui sur la semelle : figure 4.

Le chargement arrivant en tête de la fondation est :

$$R_u = P_u\left(1 + \frac{a_L}{b_L}\right)$$

Le calcul de cette semelle est classique. L'effort de compression du poteau « associé » doit être supérieur à $Q_u = P_u \times a_L / b_L$, sinon il y a risque de soulèvement de la semelle.

La répartition des sollicitations le long de la longrine est donnée figure 4. Se reporter page 65, pour le dimensionnement.

5-2.2. Étude de la solution 2

La longrine est encastrée dans la semelle : figure 5.
L'effort de compression du poteau « associé » est diminué de Q_u.

La répartition des sollicitations le long de la longrine est donnée figure 5. Pour le calcul des armatures, se reporter pages 65 à 68.

5-2.3. Le poteau

Il travaille en compression simple : page 69.

6. ÉTAT-LIMITE DE SERVICE VIS-À-VIS DE LA DURABILITÉ

En cas de fissuration préjudiciable, la section d'acier retenue est la section calculée aux ELU majorée de 10 %. Si la fissuration est très préjudiciable, la majoration est alors de 50 %.

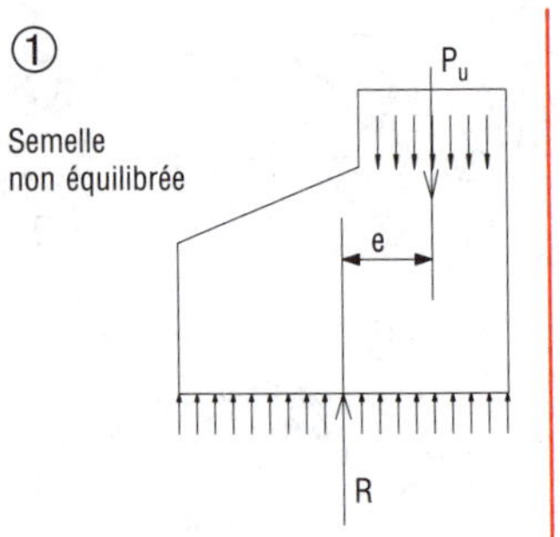

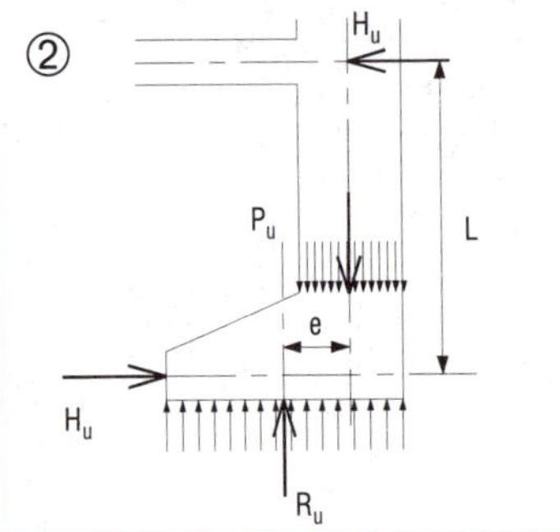

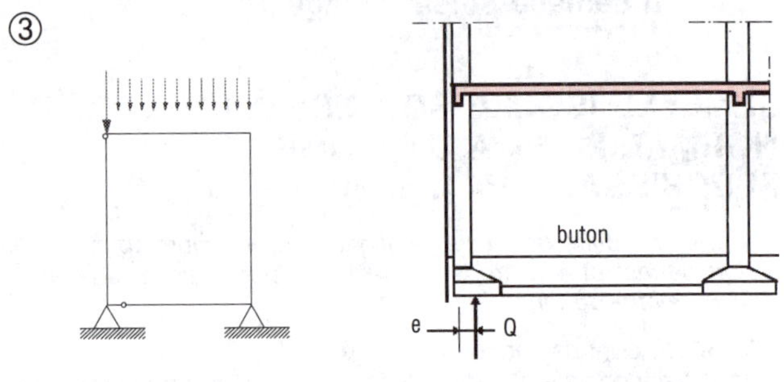

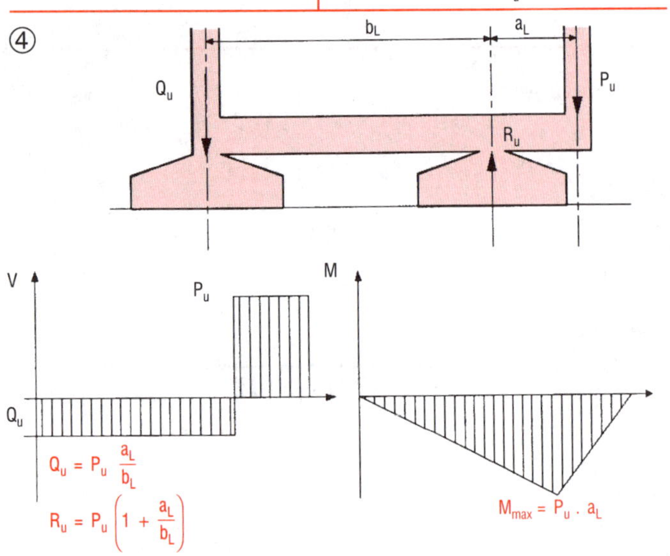

⑤ Diagramme des sollicitations dans la longrine dues à P_u uniquement

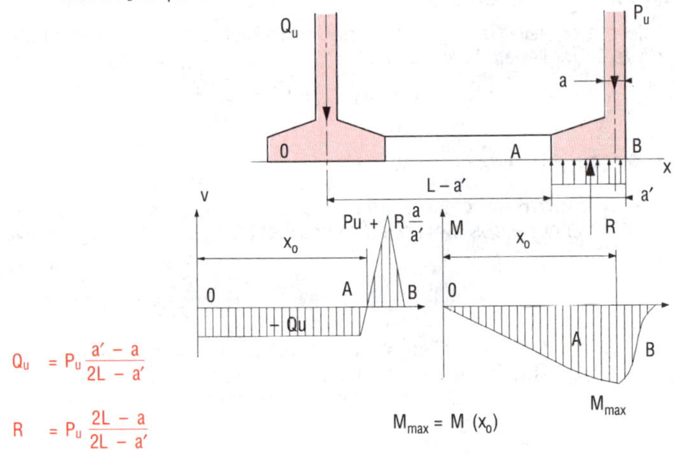

L'étude de la stabilité externe (à vérifier en priorité) est traitée page 44 et suivantes. Cette étude préliminaire ayant permis de déterminer l'ensemble des actions mécaniques s'exerçant sur le mur (fig. 1), on se limite ici à l'étude de la stabilité interne.

①

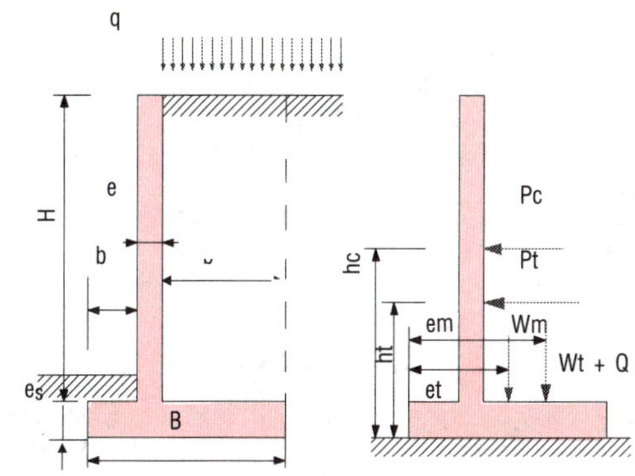

Wt = $\gamma_b' \times H$: poids des terres sur le patin
Q = $q \times b'$: résultante des actions variables sur le patin
Wm = poids du mur de soutènement
Pt = poussée des terres
Pc = poussée des actions variables.

} pour 1 m de longueur d'ouvrage

DIMENSIONNEMENT DES ARMATURES DU MUR

Les actions permanentes sont pondérées :
- par 1,35 pour les actions défavorables,
- par 1 pour les favorables.

Exemple (fig. 1) :
- le poids propre W du mur et le poids des terres retenues (Wm+Wt) ne sont pas pondérés, tandis que la poussée des terres Pt est multipliée par 1,35.
- les actions variables ou leurs effets sur le mur (par exemple Pc) sont majorées par le coefficient 1,5.

② **Sections de calcul des armatures**

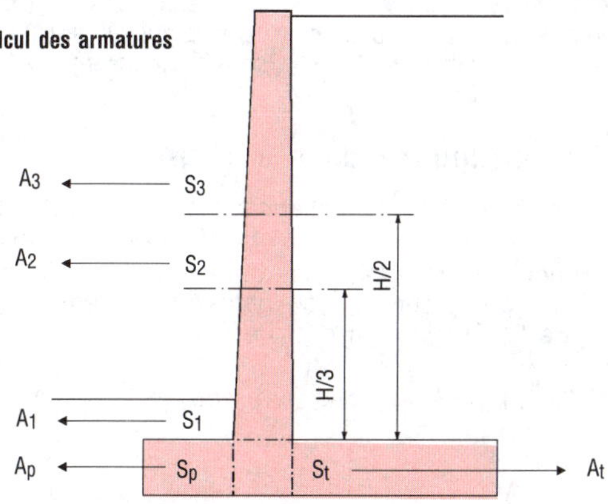

1. ARMATURES DU VOILE

Le voile vertical, retenant les terres, est armé sur les deux faces :

- côté terre (fig. 3) : les armatures principales sont placées verticalement dans la zone tendue pour permettre au mur en béton armé de résister aux efforts de poussée. Les aciers de répartition sont horizontaux.

- sur la face avant (face vue) : on place des armatures de peau (ferraillage forfaitaire) pour limiter la fissuration due à différents phénomènes : le soleil qui crée sur l'ouvrage un gradient thermique dans l'épaisseur du voile, les inégalités de la poussée des terres, les tassements différentiels possibles...

1-1. Armatures principales

La butée et le poids propre du mur étant négligés dans une première approche, le voile est soumis à une sollicitation mécanique de flexion simple.

Schéma mécanique de principe (fig. 1) : à la différence de l'étude de la stabilité externe, on ne considère plus que la poussée s'exerce sur un écran vertical fictif, situé à l'arrière du talon.

Pour les voiles de hauteur inférieure à 2 ou 3 m, on se limite au calcul des aciers à l'encastrement voile/semelle (section 1) : figure 2. Pour un dimensionnement plus précis ou pour un mur de plus grande hauteur, on étudie aussi les sections 2 et 3 (fig. 2).

L'étude est menée sur une longueur du mur de 1 m.

Section 1 : on peut calculer M_u et V_u :
M_u = 1,35 Pt. (ht - es) + 1,5 Pc. (hc - es).
V_u = 1,35 Pt + 1,5 Pc.

Pas d'aciers transversaux (cadres et étriers) si :

$$V_u < 0{,}07.d.f_{c28} / \gamma_b$$

③ **Schéma de ferraillage d'un mur de soutènement (aciers principaux)**

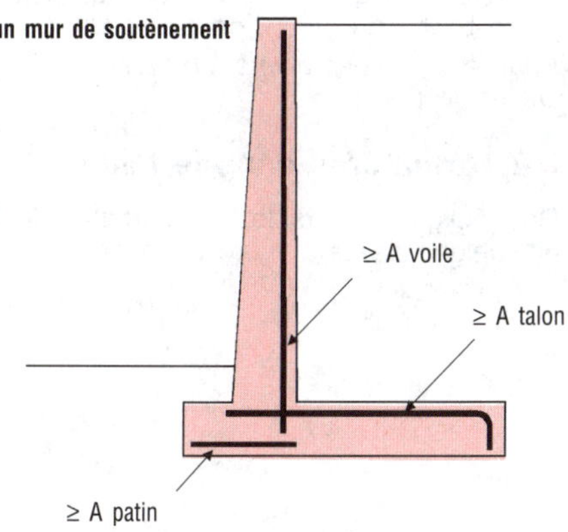

1-2. Armatures complémentaires (fig. 4)

Sur la face avant, e étant l'épaisseur du voile, on dispose Ah et Av, respectivement section d'aciers horizontaux et verticaux (en cm^2 / m), telles que : Ah > 0,08.e ; Av > 0,08.e.

Sur la face arrière (côté terre), on dispose des aciers de répartition horizontalement. La section Ah (cm^2 / m) sera supérieure à 0,08.e.

④ Épaisseur de la base du voile (cm)	Armature côté terre		Armature face avant	
	Ah (cm^2 / m)	Choix T.S.(1)	Ah × Av (cm^2 / m)	Choix T.S.(2)
20 cm	1,6	P 400	1,6 × 1,6	420
25 cm	2,0	P 400	2,0 × 2,0	420
30 cm	2,4	P 500	2,4 × 2,4	520
35 cm	2,8	P 500	2,8 × 2,8	520
40 cm	3,2	P 600	3,2 × 3,2	610

(1) Treillis soudés standards sur stock, (2) treillis soudés à la demande.
Ah = aciers horizontaux, Av = aciers verticaux

1-2. Armatures complémentaires (suite)

Un chaînage de section minimale 4 cm^2, doit être disposé en tête de mur (fig. 4a). On peut utiliser :

- une bande (80 cm développée) de treillis soudé type P700 repliée en forme de U,
- des barres maintenues par des armatures transversales (fig. 4b) : 2 HA 16, 4 HA 12 ou encore 6 HA 10.

2. ARMATURES DE LA SEMELLE

Au centre de gravité G de la semelle (fig. 1), la résultante des actions mécaniques verticales est N_u et le moment résultant est M_u.

N_u = 1,35 (Wm + Wt) + 1,5 Q (fig. 1, p. 77)

M_u = 1,35 (Wm.em + Wt.et + Pt.ht) + 1,5 (Q.ep + Pc.hc)

On peut en déduire, en retenant la combinaison d'actions la plus défavorable, les contraintes exercées sur le sol par l'ouvrage.

La contrainte maximale vaut : $pM = N_u / B + 6\ M_u / B^2$.

La contrainte minimale vaut : $pm = N_u / B - 6\ M_u / B^2$.

On vérifie notamment que la pression $p_{3/4} = (3pM + pm)/4$ reste inférieure à q, la contrainte de calcul du sol. Le calcul est mené en tenant compte de l'inclinaison des actions mécaniques engendrées par la poussée : page 44.

2-1. Armatures dans le patin

La semelle horizontale encastrée sur le voile est généralement composée d'un patin à l'avant du voile, d'un talon côté terre.

En négligeant le poids des terres reposant sur le patin et le poids propre de la semelle, on obtient le schéma mécanique dessiné figure 2. On peut en déduire :

$$M_{up} = \left[pM\left(1 - \frac{b}{B}\right) + pm\ \frac{b}{B}\right]\frac{b^2}{2} + (pM - pm)\ \frac{b^3}{3B}$$

$$V_{up} = \left[pM\left(1 - \frac{b}{B}\right) + pm\ \frac{b}{B}\right] b + (pM - pm)\ \frac{b^2}{2B}$$

On calcule avec Mu la section des aciers principaux (situés en partie basse du patin), on en déduit les aciers de répartition.

Pour le calcul des aciers, on prendra pour d, le minimum de h – 5 cm et de 0,9 h.

2-2. Armatures dans le talon

On néglige toujours le poids propre de la semelle. Le schéma mécanique dessiné figure 3 donne :

$$M_{ut} = (1{,}35\ Wt + 1{,}5\ Q)\ \frac{b'}{2} - pm\ \frac{b'^2}{2} - (pM - pm)\ \frac{b'^3}{6B}$$

$$V_{ut} = 1{,}35\ Wt + 1{,}5\ Q - pm\ b' - (pM - pm)\ \frac{b'^2}{2B}$$

3. SOLUTIONS TECHNOLOGIQUES : figure 4

Les aciers calculés ci-dessus doivent être ancrés à l'encastrement voile / semelle.

Quand la fissuration est jugée préjudiciable, la section calculée est majorée de 10 %, d'où :

$A = 1{,}1\ A_u$ (A_u section calculée aux ELU)

Si la fissuration est très préjudiciable, la majoration est de 50 % d'où :

$A = 1{,}5\ A_u$

Pour laisser la dilatation s'effectuer librement, on prévoit des joints (e = 1 à 2 cm) tous les 20 à 30 m selon la région climatique (page 57). Ils sont espacés de 8 à 10 m si on craint les tassements différentiels.

① **Actions sous la base de la semelle**

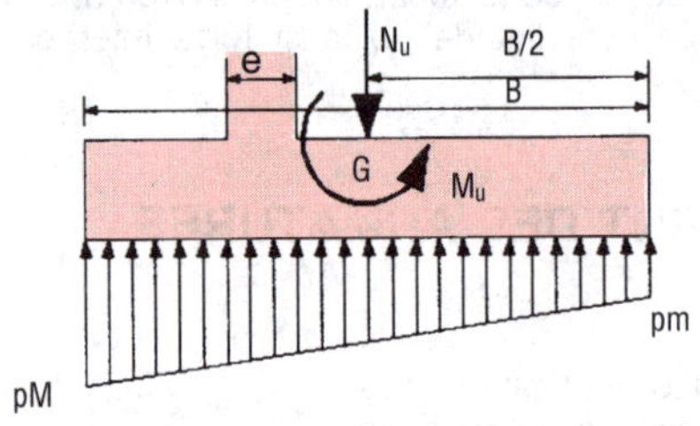

G : centre de gravité de la base de la semelle

② **Armatures dans le patin**

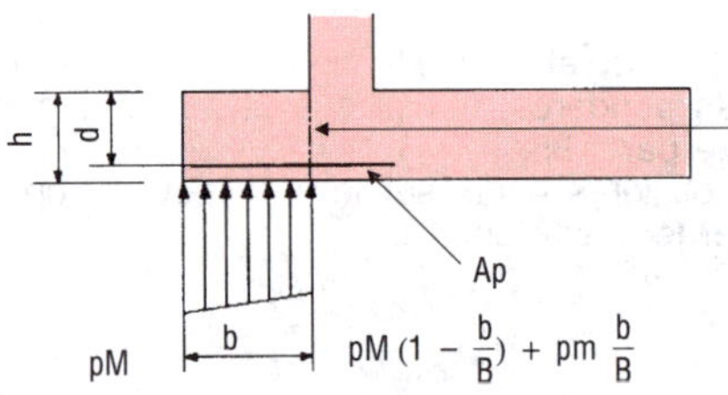

③ **Armatures dans le talon**

Résultante des efforts verticaux sur le talon 1,35 Wt + 1,5 Q

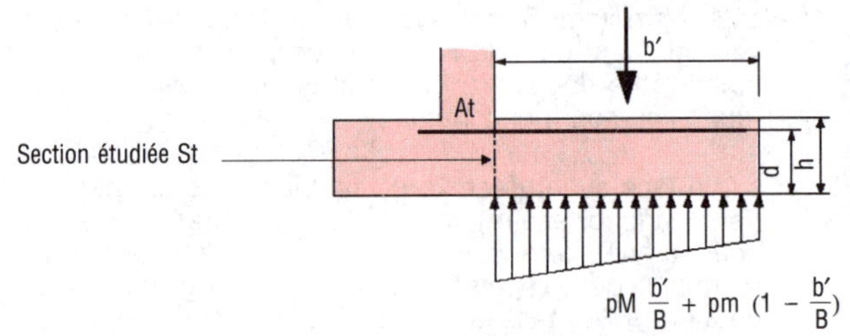

④

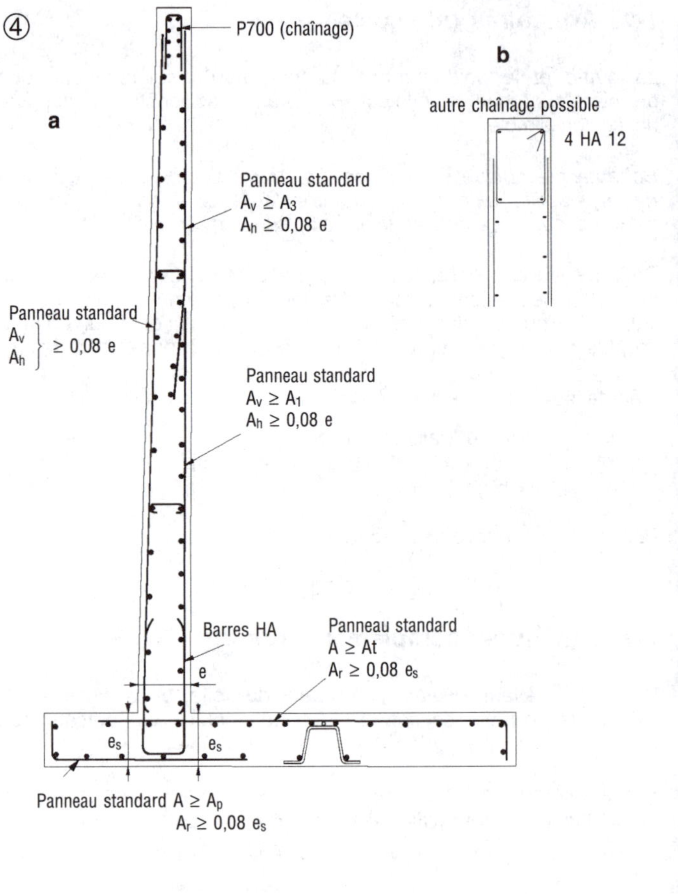

1. LES MATÉRIAUX

- Ciment : NF P 15-301, NF-VP (page 26).
- Granulats : NF P 18-301 ou -302.
- Armatures : NF A 35-015 à -022 (page 29).
- Adjuvants : NF 18-103, 331 à 338, marque NF ou figurant sur les listes de la COPLA (commission permanente des liants hydrauliques et des adjuvants).
- Eau : NF P 18-303.
- Béton : sa composition dépend des exigences de l'ouvrage (résistance, environnement...), de la mise en œuvre et des conditions climatiques (choix d'un dosage en ciment : page 27, composition de béton : page 28).

2. LES NOTES DE CALCULS

Nécessaires à l'établissement du dossier de plans, elles ne sont en principe pas à fournir. Les hypothèses et méthodes de calcul utilisées pour tout ou partie de l'ouvrage, comme les notes de calcul des éléments particuliers, peuvent toutefois être demandées sur indication expresse des Documents particuliers du marché (DPM).

3. LES PLANS D'EXÉCUTION DES OUVRAGES (PEO)

Les ouvrages à construire sont définis par un dossier de plans établis à une échelle appropriée (1/50e pour les plans de bâtiment en général et 1/10e, 1/20e pour des détails), fournissant sans redondance les indications nécessaires, compte tenu des usages et connaissances du personnel exécutant les ouvrages.

Ce dossier des PEO précise :

- les hypothèses de charges d'exploitation retenues au projet, la portance du sol...,
- les conditions spéciales de mise en œuvre (préfabrication, phases de travaux, étaiements, délais...),
- les caractéristiques du béton (dosage, résistance caractéristique) et des armatures (nuance, façonnage...),
- les enrobages fondamentaux :
  ⁎ pour la stabilité (balcons, poteaux très élancés...),
  ⁎ pour la conservation des parements exposés aux intempéries et autres actions agressives,
  ⁎ pour la sécurité (sécurité au feu, garde-corps...),
- les noms et signatures de l'exécutant et du vérificateur des plans.

4. LES TOLÉRANCES DIMENSIONNELLES DE CONSTRUCTION DES OUVRAGES

Établis pour permettre la réalisation de l'ouvrage conformément au marché des travaux, les plans d'exécution des ouvrages représentent des ouvrages se différenciant de ceux effectivement construits du fait :

- des divers écarts admissibles de construction,
- des adaptations ou transformations mineures respectant les règles de l'art, qui conformément aux usages et après consultation, le cas échéant, de l'ingénieur d'études, sont à l'initiative du responsable technique des travaux.

Il n'existe pas d'ouvrages réalisés exactement comme mentionnés sur les plans cotés. Les tolérances (limites acceptables de l'inexactitude, NF P 01-001) sont précisées, pour le gros-œuvre, dans les DTU n° 21 et 23-1 (AFNOR DTU P 18-201 et 210) et dans un document de l'ITBTP (juin 1977, supplément au n° 351). Elles ne comprennent pas les déformations sous sollicitations agissantes se produisant après la mise en service de l'ouvrage.

- **Tolérances d'implantation et de dimensions :**
  - Écart d'implantation des murs : figure 1.
  - Distance entre nus : ± 2 cm.
  - Dimension (épaisseur, hauteur, longueur...) : ± 1 cm.
  - Verticalité (sur un niveau) ou horizontalité d'un parement (sur une trame) : ± 2 cm.
  - Réservation (positionnement et dimensions) : ± 2 cm.
- **Parement des parois latérales et des sous-faces** (fig. 2) :
  - élémentaire ou ordinaire : béton non armé ou armé (locaux utilitaires, murs doublés par une cloison).
  - courant : murs devant recevoir un papier peint ou des peintures, moyennant rebouchages et application d'un enduit garnissant.
  - soigné : nécessaire à un mur extérieur (brut ou recouvert d'une peinture) exposé à la pluie.
- **Parement des surfaces de dalles :** figure 3
- **La position des armatures** doit être maintenue avec précision durant le coulage du béton (chapeaux assurant la stabilité des balcons, aciers concernés par la tenue au feu, aciers des parements exposés aux intempéries et autres actions agressives...) : prescriptions d'enrobage et d'écartement (page 69). L'attention du projeteur doit être attirée sur les dispositions à prendre pour prévenir au stade de l'exécution des blessures causées par des armatures en attente au personnel du chantier.

Écart d'implantation de deux parois verticales ayant même plan axial :

- $e_1 \leq$ 1/15 min (b_1, b_2) ou 3 cm
- $e_2 \leq$ 2 cm
- Cumul des écarts sur la hauteur totale d'un mur ≤ 6 cm pour le plan axial

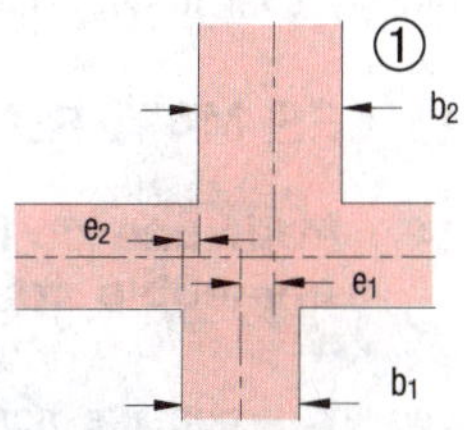

Parements des sous faces et parois latérales ②		
Parement	Défaut maximal de planéité (mm)	
	Règle de 2 m	Règle de 0,20 m
* Élémentaire	Pas de spécifications particulières	
* Ordinaire	15	6
* Courant	7	2
* Soigné	5	2

Parements des surfaces de dalles et planchers ③		
Surface	Défaut maximal de planéité (mm)	
	Règle de 2 m	Règle de 0,20 m
* Béton brut	Pas de spécifications particulières	
* Béton surfacé		
– parement courant	10	3
– parement soigné	7	2
* Chape incorporée	7	2
* Chape rapportée	5	2
* Dalles préfabriquées		
– parement courant	7	2
– parement soigné	5	1

LES MATÉRIAUX USUELS
AFNOR DTU P10-202 (DTU N° 20-1), **P 18**-201 et 210 (DTU N° 21 et 23-1),

À l'exception des maçonneries de remplissage en façade ou des façades légères (non traitées dans cet ouvrage), les parois verticales ont un rôle porteur dans l'ouvrage (la descente des charges est abordée p. 16). Elles comportent souvent des ouvertures intérieures (portes traitées p. 100) ou extérieures (fenêtres traitées p. 94).

De plus, les murs de façade (fig. 1) protègent un espace habité du milieu extérieur (intempéries, gel...). Ces parois comportent généralement :

- sur la peau extérieure : un enduit traditionnel (relevant du DTU n° 26-1) ou pelliculaire (relevant d'un avis technique) assurant l'étanchéité de la paroi,
- sur la peau intérieure : une double paroi ou un complexe isolant (fig. 1) améliorant les caractéristiques thermiques et acoustiques de la paroi (p. 177, 183 et 208).

Les murs de refends (fig. 1) servant à séparer des logements, entre eux ou avec une partie commune, ont un rôle porteur.

Certains murs sont réalisés en mettant en place des éléments d'une hauteur d'étage en béton (p. 86 à 88) ou en maçonnerie (non abordé ici).

A chaque type de mur, correspondent des exigences particulières à observer vis-à-vis de l'étanchéité à l'eau (p. 81), des problèmes acoustiques (p. 208), de la réglementation thermique (p. 191) ou des risques d'incendie (p. 169).

Les murs périphériques appartenant à l'infrastructure d'une construction sont à étudier particulièrement vis-à-vis des risques d'infiltration : page 173.

Les cloisons de distribution (éléments verticaux de faible épaisseur destinés pour l'essentiel à délimiter des volumes sans rôle porteur (fig. 1) sont traitées page 89.

1. LES MATÉRIAUX USUELS

1-1. Pour une construction individuelle ou un petit immeuble collectif (3 à 4 étages : fig. 2)

Les murs porteurs sont majoritairement réalisés en maçonnerie traditionnelle de petits éléments assemblés, sur le chantier, à joints de mortier. Les règles de l'art (conception, calcul et exécution) sont regroupées dans le DTU n° 20-1 (détails p. 84).

Les produits principalement utilisés sont les :

- Blocs creux ou pleins en terre cuite (détaillés p. 30).
- Blocs creux ou pleins en béton de granulats courants ou légers (détaillés p. 31).
- Blocs de béton cellulaire : non détaillés dans cet ouvrage, ils sont parfois assemblés à joints minces de colle.
- Moellons d'usage courant ou pierre de taille : plus rarement utilisés.

1-2. Pour l'habitat collectif (fig. 3)

Les murs porteurs sont la plupart du temps coulés à leur emplacement définitif entre deux banches (fig. 4). Les règles de l'art (conception, calcul et exécution) sont regroupées dans les DTU n° 21 et 23-1 (AFNOR DTU P 18-201 et 210) : détails page 82.

Le matériel destiné à coffrer des éléments verticaux (ou horizontaux) est détaillé dans le Précis de chantier (AFNOR/NATHAN), chapitre Technique de réalisation des porteurs verticaux (horizontaux).

①

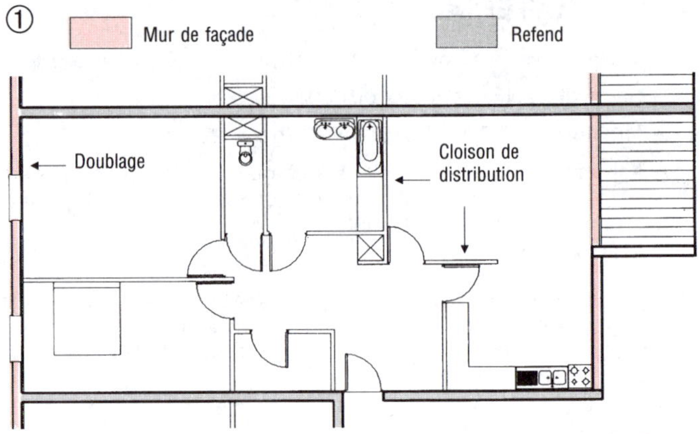

②

③

④

1B : Panneau de banche standard H : 2,520
2B : Taquet de positionnement
3B : Ressort de liaison
4B : Barrette d'about de voile
5B : Fermes tubulaires
6B : Passerelle de circulation
7B : Échelles
8B : Garde corps normalisé type A Lg. 0,927 m
9B : Portillon Lg. 0,535 m
10B : Compas d'écartement
11B : Roulette de translation en vis-à-vis
13B : Entretoise Ø 24 FR complète Lg. 1,000 m

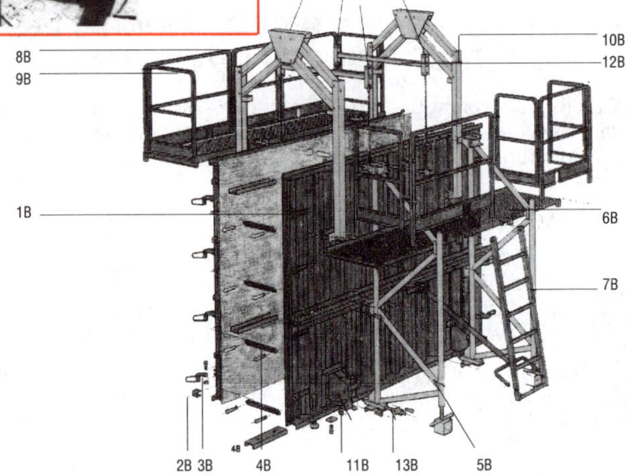

2. GUIDE POUR LE CHOIX D'UN MUR DE FAÇADE (TABLEAU 4)

- Le **type de mur** varie selon le rôle dévolu à la paroi en maçonnerie ou en béton, dans le comportement à l'étanchéité du mur complet à la pluie.
  - type I (fig. 1a) : pas de revêtement étanche sur le parement extérieur, aucune coupure de capillarité pour s'opposer au cheminement jusqu'à l'intérieur du mur d'une infiltration accidentelle d'eau de pluie. La conservation en bon état de la paroi elle-même est donc essentielle. Un enduit de parement plastique ou traditionnel ne change pas le type de la paroi.
  - type II (fig. 1b et c) : type I avec une coupure de capillarité continue dans son épaisseur constituée par :
    - type IIa : un complexe de doublage comportant un isolant non hydrophile (polystyrène expansé, mousse de PVC ou de polyuréthanne...), un isolant non hydrophile placé en sandwich entre la paroi et une cloison de doublage,
    - type IIb : une lame d'air continue.
  - type III (fig. 1d) : mur de type I doublé par une seconde paroi séparée de la première par une lame d'air continue à la base de laquelle sont prévus des dispositifs de collecte et d'évacuation vers l'extérieur des eaux d'infiltration éventuelles. Le vide franc ne sera pas altéré si des précautions sont prises pour que les dispositifs d'attaches éventuels du complexe isolant ou d'un revêtement de façade type pierre agrafée n'offrent pas un chemin privilégié à l'eau, au-delà des relevés étanches.
  - type IV (fig. 1e) : l'étanchéité à l'eau est assurée par un revêtement étanche (dérivé des techniques d'étanchéité ou de couverture) situé à l'extérieur de la paroi. Nous citons les bardages page185.
- Le **site** de la construction :
  - site a : l'intérieur des grands centres urbains (la moitié des ouvrages sont au moins des R + 4),
  - site b : petites ou moyennes villes, à la périphérie d'un grand centre urbain,
  - site c : constructions isolées en rase campagne,
  - site d : bord de mer, dans une ville côtière, en bordure d'un estuaire. Cette zone a une profondeur limitée couramment à 15 fois la hauteur réelle du bâtiment au-dessus du sol, mais peut atteindre parfois 10 km à l'intérieur des terres, dans des zones exposées à des vents dominants importants.
- **L'exposition** est « abritée » si la hauteur H au-dessus du sol d'une paroi ne dépasse pas 28 m dans l'un des cas mentionnés figure 2. Des parties de façades comportant des balcons continus ou des loggias peuvent être considérées comme abritées aux conditions suivantes : H < 18 m, site a, b ou c, hauteur libre sous balcon ou loggia supérieure au double du débord du balcon.
- La **hauteur de la construction** (fig. 3).

Plus généralement, on s'efforce d'apprécier le climat local, l'environnement de la construction, notamment la pérennité des masques.
Les épaisseurs minimales admissibles pour chaque type de paroi sont indiquées dans leurs règles de calcul respectives : DTU n° 20-1 pour les maçonneries, AFNOR DTU P 18-210 (DTU n° 23-1) pour le béton banché (respectivement p. 82 à 85 dans ce chapitre).

①

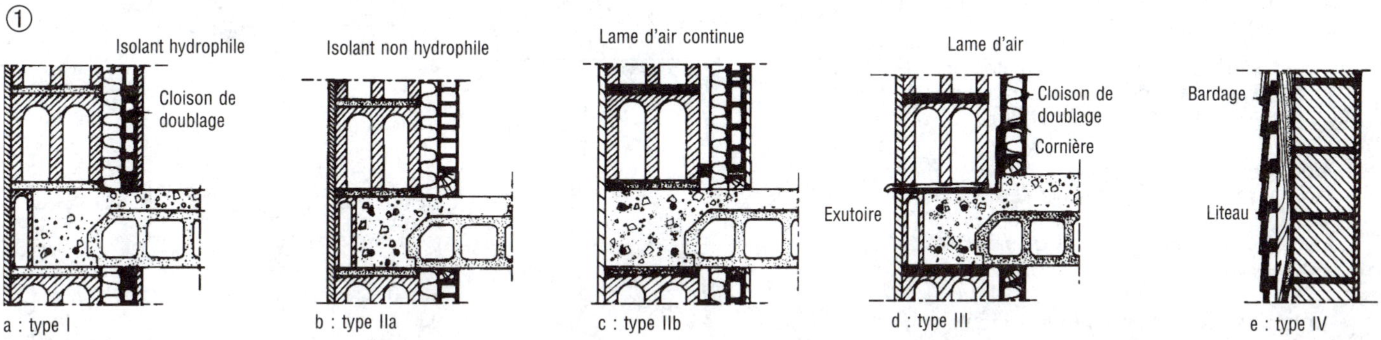

②

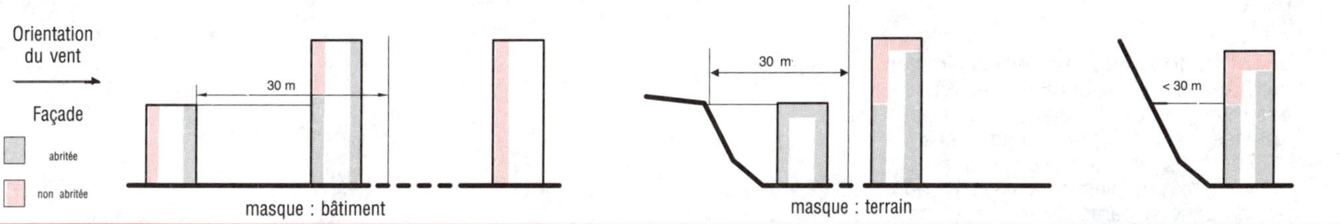

③

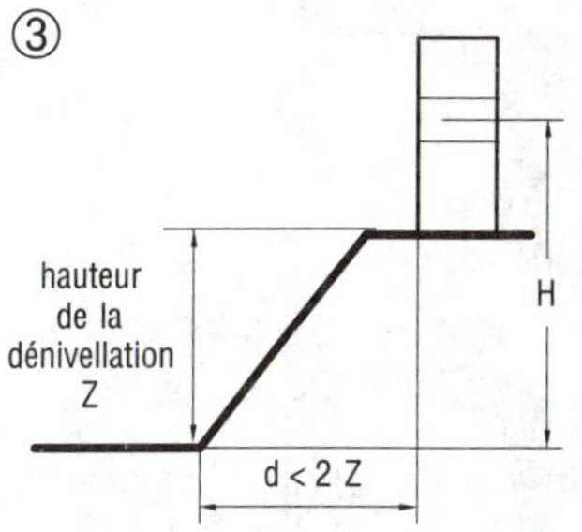

Constructions situées au-dessus d'une dénivellation de pente moyenne supérieure à 1 : H est comptée à partir du pied de la dénivellation, sauf si D > 2 × Z.

④

Hauteur du mur au-dessus du sol (m)	Façades Situation a, b, c				Façades Situation d					
	Abritées		Non abritées		Abritées		Non abritées			
							Zone littorale		Front de mer	
< 6	I	I	I ou IIa	I	I	I	IIa	II	IIb	II
6 ≤ H < 18	I	I	IIa	II	I	I	IIa	II	IIb	II
18 ≤ H < 28	I	I	IIa	II	I	I	IIb	II	III	III
28 ≤ H < 50			IIa ou IIb	II			III	III	III	III
50 ≤ H < 100			III ou IV	II à IV			IV	IV	IV	IV

Légende : colonnes de gauche (grisées) : Maçonneries destinées à recevoir un enduit ou un revêtement extérieur traditionnel ; colonnes de droite (blanches) : Béton banché

LES MURS EN BÉTON BANCHÉ : ARMATURES MINIMALES

AFNOR DTU P 10-202 (DTU N° 20-1), **P 18**-201 et 210 (DTU N° 21 et 23-1)

3. LES MURS EN BÉTON BANCHÉ

La mise en œuvre des murs en béton banché relève des spécifications relatives aux travaux exécutés en béton (page 79) : matériaux, mise en place des armatures, état de surface du parement, tolérances d'exécution...

Les murs en béton banché ont souvent un rôle porteur et comprennent des armatures de comportement fixées forfaitairement (mur dit « non armé ») et, éventuellement, des armatures calculées (mur dit « armé ») selon les règles indiquées par le DTU n° 23-1 (AFNOR DTU P 18-210) et les règles BAEL 91.

3-1. Les armatures minimales dites de comportement

Les valeurs indiquées par la suite correspondent à des aciers de limite d'élasticité égale à 500 MPa (faire une règle de trois pour une autre limite d'élasticité).

- Chaînage de section **(CH)** disposé dans la zone d'intersection (fig. 1) de chaque mur avec un plancher, sur le linéaire du nez de plancher en façade (s'il est visible ou si la façade est maçonnée).
- Un mur intérieur n'étant pas directement exposé aux intempéries, on prévoit les dispositions suivantes (fig. 2a et 2b) :
  - **pour les linteaux des ouvertures :** aciers résultant des calculs du béton armé (p. 55), éventuellement disposés dans le plancher s'il n'y a pas de retombées.
  - **pour les étages courants :** renfort vertical local **(RV)** des angles des ouvertures.
  - **pour l'étage sous terrasse :** chaînages verticaux **(CV)**, disposés aux extrémités des murs, partant du plancher bas sous terrasse, ancrés par retour dans le plancher de la terrasse. Des aciers horizontaux complémentaires **(RH)** sont placés dans la partie du mur au-dessus des ouvertures, (sur 0,50 m au plus) sous le plancher ou dans le plancher lui-même.
  - **des armatures en attente (AT)** localisées en potelets (tous les 2 ou 3 m) ou réparties sous forme d'un treillis soudé participant à la stabilité de la construction.
- Un mur extérieur (e mini. = 15 cm) a un ferraillage constitué essentiellement par un treillis de peau placé côté extérieur (enrobage mini. = 3 cm), avec recouvrement d'étage à étage : 0,96 cm^2 / m pour les fils horizontaux principaux (espacés au plus de 33 cm), 0,48 cm^2 / m pour les fils verticaux de répartition (espacés au plus de 50 cm), outre les renforts mentionnés figures 2a et 2b : panneau (p. 29).

Section des armatures de chaînage CH (cm^2) ①

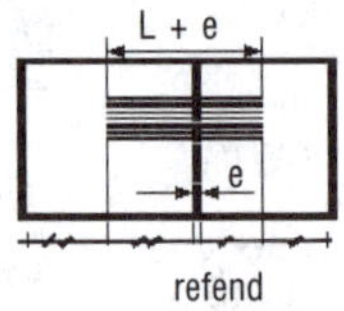

- A ≥ 1,2 cm^2 pour le chaînage entre un plancher et un mur pignon, un mur contre terre, une façade maçonnée ou coulée sur place.
- A ≥ 0,28 L

A en cm^2, L en m.

Façade

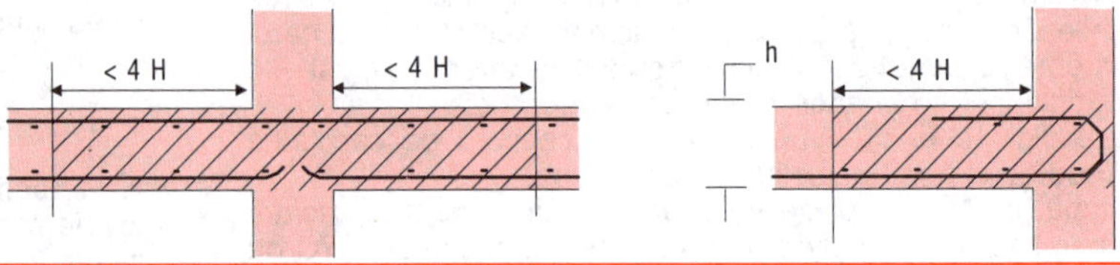

②

Valeurs	RV	CV	CH	RH_1
Section en cm^2 (Fe E 500)	0,68	1,2	1,2 ou 0,28L	0,8
RH	– mur intérieur : RH = 1,2 cm^2 – mur extérieur : RH = 1,88 cm^2			
AT	– 1 cm^2			

Armatures des murs intérieurs a

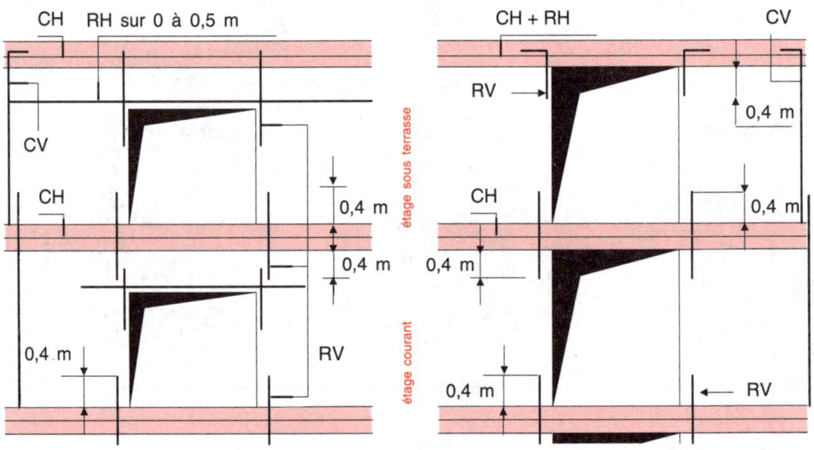

Armatures des murs extérieurs b

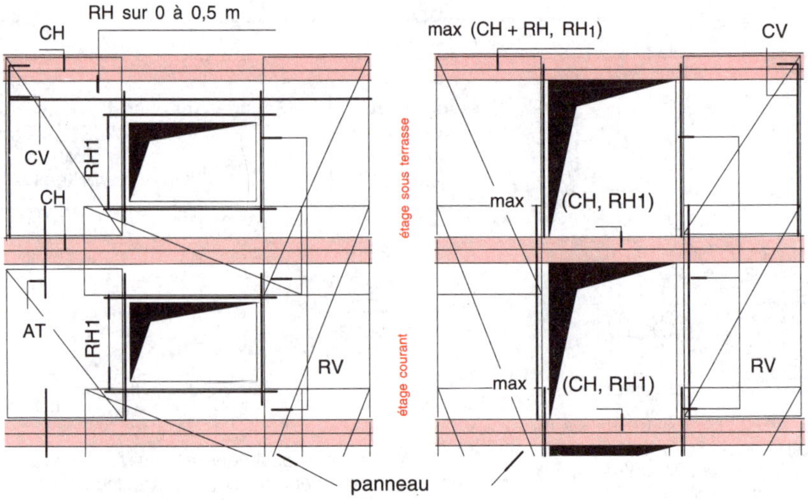

3-2. Justification de la résistance

Nota : La terminologie employée dans ce paragraphe emprunte de nombreuses expressions relatives aux règles de calcul du béton armé (BAEL 91). Le lecteur non averti aura intérêt à lire d'abord le chapitre relatif aux calculs d'éléments de structure en béton armé page 55.

Un mur en béton armé peut éventuellement être justifié comme un poteau (p. 69), par application du BAEL 91, mais cette solution n'est retenue généralement que lorsque le domaine de validité du DTU n° 23-1 n'est plus respecté.

3-2.1. Domaine de validité

Les murs sont appuyés d'un bout à l'autre, soit directement sur des fondations, soit sur une longrine horizontale de grande raideur. Ils sont chargés dans leur plan moyen. L'équilibre statique du mur est assuré par au moins 3 plans de contreventement non parallèles permettant de considérer que les zones d'intersection mur-plancher sont peu déplaçables.

Les déformations du gros œuvre sont habituellement négligées dans les calculs aux Etats-Limites Ultimes (ELU) des constructions courantes, sous réserve de respecter certaines dispositions constructives :

- Joints entre blocs au maximum de :
  - 25 m dans les départements voisins de la Méditérranée,
  - 30 à 35 m dans les régions de l'Est, les Alpes et le Massif central,
  - 40 m en région parisienne,
  - 50 m dans les régions de l'Ouest.
- Pourcentage minimal d'armatures dans les éléments exposés :
  - acrotères, bandeaux saillants, page 117.
  - balcons, loggias : BAEL 91 Art. B 5.3.
- Hauteur maximale hors infrastructure : 40 m si les cloisons sont rigides et fragiles, 100 m autrement avec des portées entre nus des parois horizontales au moins égales à 6 m.

Les murs enterrés (soumis à des charges verticales et à des actions latérales, notamment dues à la poussée des terres) ne sont pas concernés sauf si l'équilibre interne peut être justifié :

- soit, par le diagramme des contraintes ne comportant que des contraintes de compression,
- soit, par des diagrammes de contrainte avec traction si :
  - la hauteur de terre est inférieure à 2,5 m,
  - il n'y a pas de reprise de bétonnage,
  - σ_{max} traction (calculée aux ELS) < $f_{t28}/10$, ce qui est habituellement le cas des murs de vide sanitaire ou dans le cas d'un seul sous-sol.

Les parties de mur au-dessus des ouvertures comportent en fait des voûtes de décharges et ne sont pas concernées par ces calculs, dans cette zone.

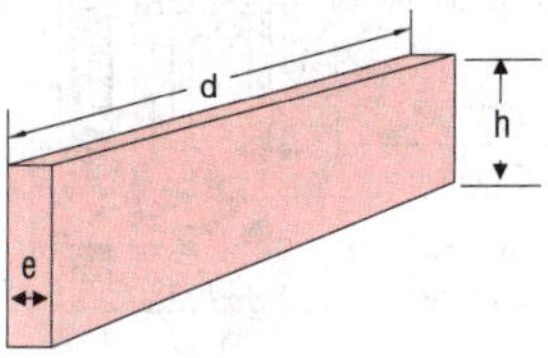

Autres paramètres à vérifier
– d ≥ 5e ; e ≥ 10 cm
– élancement mécanique ≤ 80
– excentricité ≤ max (2 cm ou l_f / 300)
– f_{c28} ≤ 40 MPa

3-2.2. Justification sous sollicitations normales

- **Détermination de la longueur de flambement l_f**

Elle se déduit de la hauteur libre du mur h, par examen de ses liaisons avec les planchers et fondations (tableau 1).

L'élancement se déduit alors de l_f par application de la formule figure 2.

$$l_f = k.h$$

Valeurs de k ①		
Mur non raidi	armé verticalement	non armé verticalement
– encastré en tête et en pied avec un plancher • de part et d'autre • d'un seul côté	 0,80 0,85	 0,85 0,90
– articulé en tête et en pied	1,00	1,00

Lorsque le mur est latéralement raidi par des murs en retour (fig. 3), la longueur de flambement peut être approchée plus précisément, par exemple, en consultant le fascicule « les murs en béton » édité par l'ADETS (Association technique pour le Développement de l'Emploi du Treillis Soudé).

② Élancement

$$\lambda = \frac{\sqrt{12}}{e}\, lf$$

③

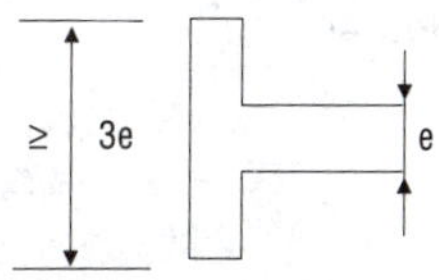

- **Calcul de l'effort normal résistant ultime**

N_{ulim} est donné par la même formule que celle utilisée pour le calcul des poteaux (p. 69) :

$$N_{ulim} = \alpha \left(\frac{B_r\, f_{c28}}{0{,}9\,\gamma_b} + A'\frac{f_e}{\gamma_s} \right)$$

avec, en général : $\gamma_b = 1{,}5$ $\gamma_s = 1{,}15$

$f_e = 500$ MPa

$B_r = d\,(e - 2\text{ cm})$ cm²

✳ Mur non armé

(A' = 0) • $\alpha = \dfrac{0{,}65}{1 + 0{,}2\,(\frac{\lambda}{50})^2}$

✳ Mur armé

(A' ≠ 0) • $\lambda \leq 50$ • $\alpha = \dfrac{0{,}85}{1 + 0{,}2\,(\frac{\lambda}{35})^2}$

• $\lambda > 50$ • $\alpha = 0{,}6 \cdot (\frac{50}{\lambda})^2$

Si plus de la moitié des charges est appliquée avant 90 j, α est divisé, par :

1,1 si 28 < j ≤ 90
1,2 si j ≤ 28. (attention, ici $f_{cj} \neq f_{c28}$)

Il vient alors : $\sigma_{ulim} = \dfrac{N_{ulim}}{d\,.\,e}$

3-2.3. Justification sous sollicitations normales (suite)

- L'effort normal agissant ultime N_u est obtenu par une descente des charges (p. 16) aux ELU (combinaison : $1{,}35\,G + 1{,}5\,Q$ en général, dans un cas courant). Lorsque les charges varient le long d'un mur, parce qu'on a tenu compte des effets du vent W (p. 24), on peut effectuer les vérifications par bandes de mur (fig. 1), en prenant pour N_u, la valeur moyenne dans la bande.
- En présence de charges localisées verticales (réaction d'appui d'une poutre ou d'un linteau, charge répartie amenée par une dalle), un supplément local de contrainte est évalué en supposant que l'aire de la surface d'appui de l'élément porté sur le mur (fig. 2) est limitée.
- Principes de la justification : figure 1.
- Les armatures minimales comportent (fig. 3) :
  - des armatures verticales (A_v) espacées au plus de 33 cm ou $2 \times e$. Le pourcentage minimal ρ_v, rapporté au volume de la bande étudiée, varie selon l'intensité moyenne de la contrainte de cette bande et la section d'armatures (A_v) se trouve répartie pour moitié sur chaque face ;
  - des armatures horizontales (A_h) parallèles aux faces du mur espacées au plus de 33 cm. Les armatures A_h déduites du pourcentage minimal ρ_h sont uniformément réparties ;
  - des armatures transversales (A_t) : les armatures verticales prises en compte pour le calcul de N_{ulim} doivent être maintenues par des A_t.

①

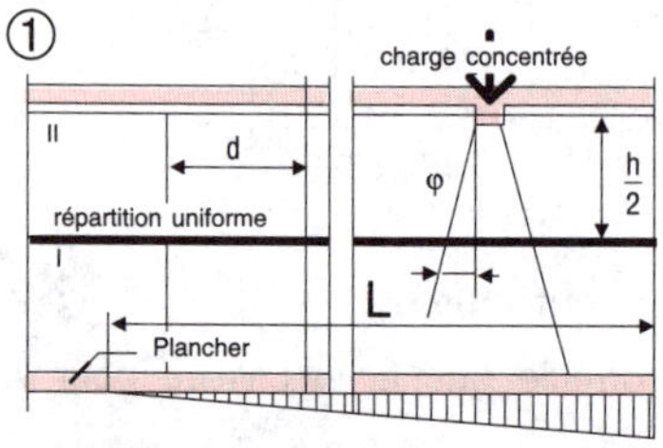

φ	Mur non armé	Mur armé
tg φ	1/3	2/3
largeurs de bande possible $d \leq \min(h/2,\ 2/3\ L)$		
A vérifier Section I : $\sigma_u \leq \sigma_{ulim}$ Section II : $\sigma_u \leq \sigma_{ulim} / \alpha$ σ_u évaluée en tenant compte de N_u et des contraintes locales.		

②

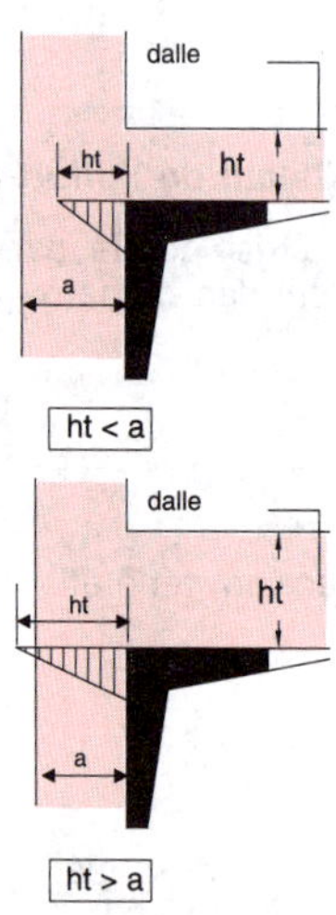

③

$$\rho_V \geq \max \begin{cases} 0{,}001 \\ 0{,}0015\ \dfrac{400 \cdot \theta}{fe}\left(\dfrac{3\sigma_u}{\sigma_{u\,lim}} - 1\right) \end{cases}$$

- $\theta = 1$ Mur intermédiaire
- $\theta = 1{,}4$ Mur de rive

$\rho_h \geq \max\ (2/3\ \rho_V$ ou $1/1\,000)$ (ρ_V pour la bande la plus armée)

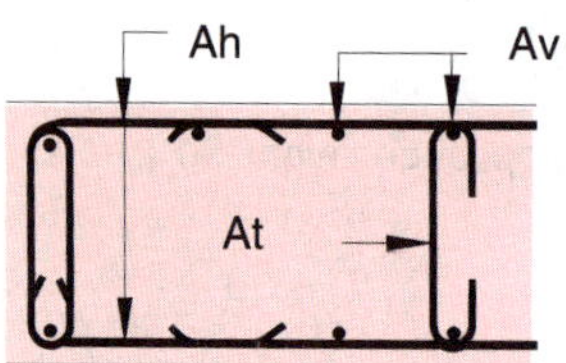

∅ V (mm)	At nombre	At ∅ (mm)
≤ 12	4 / m²	6
12 < – ≤ 20	e ≤ 15 ∅ V	6
> 20	e ≤ 15 ∅ V	8

4. LES MURS PORTEURS EN MAÇONNERIE TRADITIONNELLE DE PETITS ÉLÉMENTS

Le DTU n° 20-1 donne les dispositions constructives minimales applicables pour ces murs. Nous nous limiterons ici aux chaînages et au dimensionnement d'une paroi en maçonnerie.

4-1. Les chaînages

- Un chaînage horizontal, continu, en béton armé, ceinture la construction à chaque plancher ainsi qu'en couronnement, reliant les façades aux refends (fig. 8). Sa section transversale est restreinte pour limiter des désordres éventuels (fig. 9). Une planelle, de même nature que la maçonnerie, est souhaitable.
- Un chaînage vertical est réalisé à chaque angle des maçonneries (fig. 7), dans la hauteur du dernier étage, quand le dernier plancher est en béton armé ou précontraint (fig. 5).
- Des recouvrements des chaînages horizontaux entre eux et avec les chaînages verticaux (ancrés par retour d'équerre dans les chaînages horizontaux) sont impératifs (fig. 4).
- Des blocs spéciaux dits blocs d'angle ou bloc d'about de plancher (bloc linteau...) facilitent la mise en œuvre de ces chaînages (fig. 6).

④

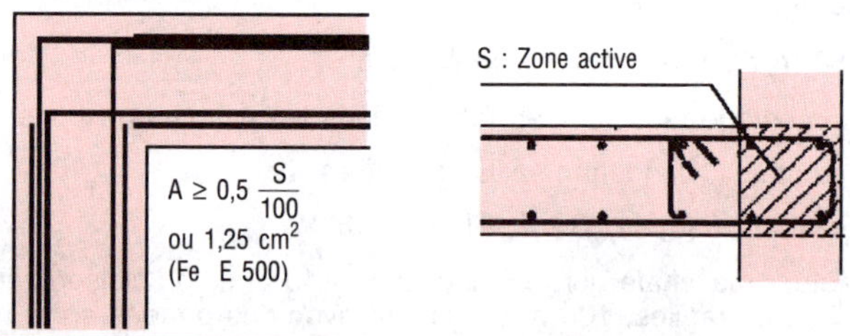

⑤

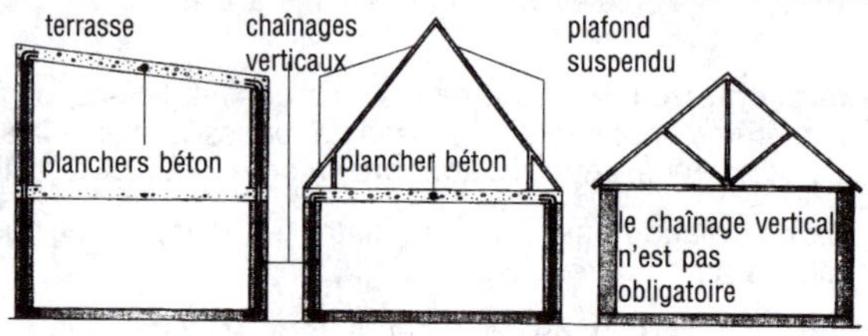

Exemples de blocs spéciaux d'angle ⑥

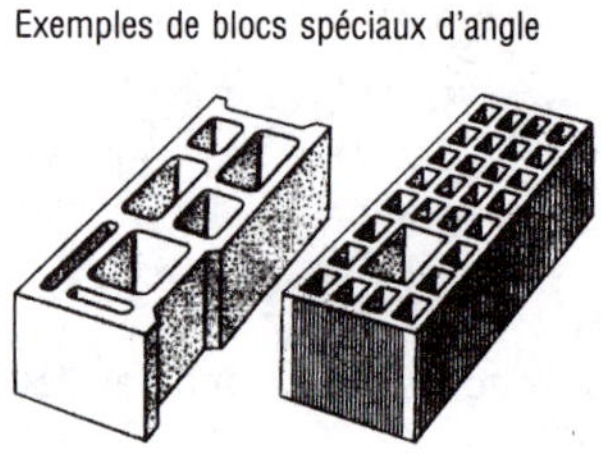

chaînages verticaux ⑦

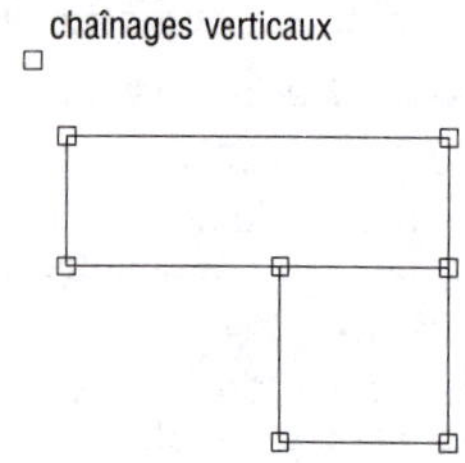

⑧

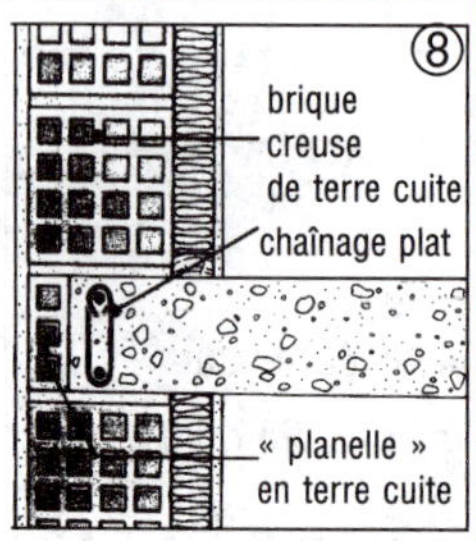

⑨ Les chaînages volumineux sont à proscrire — Les habillages isolants sont interdits

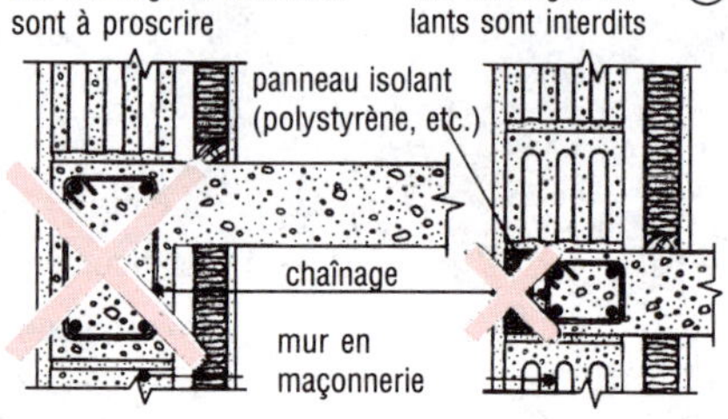

4-2. Dimensionnement et stabilité mécanique

L'épaisseur (en général supérieure à 20 cm, quel que soit le type de maçonnerie) et la classe de résistance des blocs à utiliser dépendent de deux paramètres :

- le type de maçonnerie et ses dimensions : la page 31 donne, pour les blocs en béton, des indications pour le choix des dimensions et le type des blocs,
- les sollicitations mécaniques (descente des charge : p. 16).

Ces caractéristiques étant déterminées, on peut calculer les contraintes en partie courante pour les comparer aux contraintes admissibles ou à la portance de la paroi.

4-2.1. Contrainte normale admissible

La stabilité mécanique dépend de :

- l'élancement L (rapport de la hauteur libre entre plancher sur l'épaisseur brute du mur porteur : fig. 3) limité à 20 pour les murs porteurs,

$$L = \frac{H}{e} \neq \lambda \text{ (élancement mécanique, p. 83)}$$

- la nature du cas de charge :
  - centré : murs de refends intérieurs...
  - excentré : mur de façade...

La contrainte de compression admissible C, supposée uniforme en partie courante pour une paroi porteuse, vaut :

$$C = R/N \quad \text{avec}$$

- R résistance nominale à l'écrasement du matériau constitutif,
- N coefficient de sécurité (valeur différente selon le type de maçonnerie et le cas de charge).

- Exemples : figures 4 et 5.
- Valeurs de N pour d'autres éléments en terre cuite (p. 30) :
  - Briques creuses à R.J. : N = 9 ou 11.
  - Briques pleines ou perforées et blocs perforés destinés à être enduits : N = 7 ou 9.

4-2.2. Contraintes normales sous charges verticales

- Contrainte en partie courante (supposée uniforme pour une paroi porteuse) : elle est égale au rapport des actions mécaniques agissantes Nu sur la surface S (fig. 1a), qui est limitée dans le cas d'une charge concentrée (fig. 1b).

En outre, les points d'appuis (trumeaux, linteaux, poutres ou planchers) sont soumis à une répartition triangulaire de contraintes locales (fig. 2a et b).

Pour la section du mur située immédiatement sous le plancher, les contraintes extrêmes de compression (cumul des contraintes réparties et des contraintes locales maximales) sont inférieures à R/4. Autrement, une semelle de répartition sera créée pour respecter cette condition.

4-3. Ouvrages divers

- Appui d'un linteau isolé : 0,20 m mini.
- Appui d'un plancher : 2/3 de l'épaisseur de la paroi brute mini.
- Ouvrages exposés : les acrotères ont été traités page 117. Les corniches, balcons, loggias et coursives doivent être recoupés par des joints diapasons et comportent un pourcentage minimum d'armatures : BAEL 91 ART. B 5.3.

①

a  b

②

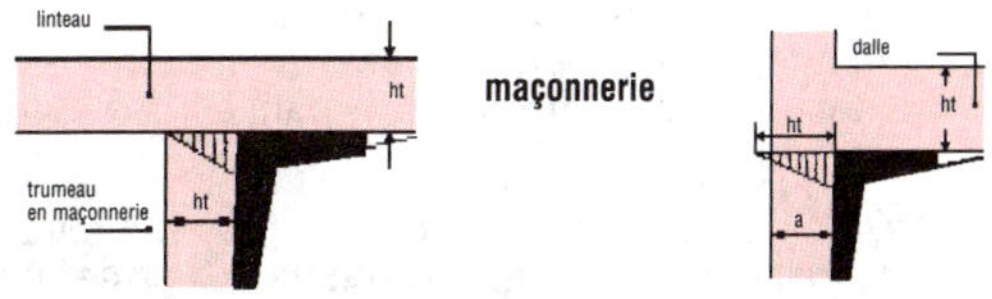

③ Hauteur maximale libre (m) en fonction de l'élancement

L	Épaisseur e de la paroi (cm)							
	15	17,5	20	22,5	25	27,5	30	Exemple
15	2,25	2,63	3,00	3,38	3,75	4,13	4,50	
16	2,40	2,80	3,20	3,60	4,00	4,40	4,80	$L = \frac{H}{e}$
17	2,55	2,98	3,40	3,83	4,25	4,68	5,20	
18	2,70	3,15	3,60	4,05	4,50	4,95	5,40	H = 2,50 m
19	2,85	3,33	3,80	4,28	4,75	5,23	5,70	e = 15 cm
20	3,00	3,50	4,00	4,50	5,00	5,50	6,00	L = 16,66

④ Maçonnerie en blocs de béton courant (page 31)

Élancement $L = \frac{H}{e}$	Coefficient de sécurité pour charges		L 35		B 40	
			Valeurs admissibles			
	Centrées	Excentrées	MPa	kN/m e = 15	MPa	kN/m e = 20
15	6,0		0,58	87,5	0,67	133,3
		8,0	0,44	65,6	0,50	100,0
16	6,4		0,55	81,8	0,62	124,6
		8,6	0,41	61,3	0,47	93,5
17	6,8		0,52	77,4	0,59	118,0
		9,0	0,39	58,1	0,44	88,5
18	7,2		0,49	72,9	0,56	111,1
		9,6	0,36	54,7	0,42	83,3
19	7,6		0,46	68,9	0,52	105,0
		10,2	0,34	51,7	0,39	78,7
20	8,0		0,44	65,8	0,50	100,3
		10,6	0,32	49,3	0,38	75,2

⑤ Maçonnerie en briques de terre cuite (C) (page 30)

Élancement L	Coefficient de sécurité pour charges		Brique ordinaire R = 2,8 MPa		Brique R = 4 MPa	
			Valeurs admissibles			
	Centrées	Excentrées	MPa	kN/m e = 15	MPa	kN/m e = 20
15	7,0		0,40	60,0	0,57	114,3
		10,0	0,28	42,0	0,40	80,0
16	7,5		0,37	56,1	0,53	106,8
		10,7	0,26	39,3	0,37	74,8
17	7,9		0,35	53,1	0,51	101,1
		11,3	0,25	37,2	0,35	70,8
18	8,4		0,33	50,0	0,48	95,2
		12,0	0,23	35,0	0,33	66,7
19	8,9		0,31	47,2	0,45	90,0
		12,7	0,22	33,1	0,31	63,0
20	9,3		0,30	45,1	0,43	85,9
		13,3	0,21	31,6	0,30	60,2

PAROIS VERTICALES (7/13)
PANNEAUX PRÉFABRIQUÉS DE GRANDES DIMENSIONS EN BÉTON ORDINAIRE
AFNOR DTU P 10-210 (DTU N° 22-1)

La préfabrication permet de fabriquer tout ou partie des éléments d'un ouvrage, en usine, dans de bonnes conditions notamment vis-à-vis des aléas climatiques. Des traitements thermiques peuvent être mis en œuvre facilement, pour diminuer le temps de prise (réactions exothermiques) et augmenter dans les premières heures l'accroissement de la résistance du béton constituant le panneau, ce qui facilite un démoulage précoce. L'intégration à la fabrication d'éléments de diverses parties du second œuvre (menuiseries, revêtements extérieurs, canalisations, grille de ventilation...) diminue notablement les temps d'intervention sur chantier des différents corps d'état concernés.

Pour être efficace, il faut, dès le stade du projet, prévoir une décomposition du bâtiment en petits éléments aussi semblables que possible, pour augmenter la répétitivité de leur exécution (exemple figure 2). La mise en œuvre de ces éléments est facilitée par des dispositifs particuliers en rive des panneaux, constituant des coffrages pour les liaisons horizontales et verticales coulées en place et destinées à assurer :

- la stabilité mécanique de l'élément et de l'ouvrage,
- l'étanchéité de la construction projetée dans le cas de panneaux de façade.

Ce découpage fait apparaître des singularités qu'il convient de définir souvent par des croquis à grande échelle : figure 2.

Nous traitons dans cette partie des travaux de murs extérieurs en panneaux préfabriqués de grandes dimensions du type plaque pleine ou nervurée en béton de granulats lourds courants relevant du DTU n° 22-1.
Sans reprendre en détail toutes les dispositions particulières, on dégage les grandes lignes sur la façon de concevoir ces panneaux.

On peut rencontrer d'autres types de panneaux, relevant essentiellement de la procédure des avis techniques délivrés par le CSTB (Centre Scientifique et Technique du Bâtiment) :

- panneaux sandwich : deux voiles de béton armé, liaisonnés entre eux par des nervures transversales périphériques et en encadrement de baie, enserrent une couche d'isolant thermique (ponts thermiques importants au droit de chaque nervure, dilatation différentielle des deux peaux en béton...).
- panneaux sandwich à voile extérieur librement dilatable, simplement accroché au voile intérieur par des épingles, sans nervures traversantes rigides. L'isolant est disposé sur toute la surface médiane du panneau : le pont est annulé.

1. DOMAINE D'APPLICATION DU DTU n° 22-1

Un mur en panneaux préfabriqués de grandes dimensions est un ouvrage vertical réalisé par assemblage de parties de murs, préfabriquées, répondant aux caractéristiques dimensionnelles suivantes :

- Longueur maximale de l'ordre de 8 m.
- Hauteur utile : un étage courant, avec éventuellement prise en compte d'un acrotère et d'une retombée.
- Surface inférieure à 30 m^2.
- Autres dimensions : figure 1.

Ils peuvent être des éléments de la structure ou des éléments de remplissage. Ils sont généralement destinés à recevoir par la suite un complexe de doublage isolant ou une contre-cloison.

Les matériaux répondent aux spécifications du DTU n° 21 (p. 79) concernant l'exécution des travaux en béton.

2. CALEPINAGE DES FAÇADES

On rencontre trois grandes familles (fig. 2), d'autres découpages étant possibles.

Les singularités dues à des irrégularités de la façade (refend saillant par exemple, balcons) ou à des croisements de joints sont nombreuses, sans que cette liste soit exhaustive.

①

Schéma d'une plaque nervurée

e (cm)	≤ 8	> 8
E (m)	1,5	2,5

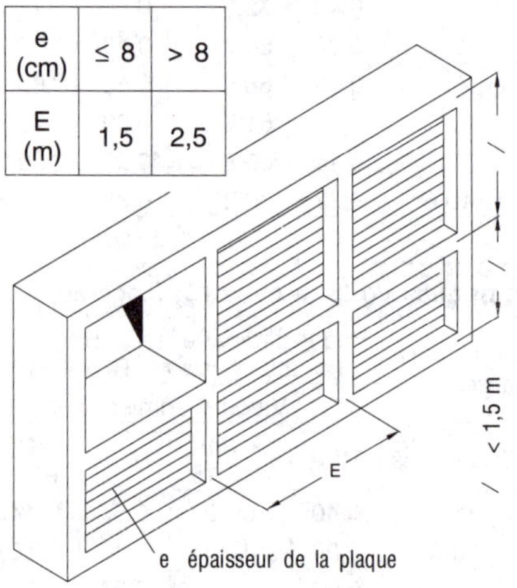

- e ≥ 6 cm pour un parement lisse
- e ≥ 15 cm pour une plaque pleine

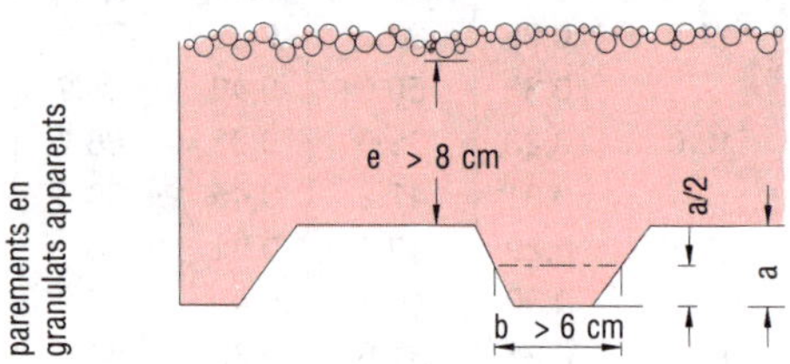

②

Exemples de découpage et de points singuliers

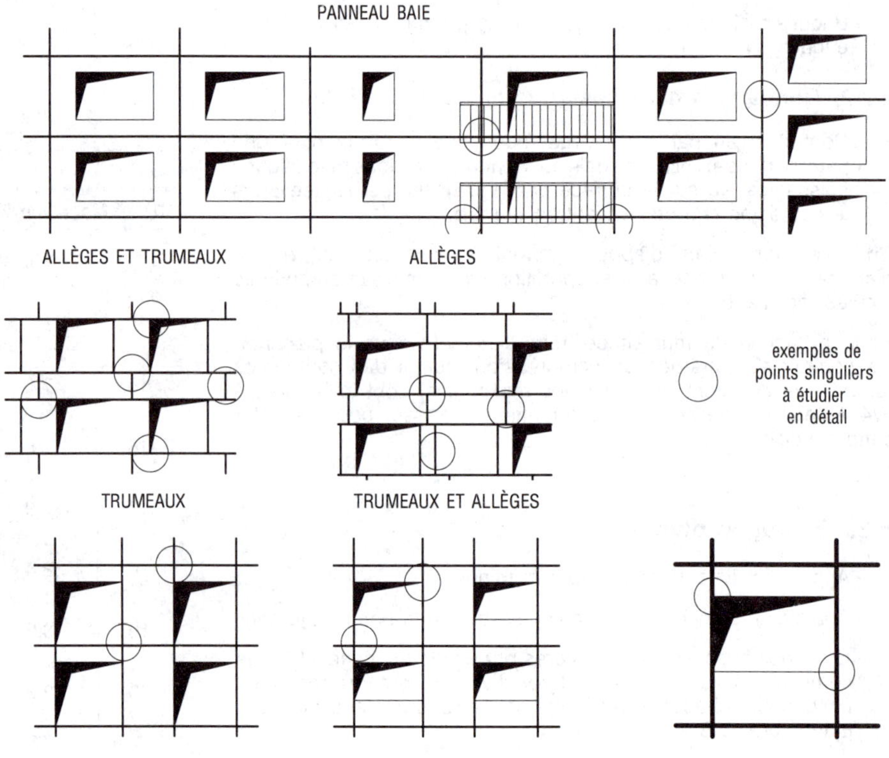

3. DISPOSITIONS CONSTRUCTIVES MINIMALES

Les plans d'exécution des composants de structure préfabriqués (NF P 02-203) définissent complètement la forme et la composition des composants : désignation du composant, armatures, exigences de surface, parties incorporées, dispositions permettant le démoulage, dispositifs pour le levage, la manutention, le transport et le stockage...

3-1. Armatures

Le DTU n° 23-1 s'applique aux murs préfabriqués si la préfabrication ne modifie pas sensiblement leur comportement final par rapport à celui qu'auraient les mêmes murs coulés en place.

Le DTU n° 22-1 prévoit les armatures suivantes : fig. 1.

Des armatures en attente dans les tranches de panneaux assurent dans certains procédés les liaisons avec les chaînages coulés en place : page 88.

Remarque : enrobage minimum
** face extérieure : 3 cm (3,5 cm pour des parements en gravillon lavés),*
** face intérieure : 1,5 cm.*

3-2. Boucle de levage

- Disposition : au droit des nervures, en dehors des zones fragiles du panneau (rejingot, parties minces en tête...).
- Ancrage : la longueur et les renforts d'ancrage éventuels sont déterminés en appliquant les régles de calcul du béton armé (page 70). Un crochet est lié aux armatures du panneau.

Rappelons que la longueur d'un scellement droit peut être lue page 29.

- Caractéristiques diverses :
  - Acier doux Fe E 235 : Ø mini. 10 mm.
  - Diamètre intérieur de la boucle (fig. 2) : D > 4 Ø.

Le tableau 3 indique la force portante par boucle, pour un palonnier à deux brins parallèles.

Quand la manutention s'effectue à l'aide d'élingues, la charge réelle est affectée par un coefficient, fonction de l'angle des 2 brins : figure 4. Les élingues subissent une « surtension » et le panneau subit des efforts de compression horizontaux en tête.

Quand le nombre de boucles est supérieur à 2, il faut prévoir un dispositif automatique assurant une répartition équilibrée des efforts dans les élingues et les boucles.

Le Précis de chantier (AFNOR/NATHAN) détaille différents dispositifs de manutention dans son chapitre « Levage et manutention : technologie, caractéristiques... ».

3-3. Tolérances de fabrication

Elles sont compatibles avec les procédés de fabrication des panneaux eux-mêmes mais aussi de l'ossature destinée à les recevoir. Elles permettent de créer une amplitude des joints adaptée au procédé de calfeutrement.

- Hauteur et longueur : ± 1 cm,
- Différence des diagonales limitée à 0,15 % de leur longueur (écart de verticalité des rives latérales ≤ 5 mm),
- Épaisseur des panneaux, des languettes ou du voile : ± 6 mm,
- Rectitude des arêtes ou planéité d'ensemble : ± 4 mm.

4. LES LIAISONS

Les problèmes spécifiques de la préfabrication résultent essentiellement de la conception et de la réalisation des joints de construction entre panneaux superposés, panneaux et planchers ou refends.

Lorsque les liaisons entre pièces sont réalisées dans l'épaisseur du plancher ou des refends, par un clavetage bétonné en place dont les dimensions sont telles qu'il est possible de réaliser les continuités d'armatures nécessaires (p. 88), le bétonnage correct du nœud implique certaines précautions (composition granulaire, serrage...).

① **plaque pleine : armatures minimales (exemple)**

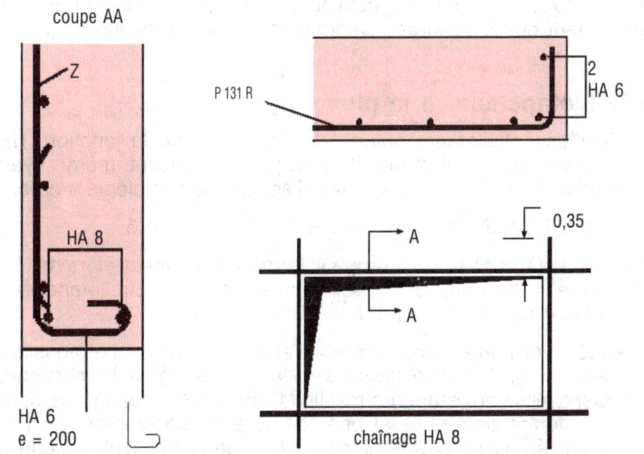

plaque nervurée : armatures minimales (exemple)

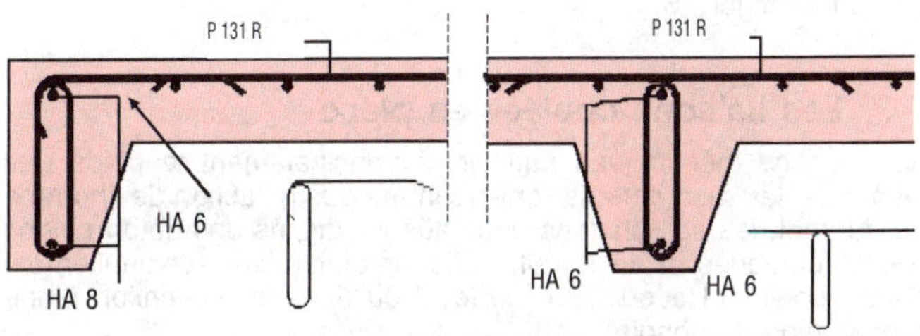

②

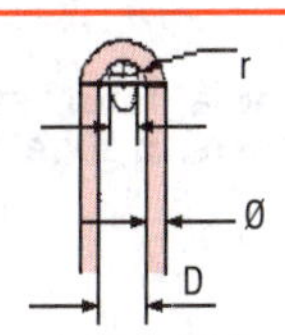

D est en relation avec le rayon de courbure de la section de la surface d'appui du crochet utilisé pour le levage : $0{,}3\,D < r < 0{,}5\,D$, r étant le rayon de courbure de la section considérée.

③

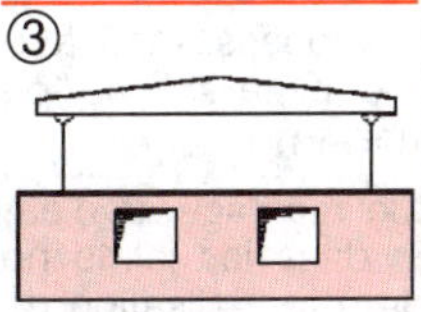

Force portante maximale par boucle					
Ø (mm)	10	12	14	16	20
F (kN)	15	22	30	40	60

④

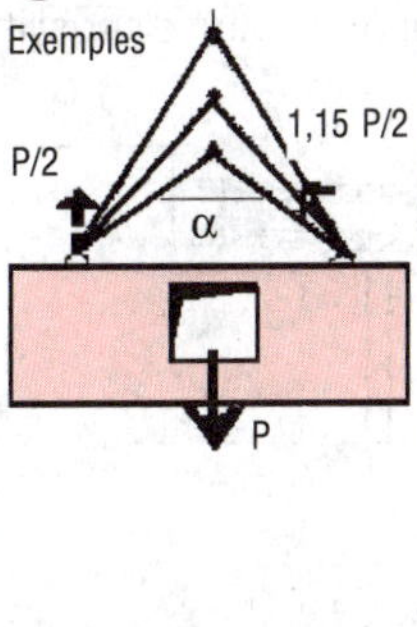

Coefficient multiplicateur de l'effort dans l'élingue dû à l'angle α				
α	45°	60°	90°	120°
coef.	1,08	1,15	1,41	2

Interdit de dépasser 120° (case gris foncé)
Limite supérieure conseillée (case gris clair)

4. LES LIAISONS (suite)

Nous étudierons ici plus particulièrement les panneaux dont les rives constituent des coffrages continus ou partiels pour les liaisons coulées en place et destinées à assurer :

- l'étanchéité de la construction projetée dans le cas de panneaux de façade,
- la stabilité mécanique de l'élément et de l'ouvrage.

Le DTU n° 22-1 propose d'autres solutions (brochage, boulonnage, soudage) qu'on ne peut reprendre ici en détail.

4-1. Les chaînages (fig. 1)

Les liaisons horizontales continues qui forment un chaînage comportent des armatures conformément aux indications page 82.

4-2. L'étanchéité à la pluie

Elle est essentiellement obtenue par la forme de la jonction. Un assemblage bout à bout (fig. 2) n'est pas satisfaisant, même avec un produit de calfeutrement, sans dispositions complémentaires.

- **Joint horizontal** bien conçu (courant !) : figure 3.
- **Joint vertical à « un étage »** fermé ou à simple étanchéité : figure 4. Le matériau de jointoiement assure seul l'étanchéité à l'eau et à l'air : le DTU n° 22-1 les exclut.
- **Joint vertical à « deux étages »** et chambre de décompression, fermé (fig. 5a) ou à glissière et languette (fig. 5b) : plusieurs dispositifs coexistent. Le mastic (1) sur fond de joint (2) assure une forme pare-pluie et une chambre de décompression (3), associée à une bande étanche (4), joue le rôle d'étanchéité à l'air dans le cas de la figure 5a.
- **Croisement des joints horizontaux et verticaux :** exemple donné figure 6.

4-3. Les liaisons coulées en place

Les liaisons mécaniques équilibrent principalement le poids des éléments, les moments de renversement dus à l'action de l'homme ou du vent, les sollicitations dues aux limitations des déformations hygrothermiques et de retrait... Elles interviennent éventuellement dans l'isolement acoustique du local ou dans la prévention d'une propagation d'incendie.

Pour définir une liaison, il importe donc d'observer la transmission des efforts, d'une part entre panneaux et planchers, d'autre part entre panneaux superposés.

- Exemples de solutions : figure 7.

①

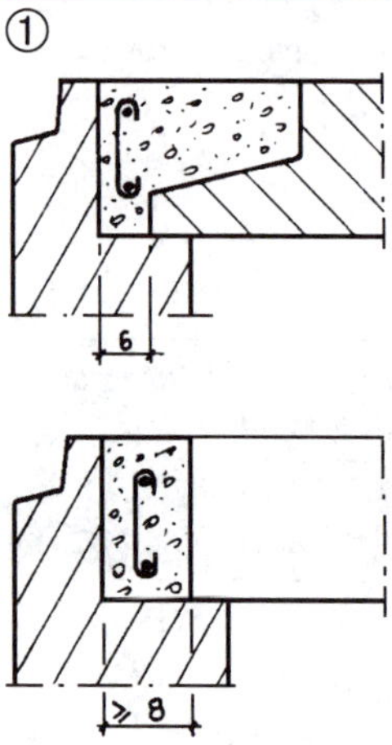

- Armatures bien enrobées sans être déviées. (Pas de canalisations ou équipements filants...)
- Les dispositifs de montage et d'assemblage situés dans les joints ne font pas obstacle à la réalisation de ces chaînages.
- Recouvrement avec armatures transversales ou par un autre dispositif équivalent.

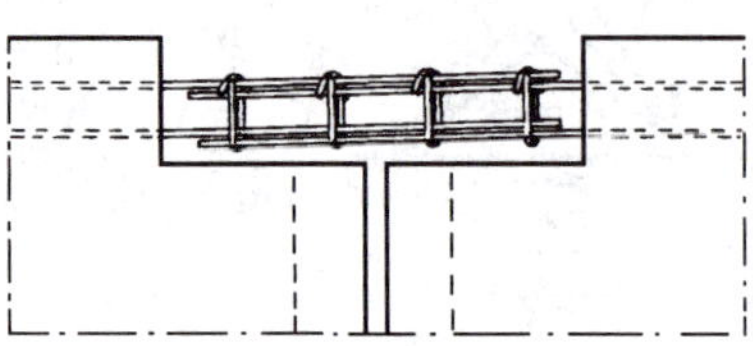

②

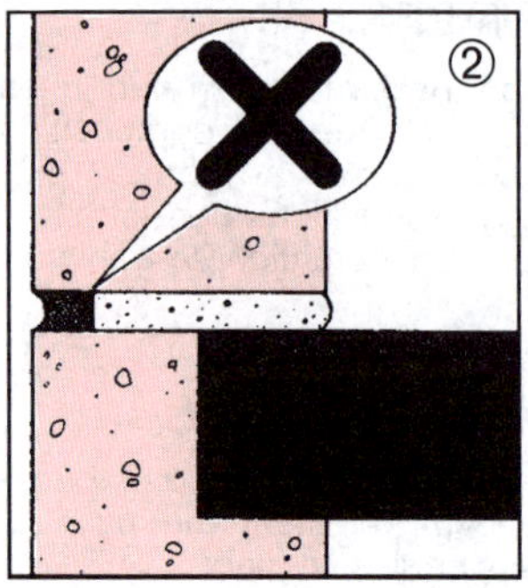

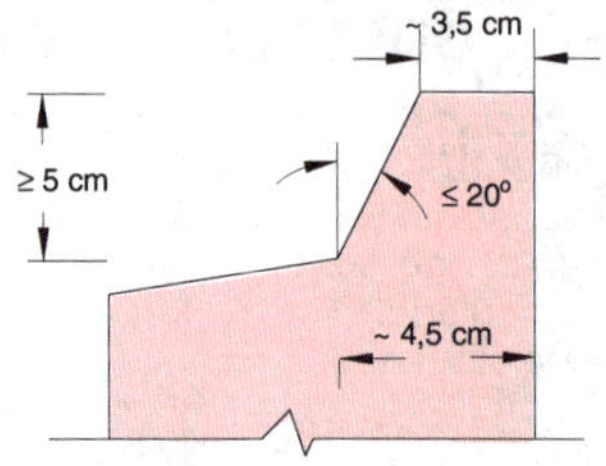

Un rejingot (4) en tête du panneau inférieur (2), est recouvert par une retombée (5) formant larmier en pied du panneau supérieur (3). La lame d'air limite les remontées capillaires. Un dispositif, par exemple un cordon préformé (6), empêche la chute du mortier de pose ou du béton de clavetage, ou encore assure une étanchéité à l'air.

③

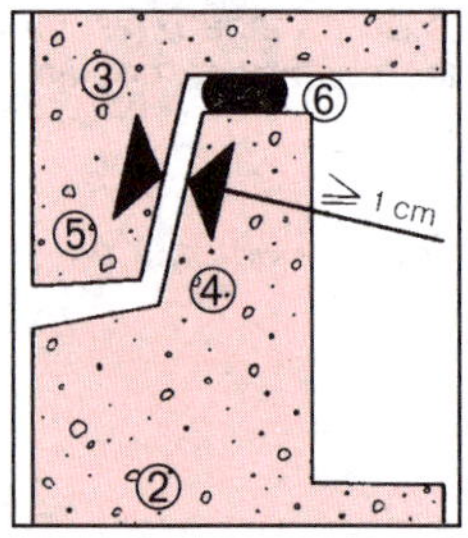

④

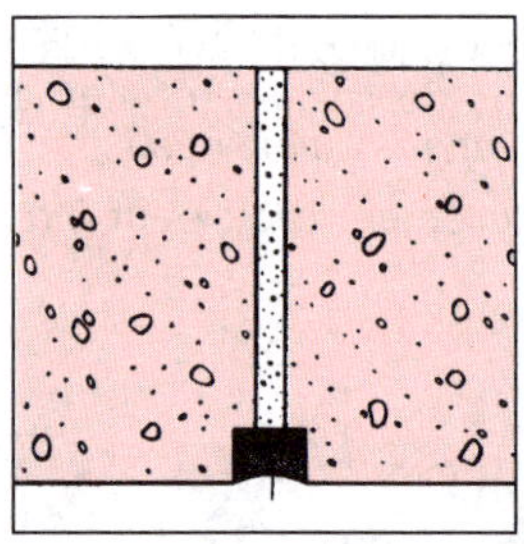

⑤

a

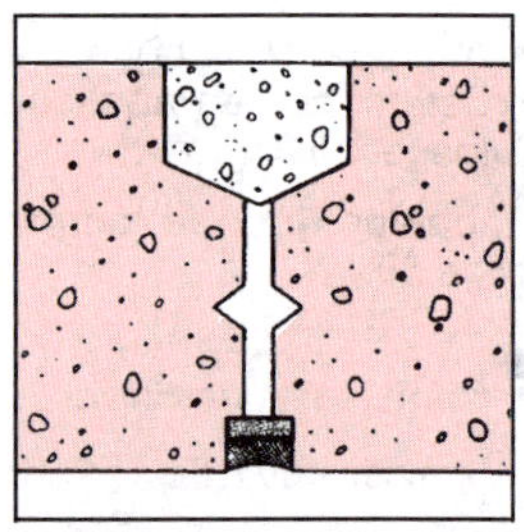

⑥

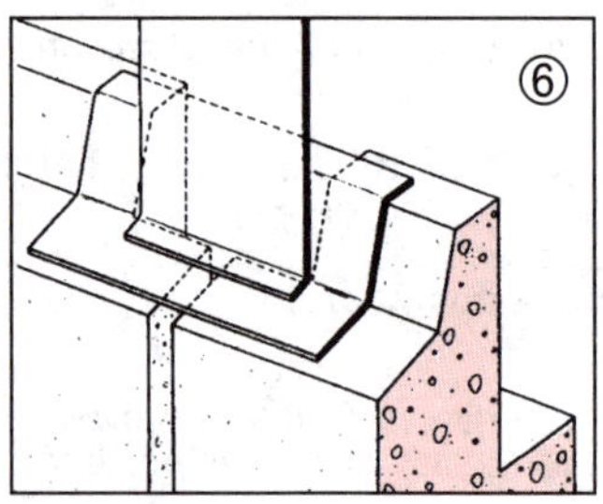

b

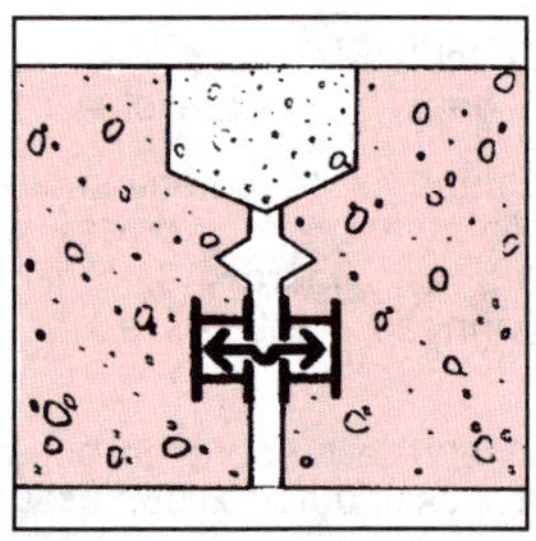

⑦

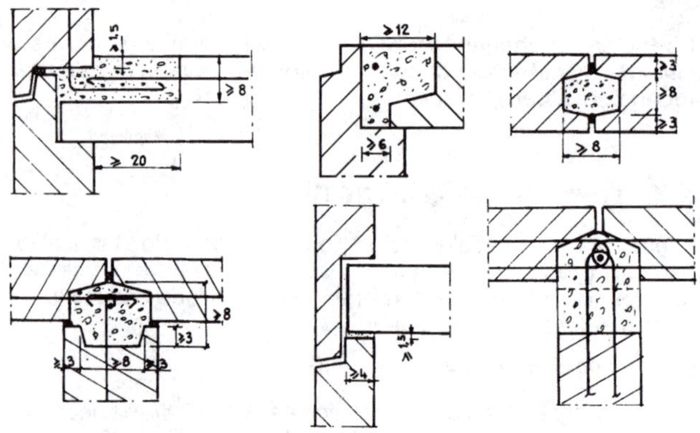

Le DTU n° 22-1 fixe le choix minimal du type des liaisons et leur répartition, pour des panneaux porteurs ou non porteurs, des allèges et des acrotères indépendants.

LES CLOISONS DE DISTRIBUTION : CLASSIFICATION

AFNOR DTU P 10-212 (DTU N° 20-1), **P 72**-202 (DTU N° 25-31), **P 72**-203 (DTU N° 25-41), **NF P 72**-301 et 302

Sont abordées ici les cloisons de distribution non porteuses (ouvrages de second œuvre) régnant sur toute la hauteur sous plafond. Elles peuvent donc être déposées, démontées ou remplacées sans que cela nuise à la stabilité de l'ossature.

Éléments verticaux de faible épaisseur, elles ont plusieurs destinations :

- Distribution des pièces : la cloison partage les locaux, délimite les volumes où des activités différentes s'exercent.
- Séparation entre logements, avec une partie commune : des exigences particulières sont à observer vis-à-vis des risques d'incendie (p. 169) et des problèmes acoustiques (p. 208).
- Doublage de murs séparatifs ou extérieurs : page 183.

Les refends (murs ou cloisons lourdes porteuses) sont traités à partir de la page 80.

Des prescriptions à respecter, pour la mise en œuvre d'un doublage de murs séparatifs ou extérieurs avec (pour les murs de type II ou III : page 81) participation à l'étanchéité à l'eau, sont indiquées page 182. La cloison sert dans ce cas essentiellement à renforcer les propriétés de la paroi du point de vue thermique et acoustique.

1. DONNÉES GÉNÉRALES

Les cloisons peuvent être classées en deux grandes familles, celles qui dépendent d'un DTU et les autres.

1-1. Cloisons traditionnelles (relevant d'un DTU)

Fixes, elles sont réalisées à partir de petits éléments :

- Blocs creux ou pleins en terre cuite (caractéristiques détaillées, page 30) : on peut citer plus particulièrement les briques plâtrières, alvéolées horizontalement, hourdées au plâtre et recevant de part et d'autre un enduit plâtre. Les carreaux de terre cuite alvéolés, à faces lisses, sont assemblés au mortier colle, et reçoivent ensuite un enduit pelliculaire.
- Blocs creux ou pleins en béton de granulats courants ou légers (caractéristiques détaillées page 31).

Pour ces deux familles de produits, les règles de l'art en matière de conception, calcul et exécution des maçonneries sont regroupées dans le DTU n° 20-1 (AFNOR DTU P 10-202).

- Plaques de parement en plâtre à faces cartonnées (DTU P 72-302, fig. 1) : sur le chantier, elles sont fixées de part et d'autre d'une ossature en bois ou métallique, délimitant un vide de construction (permettant éventuellement l'incorporation d'isolation thermique, de matelas absorbant, de gaines électriques...). Les bords amincis des plaques permettent de réaliser des ouvrages sans joints apparents.

Les règles de l'art en matière de conception, calcul et mise en œuvre sont regroupées dans le DTU n° 25-41 (AFNOR DTU P 72-203).

Dimensions :

- Largeur < 1 250 mm, couramment 900 et 1 200 mm.
- Longueurs courantes : 2 000, 2 600, 3 600 et 4 300 mm.

Les bords longitudinaux peuvent être amincis, droits ou biseautés.

- Catégories : standard, HD (haute dureté vis-à-vis de l'action de chocs de corps durs) et spéciale feu (tenue au feu appréciée par essais sur ouvrage complet).
- Exemple de désignation : plaque de parement en plâtre à bords amincis de 10-2 600, 1 200 - NF P 72-302.
- Carreaux en plâtre à parements lisses (NF P 72-301) : ils ont une forme parallélépipédique, présentent sur leurs tranches latérales des gorges ou rainures et tenons, destinés à faciliter la mise en œuvre et améliorer la résistance des joints. Ils sont assemblés avec une colle spéciale à base de plâtre (avis technique). Les deux parements sont lisses et finis. La page 92 détaille plus particulièrement des points singuliers de pose.

Les règles de l'art en matière de conception, calcul et mise en œuvre des carreaux de plâtre à parements lisses sont regroupées dans le DTU n° 25-31 (AFNOR DTU P 72-202).

Dimensions :

- Plus grande dimension < 70 cm, épaisseur : 5, 6, 7 et 10 cm.

Exemples de désignation :

- Carreau lisse en plâtre pour cloison, plein, de 66 cm × 50 cm × 7 cm, NF P 72-301.
- Carreau lisse en plâtre pour cloison, plein de 7 cm, 3 au m^2, NF P 72-301.

CLOISONS DE DISTRIBUTION (plaques et ossature bois) ①

1. Plaque de parement en plâtre
2. Montant bois
3. Tasseau
4. Vis
8. Traitement des joints (bande et enduit)

Éventuellement :

9. Matelas de laine minérale
10. Renfort d'angle

COUPE HORIZONTALE

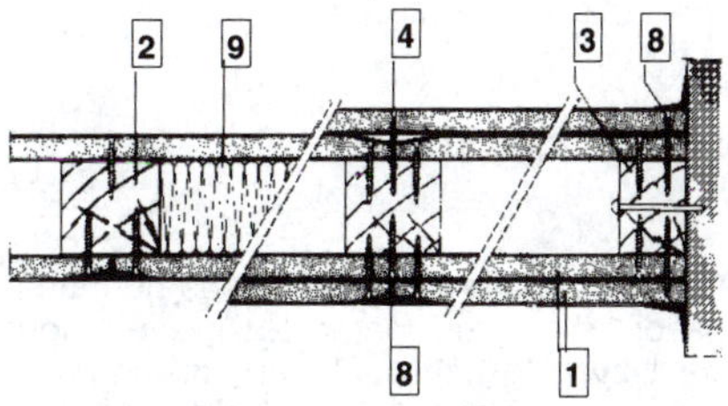

COUPE VERTICALE

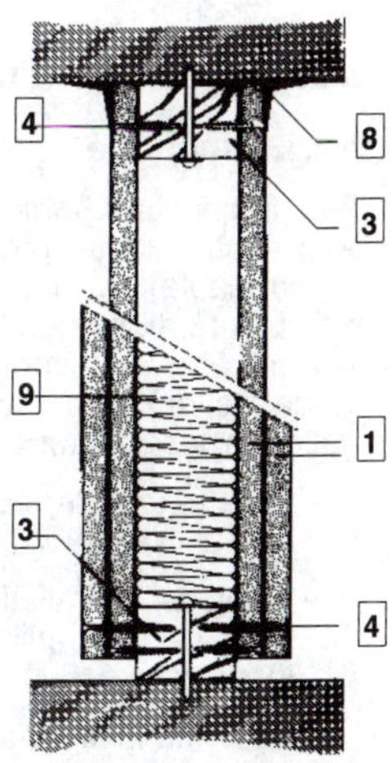

JONCTIONS

❐ Jonction d'angle ❐ Jonction en T

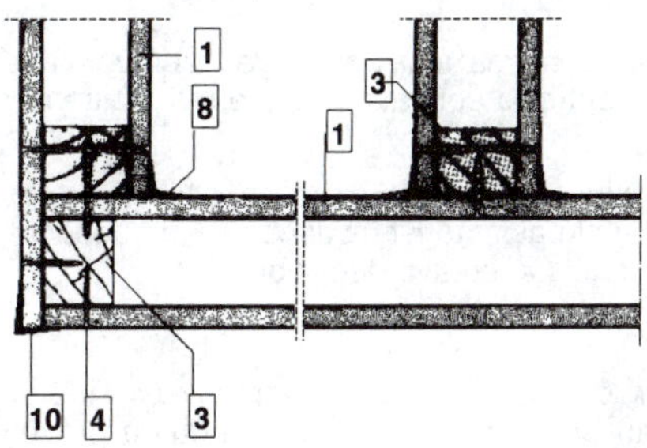

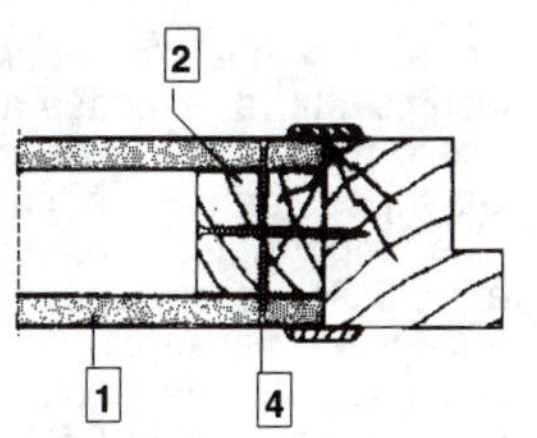

JONCTION HUISSERIE BOIS

1-2. Cloisons non traditionnelles

Mis en œuvre de façon courante ou non, mais relevant d'un avis technique, la majorité de ces procédés utilise des composants finis ou semi-finis, disponibles sur catalogues, assemblés à sec (cloisons sèches), par des dispositifs mécaniques (vérins par exemple) ou avec des mortiers colle... Les éléments sont monoblocs ou constitués de plaques à assembler sur le chantier, le plus souvent d'une hauteur d'étage.

Elles peuvent être mobiles, démontables ou amovibles sans dégradations.

On peut particulièrement citer les éléments à parois en plaques de plâtre et âme alvéolaire (fig. 1 et 2) : deux plaques de plâtre cartonné sont reliées entre elles par une structure alvéolaire en carton, lin ou bois constituant des panneaux de hauteur d'étage, en 5, 6 ou 7 cm d'épaisseur.

2. ÉLÉMENTS POUR LE CHOIX D'UN TYPE DE CLOISON

2-1. Le chantier

L'état d'avancement des travaux doit mettre les éléments constitutifs des cloisons à l'abri des intempéries. Il est souhaitable que les cloisons soient mises en œuvre dans des conditions hygrométriques aussi proches que possible des conditions d'utilisation.

Si le local doit rester occupé pendant la durée des travaux, il faut choisir le type de cloison occasionnant le moins de nuisances pour les usagers :

- moins de poussière,
- minimiser les techniques de pose humide, demandant des apports d'eau,
- rechercher le temps d'intervention *in situ* le plus court.

Certains chantiers sont difficiles d'accès ou ne disposent pas de moyens de manutention importants ; on sera conduit au choix d'éléments légers et / ou de petites dimensions.

2-2. Condition d'utilisation des locaux

2-2.1. Humidité

Des précautions particulières sont prises dans les pièces humides, pour éviter toute propagation d'eau en parement (revêtement imperméable) ou par contact avec le chant inférieur (liaisons au sol). Les portions de cloisons au voisinage des appareils sanitaires devront être bien protégées des risques d'infiltration, notamment celles devant être cachées définitivement par un habillage. On distingue les locaux :

- secs (chambre, séjour, bureau...) : aucune précaution particulière ;
- humides (installations sanitaires à usage privé) : prévoir une coupure de capillarité entre le soubassement de la cloison et le sol (fig. 3) ;
- très humides (installations sanitaires à usage collectif) : les cloisons en plâtre ne sont pas autorisées dans ce type de local, sauf pour certains produits avec avis technique.

2-2.2. Confort d'été

En saison chaude, pour des logements présentant une inertie insuffisante, et exposés au bruit, on pourrait être conduit à prévoir une climatisation, de façon à assurer le confort fenêtres fermées. Cela peut amener à choisir des cloisons de masse surfacique plus importante, augmentant l'inertie thermique du local, pour amortir l'onde quotidienne de température et d'ensoleillement, en étalant les variations de température sur une dizaine de jour.
Des exemples de solutions (titre IV - « Confort d'été mai 80 ») ont été publiées par le CSTB.

PANNEAUX PRÉFABRIQUÉS DE HAUTEUR D'ÉTAGE

①

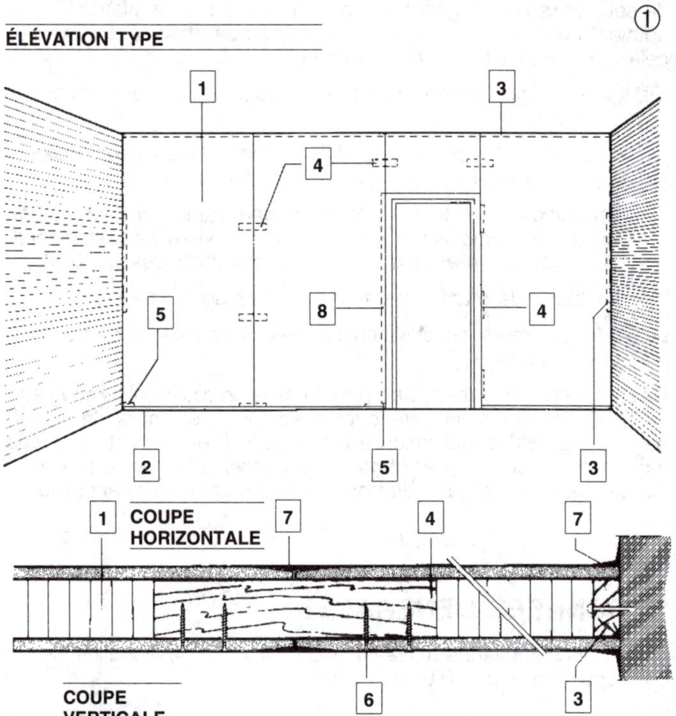

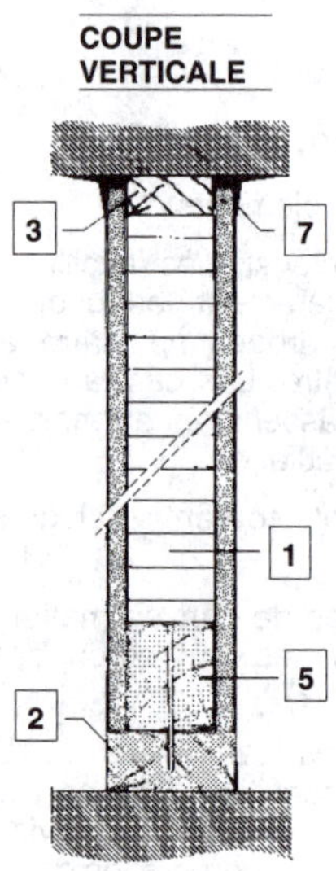

1. Panneau PREGYFALITE
2. Semelle
3. Rail ou tasseau
4. Clavette de jonction
5. Clavette de guidage
6. Vis
7. Traitement de joint (bande et enduit)
8. Potelet bois

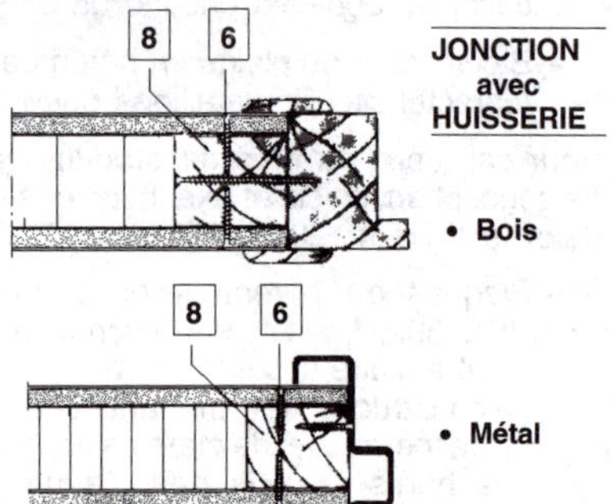

②

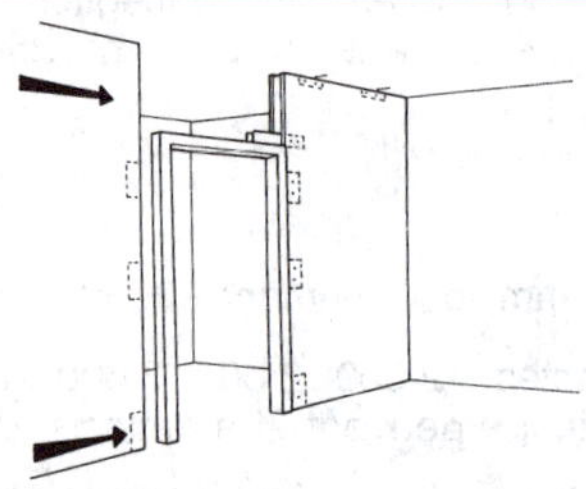

Exemples de solutions (cloisons en terre cuite ou béton)

③

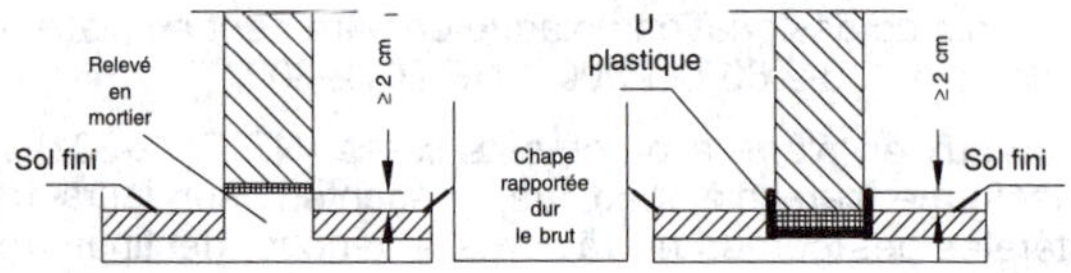

2. CRITÈRES DE CHOIX

2-1. Stabilité mécanique

Elle dépend de trois paramètres : la hauteur, l'épaisseur brute (hors enduits éventuels) de la cloison et l'espacement de raidisseurs : figure 1.

Habituellement en bois ou en métal, disposés dans la cloison, la paroi perpendiculaire ou le retour de cloison, ces raidisseurs assurent la stabilité de l'ouvrage. Un raidisseur bois a une section rectangulaire, de l'épaisseur de la cloison (p. 89, fig. 1). En métal, on utilise des profilés en H ou en U.

Précautions contre les déformations du gros œuvre :
Les cloisons, n'ayant pas de rôle porteur, sont désolidarisées du gros œuvre, de façon à éviter que les déformations différées dues au matériau constitutif ou résultant de sollicitations d'origine thermique ne provoquent un chargement excessif de la cloison.

Cela amènera parfois à différer le blocage en tête des cloisons, voire à commencer par les étages supérieurs et en descendant, notamment pour les structures support particulièrement déformables.

Solution couramment adoptée pour les cloisons traditionnelles : on prévoit des bandes « résilientes » (bande de matériau se déformant sous l'effet d'une charge), des blocages avec des mousses expansées souples. On utilise :

- **en pied :** une bande de liège aggloméré ou de fibre de bois imprégnée au bitume de 0,3 à 1 cm d'épaisseur en bande verticale (par exemple, pour le dernier niveau sous toiture terrasse), 10 à 20 mm en bande horizontale ;
- **ou en tête :** une bande de feutre bitumé de 1 cm d'épaisseur.

La largeur de bande est généralement voisine de l'épaisseur de cloison, sa hauteur maximale est de 2 cm.

Des solutions types pour les carreaux de plâtre à parements lisses sont données page 92.

2-2. Charges à suspendre

Une cloison supporte des charges plus ou moins importantes (évier, ballon d'eau chaude, éléments de cuisine ou de bibliothèque, tableaux...). Son épaisseur et sa structure doivent avoir été conçues à cet effet.

Des solutions types pour les carreaux de plâtre à parements lisses sont données page 92.

Nota : Respecter les dispositions du DTU n° 60 pour la mise en place des ballons d'eau chaude à accumulation, des chauffe-eau ou des chaudières individuelles.

2-3. Parement et revêtement mural

Les cloisons sont susceptibles de recevoir les finitions usuelles par peinturage, pose de papiers peints, etc. :

- sans exécution préalable d'un enduit traditionnel au plâtre, pour les cloisons à base de plaques ou carreaux de plâtre ;
- généralement, après exécution d'enduits pelliculaires ou épais selon le type de revêtement envisagé pour les cloisons à base de blocs en briques ou béton ;
- sans oublier les préparations habituelles propres au type de finition envisagé (DTU n° 59-1 « peinturage »).

2-4. Autres critères de choix à observer

- Descente de charge (p. 17) : vérifier que le poids de la cloison est compatible avec la capacité portante du plancher bas, ce qui peut être un critère déterminant pour le choix d'une cloison dans le cas de planchers anciens. Choisir des cloisons supportant sans dommages les déformations entraînées par la flexibilité du plancher.
- Incendie (p. 169) et Acoustique (p. 208) : les qualités d'isolement dépendent de l'étanchéité des raccordements des éléments de cloisons entre eux ou avec le gros œuvre. Tout défaut (fissures à la liaison des éléments verticaux, bourrage ou calfeutrement insuffisant au droit du plafond, hourdage insuffisant des joints verticaux...) peut gravement altérer les performances déduites des essais de laboratoire.
- Adaptabilité des locaux : la distribution des pièces, la largeur de certaines portes sont indiquées, pour les logements accessibles ou adaptables aux personnes handicapées, page 146.
- Corps d'état techniques :
  - électricité : il existe des contraintes mentionnées (p. 158) pour le passage des canalisations électriques,
  - plomberie : des dispositions (manchon élastique...) sont à respecter pour limiter les risques de propagation de bruits d'équipement (p. 166).

d : distance maximale entre éléments raidisseurs (poteau, retour de cloison ou paroi perpendiculaire). ①

e : épaisseur de la paroi.

h : hauteur maximale (moyenne sans support).

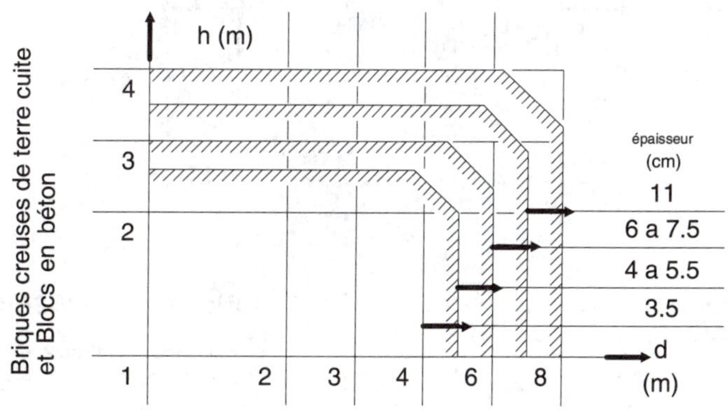

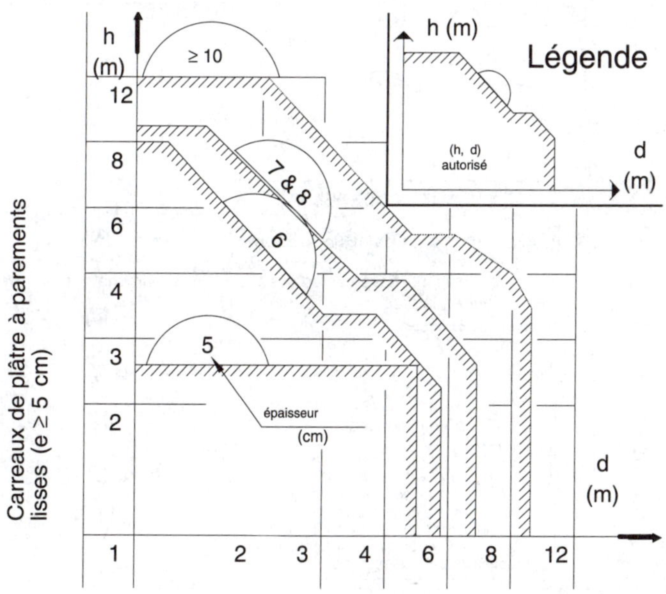

LES CLOISONS DE DISTRIBUTION : CARREAUX DE PLÂTRE

AFNOR DTU P 10-202 (DTU N° 20-1), **DTU P 72**-202 (DTU N° 25-31), **DTU P 72**-203 (DTU N° 25-41), NF P 72-301 et 302

SCHÉMAS DE PRINCIPE DE MISE EN ŒUVRE DES CARREAUX DE PLÂTRE — DTU N° 25-31 ①

LIAISONS AVEC LE SOL

■ Pièce sèche — ■ Pièce humide, Longueur maxi : 3,5 m — ■ Pièce humide, Longueur non limitée — ■ Sol irrégulier ou brut

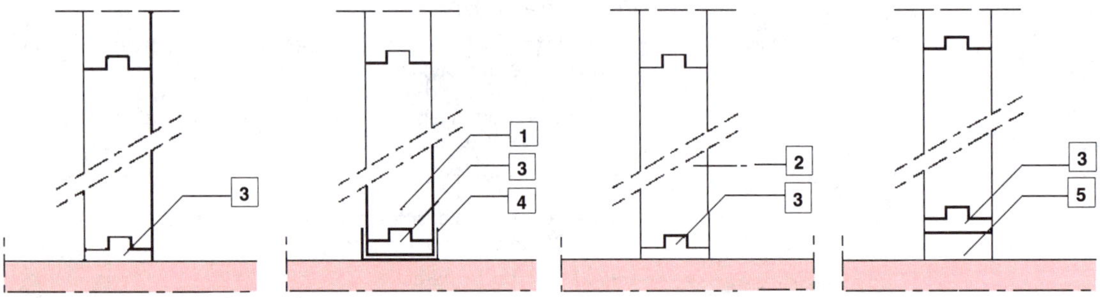

LIAISONS SOUS PLAFOND

■ Blocage PF3 — ■ Blocage PF Scelmousse — ■ Plafond plaques de plâtre

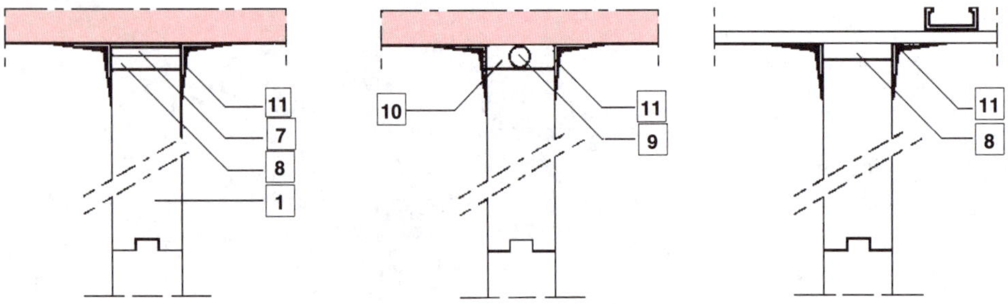

LIAISON SUR COMPLEXE ISOLANT

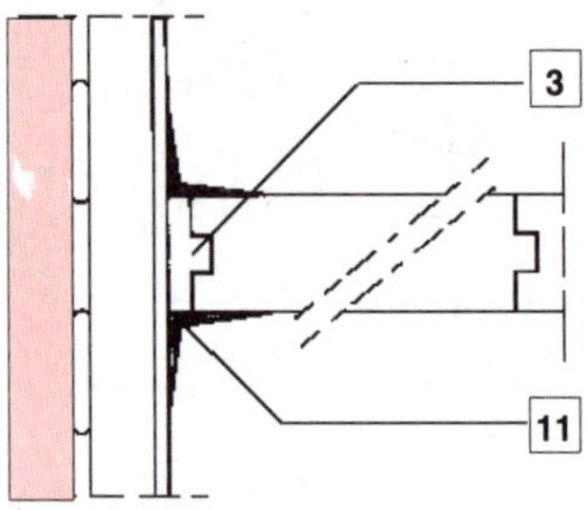

JONCTIONS HUISSERIES

■ Huisserie métallique (3 pattes / montant) — ■ Huisserie bois (3 pattes / montant)

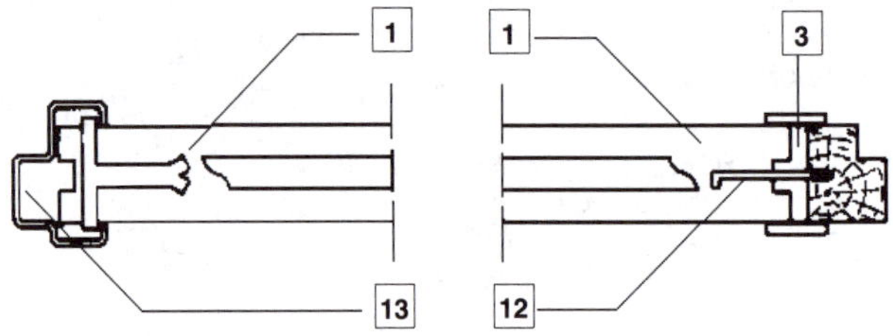

LÉGENDE

1 Carreau PF3 Standard.

2 Carreau PF3 hydro, carreau hydrofugé assurant une barrière capillaire continue.

3 Colle PF3.

4 U plastique, l'arase supérieure du U dépasse d'au moins 2 cm le sol fini du plancher.

5 Solin béton ou maçonnerie arasé à 2 cm au-dessus du sol fini.

7 Bande résiliente : liège.

8 Blocage PF3

9 Bourrelet coupe-feu éventuellement.

10 PF Scelmousse (mousse expansée).

11 Bande à joint PF3 (Calicot).

12 Patte de liaison aux huisseries disposée au droit d'un joint.

13 Bourrage à la colle PF3.

ACCROCHAGE ET FIXATIONS ②

CHARGES LOURDES (jusqu'à 30 kg par point de fixation)	OBJET LÉGER (≤ 15 kg)	AUTRES CHARGES	
■ Fixations traversantes avec contre plaques  ■ Fixation par taquet bois scellé Nota : La fixation des chauffe-eau est réglementée par le DTU Plomberie N° 60-1. Les chauffe-eau de grande capacité ne doivent pas être fixés directement sur les cloisons, mais posés sur pieds et bloqués sur la paroi ou suspendus sous plancher.	■ Crochets X  5 kg 10 kg 15 kg	Moyenne (15 à 30 kg par point de fixation): ■ Chevilles crantées trempées dans la colle PF3 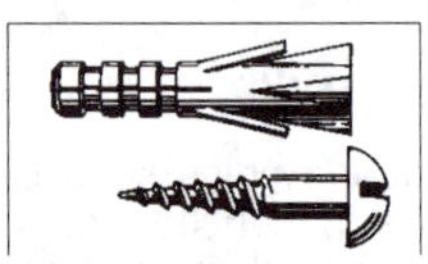 Ponctuelle: 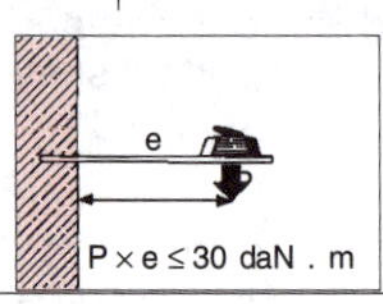 e P × e ≤ 30 daN . m	■ Chevilles spéciales carreaux de plâtre type UPAT Turbo, MFOM Taro  Filante: 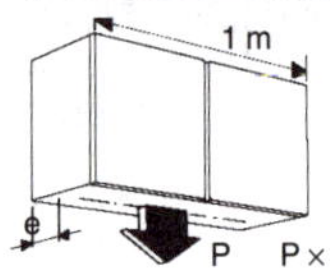 1 m e P P × e ≤ 15 daN . m

NOTA : PF3, PF Scelmousse sont des dénominations commerciales (Plâtres Lafarge).

1. GARDE-CORPS ET BAIES

1-1. Hauteur de protection des garde-corps

Les garde-corps doivent en général avoir une hauteur normale de protection H (fig. 1). Mais, lorsqu'il existe une zone de stationnement précaire (fig. 2), ils auront une hauteur réduite H'(distance verticale entre la face supérieure du garde-corps et la plus haute des zones de stationnement précaire) ; H' est égale à 90 cm, sauf pour les garde-corps d'épaisseur supérieure à 40 cm où l'on prend la hauteur normale de protection.
Cas de la fenêtre (fig. 3) : lorsque l'allège surmontée du dormant d'une fenêtre a une hauteur h, supérieure à 90 cm comptée depuis la zone de stationnement normale, une barre d'appui surmontant l'allège n'est pas exigée.

1-2. Dimensions des baies (annexe du DTU n° 36-1 / 37-1)

Tolérances à respecter : le niveau mentionné (1 ou 2) correspond au niveau d'exécution du GO exigé par le type de calfeutrement menuiserie / GO (exemple : calfeutrement sec = niveau 2) :
- Largeur de la baie / Aplomb des tableaux / Largeur de feuillure : figure 4,
- Hauteur de la baie / Niveaux des linteaux et appui / Largeur de feuillure : figure 5,
- Situation et planéité du plan de pose / Profondeur de feuillure : figure 6.

1-3. Dimensions minimales des appuis en béton : figure 7

①	garde-corps minces	garde-corps épais
épaisseur E	< 20	25 30 35 40 45 50 55 60
hauteur H	100	97,5 95 92,5 90 85 80 75 70

②

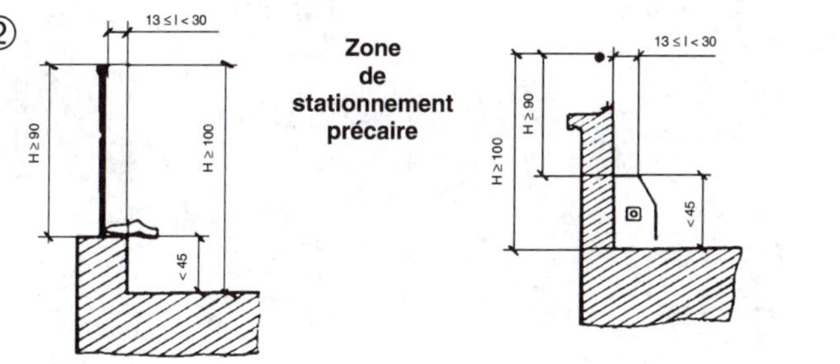

③ Garde-corps au droit d'une fenêtre

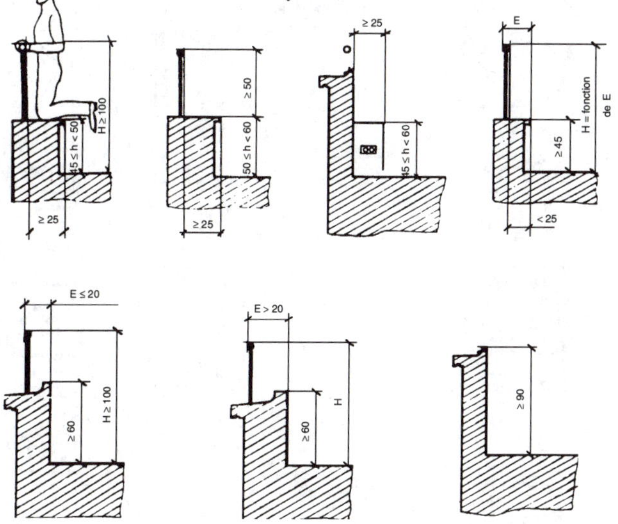

④ Dimensions en mm L : largeur entre tableau projetée	Gros œuvre niveau 1	Gros œuvre niveau 2
Largeur minimale réalisée L_m (condition pour poser la fenêtre avec un calfeutrement minimal efficace)	$L_m > L - 20$	$L_m > L - 10$
Largeur maximale réalisée L_M	$L_M < L + 20$	$L_M < L + 10$
Différence d'aplomb à droite et à gauche	< 20	< 10
Écarts admissibles sur la largeur des feuillures	− 0 + 30	− 0 + 10

⑤ Dimensions en mm H : hauteur entre appui et linteau projetée	Gros œuvre linteau (niveau 1) appui (niveau 2)	Gros œuvre niveau 2
Hauteur minimale réalisée (condition pour poser la fenêtre avec un calfeutrement minimal efficace) H_m	$H_m > H - 15$	$H_m > H - 10$
Hauteur maximale réalisée H_M	$H_M < H + 15$	$H_M < H + 10$
Différence de niveau en linteau	< 20	< 10
Différence de niveau en appui	< 8	< 8
Écarts admissibles sur la largeur des feuillures	− 0 + 30	− 0 + 10
Nota : pas de niveau 1 en ce qui concerne un appui.		

⑥ Dimensions (mm)	Pose en feuillure	Pose en applique	Maçonnerie niveau 1	Maçonnerie niveau 2
Parement intérieur de la maçonnerie	x	x	0 < n < 20	0 < n < 10
Profondeur des feuillures	x		U > u et U+e < u+30	U > u et U+e < u+10
Planéité générale du plan de pose (fond de feuillure)	x		e < 20	e < 10
Planéité locale du plan de pose, c'est-à-dire désafleurement sur fond de feuillure	x	x	d < 5	d < 3

Nota : pour la pose en applique, la planéité générale correspond à celle du parement intérieur du mur en maçonnerie.

* n = distance horizontale entre les différents points du parement réalisé et le nu intérieur de ce parement tel qu'il découle des tracés.
* U = distance horizontale entre le point le plus en retrait de l'arête avant de la joue de la feuillure réalisée et le point le plus en saillie du fond de la feuillure.
* u = profondeur minimale prévue au projet, c'est-à-dire distance horizontale prévue entre l'arête avant de la joue de feuillure et le fond de feuillure,
* e = distance horizontale entre le point le plus en saillie et le point le plus en retrait de l'ensemble du plan de pose,
* d = désafleurement entre parties contiguës du plan de pose, par exemple de part et d'autre d'un joint entre éléments de coffrage et le plus fréquemment aux angles linteau-tableau.

⑦

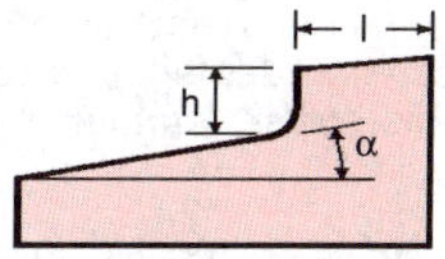

l : largeur du rejingot
h : hauteur du rejingot
α : angle de pente de l'appui

	Valeurs minimales l (mm)	h (mm)	tg α
En béton coulé en place avant pose de la menuiserie	40	25	0,10
Préfabriqué en béton mis en place avant pose de la menuiserie	30	25	0,08
		20	0,10
En béton coulé en place après pose de la menuiserie	40	40	0,10

Nota : la face supérieure du rejingot peut être en pente vers l'extérieur.

MENUISERIES (2/10)
FENÊTRES : ÉLÉMENTS DE CONCEPTION
NF P 23-101 et 24-101

2. ÉLÉMENTS DE CONCEPTION

- **Menuiserie :** terme générique désignant des ouvrages en bois destinés au bâtiment.

2-1. Terminologie (NF P 23-101 et 24-101)

- **Menuiseries extérieures :** fenêtres, portes-fenêtres, panneaux menuisés et panneaux de façade.
- **Fermetures :** volets pleins, volets roulants ou à lames, persiennes, portes de garage, jalousies.
- **Croisée :** synonyme de fenêtre.
- **Vantail :** partie mobile des fenêtres ouvrant à la française ou à l'anglaise ou coulissantes.
- **Battant :** synonyme de vantail.
- **Partie fixe :** partie d'un montant avec vitrage ou élément de remplissage mis en œuvre directement.
- **Dormant :** cadre fixe de la fenêtre.
- **Châssis :** cadre menuisé, fixe ou ouvrant, rapporté dans un dormant et recevant un vitrage grillagé ou un élément de remplissage plein ou à claire-voie.
- **Montant :** partie constituant un des côtés verticaux des ouvrages et parties d'ouvrages.
- **Montant de rive :** montant d'un vantail qui reçoit les organes de rotation.
- **Montant de battement :** montant d'un vantail ou d'un châssis qui vient, à la fermeture, soit s'appuyer sur le bâti ou le dormant, soit joindre le montant correspondant des vantaux ou châssis voisins.
- **Meneau :** montant dormant séparant deux vantaux ou deux parties fixes dans un panneau menuisé.
- **Traverse :** pièce constituant un des côtés horizontaux des ouvrages et parties d'ouvrages.
- **Pièce d'appui :** traverse placée à la partie inférieure du dormant sur le rejingot de l'appui ou du seuil de la baie.
- **Jet d'eau :** pièce rapportée ou non, sur la traverse inférieure des châssis, ayant pour but de rompre le cheminement de l'eau et/ou de rejeter l'eau vers l'extérieur ; employé aussi pour désigner la traverse inférieure des châssis munis de ce dispositif.
- **Traverse d'imposte :** traverse du dormant séparant une imposte du ou des châssis inférieurs dans un ouvrage composé.
- **Petit bois :** pièce de faible section, verticale ou horizontale divisant les châssis pour en permettre le vitrage par des vitres plus ou moins grandes.
- **Parclose :** pièce de faible section servant au maintien des vitrages ou des parties pleines dans les feuillures des châssis.
- **Caisson :** assemblage de parties dormantes, horizontales ou verticales, destiné à contenir les organes de manœuvre, de suspension, de roulement ou de glissement des fenêtres à guillotine ou coulissantes ou des volets roulants, stores, fermetures diverses avec leurs organes de manœuvre.
- **Tapée :** pièce de bois rapportée sur le dormant d'une fenêtre, du côté extérieur, et destinée à la pose des persiennes ou des volets.
- **Fourrure :** pièce destinée à compenser un manque de largeur ou d'épaisseur du dormant ; elle est liée au gros œuvre et participe à l'étanchéité de la liaison menuiserie/gros œuvre.
- **Précadre** (métallique ou en bois) : ensemble préfabriqué mis en place avant la menuiserie et servant à lier celle-ci au gros œuvre.
- **Seuil :** traverse basse du dormant d'une porte-fenêtre.
- **Battue :** latte rapportée sur la face extérieure ou intérieure d'un vantail et destinée à recouvrir le joint de deux vantaux contigus.
- **Fausse tapée :** pièce rapportée sur chant à l'extérieur ou l'intérieur du dormant et destinée à compenser, notamment, l'épaisseur de l'isolation.
- **Dimensions en tableau :** ce sont les dimensions nominales de la fenêtre correspondant aux dimensions de la baie maçonnée finie ; lorsque le terme "dimension" est employé, il sousentend "dimension en tableau".
- **Épaisseur :** l'épaisseur nominale des fenêtres est l'épaisseur finie de ses ouvrants.
- **Recouvrement :** partie d'un profil de deux montants d'ouvrants ou d'un montant d'ouvrant sur un dormant.

2-2. Différents types d'ouverture (fig.1)

On distingue trois catégories d'ouverture :
- les fenêtres à battement,
- les fenêtres à coulissement,
- les menuiseries composées ; elles sont constituées de plusieurs vantaux accolés ou superposés, fixes ou mobiles (de constitution semblable ou non) séparés par des parties dormantes (meneaux ou traverses).

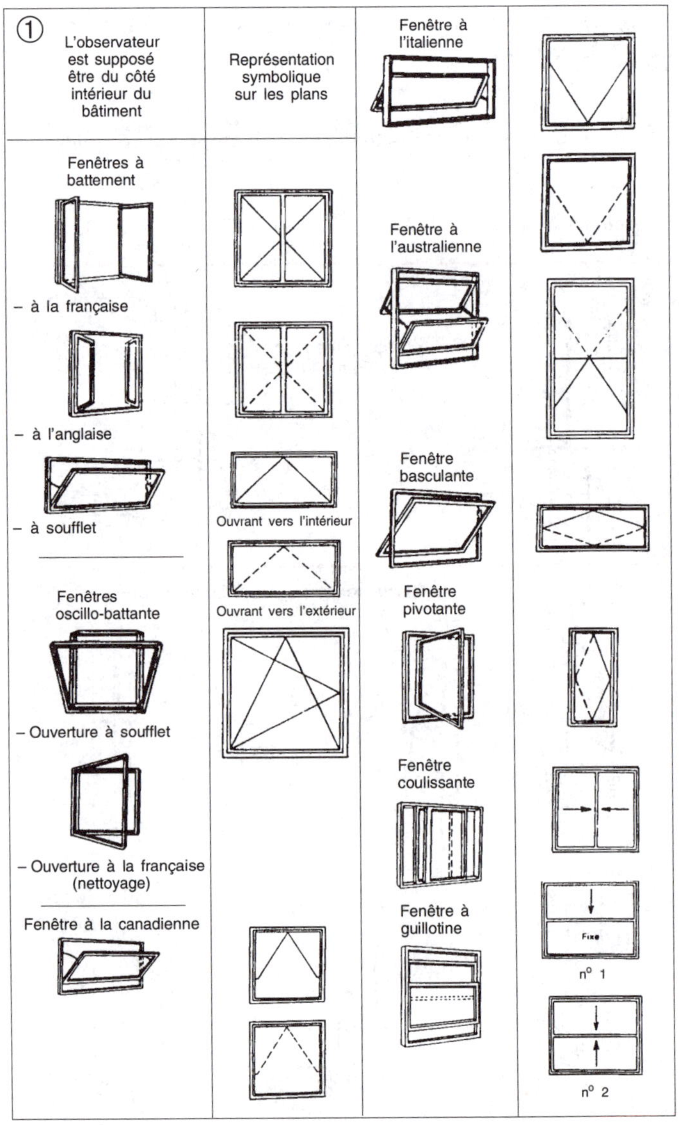

2-3. Classement AEV

Les fenêtres sont classées, à la demande des fabricants, selon leur perméabilité à l'air (A), leur perméabilité à l'eau (E) et leur résistance au vent (V). Ces caractéristiques, définies dans la norme P 20-302, sont mesurées en laboratoire, conformément à la norme P 20-501, dans des caissons reproduisant les effets du vent et de la pluie.

2-3.1. Essai de perméabilité à l'air (classement A)

On mesure le débit d'air en $m^3/h.m^2$ d'ouvrant qui passe à travers la fenêtre en fonction de la pression.

4 classes d'étanchéité existent (fig.1) : non classé, normale (A1), améliorée (A2), renforcée (A3).

2-3.2. Essai de perméabilité à l'eau (classement E)

On mesure la pression P_E maximale sous laquelle la fenêtre reste étanche pour un débit d'eau de 1 l / min.m^2.

En fonction des résultats obtenus, les classements sont :
- E1 (normale) : $50 < P_E < 150$ Pa,
- E2 (améliorée) : $150 < P_E < 300$ Pa,
- E3 (renforcée) : $300 < P_E < 500$ Pa,
- EE (exceptionnelle) : pour $P_E > 500$ Pa.

2-3.3. Essais mécaniques communs (fig. 2 : classement V)

- Déformation sous les charges reproduisant les effets du vent : sous la pression Pi correspondant au classement Vi attribué, la flèche de l'élément le plus déformé, hormis les vitrages, ne doit pas dépasser 1/200e de sa portée.
- Résistance à une pression brusque : sous Pi correspondant à Vi, la fenêtre ne doit pas se rompre ni s'ouvrir brutalement.
- Déformation sous les charges verticales : la flèche verticale des traverses dormantes ne doit pas gêner l'ouverture et celle des traverses intermédiaires, placées au-dessus des vitrages fixes, est limitée à 3 mm si la hauteur des feuillures à verre est inférieure ou égale à 16 mm, à 4 mm dans le cas contraire.

Nota : Il existe aussi des essais mécaniques spécifiques en fonction du type d'ouverture.

2-4. Choix en fonction de l'exposition (fig. 3)

Le DTU n° 36.1/37.1 (P 20-201) permet de déterminer le classement à retenir pour une fenêtre en fonction de son exposition, en prenant en compte les paramètres suivants :
- la région (fig. 4),
- la situation de la construction :
  - a : l'intérieur des grands centres urbains,
  - b : les villes petites et moyennes ou à la périphérie des grands centres urbains,
  - c : en rase campagne,
  - d : en bord de mer ou situées dans les villes côtières si elles sont par rapport au littoral à moins de 15 fois leur hauteur lorsque les fenêtres en question sont situées sur une façade non abritée,
- la hauteur de la fenêtre au-dessus du sol (fig. 5),
- la présence ou l'absence de protection (fig. 6).

2-5. Dimensions des fenêtres en bois (fig.7)

On distingue trois catégories :
- la catégorie principale 1 (emploi préférentiel),
- la catégorie secondaire 2 (emploi dans certains cas),
- la catégorie annexe 3 (emploi exceptionnel).

① Q en m^3/h . m^2, Droites $Q = m\Delta P^{2/3}$

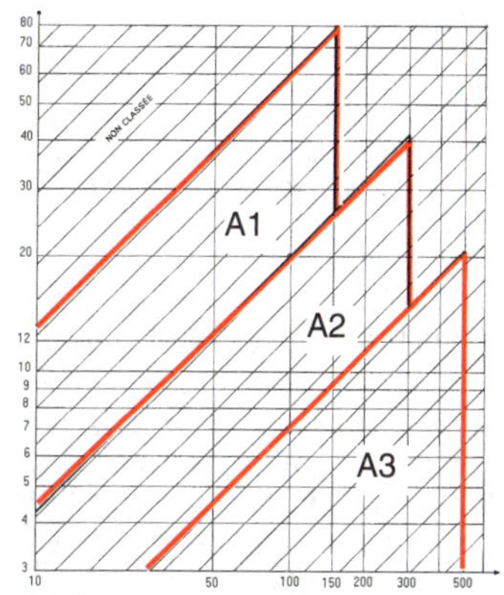

ΔP : Pression en Pa

②

Pression en Pa à appliquer lors des essais		
classement	déformation	pression brusque
V1	500	900
V2	1000	1700
V_E	1450	2300

③

Hauteur des fenêtres au-dessus du sol	Façades abritées	Façades non abritées						
	Régions A et B	Région A				Région B		
	Situations a et b	Situation a	b	c	d	Situation a	b	c
< 6 m	$A_1^- E_1 V_1$	$A_1^- E_1 V_1$	$A_1^- E_1 V_1$	$A_1^- E_1 V_1$	$A_1^+ E_2 V_2$	$A_1^+ E_1 V_1$	$A_1^+ E_1 V_1$	$A_1^+ E_1 V_2$
6 à 18 m	$A_1^- E_1 V_1$	$A_1^- E_1 V_1$	$A_1^- E_1 V_1$	$A_1^+ E_2 V_2$	$A_2^- E_2 V_2$	$A_1^+ E_1 V_1$	$A_1^+ E_1 V_2$	$A_2^- E_2 V_2$
18 à 28 m	$A_1^- E_1 V_1$	$A_1^+ E_2 V_1$	$A_1^+ E_2 V_1$	$A_1^+ E_2 V_2$	$A_2^- E_3 V_2$	$A_2^- E_2 V_2$	$A_2^- E_2 V_2$	$A_2^+ E_2 V_2$
28 à 50 m		$A_1^+ E_2 V_1$	$A_1^+ E_2 V_2$	$A_2^- E_2 V_2$	$A_2^+ E_3 V_E$	$A_2^- E_2 V_2$	$A_2^- E_2 V_2$	$A_2^+ E_2 V_2$
50 à 100 m		$A_2^- E_3 V_2$	$A_2^- E_3 V_2$	$A_2^- E_3 V_2$	$A_2^+ E_E V_E$	$A_2^+ E_3 V_2$	$A_2^+ E_3 V_E$	$A_2^+ E_3 V_E$

E_3 pour les fenêtres des deux derniers niveaux.
(Tableau valable si le chauffage est électrique)

④

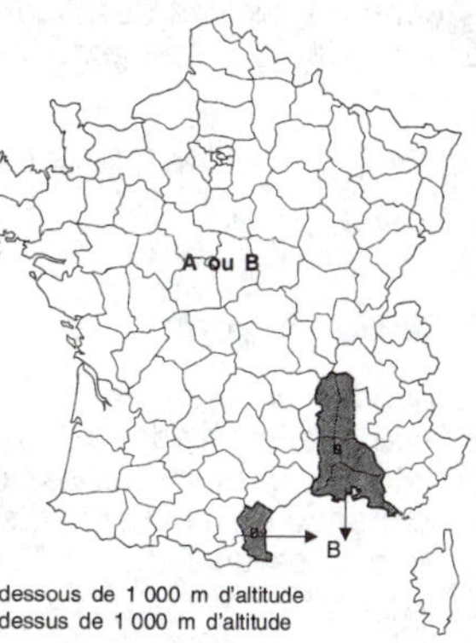

A : au-dessous de 1 000 m d'altitude
B : au-dessus de 1 000 m d'altitude

⑤

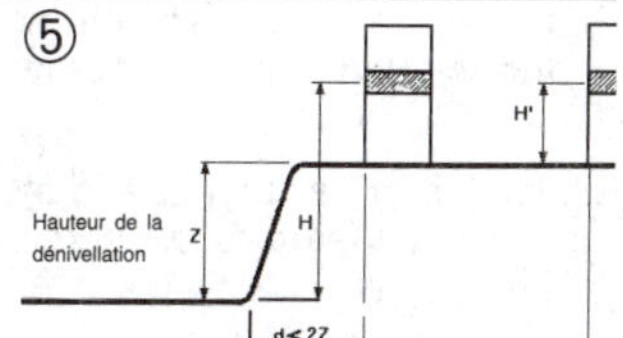

⑥

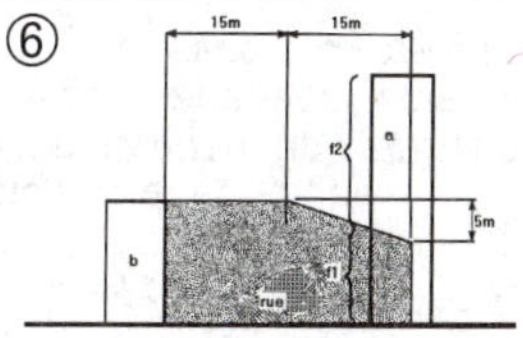

⑦

H \ L	40	60	80	100	120	130	140	150	180	210	240
45	1	1		2	2		2				
75	1	1	2		2						
95	2	2		2	2			2			
115		1		1	1	2	1	2	2		
135		2	2	3	2	2	2	2	2	2	2
145		1	2	3	1	2	1	2	1	2	1
155		3		3	2	2	2	2	3	3	2
165		3			1	2	1	2	1	2	1
215		3	2		2	2	2	2	2	2	2
225		3	1		1	2	1	2	1	2	1
235		3	2		2	2	2	2	2	2	2

FENÊTRES : LES MATÉRIAUX CONSTITUTIFS

NF B 53-510, **NF P 23**-305, **AFNOR DTU P 20**-201 (DTU N° 36.1/37.1), **NF P 20**-302 et 501, **AFNOR DTU P 78**-201 (DTU N° 39.1)

3. LES MATÉRIAUX CONSTITUTIFS

3-1. Le bois (50% du marché)

C'est le matériau traditionnel utilisé en travaux de menuiserie. Les essences utilisées (NF B 53-510) se divisent en deux catégories :

- les résineux (sapin, épicéa, pin sylvestre ou maritime, etc.),
- les feuillus (chêne, châtaignier, hêtre, limbo, niangon, etc.) ; toute autre essence indigène ou importée présentant les mêmes qualités peut être utilisée.

La fenêtre traditionnelle de fabrication artisanale (fig. 1) a quasiment disparu au profit de la fenêtre moderne fabriquée de façon industrielle (fig. 2). Cette dernière présente de meilleures performances d'étanchéité à l'air et à l'eau, donc des performances acoustique et thermique très correctes. L'annexe 4 de la norme NF P 23-305 précise la nature des finitions courantes des fenêtres sorties d'usine (protection provisoire contre les reprises d'humidité) et le délai maximal de mise en place de la finition définitive.

La périodicité de l'entretien des menuiseries en bois est de 2 ans pour une lasure et 5 ans pour la peinture ou le vernis.

3-2. L'aluminium (30 % du marché)

Les profilés obtenus par extrusion sont découpés et assemblés pour former les fenêtres.

Ce matériau est surtout utilisé pour les fenêtres pivotantes, basculantes et coulissantes de grandes dimensions.

Malgré un coefficient de conductivité thermique très élevé, les fenêtres en aluminium n'entraînent pas de besoins énergétiques beaucoup plus importants (+ 3,5% par rapport au bois ou au PVC) grâce en particulier à la finesse des montants favorisant les apports solaires.

Il existe aussi des profilés à coupures thermiques comportant des barrettes en résine isolante serties dans les profilés désolidarisant « thermiquement » la partie intérieure de la partie extérieure : figure 4.

L'aluminium est teintable dans la masse et accepte toutes formes de finition (peinture ou vernis).

3-3. Le PVC[1] : figure 3 (20 % du marché)

La matière de base est le compound : mélange de PVC, de stabilisants (contrariant les effets de la chaleur et de la lumière), de charges (en général du carbonate de calcium, abaissant le prix de revient), de pigments et colorants et de lubrifiants. Ce matériau, après extrusion, fournit les profilés en PVC.

Deux sortes de profilés sont obtenues :

- les profilés principaux (profil d'ouvrant, profil de dormant, battement, tapées, traverses intermédiaires, meneau, pièce d'appui) comportant plusieurs chambres qui permettent l'insertion de renforts métalliques en U ou carré rigidifiant les profilés des châssis de grandes dimensions,
- les profilés secondaires (parecloses, rejet d'eau, profilés d'habillage, etc.).

Ces profilés, assemblés par soudure, sont le plus souvent teintés dans la masse, de couleur blanche ou très claire (beige ou gris).

Les fenêtres à la française (2 battants) et les oscillo-battantes sont les types les plus répandus.

Les fenêtres PVC sont justiciables d'avis techniques délivrés conformément aux directives UEAtc pour l'agrément des fenêtres en PVC rigide (déc. 78) ; elles sont néanmoins concernées par des normes générales (NF P 20-302 et 501) et par les DTU n° 36.1/37.1 et 39.1.

(1) : polychlorure de vinyle

① **Fenêtre traditionnelle en bois**

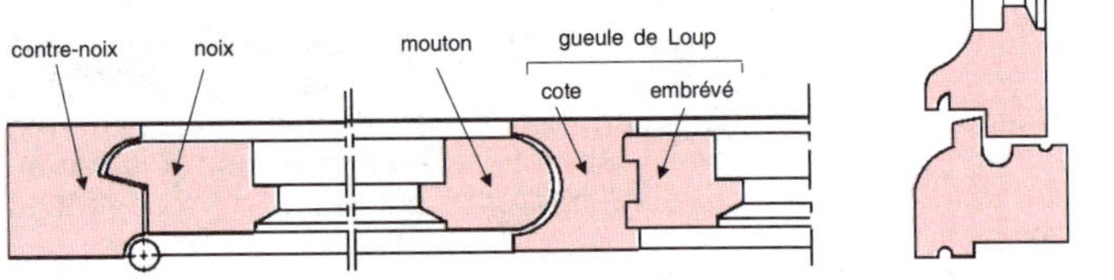

② **Fenêtre moderne en bois**

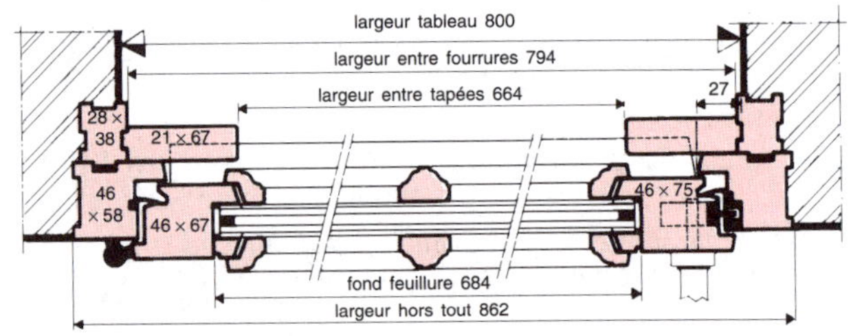

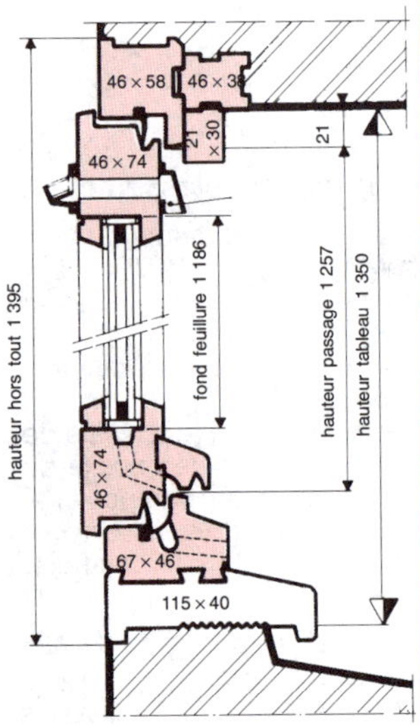

Coupe verticale sur croisée

③ **Fenêtre en PVC**

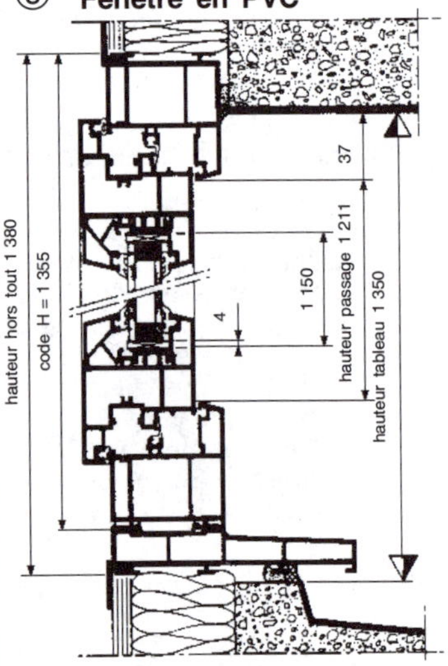

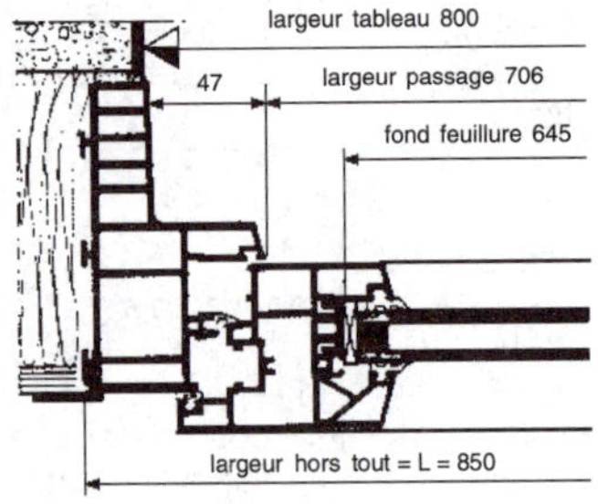

Coupe horizontale sur croisée

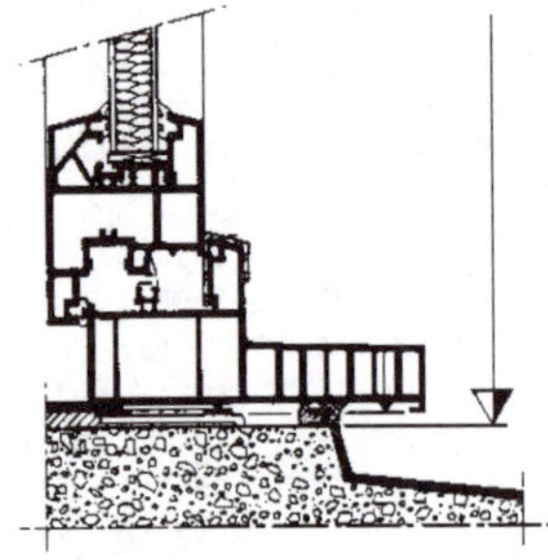

Coupe verticale sur seuil

④

Profilé en aluminium à rupture de pont thermique

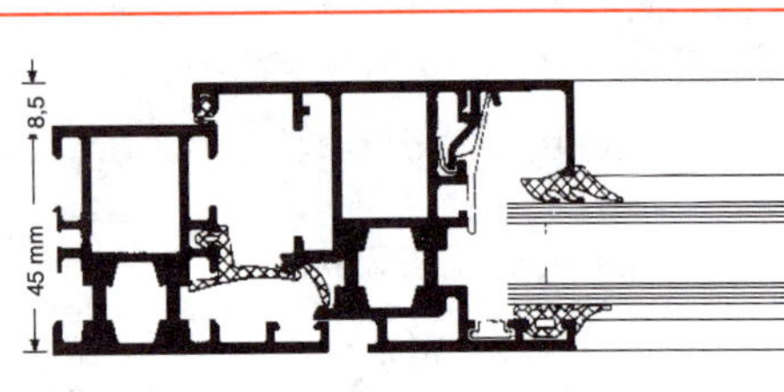

4. CONCEPTION VIS-À-VIS DE L'ÉTANCHÉITÉ

Il est nécessaire d'obtenir une étanchéité parfaite à l'air et à l'eau aux jonctions :
- gros œuvre / menuiserie (précadre ou dormant),
- dormant / ouvrant,
- ouvrant / vitrage.

4-1. Jonction gros œuvre / menuiserie (DTU n° 36.1 et 37.1)

L'étanchéité est obtenue ici par un calfeutrement réalisé sur tout le pourtour de la jonction. Le mode de calfeutrement à retenir (fig. 1) est fonction :
- de la situation, de la hauteur, de l'existence ou non de protection contre la pluie (p. 95),
- de la position de la jonction (appui ou tableau et linteau).

On distingue trois modes de calfeutrement (fig. 2) :
- mode 1 = humide ; exécution d'un bourrage au mortier de ciment entre la maçonnerie et la menuiserie,
- mode 2 = humide renforcé ; mode 1 + 1 rainure recevant 1 joint extrudé à la pompe,
- mode 3 = sec ; cordon d'étanchéité sans bourrage au mortier mis en place soit avant pose de la fenêtre (cordon de mastic préformé ou mousse imprégnée), soit après pose (joint extrudé à la pompe sur fond de joint dont les dimensions sont données figure 3).

Nota : Lorsque le support est en bois ou en métal, seul le calfeutrement sec est envisageable.

4-2. Jonction dormant / ouvrant (fig. 4a et b)

L'étanchéité est obtenue par :
- la forme du recouvrement ouvrant / dormant (vide de décompression du côté extérieur de la traverse basse du dormant et des montants + jet d'eau ; ce vide sert aussi de gorge de récupération des eaux infiltrées que des trous d'évacuation à travers le dormant rejettent),
- l'emploi de joints (PVC plastifié, etc.).

La conception de cette jonction est fonction :
- du matériau constituant la menuiserie (bois = un vide et un joint de battement intérieur ; alu ou PVC = 2 joints de battement ou 1 joint de battement + 1 joint central),
- du mode d'ouverture du châssis,
- du classement (A) et (E) visé par le fabricant.

4-3. Jonction ouvrant / vitrage

Le DTU P 78-201 (n° 39.1) "travaux de miroiterie-vitrerie" définit la pose des vitrages.

Ceux-ci sont montés en feuillure (fig. 6) :
- ouverte (admise pour menuiserie bois si ép. vitrage < 4 mm, demi-périmètre < 2,5 m, grand côté < 2 m),
- fermée ; à parclose (intérieure ou extérieure) ou en portefeuille.

Le positionnement et la stabilité du vitrage sont assurés par des cales d'assises et périphériques ; prévoir des cales latérales pour régler l'épaisseur des produits d'étanchéité pâteux (mastics, etc.).

Le système d'étanchéité (fig. 5) est déterminé par :
- la classe d'exposition maximale du vitrage,
- le type de feuillure,
- la nature de la menuiserie,
- la dimension du vitrage (P ou G).

Notations du tableau 5 :
- P : p (demi-périmètre) ≤ 2,75 m si le plus grand côté ≤ 2 m,
- G : p > 2,75 m ou le plus grand côté > 2 m.
- Garniture d'étanchéité :
  1 = huile de lin,
  2 = oléoplastique,
  3 = obturateur (mastic sur fond de joint),
  4 = bande préformée,
  5 = profilés élastomères.

(p) : garniture principale.
(s) : garniture secondaire.

①

Hauteur des fenêtres au-dessus du sol (m)	Régions A et B			
	Façades abritées	Façades non abritées		
	Situations a et b	Situations a et b	Situation c	Situation d
< 6	1	1	1	2
6 à 18	1	1	2	2
18 à 28	1	2	2	3
28 à 50		3	3	3
50		3	3	3

②

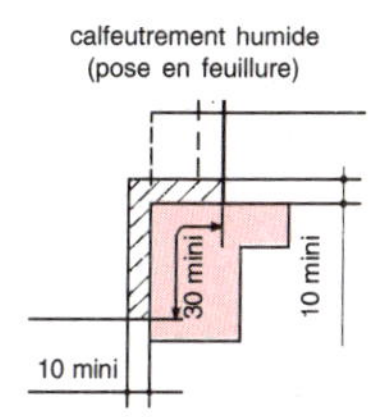

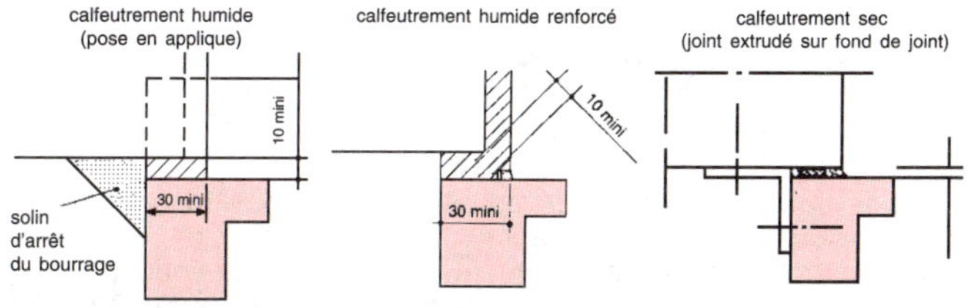

③

Dimensions de joint extrudé à la pompe	Élastomères		Plastiques	
	cat. 1	cat. 2	cat. 1	cat. 2
Largeur L (mm)	5 < L < 20			10 < L < 20
Profondeur = sup de	5 mm 0,5 LM		8 mm 0,5 LM	12 mm 1,3 LM
Nota : LM = largeur maximale du joint				

④

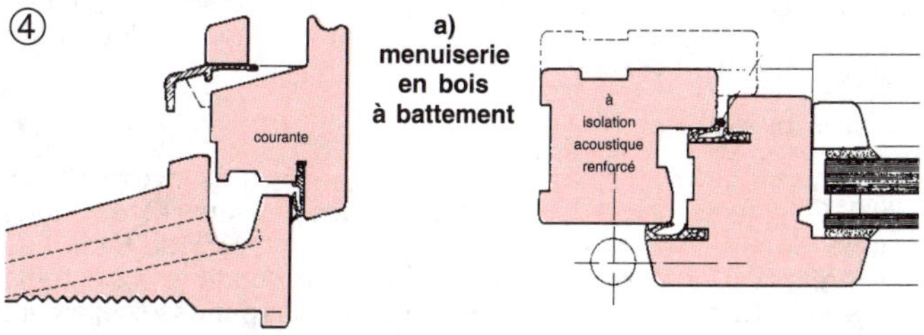

b) menuiserie en PVC

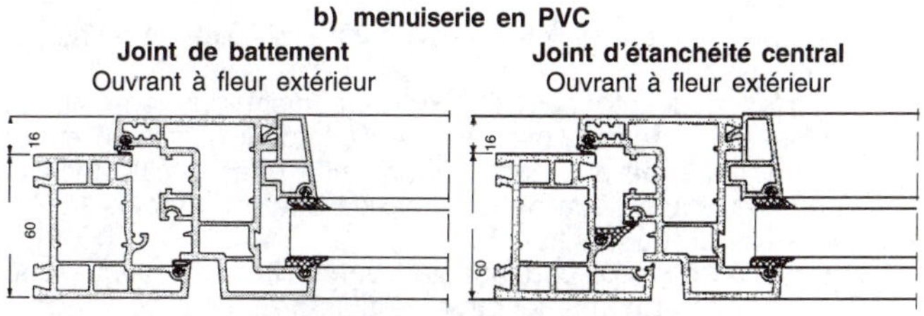

⑤

Type de feuillure		Système	Garniture d'étanchéité (p)	Garniture d'étanchéité (s)	Classe d'exposition bois P-G	Classe d'exposition alu P-G	Classe d'exposition PVC P-G
Ouverte		Solin extérieur	1 2 ou 3		1 1	1	
fermée avec	parclose int. ou ext.	Bain de mastic (avec bourrage)	1 2 3	1 2 3	1 2-2 E-E	2-1 E-E	
fermée avec	parclose int. ou ext.	Mastic (sans bourrage)	3	3	E-E	E-E	E-E
fermée avec	parclose int. ou ext.	Mixte (avec bourrage)	3 ou 4 3 ou 4	2 3	2-2 E-E	2-2 E-E	
fermée avec	parclose int. ou ext.	Mixte (sans bourrage)	3 (5)	5 (3)	E-E	E-E	E-E
fermée avec	parclose int. ou ext.	Profilés (*)	5	5	E-E	E-E	E-E
fermée avec	parclose int.	Mixte (sans bourrage)	4	5	2		
fermée avec	parclose ext.	Mixte (sans bourrage)	4	3	3		
Porte-feuille		Mastic (sans bourrage)	3	3	E-E	E-E	E-E
Porte-feuille		Profilés (*)	5	5	E-E	E-E	E-E

(*) Avec drainage de la feuillure.

⑥

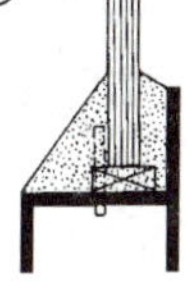
ouverte

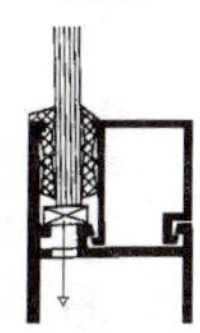
fermée avec parclose

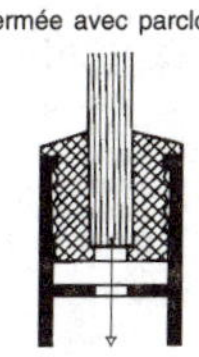
portefeuille

5. POSE DES FENÊTRES

Les fenêtres, vitrées ou non, doivent être stockées sur des dispositifs appropriés, horizontaux ou verticaux, à l'abri de l'humidité et de toute projection.

Des fixations mécaniques assurent leurs liaisons au support (en maçonnerie, bois ou métal) et un calfeutrement (p. 97) doit être exécuté.

5-1. Fixations

Elles sont conçues pour transmettre au gros œuvre les efforts appliqués à la fenêtre (vent, manœuvre, etc.) sans altération de celle-ci ni des ouvrages voisins.

Dans le cas de baies mises en œuvre dans des murs recevant des cloisons de doublage intérieur, les fixations de la fenêtre doivent être réalisées entièrement sur le mur, indépendamment de la cloison de doublage (solution-types de pose p. 99) : les organes de fixations de la pièce d'appui et éventuellement de sa tablette formant ébrasement doivent leur permettre de supporter une charge concentrée statique de 100 daN sans altération de la fenêtre ou de la cloison de doublage : figure 1.

5-1.1. Menuiseries bois (AFNOR DTU P 23-201)

- **Répartition des fixations** : elles sont disposées au voisinage des organes de rotation et des points de condamnation des ouvrants sur le dormant, à moins de 80 cm l'une de l'autre sur le périmètre de la baie.
- **Type de fixation** :
  - Support en maçonnerie : on utilise des éléments incorporés au GO (taquets, douilles,...) ou mis en place dans des réservations ou des trous forés (pattes, chevilles,...), à moins de 6 cm des arêtes, si le GO est en béton ou en maçonnerie d'éléments pleins. Dans la maçonnerie creuse, seules les pattes à scellement ou des dispositifs spéciaux conviennent.
    Les fixations par pointes scellées au pistolet ne sont pas admises.
    La fixation directe au GO, par percement du dormant, est admissible lorsque le dormant est de largeur suffisante et que la perforation ne nuit pas à l'étanchéité ni à la résistance de l'ouvrage ; l'axe de la perforation doit être à au moins 15 mm des rives du dormant.
    La fixation de la pièce d'appui et du seuil est obligatoire pour les fenêtres et portes-fenêtres de plus de 90 cm de largeur.
  - Support en bois : la liaison est réalisée soit à l'aide d'un système de pattes ou brides et de cales ajustées et vissées, soit à l'aide de vérins et de vis de solidarisation avec la fixation ; tout système de fixation est utilisable dans le bois s'il est protégé, de section convenable et en nombre suffisant pour reprendre les efforts qui le sollicitent.
  - Support métallique : les liaisons admises sont les mêmes que pour les supports en bois ; en outre l'emploi du pisto-scellement est admis si l'épaisseur minimale traversée est de 5 mm et que les fixations sont disposées à plus de 2 cm des arêtes.

5-1.2. Menuiserie métallique (AFNOR DTU P 24-203)

- **Répartition des fixations** (fig. 2a et b) : elles sont au moins trois par châssis, des fixations complémentaires doivent être disposées au voisinage des axes de rotation ou des points de condamnation des ouvrants en particulier pour les portes-fenêtres coulissantes ; pour des montants de hauteur supérieure à 2,45 m, l'écartement maximal des fixations sera de 0,80 m (la première et la dernière se trouvant respectivement à 0,25 m du linteau et à 0,25 m de l'appui).
- **Type de fixation et de liaison :**
  - Support en maçonnerie :
    * pattes de fixation, pattes à scellement, douilles incorporées, chevilles, douilles autoforeuses, douilles expansives, rails, pisto-scellement (en maçonnerie d'éléments pleins ou creux). On préférera les pattes à scellement aux chevilles pour lesquelles des vérifications de force portante sont nécessaires au cas par cas ; l'emploi du plâtre pour le scellement est interdit.
    * liaison par pattes-brides avec interposition de cales ajustées à assujettir, ou vérins avec vis de solidarisation sur la fixation (lorsqu'il y a des précadres ou des encadrements de baies, la liaison des fenêtres sur ce support doit être assurée par un système de cales ajustées ou de vérins avec vis de solidarisation).
  - Support en bois et métallique : adopter les mêmes dispositions que pour les menuiseries bois.

①

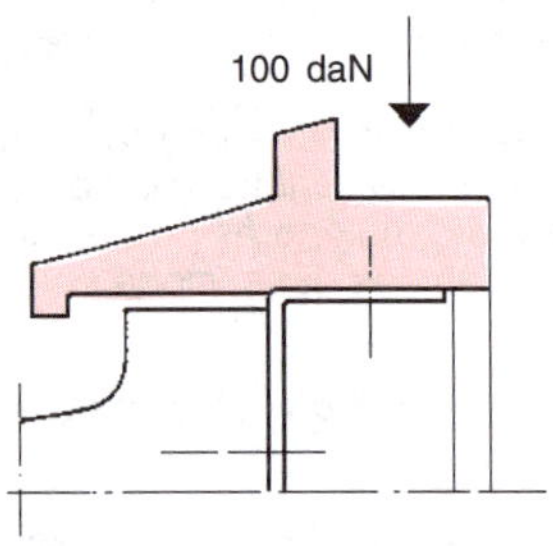

② **a) Fixation des traverses**

- L ≤ 0,90 m

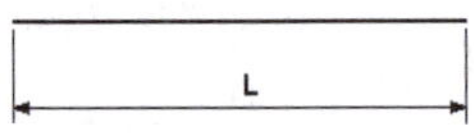

aucune fixation

- 0,90 m < L ≤ 1,60 m

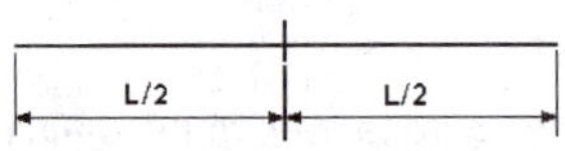

1 fixation dans l'axe

- 1,60 m < L ≤ 2,40 m

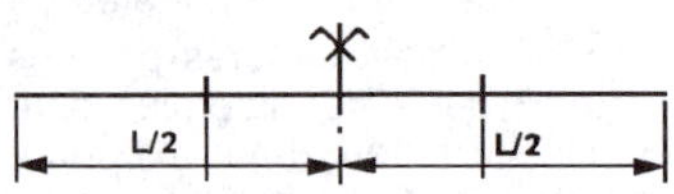

2 fixations placées symétriquement par rapport à l'axe

- 2,40 m < L ≤ 3,20 m

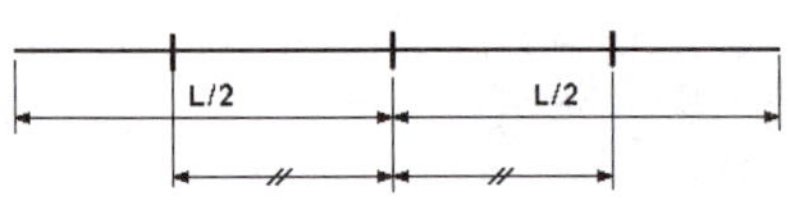

3 fixations

- L > 3,20 m
1 fixation de plus par tranche supplémentaire de 0,80 m

b) Fixation des montants

- H ≤ 0,65 m

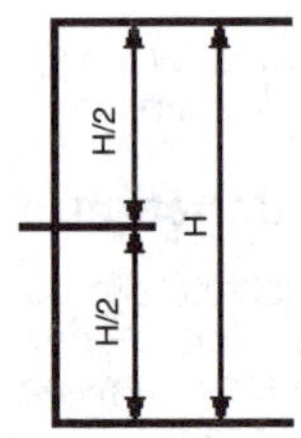

1 fixation

- 0,65 m < H ≤ 1,45 m

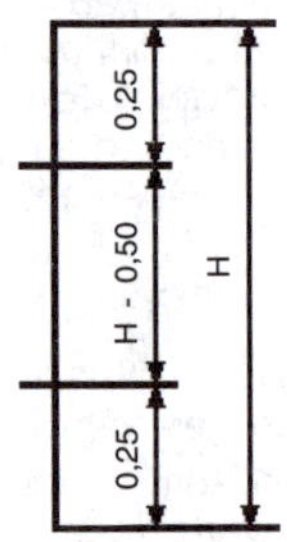

2 fixations à 0,25 m des extrémités

- 1,45 m < H ≤ 2,45 m

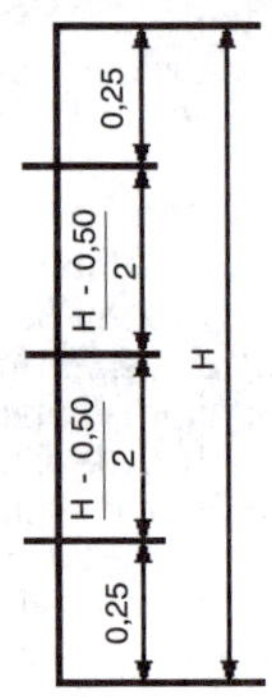

3 fixations

5-2. Exemples de solution pour la pose des menuiseries extérieures dans le cas de complexes comportant de fortes épaisseurs d'isolants (fig.1)

5-2.1. Prescriptions à respecter pour tous les types de pose
(en plus de celles données p. 98)

- Largeur du rejingot (a) : tableau 7, page 93.
- La tablette doit résister à une charge P = 100 daN.

5-2.2. Prescriptions à respecter par type de pose

- **Pose en feuillure : figure 1a**
  - L'ébrasement est mis en place avant pose du doublage, il peut être assemblé sur place avec le dormant.
  - Le joint entre la tablette et la pièce d'appui doit être rendu étanche.
  - La pièce d'appui doit être délardée en bout.

- **Pose en applique avec ébrasement en maçonnerie brute : figure 1b**

- **Pose en applique au nu intérieur en maçonnerie brute : figure 1d**
  - $d \leq a$ pour éviter des infiltrations au raccordement entre seuil et tableaux.
  - $e \geq d$ pour limiter les risques de condensation superficielle.
  - La fausse tapée de largeur minimale 35 mm doit être assemblée de façon étanche au dormant en atelier (assemblage conforme aux normes NF P 23-305 ou 24-301).

- **Pose en applique avec ébrasement sur baie finie : figure 1c**
  - $d \leq a$ pour éviter des infiltrations au raccordement entre seuil et tableaux.
  - $e \geq d$ pour limiter les risques de condensation superficielle.
  - La pièce d'appui doit être délardée en bout.
  - Prévoir un cordon d'étanchéité entre l'extrémité de la pièce d'appui et le tableau.
  - L'ébrasement est mis en place avant pose du doublage et est assemblé sur place avec le dormant.
  - Le joint entre la tablette et la pièce d'appui doit être rendu étanche.

- **Pose en applique au nu intérieur sur baie finie : figure 1e**
  - $d \leq a$ pour éviter des infiltrations au raccordement entre seuil et tableaux.
  - $e \geq d$ pour limiter les risques de condensation superficielle.
  - La fausse tapée de largeur minimale 35 mm doit être assemblée de façon étanche au dormant en atelier (assemblage conforme à la norme NF P 23-305 ou 24-301).
  - La pièce d'appui doit être délardée en bout.
  - Prévoir un cordon d'étanchéité entre l'extrémité de la pièce d'appui et le tableau.

Nota : Pour les poses sur baie finie, la solution avec appui non décalé, pour laquelle le calfeutrement d'étanchéité horizontal se trouve déplacé vers l'extérieur, nécessite d'une part, la mise en œuvre sur appui terminé et, d'autre part, des précautions particulières de calfeutrement en bout des pièces d'appui.

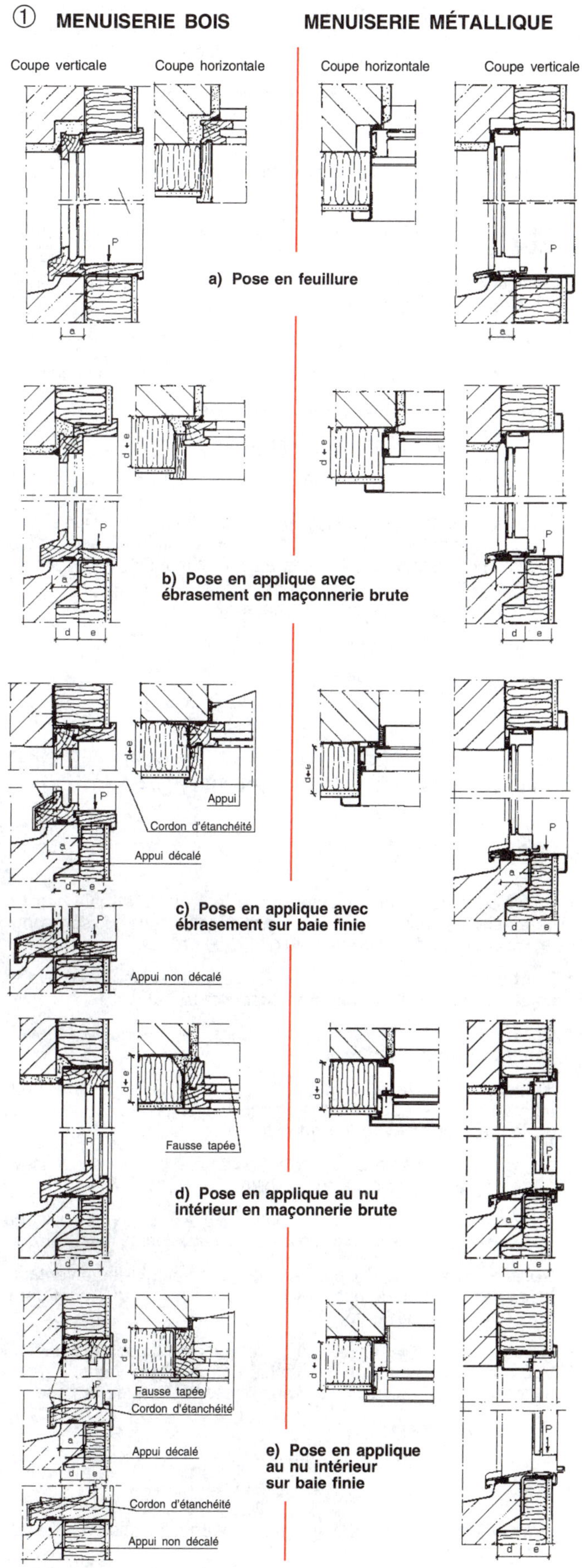

PORTES INTÉRIEURES ET EXTÉRIEURES EN BOIS

NF P 20-315, NF P 23-101

Quelles que soient leur destination, leur conception et la nature des matériaux les constituant, les portes jouent un rôle notamment dans la satisfaction des exigences suivantes (NF P 20-315) :

- exigence de **passage** : largeur minimale imposée par exemple dans les logements accessibles aux handicapés (se reporter p. 146),
- exigence de **cloisonnement** : fermer une zone délimitée par une cloison,
- exigence **hygrothermique** : isolation thermique d'une porte donnant sur l'extérieur par exemple,
- exigence **acoustique** : relative aux bruits extérieurs et intérieurs, à l'intelligibilité des sons,
- exigence **visuelle et tactile** : finition, surface,
- exigence de **sécurité** : intrusion de personnes, évacuation,
- exigence de **sécurité au feu** : page 102,
- exigence **dynamique** : fonctionnement, choc.

Cette liste n'est pas exhaustive.

Nous traitons ici les menuiseries intérieures, situées pour l'essentiel, dans les cloisons de distribution, assurant la communication entre deux volumes intérieurs (chauffés ou non chauffés), à savoir :

- les portes et blocs-portes intérieurs (p. 101),
- les dimensions normalisées (p. 101),
- les blocs-portes palières (p. 102).

1. TERMINOLOGIE (NF P 23-101)

- **Baie :** vide réservé dans un mur ou une cloison pour recevoir une porte ou une fenêtre.
- **Bâti :** ouvrage dormant scellé, sur le tableau de la baie, sur un parement du mur ou par incorporation dans une cloison, pour recevoir un ou plusieurs vantaux.
- **Contre-bâti :** ouvrage dormant scellé sur l'arête d'une baie ouverte dans un mur et sur le parement opposé au bâti.
- **Dormant :** cadre fixe scellé dans une paroi destinée à recevoir un ou plusieurs vantaux de portes.
- **Huisserie :** ouvrage dormant limitant une baie ouverte pour permettre le passage dans une cloison ou un mur, ayant l'épaisseur de la paroi et recevant ou non, une porte.
- **Ouvrant :** synonyme de châssis mobile (cadre rapporté dans un dormant, recevant un vantail mobile).
- **Vantail :** ouvrage mobile, plein ou vitré, placé dans une huisserie ou un bâti, destiné à s'opposer au passage lorsqu'il est fermé.
- **Porte :** ouvrage mobile, plein ou vitré, à un ou plusieurs vantaux, placé dans un bâti ou une huisserie et destiné lorsqu'il est fermé, à s'opposer au passage.
- **Bloc-porte** (fig. 2) : ensemble, ferré et ajusté en usine, constitué par le bâti ou l'huisserie (ensemble dormant), les vantaux, leurs accessoires de quincaillerie restant associés lors de la pose.
- **Porte à imposte :** figure 3a.
- **Porte coulissante :** figure 3b.
- **Porte va-et-vient :** figure 3c.
- **Porte plane :** le vantail comporte deux parois planes de chaque côté d'une armature.

①

1 - Tableau. Ouverture au nu de la maçonnerie.

2 - Bâti dormant ou dormant tout court. Cadre scellé dans le mur qui reçoit la porte.

3 - Vantail ouvrant. Partie mobile de la porte.

4 - Fiche. Articulation métallique de la porte.

5 - Pêne. Pièce mobile qui verrouille la porte.

6 - Gâche. Pièce dans laquelle s'engage le pêne.

7 - Joint périphérique.

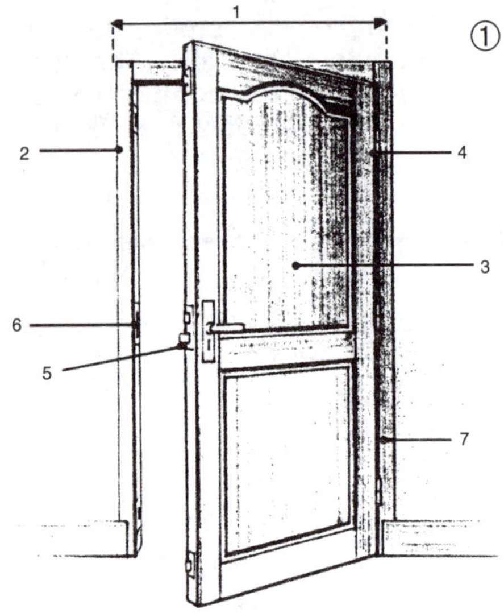

②

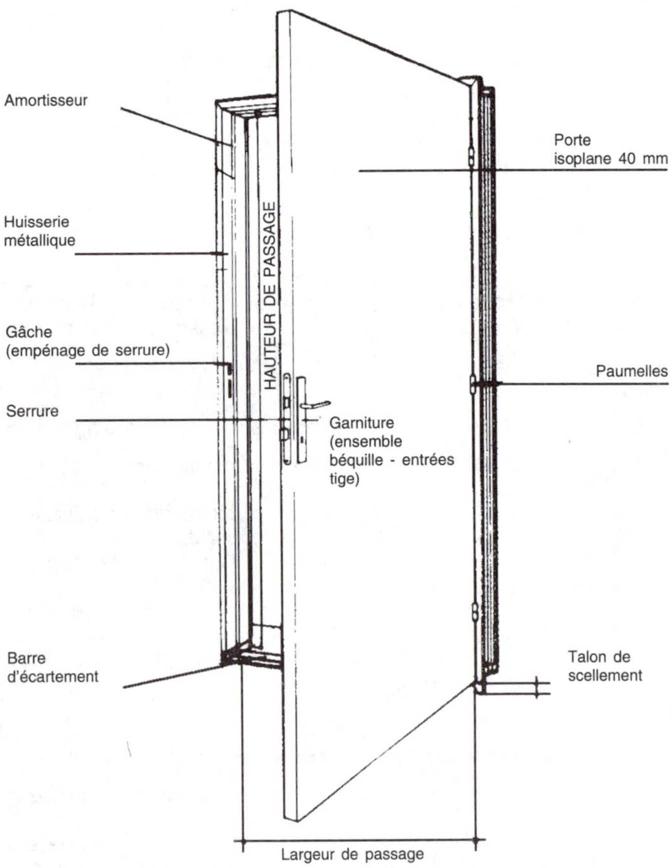

③

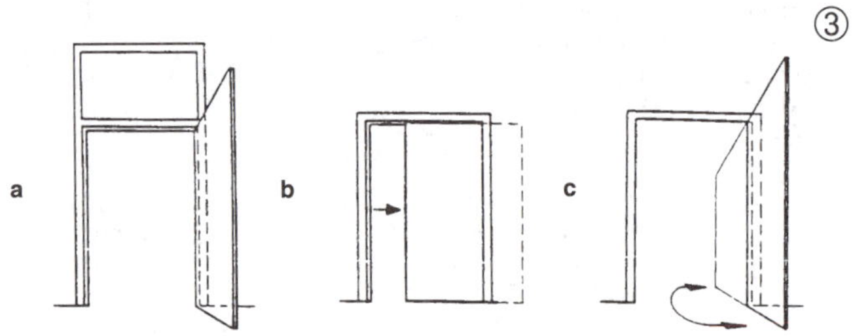

1. TERMINOLOGIE (suite)

- **Âme** : élément central d'un vantail de porte, généralement enfermé entre le cadre et les parois. Elle peut être :
  - pleine (panneaux remplissant entièrement l'intérieur de la porte),
  - alvéolaire (réseau d'alvéoles en carton par exemple) pour rendre le vantail plus rigide.
- **Barre de seuil :** pièce, en travers, fermant le cadre dormant d'une porte dans sa partie basse.
- **Chambranle :** habillage du bâti d'une porte ou d'une huisserie.
- **Fourrure :** pièce rapportée formant dans l'âme de la porte une partie pleine apte au ferrage.
- **Précadre :** ensemble préfabriqué en bois ou en métal mis en place avant la menuiserie et servant à lier celle-ci au gros œuvre.
- **Sens d'ouverture d'une porte** (fig. 1) : pour le représenter, il y a lieu, conventionnellement, de considérer l'observateur :
  - pour les menuiseries extérieures : à l'intérieur de l'habitation, regardant la menuiserie,
  - pour les menuiseries intérieures : côté feuillure (la menuiserie s'ouvre vers l'observateur).

Il reste à simuler l'ouverture : le sens de celle-ci est donné par la position de l'axe de rotation par rapport à l'observateur.

2. PORTES PLANES INTÉRIEURES EN BOIS (NF P 23-302)

Elles sont classées :
- selon leur destination : porte de communication, porte palière, porte de gaine et de placards,
- selon leur constitution : âme pleine ou alvéolée, parois extérieures diverses,
- selon leur état de surface : vantail brut (recevant généralement une finition du type peinture ou vernis), avec couche d'impression, prépeint (aspect définitif obtenu après application d'une seule couche de peinture courante), fini (peint, verni, laqué...),
- selon leurs caractéristiques particulières éventuelles qu'il s'agisse de la maîtrise des ambiances (isolation thermique, acoustique, caractéristiques vis-à-vis du feu, étanchéité, esthétique...) ou de la maîtrise des intrusions (caractère anti-effraction).

Un marquage (fig. 2) est apposé sur les chants transversaux du vantail. Il désigne les portes par les indications suivantes :
- référence d'origine de la porte (ici usine 99),
- dimensions nominales (en mm),
- numéro code donnant la nature des composants des parois et de l'âme de la porte (ici 34),
- indication abrégée de la destination de la porte :
  * COM communication (NF P 23-303)
  * PAL palière (NF P 23-304),
- indication de l'état de finition de la porte à la sortie de l'usine :
  * BRU faces brutes
  * PRE faces prépeintes
  * STR faces en stratifié décoratif ou panneau stratifié
- référence à la norme particulière du type de porte.

Exemple : porte..., 2040 × 830 × 40, 34, PAL, PRE, NF P 23-304.

3. DIMENSIONS DES PORTES INTÉRIEURES EN BOIS (NF P 01-005 et NF P 23-300)

Elles sont exprimées (fig. 3 à 5) en fonction des dimensions nominales hors tout (mesurées en mm) du ou des vantaux. L'épaisseur d'une porte varie selon la nature de la porte considérée.

Largeur utile : largeur de passage effective quand le vantail est ouvert à 90°.

Les dimensions d'appellation choisies pour désigner les vantaux et leurs dormants sont les dimensions de base des vantaux énoncées dans l'ordre : hauteur, largeur, épaisseur.

Exemple : 2040/830/40.

①

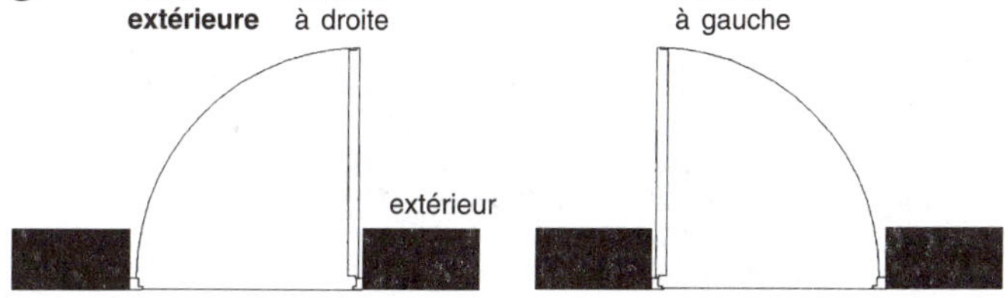

②

③

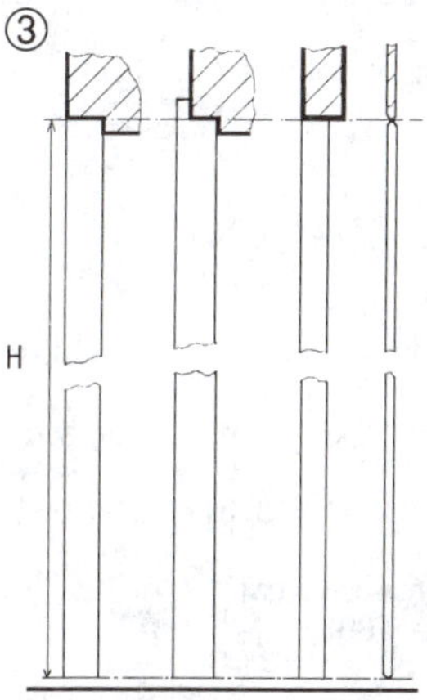

④

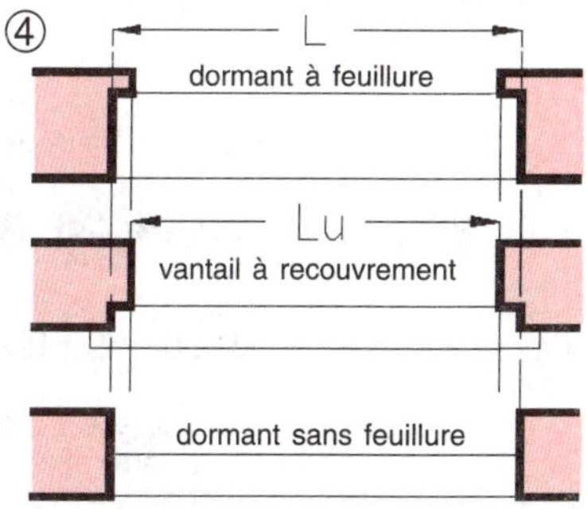

⑤ Dimensions en largeur L (mm)

1 vantail					
630^1		730		830^3	930^2
2 vantaux égaux					
1 260 (630 × 2)		1 460 (730 × 2)		1 660 (830 × 2)	1 860 (930 × 2)
2 vantaux inégaux					
1 060 (330 + 730)	1 160 (330 + 830)	1 260 (330 + 930)	1 460 (630 + 830)	1 560 (630 + 930)	1 660 (730 + 930)
Vantaux composés (3 vantaux égaux)					
1 890 (630 × 3)		2 190 (730 × 3)		2 490 (830 × 3)	2 790 (930 × 3)

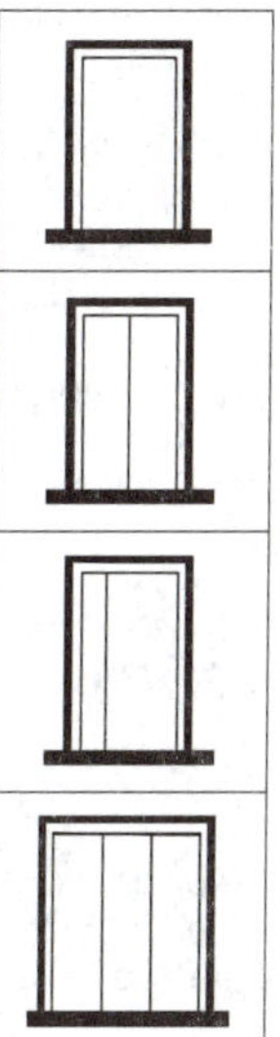

(1) H = 2 040, uniquement réservé aux portes de W.C.
(2) Conseillé pour les logements accessibles aux handicapés (p.146).
(3) Conseillé pour les portes à 1 vantail.

4. BLOC-PORTE DE LOGEMENT EN BOIS

Le bloc-porte, dont la maîtrise industrielle appartient à un seul responsable, comporte :
- une huisserie en bois ou en métal,
- un ou plusieurs vantaux plans en bois ou à base de bois (NF P 23-304),
- une quincaillerie de rotation et de fermeture.

Il est destiné :
- pour une porte palière :
  * à être situé à l'intérieur d'une construction, desservant un appartement et un palier ou une cage d'escalier,
  * à séparer deux ambiances climatiques différentes (local chauffé et local non chauffé par exemple).
- pour une porte de communication entre deux pièces :
  * à être situé hors ambiance extérieure.

Les bloc-portes sont classés comme les portes (p. 101) selon leur nature, leur finition et leurs caractéristiques particulières.

Ils sont avec des éléments de fixation aux cloisons, adaptés à celles-ci.

On trouve par exemple pour un bâti métallique :
- des pattes à scellement pour les maçonneries traditionnelles (fig. 1a),
- des entretoises incorporées au précadre pour les murs banchés (fig. 1b),
- des trous à vis dans le cas de cloisons sèches (fig. 1c).

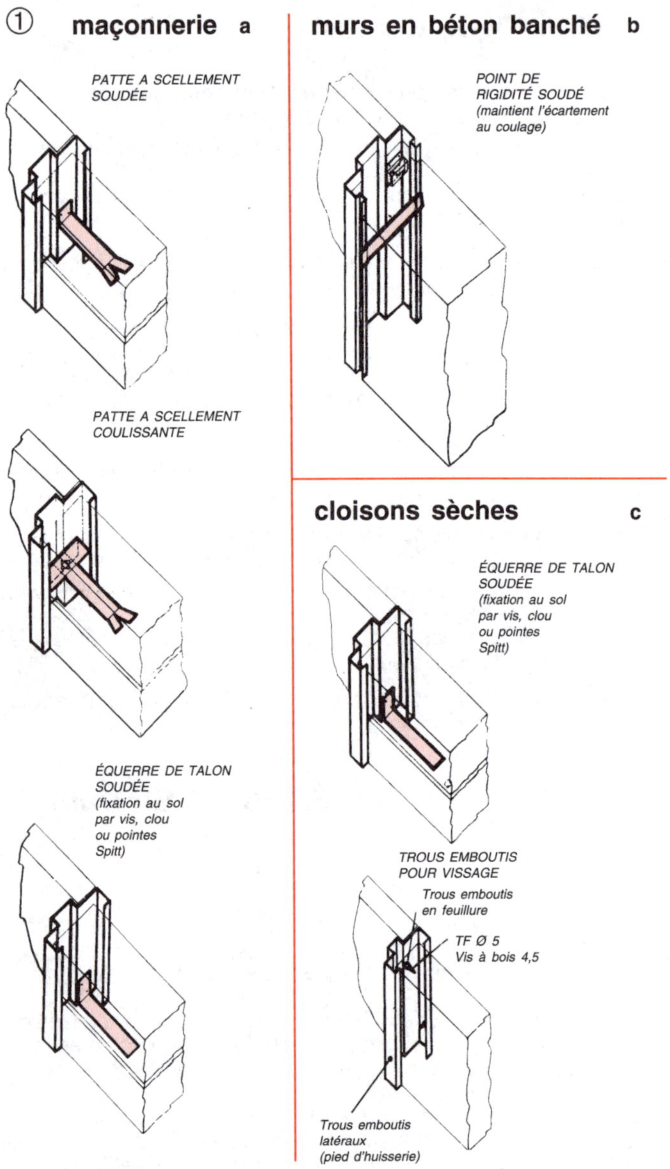

4-1. Bloc-porte palière (NF P 23-301 et 306)

La norme NF P 23-306 fixe leurs spécifications minimales, notamment :
- Perméabilité à l'air : classe A2 (NF P 20-302), les organes de condamnation étant verrouillés,
- Affaiblissement acoustique : R > 30 dBA (NF S 31-045 et 051, se reporter à la page 208),
- Résistance au feu : degré pare-flamme minimal 1/4 h (NF P 20-025, se reporter à la page 169).

Ils sont désignés par les indications suivantes (une coupe du produit étant souvent nécessaire) :
- Référence d'origine du bloc-porte,
- Dimension utile de passage (en mm) et section de l'huisserie ou du bâti,
- Nature de l'huisserie (bois ou métal),
- Nature du ou des vantaux,
- Sens de l'ouverture.

Un marquage analogue à celui figurant sur les portes planes (p. 101, fig. 2) est apposé sur le dormant et sur les chants transversaux du vantail.

4-2. Blocs-portes, pare-flammes et coupe-feu (NF P 23-501 et 502)

Selon la norme indiquée (NF P 23-501 ou 502) sur le marquage du bloc-porte (fig. 2, p. 101), la durée du pare-flammes et coupe-feu d'un bloc-porte est respectivement 1/4 h ou 1/2 h.

L'élément garde cette propriété lorsqu'il est inséré dans les cloisons définies figure 2, en dehors des réserves mentionnées (les essais étant menés en insérant les blocs-portes dans des parois en béton banché).

② Type de cloison[1]	Epaisseur minimale (mm)	Hauteur maximale (m)
1. Béton de gravillons	70	2,60
2. Carreaux de plâtre à parements lisses	60 70	2,60 3,00
3. Briques + enduits 2 faces	70	2,60
4. Plaques de parement en plâtre	72	3,00

(1) Ce tableau ne préjuge pas du degré de résistance au feu des cloisons mentionnées page 169.

Réserves concernant des essais au feu			
Huisserie	Résultat de l'essai au feu	Valeur à conserver	Type de cloison
Bois	CF 1/2 h	CF 1/4 h	2. e = 60 mm
Métal	CF 1/2 h	CF 1/4 h et PF 1/2 h	4.

1. LES FONCTIONS À REMPLIR (fig. 1)

Le plancher est une partie horizontale de la construction, séparant deux niveaux d'un bâtiment et capable de supporter des charges.

Il peut être situé sur terre-plein (dallage), sur vide sanitaire, sur cave ou sur garage, sur passage ouvert. Il peut séparer deux logements ou être à l'intérieur d'un même appartement. Il peut supporter une terrasse (accessible ou inaccessible), un balcon ou une loggia. Selon sa position, il remplira différentes fonctions.

Le plancher est un élément de la structure porteuse. Il reprend les charges permanentes et variables. Il participe aussi au contreventement du bâtiment.

Selon les cas, il aura des caractéristiques particulières pour satisfaire les réglementations :

- isolation thermique,
- isolation acoustique aux bruits aériens et aux bruits d'impacts,
- sécurité incendie,

ainsi que deux autres fonctions, de moindre importance, à assurer :

- support du revêtement de sol,
- support du plafond.

On peut aussi prévoir d'y inclure les canalisations :

- de chauffage par le sol (eau chaude basse température ou électrique),
- de distribution (pieuvre électrique ou de chauffage central).

Dans le cas d'un plancher avec faux plafond, les canalisations des réseaux de ventilation mécanique contrôlée et de conditionnement d'air, etc., pourront être suspendues entre la dalle et le plafond.

On se limitera ici à l'étude des immeubles à usage d'habitation.

L'élément porteur pourra être :

- une dalle en béton armé
  - coulée en place sur un coffrage,
  - coulée sur une prédalle (p. 106),
  - préfabriquée en usine (p. 108) ;
- une dalle constituée de poutrelles et entrevous rendue monolithique par une épaisseur de béton coulé en place (p. 109).

- **Isolation thermique**

Dans un premier temps, à défaut d'études plus précises, quand le plancher a un rôle thermique, on placera une isolation afin d'obtenir comme coefficient de transmission global les valeurs données figure 2. Pour plus de précision, se rapporter page 187.

- **Isolation aux bruits aériens**

A priori, on peut choisir un plancher de masse surfacique 350 kg/m^2 pour atteindre les performances réglementaires et 400 kg/m^2 pour le label acoustique. Pour plus de précision, on se reportera à la page 213.

- **Isolation aux bruits d'impact**

Le problème sera résolu par un choix approprié du revêtement de sol : page 113.

- **Sécurité incendie**

Le degré coupe feu d'un plancher est donné figure 3.

Sauf pour les habitations dont le plus haut plancher est à un **niveau supérieur** à 28 m (4e famille) et des constructions spécifiques (IGH, ERP...), il n'y a pas de contraintes sur le degré de réaction au feu des revêtements de sol (M0 à M5). On utilise de préférence des revêtements dont le classement sera supérieur ou égal à M3.

Il n'y a pas non plus d'exigences particulières pour les plafonds, sauf pour ceux qui comportent une isolation thermique sur leur face inférieure : page 115.

LES FONCTIONS DES PLANCHERS ①

Maison individuelle unifamiliale

Fonctions	dallage	sur vide sanitaire	haut de sous-sol	inter-médiaire	sous combles
Thermique	(1)	oui	oui	non	oui
Acoustique	non	non	non	non	non
Incendie(4)	non	non	oui	oui	oui
Sol	oui	oui	oui	oui	non
Plafond	–	–	non	oui	oui

Logement collectif

Fonctions	dallage	sur vide sanitaire	haut de sous-sol	inter-médiaire	niveau sous couverture
Thermique	(1)	oui	oui	non	oui
Acoustique	non	non	oui	oui(2)	oui
Incendie(4)	non	non	oui	oui	oui
Sol	oui	oui	oui	oui	non(3)
Plafond	–	–	non	oui	oui

(1) Oui si le dallage appartient à une pièce d'habitation, non si le dallage appartient à une pièce non chauffée : sous-sol, garage, cave, etc.
(2) Non pour un plancher séparant deux niveaux d'un même logement.
(3) Pour une toiture terrasse, le plancher sert de support au complexe d'étanchéité.
(4) Cas particulier pour un plancher séparant un garage d'une partie habitable.

Coef. Kg : W/m^2 . °C	Performance thermique des planchers Recommandations ②					
Type de chauffage	**électrique**			**non-électrique**		
zone climatique	H1	H2	H3	H1	H2	H3
Maison individuelle : dernier plancher y compris toiture	0,25	0,25	0,25	0,30	0,30	0,30
premier plancher	0,40	0,40	0,45	0,45	0,50	0,55
Logement en immeuble collectif : dernier et premier plancher	0,40	0,45	0,50	0,50	0,50	0,60

Degré coupe-feu des différents planchers ③

Type d'habitation	Degré coupe-feu
Individuel, isolé ou jumelé, R + 0, R + 1	1/4 heure
Autres individuels, collectifs jusqu'à 8 m au-dessus du sol pour le dernier plancher bas	1/2 heure
Collectifs jusqu'à 28 m au-dessus du sol pour le dernier plancher bas	1 heure
Garages 100 m^2 (5 voitures) inclus dans un bâtiment	2 heures

2. CONSTITUTION DE L'ÉLÉMENT PORTEUR DU PLANCHER

Nota : La terminologie employée dans ce paragraphe emprunte de nombreuses expressions relatives aux règles de calcul du béton armé en vigueur (BAEL 91). Le lecteur non averti aura intérêt à lire d'abord le chapitre relatif aux calculs d'éléments de structure en béton armé page 55.

2-1. Dalle en béton armé, coulée en place

2-1.1. Conception

Dans un premier temps, on peut prendre comme épaisseur de la dalle les valeurs données figure 1. Pour plus de détails, on se reportera page 63.

Le BAEL 91 demande de plus de vérifier les conditions ci-dessous.

- **Les armatures**

Le diamètre des aciers dans une dalle doit toujours être inférieur au dixième de son épaisseur :

$$Øl_{max} \leq h_0 / 10.$$

L'espacement maximum entre les aciers est donné figure 2.

Dans ce cas, on vérifie en outre, pour une dalle d'épaisseur h_0(m) :

- pour les armatures parallèles à l_y (section A_y, diamètre $Ø_y$) :
  si $Ø_y > 6$ mm $\rightarrow$ $A_y \geq 8h_0$,
  si $Ø_y \leq 6$ mm $\rightarrow$ $A_y \geq 6h_0$,
- pour les armatures parallèles à l_x (section A_x, diamètre $Ø_x$) :

$$A_x = \left(\frac{3-\alpha}{2}\right) \times A_y$$

avec $\alpha = l_x / l_y$, h_0 en m, A_x et A_y en cm^2/m.

Les aciers inférieurs sont prolongés sur appuis :

- dans leur totalité si la dalle est soumise à des charges concentrées mobiles,
- à raison d'un sur deux dans le cas contraire, comme indiqué figure 3.

La longueur des aciers supérieurs (dits de chapeau), pour une construction courante, est donnée figure 4.

Ces conditions justifient l'utilisation prépondérante du treillis soudé.

- **Condition de déformation :** B-7-5.
- **Condition de non-poinçonnement**

Cette condition peut devenir déterminante pour l'épaisseur dans le cas de charges concentrées (page 18 pour un parking, par exemple).

Il faut vérifier : $$Q_u \leq \frac{0{,}045}{\gamma_b} u_c h_0 f_{cj}$$

avec

- Q_u charge poinçonnante,
- u_c périmètre de dalle poinçonnée (fig. 5).

- **Vérification à l'effort tranchant V_u**

Il est rare de trouver des armatures transversales dans les dalles sauf si l'une des trois conditions suivantes n'est pas respectée :

- largeur b de la dalle $\geq 3h_0$,
- $\tau_u = \dfrac{V_u}{b \times d} \leq 0{,}07 f_{cj}/\gamma_b$ avec b = 1 m,
- la dalle est coulée sans reprise de bétonnage dans son épaisseur.

① Epaisseur des dalles en fonction des portées				
Portée des dalles pleines en béton (m)	6	5	4	3
Epaisseur h_0 du plancher (cm)	20	17	14	12

② Espacement maximal des aciers

Espacement (cm)	Fissuration non préjudiciable – charges réparties	Fissuration non préjudiciable – charges concentrées	Fissuration préjudiciable	Fissuration très préjudiciable
sur la petite portée	3 h_0 et 33	2 h_0 et 25	2 h_0 et 25 avec Ø ≥ 6 mm	1,5 h_0 et 20 avec Ø ≥ 8 mm
sur la grande portée	4 h_0 et 45	3 h_0 et 33		

③ **Arrêt des aciers inférieurs**

Pour les planchers de bâtiments courants, on peut arrêter la moitié de la section A_x à la distance $a = \dfrac{l_x}{10}$ idem pour A_y.

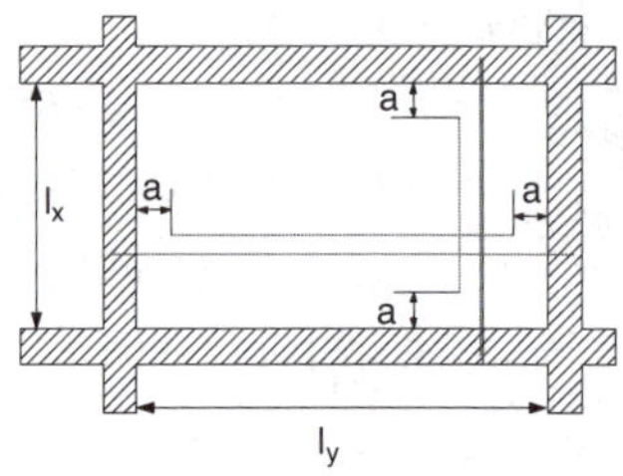

④ **Aciers de chapeau :** Ils sont calculés à l'aide des moments sur appui M_a.

Longueur l_1

$$l_1 = \max \begin{cases} \lambda l_x \\ \text{et} \\ l_s \end{cases}$$

l_s = longueur d'ancrage

$$\lambda \approx 0{,}3 \frac{M_a}{M_x} + 0{,}05$$

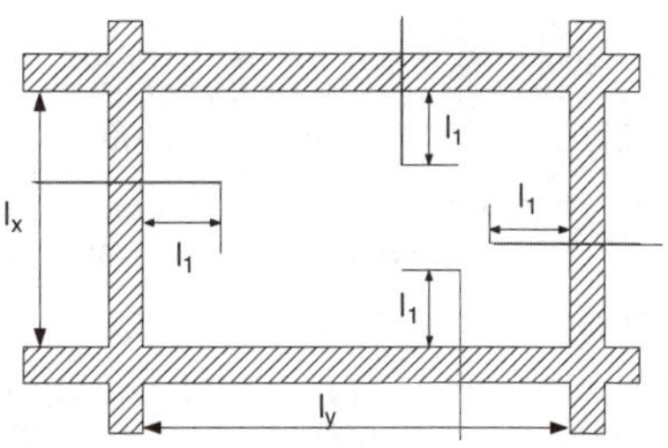

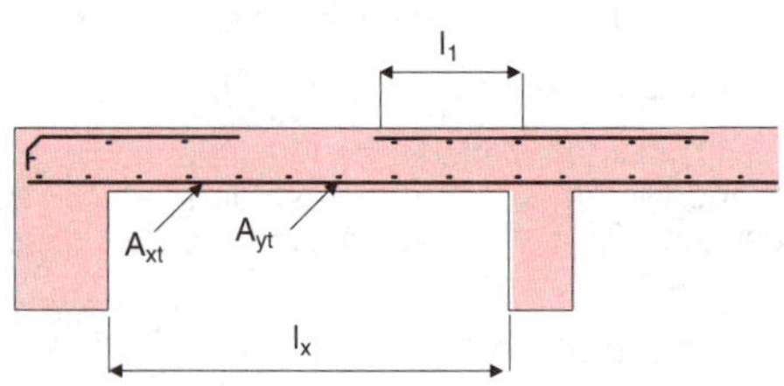

⑤ **Poinçonnement de la dalle**

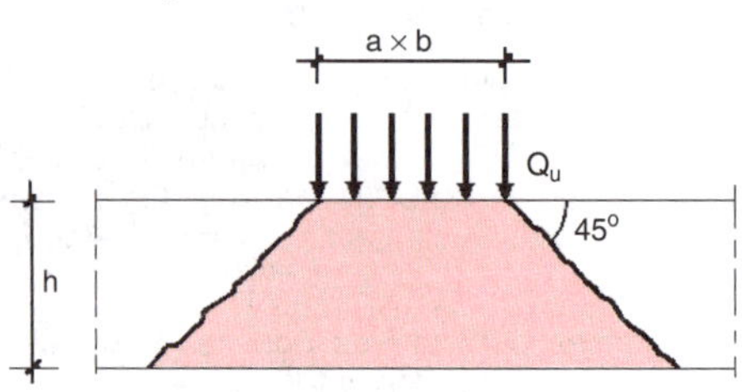

u_c calculé au niveau du feuillet moyen

Ici, pour une charge appliquée sur une surface rectangulaire a × b,

$u_c = 2 (a + b + 2h)$

2-1.2. Détails de ferraillage des dalles

- Les aciers de **chaînage** doivent être prévus au niveau de chaque plancher (fig. 1) :

  – au croisement de chaque mur avec un plancher,
  – en ceinturage de façade.

Le chaînage doit être continu autour de l'ouvrage : figure 2.

La section minimale d'acier est fixée à 1,5 cm^2 (3 HA8 ou 2 HA10) pour un chaînage entre un plancher et :

– un mur de pignon,
– un mur contre terre,
– une façade maçonnée,
– une façade coulée sur place.

Dans les autres cas, cette section est fonction de la largeur L de plancher qui reporte ses charges verticales sur le mur. La section est au moins égale à A avec $A \geq 0{,}28$ L. A est exprimée en cm^2 et L en m. La zone, pour répartir ces armatures de chaînage, est indiquée page 82.

- Les **trémies** sont nécessaires au passage de canalisations, gaines techniques, cages d'escaliers, etc.

Pour une ouverture de petites dimensions qui ne coupe pas d'armatures, aucune précaution particulière n'est nécessaire.

Si des aciers sont interrompus, il faut alors prévoir des renforts de part et d'autre de la trémie. La section de ceux-ci sera identique à celle des aciers coupés : figure 3.

- Sur appuis, le lit inférieur doit être ancré. Dans le cas des treillis soudés, un fil de répartition doit être sur l'appui (fig. 4 et 5).

- Les aciers de chapeau ne doivent pas être mis en place après bétonnage. Sur appuis, ils reposent :

  – sur les chaînages des voiles,
  – sur les aciers de montage des poutres.

Il est nécessaire de placer des chaises ou distanciers pour un bon calage de ceux-ci : figure 6.

① **Chaînage : Coupe verticale**

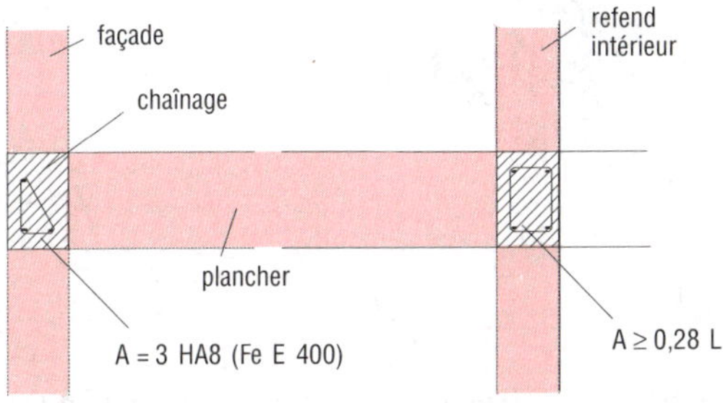

③ **Renforts autour des trémies (a × b)**

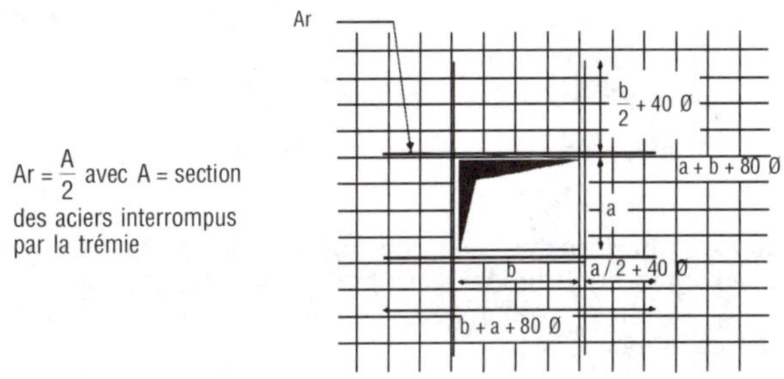

② **Continuité du chaînage dans les angles**

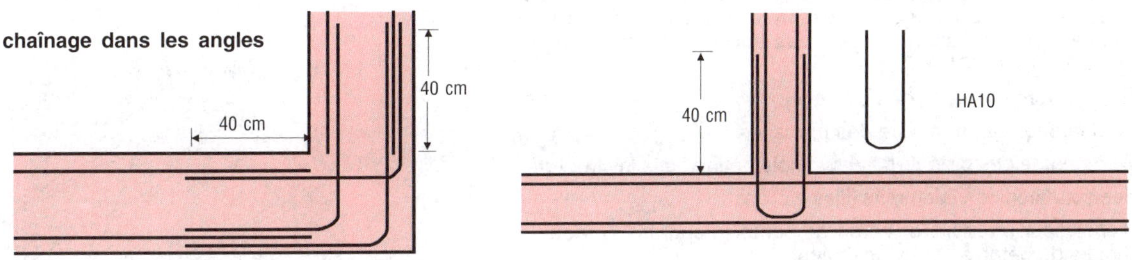

④ **Appuis de rive**

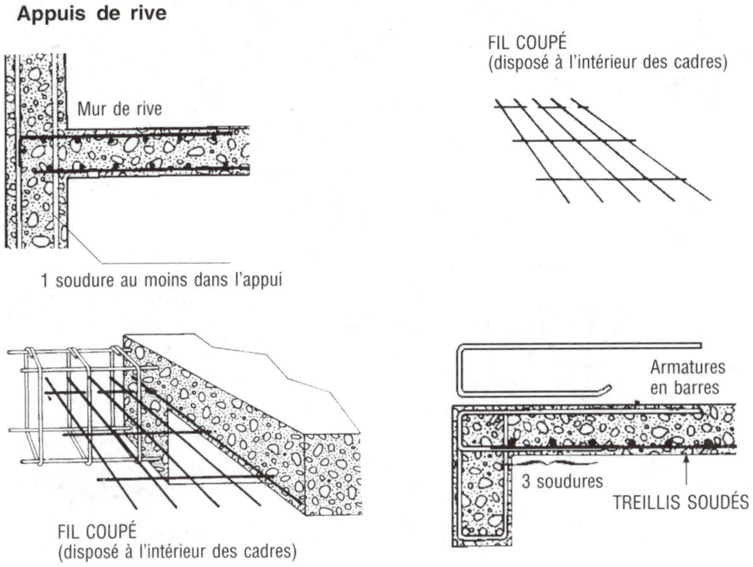

⑤ **Appuis intermédiaires**

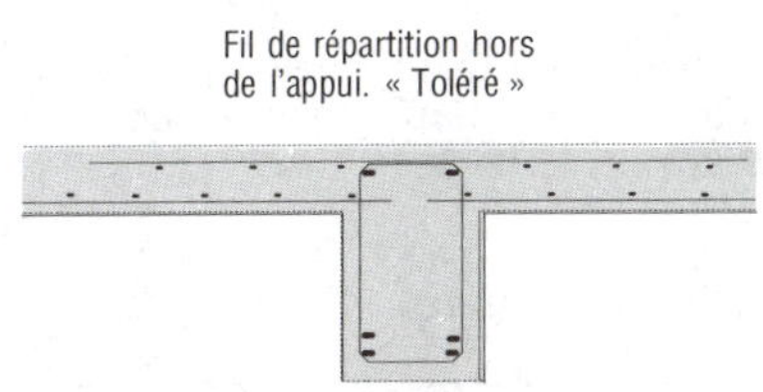

⑥ **Calage des aciers de chapeau**

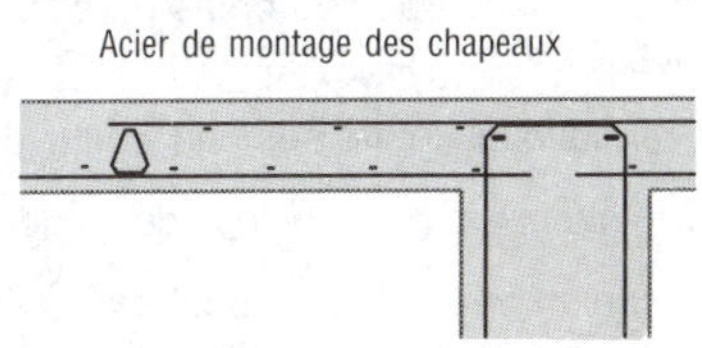

2-2. Dalle en béton armé réalisée avec prédalles

La prédalle est une plaque préfabriquée, en béton armé ou précontraint, destinée à former la partie inférieure d'un plancher : figures 1 et 2.

Son épaisseur, toujours inférieure à la moitié de celle de la dalle pleine, est supérieure ou égale à 5 cm.

La prédalle se substitue au coffrage et participe à la résistance de la structure. L'épaisseur définitive est obtenue par coulage d'un béton de complément sur la prédalle étayée.

La sous-face est lisse et nécessite pour la finition un simple enduit de quelques millimètres pour recevoir la peinture.

- Dimensions des prédalles utilisées couramment :
  - largeur usuelle : 2,40 ou 2,50 m,
  - longueur maximale de 6 m pour des prédalles en béton armé, 8 m en béton précontraint,
  - surface maximale : 20 à 25 m^2.

2-2.1. Conception

L'étude et la mise en œuvre des prédalles sont actuellement régies par :

- les règles BAEL 91 article B 7-6. (p. 55),
- le CPT (Cahier des Prescriptions Techniques) « Planchers » titre II.

Le découpage du plancher en prédalles s'effectue de façon à masquer les joints entre prédalles (à la verticale des cloisons par exemple). Ils seront convenablement traités, afin de ne pas être visibles en sous-face.

On établit d'abord un plan de pose des prédalles à destination du chantier sur lequel figurent (exemple détaillé dans le Chap. Techniques de réalisation des porteurs horizontaux du Précis de chantier AFNOR/NATHAN) :

- **la structure porteuse de l'ouvrage,**
- **la définition géométrique des prédalles,**
- **le repérage des prédalles et leur implantation dans la structure,**
- **les conditions d'étaiements (files d'étais),**
- **l'épaisseur (prédalle et béton de complément), les caractéristiques du béton à couler en œuvre,**
- **les aciers de compléments (chapeaux, chaînages, renforts).**

On pourra indiquer les précautions supplémentaires à prendre lors du stockage.

Ensuite, on réalise, à destination du fabricant des prédalles, un cahier dans lequel sont définis le coffrage, les armatures ainsi que les aciers de levage.

2-2.2. Mise en œuvre

Les prédalles sont mises en place par la grue, le plus souvent à l'aide de palonniers spéciaux afin de réduire les sollicitations de flexion au cours de la manutention : figure 3.

La pose se fait :

- soit directement sur les appuis préalablement dressés (fig. 4),
- soit sur les lisses de réglages (fig. 5).

On place ensuite un étaiement en cours de portée.

Le repos minimum sur appui est de :

- 2 cm sur un voile ou une poutre,
- 4 cm sur un ouvrage maçonné dressé.

① **Coupe verticale sur plancher à prédalle**

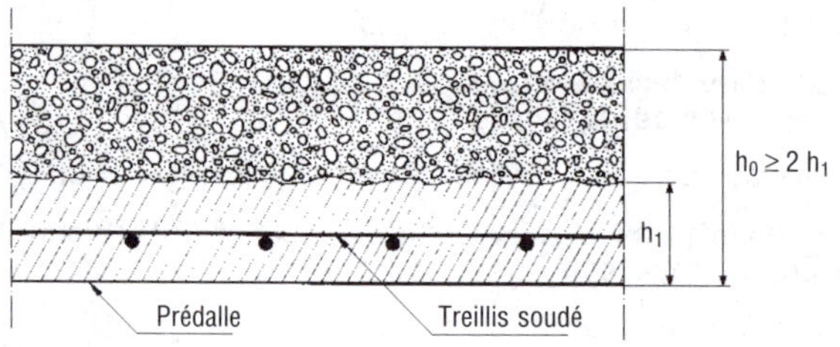

② **Coupe type**

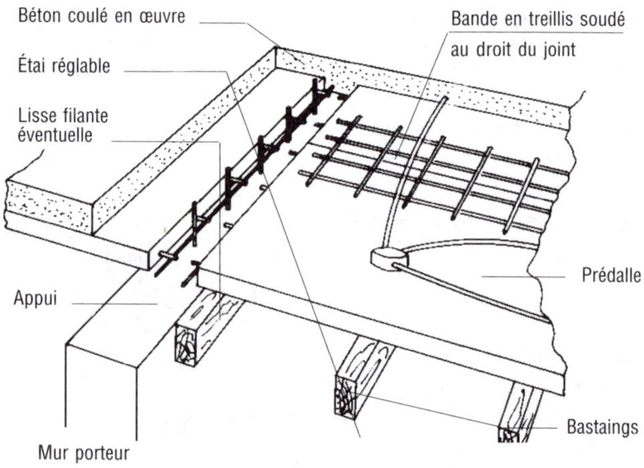

③ **Schéma de principe de manutention par palonnier**
(détails : Précis de chantier AFNOR/NATHAN)

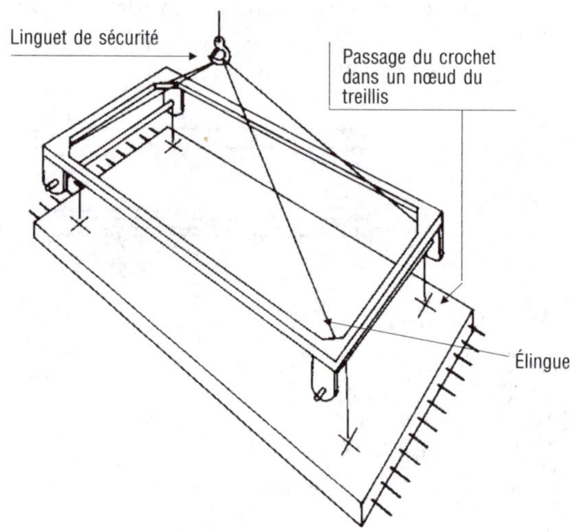

④ **Pose directe**
a = ancrage sur appui
b = repos minimum
b = 2 cm sur voile ou poutre béton armé
b = 4 cm sur maçonnerie dressée + 1 cm si pose sans étais

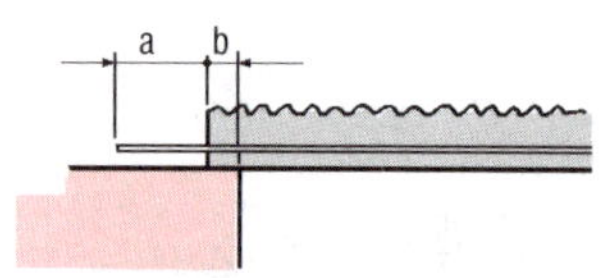

⑤ **Pose sur lisse**

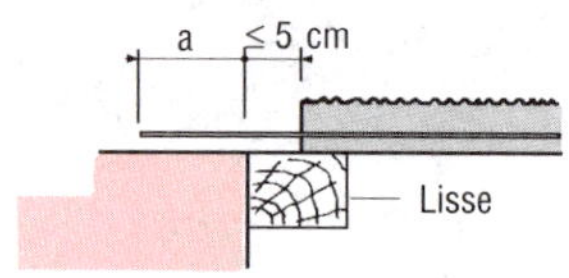

2-2. Dalle en béton armé réalisée avec prédalles (suite)

2-2.3. Armatures longitudinales

a - Étude en phases provisoires

La prédalle doit être justifiée :

- en phase de manutention et de stockage compte tenu des différents points de levage ou de repos (fig. 1a) : les prédalles de dimensions courantes sont déterminées pour être déplacées en prévoyant 4 points de levage. Elles doivent être stockées à plat et appuyées sous leurs points de levage (fig. 1b) ;
- en phase d'exécution du plancher (fig. 2) : on peut se dispenser de cette étude si l'espacement entre les files d'étais est inférieur à 25 fois l'épaisseur de la prédalle.

b - Étude en phase définitive

Le calcul des moments en travée et sur appuis est conduit comme pour un plancher à dalle pleine.

Les aciers calculés sur appuis sont placés (en chapeau) dans le béton coulé en complément.

Pour les armatures calculées en travée, deux cas se présentent selon que la dalle repose sur 2 côtés parallèles ou sur 4 côtés.

- **Cas d'une prédalle reposant sur deux côtés parallèles : figure 3.**

La section Ax des aciers, calculée en travée, est placée dans la prédalle, suivant le sens porteur.

Pour des armatures en treillis soudés, l'espacement entre les fils de répartition doit être inférieur ou égal à 20 cm.

- **Cas d'une prédalle reposant sur quatre appuis**

Si la prédalle couvre complètement la cellule entre les 4 appuis, le calcul est conduit comme pour une dalle pleine et la section Ax des aciers, calculée en travée, est placée dans la prédalle, suivant le sens porteur.

Si la prédalle ne recouvre pas entièrement la cellule, le schéma mécanique est semblable à la figure 4.

On considère qu'il y a une continuité des moments au niveau du joint entre prédalles, mais on majore le moment de calcul de la prédalle (calculée comme une dalle sur quatre appuis) de 10% pour tenir compte des discontinuités au joint. Le ferraillage de liaison entre les prédalles doit être calculé en tenant compte de la continuité du moment.

2-2.4. Armatures verticales

Du fait même de leurs conceptions, les planchers à prédalles possèdent une reprise de bétonnage horizontale. Il faut donc placer des aciers verticaux de couture (armatures transversales) pour reprendre les efforts de cisaillement entre les deux parties du plancher (p. 104). Il existe une dérogation à cette règle quand les trois conditions ci-dessous sont satisfaites :

- la surface de la prédalle possède des indentations de hauteur minimum 6 mm (fig. 7),
- le plancher n'est pas soumis à une charge dynamique et n'est pas en porte à faux,
- la contrainte de cisaillement τ_u est limitée à 0,35 MPa.

Dans le cas contraire, le ferraillage de couture est assuré par des grecques (fig. 6) calculées pour reprendre l'effort de glissement affectant les tiers extrêmes de la dalle (sur $\ell/3$).

Les grecques doivent être placées conformément au dessin de la figure 5. Leur diamètre est compris entre 4 et 8 mm et leur scellement dans la prédalle doit être soigné : figure 7.

① **Manutention prédalle** — **Stockage prédalles**

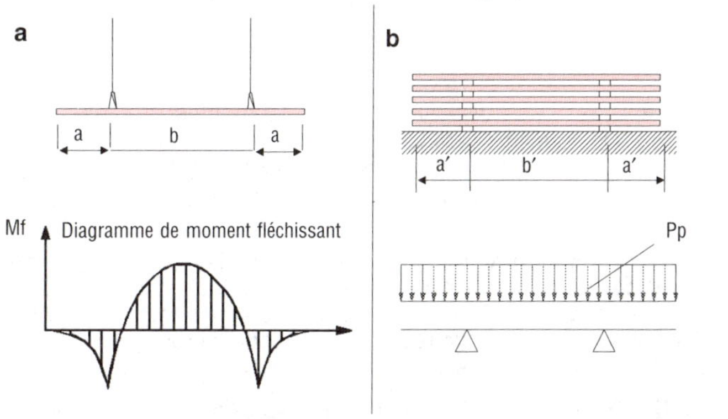

② **Etais**

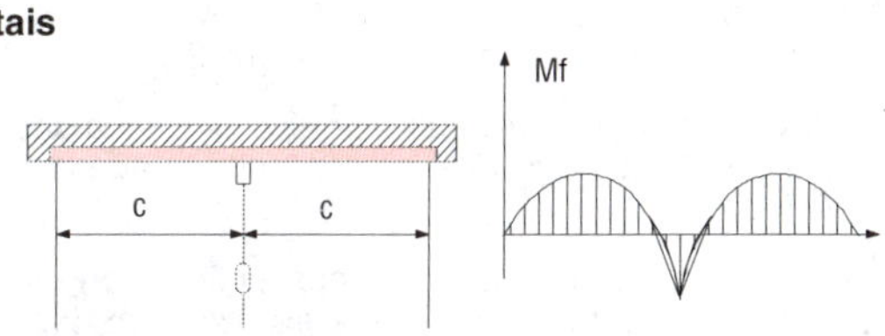

g = poids propre prédalle + partie coulée en place
q = charge d'exploitation du chantier (max. 1 kN et 0,5 kN / m)
On ne tient pas compte de cette phase d'étude si $c \leq 25\ h_1$

③ **Prédalles sur 2 côtés : plan de calepinage**

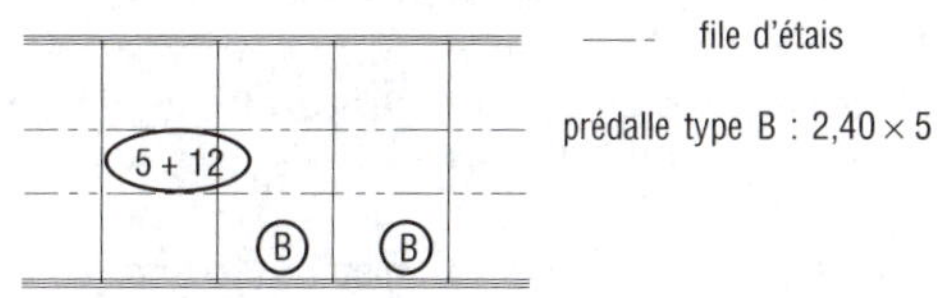

④ **Prédalle d'une dalle sur 4 côtés**

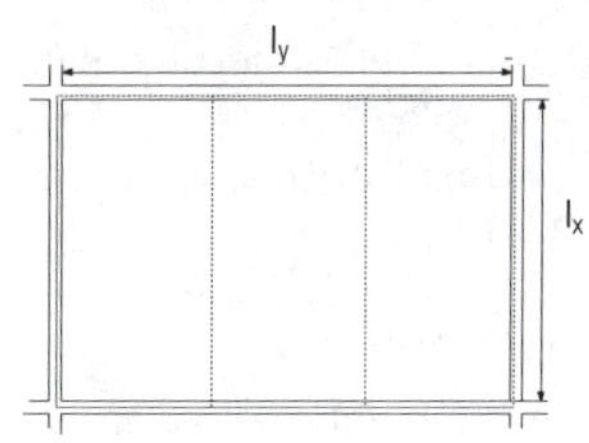

M_x et M_y calculés avec l'annexe E_3 du BAEL 91. Le moment maxi de calcul de la prédalle sera alors de $1{,}10M_x$ (armatures // à l_x) et M_y (armatures // à l_y).

⑤

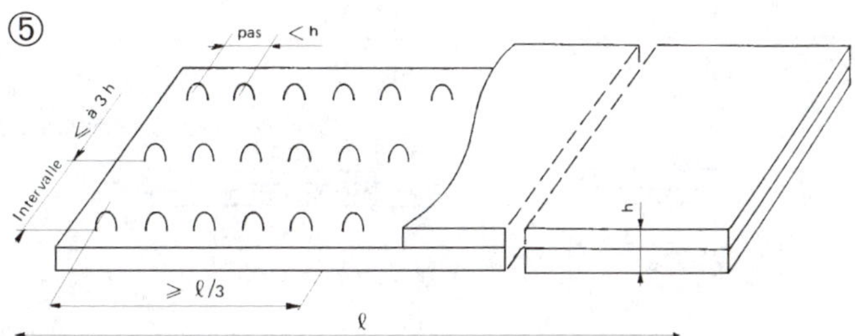

⑥

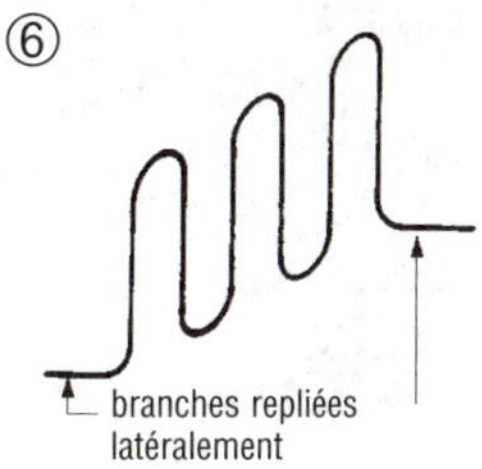

⑦

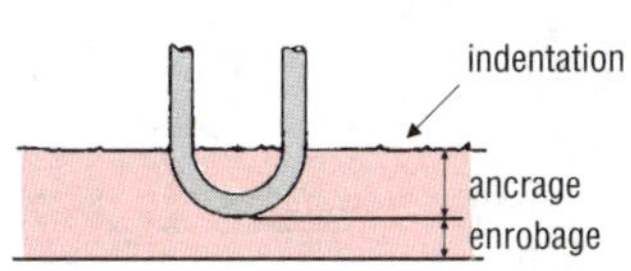

2-2. Dalle en béton armé réalisée avec prédalles (suite)

2-2.5. Détails

- **Sur appuis :** Les dispositions sont les mêmes que pour une dalle traditionnelle en béton armé : une barre transversale du quadrillage doit être placée au-delà de l'appui (fig. 1a). Si l'ancrage est insuffisant, il faut placer des armatures complémentaires (fig. 1b).
- **Liaison, joint entre les prédalles :** Pour les dalles sur deux côtés, on prévoit sur les rives latérales des prédalles des armatures complémentaires placées sur celle-ci. Ces armatures ont la même section que les aciers de répartition. Ils sont ancrés dans le béton de complément : figure 2.

Pour les dalles sur quatre côtés, les aciers de recouvrement, au droit des joints, sont calculés pour reprendre le moment maximum My affectant la prédalle la plus sollicitée, en tenant compte pour ce calcul de la hauteur utile réelle d_2 : figure 3.

- **Les boucles de levage :** Elles sont réalisées le plus souvent en acier doux. Le tableau page 87 donne les efforts admissibles par boucle.
- **Les trémies :** Quand elles sont situées entièrement dans une prédalle et que leur largeur est inférieure à 60 cm, les renforts sont placés dans la prédalle : figure 5a.

Dans les autres cas, on réalise un chevêtre coulé en place, ayant la hauteur totale du plancher : figure 5b.

2-3. Planchers préfabriqués

L'élément porteur du plancher peut aussi être réalisé à l'aide d'une dalle préfabriquée :

- La dalle recouvre complètement une cellule et fait partie d'un système constructif préfabriqué (Voir alors les avis techniques correspondants).
- La dalle seule est préfabriquée et mise en place sur une structure traditionnelle :

On utilise alors le plus souvent des dalles alvéolées en béton armé ou précontraint reposant sur deux appuis : figure 6 et 7.

Les épaisseurs vont de 15 à 30 cm, les largeurs de 50 cm à 1,20 m.

La portée de ce type d'ouvrage est plus importante que pour les planchers poutrelles-entrevous (p. 109).

La pose se fait sans étaiement et la largeur de repos sur appui peut varier de 0 à 10 cm selon les cas.

La dalle de compression est intégrée ou coulée en place au moment de la réalisation des joints entre les panneaux du plancher.

① **Disposition des aciers sur appui**

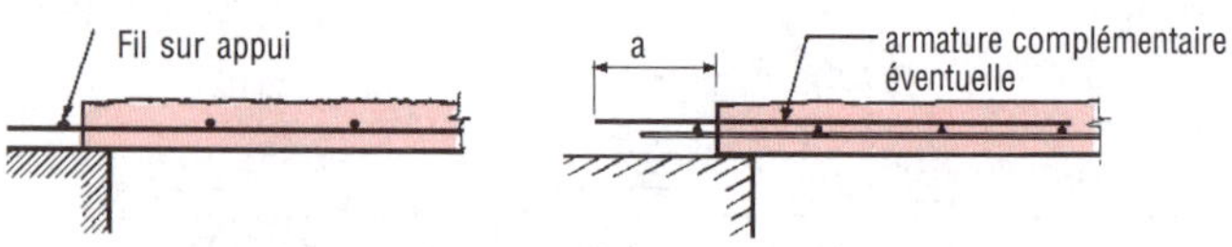

a   b

② **Liaison entre prédalles : dalle sur 2 côtés**

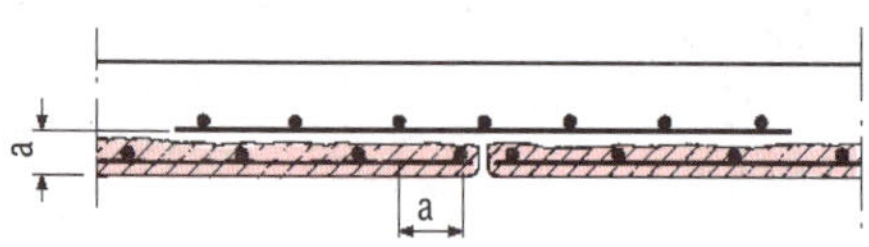

③ **Liaison entre prédalles : dalle sur 4 côtés**

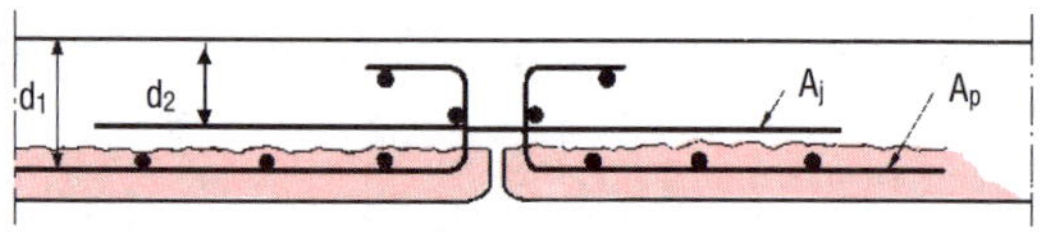

$A_j > A_p$ car $d_2 < d_1$

④ **Boucle de levage**

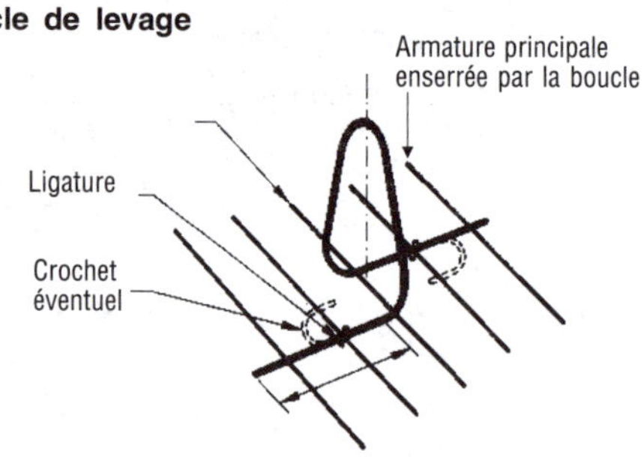

⑤ **a) trémie largeur inférieure à 60 cm**

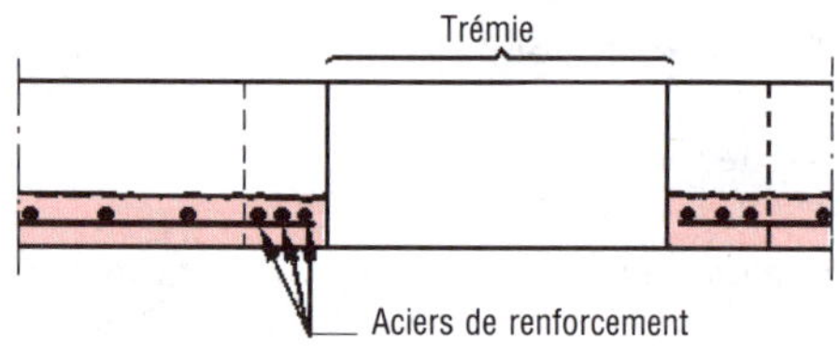

b) autre cas : renfort dans le béton coulé en place

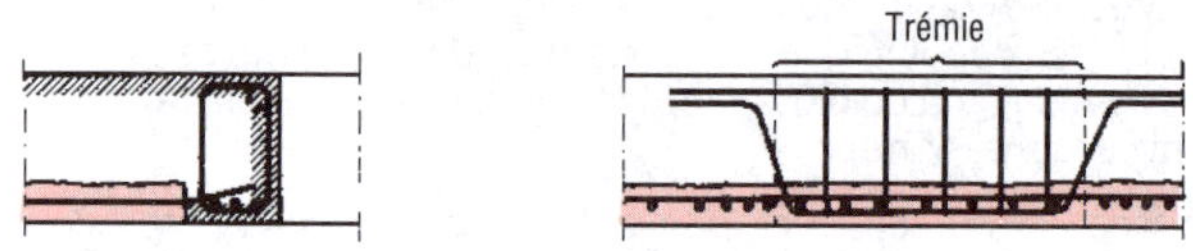

Coupe parallèle à la portée   Coupe perpendiculaire à la portée

⑥

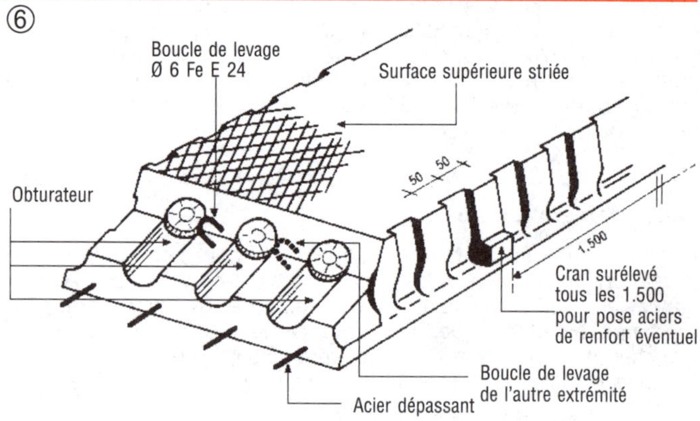

⑦ **Plancher préfabriqué à dalle alvéolée, avec ou sans dalle de compression**

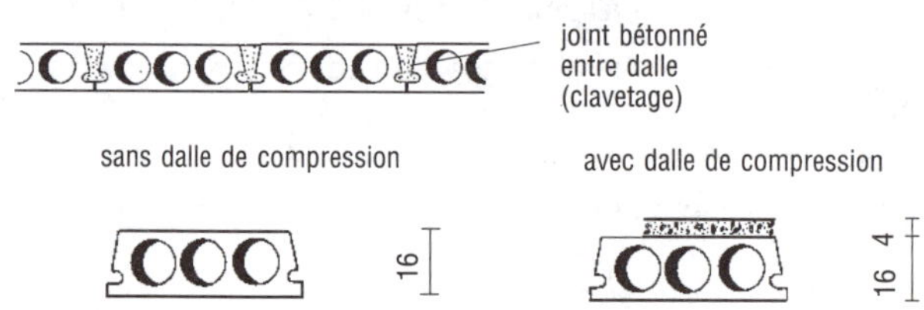

2-4. Plancher poutrelles-entrevous (fig. 1)

Ce type de plancher, très utilisé dans la construction individuelle, permet d'éviter l'utilisation de moyen de levage important. Il est constitué de trois éléments de base :

- des poutrelles,
- des entrevous,
- un béton de clavetage (dalle de compression ou de répartition) rendant l'ensemble monolithique.

Les poutrelles et entrevous sont des produits industrialisés. Ils sont disponibles chez les distributeurs des fabricants, qui fournissent souvent les plans de pose et la nomenclature des éléments à utiliser.

Les planchers à poutrelles ne sont pas considérés comme traditionnels, il faut donc, pour des précisions complémentaires, se rapporter à l'avis technique publié par le CSTB.

2-4.1. Mise en œuvre

Les poutrelles reposent soit :

- sur les murs en maçonnerie, sur les linteaux ou des poutres, qu'on aura préalablement dressés au niveau choisi : figure 2b ;
- sur des lisses en bois juxtaposées aux murs, linteaux et poutres : figure 2a.

Elles sont disposées à espacements réguliers qu'on obtient en plaçant un entrevous à chaque extrémité de poutrelle.

On étaie alors les poutrelles et on pose les entrevous intermédiaires.

On coffre les parties de plancher à couler en place, on pose le treillis soudé puis on coule la dalle de répartition.

2-4.2. Structure porteuse du plancher

On rencontre deux cas :

- 1er cas : le béton coulé sur les entrevous forme une dalle (dalle de compression). Les entrevous ont alors uniquement une fonction de coffrage perdu.

Les entrevous n'ayant pas de fonction porteuse sont :

- en béton (fig. 5a),
- en terre cuite (fig. 5b),
- en mousse de plastique isolante (fig. 5c).

- 2e cas : le béton coulé en place forme un clavetage entre les entrevous en béton et les poutrelles. Les entrevous sont donc porteurs et leur paroi supérieure est renforcée : figure 1b. Leur hauteur est importante.

Dans ces deux cas, les efforts sont ensuite transmis aux poutrelles.

Les poutrelles sont :

- soit en béton armé, composé d'un talon béton et d'une âme en treillis métallique (fig. 3) ;
- soit en béton précontraint (fig. 4).

Les planchers ainsi conçus procurent une économie de béton à couler en place, mais il est conseillé de les utiliser uniquement pour des planchers sur combles non habitables, sinon prévoir un chaînage horizontal tous les 2 mètres (fig. 1b).

①

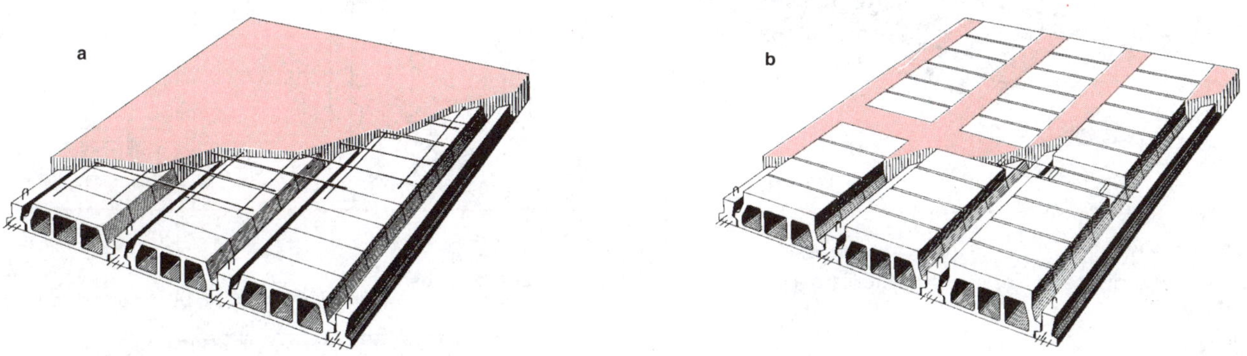

② **Détail d'appui des poutrelles**

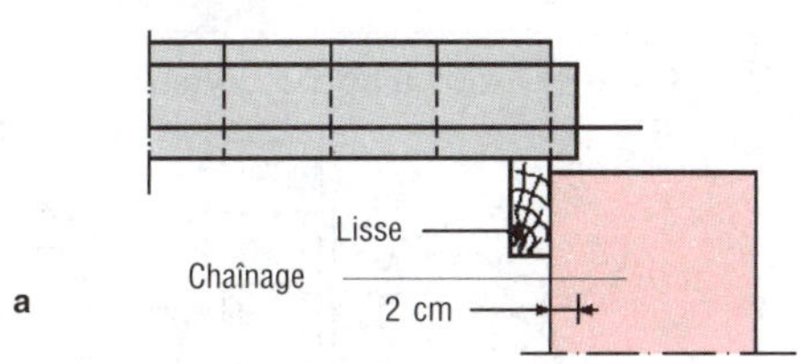

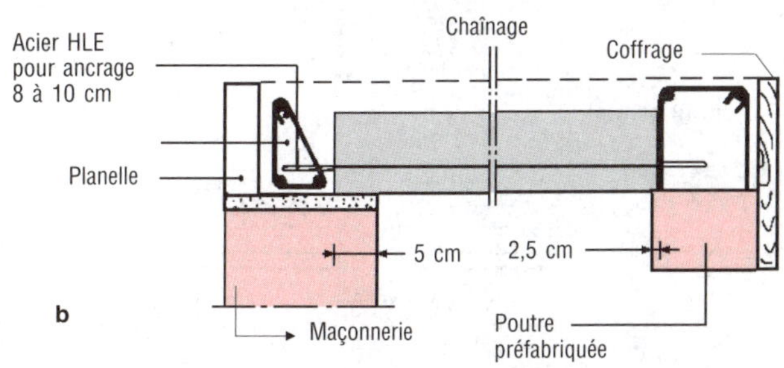

③

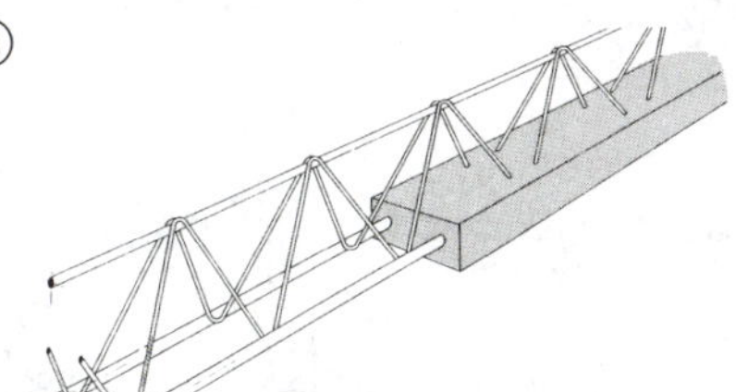

Poutrelle à âme treillis et talon en béton

④

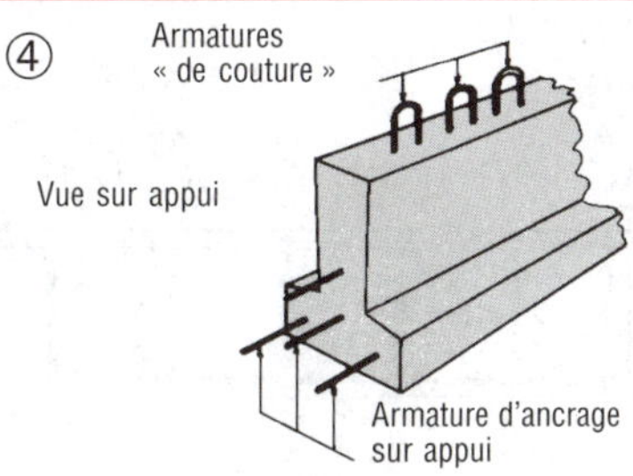

⑤

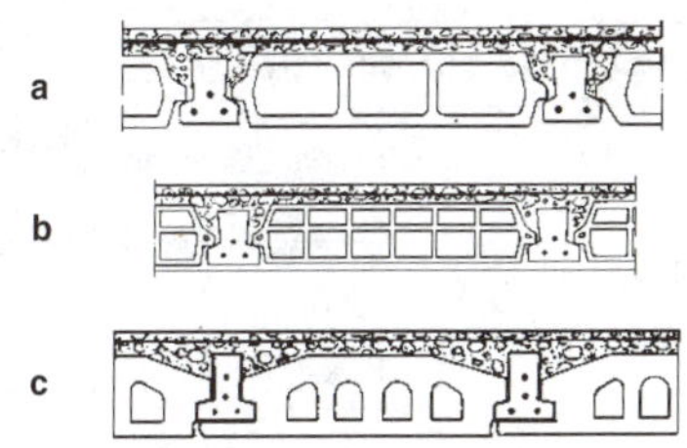

2-4. Plancher poutrelles-entrevous (suite)

2-4.3. La dalle de compression (fig. 1)

Elle joue un rôle de liaison et d'entretoisement général.

Dans la majorité des cas, quand l'entraxe des poutrelles est inférieur à 80 cm, elle est armée d'un treillis soudé (rouleau type R 901 ADETS) comportant :

- parallèlement aux poutrelles : Ø 3,5 mm, e = 200 mm ;
- perpendiculairement aux poutrelles : Ø 3,5 mm, e = 300 mm.

2-4.4. L'étaiement (fig. 2)

Il est obligatoire, sauf pour les planchers sur vide sanitaire où il n'est pas possible de placer ou de récupérer les étais.

En général, pour les planchers de portée courante (4 m), on utilise une seule file d'étais à mi-travée ; dans le cas de portées plus importantes, on place deux files d'étais situées aux 2/5 de la portée à partir des appuis.

La cinématique de pose des étais est indiquée figure 2.

2-4.5. Les chaînages

Le chaînage est le plus souvent réalisé à l'aide d'éléments préfabriqués de longueur standard de 6 m. Il peut être plat, triangulaire ou encore rectangulaire. Sa section est d'au moins 1,5 cm^2.

2-4.6. Les aciers de chapeau (fig. 3)

On place des aciers HA 6 ou HA 8 sur chaque poutrelle. A défaut de calculs plus précis, on peut prendre comme longueur :

- sur l'appui de rive, 80 Ø comptés à partir du nu du mur,
- sur les appuis intermédiaires, prendre le maximum entre 80 Ø et le cinquième de la portée.

2-4.7. Les balcons (fig. 4)

Il est possible de réaliser des balcons à l'aide de la technique poutrelles-entrevous, sous réserve de prendre les précautions suivantes :

- ancrage des aciers principaux de balcon dans la dalle principale (on utilise des entrevous, de faible hauteur (5 à 7 cm), dits « négatifs », afin d'avoir une masse importante de béton pour équilibrer la partie en console),
- réalisation d'un chaînage coulé en place en bout de balcon.

2-4.8. Les trémies (fig. 5)

Aucune précaution particulière n'est à prendre quand la trémie est placée entre deux poutrelles. Si la trémie coupe une ou plusieurs poutrelles, il faut alors prévoir un chevêtre de renfort (appui des poutrelles interrompues) et le doublage des poutrelles adjacentes à l'ouverture. De plus, si la portée du plancher est importante (> à 4 m), on place dans la dalle de compression un chaînage intermédiaire.

① **Aciers porteurs**

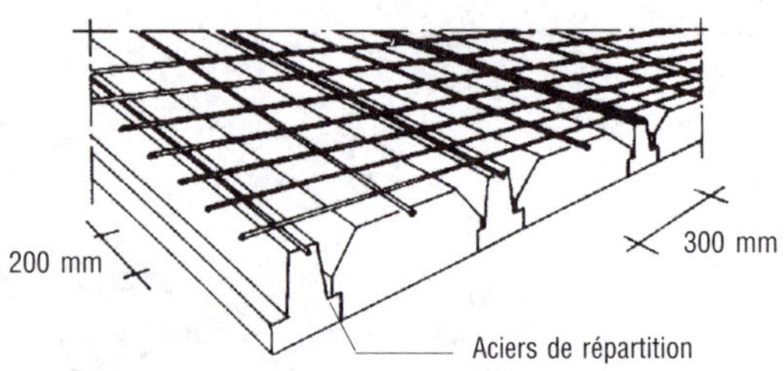

②

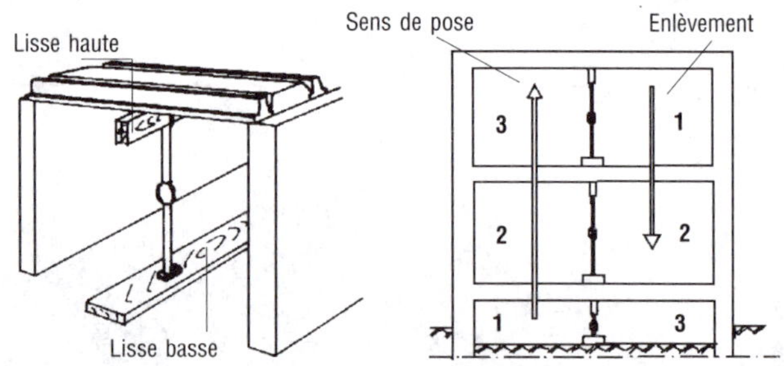

③ **Les chapeaux**

– Ils doivent être disposés au-dessus du treillis soudé.

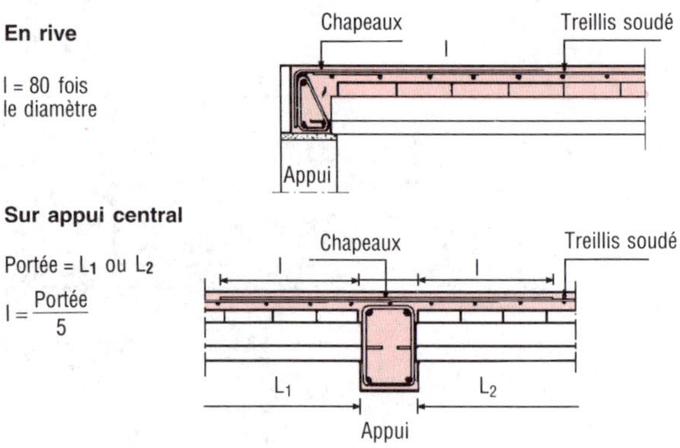

④ **Les balcons**

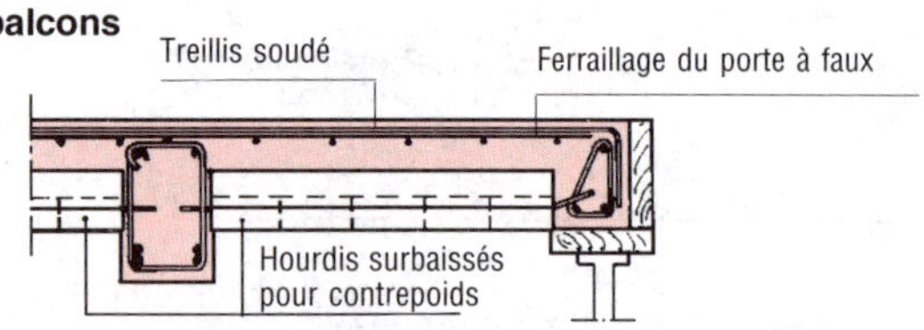

⑤ **Plan de poutraison : détails autour trémie**

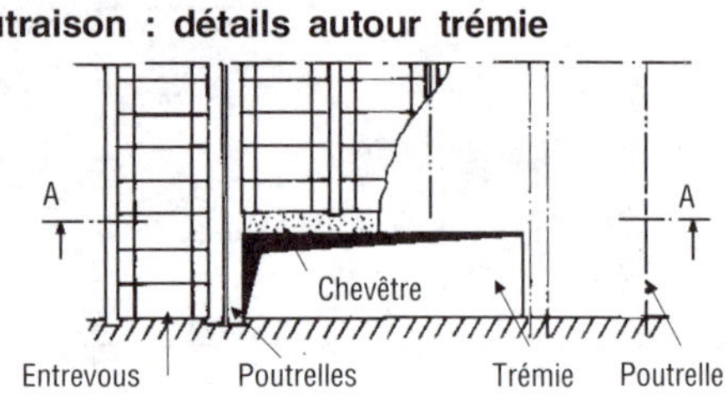

Coupe type sur chevêtre (AA)

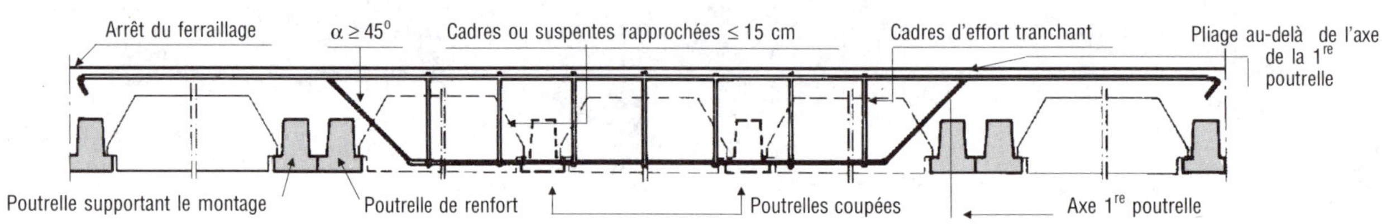

2-5. Dallage

On ne traitera ici que le cas des dallages d'habitation courante, et donc soumis à des charges d'exploitation relativement faibles c'est-à-dire de l'ordre de 2,5 kN / m².

Un dallage se compose (fig. 1a) :

- d'une forme ou sous-couche qui sert de fondation, d'assise sur laquelle est exécuté le corps du dallage ;
- du corps de dallage, constitué d'une dalle en béton armé qui repose sur la forme ;
- d'un revêtement de sol.

2-5.1. La forme du dallage

Elle a un rôle de fondation. Ses caractéristiques mécaniques et physiques doivent être :

- insensibilité à l'eau (et au gel), ce qui pourra conduire à la réalisation d'un drainage périphérique (p. 173) ;
- homogénéité, afin de répartir les charges le plus uniformément possible ;
- résistance mécanique aux efforts et tassements compatibles avec les déformations de la dalle.

Elle est en général réalisée avec :

- un tout-venant stabilisé mécaniquement (mélange de cailloux, gravier, sable dont le pourcentage des fines inférieures à 80 μm ne dépasse pas 20 %) ;
- une grave stabilisée (granulat mélange naturel ou non de sable et gravier) ;
- une grave ciment (ciment CPA ou CPJ 45, à raison de 3 à 5 % du poids de grave).

Elle est surmontée d'une couche anticontaminante (film polyéthylène de 150 μm ou couche de 5 cm de sable par exemple) pour empêcher la pollution du béton par les constituants de la forme au moment de la mise en œuvre : figures 1b et c.

Le film polyéthylène aura de plus une fonction anticapillarité.

Dans le cas d'un bon sol (sol pulvérulent compact), on peut se dispenser d'une forme et réaliser la dalle en intercalant simplement un anticontaminant entre le bon sol et le corps du dallage.

2-5.2. Le corps de dallage

Il est en béton armé d'épaisseur 8 cm à 15 cm. Le béton utilisé doit avoir une bonne résistance à la traction. On utilise alors un dosage en ciment supérieur à 300 kg/m³ (p. 28 et 56).

Ce béton a une consistance normale et est mis en œuvre à l'aide d'une règle vibrante (de préférence).

La dalle est armée à l'aide de treillis soudés (acier Fe E 500). Le diamètre des armatures est toujours inférieur ou égal à h_0 / 10.

L'écartement entre les aciers st ne doit pas dépasser les valeurs suivantes :

- pour les charges uniformément réparties st ≤ 3,5 h_0 ;
- pour les charges concentrées st ≤ 2 h_0.

Le calcul d'un dallage est effectué en appliquant la théorie des plaques ou poutres sur appuis élastiques. On en déduit les armatures. Ces calculs dépassant le cadre de cet ouvrage, on pourra prendre, faute d'étude plus poussée :

– un ferraillage réalisé grâce à un panneau de treillis soudé de 1,10 kg/m² (exemple un panneau type P 131 R ADETS, de préférence à un rouleau pour faciliter l'exécution, page 29.)

Habituellement, la dalle est désolidarisée de la structure. Il y a un joint de rupture autour des voiles et des poteaux : figure 2.

Pour des constructions en maçonneries légères, le dallage pourra avoir un rôle de fondation pour tout l'ouvrage. Dans ce cas, la dalle sert aussi d'assise aux murs périphériques et aux refends. Il faut alors prévoir des armatures de liaisons (fig. 3).

① **Composition du dallage**

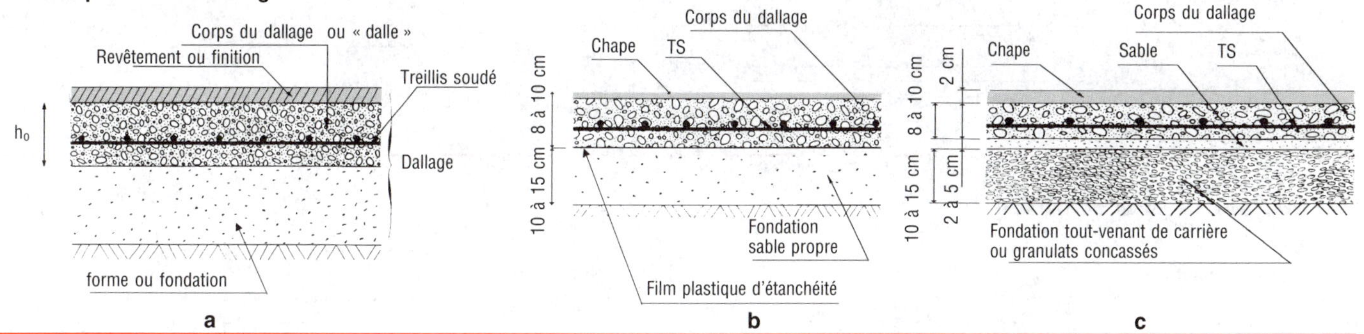

a b c

②

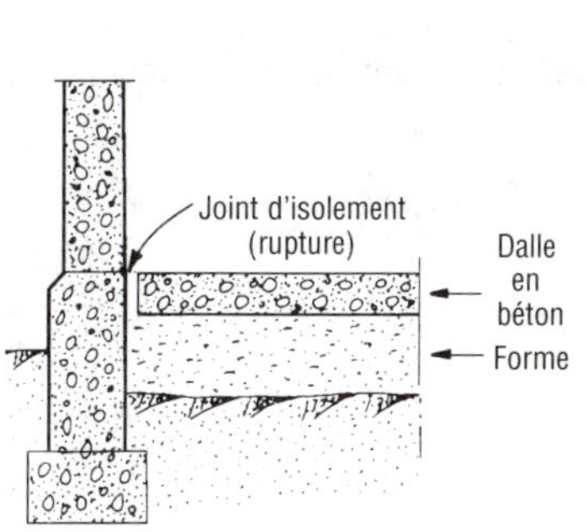

③

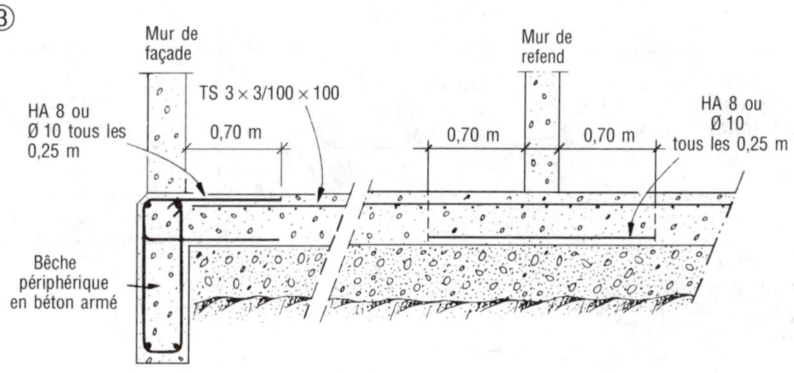

LE DALLAGE SUR TERRE-PLEIN : LES JOINTS

RÈGLES PROFESSIONNELLES : ANNALES DE L'ITBTP DE MARS-AVRIL 1990

Si le dallage recouvre une isolation thermique, on vérifiera qu'elle peut supporter les charges auxquelles elle sera soumise. On la protègera des coulures de béton par un film plastique (fig. 1).

2-5.3. Joints

- **Joints de rupture (page 111), de fractionnement, de désolidarisation ou d'isolement** (figure 2)

Ce sont des joints verticaux, bouchés avec un produit souple, qui coupent complètement le corps du dallage, sur une largeur d'au moins 10 mm. Les joints de fractionnement limitent la surface de dalle à 240 m². Les joints d'isolement permettent de désolidariser le dallage de la structure.

- **Joint de dilatation** (figure 3)

Ce type de joint traverse tout le dallage : sa largeur est de 10 à 20 mm et le treillis soudé est coupé. Pour des dallages extérieurs ou soumis aux rayons du soleil, il est conseillé d'avoir une distance inférieure à 25 m entre joints de dilatation successifs.

- **Joint de retrait** (figure 4)

Quand le dallage ne reçoit pas de revêtement, on concentre le retrait du béton sur des joints qui fractionnent la dalle en panneaux de diagonale inférieure à :

- 7 m pour les dallages non couverts pendant leur exécution,
- 8,5 m pour les dallages couverts.

- **Joint de construction** (figures 5 et 6)

La longueur des règles servant au dressage de la dalle étant limitée, les panneaux de dalle sont arrêtés par des joints de construction, réalisés par :

- des planches ou règles métalliques qu'on retirera avant le coulage de la dalle adjacente (fig. 5),
- des profilés plastiques qui amélioreront, de par leurs formes, la transmission des efforts d'une dalle à l'autre.

Une disposition possible des joints est donnée figure 6.

① **Dallage avec couche d'isolation**

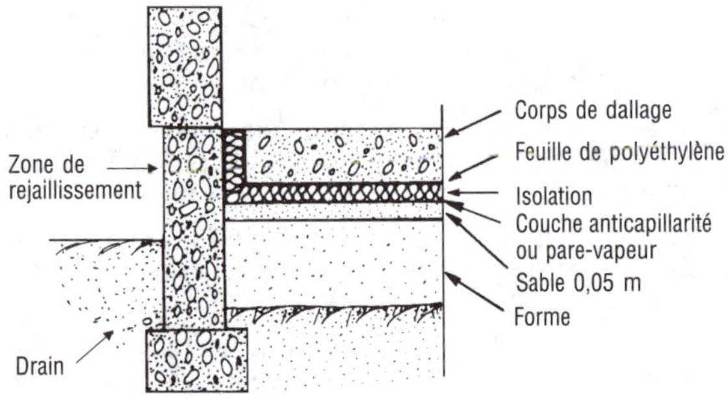

② **Joint d'isolement autour d'un poteau**

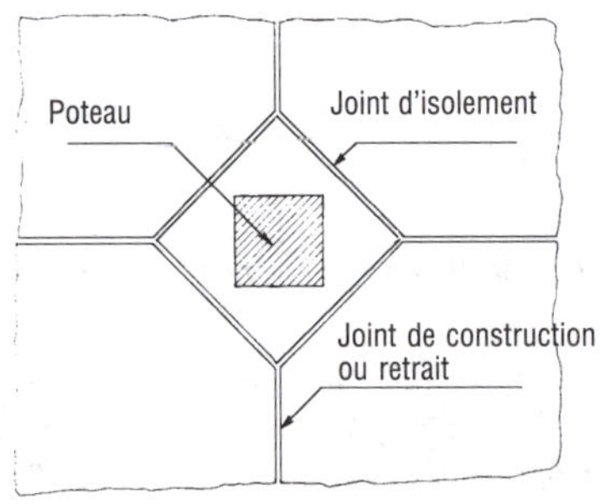

③ **Exemples de joints de dilatation**

④ **Exemples de joints de retrait**

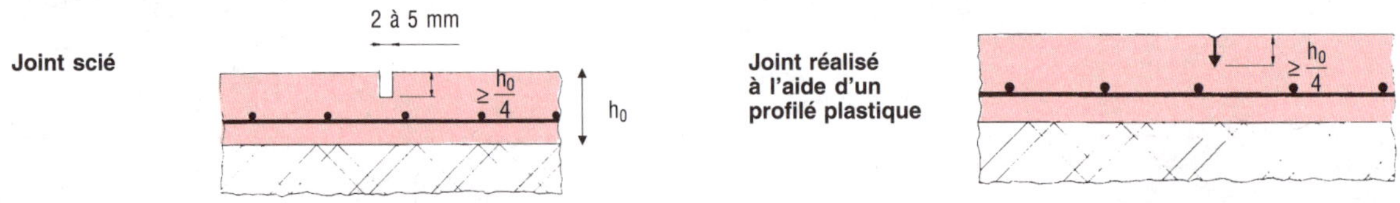

⑤ **Exemples de joint de construction en cornière**

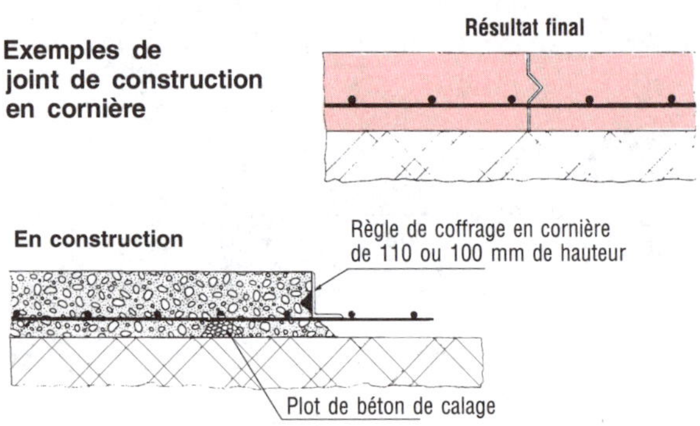

⑥ **Vue de dessus d'un dallage : joint de construction et joint de retrait**

Dans tous les cas, les joints de retrait doivent être en vis-à-vis

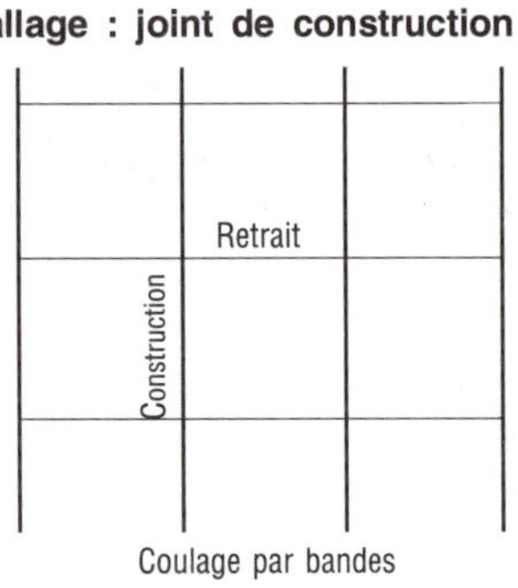

LES REVÊTEMENTS DE SOLS : LES PRODUITS

NF B 10-401, 402, 502, 508, 509 et 513 ; **P 61**-401 à 408 ; **P 61**-341 ; **B 54**-001 à 011

Les revêtements de sol sont les éléments de finition indispensables aux dalles et planchers, pour des raisons de confort, d'entretien ou d'amélioration des propriétés acoustiques du logement, en tenant compte de l'utilisation du local et du type de support du revêtement (plancher béton, bois, acier...).

1. LES PRODUITS

On a pris l'habitude de les classer dans les familles suivantes :

- **Revêtements de sols traditionnels**
  - les dalles en pierres naturelles ou reconstituées,
  - les carrelages,
  - les parquets traditionnels.
- **Revêtements de sols minces**
  - les dalles thermoplastiques,
  - les lés thermoplastiques,
  - les caoutchoucs,
  - les textiles : moquettes,
  - les parquets mosaïques.

1-1. Les dalles en pierres naturelles ou reconstituées

Les dalles naturelles pourront être en calcaire (comblanchien, travertin), marbres, granits, porphyres ou encore en ardoises... Leur épaisseur varie de 7 à 30 mm (NF B 10-401, 402, 502, 508, 509 et 513).

Les dalles en pierres reconstituées sont réalisées avec des éclats de marbre ou autres, moulés avec un liant (granito). Elles se composent d'une semelle en mortier de 1,5 cm complétée par la couche décorative.

1-2. Les carrelages (NF P 61-401 à 408 et NF P 61-341, 401 à 408)

Ils sont en éléments durs, de forme et de dimensions variables (de 30 × 30 cm à 2 × 2 cm). Leurs épaisseurs vont de 3 mm pour les plus petits à environ 15 mm. Ces produits sont en argile cuite et subissent parfois un traitement particulier.

On rencontre :

- les émaux de Briare : cuits autour de 900 °C avec vitrification dans la masse,
- les grès cérames ou grès émaillés : cuits autour de 1 250 °C, ils sont mis en forme par pression,
- les demi-grès : cuits entre 1 100 et 1 200 °C, ils sont mis en forme par étirage, et sont moins résistants que les précédents,
- des terres cuites ordinaires (rayables) et produits de Salerne (non rayables) : cuits de 900 °C à 1 100 °C, ils sont légèrement vitrifiés. Ils sont mis en forme par pression ou étirés. Ce sont les plus fragiles.

1-3. Les parquets (NF B 54-001 à 011)

Les parquets traditionnels sont réalisés avec des lames de bois clouées sur des lambourdes. L'épaisseur est de 23 mm si l'entraxe des lambourdes est de 45 cm, de 16 mm si les lambourdes sont seulement écartées de 30 cm. La longueur des lattes varie de 0,5 à 2 m et la largeur entre 50 et 100 mm (70 mm dans le cas de chauffage par radiateurs ou convecteurs). Les principales essences de bois utilisées sont : le chêne, le châtaignier, le hêtre, le pin maritime...

Les parquets mosaïques se présentent sous forme de dalles carrées 20 × 20 cm, constituées de lamelles d'épaisseur 8 à 10 mm assemblées et collées sur un support.

1-4. Les revêtements de sols minces

La plupart se composent d'une semelle et d'une couche d'usure. Pour ces revêtements, non traditionnels, la planéité est donc assurée uniquement par le support, lequel doit être spécialement préparé. Il existe peu de normes et on devra, dans la majorité des cas, se référer aux avis techniques du CSTB.

2. ISOLATION AUX BRUITS D'IMPACTS (p. 208)

En immeuble collectif, une dalle en béton armé de 16 cm d'épaisseur permet de satisfaire la réglementation acoustique vis-à-vis des bruits aériens. Vis-à-vis des bruits d'impacts, ces performances sont d'environ 13 dB(A) en dessous de la limite réglementaire. C'est donc le revêtement qui devra apporter ce complément d'isolation. Les carrelages et assimilés, placés directement sur la dalle, ne permettent pas d'atteindre cet isolement. On devra donc prévoir une sous-couche résiliente (sous-couche sous le revêtement ou sous une chape flottante) dont la performance devra être supérieur à 13 dB(A).

Exemple : ΔL en dB(A) pour quelques produits courants

- sous parquet bois mosaïque : plaques Phaltex (Isoroy) > 16,
- sous carrelage : rouleaux Assour (Siplast) > 20,
- sous couche dalle flottante : plaques Domisol 303 (St--Gobain) > 26.

3. INTERFACE REVÊTEMENT / SUPPORT

Les revêtements collés sont les moquettes, carrelages collés, dalles ou lés plastiques, caoutchouc, etc. Quand le support est une dalle en béton ou similaire, la pose s'effectue soit :

- sur une chape rapportée en mortier de ciment ou similaire, d'épaisseur 2 à 4 cm,
- sur une chape incorporée à la dalle en mortier de ciment (pas de surépaisseur),
- sur un enduit de lissage, avec réagréage de 2 à 5 mm.

Les revêtements scellés sont les carrelages et dalles de pierre.

Sur un plancher béton (plancher présentant en face supérieure une surface de béton continue), on scelle directement le carrelage, à l'aide d'un mortier de pose d'épaisseur 3 à 4 cm.

Sur un plancher à face supérieure discontinue (quand les éléments du plancher ne sont pas rejointoyés transversalement), il faut rétablir la continuité du support en réalisant une forme de mortier armé ou non, d'épaisseur 4 à 6 cm sur laquelle vient se placer le revêtement.

Dans le cas d'un plancher en béton susceptible de fluer (plancher chauffant par exemple), la forme sera placée sur une couche de désolidarisation constituée soit :

- d'un film plastique,
- d'un lit de sable de 1 cm d'épaisseur,
- d'un feutre bitumé 36S.

Il est contre-indiqué, pour des problèmes de déformation du support incompatible avec le revêtement, de placer du carrelage, des dalles en pierres ou assimilés ou encore du parquet mosaïque sur un plancher à ossature bois.

4. CLASSIFICATION ET UTILISATION

La durée de vie d'un revêtement de sol se présente suivant deux aspects :

– les degrés de résistance des revêtements aux agents mécaniques, physiques et chimiques :

* U : pour la résistance à l'usure (effet de la marche), coté de 1 à 4 (1, 2, 2S, 3, 3S, 4),
* P : pour la résistance au poinçonnement ou usure d'impact (talon aiguille, pied et roulette des meubles), coté de 1 à 3,
* E : pour le comportement à l'eau ou les conditions d'entretien, coté de 0 à 3,
* C : pour le comportement vis-à-vis des produits chimiques (produit de nettoyage ménager, produit pharmaceutique ou alimentaire), coté de 0 à 3.

– l'utilisation des locaux et la sévérité d'usage vis-à-vis des détériorations agissant sur le sol :

* pour les maisons individuelles, tableau 1 ;
* pour les immeubles d'habitations collectives, tableau 2.

① **Maisons individuelles**	**U**	**P**	**E**	**C**
Pièces principales et circulations				
entrée - couloir au rez-de-chaussée - toutes pièces avec porte-fenêtre donnant sur un jardin, balcon ou terrasse - séjour ou pièce attenante au séjour ;	2S	2	1	0
autres pièces sans accès à l'extérieur - chambres à l'étage - local de rangement - circulation à l'étage.	2	2	1	0
Pièces de service				
cuisine - coin cuisine attenant à un séjour ;	2S	2	2	2
salle d'eau, de bain - douche - WC.	2	2	2	1

Note : Pour des locaux situés au rez-de-chaussée, il est impératif de prévoir des dispositifs retenant les grains abrasifs et l'humidité rapportés par les semelles des chaussures (grattoir et paillasson), sinon il faudra augmenter l'indice d'usure U d'un point par rapport aux valeurs ci-dessous.

② **Immeubles collectifs**	**U**	**P**	**E**	**C**
Parties privatives :				
• Pièces principales et circulations intérieures aux logements :				
entrée - séjour ou pièce attenante au séjour - pièce avec porte-fenêtre ;	2S	2	1	0
chambre sans porte-fenêtre - rangement - dégagement intérieur.	2	2	1	0
• Pièces de service :				
cuisine - coin cuisine attenant à un séjour ;	2S	2	2	2
salle d'eau, de bain - douche - WC.	2	2	2	1
Parties communes (circulations)				
hall d'entrée	4	2	2	0
couloir - palier - escalier	3	2	1	0
Espaces extérieurs au bâtiment : (*)				
balcon - loggia - terrasse (privatif) ;	3	3	3	2
coursive - terrasse - escalier - seuil d'entrée (collectifs).	4	3	3	2

(*) Ces espaces peuvent aussi ne pas être revêtus.

③ **Classement UPEC et caractéristiques physiques**	**Epaisseur en mm**	**Classement UPEC**	**ΔLn dB(A)**	**Class^t Feu**
Carrelages	3 à 45	$U_4P_4E_3C_4$ à $U_2P_2E_3C_1$	(1)	M_0
Parquets				
• traditionnel	16 à 23	non classé	11 à 23	M_3
• mosaïque conforme à NF B 54-008	8	$U_3P_2E_1C_0$	5	M_3
avec sous-couche 2 mm de liège	10	$U_3P_2E_1C_0$	13	M_3
Revêtements de sols plastiques				
• sans sous-couche : dalle vinyle-amiante, dalle et revêtement vinyle flexible	1,6 à 3,2	$U_4P_3E_2C_2$ à $U_2P_2E_2C_2$	1 à 3	M_2
• avec sous-couche :				
vinyle sur feutre jute	1 à 4,5	$U_3P_2E_2C_2$ à $U_2P_2E_1C_1$	13 à 19	M_3
sur feutre synthétique	2,2 à 3,5	$U_4P_3E_3C_2$ à $U_2P_2E_1C_2$	11 à 17	M_3
sur semelle liège PVC	3 à 3,5	$U_4P_3E_3C_2$ à $U_3P_2E_2C_2$	7 à 15	M_3
sur semelle PVC alvéolaire	2,5 à 4,5	$U_4P_2E_3C_2$ à $U_2P_2E_2C_2$	13 à 20	M_3
expansés à relief	5	$U_2P_2E_2C_2$	9 à 16	M_3
Revêtements de sols textiles : tapis aiguilletés et moquettes	3 à 8	$U_3P_3E_1C_0$ à $U_2P_2E_1C_0$	15 à 30	M_3

(1) Le ΔLn du plancher est fonction des performances de la couche de désolidarisation entre le revêtement et le plancher.

A l'origine, le rôle du plafond est essentiellement esthétique. On peut lui rajouter les fonctions suivantes selon les cas :

- isolation thermique ;
- isolation ou correction acoustique ;
- protection incendie ;
- passage de réseaux (VMC, chauffage, etc.).

1. PLAFONDS ENDUITS

Sous une dalle en BA, quand la sous-face est de bonne qualité géométrique, un simple enduit de lissage de 3 à 5 mm convient.

Sous un plancher poutrelle entrevous, l'épaisseur de l'enduit plâtre est de 10 à 15 mm.

2. PLAFONDS SUSPENDUS

Quand le plancher possède des retombées (poutres apparentes : solives bois, poutrelles métalliques ou encore poutres béton armé) on réalise un plafond rapporté afin d'obtenir une surface sans décaissé.

• **Première famille de solutions**

On projette du plâtre sur un support lui-même fixé sous le plancher :

- le support peut être un lattis de bois ou métallique,
- le support est une surface horizontale réalisée avec des éléments spéciaux en terre cuite suspendus à l'aide de crochets métalliques : figure 1 (DTU P 68-202).

Cette technique est actuellement peu employée car elle nécessite un personnel qualifié.

• **Deuxième famille de solutions**

On suspend sous le plancher des plaques de plâtre ou autre matériau, vissées sur une structure en bois ou acier, elle-même suspendue sous le plancher. Les plaques possèdent un parement fini (pour la correction acoustique par exemple) ou sont directement préparées pour recevoir la peinture (plaque de plâtre à peindre : figure 2).

① Plafond suspendu avec éléments en terre cuite

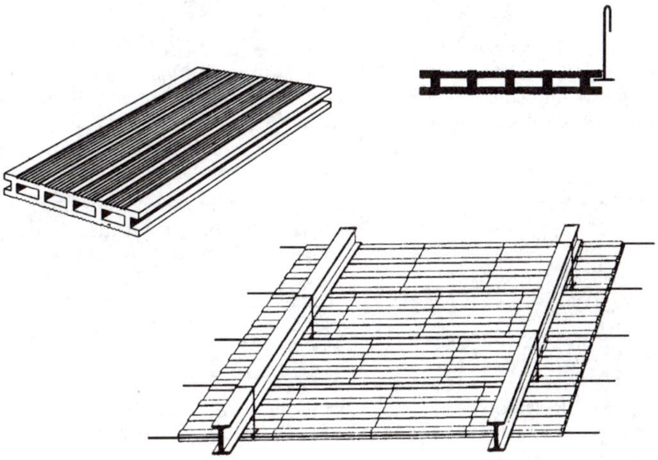

② Plafond sur ossature bois

1 Prégylac ou Prégyvapeur
2 Contre-lattage
3 Ossature primaire
4 Matelas isolant
5 Vis TF 212 ou pointe TF

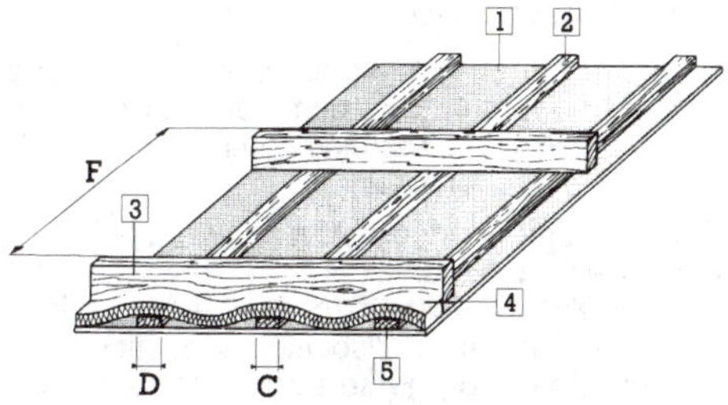

Plafond avec ossature métallique

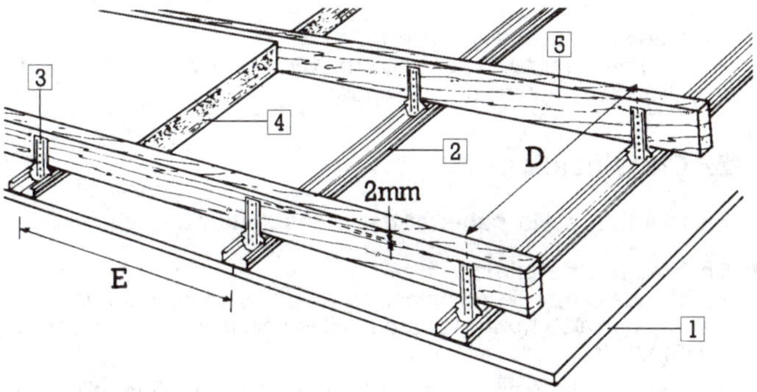

- E = 60 cm pour des plaques de 13 mm d'épaisseur
- D varie de 1 à 3 m selon le type de profil métallique utilisé

1 Prégylac
2 Ossature métallique
3 Suspente
4 Isolant
5 Ossature primaire

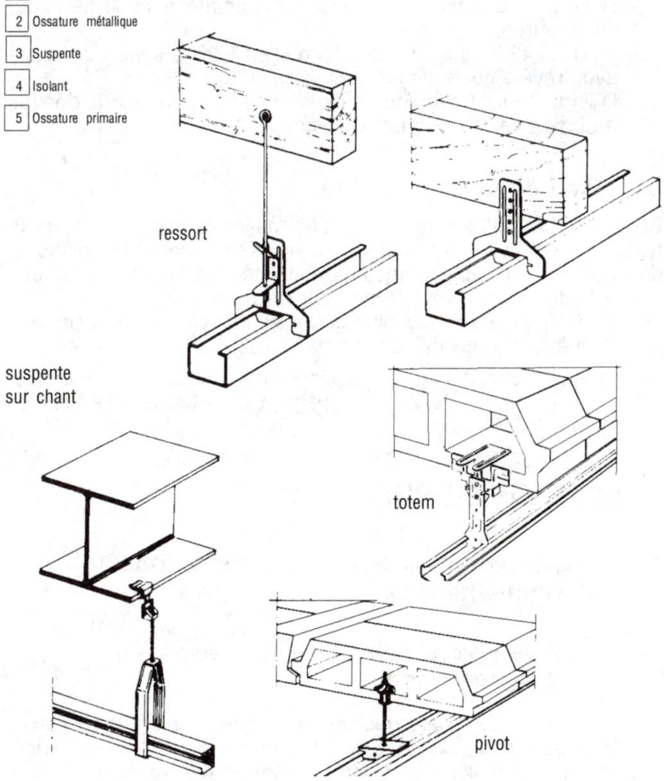

TOITURES-TERRASSES : CLASSIFICATION DES TERRASSES
AFNOR DTU P 10-203-1 (DTU N° 20-12)

1. GÉNÉRALITÉS

1-1. Présentation

Ces toitures (dont l'élément porteur peut être en maçonnerie, en bois ou en métal) sont caractérisées par le fait qu'elles reçoivent un revêtement d'étanchéité continu. Par la suite, on notera TT pour signifier toiture-terrasse.

Dans l'ordre de construction, leur composition la plus courante (fig. 1) est la suivante :
- un élément porteur (p. 117) assurant la stabilité mécanique, la tenue au feu et l'isolation acoustique,
- une forme de pente éventuelle (p. 117) assurant l'écoulement de l'eau vers les évacuations,
- un pare-vapeur en général (p. 118) permettant à l'isolant de conserver ses caractéristiques initiales,
- une isolation thermique (p. 118) protégeant, dans cette position, l'élément porteur des chocs thermiques et limitant les déperditions du local couvert,
- un revêtement d'étanchéité (p. 119),
- une protection de l'étanchéité (p. 120) vis-à-vis des UV et de sollicitations mécaniques diverses.

1-2. Classifications

- **En fonction de la pente et de la destination** (fig. 3)
- **En fonction du climat**
  - TT sous climat de montagne : celles des bâtiments construits à plus de 900 m d'altitude ou celles considérées ainsi par les DPM.

  Nota : On se limitera dans ce chapitre aux TT hors climat de montagne, de pente nulle ou plate et dont le GO est en maçonnerie.

1-3. La réglementation spécifique aux TT

- DTU n° 20.12 : conception du gros œuvre en maçonnerie des toitures destinées à recevoir un revêtement d'étanchéité.
- DTU n° 43.1 : travaux d'étanchéité des TT en maçonnerie pour pente au plus égale à 5 %.
- DTU n° 43.2 : étanchéité des toitures en maçonnerie de pente supérieure ou égale à 5 %.
- DTU n° 43.3 : travaux de toitures en tôles d'acier nervurées avec revêtements d'étanchéité.
- DTU n° 43.4 : travaux de toitures en bois et panneaux dérivés du bois avec revêtements d'étanchéité.

1-4. Plan de toiture (fig. 2)

Établi par l'entreprise de GO, celui-ci définit la composition de la toiture ; il permet à l'entreprise d'étanchéité d'établir les plans et dessins de détail des ouvrages d'étanchéité et indique entre autres :
- une définition complète des formes de la toiture,
- les évacuations d'eaux pluviales et les trop-pleins (emplacement, diamètre ou section) définis page 136.

les positions, dimensions et principes des reliefs et émergences, etc. (pour plus de détails, lire la page 3 du « Cahier des clauses spéciales » du DTU n° 43.1).

2. LE GROS ŒUVRE

2-1. Dispositions vis-à-vis des sollicitations d'origine thermique

2-1.1. Toiture *avec* isolation thermique au-dessus de l'élément porteur

- Tous les joints des superstructures se retrouvent en toiture (dilatation, retrait, tassement) ainsi que des joints éventuels de fractionnement complémentaire limités au dernier étage (joints diapasion).

Les règles BAEL 91 préconisent en fonction de la situation les distances suivantes entre joints principaux :
- 25 m dans les départements voisins de la Méditerannée,
- 30 à 35 m dans les régions de l'Est, les Alpes et le Massif Central,
- 40 m dans la région parisienne,
- 50 m dans les régions de l'Ouest.

- Lorsque les murs du dernier étage comportent de la maçonnerie d'éléments (porteuse ou de remplissage) ou des voiles en béton non armé, l'isolation thermique doit être suffisante (Rth ≥ $1 m^2.°C/W$).

2-1.2. Toiture *sans* isolation thermique au-dessus de l'élément porteur

Cette disposition n'est admise que dans les deux cas suivants :
- ouvrages de faibles dimensions (ex. dalles d'édicules d'ascenseur...) : dimensions maximales mesurées en diagonale de l'ordre de 6 m,
- éléments porteurs verticaux en béton armé (une étude particulière de la toiture est alors nécessaire pour tenir compte des effets du retrait et des variations de la température en fonction des distances entre joints des éléments de construction).

Cas d'une TT inaccessible ①

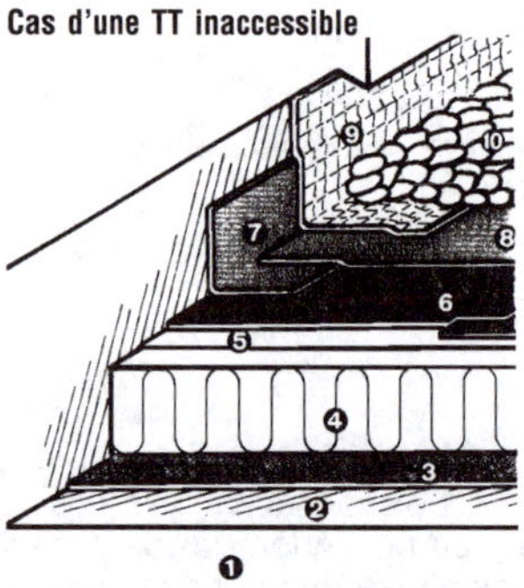

1 : élément porteur en maçonnerie
2, 3 : imprégnation + pare-vapeur
4 : isolation
5 : dispositif d'indépendance
6, 7, 8, 9 : complexe d'étanchéité
10 : protection lourde meuble

Plan de toiture ②

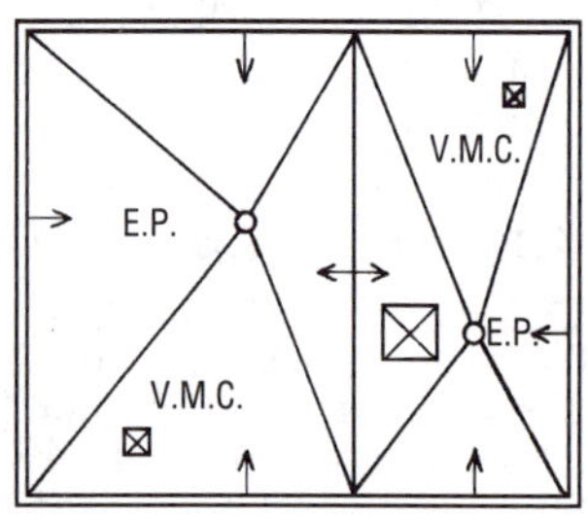

E.P. : descente d'eaux pluviales
V.M.C. : souche de ventilation mécanique contrôlée
↑ : ligne de plus grande pente... etc.

③

Pente (%)	Type de toiture	Destination
0	À pente nulle (non admis en climat de montagne)	Inaccessible (sauf pour l'entretien). Technique ou zone technique. Accessible aux piétons avec dalles sur plots. Jardin.
1 à 5	Plate	Inaccessible (sauf pour l'entretien). Technique ou zone technique. Accessible aux piétons (circulation ou séjour). Accessible aux véhicules VL ou PL (circulation - stationnement). Jardin.
> 5	Inclinée	Inaccessible (sauf pour l'entretien). Rampe d'accès aux véhicules.

2-1.3. **Autres ouvrages** (fig. 2)

Les corniches ou bandeaux saillants non isolés thermiquement ne doivent pas présenter, sauf dispositions spéciales, de masse de béton trop importante.

2-2. Les éléments porteurs en maçonnerie admis par le DTU n° 20.12 (fig. 1)

- type A : au moins la partie supérieure de la dalle est coulée en place,
- type B : éléments préfabriqués en béton armé (BA) ou précontraint (BP) posés jointifs solidarisés par des armatures noyées dans un béton de liaison coulé en place,
- type C : éléments préfabriqués jointifs de nature différente solidarisés par des blocages en béton et/ou des chaînages transversaux en BA réalisés *in situ,*
- type D : éléments préfabriqués (BA ou BP) jointifs solidarisés par des clés continues en béton non armé.

2-3. Forme de pente (éventuelle) : notée f.d.p

Son existence dépend de la destination de la toiture. En général, elle est adhérente à l'élément porteur. La surface rugueuse de ce dernier doit être nettoyée puis humidifiée ; des produits améliorant l'adhérence peuvent être utilisés. Les formes de pente ne sont pas admises sur les éléments porteurs du type D.

Nota : e = épaisseur de la forme.

Confectionnés à l'aide de liants hydrauliques et de granulats minéraux courants, elle est réalisée :

- en béton de gravillons, si e ≥ 3 cm, dosé entre 200 et 250 kg/m^3 de ciment,
- en mortier, si 1 cm ≤ e ≤ 3 cm dosé à 350 kg/m^3 de ciment,

le ciment étant de classe 32,5 au minimum.

2-4. Dispositions constructives relatives aux acrotères

- **Acrotères réalisés en œuvre**

Ils sont solidaires de l'élément porteur de la toiture.

- Acrotères bas (hauteur ≤ 30 cm au-dessus de la protection),
  * obligatoirement en BA
  * le mur de façade peut être en BA ou en maçonnerie d'éléments.
- Acrotères hauts
  * en BA : admis s'ils surmontent des murs de façade en béton banché ou à ossature en BA ou s'ils sont isolés thermiquement sur leurs 2 faces (fig. 3). Ils sont fractionnés au-dessus du bandeau (fig. 5).
  * en maçonnerie d'éléments pleins admis uniquement en terrasse inaccessible, ils doivent être surmontés d'un couronnement étanche.
  * mixtes (fig. 4).

  Ils ne sont pas admis en situation d'exposition « d » (p. 81). Ils doivent être surmontés d'un couronnement. Les matériaux de maçonnerie admis sont :

  la brique pleine enduite ou apparente,

  des blocs pleins en béton de granulats courants,

  les moellons ou la pierre de taille.

- **Acrotères préfabriqués :** les dispositions à respecter sont définies dans la norme NFP 10-210 (DTU N° 22-1)

- **Ferraillage (fig. 6a et b : section A) : HA Fe E 400 ou TS**

Pour les acrotères minces, placer un acier (Ø ≤ 10 mm) ou un groupe d'acier en haut de la pièce.

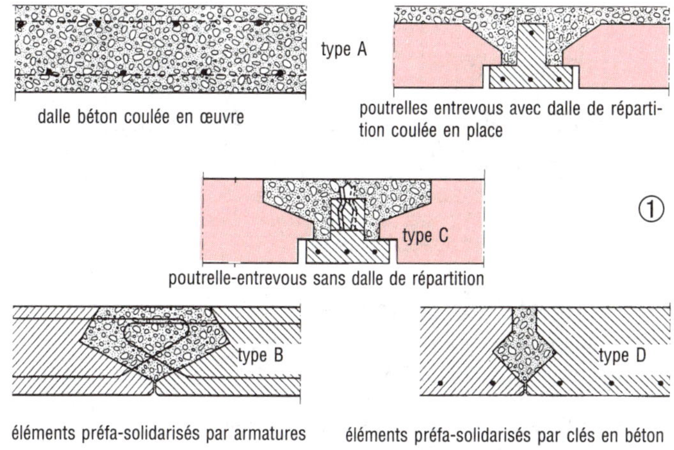

①

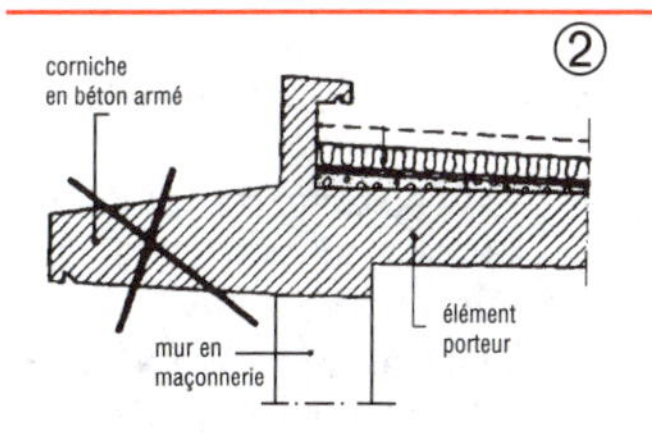

②

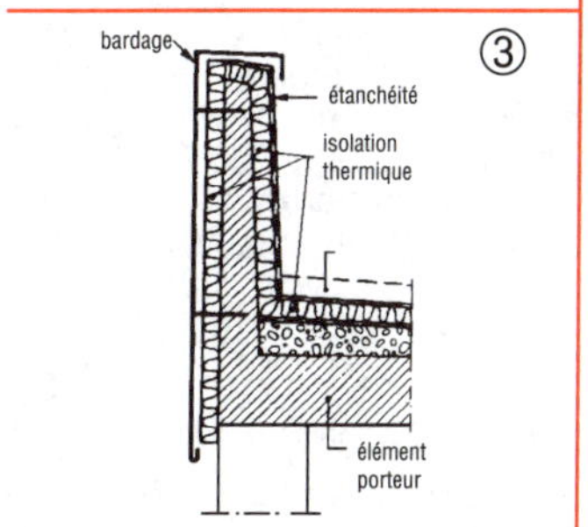

③

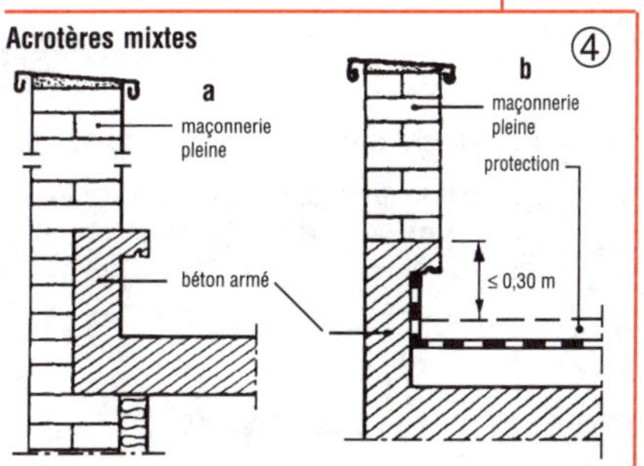

④

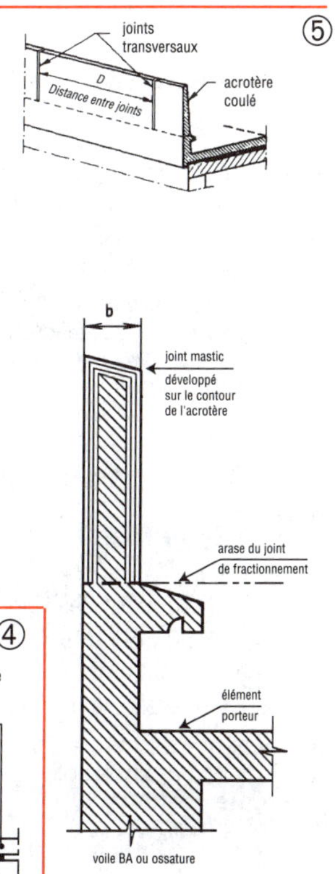

⑤

6a Type	d (m)			
	Région ①	4		8
	Région ②	6		12
BAS	– 0,2 % S si * $ft_{28} \geq 2,4$ MPa * cure / dessication les 1ers jours – sinon 0,25 % S	interpolation linéaire entre 0,2 (0,25) et 0,5 % S Ex : d = 6m, région ① A = 0,25 + (0,5 – 0,25) $(\frac{6-4}{8-4})$		0,5 % S
HAUTS				INTERDIT

Régions : ① sèche ou à forte opposition de température, ② humide.

6b

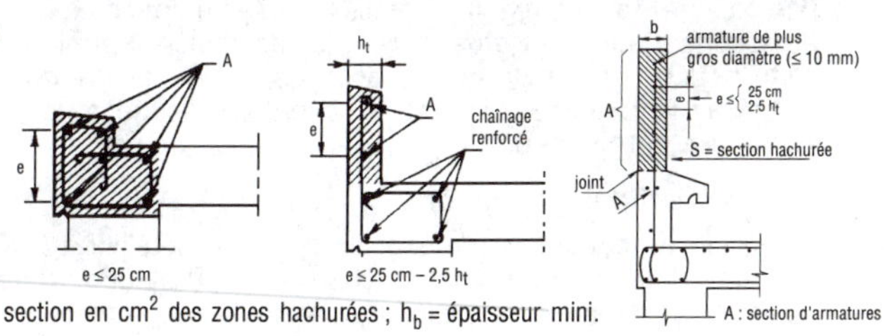

S : section en cm^2 des zones hachurées ; h_b = épaisseur mini.

TOITURES (3/22)
TOITURES-TERRASSES : L'ÉTANCHÉITÉ
AFNOR DTU P 84-204 (DTU N° 43-1), cahiers du CSTB n° 2358 et 2433

3. L'ÉTANCHÉITÉ

Les travaux d'étanchéité des toitures en béton sont décrits par les DTU n° 43.1 et 43.2 (p. 116). Ces documents ne proposent que des revêtements traditionnels (asphalte et multicouche type bitume armé). D'autres matériaux (ex. : bitumes SBS) sont de plus en plus utilisés (fig. 1) : leur emploi relève d'avis techniques établis par le groupe spécialisé N° 5 du CSTB.

3-1. Qualités de l'étanchéité

Selon la situation et l'utilisation de la toiture sur laquelle il est mis en œuvre, le revêtement d'étanchéité subit des sollicitations d'origine thermique et mécanique d'intensité variable. Il devra résister :

- à la fissuration : le type de liaison du revêtement à son support (p. 119) détermine sa résistance à la fissuration ;
- aux effets de la température : les chocs thermiques plus ou moins forts selon les régions peuvent nuire à la bonne tenue des revêtements ;
- au poinçonnement : il peut être dû à des sollicitations statiques (jardinières, système de VMC, stationnement de véhicules, etc.) ou à des sollicitations dynamiques (chutes d'outils, etc.) ;
- au vieillissement : dû à l'oxygène de l'air et aux UV. La durée de vie d'une étanchéité en conditions normales peut être estimée à 30 ans avec entretien.

Un classement performanciel (F.I.T.) des étanchéités de toitures (similaire au classement UPEC pour les revêtements de sols : p. 114) est défini dans les cahiers du CSTB (n° 2358 et 2433). Il doit permettre un choix de systèmes d'étanchéité adaptés à un emploi déterminé en se basant sur trois critères : F (résistance à la fatigue), I (résistance au poinçonnement) et T (tenue à la température).

3-2. « Systèmes » d'étanchéité (exemples figure 2)

La durabilité d'une étanchéité est obtenue par l'association de composants jouant des rôles complémentaires :

- en partie courante : un isolant, un revêtement d'étanchéité et une protection,
- sur les reliefs : le relevé du revêtement et une protection suffiront.

Le système de toiture inversée consiste à placer l'étanchéité sous un isolant imputrescible lui-même surmonté d'une protection. Ce système soumis à avis technique est souvent utilisé en réhabilitation.

3-3. Le support du revêtement d'étanchéité

- **En partie courante, ce support peut être**

  - en maçonnerie (chap. 3 DTU n° 43.1) : aucune règle particulière ;
  - en métal et en bois : se référer aux DTU n° 43.3 et n° 43.4.

Lorsque le revêtement d'étanchéité est placé sur l'isolation, le dispositif comporte :

- un écran pare-vapeur (fig. 3) : limitant ou empêchant la migration de vapeur d'eau provenant des locaux sous-jacents dans la couche isolante,
- une couche isolante (fig. 4) : hormis la réglementation thermique et la conservation du gros œuvre, la résistance thermique de cette couche sera telle que le point de rosée calculé pour la température extérieure minimale de base se situe au-dessus de l'écran pare-vapeur.

- **Ouvrages particuliers** (fig. 5)

Il est possible de concevoir un relief en costière métallique (isolée ou non), sauf lorsque les relevés reçoivent une protection dure,et dans le cas de revêtement asphalte, sur maçonnerie, sans protection.

①

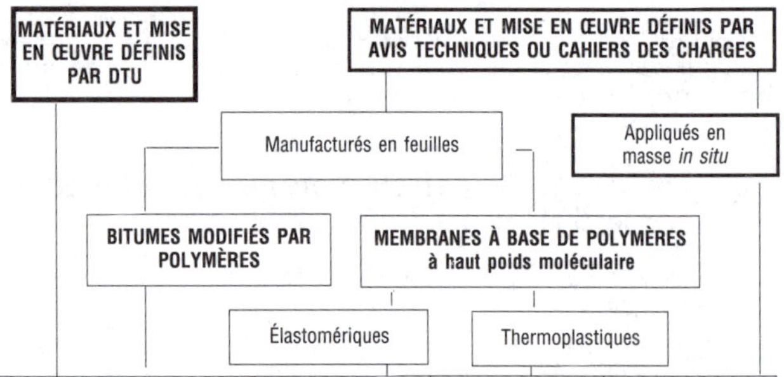

Matériaux manufacturés en feuilles	Bitumes élastomères SBS	CSPE (Polyéthylène chlorosulfoné (Hypalon en feuilles)	CEP (Polyéthylène chloré)	Polyester liquide armé d'un voile de verre
Multicouche à base de bitume oxydée : bitumes armés	Bitumes plastomères APP	Isoprène isobutylène (Butyl)	PVC (Chlorure de polyvinyle plastifié ECB (Ethylène-copolymère-bitume) etc.	CSPE (Polyéthylène chlorosulfoné-Hypalon liquide)
Enduits pâteux (avant 1965)				Polyuréthanne
Ciment volcanique (avant 1973)		Polychhoroprène PDM (Ethylène-propylène-diène-monomère)		Goudron époxy (Epoxy-brai)
Matériaux appliqués en masse *in situ*		PIB (Poly-isobutylène) etc.		Acryliques
				Bitumes modifiés en émulsions
Asphalte				Acéto-chlorure de polyvinyle

② **Différents exemples de système d'étanchéité**

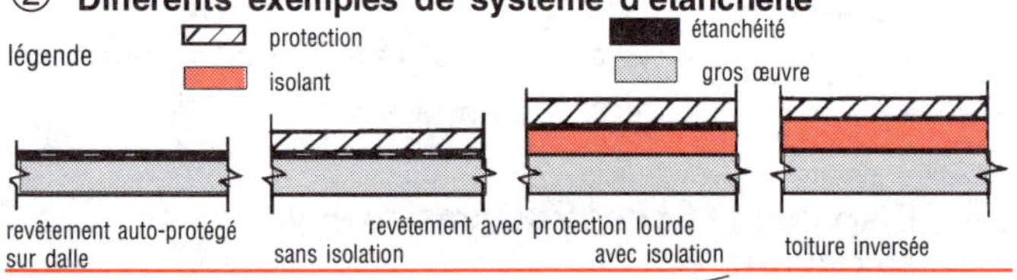

③

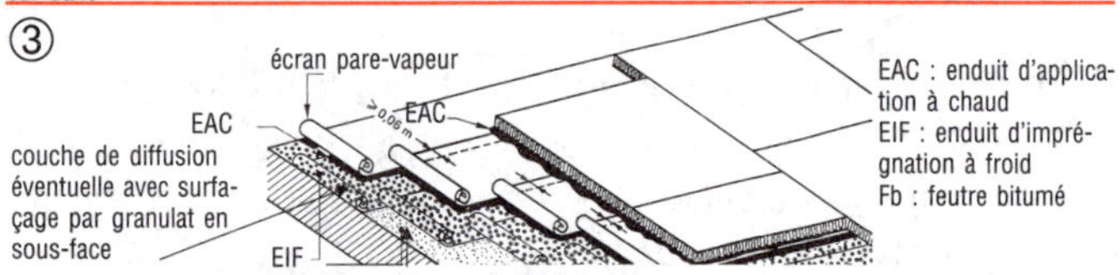

NATURE DU PARE-VAPEUR : fonction de l'hygrométrie et du mode de chauffage des locaux sous-jacents

Type de l'écran / situation	Composition (dans l'ordre de pose)
ÉCRAN COURANT / sur toute maçonnerie. Pour celles du type D, ponter les joints sur appuis.	EIF-EAC-Fb36S (CF ou VVHR). EAC ou sur petites surfaces : EIF-ba40TV ou VVSoude-EAC
ÉCRAN RENFORCÉ / sur plancher chauffants (à résistance électrique incorporée) mixte.	EIF - EAC - barrière à vapeur en alu. bitumé - EAC
ÉCRAN RENFORCÉ avec couche de diffusion : sur locaux à forte hygrométrie et autres planchers chauffants.	dito ci-dessus + fb 36S VVHR perforé à sous face liégée entre EIF et EAC
NOTA : le dernier EAC peut servir au collage des panneaux isolants.	

④ **NATURE DE LA COUCHE ISOLANTE (p ≤ 5 %)**

Polystyrène expansé, mousse de polyuréthanne parementé, liège (aggloméré expansé pur), mousse de verre, perlite-cellulose (perlite expansé et fibre agglomérées au bitume), mousse de polyuréthanne + perlite-cellulose

⑤

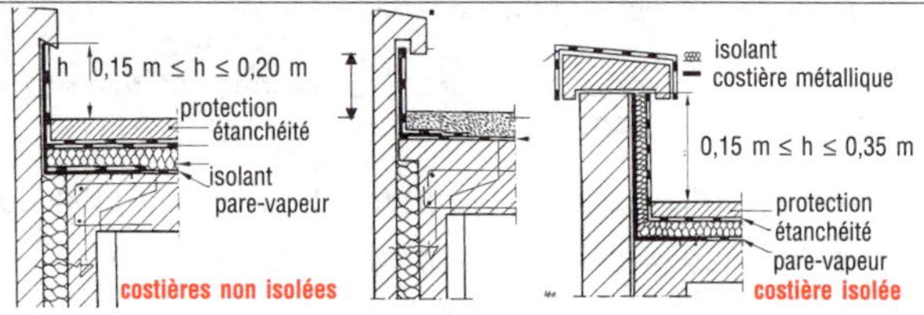

3-4. Les revêtements d'étanchéité (Chap. 6 du DTU n° 43.1)

Un revêtement pourra être posé sur son support :

- en indépendance : solution de base applicable à l'asphalte et aux multicouches (fig. 1) (recouvrement entre lés de la couche d'indépendance : 0,10 m),
- en adhérence : solution réservée aux multicouches et obligatoire sur rampes de circulation des véhicules (obtenue par collage à l'EAC, elle nécessite un support stable ; courante avec revêtement autoprotégé),
- en semi-indépendance : solution applicable à l'asphalte sur rampes de circulation des véhicules (obtenu grâce à un papier perforé, une résille de verre ou une toile de jute : annexe I art. 3 du DTU n° 43.1).

Le pontage des joints sur appuis des supports du type D et des formes fractionnées est obligatoire à l'aide de bandes métalliques (largeur 10 cm) ou en métal-bitume face métal côté support (largeur 20 cm).

3-4.1. Asphalte en partie courante

Ce revêtement est utilisable pour une pente ≤ 3 %, jusqu'à 15 % pour le revêtement type rampe.

Les joints de reprise des couches successives seront décalés de 10 cm minimum les uns par rapport aux autres.

Trois types de ce revêtement existent :

- type courant A : 45 kg/m^2 (toute terrasse) :
  - 1 couche d'asphalte coulé pur de 5 mm,
  - 1 couche d'asphalte coulé sablé de 15 mm éventuellement teintée dans la masse,
  asphalte : qualité étanchéité, sans protection sauf si forte opposition de température (p. 120).
- type P : 90 kg/m^2 (toiture accessible aux véhicules légers ou aux piétons avec dalles sur plots) :
  - les 2 mêmes couches qu'en type A en qualité parc,
  - 1 couche de papier entre deux sans fil,
  - 1 couche d'asphalte gravillonné, qualité protection parc, de 20 mm éventuellement teintée dans la masse.
- type rampe accessible à la circulation des véhicules (sur maçonnerie uniquement) :
  - 1 couche de semi-indépendance,
  - 1 couche d'asphalte gravillonné qualité rampe de 25 mm,
  - 1 résille de verre,
  - 1 couche d'asphalte gravillonné qualité rampe de 25 mm constituant le revêtement de circulation.

3-4.2. Multicouches en partie courante

Recouvrements de 6 cm minimum dans les 2 sens collés à l'EAC ou soudés pour les chapes bitumes armés.
Sur panneaux isolants en polystyrène ou équivalent, le recouvrement des feuilles du 1er lit sera de 20 cm minimum, collé en lisière sur 6 à 10 cm.

Composition selon la pose (fig. 2) :

- pose en indépendance (fig. 4),
- pose en adhérence, on distingue les multicouches de :
  - type courant (EAC + ba40TV + EAC + ba40TV + EAC + fb36 PY.VV / g = 13,4 kg/m^2) à renforcer au droit des charges localisées > 4,5 kN/m^2 par (EAC + ba 40 TV),
  - type rampe (EIF + EAC + ba 50 TV.VV.HR + EAC + ba 50 TV.VV.HR + EAC / g = 13,6 kg/m^2).

Nota : Une protection lourde est obligatoire.

3-4.3. Ouvrages horizontaux de faible surface

Ces ouvrages (loggias, balcons, couvertures d'édicules non isolées, couronnements et bandeaux saillants revêtus) reçoivent des revêtements différents de ceux décrits plus hauts (DTU n° 43.1 § 6.6).

3-5. Relevés d'étanchéité

- Pose en adhérence obligatoire.
- Les joints verticaux des reliefs sont pontés par une bande bitume armé (ba autoprotégé alu) de 20 cm de largeur avec retour en talon de 10 cm ; cette bande (fig. 3), posée face métal contre béton, collée suivant des lisières de 5 cm, est indépendante du béton sur 5 cm de chaque côté du joint. Recouvrement latéral de 6 cm au minimum (fig. 5).
- Les relevés peuvent être autoprotégés en toiture accessible si un ouvrage les protège (sans empêcher l'entretien) ; dans les autres cas ils reçoivent une protection en dur (celle-ci ne peut être mise en œuvre sur revêtement recouvrant une bande d'équerre métallique).

① NATURE DE LA COUCHE D'INDÉPENDANCE

Revêtement / Support	Asphalte	Multicouches
Maçonnerie	Feuille papier entre 2 sans fil	dito ci-contre ou écran voile de verre
Panneau isolant	dito ci-dessus ou 2 feuilles de kraft	écran voile de verre

Nota : la première feuille des multicouches comprendra en sous-face des billes de lièges ou une feuille d'aluminium pour du papier, un kraft crêpé pour du voile de verre.

② Type de pose des revêtements multicouches

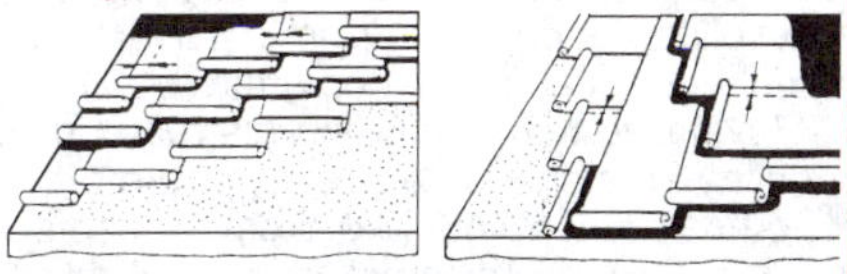

Pose à lits successifs — Pose à lits croisés

③

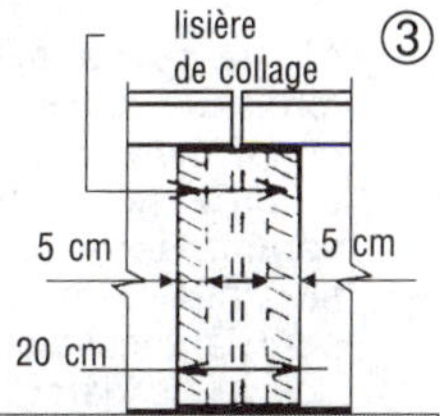

④ Composition des multicouches posées en indépendance

Support	Terrasse inaccessible charges < 4,5 kN/m^2	Terrasse accessible charges > 4,5 kN/m^2	Pour charges[1] localisées > 4,5 kN/m^2
Maçonnerie	1 feutre bitumé type 36 S VV-HR 1 couche d'EAC 1 bitume armé (ba) type 40 TV 1 couche d'EAC + 1 feutre bitumé type 36 S W-HR Masse moy. au m^2 : 10 kg	1 feutre bitumé type 36 S VV-HR + 1couche d'EAC 1 bitume armé type 40 TV 1 couche d'EAC + 1 bitume armé type 40 TV Masse moy. au m^2 : 12,2 kg	+ 1 couche d'EAC 1 bitume armé type 40 TV
Panneau isolant	comme ci-dessus + 1 feutre bitumé type 36 S PY-VV Masse moy. au m^2 : 10 kg	1 bitume armé type 40 TV + comme ci-dessus + 1 feutre bitumé type 36 S PY-VV Masse moy. au m^2 : 12,2 kg	

(1) Emplacement de jardinières lourdes, chemin de roulement...

⑤

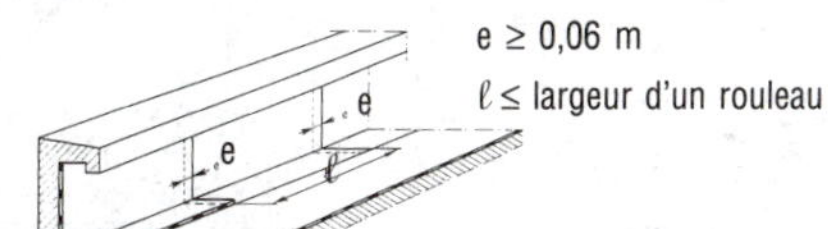

TOITURES-TERRASSES : LES PROTECTIONS DES REVÊTEMENTS

AFNOR DTU P 84-204 (DTU N° 43-1)

3-5. Relevés d'étanchéité (suite)

– Composition des relevés d'étanchéité
– Exemples : figures 1, 2, 3, 4, 5, et 6.

3-6. Protection des revêtements d'étanchéité

3-6.1. En partie courante

L'autoprotection (relevé des TT inaccessibles ou de pente > 5 %), constituée par des feuilles métalliques minces (alu,...), avec ou sans granulés minéraux de surface rapportés, sur les matériaux d'étanchéité en feuilles.

Les protections lourdes :

- **meuble** (TT inaccessible) : couche de granulats roulés ou concassés (ép. min. = 4 et 6 cm si $R_{iso} \geq 2\ m^2\ °C/w$),
- **dure** (TT accessible à la circulation piétonnière) désolidarisée de l'étanchéité et fractionnée (sauf l'asphalte gravillonné) sur toute son épaisseur par des joints, garnis d'un produit imputrescible apte aux déformations alternées, périphériques (en bordure des reliefs et émergences de toute nature) et complémentaires (voir ci-dessous).

Elles peuvent être coulées :

- **asphalte gravillonné** (AG de 20 mm) sur asphalte type A (support maçonnerie uniquement) désolidarisé par 2 feuilles de papier kraft ; réservé à la circulation,
- **chape ou dallage recevant un revêtement de circulation :** forme de sable de désolidarisation (e ≥ 2 cm), papier kraft, chape mortier (e ≥ 3 cm) ou dalle en béton non armé (e ≥ 4 cm) ou armé (e ≥ 5 cm). Revêtement de circulation (carreaux grès cérame, terre cuite, dalles en pierre dure scellées au mortier, suivant DTU n° 52.1, ou dalles sur plots (3 à 5 cm de hauteur pour la circulation de l'eau). Fractionnement tous les 6 m par des joints garnis (e = 2 cm) et tous les 3 m par des joints secs, dans les deux sens.

Elles peuvent être constituées d'éléments préfabriqués posés :

- **dalles en béton ou en pierre dure** posées sur lit de sable (e ≥ 3cm) à joints secs (le lit est garni en surface de mortier maigre) ou à joints (e = 1 cm) garnis de mortier de ciment ; fractionnement tous les 6 m par joints garnis de 2 cm dans les 2 sens,
- **éléments en terre cuite non autobloquants** posés sur lit de sable, (e ≥ 3 à 4 cm) stabilisé par 150 kg de ciment par m^3 de sable, étendu sur feuille polyéthylène ; joints (5 à 10 mm) garni de sable 0/1 mm, de mortier, etc.
- **pavés en béton (e ≥ 6 cm) autobloquants ou non, pavé en terre cuite (e ≥ 4 cm) autoblocants** sur lit de sable de 4 cm posés à joints secs,
- **dalles sur plots sur revêtement asphalte du type P ;** ce revêtement reçoit directement les plots si leur sous-face est rigide et présente une surface de contact supérieure à 300 cm^2. D'autres revêtements d'étanchéité soumis à avis technique sont aptes à recevoir directement des plots (exemple : les bicouches élastomère).

Nota : pour les TT jardins, TT accessibles aux véhicules et TT techniques se reporter aux pages 122 et 123.

3-6.2. Protection des relevés

– Autoprotection en TT inaccessibles, techniques, accessibles aux piétons et aux véhicules si un écran protecteur démontable existe (type bardage).

– Protection en dur (fig. 7) : obligatoire en TT jardins, courante en TT accessibles. Elle est fractionnée verticalement tous les 2 m par un joint sec, munie ou non d'un talon, séparée de la protection des parties courantes par un joint garni.

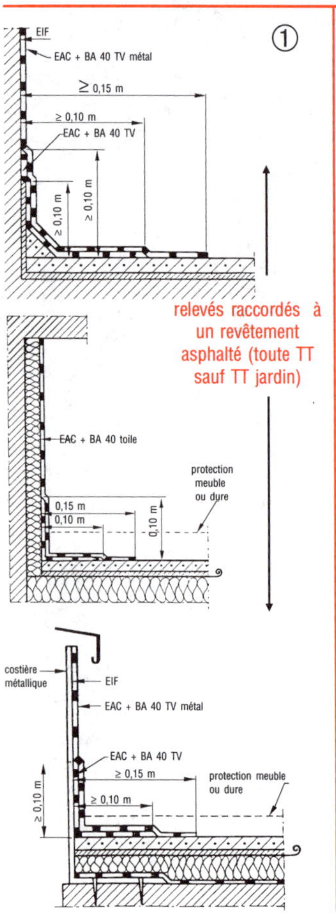

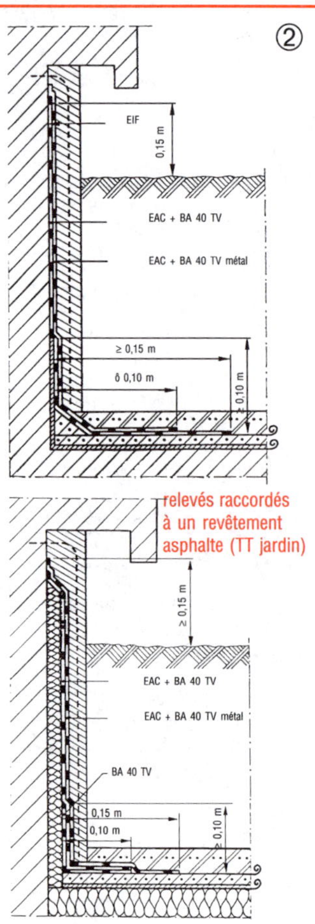

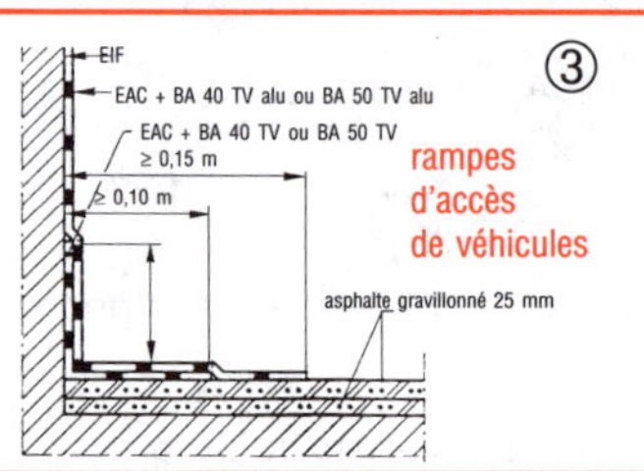

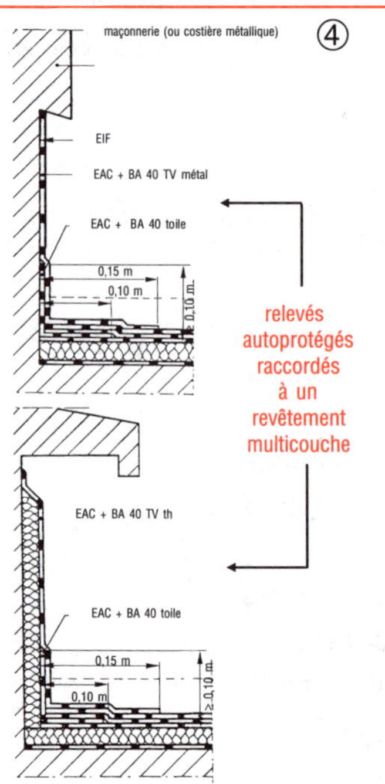

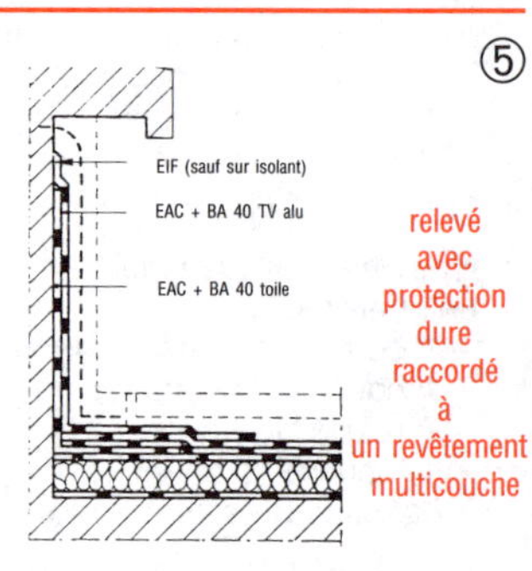

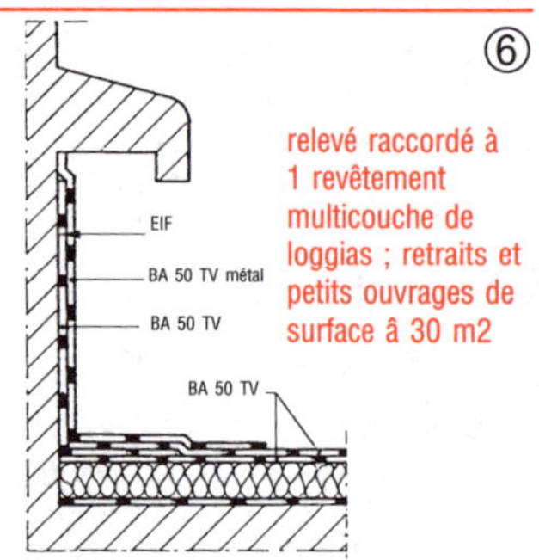

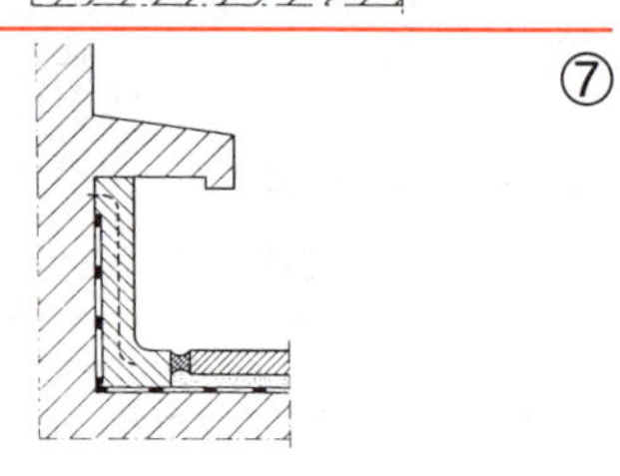

4. LES OUVRAGES ANNEXES

Les reliefs sont des ouvrages émergents sur lesquels l'étanchéité est relevé sur tout ou partie de leur hauteur.

Matériaux :
- béton armé (ép. min. = 8 cm ; parement courant),
- maçonnerie d'éléments pleins (ép. min. = 10 cm) ; la face recevant l'étanchéité ne doit être constituée que d'un seul matériau.

Il est admis de relever l'étanchéité sur un mur de retrait d'étage même s'il est en maçonnerie creuse.

Forme des reliefs : figure 1

Hauteur des reliefs : elle doit être suffisante pour permettre une hauteur minimale (h) du relevé d'étanchéité au-dessus de la protection (fig. 2a), soit :
- en général, h ≥ 10 cm,
- pour TT à pente nulle non protégée par dalles sur plots et pour terrase-jardin, h ≥ 15 cm (fig. 2b et 2c),
- pour des dalles sur plots, h ≥ 10 cm et H (distance entre la face sup. des dalles et le haut du relevé) ≥ 10 cm sauf s'il existe un caillebotis ou un bardage ou un enduit d'imperméabilisation régnant sur 30 cm au-dessus de la face sup. des dalles (fig. 3),
- dans le cas d'étanchéité revêtant continuement le relief, h ≥ 5 cm (acrotère, double-costière...) : fig. 4.

4-1. Les costières

Situation : lorsqu'elles sont solidaires de l'élément porteur, elles sont placées en bordure des joints et le long des émergences le traversant librement.

Matériau : béton armé en terrasse accessible, maçonnerie d'éléments pleins admise en terrasse inaccessible sauf sous lanterneaux et coupoles.

Dispositifs de couronnement :

- sur simple costière : bandeau béton armé ou bandes de solin métalliques (fig. 5),
- sur double-costière :
  - couvre-joint métallique (fig. 6c) ou chaperon en béton ou recouvrement de l'une sur l'autre (fig. 6d) (le revêtement est relevé sans être continu et peut recouvrir le sommet des costières),
  - soufflet métallique ou matière élastique ou élasto-plastique (fig. 6b) de 33 cm mini. de développé lié par ses bords aux costières ; le revêtement est interrompu au droit du joint (réservations à prévoir : fig. 6a).

4-2. Les seuils (rappel : hors climat de montagne)

- Dénivellation de 2 cm vers l'extérieur.
- Lorsque la hauteur des seuils (cf. hauteur des reliefs) est inférieure à la hauteur des relevés voisins, ménager des engravures en tableau de 5 cm de hauteur au-dessus de la protection des seuils.
- Dalles sur plots : prendre 10 cm entre le dessus du nez de seuil et le dessus des dalles sauf lorsqu'il existe un caillebotis (prendre alors 2 cm).
- S'il existe un caniveau devant le seuil, prendre 10 cm entre le haut du relevé et le fond du caniveau (dimensions du caniveau : largeur finie ≥ 20 cm ; h ≤ largeur).

4-3. Les ressauts (fig. 7)

Leur arête est arrondie ou chanfreinée si le revêtement est appliqué sur le béton. Pour les revêtements asphalte recevant en partie courante un AG* 20 mm et en partie verticale un enduit mortier de ciment grillagé, prévoir un défoncé sur le haut du ressaut.

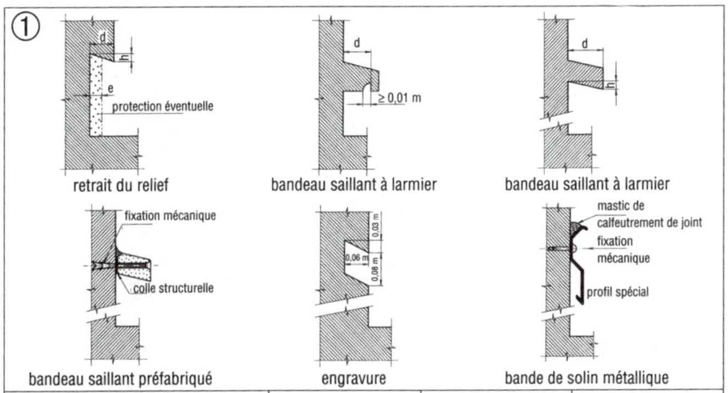

Relevé et protection		Épaisseur e (mm)	Dimension d (mm)	Hauteur h (mm)
Revêtement auto protégé			40	20
Relevé ≤ 400 mm	avec protection dure	30	70	30
Relevé > 400 mm	avec protection dure	50	90	30

La cote « d » est à majorer de l'épaisseur de l'isolant éventuel disposé en relevé

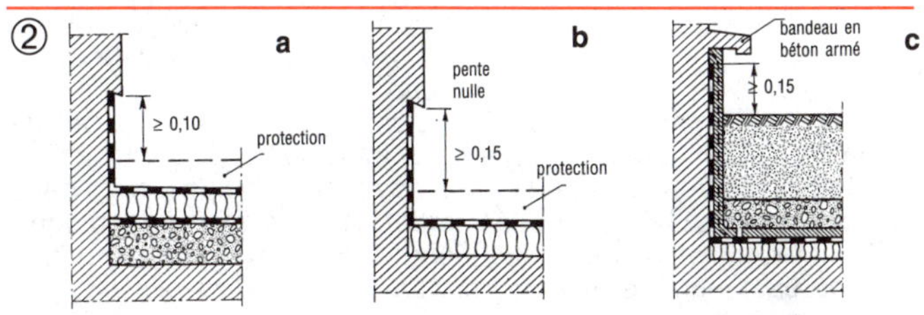

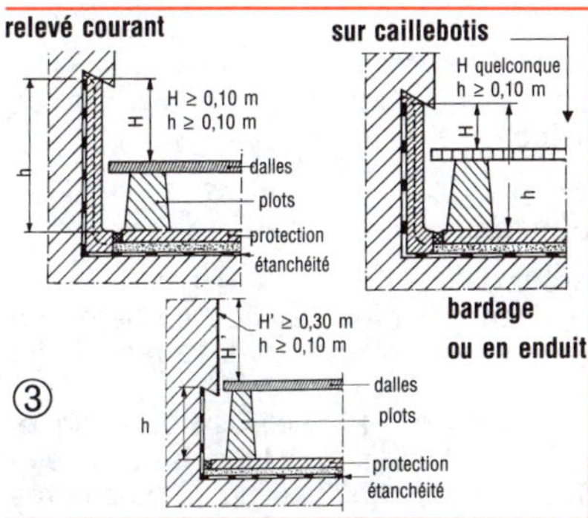

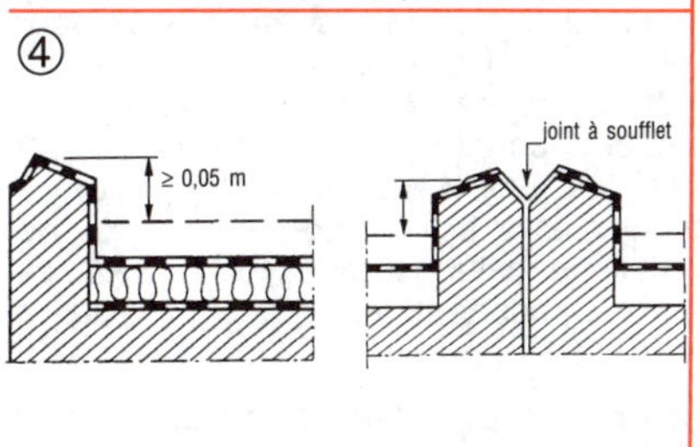

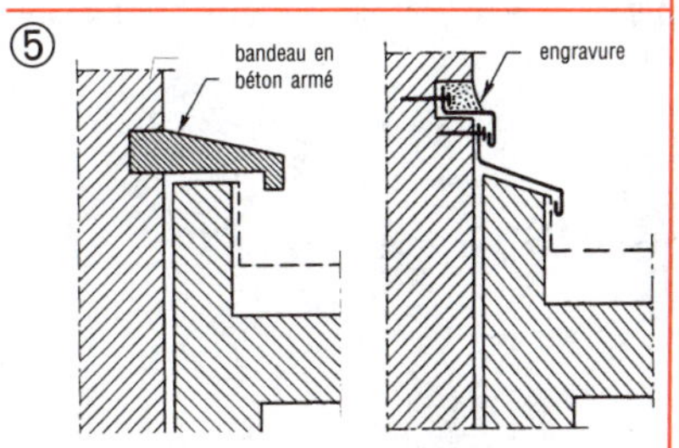

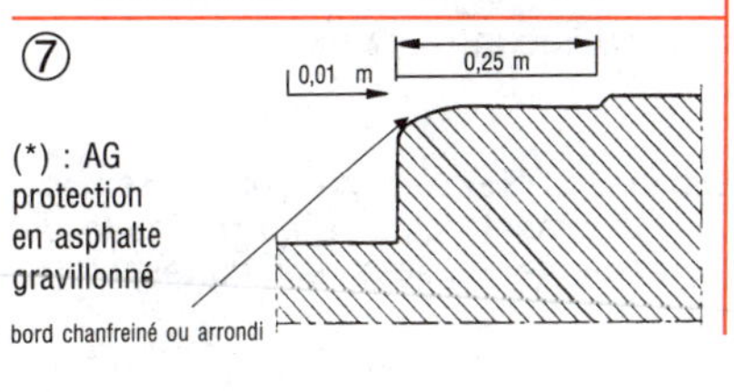

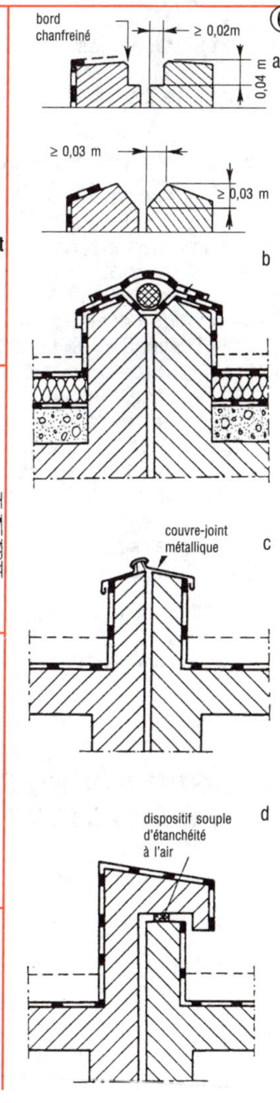

4-4 Les souches (fig. 1)

- les conduits rapprochés (d < 30 cm) sont regroupés dans une seule souche ;
- elles sont en général construites sans costière. Leur habillage (hors climat de montagne) est réalisé en maçonnerie creuse enduite (DTU n° 26.1) d'épaisseur mini. 10 cm si la résistance thermique de la souche est quelconque ;
- si la paroi du conduit (lorsqu'il est unique) a une épaisseur mini. de 10 cm et que sa résistance thermique est conforme au DTU 24.1, aucun habillage n'est exigé.

4-5. Les canalisations

- Canalisations situées dans une souche : il faut assurer l'étanchéité à leur sortie (fig. 1).
- Canalisations isolées :
  - en métal : prévoir réservations dans le gros œuvre (fig. 2a) ;
  - en PVC ou en amiante ciment (fig. 2b), elles passent dans un fourreau métallique lié à l'élément porteur dépassant de 15 cm au-dessus de la protection si ce n'est pas un trop-plein. Le raccord au revêtement est réalisé par une pièce en plomb (e = 2,5 mm) constituée d'une platine (avec un débord de 12 cm mini) soudée à un manchon ;
  - canalisations dans un dé en béton (fig. 3) : les conduites de VMC (tube spiralé ou agrafé) et toute autre pénétration non étanche seront raccordées à un dé en béton ou passeront dans une souche. Le dé reçoit le revêtement d'étanchéité. Lorsqu'il est recouvert, sa partie supérieure doit avoir une pente rejetant les eaux vers l'extérieur. Passage des canalisations dito cas courant.
- Autres traversées : crosse TV, montant de garde-corps, etc. ; raccord au revêtement par platine soudée à une embase en plomb ou par platine et manchon.

4-6. Joints de gros œuvre

- joints courants : bordés par des costières (p. 121) ;
- joints plats surélevés : ils sont bordés par des costières de même hauteur que les acrotères auxquels elles se raccordent (h = 5 cm au-dessus de la protection) ;
- joints plats : ils sont interdits en TT inaccessible, jardin et technique et admis lorsqu'aucune saillie n'est tolérable en raison de l'utilisation de la toiture (aire de jeux, parking,...). Les bords du joint (béton ou panneaux isolants) doivent être évidés pour recevoir le matériau d'étanchéité (fig. 4a et 4b). En étanchéité asphalte, un encuvement doit régner de chaque côté du joint (fig. 4c) de 2 cm de profondeur pour les parcs de stationnement et 1 cm dans les autres cas. Les dispositifs d'étanchéité de ces joints (fig. 5) sont sous avis technique. Les 2 types de protection du dispositif (dallette, dalle de protection : utilisables quelque soit le revêtement) reportent les efforts de part et d'autre du joint.

Nota : Le tracé des joints revêtus d'un dispositif d'étanchéité est conçu pour qu'ils ne subissent que des mouvements de traction perpendiculaire à leur axe.

5. DISPOSITIONS SPÉCIFIQUES À CERTAINES TT

5-1. TT technique

- **Implantation des équipements techniques** (fig. 6)
- **Liaisons**
  - pour un équipement solidarisé à l'élément porteur, la distance entre sa sous-face et le revêtement doit être au minimum de 20 cm s'il est prévu de le démonter ou sinon doit correspondre à la figure 7 ;
  - un équipement léger (trainasse de ventilation, etc.) est solidarisé à un massif en béton posé sur un panneau isolant (polystyrène expansé [mv = 25 kg/m^3] ou liège expansé aggloméré en contact avec le revêtement [ép. min. = 3 cm]), ou sur une protection dure par dalles préfabriquées sur panneau isolant (fig. 8).
- **Revêtement au droit des massifs : p. 119.**
- **Protection en partie courante :** du même type que ce qui est prévu sous équipement léger ou gravillons des parties traitées en TT non accessible.

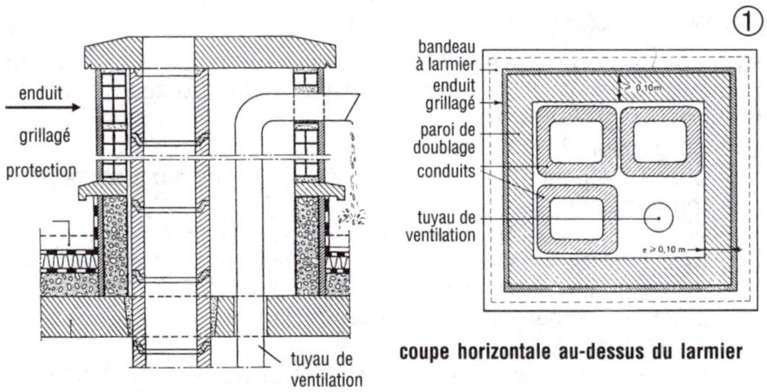

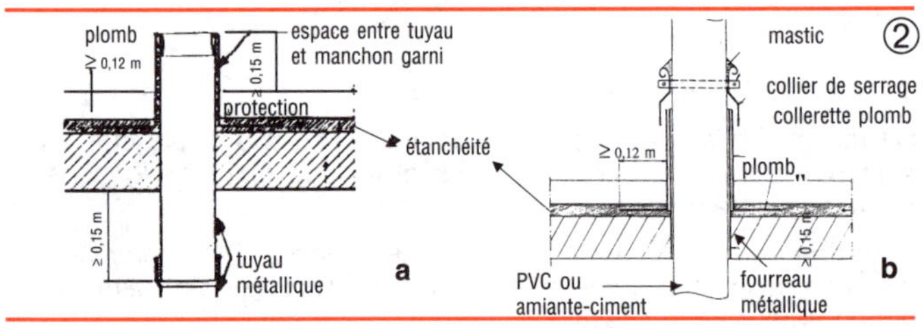

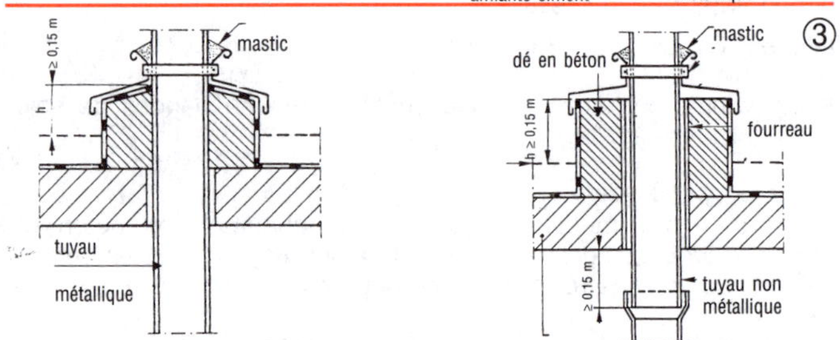

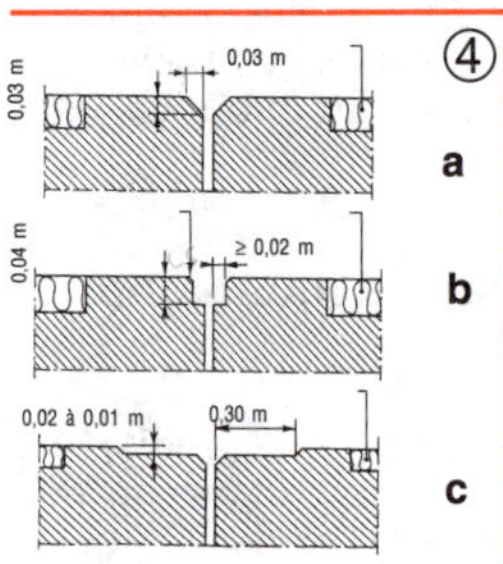

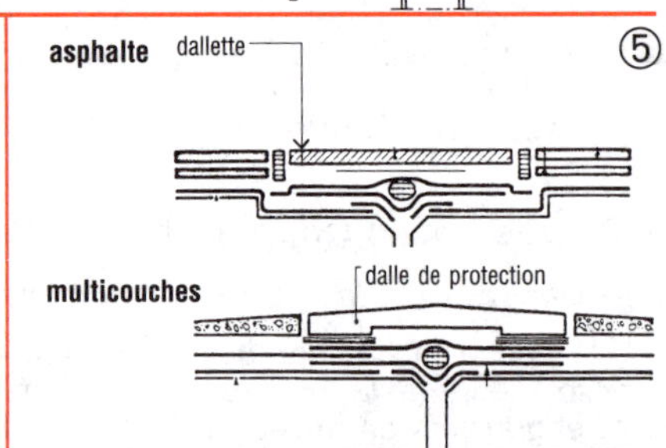

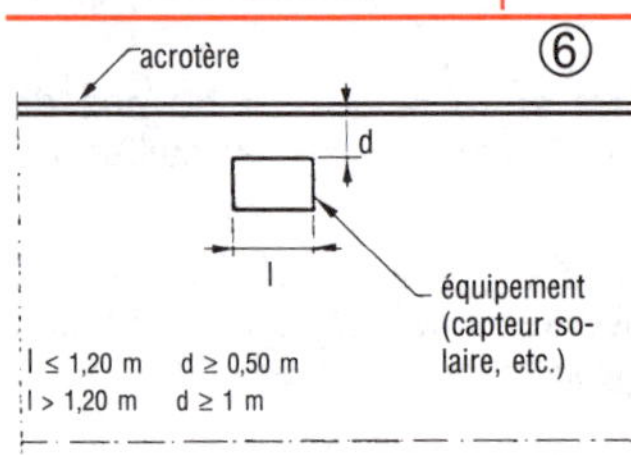

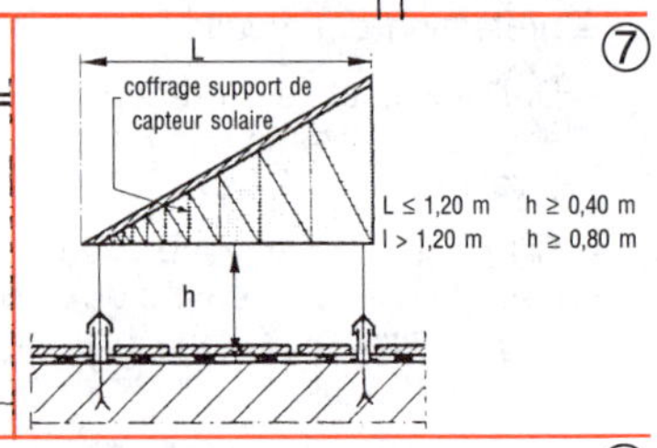

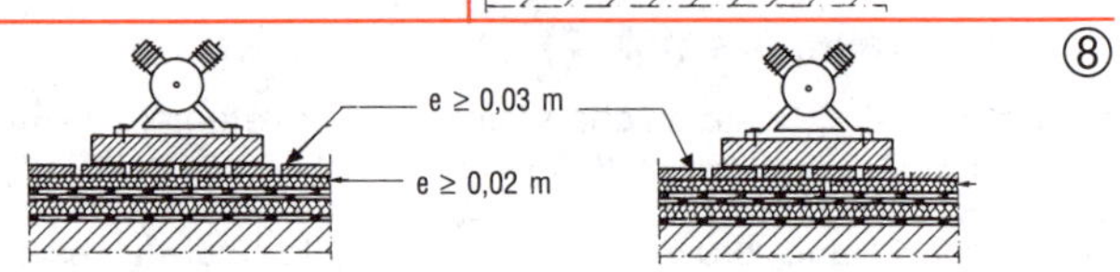

5-2. TT jardins

Dans l'ordre de construction, elles comprennent :

- un revêtement : page 119, figure 3,
- une protection du type chape ou dalle (distance entre joints dans les 2 sens : 5 m) désolidarisée par une double couche de feutre bitumé (fb) 36 S (faces en regard liégées) ou par un non-tissé synthétique imputrescible,
- une couche drainante : granulats d'argile ou de schiste expansé (granularité 10/20 ; e ≥ 10 cm), cailloux et graviers (granularité 15/30 mini ; e ≥ 10 cm), plaques moulées nervurées en polystyrène expansé adaptées à cet usage (masse volumique ≥ 25 kg/m^3 et e ≥ 6 cm),
- une couche filtrante, habituellement constituée de nappes de laine de verre ou de non-tissés synthétiques, retient les éléments fins de la terre et permet la circulation pour la mise en œuvre de la terre. Les nappes se recouvrent de 10 à 15 cm et se relèvent sur la hauteur des regards d'entrées d'eaux et au-dessus des joints de dilatation enterrés,
- une couche de terre végétale : son épaisseur est fonction du type de végétation prévue (30 cm pour du gazon à 1 m pour des arbustes) ; les fosses à arbres parfois nécessaires sont entièrement revêtues.

5-3. TT accessibles aux véhicules

5-3.1. Support du revêtement

- véhicules lourds : type A, B, C ou f.d.p adhérente,
- véhicules légers : dito véhicules lourds + type D + panneaux isolants non porteurs sous avis technique,
- rampes : type A ou B, prévoir sur le gros œuvre des butées pour une protection en dur si elle existe (fig. 1),
- joint de dilatation : élément porteur ou costière en béton solidaire de celui-ci (un joint non circulé sera plat surélevé ou sur costière).

5-3.2. Étanchéité et protection (p. 119)

- en partie courante : figure 3.
- sur rampes :
  - protection rapportée en béton armé sur multicouche,
  - pas de protection sur asphalte ; revêtement admis sur rampe accessible aux véhicules lourds que si le stationnement est interdit.
- en relevés :
  - au droit des parties courantes (p. 119),
  - au droit des rampes (fig. 3 et 5, p. 120),
  - sur joints plats (fig. 5, p. 122) : cf avis technique.

5-4. TT à dalles sur plots

Les dispositions indiquées ici ne concernent que les toitures-terrasses accessibles aux piétons.

- **Constitution à partir du revêtement d'étanchéité**
  - Protection lourde, directement sur revêtement si asphalte du type P ou autoprotection si bicouche élastomère (selon avis technique),
  - plots supports de dalles,
  - dalles.
- **Hauteur des reliefs :** page 121.
- **Évacuation des eaux pluviales** : pages 136 et 137.
  - une entrée ne peut collecter qu'une surface limitée à 200 m^2 ; elle est située à moins de 20 m de tout point de la terrasse,
  - les trop-pleins sont placés à un niveau intermédiaire entre la protection du revêtement et la sous-face des dalles (fig. 2).

- **Étanchéité et protection :**
  - pour les parties courantes :
    * revêtement asphalte (fig. 4 : à gauche type A et à droite type P),
    * revêtement multicouche (fig. 5 : à gauche sur panneau isolant et à droite sur maçonnerie),
  - pour les relevés (pages 119 et 120) :
    *sans protection dure s'ils ne dépassent pas le niveau des dalles,
    * protection par bardage ou mortier grillagé.
- Plots :
  - hauteur minimum permettant la circulation de l'eau sous les plots : 3 cm si $S_{terrasse} \leq 30\,m^2$ sinon 5 cm.
  - constitution : avis technique ; ils sont le plus souvent en matière plastique (PVC,...), réglables en hauteur et supportent 4 coins de dalles.

①

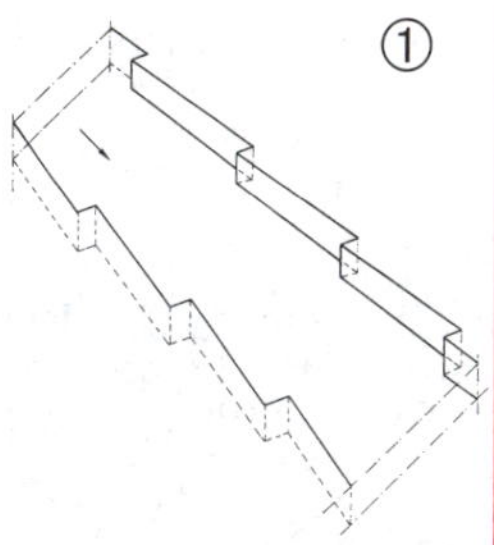

②

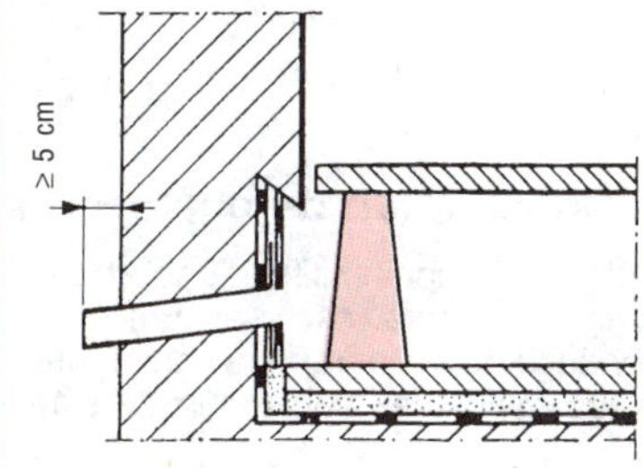

③

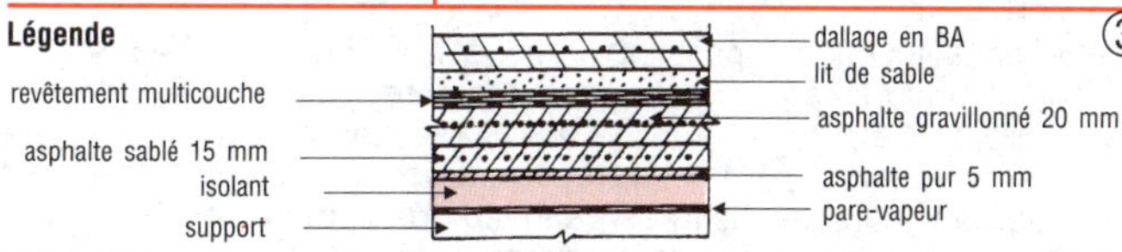

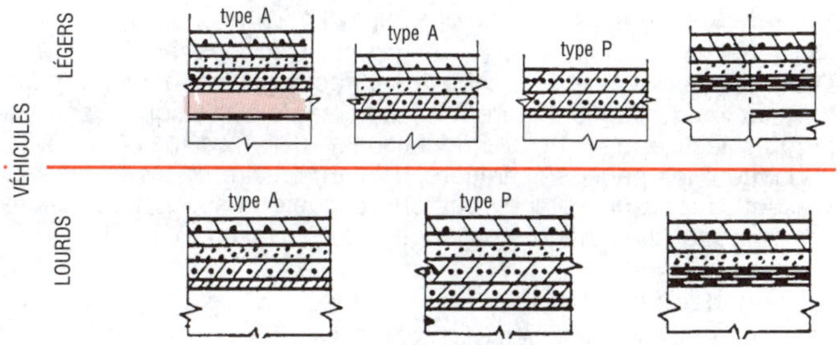

type A : asphalte qualité étanchéité, type P : asphalte qualité parc

④

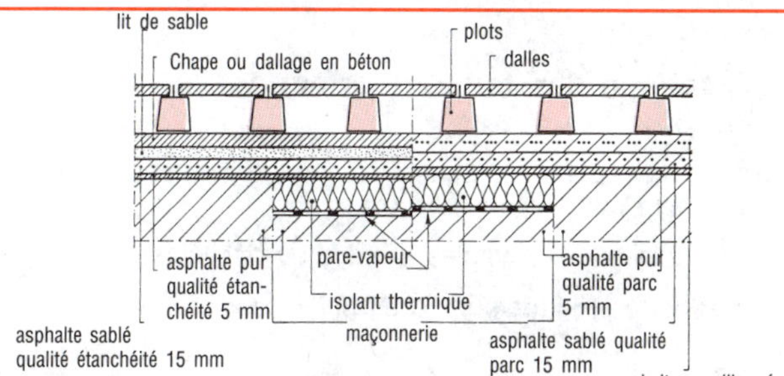

⑤

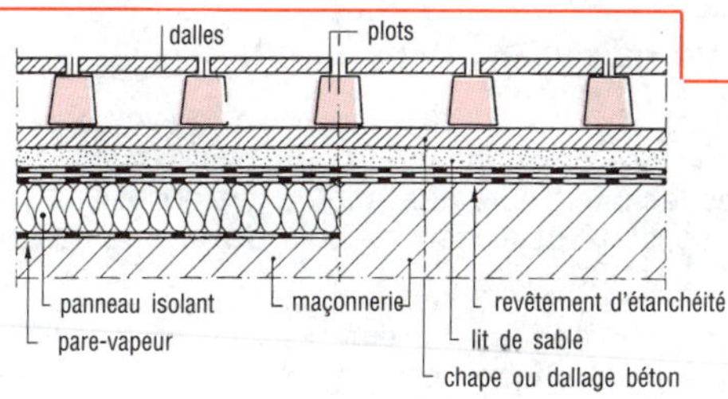

Une charpente est un ouvrage formé de pièces de bois assemblées à l'aide d'éléments en bois ou en métal. Dans ce chapitre, la charpente désignera l'ouvrage portant une toiture ; elle délimite un espace intérieur nommé comble (perdu ou habitable : p. 189).

1. TERMINOLOGIE

La morphologie d'une charpente est déterminée par des conditions :

- **géométriques** (forme du bâtiment en plan et en élévation,...),
- **climatiques** (nécessité d'évacuer les eaux pluviales, prise aux vents dominants minimisée,...),
- **mécaniques** (résistance aux actions appliquées par la couverture et son support en les maintenant stables,...),
- **esthétiques** (intégration au style régional, éclairement intérieur,...),
- **économiques** (minoration des coûts d'études, de fabrication et de mise en œuvre,...).

1-1. Constitution de charpentes types

Les éléments constitutifs d'une charpente sont très divers ; leur fonction commune est d'assurer le transfert des charges, en provenance du support de la couverture vers l'ossature du bâtiment, dans les meilleures conditions de stabilité.

• **Pannes** (fig. 1) :
Cette constitution est possible lorsque le bâtiment présente des refends porteurs (en général transversaux) épousant la forme de la toiture et distants environ de 4 à 5 m ; les pannes, appuyées sur ceux-ci à leurs extrémités, reçoivent soit des chevrons qui leur sont perpendiculaires, soit des panneaux de contreplaqué, soit des complexes isolants supports de couverture.

• **Fermes + pannes + chevrons** (fig. 2) :
Cet ensemble constitue une « charpente traditionnelle » (p. 125). Dans un cas simple (ex. : bâtiment rectangulaire à mur pignon formant les rampants, toiture à deux versants symétriques, comble perdu), les fermes (toutes identiques) distantes de 4 à 5 m supportent les pannes (1 faîtière, 1 intermédiaire et 1 sablière par versant), recevant les chevrons sur lesquels le support de toiture est rapporté (liteaunage, voligeage, ou équivalent...).

• **Fermettes** (fig. 3) :
Ces éléments industrialisés (p. 126) reçoivent directement le support de couverture.

1-2. Typologie des fermes (fermettes) les plus courantes

Les fermes situées en partie courante d'une toiture se différencient essentiellement par rapport (fig. 4) :

- à l'habitabilité des combles (perdus ou habitables),
- à leur portée (qui détermine en partie leur constitution).

1-3. Éléments de calcul et de conception

- Les règles CB 71 (DTU P 21-701) fixent les règles de calcul et de conception des charpentes en bois ; des extraits de ce DTU (essences les plus courantes, contraintes admissibles,...) ainsi que les sections usuelles des bois de charpente sont donnés pages 32 et 33.
- le DTU n° 31.1 comprend les cahiers des clauses techniques et spéciales des charpentes et escaliers en bois.

Pour le dimensionnement des bois travaillant en flexion, se référer au cahier N° 118 du CTBA (Centre Technique du Bois et de l'Ameublement).

① **Pannes**

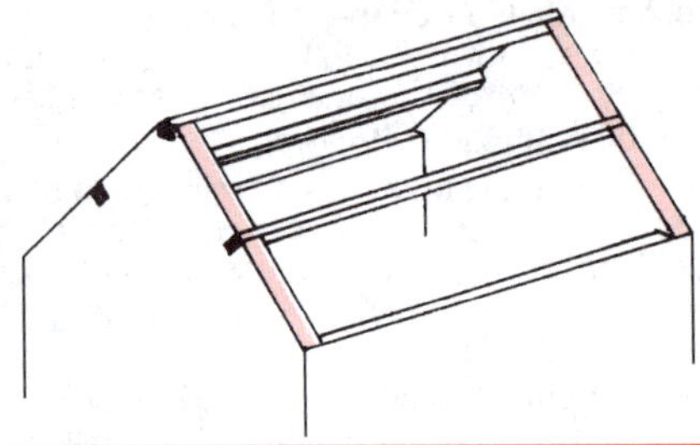

② **Fermes + pannes + chevrons**

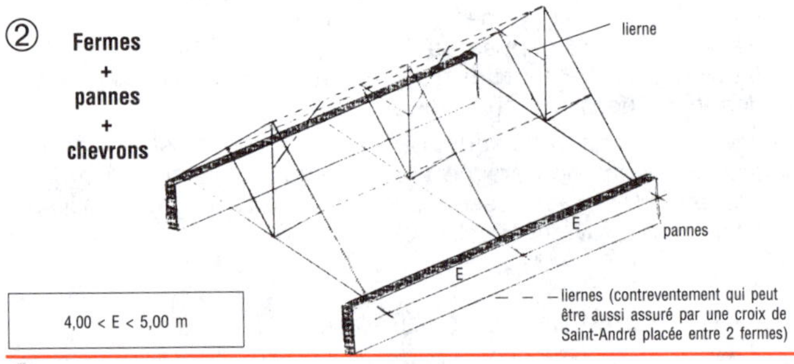

③

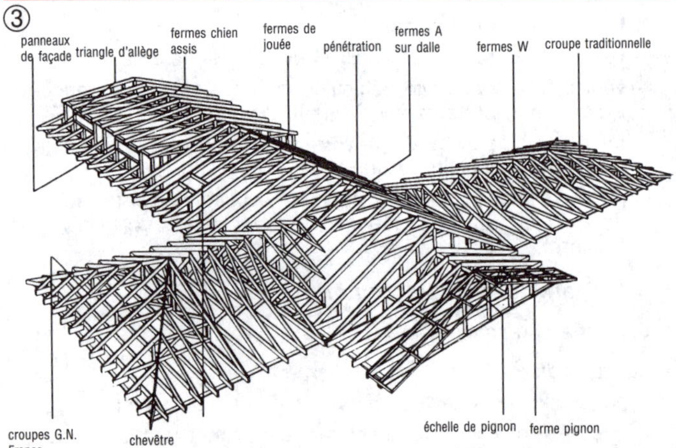

Charpente industrialisée en bois. (Document GIPEN)

④

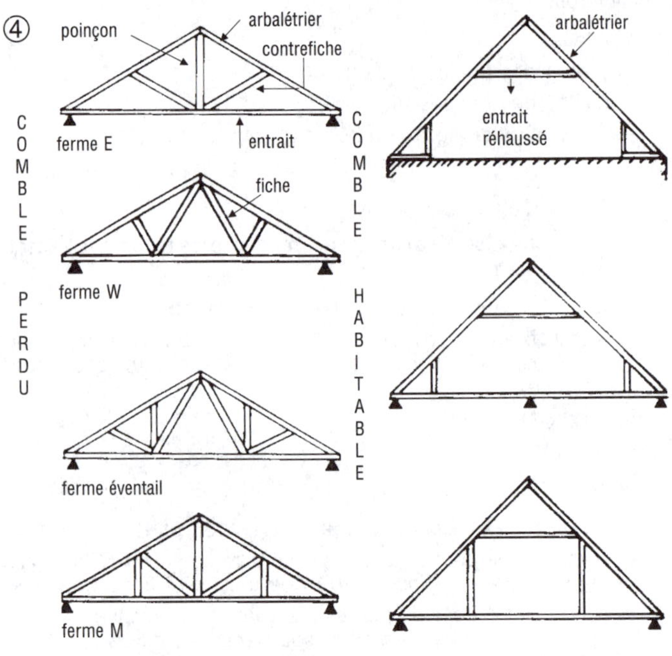

2. CHARPENTE TRADITIONNELLE

2-1. Assemblages

Nous nous limiterons aux solutions couramment utilisées pour les charpentes dites « de combles ».

2-1.1. Assemblages traditionnels

- Embrèvements : simples, en gorge ou doubles. Ces assemblages obliques sont les seuls dont on peut calculer de façon assez précise la résistance mécanique. Ils sont couramment utilisés entre entrait et arbalétrier. On préfère l'embrèvement simple (fig. 1) avec ou sans tenon, à ceux, en gorge ou double, nécessitant un ajustage plus précis.
- Assemblage à mi-bois et à enfourchement (fig. 2) : courant entre deux pièces situées dans un même plan (pannes sablières) avec compléments de liaison par des clous enfoncés ou des tôles clouées reprenant des efforts de traction.
- Tenons (fig. 3) : ils servent à maintenir 2 pièces de bois dans leur position respective, par exemple pour fixer latéralement des éléments comprimés (appuis, arbalétriers, diagonales,...) sans qu'ils le soient trop (recours dans ce cas à des éclisses ou des cornières).

2-1.2. Goujons

- Rectangulaires, ronds ou annulaires sollicités surtout en compression et au cisaillement : figure 4a.
- Spéciaux à simple ou double denture ; simple pour liaison bois-métal, double pour bois-bois (exemple : crampons, fig. 4b).

Nota : Ces 2 types peuvent parfois être combinés.

2-1.3. Boulons (fig. 5)

- Le boulonnage est en général réservé aux éléments sollicités en traction ou à ceux qui sont non porteurs,
- Le Ø des trous est déterminé à partir de l'étude du schéma mécanique. Les boulons seront conformes à la norme NF E 27-341, une rondelle d'appui large et épaisse conforme à la norme NF E 27-682 sera intercalée à chaque extrémité.

2-2. Liaisons

Elles assurent la fixation des différents composants de la charpente.

2-2.1. Liaison chevron-panne

- Pour les pannes intermédiaires, on distingue 2 cas :
  - panne non déversée (fig. 6a et b) : non sciée ou sciée,
  - panne déversée (fig. 6c) : cas le plus courant

  Nota : Un clouage existe en général sur des pannes non déversées et sciées et sur des pannes déversées.
- Les pannes faîtières et sablières sont le plus souvent sciées (fig. 7). Un clouage suffit pour assurer la liaison avec les chevrons.

2-2.2. Liaison panne-ferme

- Panne déversée : liaison assurée par échantignolles, fourrures ou cornières (fig. 8),
- Panne non déversée : appuis des pannes sur contre-fiches ou sur échantignolles à arase supérieure horizontale (fig. 9).

Nota : Les pannes sablières peuvent être en général fixées au gros œuvre à l'aide de chevilles expansées.

2-2.3. La liaison ferme-gros œuvre

est généralement réalisée par des pattes métalliques ancrées : figure 10. Elles ne doivent pas subir d'efforts d'arrachement.

①
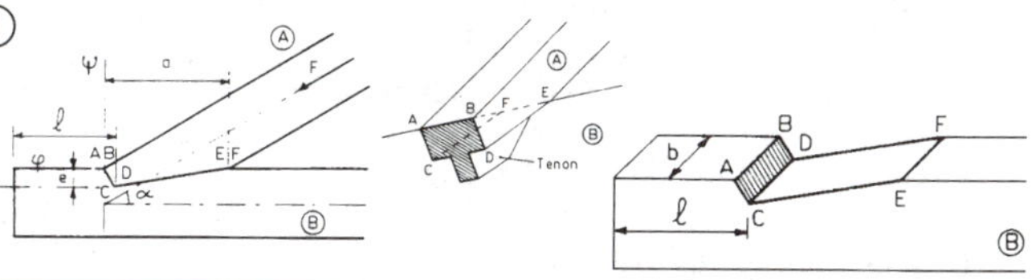

②
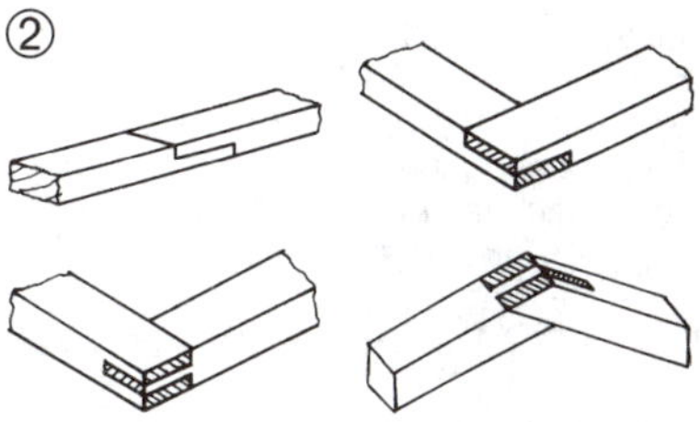

③
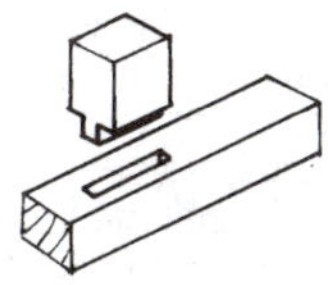

④
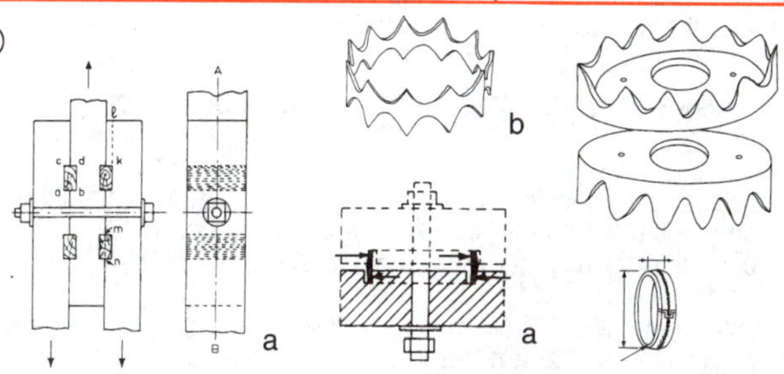

⑤
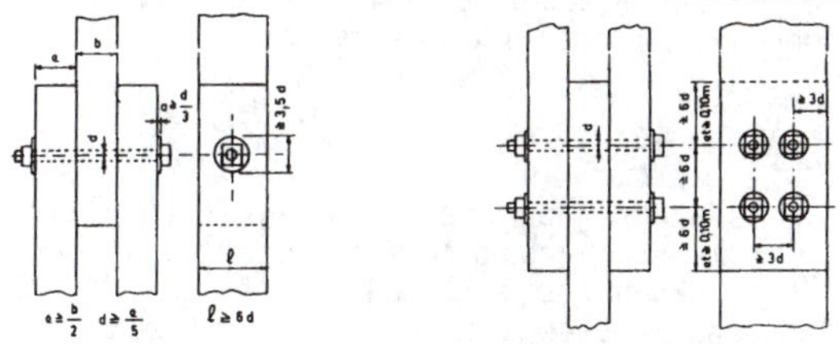

⑥
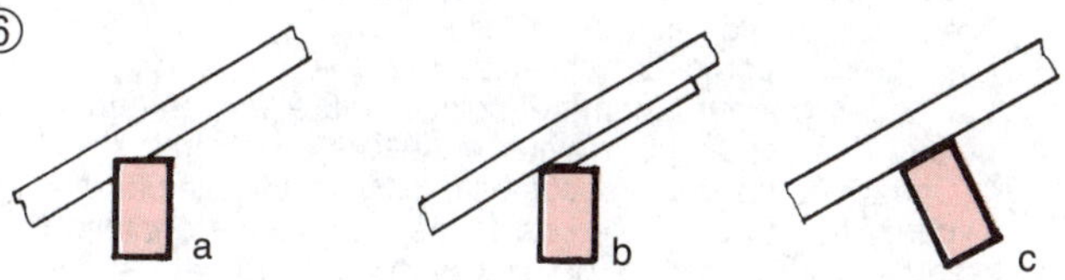

⑦
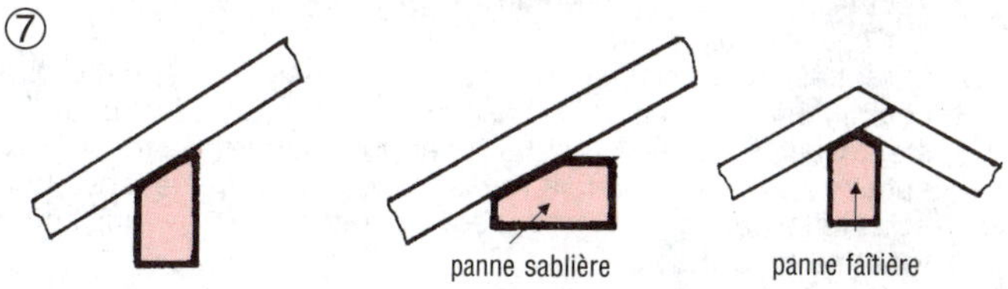

⑧
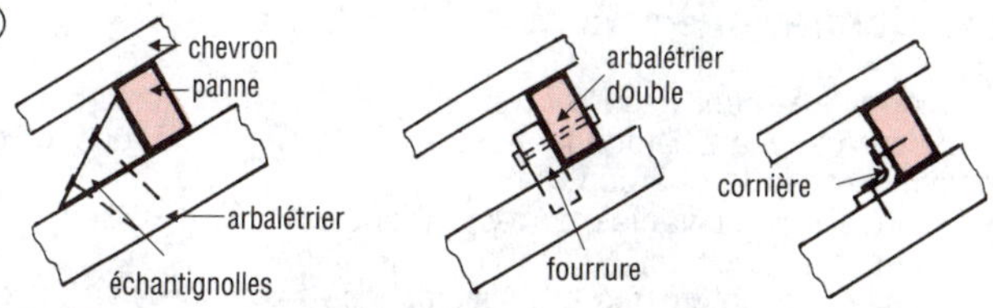

⑨
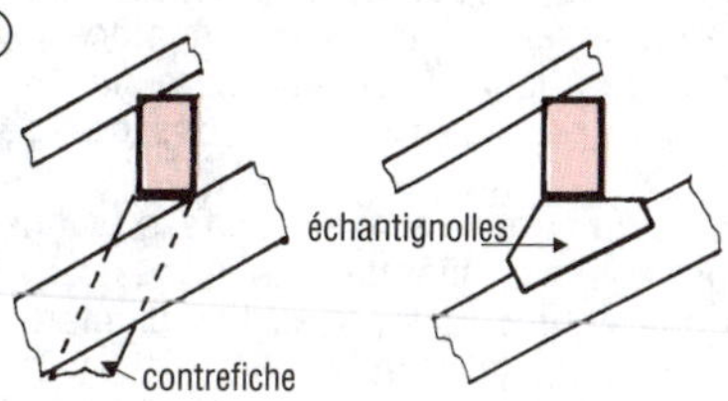

⑩
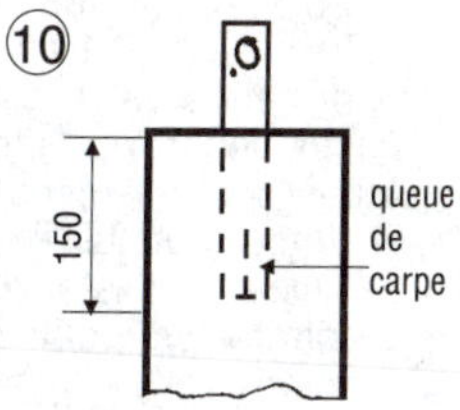

3. LES FERMETTES

Ce type de charpente, d'usage extrêmement courant en bâtiments d'habitation, permet de diminuer les coûts par une optimisation des sections de bois, des assemblages et des temps de montage.

3-1. Éléments de calculs

- les règles **CB 71** donnent des prescriptions communes à tous les types de connecteurs en acier (CH 4, 63-13),
- la norme NF P 21-205 (DTU n° 31-3) propose, pour « Le calcul des charpentes industrialisées assemblées par connecteurs ou goussets », des règles de mise en œuvre et des règles de conception et de calcul :
  * assemblages,
  * treillis triangulés (c'est souvent le cas des fermettes de combles perdus),
  * charpentes de combles habitables,
  * antiflambages, contreventements, entretoisements.

3-2. Assemblages par connecteurs en acier

On distingue les :
- goussets plans pré-percés ou non; montage possible sur chantier (ex : plaques Armabois clouées, fig. 1a),
- connecteurs à dents mis en place sous presse hydraulique en usine (fig. 1b).

Ces plaques relient aux nœuds d'une fermette les différentes membrures la constituant ; on en place 2 en regard au niveau d'un nœud ; leurs multiples dimensions standards permettent de se rapprocher au mieux des efforts à transmettre.

3-3. Ancrage

Il s'agit de la liaison fermette-gros œuvre dont voici des exemples :
- fermettes de combles perdus : équerres en acier galvanisées 15/10e clouées sur sablière [trapézoïdale ou lardée de pointes (fig. 2a) et noyée dans le chaînage ou rectangulaire (fig. 2b) fixée par des tire-fond sur la maçonnerie] ; les fermettes sont fixées par pointes aux équerres,
- fermettes de combles habitables :
  * à entrait porteur : comme indiqué figure 2 + entretoises au niveau des appuis pour éviter le dévers de l'entrait,
  * sur dalles : fixer deux sablières (fig. 3) sur la dalle par chevilles expansées, larder le pied de ferme sur chaque semelle par 2 pointes 90/19. L'effort de soulèvement sera repris par une équerre, fixée sur le montant du pied de ferme et sur la dalle par cheville expansée.
- fermettes à pignons (fig. 4) : fixer une sablière filante, débordant côté intérieur, pour la reprise du plafond par des chevilles expansées tous les 1,20 m. Clouer une fourrure filante 60 × 80 sur cette sablière. Caler la fermette pignon contre cet ensemble et la clouer par pointes torsadées ou crantées 70/17 en quinconce tous les 0,15 m.

3-4. Contreventement et antiflambage

Le contreventement assure la stabilité verticale et horizontale de la charpente. L'antiflambage assure l'indéformabilité des pièces constitutives de la charpente.

Les dispositions suivantes correspondent aux cas d'utilisation des fermettes standards (p. 127) :
- ces contreventements et antiflambages seront de section mini. (25 × 75 mm ou 36 × 60 mm), cloués par 2 pointes mini. de 70/17 ou 90/19 à chaque intersection avec les pièces des fermettes ; s'ils sont obliques, leur inclinaison sera de 45° et leur départ doit être situé le plus près possible des nœuds.
- Les contreventements :
  * type 1 : stabilité verticale en dent de scie sur toute la longueur,
  * type 2 : stabilité horizontale; filantes (la nécessité des entretoises pour plafonds lourds dispense des filantes sur entrait).
- Les antiflambages pour pignons non stables :
  * type 3 : stabilité verticale des pignons; barre oblique sous arbalétrier du faîtage en pignon jusqu'à l'appui,
  * type 4 : stabilité verticale des pignons; barre oblique sur fiche intermédiaire du point haut en pignon jusqu'au point bas,
  * type 5 : stabilité verticale des arbalétriers rampants des fermes en A ; contreplaqué 15 mm cloué sur tasseaux entre arbalétriers.

Exemple : contreventement et antiflambage d'une charpente à fermettes en W : figure 5.

①

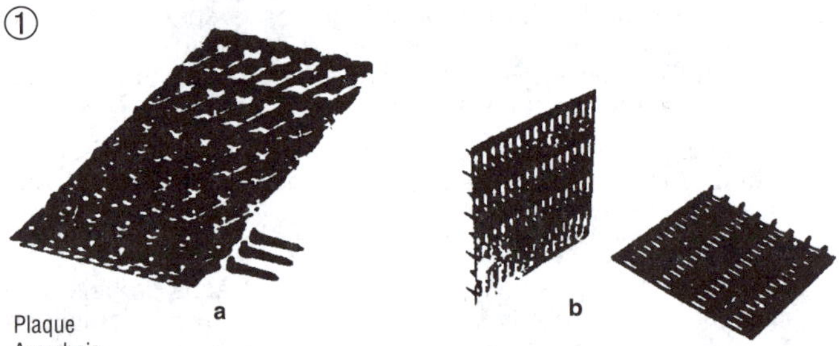

Plaque
Armabois
AG 704

②

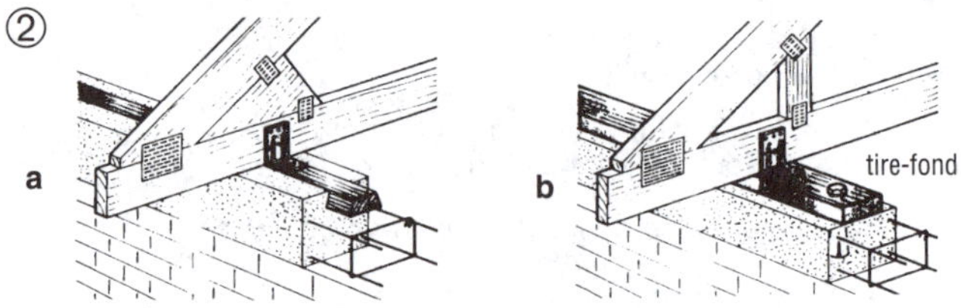

③

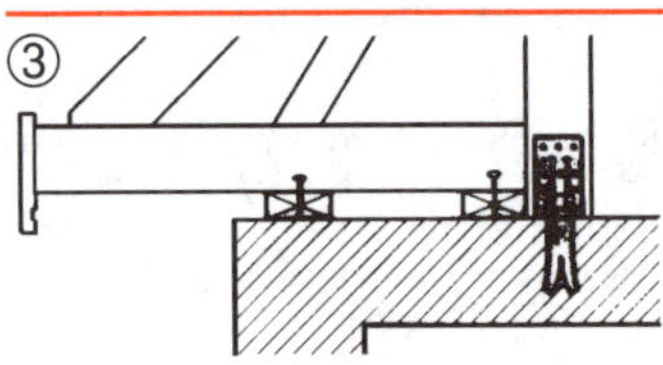

④

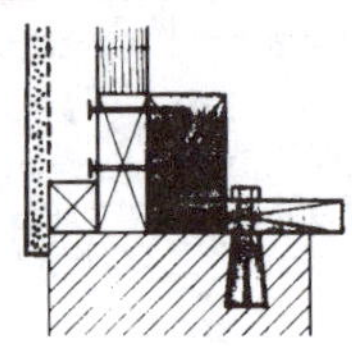

⑤

CONTREVENTEMENT ET ANTIFLAMBAGE

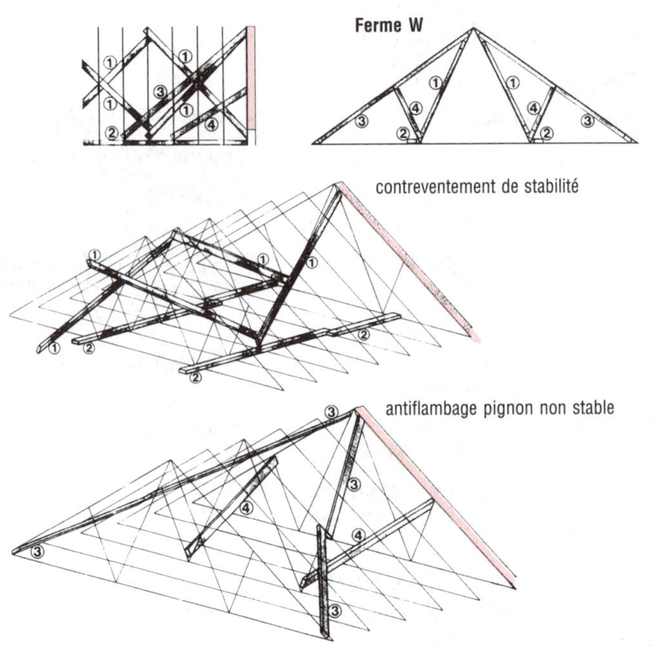

① **Combles perdus** — α = 17,5°, 20°, 27° ; α = 35°, 40°, 45°

l	17,5° a	17,5° h	20° a	20° h	27° a	27° h	35° a	35° h	40° a	40° h	45° a	45° h
6,00	3,15	0,99	3,19	1,14	3,38	1,61	3,66	2,15	3,92	2,57	4,24	3,05
6,30	3,30	1,04	3,35	1,20	3,55	1,69	3,85	2,26	4,11	2,69	4,45	3,20
6,60	3,46	1,09	3,51	1,25	3,72	1,77	4,03	2,36	4,31	2,82	4,67	3,35
6,90	3,62	1,13	3,67	1,30	3,89	1,85	4,21	2,47	4,50	2,94	4,88	3,50
7,20	3,77	1,18	3,83	1,36	4,06	1,92	4,39	2,57	4,70	3,07	5,09	3,65
7,50	3,93	1,23	3,99	1,41	4,23	2,00	4,58	2,68	4,90	3,20	5,30	3,80
7,80	4,09	1,27	4,15	1,47	4,40	2,08	4,76	2,78	5,09	3,32	5,52	3,95
8,10	4,25	1,32	4,31	1,52	4,57	2,16	4,94	2,89	5,29	3,45	5,73	4,10
8,40	4,40	1,37	4,47	1,58	4,73	2,24	5,13	2,99	5,48	3,57	5,94	4,25
8,70	4,56	1,42	4,63	1,63	4,90	2,31	5,31	3,10	5,68	3,70	6,15	4,40
9,00	4,72	1,46	4,79	1,69	5,07	2,39	5,49	3,20	5,87	3,83	6,36	4,55
9,30	4,88	1,51	4,95	1,74	5,24	2,47	5,68	3,31	6,07	3,95	6,58	4,70
9,60	5,03	1,56	5,11	1,80	5,41	2,55	5,86	3,41	6,27	4,08	6,79	4,85
9,90	5,19	1,61	5,27	1,85	5,58	2,63	6,04	3,52	6,46	4,20	7,00	5,00
10,20	5,35	1,65	5,43	1,91	5,75	2,70	6,22	3,62	6,66	4,33	7,21	5,15
10,50	5,50	1,70	5,59	1,96	5,92	2,78	6,41	3,73	6,85	4,46	7,42	5,30
10,80	5,66	1,75	5,75	2,01	6,09	2,86	6,59	3,83	7,05	4,58	7,64	5,45
11,10	5,82	1,79	5,91	2,07	6,26	2,94	6,78	3,94	7,25	4,71	7,85	5,60
11,40	5,98	1,84	6,07	2,12	6,43	3,02	6,96	4,04	7,44	4,83	8,06	5,75
11,70	6,13	1,89	6,23	2,18	6,60	3,10	7,14	4,15	7,64	4,96	8,27	5,90
12,00	6,29	1,94	6,39	2,23	6,76	3,17	7,32	4,25	7,83	5,08	8,49	6,05

Hypothèses de calcul	17,5°	20°	27° à 45°
Couverture	60 daN/m²	45 daN/m²	45 daN/m²
Plafond	45 daN/m²	15 daN/m²	15 daN/m²
Neige	Zone II, altitude ≤ 200 m	Zone II, altitude ≤ 300 m	Zone II, altitude ≤ 200 m
Vent	Zone II, site normal	Zone III, site exposé	Zone II, site normal

② **Combles aménageables** (α = 45°)

l	a	h	Sur dalle la	Sur dalle va	Sur entrait porteur sur 3 appuis la	Sur entrait porteur sur 3 appuis va	Sur entrait porteur sur 2 appuis la
6,00	4,24	3,05	3,60	2,04	3,00	1,95	2,70
6,30	4,45	3,20	3,90	2,34	3,30	2,18	2,70
6,60	4,67	3,35	4,20	2,64	3,60	2,48	3,00
6,90	4,88	3,50	4,50	2,94	3,90	2,73	3,00
7,20	5,09	3,65	4,80	3,24	4,20	2,98	3,30
7,50	5,30	3,80	5,10	3,54	4,50	3,28	3,30
7,80	5,52	3,95	5,40	3,84	4,80	3,58	3,30
8,10	5,73	4,10	5,70	4,14	5,10	3,81	3,60
8,40	5,94	4,25	6,00	4,44	5,40	4,11	3,60
8,70	6,15	4,40	6,30	4,74	5,70	4,41	3,90
9,00	6,36	4,55	6,60	5,04	6,00	4,71	3,90
9,30	6,58	4,70	6,90	5,34	5,80	5,08	3,90
9,60	6,79	4,85	7,20	5,64	6,10	5,38	4,20
9,90	7,00	5,00	7,50	5,94	6,40	5,56	4,20
10,20	7,21	5,15	7,80	6,24	6,70	5,86	4,50
10,50	7,42	5,30	8,10	6,54	7,00	6,16	4,80
10,80	7,64	5,45	8,40	6,84	7,30	6,41	4,80
11,10	7,85	5,60	8,70	7,14	7,60	6,71	4,80
11,40	8,06	5,75	9,00	7,34	7,90	7,08	5,10
11,70	8,27	5,90	9,30	7,64	8,20	7,38	5,10
12,00	8,49	6,05	9,60	7,94	8,50	7,68	5,10

Hypothèses de calcul		Sur dalle	Sur entrait porteur sur 3 appuis	Sur entrait porteur sur 2 appuis
Couverture	daN/m²	45	45	45
Plafond	daN/m²	15	15	15
q (plancher)	daN/m²	–	175	150
Neige		Zone II, altitude ≤ 200 m		
Vent		Zone II, site normal		
Constitution au-dessus de l'entrait réhaussé				

Les fermettes standard « GIPEN » (fig. 1 : pour combles perdus, fig. 2 : pour combles aménageables) sont destinées à servir de support de couverture pour tous les bâtiments de 5,10 m à 12,00 m de portée grâce au principe de la plage d'appui variable (fig. 3) et la modulation de 0,30 m. Ces éléments doivent être posés aux entraxes de 0,60 m et suivant les caractéristiques de charges permanentes et d'exploitation (en daN/m²) propre à chaque série.

Notations :
- q (plancher) = charge d'exploitation du plancher,
- la : distance habitable entre piedroits (m),
- va : volume habitable (m³).

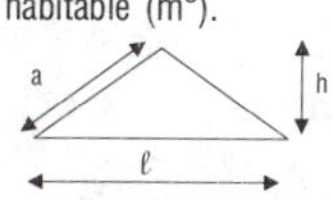

③ Principe de la plage d'appui variable

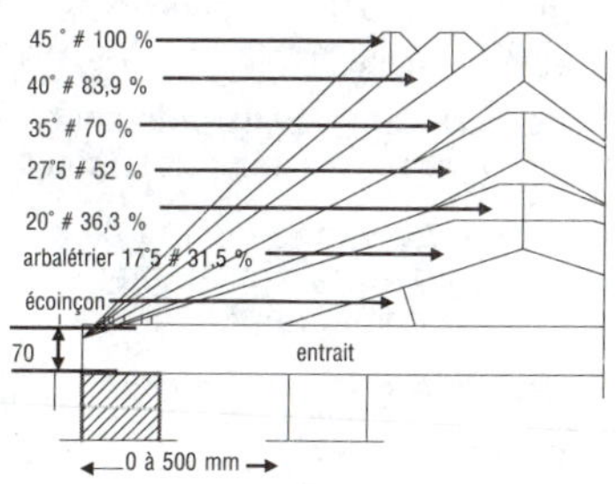

LES COUVERTURES : TERMINOLOGIE

NF P 30-101, NF B 54-100, 110, 160 et 161

1. DÉFINITION ET CLASSIFICATIONS

La couverture est la partie extérieure de la toiture.

C'est un dispositif :
- étanche aux précipitations atmosphériques,
- recouvrant la partie supérieure des bâtiments,
- ne participant pas, en général, à la stabilité de l'ouvrage.

1-1. Deux grandes familles (hors toiture-terrasse)

- Couvertures à petits éléments :
  - tuile à emboîtement et à glissement longitudinal : pages 134 et 135,
  - ardoise naturelle : pages 132 et 133,
  - tuiles plates en béton, terre cuite ou fibre ciment,
  - bardeaux bitumés.
- Couvertures à grands éléments (non traitées ici).

1-2. Les contraintes à respecter

Une couverture doit s'adapter :
- aux formes de pente des bâtiments,
- aux sites climatiques,
- aux exigences architecturales particulières.

Une couverture doit assurer :
- l'imperméabilité de la toiture (étanchéité intrinsèque du matériau), associée à des dispositions particulières (recouvrement par exemple),
- un complément d'étanchéité vis-à-vis de la neige poudreuse, susceptible de pénétrer entre les éléments sous l'effet du vent (généralement assurée par un écran).

2. TERMINOLOGIE (NF P 30-101)

2-1. Éléments apparents de la couverture (fig. 1)

- **Arêtier** : ligne saillante inclinée, droite ou courbe, formée par l'intersection latérale de deux pans de couverture.
- **Châssis** : ouvrage métallique recouvrant une ouverture, composé soit d'un dormant fixé sur le comble et d'une partie ouvrante généralement vitrée appelée abattant, soit d'un dormant sans partie ouvrante.
- **Chatière** : ouvrage destiné à l'aération des combles.
- **Comble** : ensemble constitué par la charpente et la couverture.
- **Croupe** : pan de couverture de forme généralement triangulaire, limité latéralement par des arêtiers et dans le bas par un égout.
- **Égout** : ligne basse d'un pan de couverture.
- **Faîtage** : ligne de partage des eaux, déterminée par l'intersection supérieure de deux pans alternés de couverture.
- **Lucarne** : construction recouvrant une baie ouverte sur un pan de couverture. Le dessus est recouvert par un comble, les côtés forment les jouées.
- **Noue** : ligne rentrante inclinée, droite ou courbe, formée par l'intersection latérale de deux pans de couverture. C'est, avec l'égout, la ligne de couverture qui reçoit le plus d'eau.
- **Pénétrations** : elles peuvent être continues (tête de pignon, mur mitoyen) ou discontinues (souche).
- **Queue de vache** : saillie de toit, qui se trouve à l'égout d'un pan de couverture, pour protéger les façades et toutes les saillies qu'elles comportent.
- **Rive latérale** : ligne limitant un pan de couverture sur ses côtés.
- **Rive de tête** : ligne située à la partie haute d'un pan de couverture.
- **Saillie de rive** : saillie de toit située sur les rives des combles pour protéger les murs et toutes les saillies qu'ils comportent.
- **Versant ou long pan** : pan de couverture limité en tête par un faîtage ou une rive de tête, dans le bas par un égout et sur les côtés par des rives, arêtiers ou noues.
- **Trappe d'accès** : ouvrage permettant l'accès sur la couverture.

2-2. Éléments supports de la couverture (fig. 2)

- **Support** : élément servant directement d'appui à la tuile et assurant son positionnement. Il peut être constitué notamment par des liteaux, des voliges ou des planches emboîtées ou bord à bord, des panneaux contreplaqués (extérieur CTB-X : NF B 54-160 et 161), des panneaux de particules (CTB-H : NF B 54-100 et 110).
- **Voligeage** : aire constituée par des voliges clouées sur les chevrons et destinée à recevoir les matériaux de couverture.

①

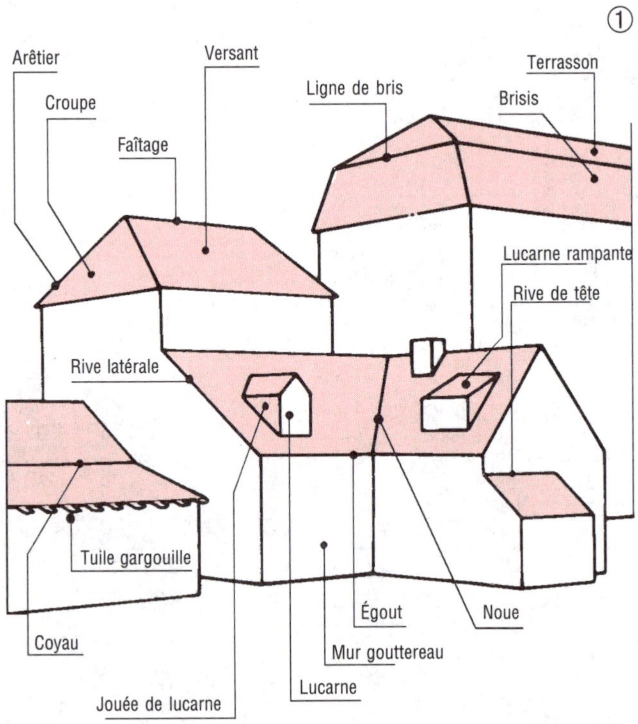

②

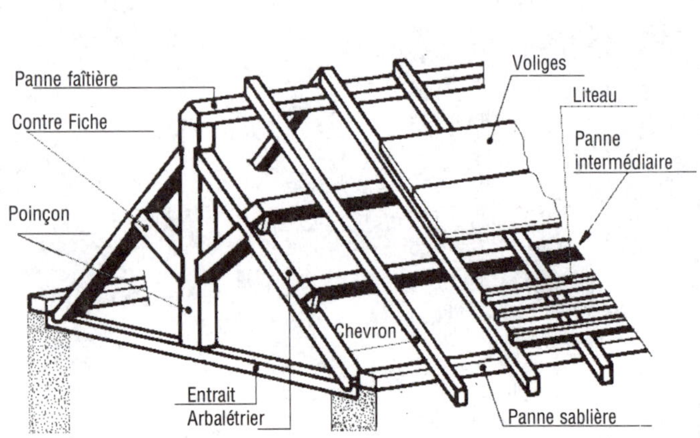

2-3. Termes relatifs à la mise en œuvre

- **Doublis** : ouvrage exécuté au départ d'une couverture en ardoises et consistant à placer, sous les liaisons du premier rang de la couverture, au moins un rang d'ardoises de hauteur réduite.
- **Écart de feu** : distance entre les bois et la face intérieure des conduits, au droit des cheminées. Les bois s'arrêtent à la distance de l'écart de feu, pour être remplacés par un glacis en plâtre ou en mortier de liant hydraulique.
- **Écran ou sous-toiture** : élément généralement continu, souple ou rigide, armé ou non, interposé entre le comble et la face interne des tuiles : figure 1.
- **Embarrure** : garnissage en mortier ou en plâtre calfeutrant le vide entre les bords d'une faîtière et les tuiles de la couverture.
- **Larmier** : ensemble de pliures comprenant un pli, un biseau et une pince.
- **Noquet** : ouvrage métallique à reliefs destiné à raccorder la couverture avec une pénétration contre un mur ou un tasseau.
- **Pannetonnage** : opération consistant à attacher par le dessous les tuiles d'une couverture exposée à de grands vents.
- **Parement** : garnissage en mortier ou en plâtre analogue à l'embarrure, mais situé sur une rive latérale.
- **Pureau** (P) : partie visible des éléments d'une couverture en petits éléments ; s'emploie en général pour désigner la hauteur de cette partie (fig. 2).
- **Rang de doublage** : rang d'ardoises posées en recouvrement sur un ouvrage de rive, de faîtage ou d'arêtier.
- **Recouvrement** (R) : partie haute de l'ardoise qui ne reçoit jamais d'eau directement ; s'emploie en général pour désigner la hauteur de cette partie (fig. 2).
- **Solin** : garnissage en mortier ou en plâtre en forme de talus, recoupé du côté de la tuile et amorti sur la paroi du mur ou de la pénétration (fig. 3).
- **Tenon** : relief profilé en sous-face de tuile permettant son accrochage sur le support (liteaux par exemple).
- **Toit froid** : toit conçu de telle façon qu'il existe sous les tuiles et leur support un espace ventilé séparé du volume du comble par un écran formant isolation thermique. C'est pratiquement la seule technique mise en œuvre sur les constructions neuves.

2-4. Prescriptions générales des travaux de couverture

Les structures porteuses doivent être exécutées en conformité avec les règles et cahiers des charges en vigueur (notamment les Règles Neige 84, NV 65, 67 et annexes, CB 71).

– Restrictions en climat de montagne (non abordé ici) :

Il est conventionnellement caractérisé par une implantation du bâtiment à plus de 900 mètres d'altitude (surcharge normale de neige > 1,85 kN/m²).

La conception et la réalisation de la couverture devront tenir compte des sujétions inhérentes aux conditions climatiques locales (résistance des supports, réalisation effective d'un toit froid, fixation des tuiles, etc.).

2-4.1. Conditions d'usage et d'entretien

La condition de durabilité, après exécution d'un ouvrage de bonne qualité, ne peut être obtenue que si ces ouvrages sont entretenus et si leur usage est normal, à savoir :

- enlèvement de la végétation, des mousses et des débris, pouvant nuire au bon fonctionnement de la couverture,
- maintien en bon état :
  - des ouvrages accessoires (solins, souches...),
  - des évacuations d'eaux pluviales,
  - des éléments du support de la couverture,
  - d'une ventilation suffisante de la sous-face des tuiles ;
- circulation réduite au strict nécessaire pour les entretiens et les travaux annexes (fumisterie, pose d'antennes).

2-4.2. Isolation thermique sous rampants

L'isolant ne sera jamais au contact de la sous-face des liteaux (et à fortiori des petits éléments).

Un espace E sera réservé pour assurer un libre passage de l'air (fig. 4), compte tenu des déformations possibles de ce film et de l'isolant : page 131.

Lorsque le comble est habitable, un habillage de la charpente est généralement prévu en sous-face. Si l'isolant spécifique est disposé entre chevrons, il est généralement utile de prévoir, un contre-lattage, pour assurer le libre passage de l'air : page. 131).

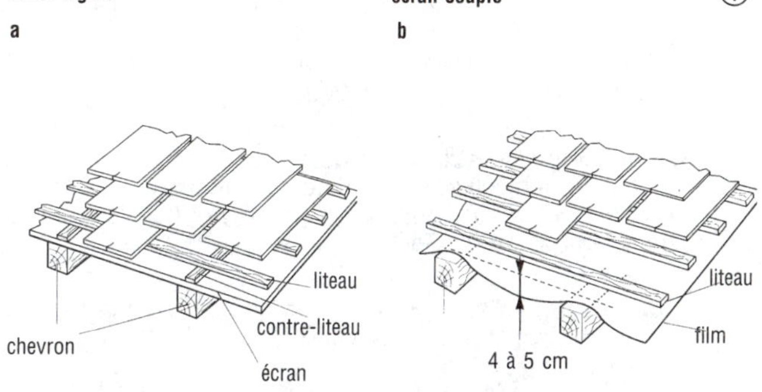

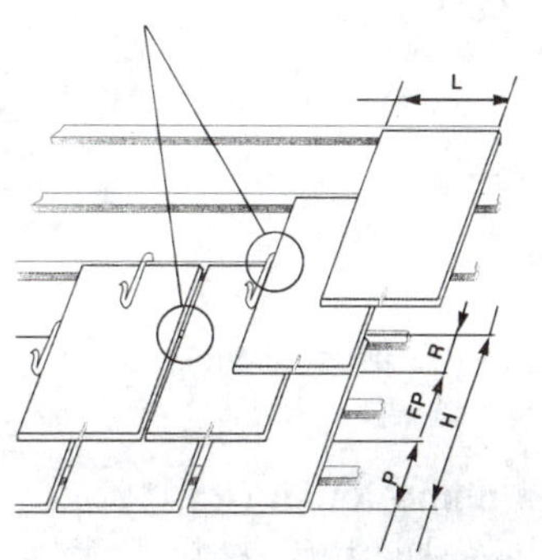

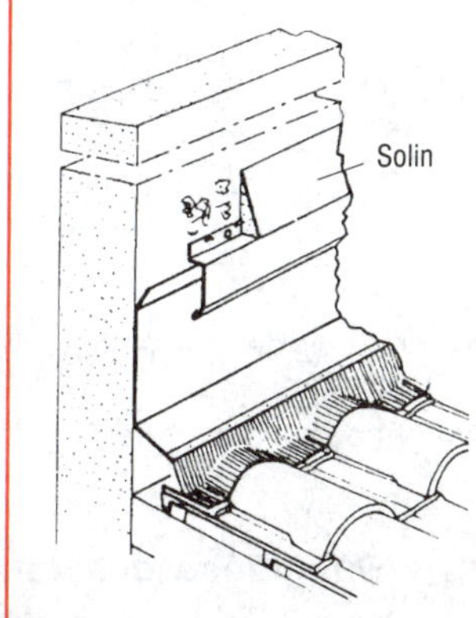

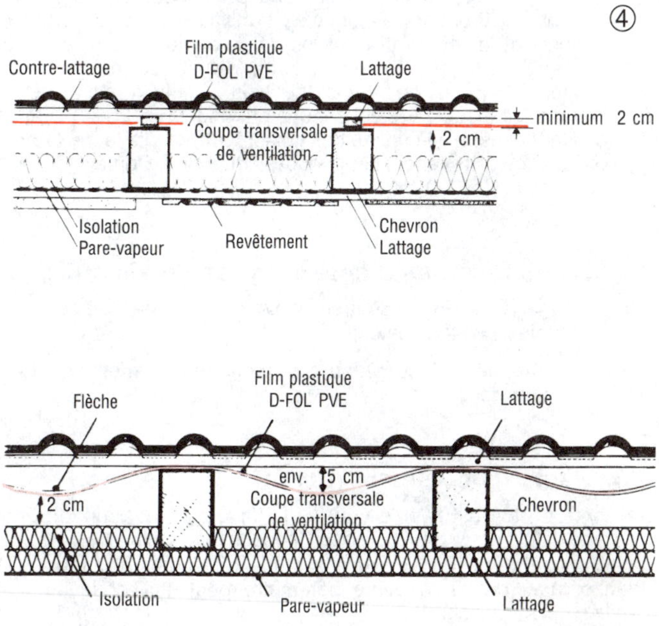

2-4.3. Bois massifs de couverture

Toutes les essences admises en charpente (page 32 ou règles CB 71, art 2, 12) sont utilisables, le sapin et l'épicéa étant préférables à toutes autres essences pour l'exécution des voligeages.

- **Caractéristiques physiques** :
  - bois secs à l'air (13% < humidité < 20%).
  - liteaux, voliges (portée entre appuis < 1,20 m).

Éviter les défauts susceptibles de réduire gravement la résistance des éléments :
  * nœuds ou flaches réduisant de plus d'un quart la section,
  * champignons, insectes,
  * pentes de fil > 12% par rapport à l'axe géométrique de la pièce.
  - planches, chevrons (portée entre appuis > 1,20 m) : bois de catégorie I (NF B 52-001 : catégorie 1).

- **Protection fongicide et insecticide** : elle peut être exigée dans les documents particuliers du marché suivant les circonstances, les lieux d'emploi et la nature des bois utilisés (fascicule D.600 du Centre Technique du Bois).

- **Écart de feu pour Paris** : 16 cm pour les bois de charpente et 7 cm pour les bois légers de menuiserie.

3. LES CRITÈRES DE CHOIX

- Lieu de la construction :
  - région
  - site.
- Pente des versants,
- Longueur des versants,
- Forme de couverture (importance des pénétrations).

3-1. Définitions des zones climatiques (fig. 1)

- Région I : tout l'intérieur du pays situé à une altitude inférieure à 200 m.
- Région II : côte atlantique sur une profondeur de 20 km de Lorient à la frontière espagnole ; transition de 20 km entre la région I et la région III pour les côtes de la Manche et de la Bretagne ; altitudes comprises entre 200 et 500 m.
- Région III : côtes de la mer du Nord, de la Manche et de l'Atlantique jusqu'à Lorient sur une profondeur de 20 km ; vallée du Rhône jusqu'à la pointe des trois départements Isère, Drôme et Ardèche ; Provence, Languedoc, Roussillon, Corse ; altitudes au dessus de 500 m.

3-2. Définitions des différents types de sites (fig. 2)

Site : surface localisée de très faible étendue par rapport aux zones définies par les régions.

Ce paramètre permet de prendre en compte les effets résultant de la situation locale.

3-3. Pente d'un versant (fig. 3)

La pente du toit est l'angle que fait la ligne de plus grande pente des eaux du versant avec le plan horizontal.
L'inclinaison d'une couverture s'exprime en degrés par rapport à l'horizontale : définir la pente par mètre peut faciliter le tracé à l'atelier ou sur le chantier.

①

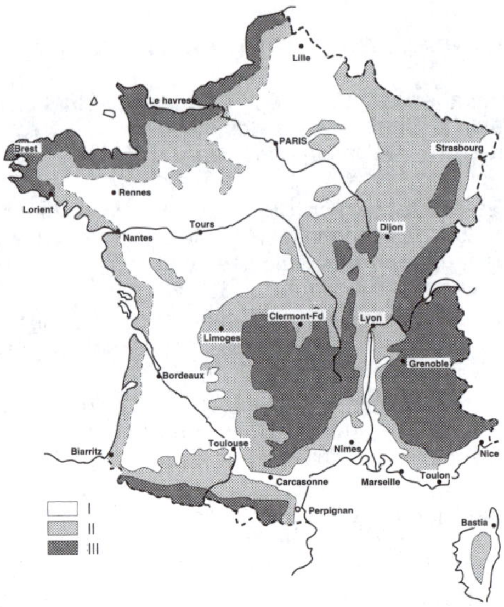

② – **Site protégé** : un fond de cuvette entouré de collines sur tout son pourtour et protégé ainsi contre toutes les directions du vent, un terrain bordé de collines sur une partie de son contour, correspondant à la direction des vents les plus violents.
– **Site normal** : plaine ou plateau pouvant présenter des dénivellations peu importantes, étendues ou non (vallonements, ondulations).

Sites protégés

Sites normaux

– **Site exposé** : le littoral sur une profondeur d'environ 5 km, le sommet des falaises, les îles, les vallées étroites où le vent s'engouffre, les montagnes isolées et élevées et certains cols.

Sites exposés

1) au voisinage de la mer

2) à l'intérieur du pays

%	Degrés	%	Degrés
190	62°15	100	45°
185	61°30	95	43°30
180	61°	90	42°
175	60°15	85	40°15
170	59°30	80	38°30
165	58°45	75	37°
160	58°	70	35°
155	57°	65	33°
150	56°15	60	31°
145	55°30	55	28°45
140	54°30	50	26°30
135	53°30	45	24°15
130	52°30	40	21°45
125	51°15	35	19°15
120	50°15	30	16°
115	49°	25	14°
110	47°45	20	11°15
105	46°30	15	10°

③

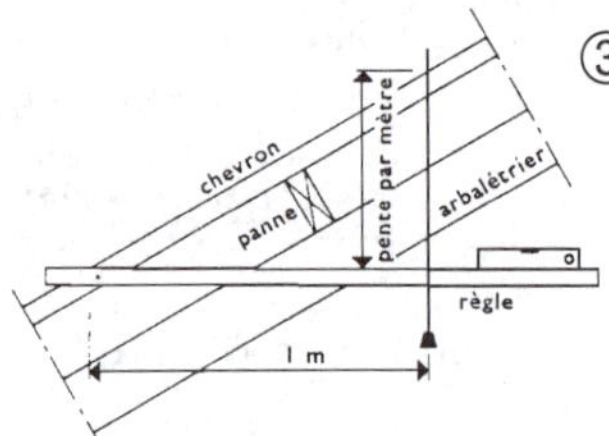

Mesure de la pente sur un chantier

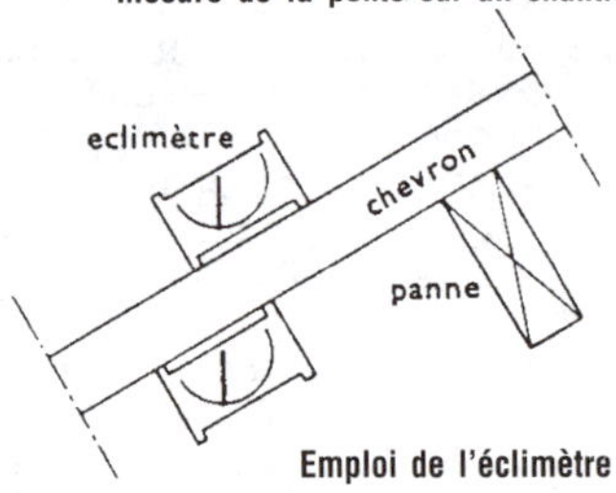

Emploi de l'éclimètre

4. DISPOSITIONS GÉNÉRALES

La ventilation de la sous-face de la couverture et de son support doit toujours être assurée.

La section des orifices de ventilation (fig. 1) varie selon :
- la perméance à la vapeur d'eau de la paroi séparant les locaux habitables du comble ou de la lame d'air ventilé,
- la surface de transfert constituée par la paroi (le plancher du comble s'il n'est pas aménagé, la couverture dans le cas de plafond sous rampant),
- la présence ou non d'un écran.

4-1. Répartition des orifices de ventilation

Leur section totale doit être répartie :
- pour moitié en partie basse du ou des versants,
- pour l'autre moitié, au voisinage du faîtage.

Pose avec écran, interrompu en faîtage : la section des orifices correspond à la somme des sections de ventilation sous les éléments de couverture et sous l'écran.

4-2. Dispositions particulières des orifices

Les orifices en égout et/ou en faîtage sont du type :
- châtières (fig. 2),
- tuiles de ventilation (fig. 3),
- grilles (ou fentes continues) en façade (ou avancée de toit), closoirs permettent la ventilation de la sous-face de l'écran (fig. 4), accessoires spécifiques.

- **Comble non aménagé** : des grilles disposées en partie haute des pignons peuvent suffire si ceux-ci ne sont pas distants de plus de 12 m.

5. LES ÉCRANS (fig. 5a et b)

Ils doivent permettre la fixation des liteaux supports des tuiles ainsi que des contre-liteaux destinés à assurer la ventilation de la sous-face de ces dernières.

L'emploi d'écrans perméables à la vapeur d'eau contribue à réduire les risques de condensation.

- Écran souple : lés de feutre bitumés (type 36S mini. selon NF P 84-307), lés en polyéthylène (épaisseur mini. 100 µm) posés parallèlement à l'égout, avec recouvrement de 10 cm environ.
- Écran rigide : voliges ou planches (emboîtées ou bord à bord), panneaux contreplaqués (extérieur CTB-X, format maxi. : 315 × 155 cm, e mini. = 10 mm selon NF B 54-160 et 161), panneaux de particules (CTB-H, format maxi. : 370 × 125 cm, e mini. = 16 mm selon NF B 54-100 et 110).

① **Section totale des orifices de ventilation S, S_1 et épaisseur de la lame d'air E en fonction du type de couverture**

Cas courant (hygrométrie moyenne) CSTB, mai 84, cahier 1926	Ardoises	Tuiles TC ou béton
	Sans écran	
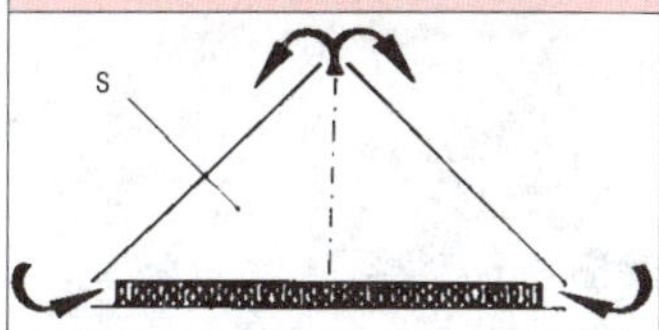	$S \geq 1/3\,000$	$S \geq 1/5\,000$
	Avec écran	
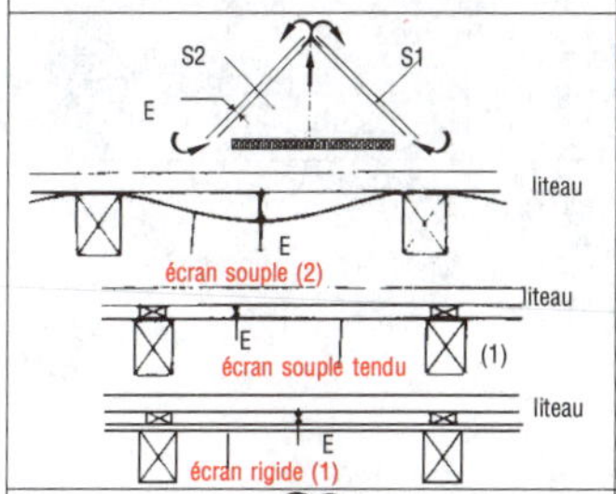	$S_1 \geq 1/3\,000$ $S_2 \geq 1/500$ $E \geq 2$ cm	$S_1 \geq 1/5\,000$ $S_2 \geq 1/500$ $E \geq 2$ cm$^{(1)}$ $E \geq 4$ à 5 cm$^{(2)}$
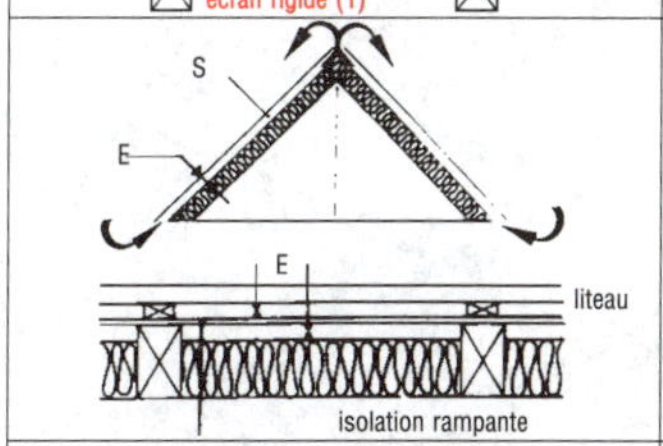	$S \geq 1/800$ $E \geq 2$ cm	$S \geq 1/1\,250$ $E \geq 2$ cm
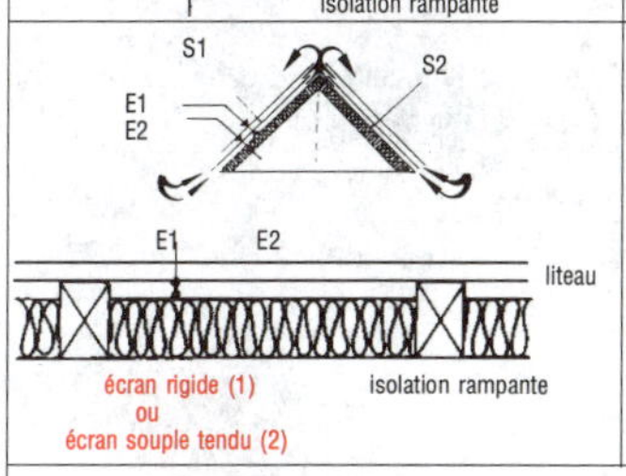	$S_1 \geq 1/3\,000$ $S_2 \geq 1/1\,200$ $E_1 \geq 2$ cm $E_2 \geq 4$ cm$^{(1)}$ $E_2 \geq 2$ cm$^{(2)}$	$S_1 \geq 1/5\,000$ $S_2 \geq 1/1\,200$ $E_1 \geq 2$ cm $E_2 \geq 4$ cm$^{(1)}$ $E_2 \geq 2$ cm$^{(2)}$

Nota : les surfaces d'ouvertures S se rapportent à la surface totale de la couverture, évaluée en plan.

②

③

④
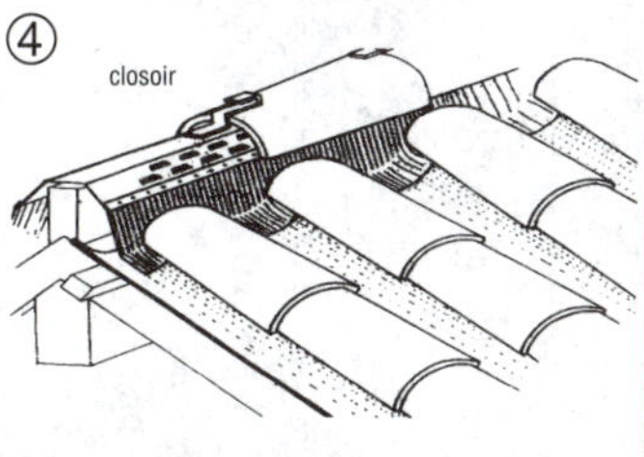

(5 a) : une isolation sous rampant est prévue avec un écran souple.
(5 b) : comble sous rampant non isolé : disposition admise pour écran souple.
L'écran peut remplir d'autres fonctions : isolation thermique, protection contre la neige poudreuse.

⑤ Dispositions constructives envisageables

a
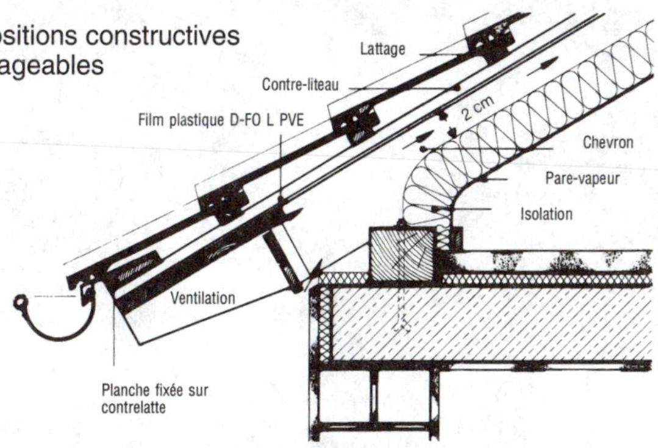

b
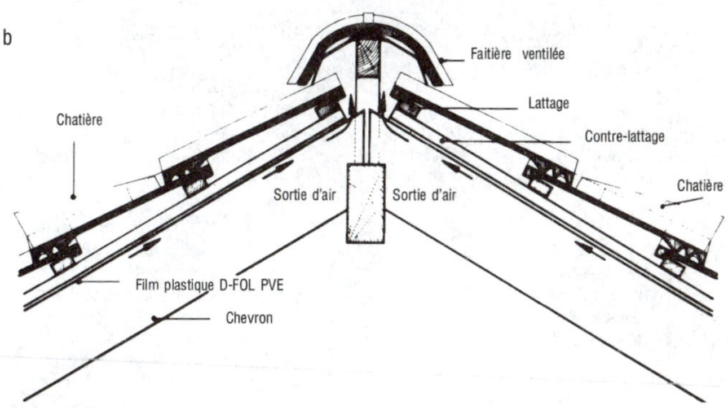

1. ARDOISES NATURELLES

Le mot « ardoise » désigne exclusivement toute plaque de couverture tirée d'un schiste ardoisier.

- Modèles, usages, dimensions, poids : figure 1.
- Exemple de désignation (NF P 32-301) : ardoise de 1re catégorie ordinaire, 250 × 180 × 2,7 (a), couleur bleue, devant subir l'essai de porosité, (b).

(a) : dimensions nominales en mm
(b) : référence à la norme les concernant

- Critères de choix du mode de pose : figure 2.

1-1. Pose au clou sur voliges espacées de 5 mm environ

- Dénomination des clous (NF P 37-401) : le premier nombre indique la longueur, le second la section à la jauge de Paris : un clou 16/13 a une longueur de 16 mm et un diamètre de 2 mm (fig. 3).

①

	Modèle (Angers - Trélazé)		Format H × L en mm	Épaisseur nominale en mm	Poids au 1000 en kg	Nombre d'ardoises au m² au crochet de 9 cm R = 85 mm
Traditionnel	35 × 25	Usage courant	355 × 250	2,8	690	29,3
	32 × 22		325 × 220	2,7	540	37,4
	30 × 22		300 × 220	2,6	450	41,7
	30 × 22		300 × 220	2,9	540	41,7
	30 × 20		300 × 200	2,7	440	45,8
	30 × 18		300 × 180	2,7	380	50,8
	30 × 16		300 × 160	2,7	340	57,1
	27 × 18		270 × 180	2,7	350	59,1
	27 × 16		270 × 160	2,7	310	66,3
	27 × 15		270 × 150	2,7	290	70,6
	25 × 18		250 × 180	2,7	320	
	25 × 15		250 × 150	2,7	260	
	22 × 16		220 × 160	2,7	250	
	22 × 12		220 × 120	2,7	190	
Extra-fort	46 × 30 E.F.	Climat difficile	460 × 300	3,8	1 500	21,4*
	46 × 25 E.F.		460 × 250	3,8	1 270	25,6*
	40 × 25 E.F.		405 × 250	3,8	1 100	24,7
	40 × 20 E.F.		405 × 200	3,8	870	30,8
	35 × 25 E.F.		355 × 250	3,8	950	29,3
	35 × 20 E.F.		355 × 200	3,8	720	36,5
	30 × 20 E.F.		300 × 200	3,8	610	45,8
Carrée	36 × 36 4 P.5	Batiment industriel ou agricole	355 × 355	3,8	1 280	
	33 × 33 4 P.5		325 × 325	3,8	1 050	
	30 × 30 4 P.5 (4 pans de 5)		300 × 300	3,8	890	
Historique	30 × 20 H1	Monuments classés	300 × 200	4,5	760	45,8
	30 × 18 H1		300 × 180	4,5	670	50,8
	27 × 18 H1		270 × 180	4,5	600	59,1
	30 × 20 H2		300 × 200	6,7	1 000	45,8
	30 × 18 H2		300 × 180	6,7	900	50,8
	27 × 18 H2		270 × 180	6,7	820	0
Galloise	32 × 22	Effet de relief	325 × 220	4,5	890	37,4
	30 × 20		300 × 200	4,5	740	45,8
	27 × 18		270 × 180	4,5	580	59,1
	27 × 16		270 × 160	4,5	500	66,3

* Nombre d'ardoises au m² avec un recouvrement de 153 mm, crochet ondulé de 16 cm.

②

	Avantages	Inconvénients
Clou	– aspect net – parement perméable aux neiges poudreuses – permet tous les travaux de coupe	– pose par des ouvriers hautement qualifiés – temps de pose au m² relativement important – voligeage plein, double lattis – risque de casse au perçage – réparation délicate
Crochet	– pose rapide – liteau tous les pureaux – résistance aux grands vents – prix au m² moins élevé – réparation et remaniage aisés	– couverture moins nette – peut laisser passer la neige poudreuse – prend les poussières – tige du crochet très sensible aux oxydations

- Matière : acier doux, à tige cylindrique, s'oxydant plus ou moins vite (fig. 4a), acier doux galvanisé à tige cylindrique, résistant convenablement à l'oxydation, cuivre à section cylindrique ou carrée (utilisés dans les régions de grand vent ou pour les sites exposés [fig. 4b]), acier inoxydable.
- Choix du clou : figure 5.
- Position du clou : figure 6.

1-2. Pose au crochet sur liteaux ou voliges

– Sur liteaux (40 × 14) au crochet à agrafe : fig. 7a.

– Sur voliges jointives (largeur : 12 ou 14 mm, jusqu'à 18 à 20 mm dans les sites exposés) au crochet à pointe : fig. 7b.

- Matière : acier doux galvanisé, cuivre écroui, acier inoxydable recommandé en bord de mer.
- Choix du crochet : figure 8.

③	n° de jauge	13	15	16	17	18	19	20	21	22	23
	Ø (mm)	2	2,4	2,7	3,0	3,4	3,9	4,4	4,9	5,4	5,9

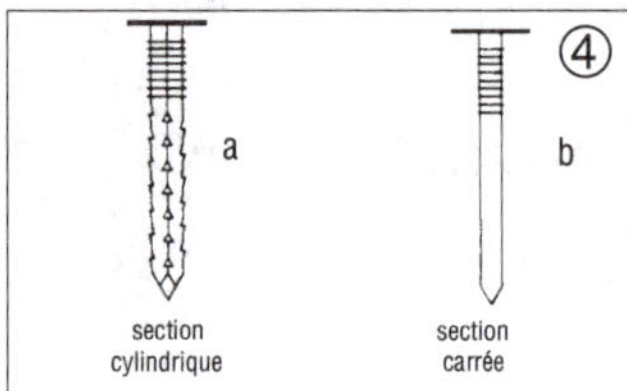

④

⑤

Modèle d'ardoises	Dimensions des clous
– Ordinaire Anglais – H1 et rugueux H2	27/15, 27/16 30/16, 30/17, 35/16, 35/17 40/16, 40/17, 40/18 45/18

Deux modes de fixation sont possibles :
– 1 clou de tête en A,
– 2 clous de milieu en B.

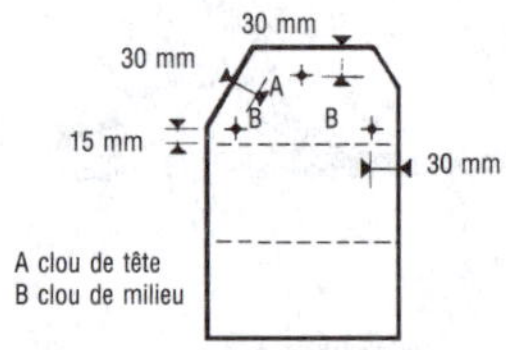

⑥

Pose au crochet : chaque ardoise est maintenue par 4 crochets.

⑦

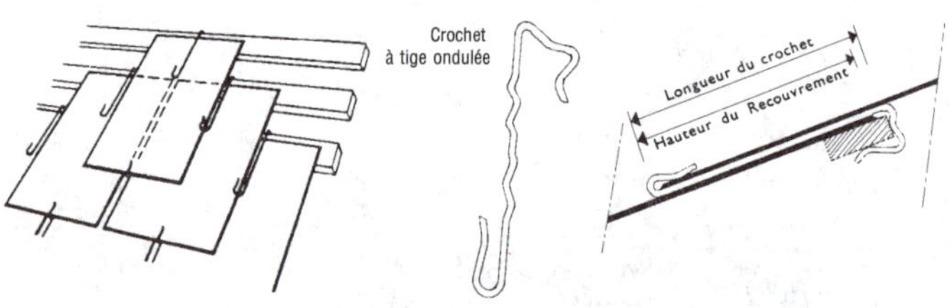

Diamètre du fil à utiliser en fonction de la longueur du crochet et du modèle d'ardoise (Ø donné par n° jauge)										⑧
Longueur du crochet (cm)	Modèle d'ardoise									Type de crochet
	Ordinaire			Anglais			Épais et H1			
	Inox	Galv.	Cuiv.	Inox	Galv.	Cuiv.	Inox	Galv.	Cuiv.	
7 - 8 - 9	16	16	16	16	16	17	16	17	18	Ordinaire
10 - 11 - 12	16	16	17	16	17	17	16	17	18	
12 - 13 - 14	–	–	–	16	17	18	17	18	19	Ondulé
15 - 16	–	–	–	16	17	18	17	19	19	

1-3. Mise en œuvre

Il existe plusieurs façons de couvrir les différents combles d'une toiture, selon la région, la nature du bâtiment, l'effet recherché. La pose classique (fig. 5) respecte les principes généraux suivants :

- les rangs sont perpendiculaires à la ligne de plus grande pente des eaux,
- les éléments d'ardoise, parfois de métal (noquet), se recouvrent à chaque rang en partant de l'égout vers le faîtage,
- le recouvrement minimum prévu selon le mode de pose est rigoureusement respecté pour assurer l'étanchéité.

1-4. Ventilation de la sous-face de la toiture

Les sections des entrées (près de l'égout) et des sorties (près du faîtage) ainsi que leur répartition sont fonction de l'exposition, du site, de la pente de la toiture, du mode d'utilisation du volume du comble, sans que le DTU n° 40-11 soit plus explicite (p. 131).

1-5. Pentes et recouvrements correspondant :
figures 2 et 3

1-6. Exemple d'utilisation des tableaux et des formules

Soit une couverture à réaliser à Argentan dans l'Orne :

- la pente du comble est de 35° ou encore de 70 cm/m ;
- Argentan se trouve en région II (carte p. 130) ;
- la projection horizontale du rampant est de 4 m.

On lit (fig. 3) que le recouvrement minimum au crochet est de 94 mm. Cette donnée permet d'obtenir par les formules de calculs (fig. 1) les dimensions d'ardoises admissibles : du 355 × 250 au 300 × 180 pour un modèle traditionnel (p. 132, fig. 1).
Les formules de calcul donnent aussi la dimension du pureau, le nombre d'ardoises au m², la longueur du crochet et la quantité de liteaux nécessaire.

①

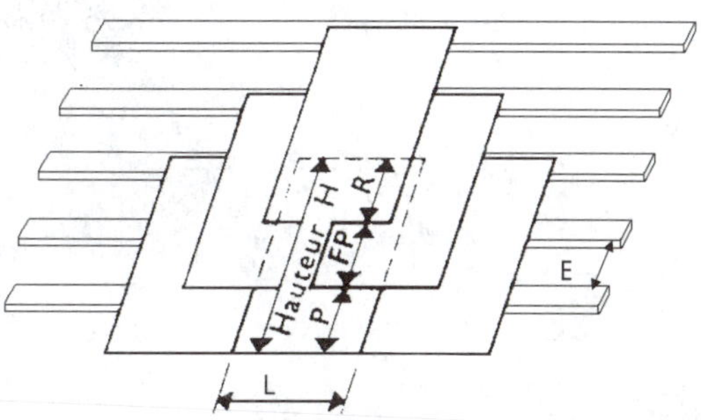

FORMULES DE CALCUL

FORMAT DE L'ARDOISE	$H \geq 3R$ $L \simeq 2R$	R : Recouvrement en mm H : Hauteur de l'ardoise en mm L : Largeur de l'ardoise en mm
PUREAU	$P = \frac{H - R}{2}$	P : Pureau en mm
CROCHET	se définit par la longueur, la jauge et le métal, a) Longueur $C = \frac{R + 3\text{ mm}}{10}$ (arrondi à l'unité sup.) b) Diamètre D : voir correspondance en mm du n° de jauge dans le tableau en bas de page 132.	
ÉCARTEMENT DES LITEAUX	E = P (mm)	
NOMBRE D'ARDOISES AU M²	$N = \frac{1}{P(L + D)} \times 10^6$ Dans le cas d'utilisation d'un crochet ondulé remplacer D par D' (D' = D + 1 mm)	
NOMBRE DE MÈTRES DE LITEAUX AU M²	$\frac{1}{P} \times 10^3$	

POSE AU CLOU - Hauteur du recouvrement minimum en mm ②

Pentes en m.p.m.	Projection horizontale du rampant								
	RÉGION I			RÉGION II			RÉGION III		
	0 à 5,50 m	5,51 à 11,00 m	11,01 à 16,50 m	0 à 5,50 m	5,51 à 11,00 m	11,01 à 16,50 m	0 à 5,50 m	5,51 à 11,00 m	11,01 à 16,50 m
0,20	161								
0,225	145	175							
0,25	133	158		177					
0,275	125	145	175	160					
0,30	120	134	158	150	177				
0,325	112	124	143	1137	160		170		
0,35	106	116	133	128	146	172	157		
0,375	102	110	123	121	137	156	145	177	
0,40	96	106	116	116	129	135	137	155	172
0,45	91	97	104	105	115	126	122	135	148
0,50	87	90	96	98	106	114	112	122	132
0,55	81	86	90	93	99	106	105	112	120
0,60	78	82	85	88	93	98	98	104	110
0,70	74	76	79	82	86	90	90	95	100
0,80	71	72	74	78	81	84	85	89	92
0,90	67	69	71	75	77	80	82	84	97
1,00	65	67	68	72	74	77	78	81	84
1,20	64	64	65	69	70	72	74	76	78
1,40	60	62	62	66	68	70	72	74	76
1,70	59	60	60	64	66	67	69	71	72
2,00	58	59	59	63	64	66	68	69	71
2,50	57	57	58	62	63	64	66	68	69
3,00	57	57	57	61	62	63	66	68	69
3,75	56	55	55	61	62	63	66	67	67
Verticale	55	55	55	60	61	62	64	65	66

POSE AU CROCHET - Hauteur du recouvrement minimum en mm ③

Pentes en m.p.m.	Projection horizontale du rampant								
	RÉGION I			RÉGION II			RÉGION III		
	0 à 5,50 m	5,51 à 11,00 m	11,01 à 16,50 m	0 à 5,50 m	5,51 à 11,00 m	11,01 à 16,50 m	0 à 5,50 m	5,51 à 11,00 m	11,01 à 16,50 m
0,20	153								
0,225	147								
0,25	141	153							
0,275	136	147		153					
0,30	131	142	153	147					
0,325	126	136	147	141	153				
0,35	122	131	142	136	147		153		
0,75	118	127	137	132	142	153	147		
0,40	114	123	132	127	137	147	142	153	
0,45	107	115	124	119	128	138	133	143	153
0,50	102	109	117	113	121	130	126	134	142
0,55	97	103	111	107	115	123	119	127	135
0,60	92	99	106	103	109	117	113	121	128
0,70	86	92	98	94	101	107	104	110	117
0,80	80	86	91	88	94	100	97	103	108
0,90	76	81	87	84	89		92	98	102
1,00	73	78	83	80	85	91	88	93	97
1,20	69	73	78	75	80	85	82	87	91
1,40	65	70	74	72	77	81	79	83	87
1,70	62	67	71	69	73	77	75	80	84
2,00	61	65	69	67	71	75	73	77	81
2,50	59	63	67	65	69	73	71	75	79
3,00	58	62	66	63	68	72	70	74	78
3,75	58	61	65	62	67	71	69	73	76
Verticale	58			60			65		

Écartement entre les chevrons exprimé en mètres ④

Établi compte tenu d'un écartement maximum de 0,15 m entre liteaux ou voliges

Section des liteaux et voliges	Section en mm H × L	Charge en daN/m² (ardoise + charge climatique) 75	100	150	200
Liteaux	14 × 40	0,35	0,35	0,35	0,35
	14 × 50	0,40	0,40	0,40	0,40
	18 × 50	0,66	0,66	0,66	0,66
	18 × 75	0,99	0,99	0,92	0,84
	25 × 50	1,20	1,20	1,12	1,02
Voliges	12 × 100	0,59	0,59	0,59	0,59
	15 × 100	0,91	0,91	0,85	0,77
	18 × 100	1,20	1,16	1,02	0,92

⑤

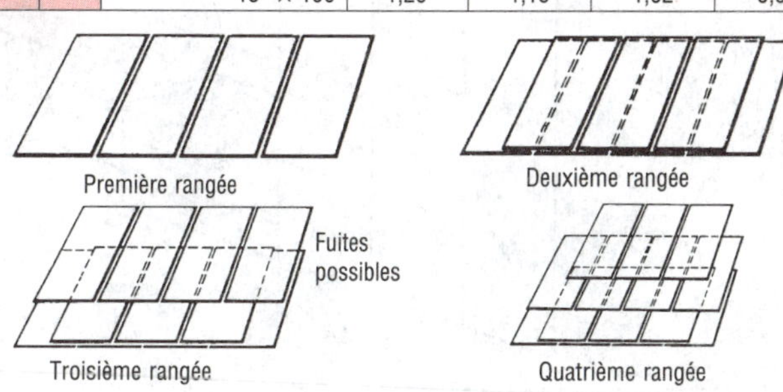

TOITURES (19/22)
LES COUVERTURES : LES TUILES À GLISSEMENT ET À EMBOÎTEMENT LONGITUDINAL
NF P 31-314 et 315, **AFNOR DTU P 31**-205 (DTU N° 40-24), **P 31**-202 (DTU N° 40-21)

2. LES TUILES

La tuile à emboîtement et à glissement longitudinal comporte :
- des moulages destinés à assurer l'étanchéité de l'assemblage (sauf pour les tuiles plates),
- des réservations (éventuellement), destinées à permettre la fixation sur les supports.

L'emboîtement est un dispositif permettant l'assemblage de deux tuiles contiguës, pouvant comporter au niveau du recouvrement d'une part, au niveau de l'assemblage latéral d'autre part :
- une ou plusieurs parties en relief (nervures),
- une ou plusieurs parties en creux (cannelures).

Une tuile à emboîtement comporte :
- un dispositif d'emboîtement longitudinal,
- un dispositif d'emboîtement transversal.

Une tuile à glissement ne comporte qu'un dispositif longitudinal.
Un calepinage, fonction du modèle et du plan de couverture, est généralement nécessaire pour limiter les coupes et optimiser l'usage des accessoires.
Des tuiles spéciales sont vendues par les fabricants :
- pour compléter les éléments utilisés en partie courante en vue de permettre la réalisation des ouvrages de raccordement,
- pour répondre à une fonction ponctuelle telle que les tuiles de ventilation de la sous-face de la couverture (châtière), ou à une fonction linéaire telle que tuile courte, tuile d'arêtier....

Une tuile de terre cuite est obtenue par façonnage, séchage et cuisson d'une pâte argileuse. Elle porte une marque indélébile permettant d'identifier la société productrice, l'année et le mois de fabrication.
Une tuile en béton est obtenue par formage d'un mortier (liant : ciment), éventuellement coloré.

	TUILE À GLISSEMENT ET À EMBOÎTEMENT LONGITUDINAL (NF P 31-302) EN BÉTON (DTU N° 40-24)	EN TERRE CUITE (DTU N° 40-21)
Points particuliers	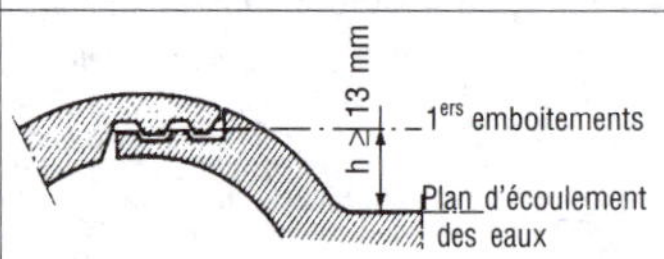 La distance séparant le premier emboîtement du plan d'écoulement des eaux est au moins égale à 13 mm.	
Destination	Tous types de bâtiments à versants plans	
Nombre	Grand moule : 9,5 à 11 au m², Petit moule : 16 à 20 au m² selon les pentes	Grand moule : 10 à 15 au m², Petit moule : 20 à 25 au m²
Format	Plus grande dimension < 60 cm. Tuiles couramment vendues : environ 420 × 330 mm.	Plus grande dimension < 65 cm
Poids	45 à 50 daN au m²	35 à 46 daN par m²
Exemple de désignation	Tuile en béton EN 490 (NF P 31-314) - IL - 30 - RF - 300*330*4,5 IL : à emboîtement ; 30 : hauteur en mm de profil ; RF : nez régulier ; 300*330*4,5 : largeur*longueur sous-tenon (mm)*masse (kg).	

Pentes et recouvrements

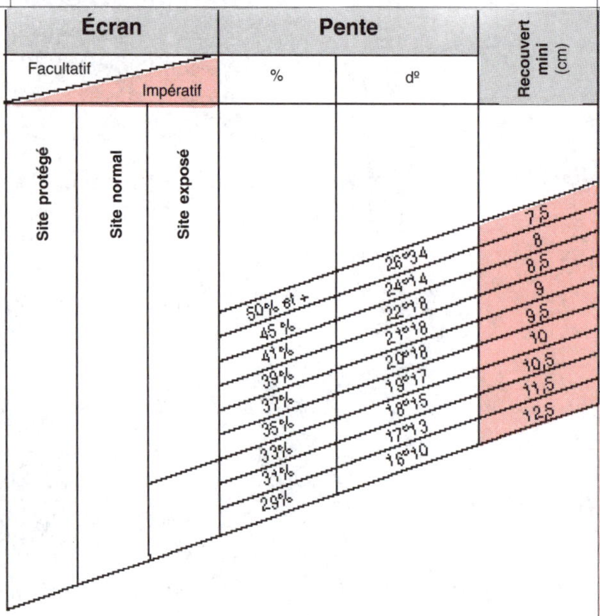

Type de tuile	Site	Région d'application		
		Région I	Région II	Région III
GRAND MOULE	Protégé	35 %	35 %	50 %
	Normal	40 %	50 %	60 %
	Exposé	60 %	70 %	80 %
PETIT MOULE	Protégé	40 %	50 %	60 %
	Normal	50 %	60 %	70 %
	Exposé	70 %	80 %	90 %

TOITURES (20/22)

LES COUVERTURES : LES TUILES À GLISSEMENT ET À EMBOÎTEMENT LONGITUDINAL

NF P 31-314 et 315, **NF P 27**-951, **NF A 91**-131, **NF A 45**-009 et 010, **NF P 34**-402, **NF A 55**-401 et 402, **NF P 15**-301, 310 et 312, **NF P 18**-301, **AFNOR DTU P 31**-205 (DUT N° 40-24), **P 31**-202 (DTU N° 40-21)

Tuile à glissement et à emboîtement longitudinal en béton (DTU N° 40-24), en terre cuite (DTU N° 40-21)	
Planéité de la charpente	Les défauts de planéité des supports de liteaux sont inférieurs au 1/100e de la portée des liteaux. La déformation relative d'un élément est limitée au 1/200e de la portée de l'élément considéré.
Le support et ses fixations	Liteaux et voliges en bois : caractéristiques des bois définies pages 130 et 32.

Section (en mm) (h × l) (*) (*) h : hauteur du liteau l : largeur du liteau	Entraxe maximal des appuis en mètres suivant la charge exprimée en daN/m²		
	100	150	200
22 × 25	0,45	0,43	0,40
25 × 25	0,55	0,50	0,45
25 × 32	0,60	0,54	0,50
25 × 38	0,64	0,57	0,52
25 × 50	0,74	0,66	0,62
32 × 32	0,79	0,70	0,62
32 × 38	0,83	0,74	0,68
38 × 38	1,00	0,89	0,82
38 × 50	1,10	0,98	0,90

- Fixation sur la charpente : une pointe (lisse : NF E 27-951, crantée ou taraudée) ou une agrafe en acier (inoxydable, galvanisé : NF A 91-131, classe B) à chaque intersection de liteau et de chevron.
- Liteaux métalliques (NF A 45-009 et 019) :
  – cornières à ailes égales de 30 à 40 mm protégées contre la corrosion par une ou deux couches de peinture anti-rouille.
  – équarrissage : déterminé par le calcul.
  – fixation sur charpente : vis autotaraudeuse en acier cémenté (Ø mini. 6 mm, f_e > 1 150 MPa) ou en acier inoxydable Z 12 CN 17-08.

Fixations des tuiles et des accessoires	Pointes, clous, crochets de pannetonnage, fils ou clips protégés contre la corrosion s'ils sont métalliques.

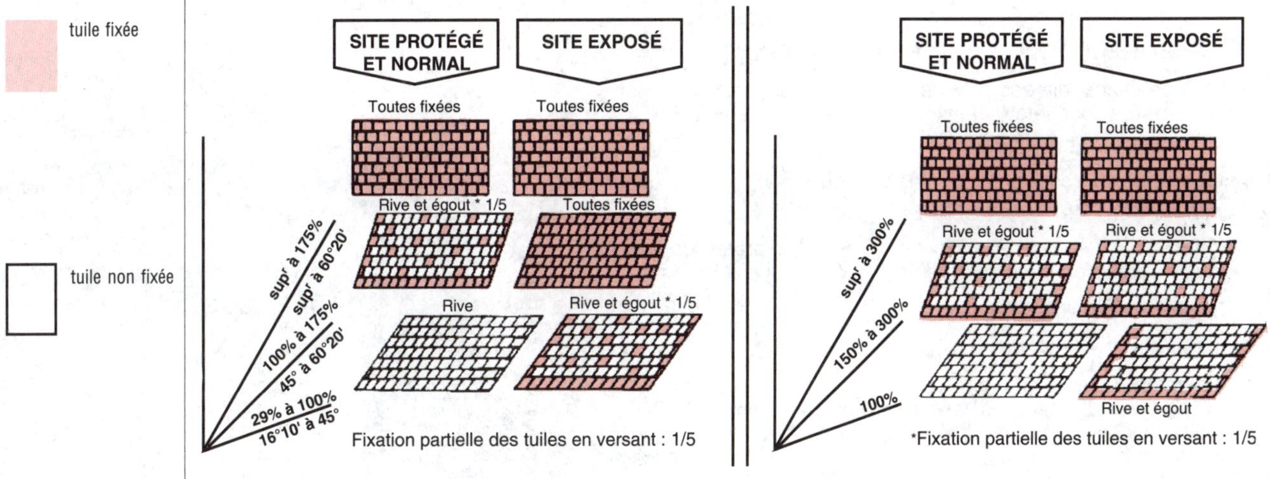

Bandes métalliques	– Bandes façonnées : NF P 34-402, – Tables et bandes en plomb : NF A 55-401 et 402.
Mortiers pour les raccordements à la maçonnerie (solins..) ou les calfeutrements	Les liants employés sont des chaux hydrauliques naturelles (NF P 15-310) ou artificielle (NF P 15-312) de classe 60 ou 100, un ciment (NF P 15-301) de classe 35 ou 45. Les dosages à prévoir, pour 1 m³ de sable 0/3 (NF P 18-301) sec, sont : – mortier de chaux : 250 à 350 kg – mortier bâtard : 150 kg de ciment pour 175 à 225 kg de chaux.
Ventilation	Elle est définie en détail (avec ou sans écran) page 131. – Couverture sans écran : 3 chatières mini. (2 en bas) disposées en quinconce par versant. – Couverture avec écran : prévoir des ouvertures linéaires le long de l'égout et du faîtage, avec éventuellement pour les rampants supérieurs à 8 m des chatières à mi-rampant.

INSTALLATIONS D'ÉVACUATION DES EAUX PLUVIALES

AFNOR DTU P 40-202 (DTU N° 60-11), **P 10**-203 (DTU N° 20-12), **P 84**-204 (DTU N° 43-1), **NF P 36**-201 (DTU N° 40-5)

Les installations d'évacuation d'eaux pluviales comprennent les gouttières et les chéneaux, les tuyaux de descente, les trop-pleins (p. 137), des regroupements de descentes (p. 137), des collecteurs (p. 137).

Les travaux d'exécution des évacuations d'eaux pluviales, comportant gouttières, chéneaux et tuyaux de descentes extérieures sont traités :

- pour les matériaux métalliques, par la norme NF P 36-201,
- pour les matériaux en polychlorure de vinyle non plastifié par la norme NF P 36-410.

Les indications données ci-après se limitent aux ouvrages privés situés au plus à 0,50 m du nu du mur extérieur, et permettent de déterminer les sections des différentes évacuations d'eaux pluviales d'une toiture.

1. GOUTTIÈRES ET CHÉNEAUX

- **Les sections de basse pente** en cm^2 des conduits d'évacuation (fig. 1) sont déterminées en cm^2 en fonction de la surface en plan de la toiture (ou portion de toiture desservie) et de la pente du conduit.

La norme AFNOR DTU P 36-201 (DTU n° 40-5), concernant les conduits en matériaux métalliques, fixe cette pente à 5 mm/m au moins.

Elles ont été établies d'après la formule de Bazin relative à l'écoulement de l'eau dans les canaux :

- en supposant un coefficient de déversoir égal à 0,38,
- en admettant un débit maximal de 3 litres à la minute et par m^2 de projection horizontale.

Prévoir une majoration des sections indiquées :

- 10 % pour un conduit de section rectangulaire ou trapézoïdale.
- 20 % pour un conduit de section triangulaire.

Particularités concernant les chéneaux

Attention, certaines dimensions des ouvrages d'étanchéité des toitures-terrasses sont déterminées par le DTU n° 20-12 et les DTU de la série 43.

- **Matériaux autorisés :** béton armé, bois ou métal.

Les chéneaux en béton armé sont :

- admis en TT inaccessible (pente < 5 % et protection par gravillon, ou bien avec une pente > 5 %),
- interdits en TT accessible.

- **Dimensions** (ℓ = largeur, h = hauteur) :
  - Les cotes brutes dépendent de :
    * l'épaisseur d'isolant, du revêtement et de sa protection,
    * la section utile pour un bon écoulement des eaux (revêtement en matériau d'étanchéité : page 27 du DTU n° 43-1 ; revêtement en matériau de couverture : NF P 36-201 (DTU n° 40-5).
  - Cotes finies : $0,3 \leq \ell \leq 1$ m et $h \leq \ell$.

Si le support d'étanchéité en partie courante est en panneau isolant, prévoir une butée (bois ou béton) en bordure du chéneau ou des fixations mécaniques (clous à rondelles ∅ 70 mm) sur chevilles ou tasseaux incorporés à l'élément porteur.

- **Dispositions constructives concernant les chéneaux, solidaires d'un élément porteur lié rigidement au dernier étage :**
  - en encorbellement :
    * la section de béton doit être minimisée,
    * les aciers longitudinaux sont déterminés comme ceux des acrotères (p. 117),
    * les revêtements des chéneaux sont désolidarisés de ceux des parties courantes.
  - encaissés : les revêtements sont liés à des parties courantes.

2. TUYAUX DE DESCENTE DES COUVERTURES NE COMPORTANT PAS D'ÉTANCHÉITÉ (SÉRIE 40 DES DTU)

Les diamètres sont déterminés d'après les tableaux ci-contre (fig. 3) avec un diamètre intérieur minimum de 60 mm.
Ces tableaux ont été établis en admettant un débit maximal de 3 litres à la minute et par m^2 de projection horizontale.

Section de basse pente (en cm^2) des conduits d'évacuation ①

Surface desservie en plan (m^2)	Pente du conduit (mm/m)							
	≤ 1	2	3	5	7	10	15	20
20	65	50	45	35	35	30	25	20
30	85	70	60	50	45	40	35	30
40	105	80	70	60	55	50	40	35
50	120	95	85	70	65	55	50	45
60	140	110	95	80	70	60	55	50
70	155	120	105	90	80	70	60	55
80	170	135	115	95	85	75	65	60
90	185	145	125	100	95	85	70	65
100	200	155	135	115	100	90	80	70
110	215	170	145	120	110	95	85	75
120	230	180	155	130	115	100	90	80
130	240	190	165	135	120	105	95	85
140	255	200	170	145	130	115	100	90
150	265	210	180	150	135	120	105	95
160	280	220	190	160	140	125	110	100
170	290	230	200	165	145	130	115	100
180	305	240	205	170	150	135	120	105
200	330	255	220	185	165	145	125	115
250	385	300	260	215	190	170	145	135
300	440	340	295	245	220	195	165	150

formule de Bazin ②

Q : débit (m^3/s)
RH : rayon hydraulique (m)
SM : surface mouillée (m^2)
i : pente (m/m)
γ : coefficient de frottement (m$^{1/2}$)

$$Q = \frac{87\ RH\ \sqrt{i}}{\gamma + \sqrt{RH}} \times SM$$

Diamètre des tuyaux de descente des couvertures ne comportant pas d'étanchéité (série 40 DTU) ③

∅ int. du tuyau (cm)	Surface en plan desservie (m^2) raccordé au tuyau par		∅ int. du tuyau (cm)	Surface en plan desservie (m^2) raccordée au tuyau par	
	Moignon ∅	Cone cuvette		Moignon ∅	Cone cuvette
6	40		22	380	543
7	55		23	415	593
8	71		24	452	646
9	91		25	490	700
10	113		26	530	758
11	136		27	570	815
12	161		28	615	880
13	190		29	660	945
14	220		30	700	1 000
15	253		31	755	
16	287		32	805	
17	287	324	33	855	
18	287	363	34	908	
19	287	406	35	960	
20	314	449	36	1 000	
21	346	494			

RATIOS

1 cm^2 de section de tuyau de descente évacue 1 m^2 de toiture (en plan) avec un moignon cylindrique, 0,7 m^2 avec un moignon tronconique.

3. TUYAUX DE DESCENTE DES TERRASSES ET TOITURES COMPORTANT UN REVÊTEMENT D'ÉTANCHÉITÉ (SÉRIE 43 DES DTU)

Une entrée d'eaux pluviales (notée : EP) (fig. 1 et 2) est constituée d'une platine et d'un moignon, en plomb (ép. mini. = 2,5 mm), cuivre (ép. mini. = 0,6 mm), fonte, élastomère, etc.

Le moignon peut être cylindrique ou tronconique.

Un dispositif (fig. 1 et 2) arrête les débris (grille avec ou sans galerie garde-grève).

La platine est insérée dans le revêtement :

- trempée à l'EAC si on est en présence d'une protection en dure,
- protégée par un EIF (ou un feutre bitumé extérieur) dans les autres cas.
- enrobée d'asphalte pur si le revêtement de la toiture est en asphalte, sinon (cas du multicouche) prévoir une feuille supplémentaire à sa sous-face.

Des réservations dans le GO sont donc à prévoir :

- passage des canalisations du diamètre approprié augmenté éventuellement de l'épaisseur d'isolant,
- encuvement permettant de disposer la platine sans surépaisseur (sauf si le support est l'isolant).

Le passage des eaux au travers des costières d'un joint de dilatation est interdit.

Chaque entrée d'eau intéresse une surface collectée au plus égale à 700 m^2, telle que :

- tout point d'une toiture-terrasse se trouve à moins de 30 m d'un chéneau (p. 136) ou d'une EP,
- la distance maximale entre 2 descentes dans un chéneau ou un caniveau est de 30 m,

Le diamètre des EP est donné pour un débit 3 litres / min m^2 :

- terrasse non accessible établie sur élément porteur en maçonnerie (type A, B, C ou D, page 116) et descente avec EP à moignon cylindrique : figure 3.
- autres cas : figure 4.

4. REGROUPEMENT DES DESCENTES DES COUVERTURES NE COMPORTANT PAS D'ÉTANCHÉITÉ (SÉRIE 40 DES DTU)

Le diamètre du tuyau commun de descente est déterminé par la méthode suivante :

- calcul du débit total à évacuer en multipliant la valeur obtenue pour le cumul des surfaces desservies par le débit de 3 litres / min m^2,
- choix du diamètre de tuyau correspondant (fig. 4) ou calcul par la formule de Bazin (pente 5 cm/m) (p. 136, fig. 2).
- valeur minimale : le plus grand des tuyaux raccordés.

5. REGROUPEMENT DES DESCENTES DES TERRASSES ET TOITURES COMPORTANT UN REVÊTEMENT D'ÉTANCHÉITÉ (SÉRIE 43 DES DTU)

Un nombre minimal de descentes est imposé, pour garantir la stabilité des ouvrages en cas d'engorgement des descentes.
Le diamètre du tuyau commun est déterminé à partir d'un débit total à évacuer égal au produit du cumul des surfaces desservies par le débit de 3 litres / min m^2.

Le choix du diamètre de tuyau correspondant est lu (fig. 4) ou calculé avec la formule de Bazin (p. 136, fig. 2).

6. TROP-PLEINS (fig. 2 et 5)

Ils sont obligatoires pour certains ouvrages d'étanchéité (série 43 des DTU) concernant les toitures-terrasses, dans les cas suivants :

- descente unique,
- si l'eau accumulée par l'engorgement d'une descente ne peut s'écouler vers une autre descente,
- si la charge d'eau résultant d'engorgement peut être préjudiciable à la stabilité des porteurs.

Constitués d'une platine raccordée au revêtement et d'un conduit circulaire ou d'une gargouille rectangulaire (préférable), ils sont :

- en plomb (ép. min. = 2,5 mm),
- en cuivre (ép. = 0,6 mm).

La section d'écoulement des trop-pleins sera au moins égale à celle des tuyaux de descente.

7. COLLECTEURS

Le diamètre du collecteur est déterminé :

- soit en utilisant la formule de Bazin (p. 136, fig. 2) avec un taux de remplissage de 0,7 et un coefficient de frottement de 0,16,
- soit avec le tableau (p. 164, fig. 5).

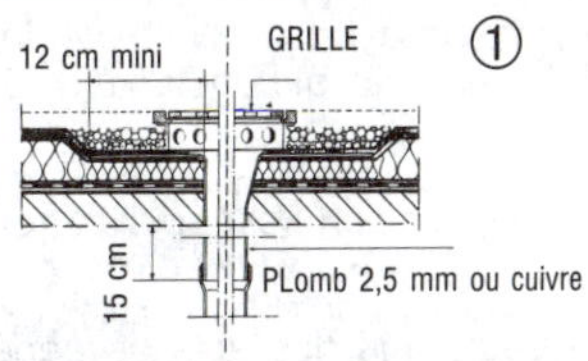

①

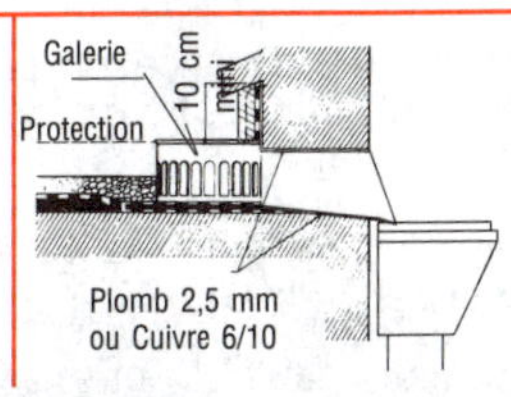

②

③ Diamètre intérieur des tuyaux (cm)	Surface en plan collectée (m^2)
8	71
9	91
10	113
11	136
12	161
13	190
14	220
15	253
16	287

Entrée d'eau avec moignon ④			
Cylindrique		Tronconique	
Surface en plan collectée (m^2)	Ø minimum du tuyau d'évacuation (cm)	Surface en plan collectée (m^2)	D h d
28	6 (1)	40	6 (1)
38	7 (1)	55	7 (1)
50	8	71	8
64	9	91	9
79	10	113	10
95	11	136	11
113	12	161	12
133	13	190	13
154	14	220	14
177	15	253	15
201	16	287	16
227	17	324	17
254	18	363	18
284	19	406	19
314	20	449	20
346	21	– D = 2d ≈	
380	22	– h = 1,5 d	
415	23		

Un diamètre majoré concerne les toitures comportant un revêtement d'étanchéité établi sur éléments porteurs en tôle d'acier nervurée (DTU n° 43.3) ou en bois et panneau de bois (DTU n° 43.4).

(1) diamètre admis pour les balcons et loggias.

⑤

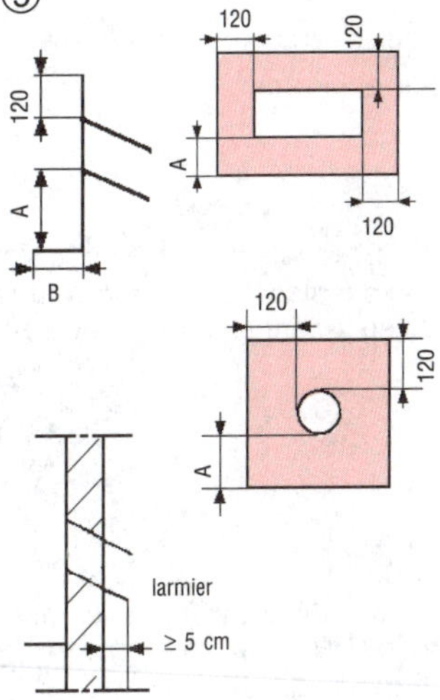

ESCALIERS : TERMINOLOGIE ET DIMENSIONS

Un escalier est un ouvrage constitué d'une suite de degrés horizontaux (marches et paliers) permettant de passer à pied d'un niveau à un autre.

Ses caractéristiques dimensionnelles sont fixées par normes, DTU, décrets ou arrêtés en fonction du nombre d'utilisateurs et du type du bâtiment ; la réglementation incendie est souvent déterminante.

Nota : on se limitera ici aux bâtiments d'habitation.

1. DÉFINITIONS D'ORDRE FONCTIONNEL ET CARACTÉRISTIQUES (figure 1)

- **Marche :** partie horizontale qui recoit le pied ; sa forme en plan peut être rectangulaire, trapézoïdale, arrondie, etc.
- **Contre-marche :** partie verticale entre deux marches évitant les chutes d'objet. Elle est exigée dans certains types de bâtiment vis-à-vis des risques d'incendie.

L'intersection de la marche et de la contre-marche nommée « nez de marche » est parfois en saillie sur la contre-marche.

- **Hauteur de marche** (h) : différence de niveau entre deux marches successives ; h = 13 à 17 cm, voire 18, 19 et même 22,5 cm (escalier à usage technique ou privé).
- **Giron** (g) : distance en plan, mesurée sur la ligne de foulée, séparant deux contre-marches ; il a une valeur constante de 28 cm au minimum.

Un escalier se montera sans fatigue si l'on respecte la relation de Blondel : $2h + g = 60$ à 64 cm.

- **Montée :** hauteur entre les niveaux finis des sols de départ et d'arrivée ; valeur courante 2,7 m.
- **Volée :** ensemble de marches (25 au maximum) compris entre deux paliers consécutifs.
- **Palier :** plate-forme constituant un repos entre deux volées intermédiaires et/ou à chaque étage.
- **Emmarchement** (E) : c'est la largeur de la marche.
  - Maison individuelle : E > 0,8 m (escalier de service) à E = 1,2 m (escalier principal).
  - Habitation sans ascenseur : E > 1,2 m ; prévoir une main courante des deux côtés dépassant la première et la dernière marche (p. 147).
  - Habitation avec ascenseur ne recevant pas un brancard :
    * escalier rectiligne : le passage libre doit être supérieur à 0,6 m en prenant :

      0,6 m pour un escalier entre 2 rampes,

      0,7 m s'il est entre 1 rampe et un mur,

      0,8 m s'il est entre 2 murs ;
    * escalier droit à retour : figure 2,
    * escalier hélicoïdal : figure 3.
- **Ligne de foulée :** elle représente en plan le parcours d'une personne qui emprunte l'escalier en se tenant à la rampe du côté du jour (p. 140).

On la place :

- à mi-emmarchement si E < 1 m,
- en général, à 0,5 m du collet, si E ≥ 1 m.

- **Échappée** (fig. 4) : hauteur libre entre le nez des marches et la sous-face de la volée supérieure ou d'une poutre bordant la trémie d'escalier.

①

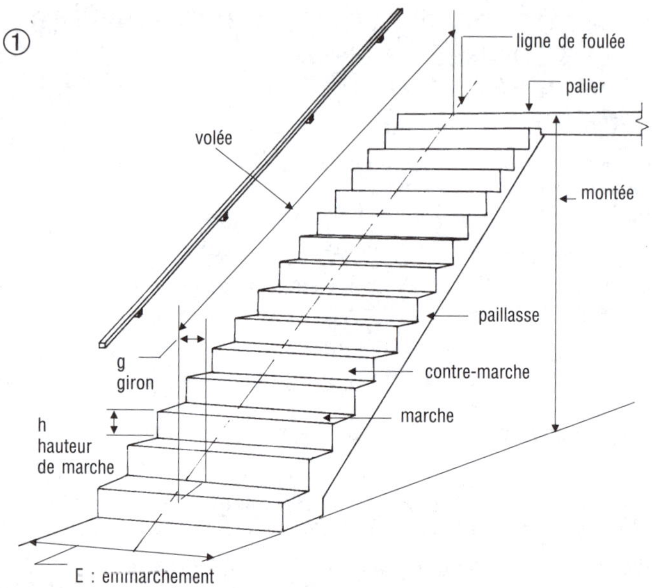

②

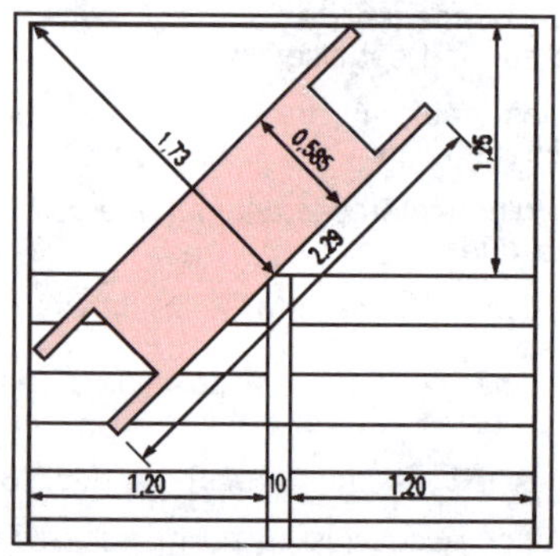

③

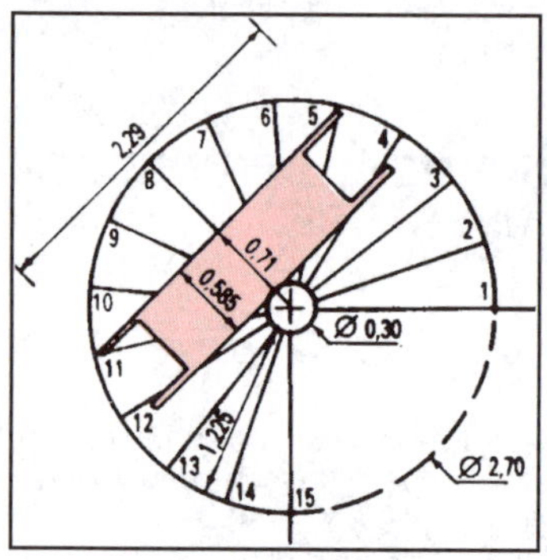

④

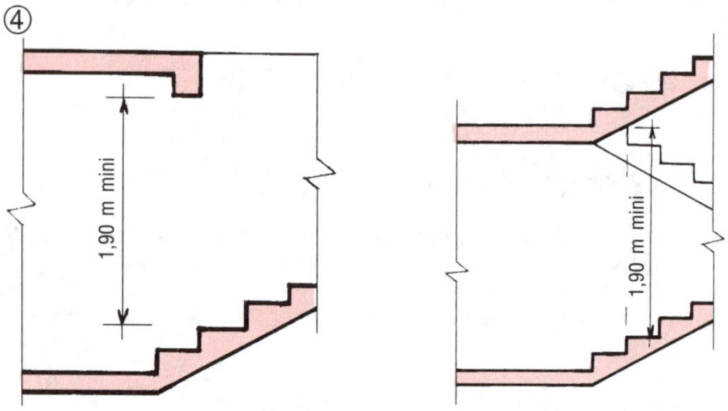

2. TERMINOLOGIE D'ORDRE CONSTRUCTIF

- **Paillasse :** dalle inclinée en BA incorporant marches et contre-marches dans la masse (fig. 1, p. 138).
- **Limon :** poutre inclinée portant une des extrémités des marches (fig. 1a), celles-ci s'appuyant de l'autre côté sur le mur de cage ; escalier dit à la française.
- **Crémaillère :** poutre inclinée, dont la face supérieure est à redans ; elle porte les marches de toute une volée ; centrale ou latérales (fig. 1b).
- **Jour d'escalier :** espace central autour duquel se développe un escalier. Il peut ne pas exister.
- **Rampes** (NF P 01-012 : règles de sécurité relatives aux dimensions des garde-corps et des rampes).
  - Hauteur de protection
    * sur volées : 0,9 m,
    * sur paliers : 1 m (à ramener à 0,9 m si la largeur du jour de cage est inférieure ou égale à 60 cm).
  - Rampes sur volées : la saillie de rampe (distance horizontale entre l'élément inférieur de la rampe et la partie du limon, des marches ou des paliers donnant sur le vide) sera au moins égale à 5 cm.
  - Rampes sur paliers : prolongement de la rampe sur volée dans les parties en raccordement où la main courante est inclinée et lorsque la largeur du jour de cage est inférieure ou égale à 60 cm.
  - Pour les rampes ajourées, on se reportera à la figure 2, ou à la norme NF P 01-012.

3. DIFFÉRENTES FORMES D'ESCALIER

Droit : la ligne de foulée est rectiligne : figure 3a.

A volées droites

- avec palier de virage (fig. 3b),
- avec tournant à marches rayonnantes (fig. 4a).

A quartier tournant (fig. 4b) : il est constitué de volées de directions différentes comportant des marches balancées afin de faciliter la montée dans le tournant (balancement : p. 140).

Hélicoïdal : Il tourne autour d'un jour ou d'un fût : page 142. Sa ligne de foulée est hélicoïdale.

4. SÉCURITÉ CONTRE L'INCENDIE (p. 169)

Extraits concernant les revêtements et la communication de l'escalier avec le sous-sol (arrêté du 31-01-86) : figure 5.

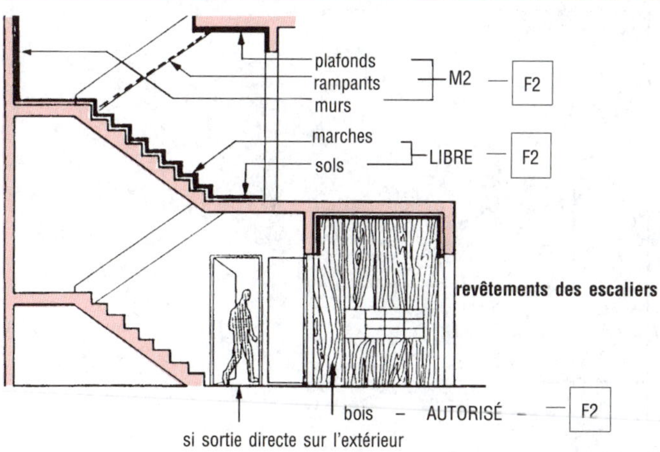

①

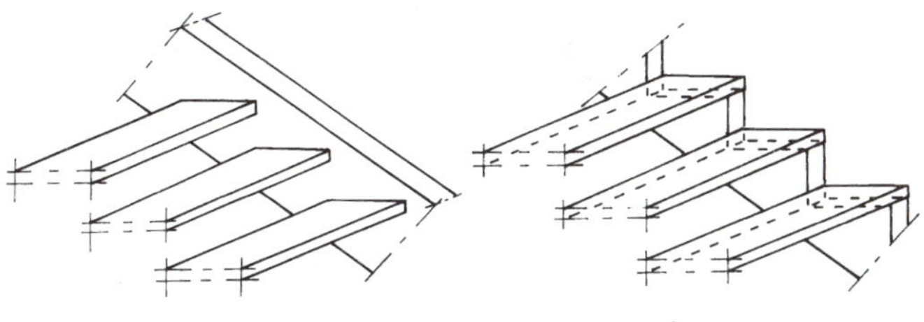

②

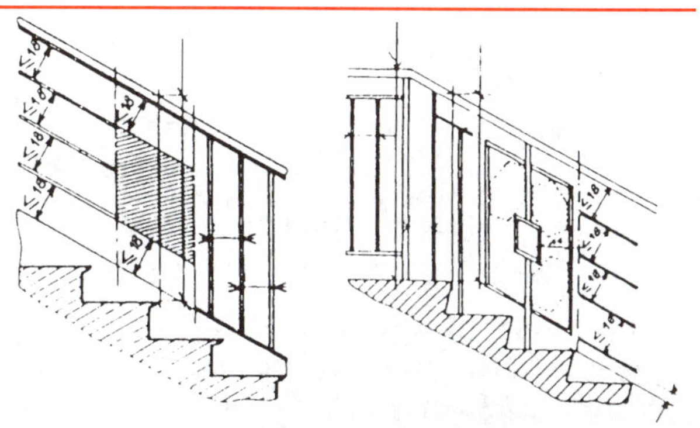

③

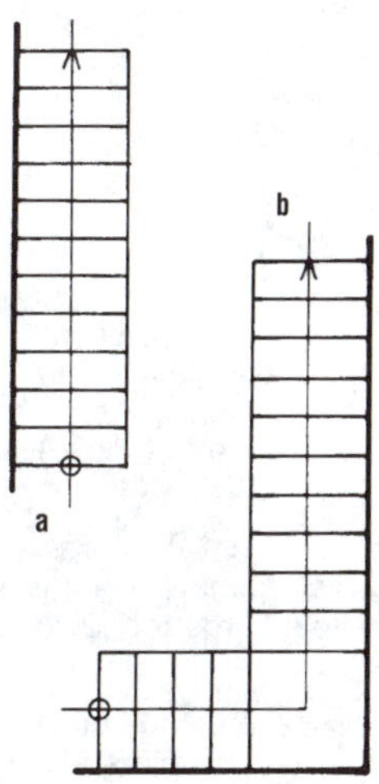

④

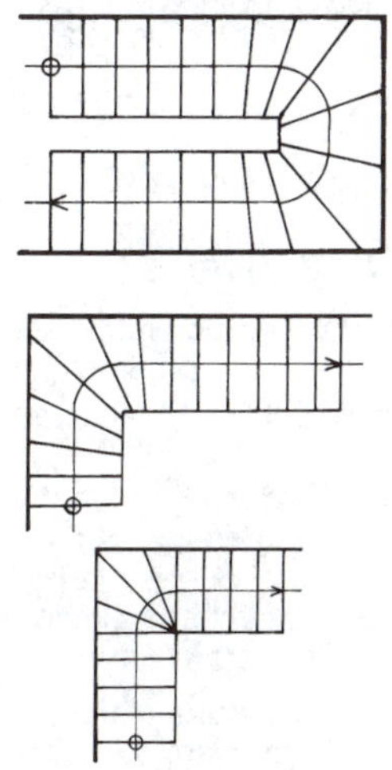

⑤

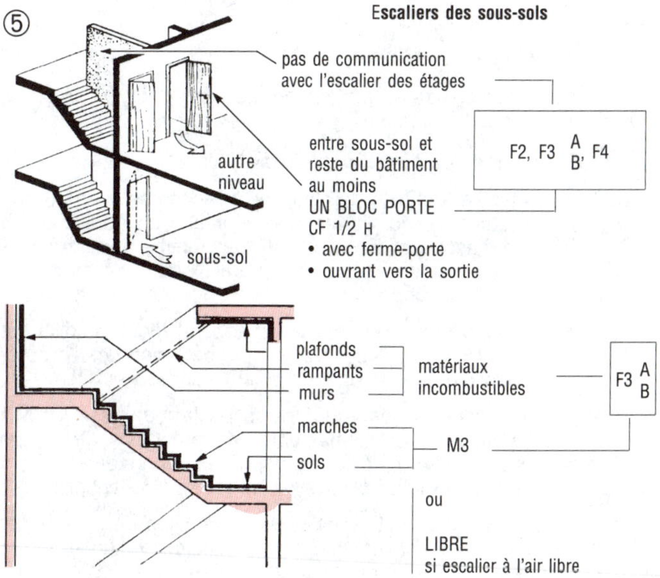

ESCALIERS : TRACÉ ET BALANCEMENT

1. TRACÉ

On connaît :

- les dimensions de la cage d'escalier,
- la hauteur à franchir H (sol à sol fini),
- l'emmarchement E.

On calcule :

- n (nombre de marches) sachant que n = H/h avec 13 ≤ h ≤ 17 cm (à 22,5 cm pour un escalier peu emprunté).
- g (giron) tel que :
  si l'encombrement est limité, g + 2h = 60 cm,
  sinon g + 2h = 64 cm.

Les valeurs de g et h sont fixées définitivement :

- la hauteur courante d'une marche doit être de préférence un multiple de 0,5 cm en admettant une différence de 1 à 1,5 cm sur la première marche d'une volée,
- g est adapté à l'encombrement de l'escalier.

Le tracé en plan est obtenu :

- en choisissant la position de la première marche,
- en reportant (n – 1) girons sur la ligne de foulée,
- la longueur de la trémie d'escalier est fixée par la condition d'échappée (p. 138).

2. BALANCEMENT

2-1. Principes

- Obtenir un profil développé (fig. 1b) sans brisure, en ayant des marches progressivement rétrécies puis élargies au droit du limon ou du jour d'escalier.
  Le collet (partie la plus étroite d'une marche balancée) sera de 10 cm minimum.
- Limites de la partie à balancer (marches 4 à 14) : après tracé des girons sur la ligne de foulée, choisir comme limite le nez de marche le plus proche du double de la largeur de l'escalier par rapport au mur du fond : figure 1a.
- Prévoir une marche de forme quasiment symétrique dans l'axe du tournant ou dans l'axe du jour pour les escaliers à double quartier tournant.

2-2. Méthode des alignements

D'autres méthodes existent (herses, arc de cercle, angles, trapèze, détermination par le calcul).

2-2.1. Escalier à un quartier tournant (fig. 2)

- Commencer par délimiter la zone de balancement : en amont, c'est la marche 10 qui correspond le mieux au double de la largeur de l'escalier. En aval, le balancement commence forcément à la marche 1 (celle-ci étant distante de moins du double de l'emmarchement par rapport au mur du fond).
- Dans ce cas, on décale la marche d'angle 4 (dont le collet est pris égal à 15 cm), de 3 cm sur la ligne de collet vers l'arrière, pour que les marches 1 et 2 ne soient pas trop étroites.
- On prolonge ensuite les alignements de la marche 4 jusqu'à leur rencontre avec les alignements des marches 1 et 10. Les segments ainsi déterminés sur chacun de ces alignements sont répétés autant de fois qu'il y a de marches à balancer.
- On trace alors des droites entre les extrémités des segments et les points limitant les girons sur la ligne de foulée. Ces droites dessinent les marches.

2-2.2. Escalier à double quartier tournant (fig. 3)

- Début du balancement à la marche 4 ;
- Tracé de la marche centrale 9 (collet = 10 cm réparti également par rapport à l'axe du jour) ;
- Prolongement des traces de la marche 9 sur l'alignement de la marche 4. Le segment obtenu est répété autant de fois qu'il y a de marches à balancer ;
- Le tracé des marches est obtenu comme pour un escalier à un quartier tournant.

①

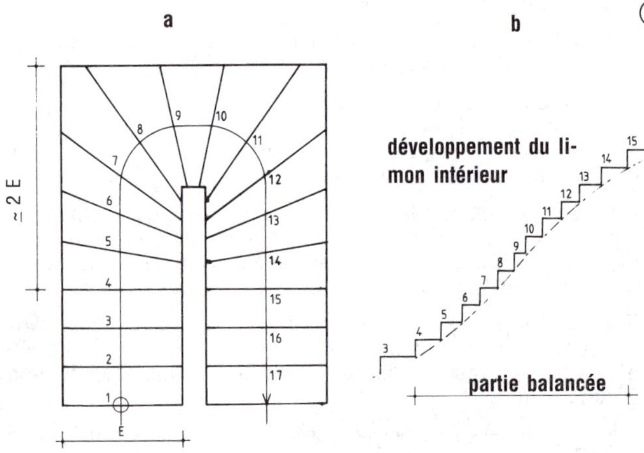

②

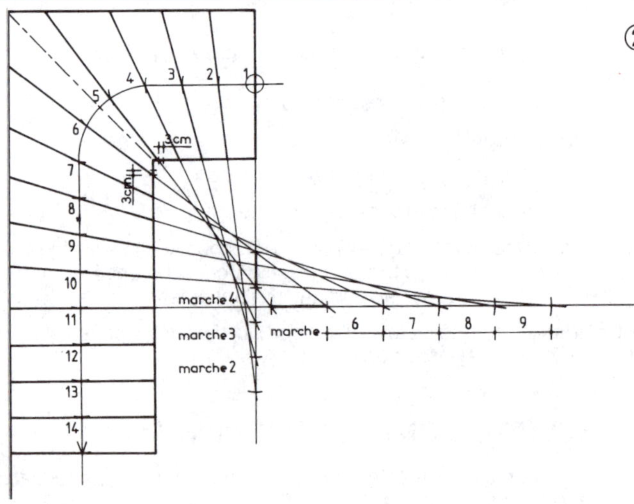

③

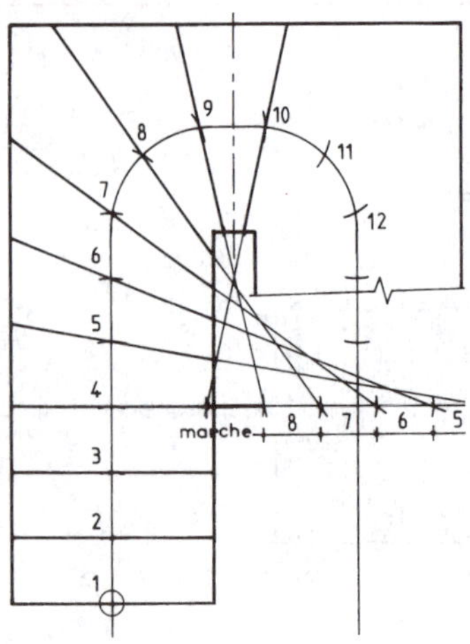

1. DIMENSIONNEMENT (selon BAEL 91, p. 55)

1-1. Charges permanentes

g_{tot} = poids (béton + enduits + revêtements) (fig. 1)

1-2. Charges d'exploitation

- pour escaliers à paillasse :
  - habitations : 2,5 kN / m^2,
  - bureaux, hôpitaux, éducation nationale : 4 kN / m^2.
- pour marches indépendantes :
  - sans contremarches : Q = 5,5 kN par marche sur 0,10 m au point le plus défavorable dans le sens de la portée si elle est inférieure à 1,10 m ; sinon Q = 10 kN / m par marche (sauf pour les ERP où Q = 15 kN / m) ;
  - avec contremarches (fig. 2) : diviser par 2 ou 3 les charges indiquées ci-dessus si les éléments sont posés à bains de mortier.

1-3. Principe des calculs

1-3.1. Escaliers droits ou coudés à paillasse ou à limon porteur

- Calcul courant : schéma mécanique = poutre rectiligne de longueur L égale à la distance entre nus des appuis (fig. 3) ; les réactions horizontales sur les appuis sont reprises par les contreventements d'étages.

  On choisit une poutraison ramenant les charges des volées et des paliers, en fonction de la position des porteurs verticaux bordant la cage (fig. 4).
- Calcul « exact » : méthode de CROSS ou logiciel de calcul (tenant compte du déplacement de tous les nœuds et de la rigidité effective des éléments constitutifs de la « poutre » coudée, et tributaire du choix correct des conditions d'appuis).

1-3.2. Escaliers particuliers

Se référer à des publications spécialisées (calculs souvent laborieux) ou à des logiciels de calcul.

- Escaliers, à 2 volées raccordées par un palier intermédiaire, n'ayant d'autres appuis que les paliers d'étage : on prend en compte les caractéristiques de la structure environnante ; les sections d'appui sont sollicitées en flexion composée déviée et en torsion.
- Escaliers à limon hélicoïdal : il faut équilibrer aux appuis des moments de flexion et de torsion en plus des réactions verticales et horizontales.

2. ESCALIERS DROITS : DISPOSITIONS CONSTRUCTIVES

2-1. A paillasse porteuse coulée en place

Se prémunir contre les poussées au vide notamment à l'intersection de la volée et du palier supérieur. Prévoir, sur appuis des aciers de chapeau de section supérieure ou égale à 0,15 A_ℓ (fig. 5).

2-2. A paillasse porteuse préfabriquée (DTU n° 21-3)

2-2.1. Portée de la poutre isostatique de calcul

Elle est égale à la longueur entre nus des becquets (fig. 6).

L'épaisseur moyenne $\bar{e}$ de la volée vaut :

$$\bar{e} = ep + \frac{h}{2}.$$

La charge permanente pour une volée d'escalier vaut :

$$g = \frac{pvb}{\cos\alpha} \times \bar{e} + g \begin{Bmatrix} \text{enduits} \\ \text{revêtements} \end{Bmatrix}$$

en [kN/m^2], pvb : poids volumique du béton (25 kN / m^3).

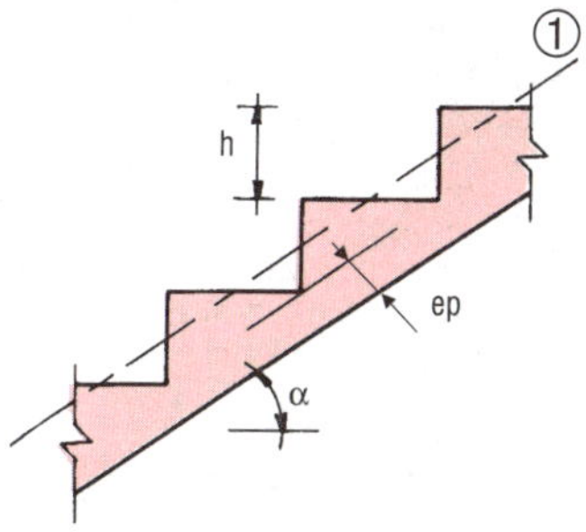

①

②
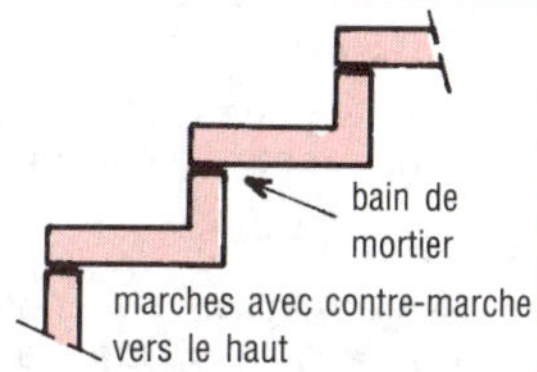

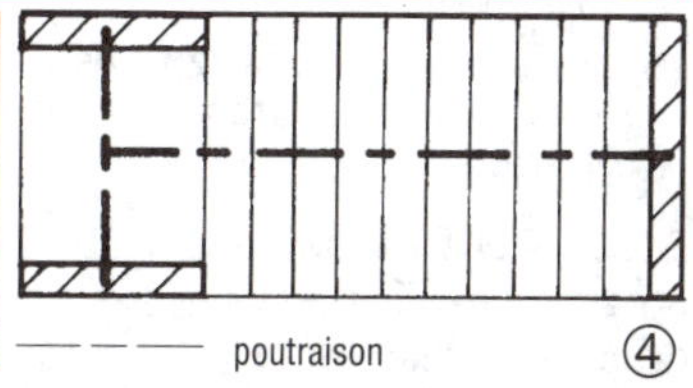

④

Calcul courant : étapes principales ③

(3a) Données

- q = ... (kN/m^2).
- f_{c28} = ... (MPa) : choisie page 27 ou page 56.
- f_e = ... (MPa) : choisie page 29.
- épaisseur de la paillasse : $\ell / 30 \leq ep \leq \ell / 25$,
- type de fissuration (fonction de l'exposition) : page 55.
- enrobage ⇒ d (hauteur utile).

(3b) Schéma mécanique

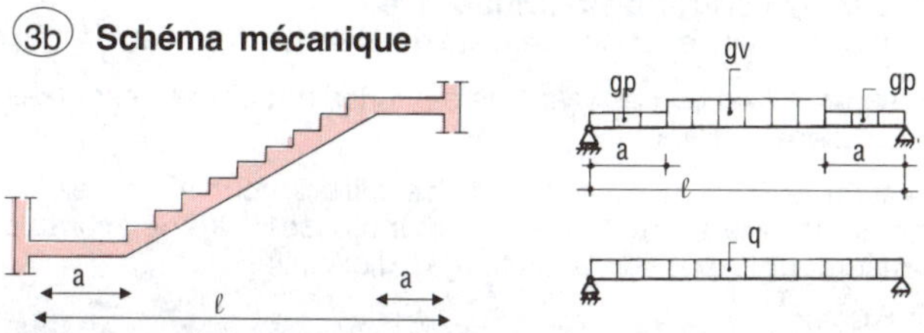

(3c) Dimensionnement (section médiane, en x = l/2) aux ELU et/ou ELS en fonction du type de fissuration :

- Moment dû aux charges permanentes :

$$M_g = g_v \cdot \ell^2/8 - (g_v - g_p) \cdot a^2/2.$$

- Moment dû aux charges d'exploitation :

$$M_q = q \cdot \ell^2/8.$$

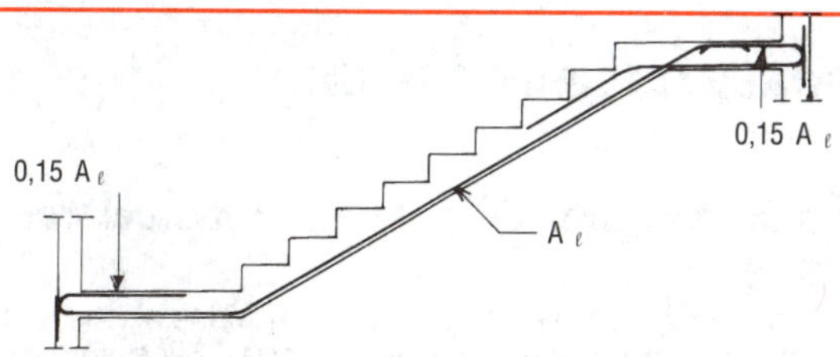

⑤

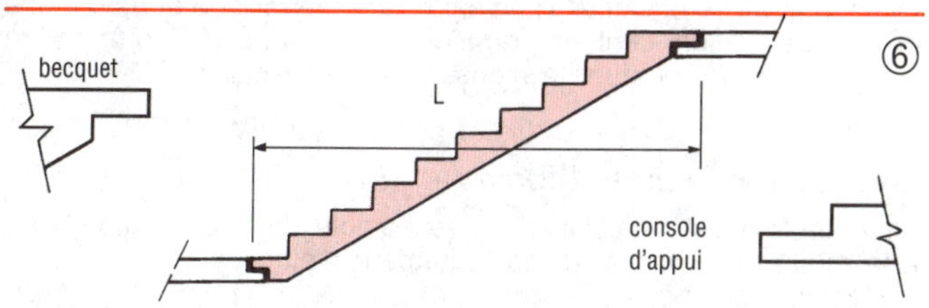

⑥

2-2.2. Becquets

Pour éviter tous risques de ruptures brutales entraînant la chute des volées, il faut :

- Tenir compte des différences de tolérances d'exécution des éléments préfabriqués et de celles des parties coulées en place (paliers) ; les longueurs des consoles (habituellement supérieures à 10 cm) doivent être telles que, dans les cas les plus critiques on obtienne *un recouvrement minimal de 3 cm entre les crochets des volées et des paliers* : figure 1.
- Tenir compte des forces de frottement (contact béton sur béton) ; appliquer sur les consoles d'appuis la charge $\gamma_q \cdot P$ où P est la charge totale des volées et γ_q un coefficient de pondération dépendant des conditions de pose et de ferraillage (fig. 2a).
- Assurer la suspension des charges des volées aux becquets (par les armatures des paillasses retournées et ancrées convenablement, ou mieux par des armatures spéciales) (fig. 2b).

2-2.3. Poutres palières : équilibrer le couple Q × e

($Q = 0{,}7 \cdot P$ ou P « échelle ») soit par des armatures supérieures disposées dans le palier, soit en torsion dans la poutre palière (fig. 2c).

2-3.4. Un clavetage efficace (par 2 ou 3 aciers)

Des volées sur les poutres palières, principalement au départ des volées dans le sens de la montée, permettent de supprimer les diverses précautions ci-dessus : figure 2d.

2-3. À limon porteur

2-3.1. Limon préfabriqué

Il faut équilibrer $\gamma_q \cdot P$ sur une largeur réduite égale au maximum à la largeur du limon augmentée de la hauteur du becquet (fig. 3).

2-3.2. Limon central préfabriqué avec marches préfabriquées en double porte-à-faux

- Assurer la fixation des marches dans des **encoches** réservées au coulage du limon.
- Assurer la fixation du limon sur les paliers pour équilibrer les moments de torsion calculés dans l'hypothèse la plus défavorable concernant la position des charges d'exploitation.

2-4. Marches préfabriquées indépendantes

La norme NF P 87-301 définit les marches porteuses et de revêtement et les contre-marches en béton destinées à la construction des volées droites. Cette norme ne s'applique qu'aux fabrications en usine fixe ; épaisseurs minimales = 5 à 7 cm (sauf justifications sous sollicitations dynamiques) avec revêtement en granito incorporé.

3. ESCALIERS HÉLICOÏDAUX

3-1. À marches préfabriquées et noyau central (fig. 4)

Les marches, de formes diverses, sont munies d'un anneau constituant un coffrage pour le noyau central. Elles sont posées, étayées, réglées et calées l'une sur l'autre ; ferraillage et bétonnage de la réservation centrale formée par les anneaux forment un poteau assurant la stabilité d'ensemble de l'escalier.

3-2. Volées « monobloc » (fig. 5)

Leur hauteur est égale au tiers (ensemble de 5 ou 6 marches), à la moitié ou à la valeur de la hauteur d'étage.
Elles sont composées :

- d'un fût plein (claveté les uns sur les autres) ou évidé (servant de coffrage pour le poteau central de liaison des volées),
- d'une paillasse en général à redans,
- d'un palier supérieur (d'épaisseur totale ou formant prédalle) ou bien d'aciers en attente de liaison haute.

①
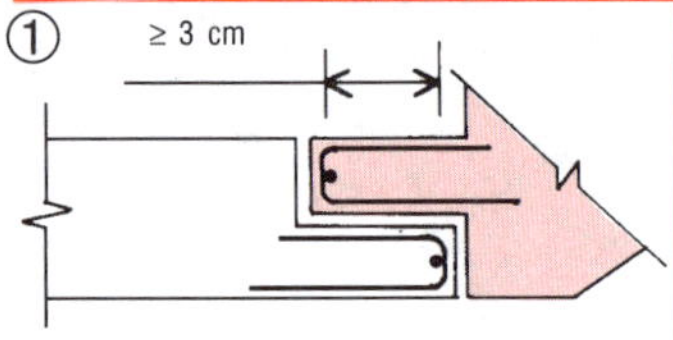

2c
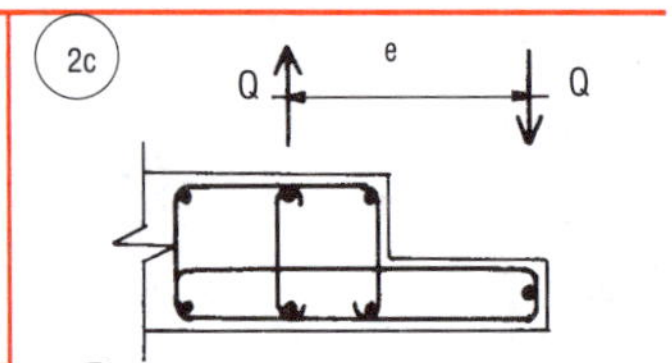

2a

	γ_q	
	A	B
Pose à bain de mortier	1	1,4
Pose à sec	1,4	2

A : avec armatures de suspension,
B : sans armatures de suspension.

2d
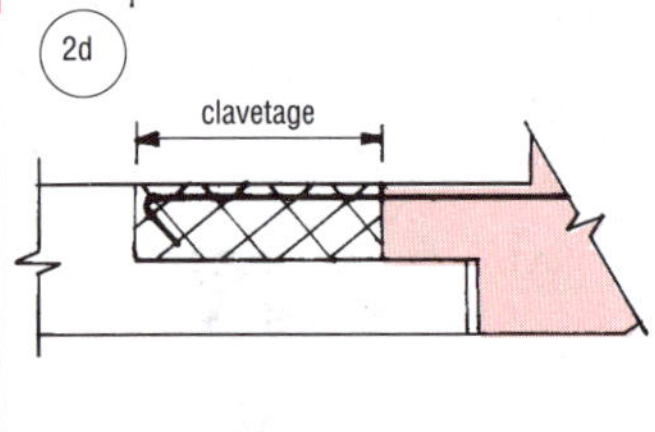

2b
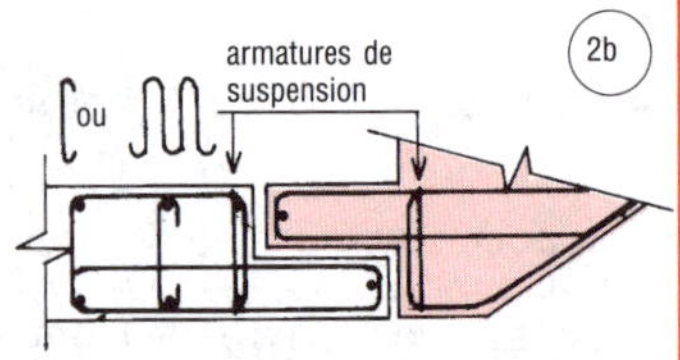

③
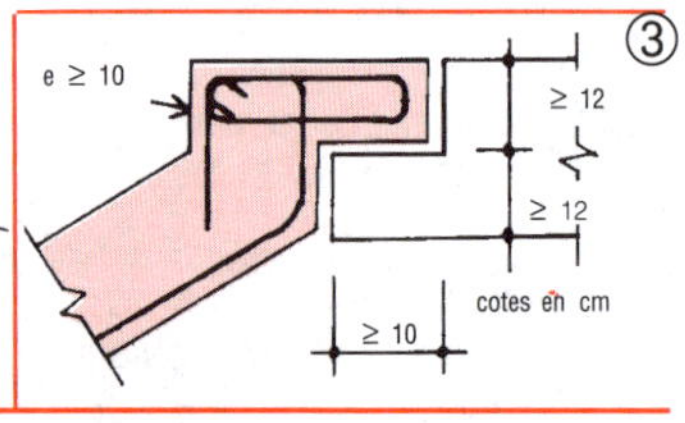

④ **Montage des marches consoles**

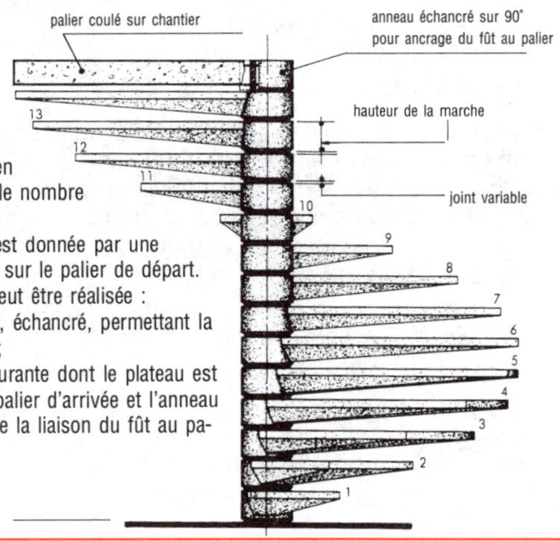

- Toutes les hauteurs peuvent être obtenues en jouant sur les joints et le nombre de marches.
- La première hauteur est donnée par une marche courante posée sur le palier de départ.
- La dernière hauteur peut être réalisée :
  - par un anneau seul, échancré, permettant la liaison du fût au palier ;
  - par une marche courante dont le plateau est en partie incorporé au palier d'arrivée et l'anneau échancré pour permettre la liaison du fût au palier.

⑤
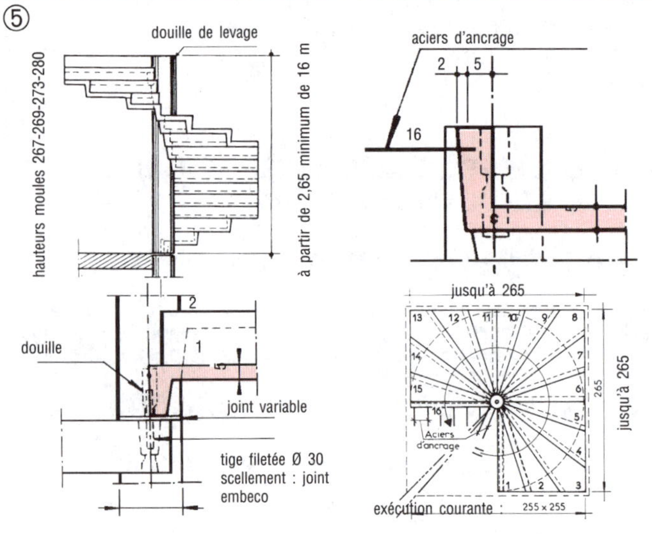

ASCENSEURS : TERMINOLOGIE

NF P 82-201, 208, 210 et 211

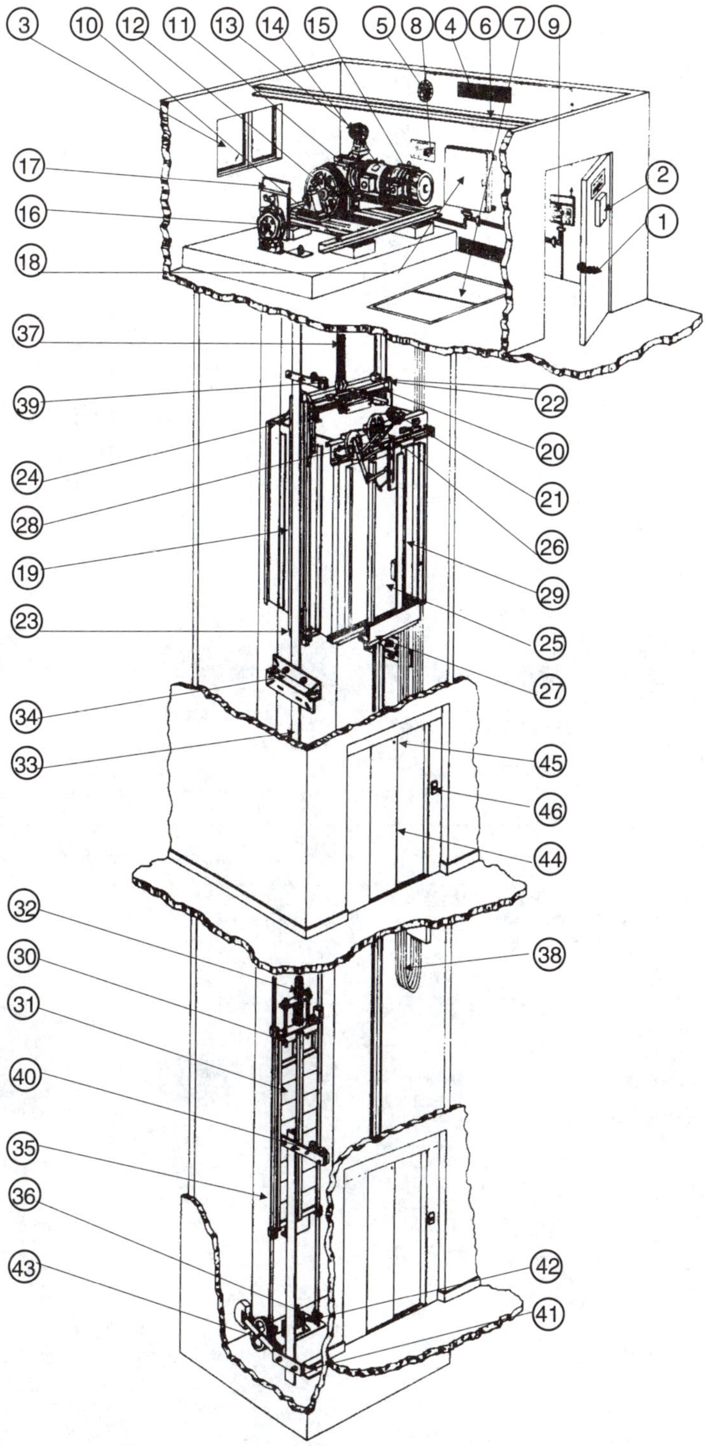

LOCAL DE MACHINERIE

1 porte d'accès fermant à clé
2 boite à clé de porte de machinerie
3 éclairage naturel
4 ventilation haute et basse
5 éclairage
6 fer ou crochet de manutention
7 trappe pour manutention du matériel
8 instructions de dépannage
9 arrivée de courant et combiné général

MATÉRIEL EN MACHINERIE

treuil
10 châssis de treuil avec isolation
11 réducteur à vis sans fin
12 poulie d'adhérence
13 commande de frein
14 moteur de levage
15 volant de dépannage

autre matériel
16 régulateur de vitesse
17 sélecteur d'étages
18 armoire de manœuvre

CABINE

19 cabine
20 étrier
21 suspension
22 coulisseaux et graisseurs
23 parachute
24 commande de parachute
25 porte automatique de cabine
26 opérateur de porte
27 garde-pieds
28 boîte de révision
29 tableau de commande

CONTREPOIDS

30 cadre
31 éléments fonte
32 suspension

MATÉRIEL EN GAINE

33 guides de cabine
34 attaches de guides de cabine
35 fils guides de cabine
36 tendeurs de fils guides
37 câbles de suspension
38 pendentifs
39 fin de course haut
40 fin de course bas
41 amortisseur cabine
42 amortisseur contrepoids
43 renvoi de régulateur de vitesse

FAÇADE PALIÈRE

44 porte automatique palière
45 déverrouillage manuel de serrure
46 boîte d'appel

1. TERMINOLOGIE COMPLÉMENTAIRE (fig. 1)

Ascenseur à adhérence : ascenseur dont les câbles sont entraînés par adhérence dans les gorges de la poulie motrice de la machine.

Charge et vitesse nominales : charge et vitesse pour lesquelles le fonctionnement normal est garanti par le constructeur de l'appareil.

Cuvette : partie de la gaine située en contrebas du niveau d'arrêt inférieur desservi par la cabine.

Étrier : ossature métallique portant la cabine ou le contrepoids attelée aux organes de suspension.

Gaine : volume (dans lequel se déplacent la cabine et le contrepoids) délimité par le fond de la cuvette, les parois et le plafond.

Limiteur de vitesse : organe qui, au-delà d'une vitesse de réglage prédéterminée, commande l'arrêt de la machine et, si nécessaire, provoque la prise du parachute.

Parachute : organe mécanique destiné à arrêter et à maintenir à l'arrêt la cabine ou le contrepoids sur ses guides en cas de survitesse à la descente ou de rupture des organes de suspension.

2. CARACTÉRISTIQUES FONDAMENTALES D'UNE INSTALLATION D'ASCENSEURS CORRESPONDANT À UN SERVICE MOYEN DANS LES BÂTIMENTS D'HABITATION

- Le service moyen assure certains ou la totalité des transports suivants :

  – personnes valides : groupe I,

  – personnes handicapées utilisant des fauteuils roulants « normaux » (page 147), sapeurs-pompiers (matériel portable), voitures d'enfants : groupe II,

  – malades couchés sur un brancard à poignées escamotables (NF S 90-311), cercueils, meubles encombrants : groupe III.

- **Les types d'ascenseurs sont définis en fonction des services à assurer :**

  – Groupe I : type 400 (charge nominale 400 kg),

  – Groupes I et II : type 630 (charge nominale 630 kg),

  – Groupes I, II et III : type 1000 (charge nominale 1 000 kg).

- **Dimensions des cabines, gaines, passages libres, locaux des machines et paliers** (fig. 1 et 2) :

  – Tous les ascenseurs sont équipés de porte de cabine et de portes palières du type coulissant horizontal à ouverture et fermeture automatique.

  – La gaine d'ascenseur n'est pas contiguë à une pièce principale, ni la machinerie (prévue à la partie supérieure de la gaine) à un logement.

  – Le niveau de pression acoustique du bruit engendré dans un logement par un équipement d'ascenseur ne dépasse pas 30 dB(A), avec une tolérance de 3 dB(A).

- **Les niveaux desservis à prendre en compte pour établir un programme d'ascenseurs sont :**

  – les niveaux habitables,

  – le niveau du hall de départ (ou éventuellement les autres niveaux) où accèdent normalement les piétons venant de la voie publique,

  – les niveaux de parkings lorsqu'ils existent.

- **La population à prendre en compte représente le nombre de personnes habitant les niveaux au-dessus du hall de départ des ascenseurs. Dans le cas général, on compte 1 personne par pièce principale + 1 personne par logement.**

- **Pour la qualité du service groupe I, les critères suivants sont pris simultanément en considération :**

  – la durée de parcours, caractérisée par le rapport course / vitesse (distance séparant les 2 niveaux extrêmes sur vitesse nominale de l'ascenseur), ne doit pas dépasser 50 secondes,

  – l'installation d'ascenseurs doit être capable de transporter en 5 minutes, à la montée, au minimum 7,5 % de la population à prendre en compte,

  – l'intervalle maximal probable (temps moyen d'attente au hall de départ) ne doit pas dépasser 100 secondes,

  – tous les ascenseurs doivent être équipés d'une manœuvre enregistrée collective à la descente.

①

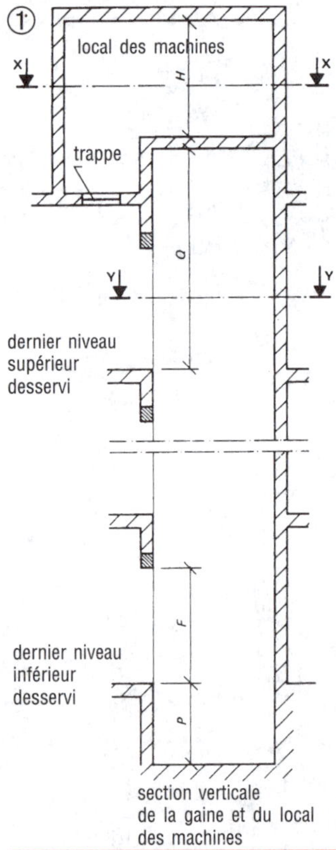

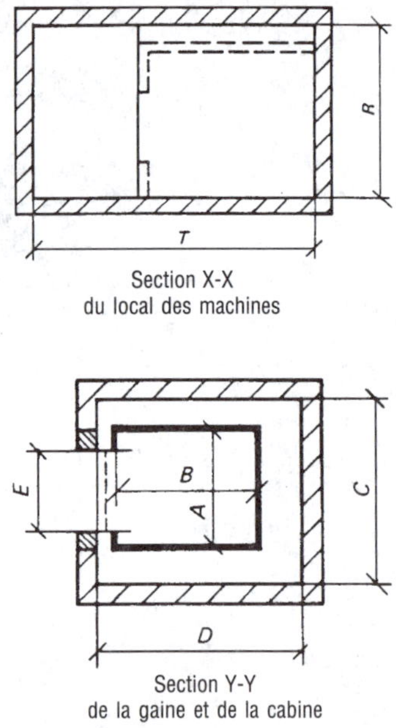

Notes 1 : Les zones ombrées représentent schématiquement le calfeutrement entre les baies brutes de construction et l'ensemble porte.

2 : La mise en place d'une porte d'accès au local des machines est souhaitable bien que non indiquée sur ce croquis

② **Ascenseurs électriques normalisés de classe I – Dimensions fonctionnelles**

Destination générale					Habitations		
Charge nominale (masse)				kg	400 (1)	630	1 000
Cabine		Largeur	A	(mm)	1 100		
		Profondeur	B	(mm)	950	1 400	2 100
		Hauteur		(mm)	2 200		
Porte de cabine et portes palières		Largeur	E	(mm)	800		
		Hauteur	F	(mm)	2 000		
		Type			Ouverture centrale (4)		
Gaine		Largeur	C	(mm)	1 800 (4)		
		Profondeur	D	(mm)	1 600	2 100	2 600
Cuvette		Profondeur	P	(mm)			
	$V_n \leq 0{,}63$ m / s				1 400		
	$V_n \leq 1{,}00$ m / s				1 500		
	$V_n \leq 1{,}60$ m / s				1 700		
	$V_n \leq 2{,}50$ m / s				(2)	2 800	
Hauteur au-dessus du dernier niveau desservi			Q	(mm)			
	$V_n \leq 0{,}63$ m / s				3 700		
	$V_n \leq 1{,}00$ m / s				3 800		
	$V_n \leq 1{,}60$ m / s				4 000		
	$V_n \leq 2{,}50$ m / s				(2)	5 000	
Local des machines	$V_n \leq 0{,}63$ m / s	Surface	S	(m^2)	7,5	10	12
	(3)	Largeur	R	(mm)	2 200		2 400
	(3)	Profondeur	T	(mm)	3 200	3 700	4 200
		Hauteur	H	(mm)	2 000		
	$V_n \leq 1{,}00$ m / s	Surface	S	(m^2)	7,5	10	12
	(3)	Largeur	R	(mm)	2 200		2 400
	(3)	Profondeur	T	(mm)	3 200	3 700	4 200
		Hauteur	H	(mm)	2 000		
	$V_n \leq 1{,}60$ m / s	Surface	S	(m^2)	10	12	14
	(3)	Largeur	R	(mm)	2 200		2 400
	(3)	Profondeur	T	(mm)	3 200	3 700	4 200
		Hauteur	H	(mm)	2 200		
	$V_n \leq 1{,}60$ m / s	Surface	S	(m^2)	(2)	14	16
	(3)	Largeur	R	(mm)	(2)	2 800	
	(3)	Profondeur	T	(mm)	(2)	3 700	4 200
		Hauteur	H	(mm)	(2)	2 600	

(1) Les dimensions de cabine de cet appareil ne permettent pas l'accès des handicapés en fauteuil roulant.
(2) Appareil non normalisé
(3) Les valeurs fixées pour R et T sont des valeurs minimales. Les dimensions réelles doivent engendrer une surface au moins égale à S.
(4) Dans les immeubles d'habitation, la largeur de la gaine peut être de 1 600 mm avec des portes de type à ouverture latérale.

400 kg

630 kg

1 000 kg

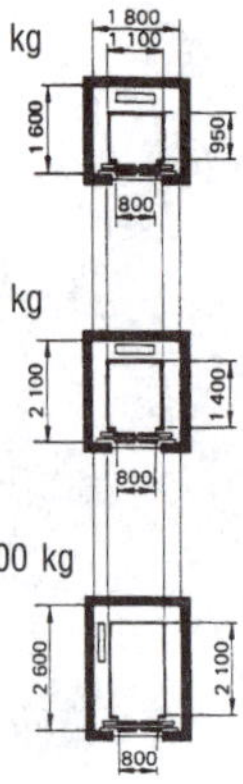

hauteur de cabine :

2 200 mm

hauteur du passage libre :

2 000 mm

3. ÉTABLISSEMENT DU PROGRAMME D'ASCENSEURS (SERVICE MOYEN)

3-1. Nombre et caractéristiques des ascenseurs

L'équipement minimal, correspondant à un service moyen, est fonction de la hauteur du bâtiment et du nombre de niveaux au-dessus du hall de départ : figure 1.

3-2. Méthode permettant de définir la charge, la vitesse et le nombre d'ascenseurs

- On connaît les caractéristiques de l'immeuble (situation, population, niveaux desservis, course) et par conséquent, les caractéristiques minimales de l'installation (type de l'ascenseur T).
- On se fixe un intervalle maximal probable I et une durée de parcours (donc, une vitesse nominale V).
- La lecture du tableau de l'annexe 2 du DTU n° 75-1 permet, à partir d'un couple (T, V), de choisir un couple (P, I) donnant une solution satisfaisante. Cette solution est directement obtenue à partir de l'abaque : figures 2a, 2b, 2c.

① **Équipement correspondant à un service moyen**

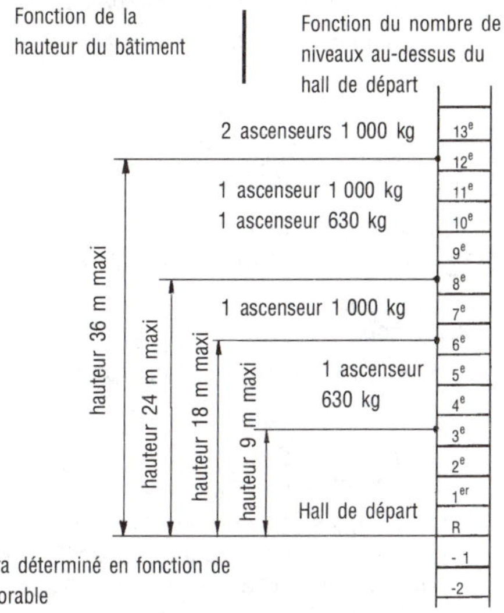

L'équipement minimal sera déterminé en fonction de la condition la plus défavorable

RCS : caractéristiques des équipements

a

Équipement conseillé	Charge kg	Vitesse m/s	Gaine Vue en plan	H hauteur machinerie en cm	Q hauteur sous dalle cm	P profondeur cuvette cm
❶	630	0,63	180 / 210			
❷	630	1,00		200	380	150
❸	1 000	1,00	180 / 260	200	380	150
❹	1 000	1,60	180 / 260	220	400	170
❺	1 000 + 630	1,00	180 180 / 210 260	200	380	150
❻	2 x1 000	1,00	180 180 / 260	200	380	150
❼	2 x1 000	1,60	180 180 / 260	220	400	170

Nota : les dimensions indiquées ci-dessus sont celles de la norme NF P 82-208.

Immeuble sans niveau de parking en sous-sol ②

b

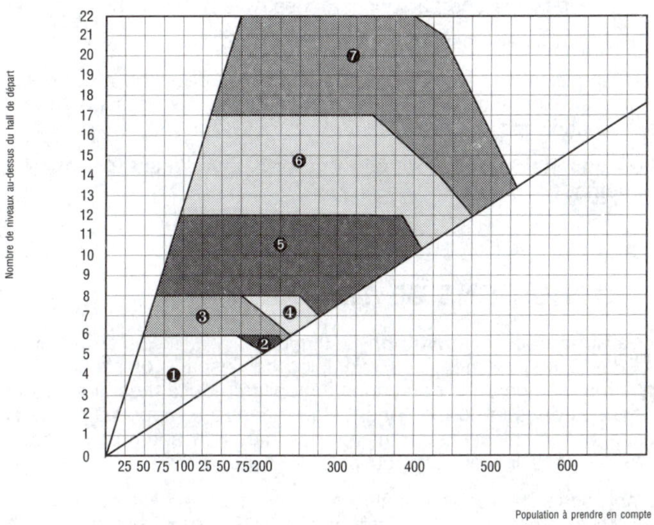

Immeuble avec 2 niveaux de parking en sous-sol

c

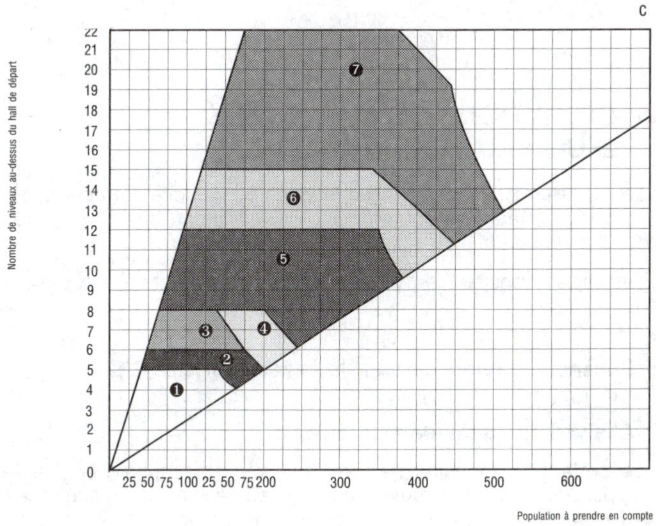

Nous donnons les principales spécifications permettant de faciliter au plus juste la vie des handicapés :

- en supprimant toute barrière architecturale,
- en donnant un accès à l'ensemble des logements pour mener une vie sociale normale.

Les dispositions mentionnées dans la circulaire ministérielle (fascicule spécial n° 82-40 bis) sont obligatoires.

La norme française (NF P 91-201) donne des dispositions (**en gras**) recommandées ou souhaitables.

Pour les personnes semi-ambulantes ou se déplaçant en fauteuil roulant, nous donnons :

- les conditions de travail envisageables,
- les aires de manœuvre d'un fauteuil roulant,
- les conditions d'accessibilité des logements, des autres bâtiments et leurs équipements : page 147,
- les dispositions permettant d'assurer l'adaptabilité des constructions existantes permettant ultérieurement aux handicapés d'y pénétrer, d'y loger, ou d'y exercer leurs activités habituelles : page 148.

Ces indications peuvent être étendues :

- aux personnes ayant des difficultés d'atteinte et de préhension,
- aux besoins des personnes âgées, des enfants...,
- à tout local recevant normalement du public.

Les spécifications indiquées ont été choisies de façon à permettre l'utilisation du logement sans gêne notable, par des personnes sans handicaps.

Les dimensions appropriées figurent pour l'essentiel sur les dessins.

1. CONDITIONS DE TRAVAIL

Les dimensions « enveloppe » (figures 1 à 4, tirées du fascicule n° 82-40 bis) donnent des exemples de l'espace qu'occupent ou peuvent atteindre les personnes à mobilité réduite. Les dimensions données dans la norme varient légèrement par rapport à celles-ci, essentiellement en montrant que les mesures anthropométriques des femmes limitent un peu plus leurs approches.

L'approche des équipements est primordiale et doit pouvoir être effectuée frontalement et latéralement, sans gêne notable.

L'espace de préhension est limité verticalement vers le bas et le haut, horizontalement en cas de blocage du fauteuil : figures 5, 6 et 7.

2. CONDITIONS DE MANŒUVRE D'UN FAUTEUIL ROULANT

Les indications dimensionnelles fournies par la suite correspondent à celles des fauteuils couramment utilisés lorsqu'ils sont occupés par une personne.

Elles varient sensiblement par rapport à celles du fauteuil proprement dit.

- **Dimensions retenues pour le fauteuil :** figures 2 à 4

- **Analyse des aires de manœuvre :**

Les surfaces minimales nécessaires pour une approche directe ou pour une rotation du fauteuil par manœuvre simultanée contrariée des roues peuvent être évaluées comme l'indique la figure 8.

① dimensions « enveloppe » des semi-ambulants

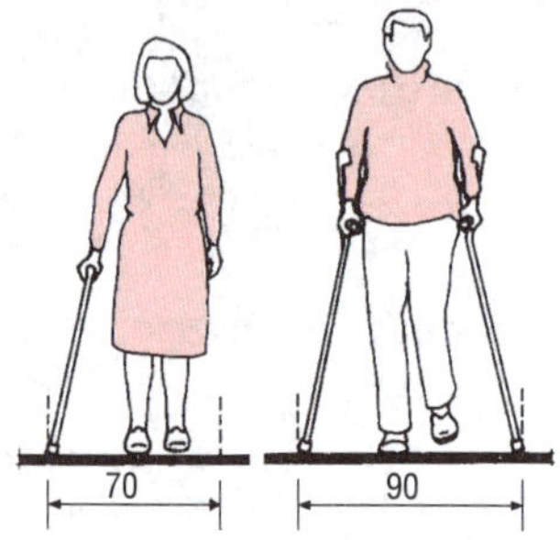

② dimensions « enveloppe » du fauteuil roulant occupé

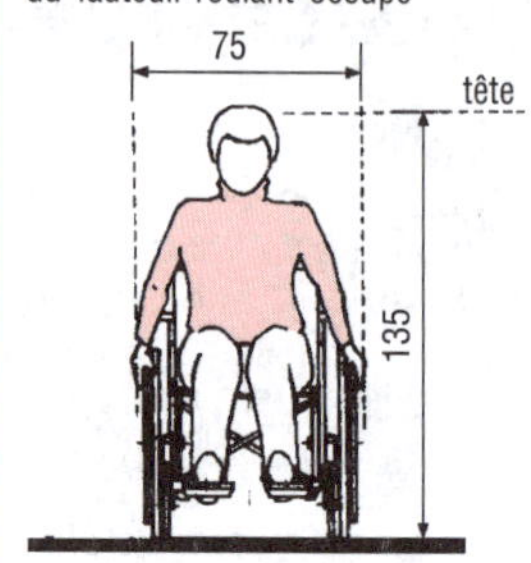

③

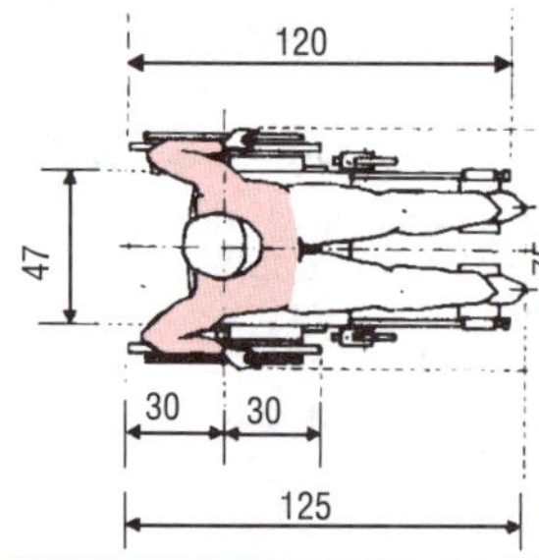

④

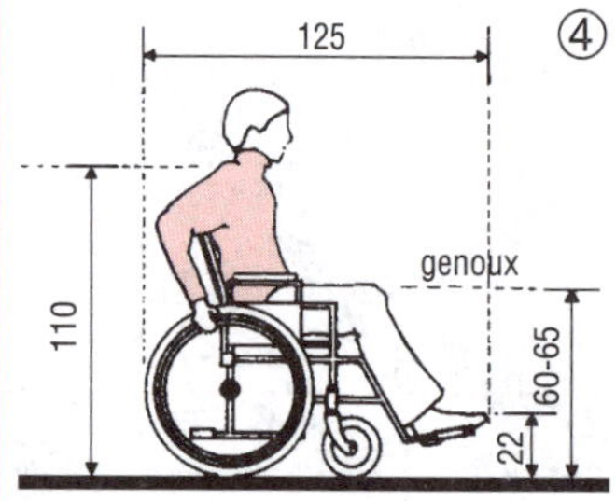

⑤ approche frontale : mesures en cm

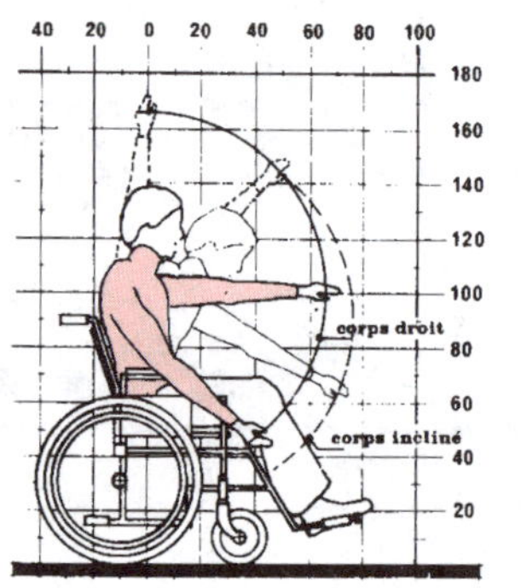

⑥ zone visuelle : mesures en cm

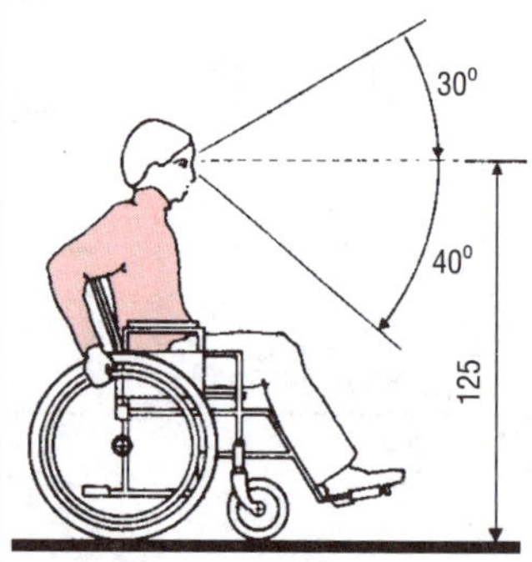

⑦ approche latérale : mesures en cm

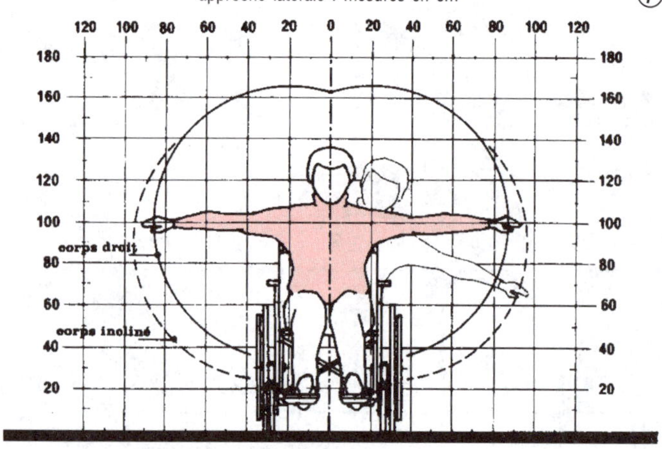

⑧ **ANALYSE DES AIRES DE MANŒUVRE**

- Approche frontale : 0,9 m
- Changement de direction à 90° : 1,4 × 1,4 m
- Changement de direction à 180° : 1,4 × 1,9 m
- Rotation à 360° : 1,7 × 1,7 m

3. ENVIRONNEMENT, ACCESSIBILITÉ DES DIVERS LOCAUX

Les conditions nécessaires pour la circulation du handicapé aux abords de l'immeuble, et par extension, en circulation urbaine sont fixées.

Doivent être accessibles par un cheminement praticable sans discontinuité, aux personnes handicapées, à mobilité réduite, se déplaçant en fauteuil roulant :

- les **bâtiments d'habitation collectifs,**
- les **logements situés dans ces bâtiments,**
- les **ascenseurs,**
- les **locaux collectifs des ensembles résidentiels,**
- une **partie des places de stationnement d'automobile destinées aux habitants et aux visiteurs.**

3-1. Cheminement

- **Des bateaux** (bords abaissés) sont situés en face des passages protégés (fig. 1) : pente maximale (5 %) perpendiculairement au trottoir.
- **L'ouverture des portes** ne doit pas demander un effort trop important ni une manœuvre trop difficile pour une personne en fauteuil roulant :
  - Solution : porte à ouverture automatique à l'entrée des immeubles.

  *Nota : La **largeur utile** (largeur de passage effective lorsque le battant de porte est ouvert à 90°) ne doit pas être inférieur à 0,83 m, pour une porte de 0,93 m.*
- **Une main courante** (ou un garde-corps) disposée de part et d'autre des cheminements constitue une aide précieuse à la locomotion (pente > 4 %).
- **La hauteur recommandée, pour une bonne préhension des dispositifs de manœuvre** (poignées de portes, interrupteurs, commandes diverses...) est :
  - au maximum : 1,3 m (1 m généralement),
  - ne jamais descendre en dessous de 40 cm.

3-2. Accès aux étages

3-2.1. Par un ascenseur

Les niveaux étant comptés à partir du niveau d'accès le plus bas dans le cas de bâtiment (sur des terrains en pente, à entresol...), un ascenseur est obligatoire à partir d'un R + 4 (l'un au moins étant accessible dans le cas d'une batterie).

Ses commandes sont situées entre 0,9 et 1,3 m (**1,2 m**) de hauteur, de préférence à 40 cm au moins des coins de la cabine, avec des indications facilement identifiables par des malvoyants.

- Précision d'arrêt de la cabine ≤ 2 cm.
- Aire libre d'évolution sur le palier : **1,5 × 1,5 m.**
- Ne pas faire correspondre la porte palière d'un ascenseur avec une volée descendante d'escalier, si le palier est étroit **(distance mini. 2,2 m).**
- Pas de marches entre le hall d'entrée, les paliers et les niveaux d'arrêt de la cabine.
- La barre d'appui est située à 90 cm du sol.
- Les portes de cabine et les portes palières sont équipées d'un dispositif photo-électrique ou similaire qui commande la réouverture des vantaux si un passager est engagé dans la baie, pour ne pas heurter la personne.

3-2.2. Par un escalier intérieur (bâtiments sans ascenseurs)

- Largeur minimale : 1,2 m.
- Hauteur des marches : 17 cm (**14 à 16 cm**).
- Giron : 28 cm (**32 à 34 cm**).
- Contremarche recommandée.

Pour un escalier hélicoïdal (NF P 91-201), le giron se mesure dans la zone comprise entre les lignes situées :

- à 0,6 m du noyau intérieur,
- à 0,6 m du bord extérieur.

L'escalier démarre donc en retrait des circulations pour ne pas gêner le passage.

Les paliers de repos sont :

- horizontaux,
- disposés au moins devant chaque porte,
- en haut et en bas de chaque plan incliné,
- à l'intérieur de chaque sas : **longueur mini. = 1,4 m** (hors débattement de porte éventuel),
- obligatoires (**longueur = 1,4 m**) tous les 10 m dès qu'une pente excède 4 %.

3-3. Escaliers extérieurs et perrons

- Hauteur des marches : 16 cm maximum (**12 à 14 cm**).
- Giron : entre **32 à 34 cm**.

Doublés par un cheminement aisément praticable (fig. 2), ils comportent une main courante : **Hauteur : 90 cm** (page 139 ou NF P 01-012).

Les mains courantes ou les rampes sont disposées de part et d'autre et dépassent les premières et dernières marches de chaque volée d'escalier, sur environ 30 à 40 cm horizontalement, à **1 m du sol.**

①

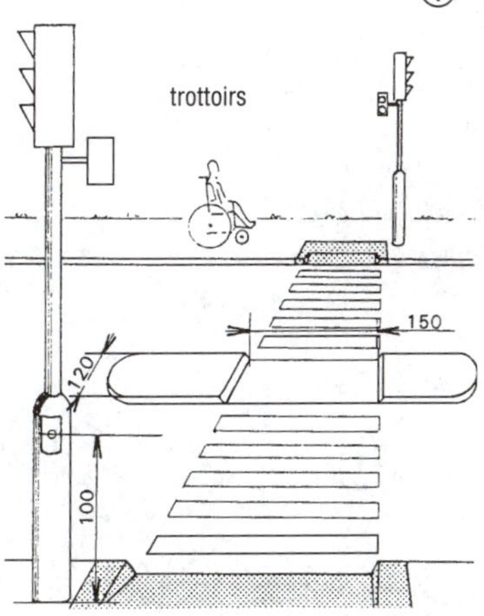

Dispositions diverses

5 % de places de parc ou de garage accessibles (par ascenseur ou de plain-pied) et adaptables.

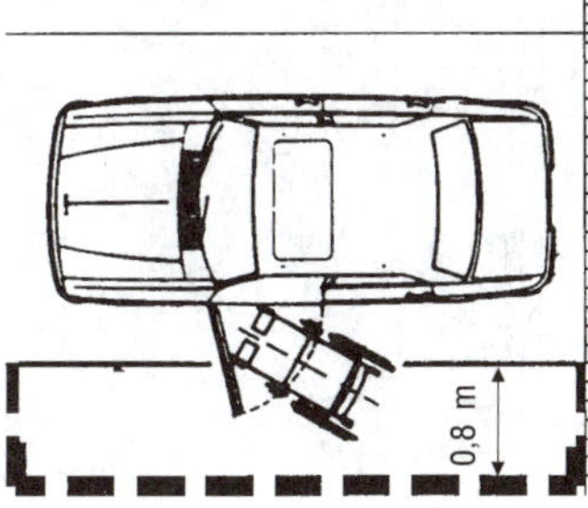

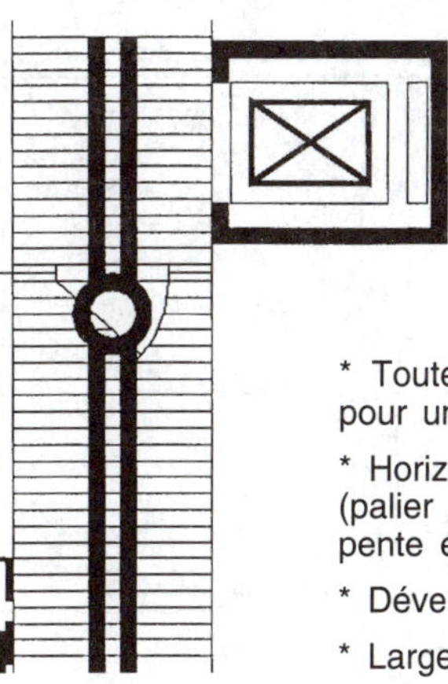

Cheminement praticable ②

* Palier de repos (hors débattement de porte)
L ≥ 1,4 m.

* Seuils et ressauts ≤ 2 cm.

* Fentes et trous < 2 cm.

* Sols non meubles, non glissants.

* Toute porte ≥ 0,9 m (1 battant ≥ 0,8 m pour une porte à double battant).

* Horizontal de préférence ou pente < 5 % (palier de repos tous les 10 m pour une pente entre 4 et 5 %).

* Dévers < 2 %.

* Largeur ≥ 1,2 m.

4. ADAPTABILITÉ DES LOGEMENTS

Doivent être adaptables aux besoins particuliers des personnes handicapées se déplaçant en fauteuil roulant, par des travaux simples ne touchant pas aux structures, aux gaines et réseaux communs des bâtiments, ne diminuant pas le nombre des pièces principales :

- les logements en rez-de-chaussée,
- les logements en étage, desservis par ascenseur,
- des places de stationnement d'automobile dans les locaux mentionnés page 147.

La norme NF P 91-201 recommande une trame de la structure permettant ces modifications :

- murs porteurs : 5,7 m (+ n × 0,3 m) entre nus des murs.
  Les distances entre nus permettent l'enveloppe de deux pièces principales (deux chambres, un séjour et une chambre) ;
- poteaux porteurs : 3,3 m (+ n × 0,3 m) entre face des poteaux ;
  Les distances hors tout entre poteaux permettent l'enveloppe la plus grande des plus petites dimensions intérieures entre nus des pièces principales (chambre : 3 m) :

① **Dimensions à respecter (recommandations de la norme NF P 91-201)**

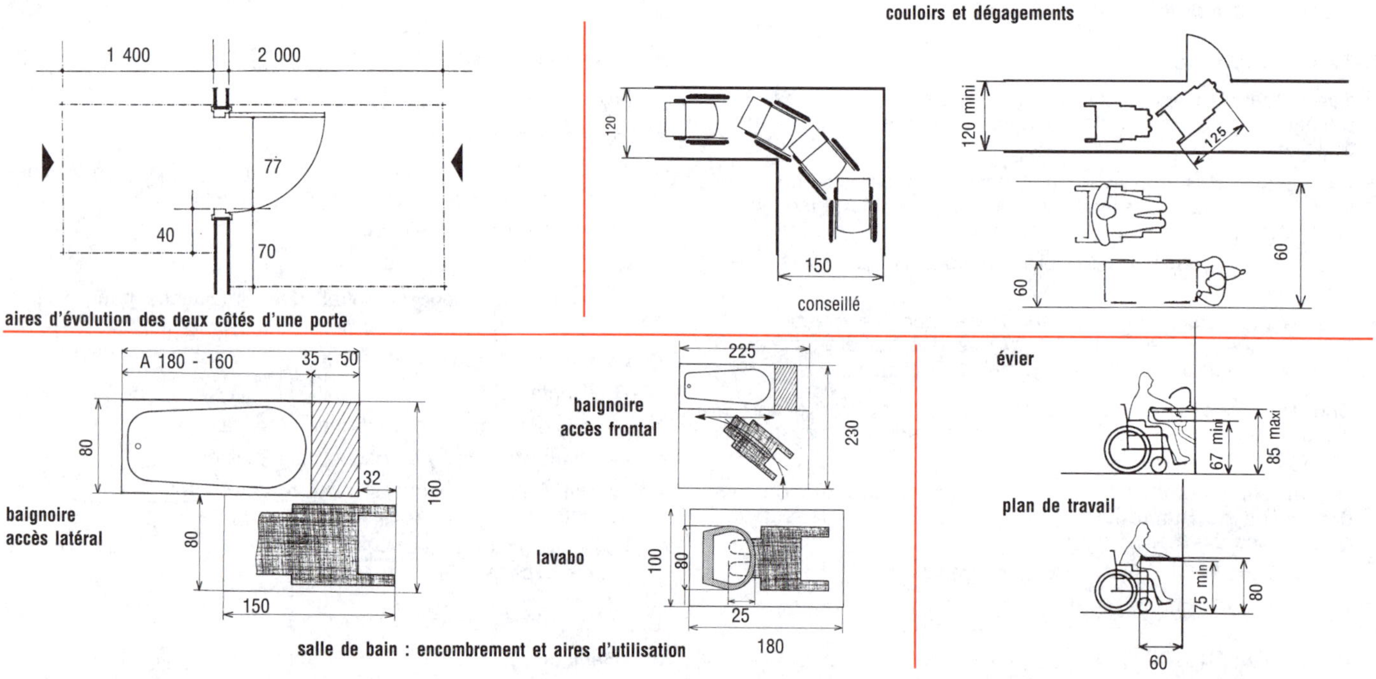

Pièce	Chambre à coucher	Cuisine	Salle de bain	WC (approche latérale)		WC (approche frontale)
Largeur minimun (m)	3	2,10	2,20	Porte ouvrant vers		Porte ouvrant vers l'extérieur
Surface minimum (m²)	11,50 à 13 pour la chambre principale	8 à 9 sans coin repas	6	l'intérieur	l'extérieur	
				1,85 × 1,35	1,80 × 1,40	1,95 × 1,00

② **Dimensions à respecter (NF P 91-201, fascicule spécial n° 82-40 bis)**

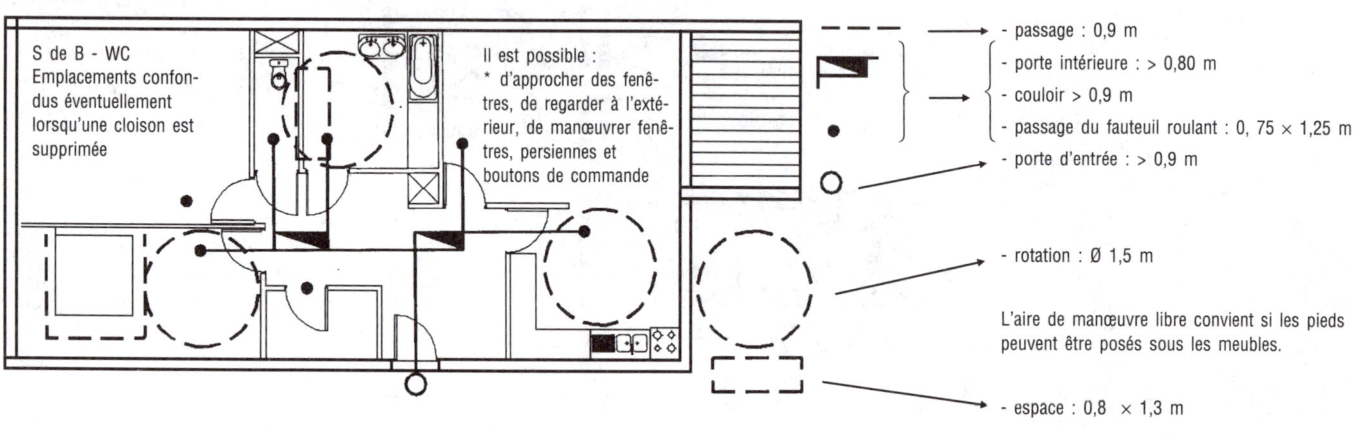

CONDUITS DE FUMÉE

AFNOR DTU P 51-201 (DTU N° 24-1), **P 51**-701 (Règles et processus de calcul des cheminées fonctionnant en tirage naturel)

1. CONDUITS DE FUMÉE (notés CF)

Le dimensionnement des CF à tirage naturel relève :
- du DTU n° 61-1 annexe 2 (appareils à gaz : P < 75 th/h),
- du DTU P 51-701 « Règles et processus de calcul des cheminées desservant une chaudière : P ≥ 75 th/h ».

Nota : P = puissance de chauffe en thermie par heure.

Leur conception et leur construction seront conformes :
- à l'arrêté du 22/10/69,
- au DTU n° 24-1 « Travaux de fumisterie » (pour chaudière fonctionnant à partir de combustibles usuels).

Les conduits peuvent être :
- individuels (1 conduit par Foyer),
- collectifs à départs individuels (système SHUNT) ou collectifs, pour une chaudière d'un bâtiment (chauffage central).

Ils fonctionnent en tirage naturel ou par extraction mécanique ; en cas de panne de ces derniers, l'évacuation des fumées se fait par tirage naturel ou alors la combustion doit être arrêtée.

1-1. Terminologie : figure 1

- **Conduit de fumée** : conduit d'allure verticale. Il peut être intérieur ou extérieur au bâtiment, isolé, adossé (autostable mais lié librement à un support reprenant les efforts dus au vent) ou accolé (liaison totale sur toute la hauteur à son support).
- **Souche** : partie hors comble ou terrasse d'un ou plusieurs conduits. Elle reçoit un couronnement et parfois un convergent, augmentant la vitesse d'éjection des fumées dans l'atmosphère.
- **Carneau et conduit de raccordement** : figure 1
- **Tubage** : mise en place d'un conduit souvent métallique dans un conduit existant.
- **Chemisage** : dépose à l'aide d'un dispositif particulier d'un enduit spécial sur les parois intérieures d'un conduit et sur toute sa hauteur.

1-2. Dispositions communes à tout type de conduit

- **Section droite** (fig. 2) :
  - carrée, circulaire ou rectangulaire ; constante et de même forme sur toute la hauteur (sauf si impossibilité lors d'une surélévation de conduit, le rajout peut être cylindrique de section équivalente),
  - aire intérieure : selon calcul (approprié au nombre de foyers desservis). Valeurs minimales : figure 3.
- **Le tracé** (fig. 4) est toujours vertical sauf en réhabilitation (reconstruction ou surélévation hors bâtiment d'un conduit) et dans les maisons individuelles (R + 1) maximum où 2 dévoiements (1 tronçon incliné) au plus sont admis.
- **Le matériau** est le même sur la hauteur sauf dérogation.
- **La stabilité du conduit** est assurée par une :
  - fondation s'il est isolé ou adossé,
  - fondation et le support auquel il est accolé.
- **Couronnements interdits** : dalle à l'italienne, sorties de conduit latérales.
- **Enduits** : ciment ou plâtre conforme aux DTU n° 26-1 ou n° 25-1. L'emploi du plâtre est interdit sur les faces externes ou parties situées à l'extérieur des conduits.
- **Accessibilité directe minimum d'un conduit** :
  - rectangulaire par une face,
  - circulaire par la moitié de sa circonférence.
- **En cas de conduits groupés**, le suradossement de plusieurs conduits est interdit.
- **Hauteur des conduits à tirage naturel** : figure 6.
- **Conduits collectifs** (fig. 5) autorisés, lorsque :
  - la puissance des appareils de chauffage raccordés correspond à celles indiquées figure 7.
  - le bâtiment a au moins 4 niveaux.
  - les collecteurs reçoivent 5 foyers au plus de logements donnant sur la même façade et 1 foyer au plus par étage ; une trappe de ramonage est à prévoir à leur extrémité inférieure.
  - les raccordements des foyers sont verticaux, en maçonnerie, d'une hauteur d'étage et au plus de 3,50 m. Leur jonction avec le collecteur s'approchera au mieux de la verticale.
  - la hauteur de tirage (H_t) est au moins de 6,25 m, sinon le foyer est équipé d'un conduit individuel.

Nota : pour un combustible gazeux, le nombre de niveaux et de foyers desservis n'est pas limité et (H_t) > 4,25 m.

①

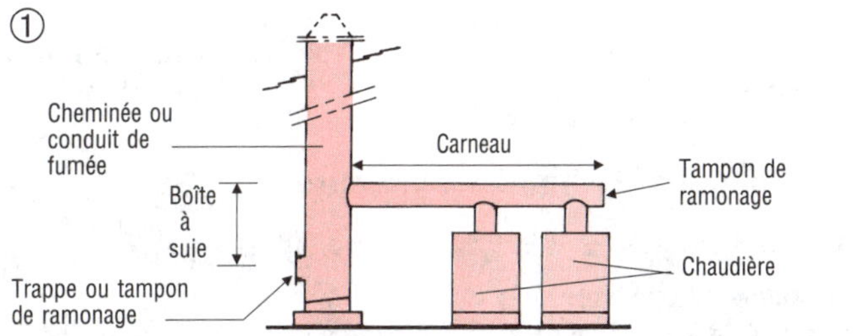

②

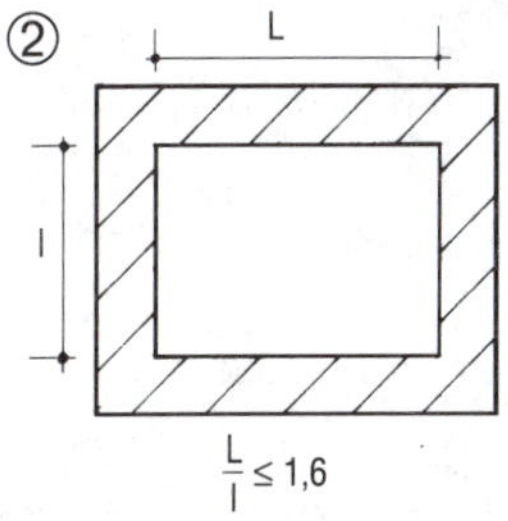

③ Type de conduit	Section (cm²)
Individuel	250
Collectif : – raccordement – collecteur	 250 400

④

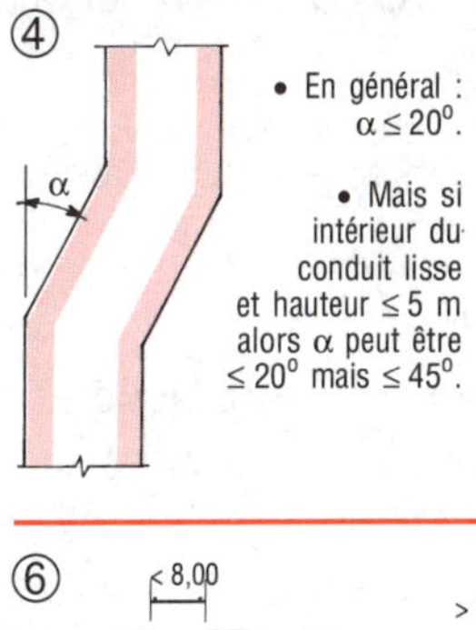

⑤ **Conduits** collectifs « shunt » (Exemples)

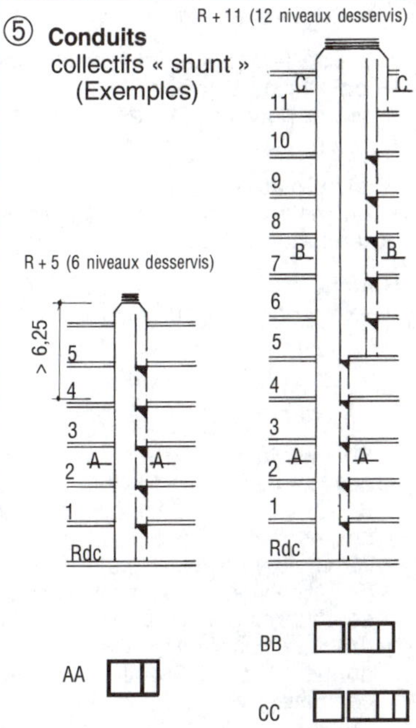

⑥

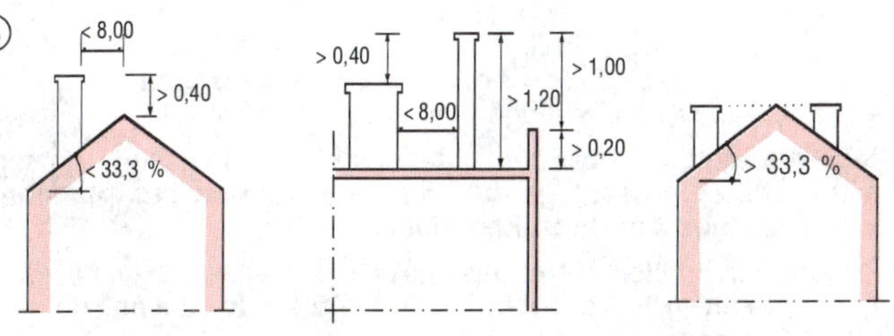

⑦ Combustible	Courant	Gazeux	Fonctionnement discontinu ECS
Puissance (thermies par heure)	15	24	30

CONDUITS DE FUMÉE (Notés CF)

NF P 16-302, **P 51**-301, 302, 311 et 321, **AFNOR DTU P 45**-204 (DTU N° 60-11), **P 51**-201 (DTU N° 24-1)

1-3. Conduits de fumées extérieurs

Sont considérés extérieurs, ceux qui sont :

- construits à l'extérieur du périmètre extérieur des murs périphériques du bâtiment.
- extérieurs, installés dans une gaine extérieure ; dans ce cas, la stabilité au vent est assurée par la gaine.
- intérieurs, installés dans une gaine maçonnée intérieure ayant les caractéristiques suivantes :
  * matériau M0 et degré CF selon la figure 4 page 153,
  * ventilée en haut et en bas directement sur l'extérieur (section minimale des ouvertures permanentes : 4 dm^2),
  * réservée exclusivement au passage des conduits, des ventilations et des canalisations de chauffage,
  * verticale et permettant l'accès aux conduits sur au moins une de leurs faces ; prévoir échelons avec palier de repos (dimension du passage minimal : 0,6 × 0,6 m),

1-4. Conduits de fumées intérieurs

- **Limite d'emploi** : P < 300 th / h (P : p. 149),
- **Stabilité** : ils peuvent être :
  - adossés (un espace de 15 mm aux traversées de plancher sera comblé d'un matériau inerte classé M0),
  - ou accolés (h ≤ 15 m et P ≤ 30 th / h),
- **Ecart au feu (distance entre la paroi intérieure du conduit et le bois le plus proche) :**
  - 16 cm pour un bois de charpente,
  - 7 cm pour un bois de menuiserie (huisserie,...),
- **Accessibilité** : ils peuvent être entourés d'une cloison de doublage si un matériau isolant incombustible comble l'espace entre eux et la cloison,
- **Souche** : sur sa hauteur et dans la traversée des combles, les parois du conduit auront une résistance thermique (p. 177) :

$$Rth \geq 0{,}43\ m^2 . °C/W.$$

1-5. Matériaux admis par le DTU n° 24-1

- Briques de terre cuite ou réfractaires conformes respectivement aux normes NF P 51-301 et 302.
- Boisseaux en terre cuite ou en béton conformes respectivement aux normes NF P 51-311 et 321.
- BA coulé en place et préfabriqué muni d'un garnissage intérieur de protection (ceux sans garnissage ou de hauteur d'étage sont justiciables d'un avis technique).
- Amiante ciment (par tuyaux à emboîtement conformes à la norme NF P 16-302) ; à l'intérieur, son emploi est limité aux conduits-gaz (DTU n° 61-1).
- Tuyaux métalliques à simple paroi et double paroi (ces derniers sont justiciables d'un avis technique).

1-6. Spécifications et mise en œuvre des boisseaux

- Boisseaux de terre cuite (fig. 1) : à parois pleines (e = 3 cm), à parois alvéolées simple et double conduit (e = 5 et 7 cm), à isolation intégrée (pour les souches).
- Boisseaux en béton (fig. 2) : à parois pleines (e = 3, 4 et 5 cm), à parois alvéolées (e = 7 et 8 à 12 cm pour les grandes sections employées en chauffage central).

Leur hauteur (33 ou 50 cm, parfois 25 cm pour ceux en terre cuite) **permet le décalage des joints par rapport aux planchers ou entre deux conduits juxtaposés.**

Ils sont à emboîtement (partie mâle vers le bas) et jointoyés au mortier bâtard (e = 5 à 8 mm) dosé à 400 kg de liant /m^3 de sable sec (1/2 ciment + 1/2 chaux).

Les conduits extérieurs adossés seront liés au gros œuvre tous les 2,5 à 3 m par un ceinturage en béton armé ou métallique permettant la libre dilatation.

Les enduits au mortier de liant hydraulique devront être appliqués au plus tôt 15 jours après la pose du dernier boisseau ; un grillage sera mis en place avant.

① **Boisseaux à parois pleines (e = 3 cm)**

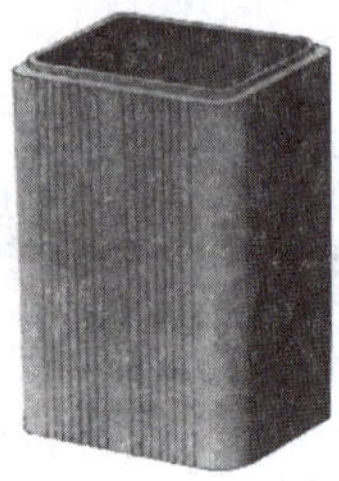

② **Boisseaux à parois alvéolées (e = 5 cm)**

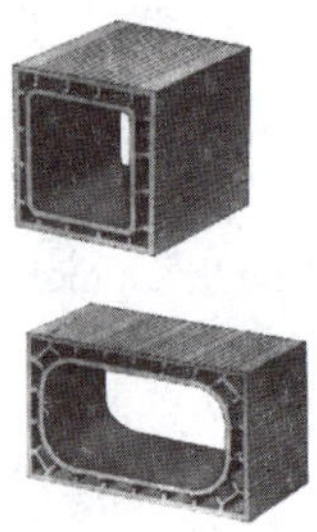

	Dimensions intérieures en cm	Sections intérieures en cm^2	Dimensions extérieures en cm	Longueurs en cm	Poids au mètre en kg	Métrage par palette en mètres
①	13 x 16	208	19 x 22	50	28	35
	14 x 19	266	20 x 25	50	34	35
	17 x 19	323	23 x 25	50	36	30
	14 x 23	322	20 x 29	50	36	30
	19 x 22	418	25 x 28	33 ou 50	42	30
	20 x 20	400	26 x 26	33 ou 50	42	30
	22 x 25	550	28 x 31	33	53	20
	25 x 25	625	31 x 31	33	56	20
	25 x 30	750	31 x 36	33	65	15
	30 x 30	900	36 x 36	33	70	12
②	14 x 20	280	24 x 30	33	45	24
	20 x 20	400	30 x 30	33	57	20
	25 x 25	625	35 x 35	33	67	15
	30 x 30	900	40 x 40	25 ou 33	80	12
	20 x 40	800	30 x 50	25	82	12
	26 x 35	910	36 x 45	25	80	9
	30 x 40	1 200	40 x 50	25	100	9
	Pour feux ouverts					
	25 x 40	800	30 x 50	25	82	12
	25 x 50	1 250	35 x 60	25	120	8
☐	30 x 50	1 500	42 x 62	25	142	7,5
☐	40 x 40	1 600	52 x 52	25	132	5

☐ parois de 6 cm d'épaisseur

Boisseaux devoyés

Exemples de perforations de fumée ronde ou trappe de ramassage

② BOISSEAUX EN BÉTON POUR SHUNT

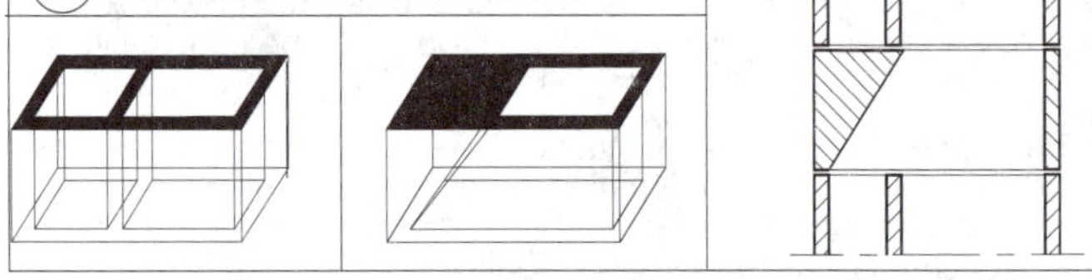

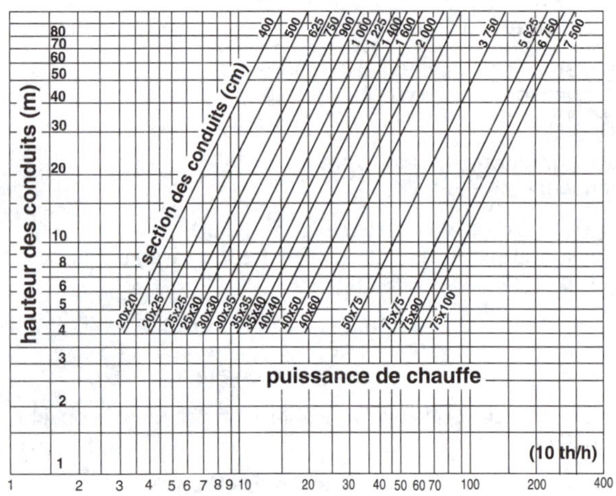

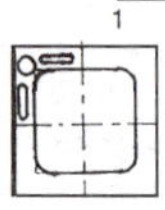

Hauteur : 33,3 et 50 à partir de 108 x 73 ;

Epaisseur : 8, 10 ou 12 cm selon section ;

Section int. : 25/25, 30/30, 30/40, 40/40, 40/50, 40/60, 53/73, 73/73, 108/73

DÉSENFUMAGE DES CIRCULATIONS HORIZONTALES À L'ABRI DES FUMÉES POUR LES BÂTIMENTS DES FAMILLES 3B (F3B) ET 4 (F4)

ARRÊTÉ DU 31/01/86 + MODIFICATIF DU 20/09/86

① DISPOSITION CONSEILLÉE DES BOUCHES

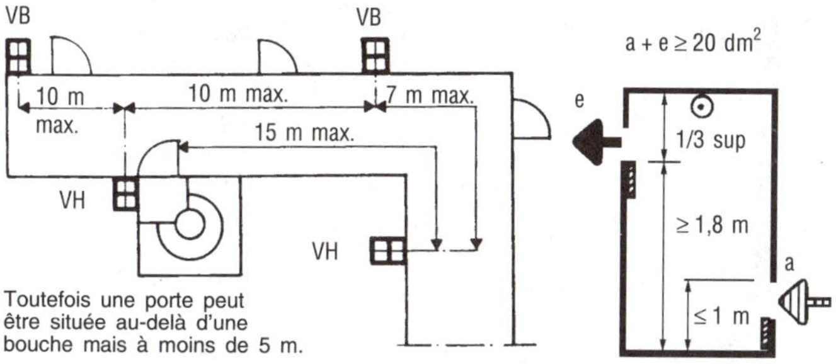

Toutefois une porte peut être située au-delà d'une bouche mais à moins de 5 m.

② CONCEPTION DES CONDUITS ET RACCORDEMENTS

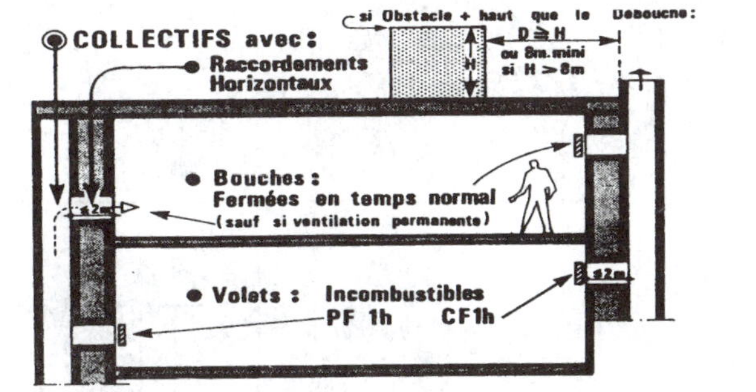

Matériaux incombustibles
Degré coupe-feu : F3B = 1/2 h et F4 = 1 h
(coupe-feu intérieur pour les conduits d'extraction)

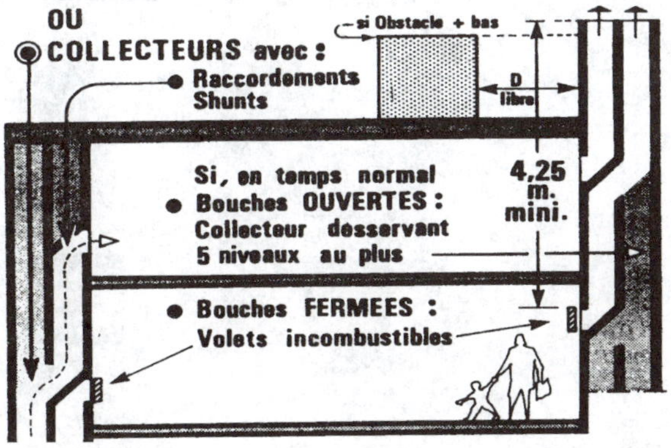

③ CLASSEMENT AU FEU DES REVÊTEMENTS DE PAROIS

Collés ou tendus, ils doivent être en catégorie :
M1 en plafond, M2 sur les murs, M3 sur le sol.
Nota : bois autorisé dans le hall si sortie directe de l'escalier à l'extérieur.

④ DÉTECTEURS :

Conformes aux normes NFS 61-950 et 961, ils sont sensibles aux fumées et gaz de combustion, déclenchent l'ouverture des bouches à l'étage et interdisent l'ouverture dans les autres étages (sauf pour les shunts).

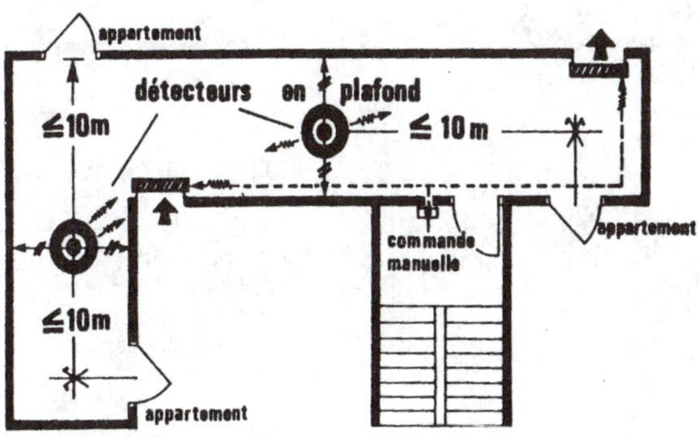

⑤ DÉSENFUMAGE MÉCANIQUE

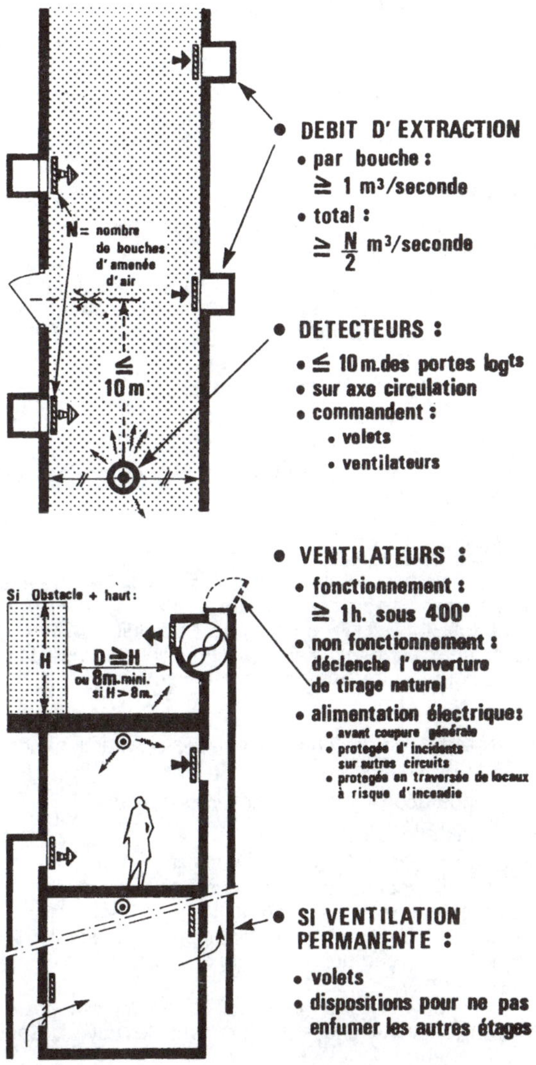

⑥ CONDUITS EN BÉTON (e = épaisseur des parois)

BÉTON (cm) + PLÂTRE (mm)	6 0	6 10	7 0	6 15
DEGRÉ-CF (h)	0,5	1	1	1,5

Shunts (cm)		
e = 6	98 x 62	118 x 52
e = 7	118 x 52	120 x 54

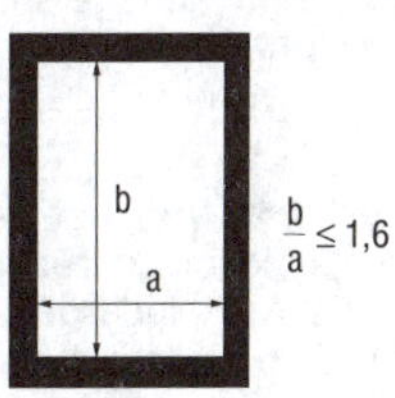

Collectifs (cm)	
e = 6	52 x 62
e = 7	54 x 64

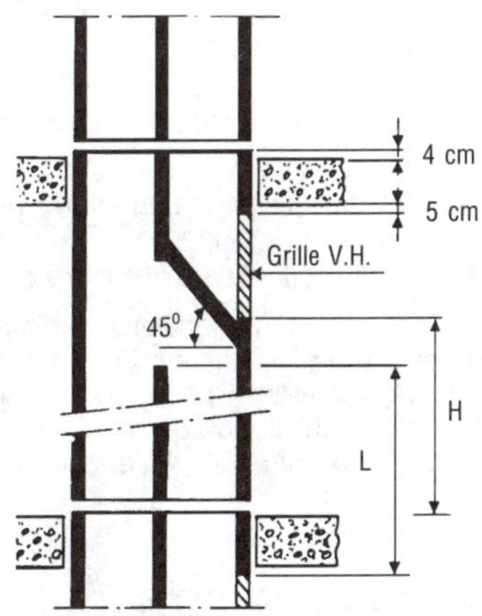

CONDUITS – GAINES – COLONNES MONTANTES (4/5)
VIDE-ORDURES
AFNOR DTU P 81-201 (DTU N° 63-1)
ARRÊTÉ DU 19/06/69, CIRCULAIRE N° 77-127 DU 25/08/77

1. VIDE-ORDURES

Un vide-ordures peut être :
- individuel (en cuisine, cellier, séchoir, etc. ; hauteur de la base du vidoir = 0,8 à 1,2 m),
- collectif (en local clos donnant sur les parties communes ; hauteur de la base du vidoir = 0,5 à 1 m).

1-1. Vidoir (fig. 1)

- En alliage d'aluminium, en fonte, en acier protégé s'il est exposé aux intempéries (sinon voir avis technique).
- Pelle : la plus grande dimension du volume limité par ses parois intérieures sera au plus égale à 1,25 fois le diamètre du cercle inscrit dans le conduit de chute,
  Volume utile :
  – individuel (5 à 8 litres),
  – collectif (13 à 17 litres).
- Résistance au feu : page 153,
- Perméabilité à l'air : 10 m^3/h sous 20 Pa en position fermée et ouverte totalement.

1-2. Conduit

Le tracé est vertical et sans déviation sur la longueur installée jusqu'au dernier niveau desservi. Le débouché en toiture permet d'accéder à la totalité de la section du conduit.
La jonction entre éléments n'est pas située en traversée de plancher (saillie intérieure entre 2 éléments ≤ 5 mm).

- Dimensionnement : figure 2.
- Perméabilité à l'air des conduits équipés d'extraction mécanique : 1 m^3/h.m de conduit sous 100 Pa,
- Performance acoustique (V-O collectifs) : figure 3.
- Dispositions spéciales aux conduits :
  - en amiante ciment :
    * culotte : dimensions des branches (fig. 4a et 4b),
    * coupe conseillée à la scie,
    * fixations à chaque hauteur d'étage et au moins tous les 3 m, placées au niveau des planchers sans contact avec la jonction des éléments,
    * jonctions à emboîtement (fig. 5) ou à bout lisse (pièces assurant la continuité et l'alignement des tuyaux sans saillie sur l'intérieur).
  - en béton :
    * section intérieure circulaire ou carrée avec arrondis de 10 cm de rayon dans les angles (fig. 6),
    * stabilité : adossé à un appui stable ou, appuyé en pied, autoportant et non solidaire de la structure,
    * jonction réalisée à l'aide de mortier de ciment après humidification (plâtre ou ciment pur interdit),
    * pose des éléments l'un après l'autre sans reflux du mortier vers l'intérieur (sauf pour les boisseaux si l'excès de mortier est enlevé au fur et à mesure). A l'extérieur les joints sont repoussés au fer.

1-3. Goulotte de raccordement (fig. 4)

Si elle est nécessaire, elle sera préfabriquée (façonnage sur chantier interdit) en alliage d'aluminium, en acier protégé ou en béton.

1-4. Locaux associés aux V-O

Le local vidoir (dimensions minimales = 0,8 x 1 m) est ventilé par tirage naturel si le conduit l'est aussi. Le local de réception est équipé (éclairage, poste d'eau, siphon de sol, placard) et ventilé. La base du conduit doit être munie d'un dispositif obturateur n'empiétant pas sur la section courante du conduit en position ouverte.

2. GAINE ÉLECTRIQUE MIXTE (fig. 7)

①

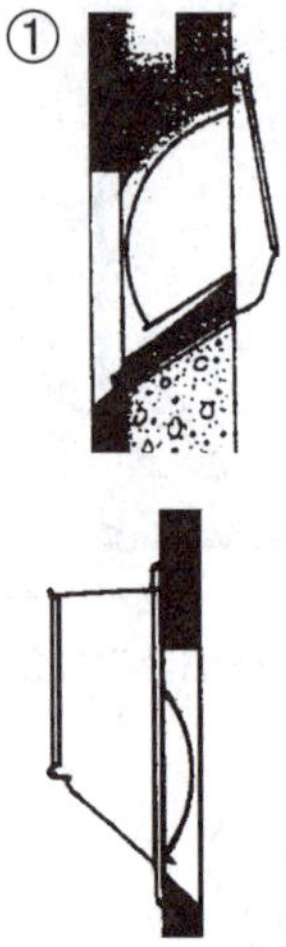

②

Type de V-O et nombre de vidoir par culotte ou porte-vidoir (n)	Ø mini. intérieur (mm)	
	< 10 niv.	> 10 niv.
individuel : n = 1	350	400
individuel : n = 2	400	400
collectif : n = 1	500	500

③

Performance acoustique des vide-ordures collectifs		
pièce concernée	principale	cuisine
niveau de bruit engendré dB (A)	< 30	< 38

④

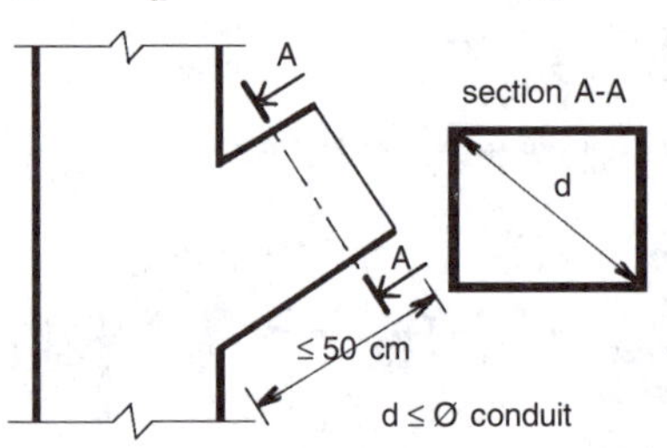

⑤

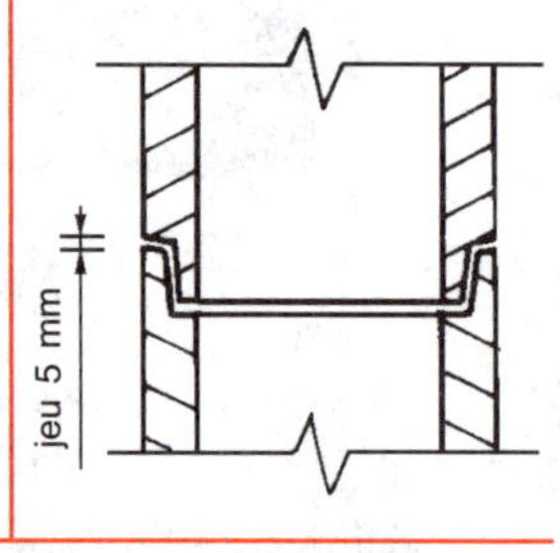

⑥

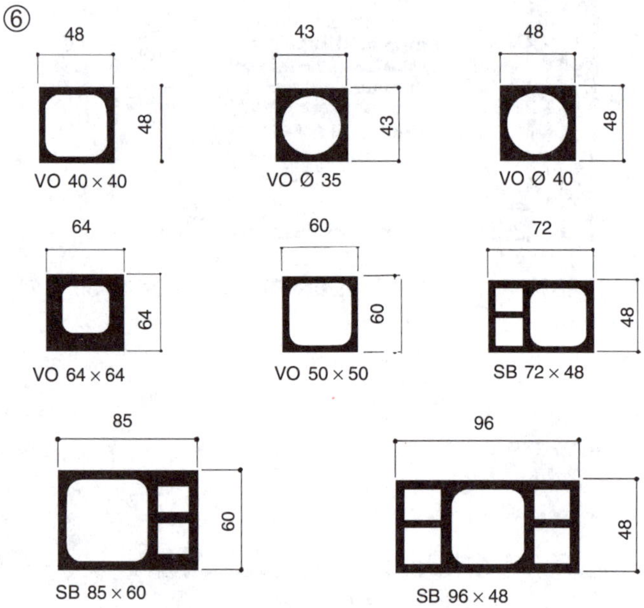

⑦

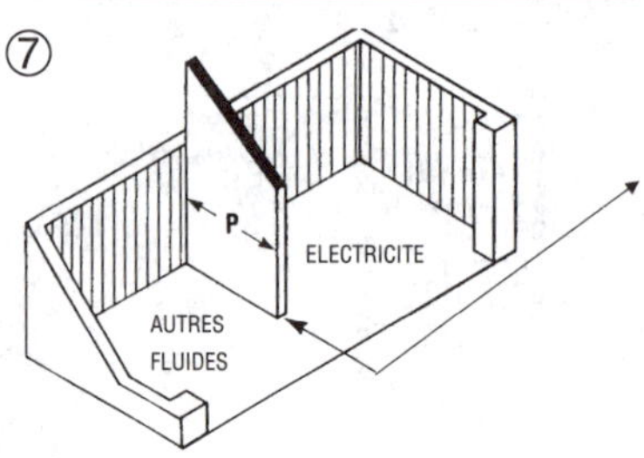

Gaine électrique mixte

PAROI
P.F. 1/4 h : en collectif F2, F3A et B, F4
- matériau incombustible (plaque plâtre cartonné autorisée)
- P ≥ 30 cm (séparation partielle admise si gaine profonde)

PRESCRIPTIONS GÉNÉRALES VIS-À-VIS DES RISQUES EN CAS D'INCENDIE
ARRÊTÉ DU 31/01/86 + MODIFICATIF DU 20/09/86

①

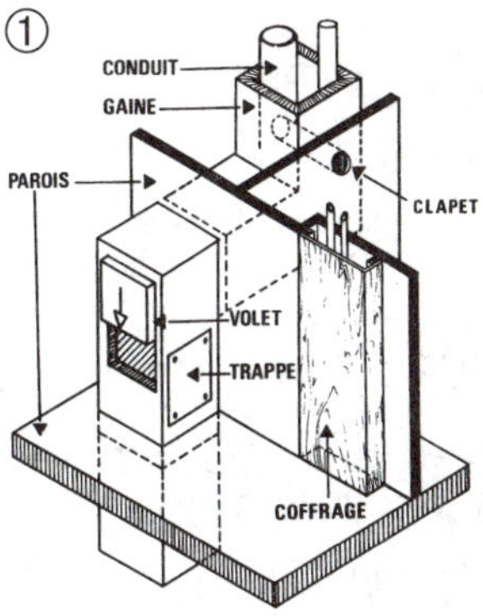

En plus des figures 1 à 6, lire l'arrêté pour les gaines et conduites montantes de gaz, les conduits et circuits de ventilation.

②

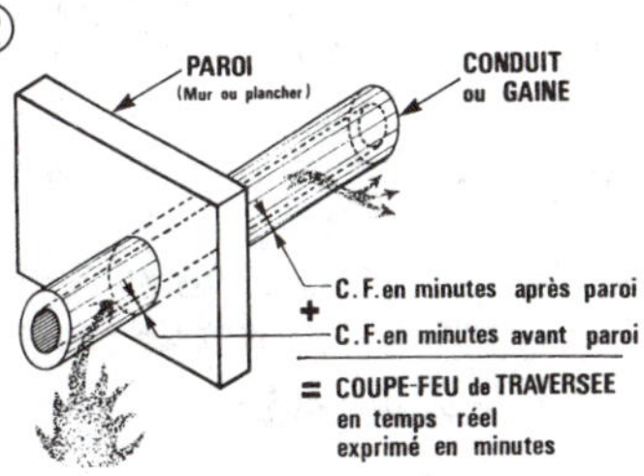

③ **TRAVERSEES DE PAROIS**

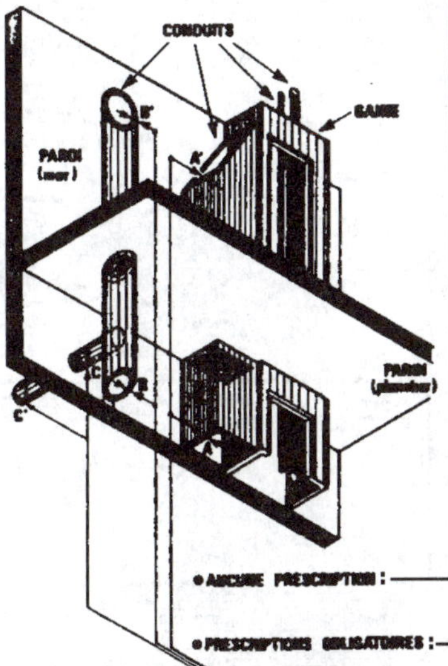

	indiv. 1	2		3 A	3 B	4 (collectifs)
• AUCUNE PRESCRIPTION :	*	*				
• PRESCRIPTIONS OBLIGATOIRES :			*	*	*	*

• Coupe Feu de traversée A+A' ou B+B' ou C+C', etc... avec ou sans clapet, égal ou supérieur à celui de la paroi traversée avec maximum de 60 minutes

OU

• Dispositif d'obturation agréé par le C.E.C.M.I.
ou
• Respect des dispositions des articles 46 à 64

④ **CONDUITS** TRAVERSANT DES **PLANCHERS**

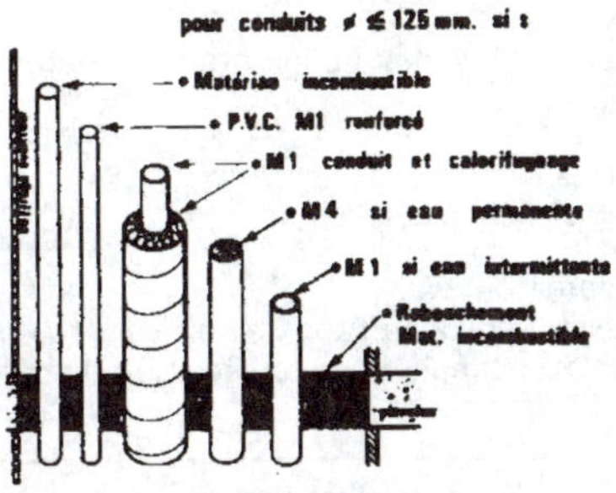

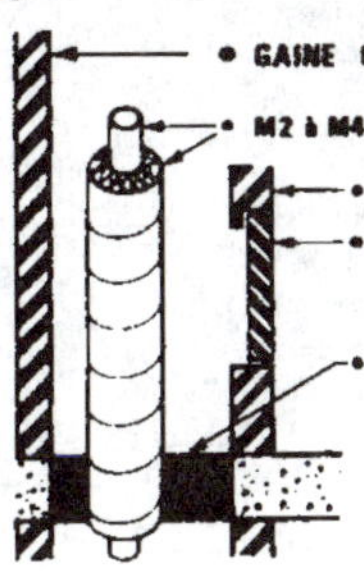

	indiv. 1	2		3 A	3 B	4 (collectifs)
• GAINE NON EXIGEE et coffrage éventuel autorisé pour conduits ø ≤ 125 mm. si :			*	*	*	*
• GAINE COUPE FEU EXIGEE SI : • M2 à M4 (sauf exceptions art. 48)			*	*	*	*
• parois CF 1/2 h; • portes et trappes : • ≤ 0,25 m² = CF 1/4 h; • > 0,25 m² = CF 1/2 h; • recoupement matériaux incombustibles obligatoire : • P.H. S/Sol et loc. techn.			*	*	*	*
• tous les 2 niveaux au moins						*

CONDUITS TRAVERSANT DES **MURS**

⑤

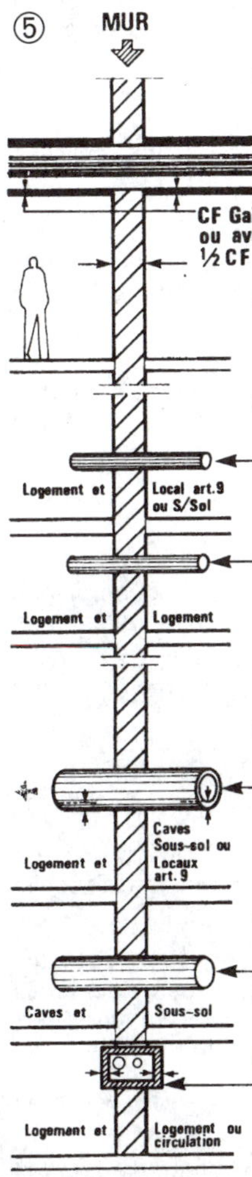

	indiv. 1	2		3 A	3 B	4 (collectifs)
1° GAINE EXIGEE SI CONDUITS M2 à M4 ou M1 ø ≥ 125 mm.			*	*	*	*
3° CF Aération Gaine = CF Gaine			*	*	*	*
2° CONDUITS AUTORISES HORS GAINE SI : • Incombustibles			*	*	*	*
• Incombustibles ou M1 pour ø ≤ 125 mm			*	*	*	*
4° VENTILATION LOGEMENTS • CF Conduit avant ou après = ½ CF Mur			*	*	*	*
5° CONDUITS AUTRES QUE AERATION (3°) et VENTILATION (4°) • M1 au moins si ø > 125 mm			*	*	*	*
6° GAINES CONSERVANT LES PERFORMANCES DE LA PAROI SEPARATIVE			*	*	*	*

⑥ **VIDE ORDURES**

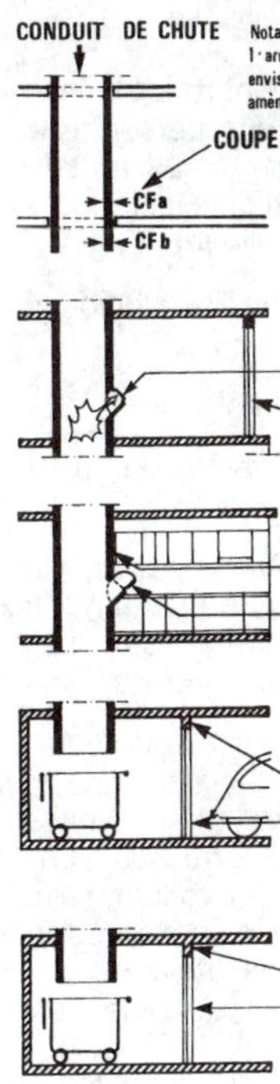

Nota : Les essais de V.O réalisés selon l'arrêté du 21 avril 1983 (annexe 4) qui envisage un feu à l'interieur du conduit amènent à retenir une paroi CF ½h donc :

	indiv. 1	2		3 A	3 B	4 (collectifs)
COUPE-FEU DE TRAVERSEE CFa + CFb = 60 minutes				*	*	*
VIDOIR : dans local commun : • vidoir PF :				¼ h	¼ h	½ h
• non obligatoire : si porte PF :				¼ h	¼ h	½ h
dans logement : • conduit CF :				½ h	½ h	1 h
• vidoir PF 1/2h :				*	*	*
LOCAL RECEPTACLE : • dans parc stationnement : • paroi CF 2h				*	*	*
• bloc porte CF 1h + FERME PORTE				*	*	*
• autre emplacement : • paroi CF 1h				*	*	*
• bloc porte CF 1/2h + FERME PORTE				*	*	*

sauf si porte en façade : aucune exigence

INSTALLATION ÉLECTRIQUE INTÉRIEURE DES LOGEMENTS (1/6)
GÉNÉRALITÉS ET TERMINOLOGIE
NF C 15-100, NF C 61-910

L'alimentation d'un logement en énergie électrique basse tension 380 / 220 volts, réalisée par le réseau de distribution, comprend deux parties :

- un branchement placé sous le contrôle de l'EDF,
- les installations intérieures à la charge du propriétaire, réalisées par un installateur agréé.

Le point de livraison (fig. 1) constitue la frontière entre le domaine privé et le domaine du concessionnaire. Il se situe aux bornes de sortie du disjoncteur de branchement, après le compteur. Ce chapitre traite de cette dernière partie.

La réalisation de travaux d'installation électrique, dans un bâtiment d'habitation, répond à des règles techniques (NF C 15-100), permettant d'assurer la sécurité des personnes et des biens, qui concernent :

- la mise en œuvre,
- le matériel utilisé.

Les services généraux (halls, couloirs, locaux techniques...) des bâtiments comportant plusieurs logements ne sont pas traités dans cet ouvrage.

1. TERMINOLOGIE

- **Circuit :** ensemble des matériels électriques (fils, prises de courant, interrupteur, douille...) protégés par un même dispositif de protection.
- **Conducteur :** élément susceptible de propager un potentiel (canalisations électriques, tuyauteries métalliques, appareils non électriques à corps métalliques reliés à des canalisations métalliques, sols et parois non isolants, huisserie métallique).
- **Phase :** conducteur actif assurant l'arrivée du courant dans un circuit.
- **Neutre :** conducteur (bleu-clair) assurant le retour du courant dans un circuit.
- **Monophasé :** distribution du courant par deux conducteurs entre phase et neutre : 220 volts.
- **Masse :** élément conducteur normalement isolé des parties sous tension, susceptible d'être touché par une personne et pouvant être accidentellement mis sous tension (corps métalliques des appareils électrodomestiques, canalisation électrique apparente sous conduit métallique, huisserie métallique).
- **Disjoncteur de branchement :** origine de l'installation comportant en principe une fonction différentielle.

Il établit, supporte et interrompt des courants :

- dans des conditions normales : pour mettre toute l'installation hors tension,
- lors d'un court-circuit : une surintensité provenant d'un contact accidentel entre phase et neutre ou d'une demande excessive de puissance à la suite d'un fonctionnement simultané de gros appareils (par ex. 15 ampères) interrompt le courant si le disjoncteur est réglé sur 12 ampères.

Le dispositif différentiel complète la protection des personnes contre les contacts simultanés entre une masse, mise accidentellement sous tension, et la terre ou un élément conducteur non isolé (risquant ainsi de provoquer l'électrocution d'une personne). Il détecte la différence d'intensité très faible entre deux conducteurs d'un des circuits de l'installation (par ex. 500 mA, correspondant à la valeur de courant qui s'écoule vers la terre en cas de défaut d'isolement).

Les unités et relations reliant les grandeurs usuelles en électricité sont détaillées figure 2.

2. INSTALLATION INTÉRIEURE TYPE

Elle comporte les équipements suivants (fig. 3) :

- Tableau de commande et de répartition (p. 155, NF C 61-910) : il permet la répartition des circuits d'utilisation et leurs protections en regroupant :
  - le disjoncteur général avec ou sans dispositif différentiel à l'origine de l'installation,
  - les dispositifs de protection et de distribution des différents circuits d'utilisation de l'installation issus de ce tableau.
- Mise à la terre et prise de terre : page 156,
- Salle d'eau : liaison équipotentielle : page 159.

Les matériels utilisés et quelques dispositions particulières sont détaillées pages 157 et 158.

①

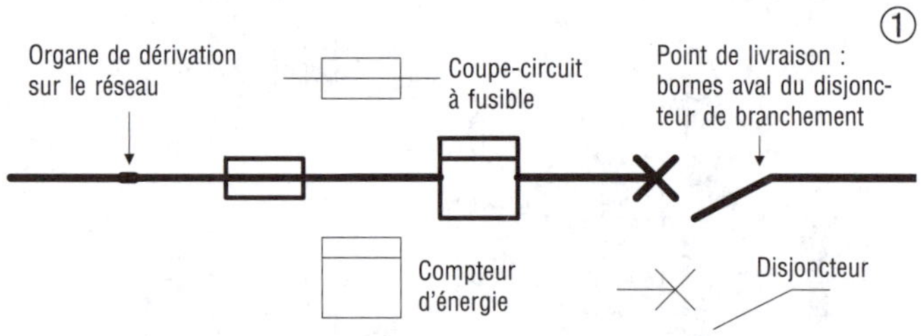

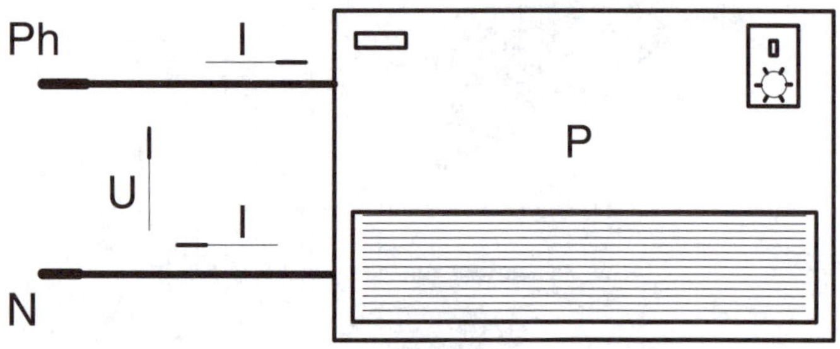

P = U * I	I = P/U
	U = P/I

Exemples (en 220 V) :
- Une lampe de 60 watts absorbera un courant d'une intensité de 0,27 A.
- Un convecteur de 1 000 watts absorbera un courant d'une intensité de 4,54 A.

Formules usuelles ②		
P	=	puissance de l'appareil en watts (W) ;
U	=	tension sous laquelle fonctionne l'appareil en volts (V) ;
I	=	intensité du courant qui circule dans le circuit en ampères (A).

③

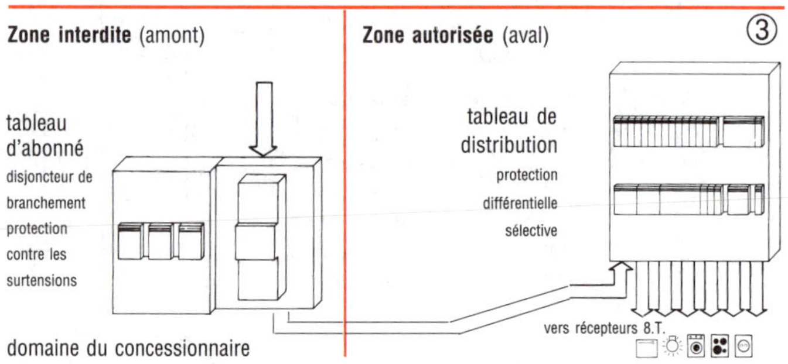

3. PROTECTION ET SECTIONNEMENT DES CIRCUITS

3-1. Établissement des dérivations

Chaque circuit, d'une section variant selon la puissance à délivrer (fig. 1), doit être protégé à son origine (fig. 2). De plus, lorsqu'un circuit comporte une dérivation de section inférieure à la section de la canalisation principale, elle doit être protégée par un **coupe-circuit à cartouche** (fig. 3a) ou un **disjoncteur divisionnaire** (fig. 3b) d'un calibrage approprié à sa section (fig. 4).

3-2. Tableau de commande et de répartition
(NF C 61-910)

Mis en place après le disjoncteur général, dans un endroit facilement accessible, hors d'une salle d'eau (hors d'un W.C., d'une chambre s'il est associé au disjoncteur de branchement), il comporte :

- le raccordement des conducteurs (phase et neutre) issu du disjoncteur de branchement, et la répartition des conducteurs (phase et neutre) des différents circuits de l'installation intérieure ;
- un coupe-circuit à cartouche (NF C 61-201, fig. 3a) ou un disjoncteur divisionnaire (NF C 61-400, fig. 3b) protégeant chaque conducteur de phase ;
- un interrupteur, un petit disjoncteur ou un combiné permettant de sectionner le conducteur neutre de chaque circuit ;
- un répartiteur de terre pour le raccordement des conducteurs de protection ;
- des appareils de commande : horloge de programmation, télérupteurs, contacteur chauffe-eau...

Une indication placée à proximité des dispositifs de protection et de sectionnement permet d'identifier le circuit concerné.

3-3. Dispositif différentiel
(NF C 61-140, 141, 420, 450, et 62-411)

Associé à une prise de terre de valeur convenable (p. 156), il assure la protection des personnes et des biens en détectant un courant qui s'établit vers la terre en aval de son point d'installation, à l'occasion d'un défaut d'isolement sur un équipement électrique.

Lorsque le disjoncteur général n'est pas différentiel, la protection doit être assurée par un interrupteur différentiel, posé à l'origine de l'installation : figure 2.

Cet interrupteur différentiel remplit deux fonctions :

- une fonction manuelle permettant la mise en ou hors service du circuit sur lequel il est placé.
- une fonction automatique de protection des personnes par déclenchement automatique.

Il n'assure pas la protection contre les surcharges et les courts-circuits, et il doit être associé à des fusibles ou des petits disjoncteurs divisionnaires destinés à la protection contre les surintensités.

Le disjoncteur différentiel remplit, en plus des fonctions de l'interrupteur, celle de protection des canalisations contre les surcharges et les courts-circuits comme le fait un fusible ou un disjoncteur.

Ces dispositifs comportent un bouton « test », à manœuvrer périodiquement (une fois par mois environ).

①

Type de logement	Nbre de pièces	Nombre de circuits					
		Foyers lumineux fixes	Prise de courant	Lave-linge	Appareil de cuisson	Chauffe-eau	Lave-vaisselle
I	1		1			1	
I bis	1	1	2	1	1	1	
II	2	1	2	1	1	1	1
III	3	2	3	1	1	1	1
IV	4	2	3/4	1	1	1	1
V	5	2	3/4	1	1	1	1
VI	6	2	4	1	1	1	1

②

Établissement des dérivations

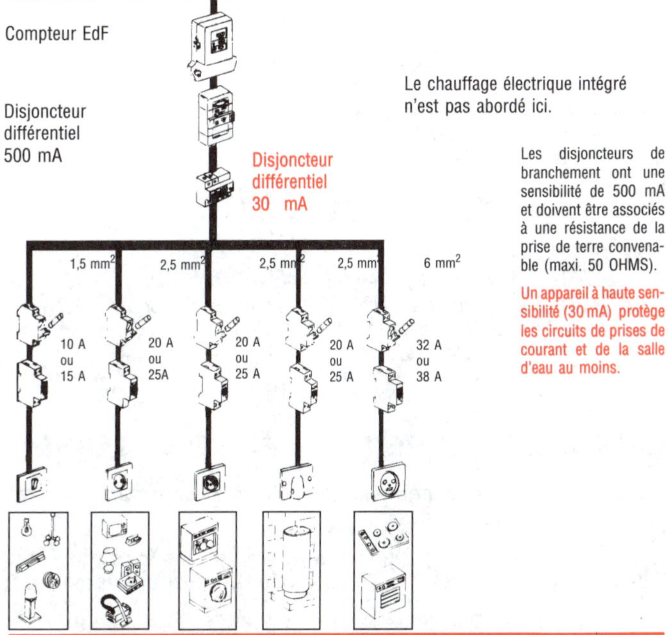

③

a

Utilisation des coupe-circuits à usage domestique

b

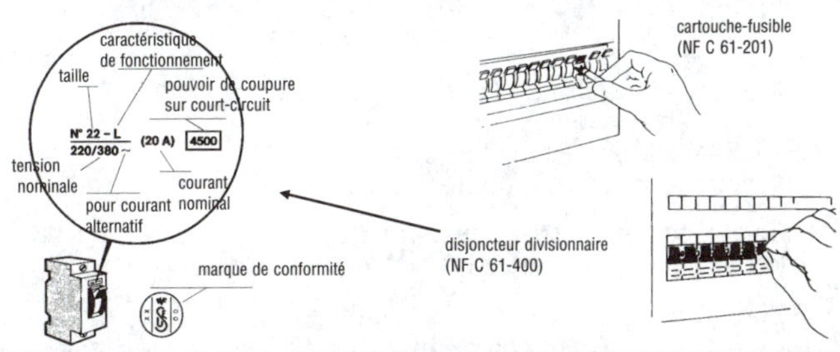

④

Section minimale du conducteur à protéger (mm²)	1,5	2,5	4	6	
Courant nominal maximal (ampères)	10	20	25	32	Cartouches
	16	25	32	38	Disjoncteurs

4. PRINCIPES GÉNÉRAUX D'UNE MISE À LA TERRE

La mise à la terre consiste à relier à une électrode en métal (non corrodable, bon conducteur, en contact avec le sol), par un fil conducteur, les masses métalliques susceptibles d'être mises accidentellement sous tension, par suite d'un défaut d'isolement survenant dans un matériel électrique.

Associée à un dispositif différentiel (interrupteur pour une prise, disjoncteur pour un circuit), **elle permet :**

- **l'écoulement sans danger d'un courant de fuite,**
- **la mise hors tension de l'installation défectueuse.**

En principe, un conducteur principal de protection relie directement :

- la prise de terre,
- un conducteur de protection issu du bornier de terre de chaque tableau d'abonné.

Une **borne** ou **barrette de mesure** installée en montage apparent, jonction entre ce conducteur et la prise de terre, permet en outre de mesurer la résistance de celle-ci.

Ce réseau doit être protégé dans les parties accessibles, les traversées de parois et être isolé s'il emprunte la gaine de colonne d'électricité.

Sa section est au moins égale à celle des conducteurs du branchement d'électricité en maison individuelle ou égale à 25 mm^2 (cuivre nu) en immeuble collectif.

5. MISE EN ŒUVRE D'UNE PRISE DE TERRE

- **Ne pas utiliser les canalisations de gaz, chauffage central ou conduits de vidange.**
- **Ceinturage à fond de fouille, en périmètre des fondations du bâtiment** (fig. 1b, solution efficace pour la construction neuve) :
  - **feuillard** en acier (section mini. 100 mm^2, e = 3 mm) disposé sur chant de préférence, ou câble en acier (section mini. 95 mm^2), noyé dans le béton de propreté des fondations.
  - **câble enterré** en acier galvanisé (section mini. 95 mm^2) ou en cuivre (section mini. 25 mm^2).

Cette électrode est reliée aux bornes de connexion, par des ronds lisses pour béton armé (section mini. 50 mm^2), enrobés dans le béton et soudés à la prise de terre.

- **Piquets verticaux** (fig. 1a, solution pratique en réhabilitation) :
  - tubes en acier galvanisé (Ø ≥ 25 mm). ;
  - profilés en acier doux galvanisé (côté ≥ 60 mm) ;
  - barres en cuivre (Ø ≥ 15 mm).

Pour assurer un bon contact avec les couches géologiques ayant la plus faible résistivité, l'enfoncement vertical (mini. 2 m) doit avoir lieu dans un endroit :
 * abrité de la sécheresse et du gel,
 * sous le niveau permanent d'humidité (ex. : une cave).

La résistance de la prise de terre peut être abaissée en reliant plusieurs piquets en parallèle, distants d'au moins leur longueur.

- Bâtiment collectif existant : après l'accord du distributeur d'eau, les conduites d'eau comportant des parties privées enterrées peuvent convenir, sous réserves :
  - bonne continuité électrique de ces conduites ;
  - installation d'un tronçon de canalisation isolante, immédiatement en aval du compteur d'eau de l'immeuble.

En outre, quand l'immeuble est desservi par des colonnes d'eau publiques (compteur d'eau en pied de colonne par exemple), il faut :

- établir une prise de terre (piquet foré ou foncé par exemple),
- relier la colonne montante à la prise de terre spécialement établie,
- apposer une plaque près du raccordement signalant l'utilisation de la colonne comme prise de terre.

6. LIAISON ÉQUIPOTENTIELLE PRINCIPALE

Réalisée lorsque des canalisations métalliques pénètrent dans le bâtiment, elle permet d'éviter, qu'à la suite d'un défaut externe, une différence de potentiel existe entre des conducteurs du bâtiment.

Elle doit relier au minimum :

- le conducteur principal de protection,
- les canalisations métalliques d'eau et de gaz,
- les colonnes montantes de chauffage central et les éléments métalliques de la construction.

Sa section, 6 à 25 mm^2, est au moins égale à celle du conducteur principal de protection de l'installation.

Elle ne doit pas être confondue avec la liaison équipotentielle obligatoire d'une salle d'eau !

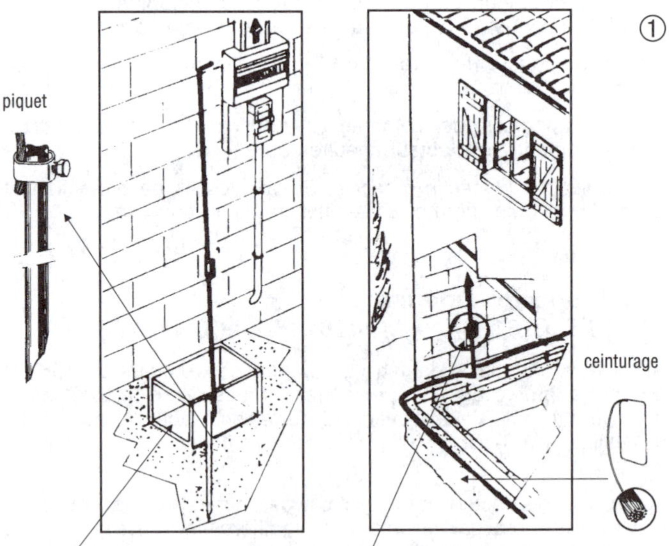

a : PIQUET VERTICAL

b : CEINTURAGE

Regards de visite

- facilitent l'accès à la connexion
- permettent la mesure de la prise de terre
- évitent la corrosion galvanique

Barrette de connexion

7. SYMBOLES ÉLECTRIQUES

La figure 1 donne la signification de pictogrammes couramment rencontrés sur les matériels électriques.

Choix du matériel électrique ①

Marque de conformité NF – USE ou USE

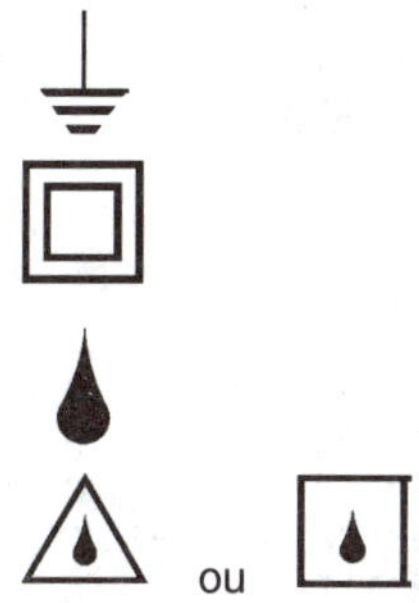

Matériel de classe I devant être relié à la terre.

Matériel de classe II à double isolation qui dispense de le relier à la terre.

Matériel protégé contre les chutes verticales de gouttes d'eau (condensation), à utiliser notamment dans les cuisines.

ou

Matériel protégé contre les projections d'eau, à utiliser notamment dans les salles d'eau.

8. CANALISATIONS ÉLECTRIQUES
(NF C 32-030 à 330)

Elles doivent être protégées par des conduits, des moulures ou plinthes rainurées (p. 158) sans aucune discontinuité.

Elles peuvent être posées en montage apparent ou encastré, sous réserves.

- **Montage apparent :**
  - Écart de 3 cm mini. entre une canalisation électrique et les autres canalisations ;
  - Ne pas placer une canalisation électrique parallèlement et au-dessous d'une canalisation pouvant donner lieu à des condensations.
- **Montage encastré :**

Il est interdit d'encastrer directement une canalisation électrique dans un matériau de construction, sans qu'elle soit protégée par un conduit (fig. 2).

Les connexions des conducteurs doivent être réalisées :

- à l'intérieur de boîtes de connexion avec des dispositifs appropriés (bornes...) ;
- sur les bornes de l'appareillage ou dans les boîtes d'encastrement de celui-ci si c'est possible.

Les épissures sont interdites.

8-1. CONDUITS (NF C 68-105 à 109)

- **Désignations :**
  - ICD : isolant cintrable déformable ;
  - ICT : isolant cintrable transversalement élastique ;
  - IRO : isolant rigide ordinaire ;
  - ICO : isolant flexible cintrable ordinaire.

- **Conditions générales d'emploi :** autorisés dans tous les locaux.

Chaque alvéole peut être occupée à 100 %, sous réserve que tous les circuits soient :

- issus du même disjoncteur de branchement,
- protégés contre les surintensités,
- isolés pour la même tension,

et ne diffèrent pas plus d'un double intervalle séparant trois sections normalisées (1,5 mm² et 6 mm² interdits par exemple).

- **Conditions générales de pose**
  - Conducteurs couramment autorisés : H07 / V-U, R ou K ;
  - Rayon de cintrage en fonction de d (diamètre extérieur) :
    - * IRO et ICD : 6 d,
    - * ICT lisse : 5 d,
    - * ICT annelé, ICO : 4 d.

Encastrement des canalisations avant et pendant la construction ②

Classification par nature d'ouvrage ou par matériau	Pose avant ou pendant la construction		Pose dans une réservation préparée à la construction (tous conduits)
	ICD ICT	IRO ICO	
– Béton armé	oui	non	oui
– Béton banché	oui	oui [1]	oui
– Panneaux préfabriqués en béton	oui	oui	oui
FAÇADE			
– Murs rideaux	non	non	non
REFEND			
– Briques et blocs creux de terre cuite	non	non	[4]
PLANCHER			
– Dalle pleine	oui	non	[5]
– Béton nervuré	oui	oui	[5]
– Béton nervuré avec hourdis	[6]	[6]	[5]
– Plancher préfa.	oui	oui	oui
– Plancher chauffant	oui	non	[5]
– Chape	oui [7]	non	non
– Chaînage	[4]	non	non
CLOISON[8]			

Pour les matériaux non présentés ici, l'encastrement des canalisations est difficilement réalisable, éventuellement irréaliste ou nécessite une étude au cas par cas avec le concepteur de l'ouvrage.

[1] en parcours verticaux avant construction.

[2] si le conduit est prévu à la fabrication en usine.

[3] le conduit suit le sens des alvéoles.

[4] étude de cas avec le concepteur de l'ouvrage.

[5] difficilement réalisable ou pratiquement irréaliste.

[6] dans le vide des entrevous creux, sauf pour les ICD et ICT orange.

[7] interdit dans les chapes flottantes (précautions particulières).

[8] en parcours horizontal seulement, pour les matériaux suivants : carreaux de plâtre alvéolés à parements lisses, briques creuses à 1 alvéole, à 2 alvéoles (65 ≤ e ≤ 100 mm) et à 2 ou 3 alvéoles (100 ≤ e ≤ 140 mm).

INSTALLATION ÉLECTRIQUE INTÉRIEURE DES LOGEMENTS (5/6)
LE MATÉRIEL ET SA POSE
NF C 32-30 à 330, NF C 68-091, 102 et 104

- **Dispositions particulières aux carreaux de plâtre à parements lisses** dans le cas d'un montage encastré : figure 1.

Les saignées obliques, horizontales au-dessus et au-dessous des ouvertures sont à éviter.

On utilisera exclusivement une rainureuse et des scies cloches, pour réaliser les encastrements après complet durcissement des joints et raccords, de préférence avant le blocage en tête.

8-2. Goulottes, moulures et plinthes

- **Définition :** système de profilés, en bois (fig. 2, NF C 68-091) ou en matière plastique (fig. 3, NF C 68-102 et 104), à un ou plusieurs logements, comprenant un profilé et ses accessoires (jonction, dérivation, installation d'appareillage...), utilisés pour le cheminement des conducteurs et câbles électriques.
- **Goulotte :** terme général pour ces profilés.
- **Moulure :** variété de goulotte à parois pleines de petites dimensions.
- **Plinthe :** variété de goulotte à parois pleines destinée à être posée au bas d'un mur.
- **Position :** à partir du tableau de répartition généralement dans l'entrée, on effectue une remontée verticale vers le plafond.
L'entrée, ou le couloir, est ceinturé en retombée de plafond pour éviter les portes. La liaison avec les pièces est effectuée par une descente, le long des portes, en moulure de petite section, avec traversée des cloisons en partie basse.
Les pièces sont ceinturées en partie basse (hors la salle d'eau, qu'il est préférable d'alimenter en retombée de plafond).
- **Conditions générales d'emploi :** autorisé dans tous les locaux sauf les volumes des salles d'eau (p. 159).

Le nombre et le type des différentes canalisations autorisées dans chaque compartiment d'un conduit ou d'une moulure sont donnés par le fabricant.

Chaque alvéole est en général occupé par les conducteurs d'un seul et même circuit.

- **Conducteurs autorisés selon la nature des goulottes :**
  - en bois : H07 / V-U, R ou K.
  - en plastique : H07 / V-U, R ou K, A05 VV-U, R ou F.
- **Dispositions constructives diverses :**
Le conducteur le plus bas se situe au moins à :
  - 1, 5 cm du sol fini (cas de la plinthe) ;
  - 10 cm du sol fini (cas de la moulure seule).

Les câbles de télécommunication sont placés dans le logement le plus bas qui leur est exclusivement réservé.

8-3. Conducteurs et câbles utilisés

Une marque distinctive (NF C 32-030 à 330), identifiant le conducteur, est apposée de manière indélébile sur le conducteur lui-même et sur les couronnes ou tourets. On rencontre couramment les types suivants :

- **H07 / V-U** : monoconducteur en cuivre, isolé au polychlorure de vinyle, pour pose sous conduit ou sous moulure notamment.
- **A05 VV-F** : câble à 2 ou 3 conducteurs en cuivre, isolés au polychlorure de vinyle, assemblés avec gaine de bourrage et protégés par une gaine en polychlorure de vinyle.

L'âme des conducteurs est massive pour les conducteurs ou câbles (1,5 à 4 mm²), et câblée (7 brins) pour les conducteurs ou câbles (6 mm²).

Couleurs usuelles des conducteurs

- Phase :
  - H07 / V-U : toutes couleurs sauf bleu clair, vert, jaune, bicolore vert et jaune
  - A05 VV-F : noir, brun
- Neutre : bleu clair
- Protection (terre) : bicolore jaune et vert

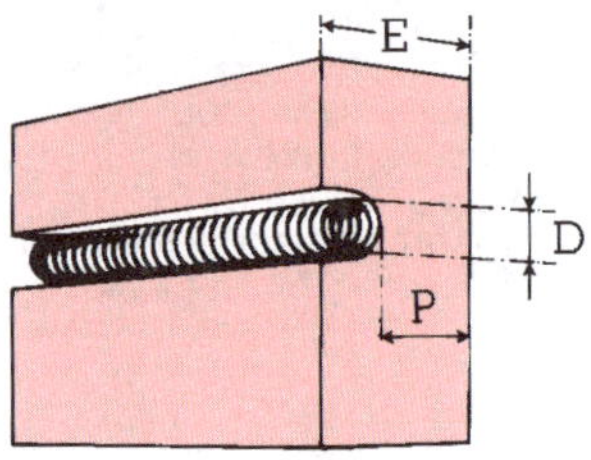

Profondeur des saignées dans les carreaux de plâtre ①		
E (mm)	D (mm)	P (mm)
70 ou 100	≤ 21	≥ 15

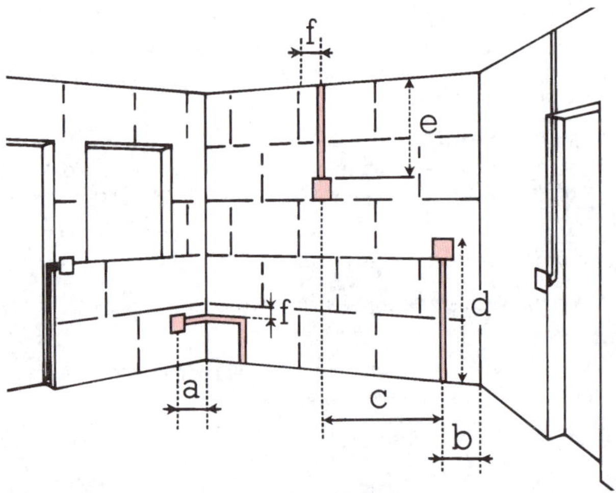

Épaisseur du carreau E (mm)	Distances à respecter (m)					
	a	b	c	d	e	f
50 60 et 70 110	≤ 0 ≤ 0,5 ≤ 1	≥ 0 ≥ 0,2 ≥ 0,2	≥ 1,5	≤ 1,2 ≤ 1,2 ≤ 2	≤ 0,8 ≤ 0,8 ≤ 2	≥ 5 cm

②

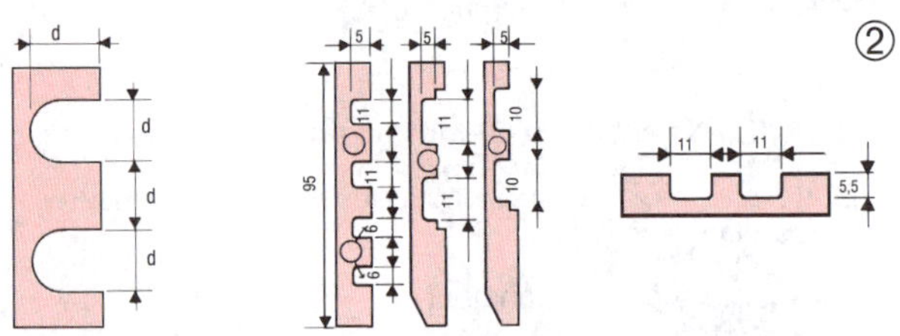

moulure en bois (NF C 68-091) — plinthe rainurée en bois (NF C 68-091) — chambranle rainuré en bois (NF C 68-091)

③

Les prescriptions ci-dessous se justifient par les risques particuliers présentés par les salles d'eau, en raison de la meilleure conductibilité que présente le corps humain mouillé ou immergé.

Une salle d'eau comportant une baignoire ou un receveur de douche peut être divisée en quatre volumes, numérotés de 0 à 3 (fig. 1), correspondant chacun à des spécifications particulières en ce qui concerne l'installation électrique et les caractéristiques des appareils électriques utilisables.

9. DISPOSITIONS RELATIVES AUX VOLUMES (fig. 1)

Tous les circuits alimentant les appareils sont protégés par un dispositif différentiel à haute sensibilité (DD HS, ≤ 30 mA). Les appareils installés à poste fixe sont raccordés directement (sans prise de courant).

Matériels électriques dans les salles d'eau	Restrictions	Volume 0	Volume 1	Volume 2	Volume 3
Interrupteur	TBTS (1) 12 V TBTS 50 V BT (2) 230 V	I N T	oui non non	oui non non	oui oui oui
Boîte de raccordement Boîte de dérivation Prise rasoir (20 à 50 VA) Prise 16 A 2P + T	 TRS incorporé DD HS	E R D I	oui non non non	oui non oui non	oui oui oui oui
Transformateur de sécurité ou de séparation		T	non	non	oui
Chauffe-eau à accumulation Autres chauffe-eau électriques	Classe I Classe I + DD HS	non non	oui oui	oui oui	oui oui
Éclairage,	TBTS 12 V TBTS 50 V	oui non	oui non	oui oui	oui non
chauffage,	Classe II + DD HS	non	non exemple fig. 3	oui	oui
et autres appareils	Classe I + DD HS (ou TRS)	non	non	non	oui

(1) TBTS : Très Basse Tension de Sécurité
(2) BT : Basse Tension 230 V

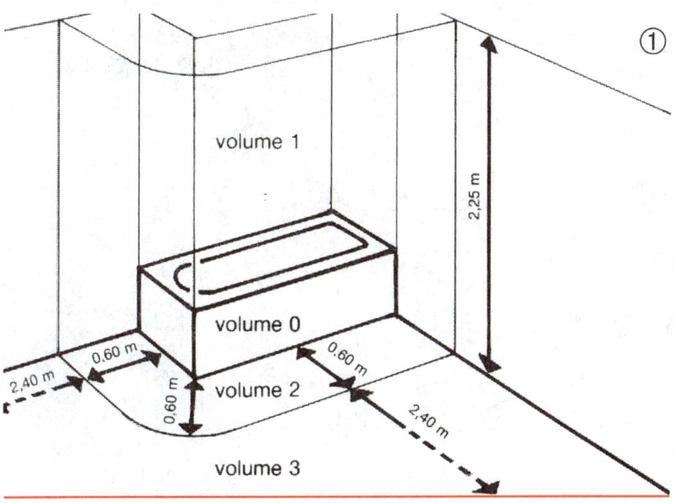

①

Logo signalant une prise de courant pour rasoirs ②

10. LE MATÉRIEL, CANALISATIONS

Les canalisations apparentes ou faiblement encastrées (≤ 5 cm) sont du type :
- câbles sans revêtement métallique (A05 VV-F ou FR N 05 VV-U, R),
- conducteurs isolés (HO7V-U, R ou K) posés sous conduits isolants : IRO, ICO, ICD, ICT.

- Volume 0 : aucune canalisation.
- Volumes 1 et 2 : canalisations strictement limitées à l'alimentation des appareils situés dans ces volumes.

Nota : Toute canalisation (volumes 2 et 3) comporte un conducteur de protection ou alimente, soit un TRS, soit un appareil de classe II installé dans le volume 2.

Les appareils d'éclairage à bout de fil sont interdits. Les douilles à bout de fil provisoires doivent être à enveloppe isolante, disposées dans les volumes 2 et 3, commandées par un interrupteur situé hors des volumes 0 à 2.

Les transformateurs de séparation ou de sécurité (TRS, NF C 52-210 et 220) sont de classe II.

11. CONDUCTEURS DE PROTECTION, LIAISON ÉQUIPOTENTIELLE

Un conducteur de protection en cuivre ou en fer (2,5 mm^2 avec protection mécanique, 4 mm^2 sans) doit relier tous les éléments métalliques :
- corps des appareils sanitaires,
- canalisations,
- huisseries,
- contacts de terre des prises de courant...

La nature de la liaison est définie figure 4.
Elle est raccordée à la liaison équipotentielle principale de l'installation du logement, par exemple, par l'intermédiaire de la borne de terre d'un socle de prise de courant.

③

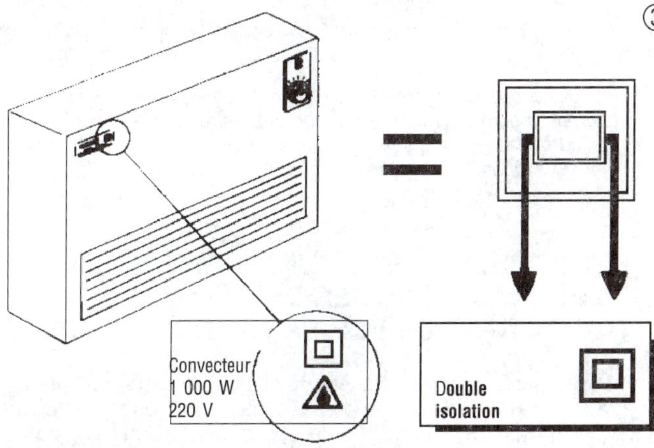

Nature de la liaison ④		
Conducteurs	Conditions de pose	Section minimale (mm^2)
HO7V-U, R ou K	Fixé directement aux parois Conduit isolant, apparent, encastré ou sous moulure	4 2,5
Conducteur nu	Fixé directement aux parois	4

PLOMBERIE – SANITAIRE (1/9)
DISTRIBUTION D'EAU CHAUDE OU D'EAU FROIDE : CALCUL ET CONCEPTION
AFNOR DTU P 40-202, (DTU N° 60-11)

1. DÉBIT DE BASE-DIAMÈTRE DES TUYAUTERIES

1-1. Généralités

La conception des installations d'alimentation en eau chaude et froide doit respecter le réglement sanitaire départemental type. (Circulaire du 9/08/1978, article 14 du titre 1er intitulé « Les eaux destinées à la consommation humaine ».)

En immeubles collectifs d'habitation, on devra assurer une pression minimale de 0,1 MPa à l'entrée de chacun des logements (les caractéristiques acoustiques de la robinetterie sanitaire étant déterminées sous 0,3 MPa).

Le calcul des installations d'alimentation nécessite la connaissance des débits minimaux (Q min. en l / s) et des diamètres intérieurs minimaux (D int. min. en mm) des canalisations d'alimentation des appareils pris individuellement (fig. 1).

Nota : Lorsque la production d'EC (eau chaude) est individuelle, les débits donnés figure 1 servent de base au calcul des diamètres des canalisations d'EF (eau froide) à usage collectif et des canalisations intérieures jusqu'au piquage alimentant l'appareil de production d'eau chaude.

1-2. Diamètre intérieur minimal d'alimentation d'un groupe d'appareils

- **Installations individuelles**

Chaque appareil individuel est affecté d'un coefficient (fig. 2). En faisant la somme des coefficients, on détermine le diamètre minimal d'alimentation d'un groupe d'appareils : figure 3.

Si le total des coefficients est supérieur à 15, le calcul est mené comme pour les installations collectives selon la formule de Flamant.

- **Installations collectives**

Les diamètres intérieurs sont calculés selon la formule de Flamant :

– eau froide : $DJ = 0{,}000\,92 \sqrt[4]{\dfrac{V^7}{D}}$

– eau chaude : $DJ = 0{,}000\,46 \sqrt[4]{\dfrac{V^7}{D}}$

D : diamètre intérieur m,

J : perte charge (en mCE / m),

V : vitesse (m / s).

Les deux abaques de la page 161 sont le résultat de l'application de ces formules.

Nota : La vitesse à prendre en considération, pour le calcul des diamètres selon la formule de Flamant, est de 2 m/s environ pour les canalisations en sous-sol ou en vide sanitaire (VS), et de 1,5 m / s pour les colonnes montantes.

2. HYPOTHÈSES DE SIMULTANÉITÉ POUR LE CALCUL DES DÉBITS D'ALIMENTATION DES PARTIES COLLECTIVES

– Appareils autres que les robinets de chasse : le débit servant de base au calcul du diamètre d'une canalisation est obtenu en multipliant la somme des débits des appareils (indiqués figure 1) par le coefficient de simultanéité : figure 5.

Nota : S'il existe une alimentation pour une ou plusieurs machines à laver, une seule est prise en compte dans le calcul de la somme des débits.

– Robinets de chasse : ceux ne fonctionnant que pendant quelques secondes sont comptabilisés selon la figure 4.

Le débit ainsi obtenu pour les robinets de chasse est à ajouter à la somme des débits obtenus pour les autres appareils après application du coefficient de simultanéité : figure 5.

①	Q min. de calcul		D int. min. (mm)
	Eau froide ou mélangée (l/s)	Eau chaude (l / s)	
Evier-timbre d'office	0,20	0,20	12
Lavabo	0,20	0,20	10
Bidet	0,20	0,20	10
Baignoire	0,33	0,33	13
Douche	0,20	0,20	12
WC avec réservoir de chasse	0,12		10
WC avec robinet de chasse	1,50		≥ D robinet
Urinoir à action siphonique	0,50		≥ D robinet
Lave-mains	0,10		10
Bac à laver	0,33		13
Machine à laver le linge	0,20		10
Machine à laver la vaisselle	0,10		10
Machine industrielle ou autre			cf. fabricant

② Appareils	Coefficients
WC (avec réservoir de chasse), lave-mains, urinoirs, siphon de sol	0,5
Bidet, WC à usage collectif, machines à laver (linge ou vaisselle)	1
Lavabo	1,5
Douche, poste d'eau	2
Evier, timbre d'office	2,5
Baignoire : ≤ 150 l de capacité > 150 l	3 3 + 0,1 par tranche de 10 litres supplémentaires

③

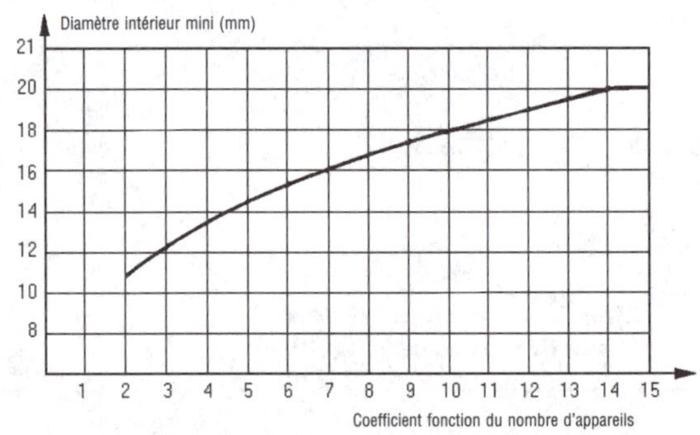

④ Nombre de robinets de chasse installés	Nombre à prendre en compte
< 3	1
4 < n < 12	2
13 < n < 24	3
25 < n < 50	4
n > 50	5

⑤

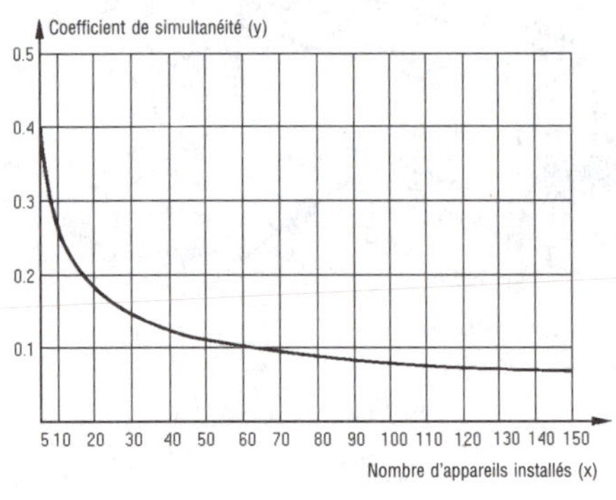

DISTRIBUTION D'EAU CHAUDE OU D'EAU FROIDE : CALCUL ET CONCEPTION

AFNOR DTU P 40-202 (DTU N° 60-11)

①

Abaque pour le calcul des conduites d'eau froide

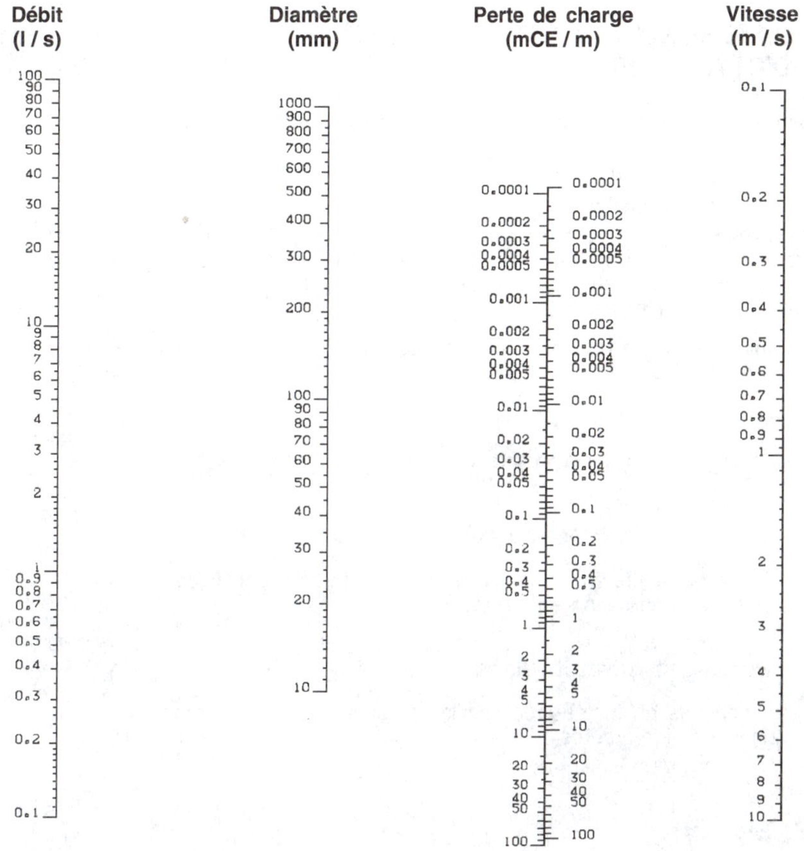

Emploi des abaques

Connaissant 2 éléments (généralement le débit et la vitesse ou le débit et la perte de charge), joindre à l'aide d'une règle les points représentant ces valeurs sur les échelles verticales.

Les 2 autres éléments se lisent sur les échelles correspondantes à l'intersection formée par la règle.

Nota : La colonne de droite de l'échelle des pertes de charge inclut les pertes de charges singulières (+ 15 %).

②

Abaque pour le calcul des conduites d'eau chaude

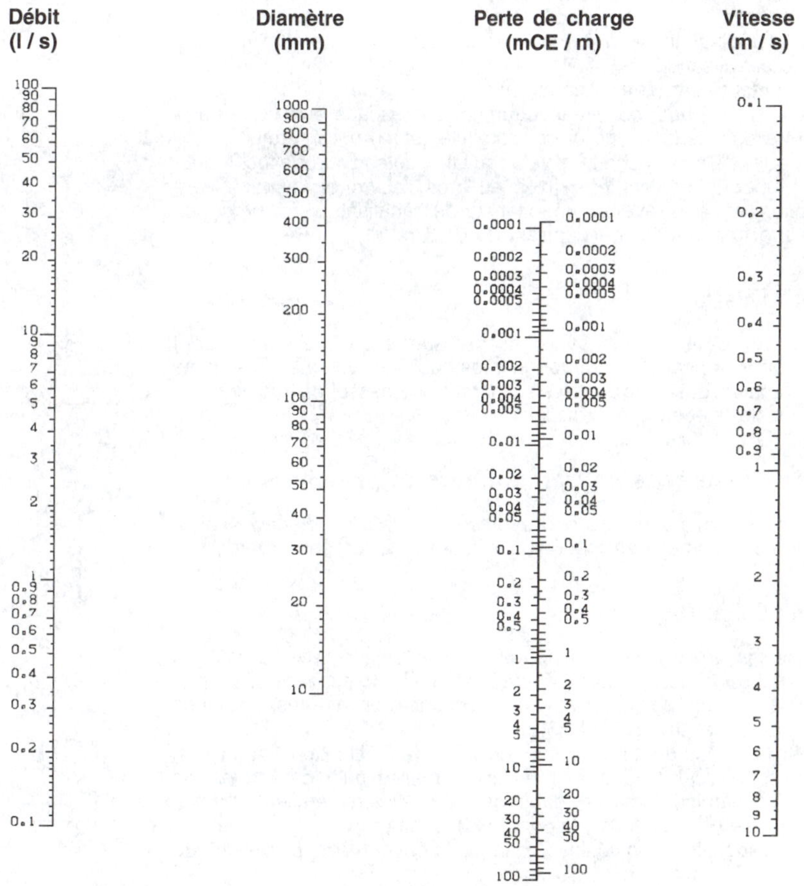

DISTRIBUTION D'EAU CHAUDE OU D'EAU FROIDE : MISE EN ŒUVRE

AFNOR DTU P 40-201 (DTU N° 60-1), **P 41**-211 (DTU N° 60-31), **P 41**-221 (DTU N° 60-5), **P 53**-305 (DTU N° 65-10)

1. MATÉRIAUX (AUTORISÉS PAR LE DTU Nº 65-10)

Les plus employés pour la tuyauterie de distribution d'eau sanitaire sont :

- l'acier galvanisé (DTU nº 60-1, additifs 4 et 5)
- le cuivre (DTU nº 60-5)

Les tubes en cuivre doivent bénéficier du droit d'usage de la marque NF-Tubes en cuivre (garantie par la norme NF A 51-120) précisant les caractéristiques de ceux-ci.

- le PVC non plastifié (DTU nº 60-31 pour l'eau froide)

Nota : Les DTU indiqués précisent, pour chaque matériau, les dispositions constructives à respecter.

2. RÈGLES GÉNÉRALES DE MISE EN ŒUVRE

2-1. Compatibilité des métaux entre eux

Il est interdit de mettre en place une canalisation en acier galvanisé à l'aval d'une canalisation en cuivre.

2-2. Passages interdits dans :

- les conduits de fumées, de ventilation (sauf si passage hors gel) et de vide-ordures,
- l'épaisseur d'un isolant de mur de façade.

2-3. Supports

L'écartement entre deux supports est fixé pour chaque matériau. Les fixations (percements, scellements) sont interdites dans les éléments en béton précontraint (poutrelles et prédalles précontraintes).
Une canalisation ne doit pas prendre appui directement sur une autre canalisation.
Le contact entre deux canalisations apparentes, qu'elles soient nues ou revêtues, ou le calfeutrement de l'espace entre une paroi et une canalisation qui lui est parallèle (solin) est interdit.
En sous-sol, local technique, vide sanitaire, galerie ou vide technique, les supports doivent être fixés au gros œuvre et l'espace libre minimal entre le revêtement extérieur de canalisations calorifugées d'allure horizontale et le sol est de 0,15 m.

2-4. Dilatation

La libre dilatation des canalisations, autres que celles qui sont enrobées, encastrées ou engravées, doit pouvoir se faire sans entraîner de désordre dans les supports, les accessoires (robinetterie) et les traversées de parois.

2-5. Traversées de parois (murs et planchers)

Dans ces zones (longueur traversée ≤ 1 m), les piquages ainsi que les assemblages mécaniques tubes à tubes sont interdits.

2-6. Calorifugeage

Dans les volumes non chauffés, les canalisations véhiculant de l'eau chaude doivent être calorifugées. Ce calorifugeage n'est pas obligatoire pour les canalisations directement encastrées, enrobées ou engravées (p. 187 et 189).
Pour éviter les effets de la condensation, le DTU nº 60-1 (additif 4) impose un calorifugeage pour une canalisation d'eau froide en acier galvanisé installée dans des zones non ventilées (gaine, galerie technique, faux plafonds, vide sanitaire).
Des dispositions spéciales (grillages) peuvent être prises contre l'action des rongeurs, notamment aux arrêts de calorifugeage.

3. PRESCRIPTIONS PARTICULIÈRES SELON LA POSITION DES CANALISATIONS

3-1. Vide sanitaire (VS)

- accessible (fig. 1) : s'il est non ventilé, le calorifugeage des tuyauteries en acier noir doit comporter un pare-vapeur ;
- inaccessible : seules sont autorisées les canalisations d'évacuations et d'eau froide sanitaire à condition que ces dernières ne comportent ni accessoire ni assemblage.

3-2. Canalisations incorporées (DTU nº 65-10)

Ce sont des canalisations placées dans l'épaisseur des parois sur une longueur supérieure à 1 m :

- dans les planchers, elles sont enrobées ou encastrées : figures 2, 3 et 4,
- dans les autres éléments participant à la stabilité du bâtiment (poteaux, poutres...) elles ne peuvent être qu'encastrées.

Nota : Une canalisation (directement ou avec fourreau) est dite :
– enrobée *lorsqu'elle est noyée dans les éléments de GO,*
– encastrée *lorsqu'elle est mise en place dans une réservation du GO puis enrobée d'un matériau compatible,*
– engravée *lorsqu'elle est mise en place dans une saignée réalisée après coup dans le GO puis enrobée avec un matériau compatible.*

①
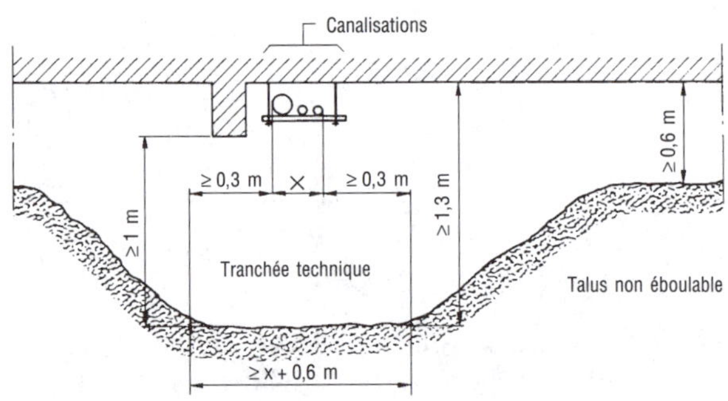

②
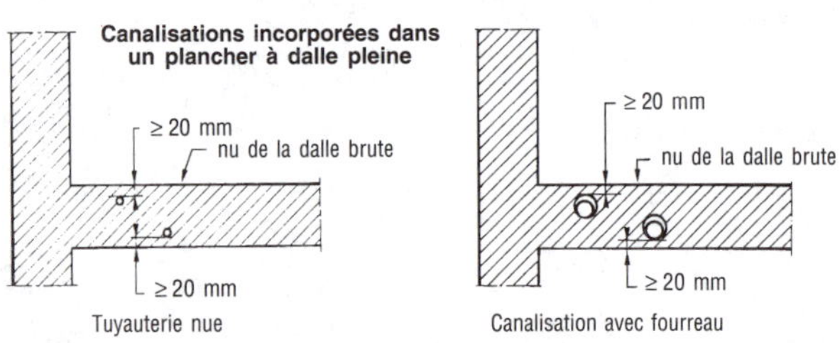

③
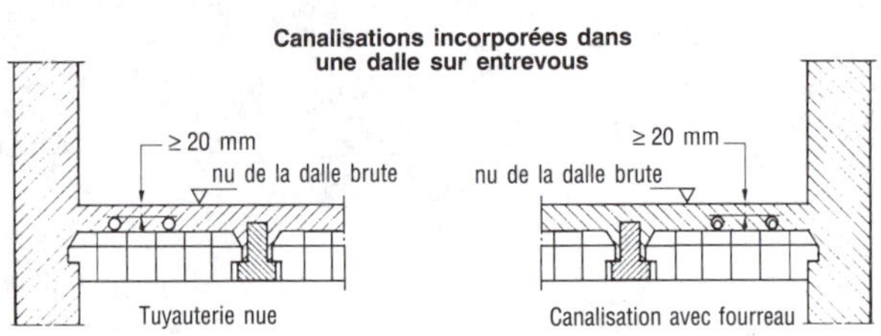

④
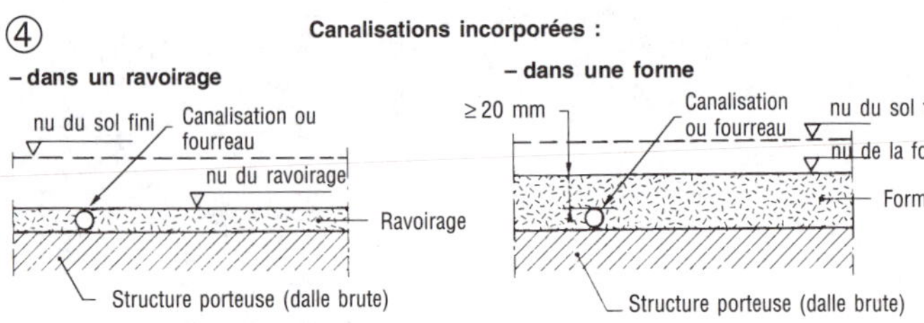

1. NATURE DES EAUX À ÉVACUER

On différencie (fig. 1) les eaux usées **(EU)**, les eaux vannes **(EV)** et les eaux pluviales **(EP)**, qualitativement (concentration en pollution) et quantitativement (volume, débit).

On appelle eaux domestiques, l'ensemble (EU) + (EV).

Ces eaux doivent être évacuées et assainies sans pollution de l'air intérieur des bâtiments et du milieu récepteur.

① Eaux	usées	vannes	pluviales
Désignation	EU	EV	EP
Provenance	cuisines et S.D.B	W.C	toitures
Volume rejeté en l (par pers. et par jour)	90	20	
Pollution g-DBO_5 (1) (par pers. et par jour)	28	11	

(1) quantité d'oxygène nécessaire à l'oxydation des matières organiques par voie biochimique.

2. ASSAINISSEMENT URBAIN OU AUTONOME

Les eaux collectées en pied du bâtiment au niveau des regards de façades sont évacuées vers :

- le réseau d'assainissement urbain qui peut être :
  - unitaire (« tout-à-l'égout ») (fig. 2),
  - séparatif (égout EP et égout EU - EV) (fig. 3),
  - constitué uniquement d'un égout EP (fig. 4), ce qui rend obligatoire le traitement des EV ainsi que la présence d'un séparateur à graisse avant rejet des EU.
- un système d'assainissement individuel dit « **autonome** » (fig. 5 et p. 164 et 165) s'il n'existe pas de réseau urbain proche (les EP devant être évacuées indépendamment).

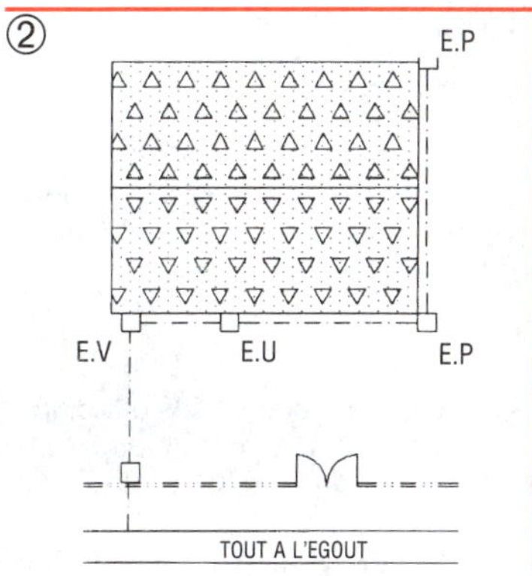

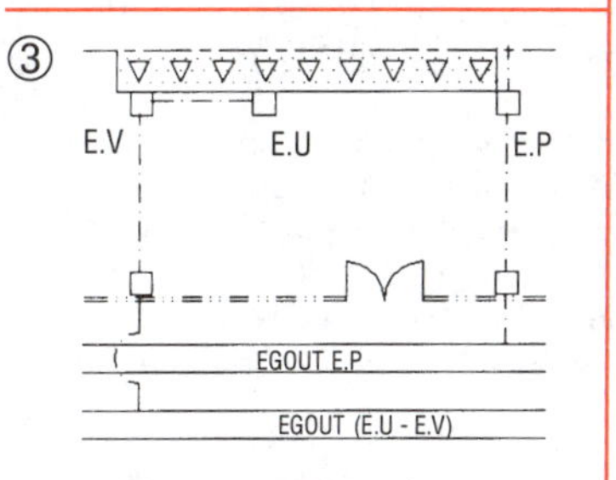

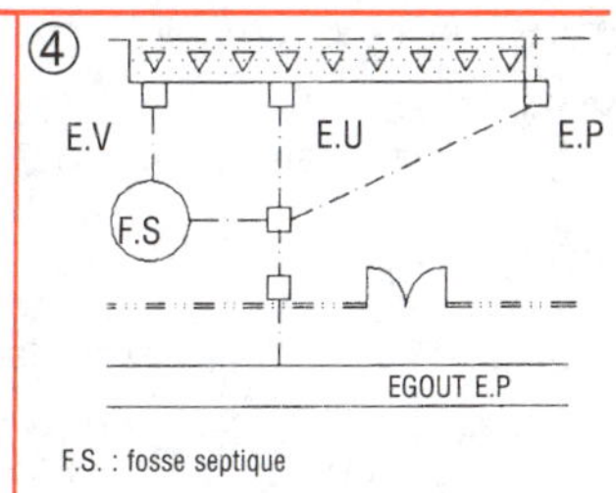

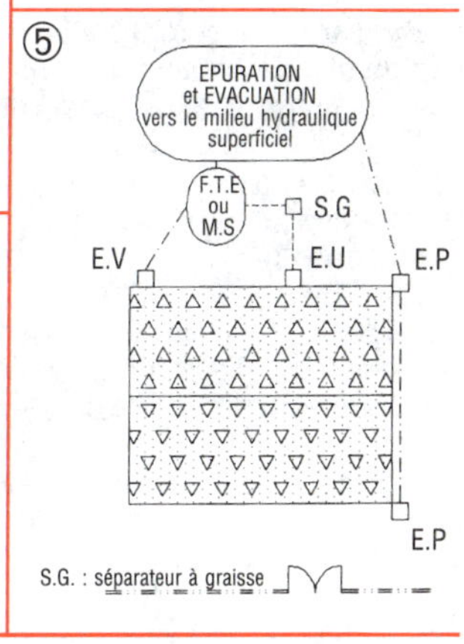

3. RÉSEAU D'ÉVACUATIONS INTÉRIEURES

Ce réseau évacue les eaux domestiques depuis les divers appareils sanitaires jusqu'aux regards de façade. Il est composé successivement :

- de siphons (fig. 6a) : dispositif obturateur hydraulique (à la sortie de tout appareil) qui empêche la communication de l'air vicié des égouts et des canalisations avec l'air des locaux habités sans gêner pour cela l'évacuation des liquides et des matières. Il doit présenter une garde d'eau (hauteur d'eau tenue en réserve dans le siphon d'au moins 5 cm).
- de collecteurs d'appareils (exemple : fig. 6b) : canalisations d'allure horizontale recueillant les EU ou les EV et raccordant les différents appareils sanitaires aux tuyaux de chute.
- de tuyaux de chute ou descentes en système soit :
  - unitaire : EU et EV sont regroupées dans une même chute,
  - séparatif (système le plus courant) : EU et EV sont évacuées séparément.

Les tuyaux de chute sont raccordés à leur pied à des collecteurs principaux qui sont en général intérieurs au bâtiment.

Nota : Les évacuations des eaux pluviales EP sont toujours indépendantes (fig. 6c).

- de ventilations primaires : tubes prolongeant les tuyaux de chute en les mettant en communication avec l'extérieur ou un comble ventilé. Elles sont équipées d'un chapeau de ventilation ou d'un aérateur à membrane si la ventilation débouche dans un comble.

Nota : Les ventilations secondaires ne sont exigées en aucun cas.

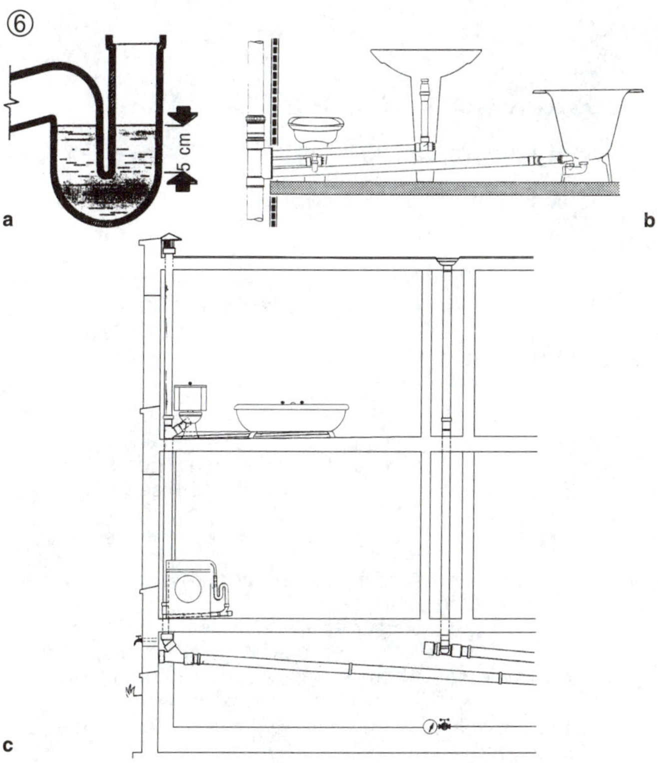

PLOMBERIE – SANITAIRE (5/9)

ASSAINISSEMENT DES BÂTIMENTS D'HABITATION : CALCUL DES INSTALLATIONS D'ÉVACUATION

AFNOR DTU P 40-202 (DTU N° 60-11)

1. BRANCHEMENTS DE VIDANGE

Leur diamètre intérieur doit être au moins égal à celui des siphons qu'ils reçoivent, sauf pour les baignoires raccordées individuellement par un collecteur de longueur inférieure à 1 m.

2. COLLECTEURS D'APPAREILS

Leurs diamètres minimaux sont donnés dans les figures 1 à 4 pour des pentes de canalisations comprises entre 1 et 3 cm / m (la pente recommandée est de 1 cm / m).

- Évacuation individuelle d'appareils : figure 1.
- Évacuation d'appareils groupés : se reporter figure 1 jusqu'au collecteur et ensuite figure 2.

Hormis les possibilités de regroupements indiquées, tous les autres appareils doivent être évacués séparément.
Une douche peut être assimilée à une baignoire.

- Chute d'EU et d'EV : figure 3.

Leurs diamètres seront constants sur toute la hauteur des colonnes. Les tuyaux de chute seront prolongés en ventilation primaire dans leur diamètre, jusqu'à l'air libre et au-dessus des locaux habités.

Les ventilations primaires de plusieurs chutes peuvent être regroupées en une seule immédiatement au-dessus du dernier branchement.

Le diamètre de cette sortie étant le diamètre immédiatement supérieur au diamètre de la plus grande des ventilations avant regroupement, la ventilation secondaire n'est en aucun cas exigée.

Les parcours d'allure horizontale des ventilations devront comporter une pente pour assurer l'évacuation vers une chute des eaux de condensation.

① Appareils isolés	∅ int. mini. observations (mm)
Lavabo, lave-mains, bidet	30
Évier, poste d'eau, douche, urinoir, machine à laver	33
Baignoire 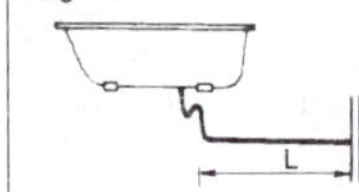	33 si L ≤ 1 m 38 si L > 1 m
WC à action siphonique 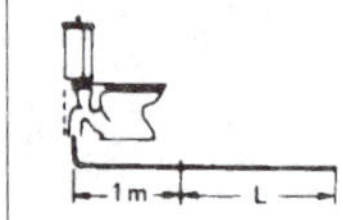	60 sur longueur de 1 m 77 sur partie L supérieure à 1 m
WC à chasse directe	80
Groupe de sécurité 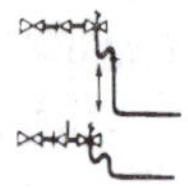	20 si L ≥ 1 m 25 sans partie verticale ou L < 1 m

② Appareils groupés	∅ int. mini. observations (mm)
Lavabo + bidet 	30
Bidet + lavabo 	
Lavabo ou bidet ou machine à laver + baignoire 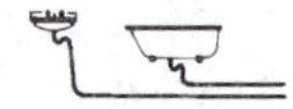	2 vidanges séparées sont nécessaires (fig. 1)
Baignoire + lavabo ou bidet ou machine à laver 	Choisir le ∅ immédiatement supérieur au + gros ∅
Lavabo + bidet + baignoire (ordre indifférent) 	2 collecteurs sont nécessaires. Le ∅ mini. dépend du regroupement des appareils
Machine à laver (linge ou vaisselle + évier) 	33

③ Appareil	Nombre total d'appareils	∅ int. min. (mm)
WC	1 ou plusieurs	90
Baignoire Evier Lavabo Douche Urinoir Bidet Lave-mains Machines à laver	de 1 à 3 (sans baignoire ou 1 baignoire	50
	de 4 à 10 dont 2 baignoires au plus	65
	≥ 11	90

④ Appareil	Débit de base en ℓ /mn	Débit de base en ℓ /s
Baignoire	72	1,2
Douche	30	0,5
Lavabo	45	0,75
Bidet, lave-mains, appareils avec bonde à grille	30	0,5
Evier	45	0,75
Bac à laver	45	0,75
Urinoir	30	0,5
Urinoir à action siphonique	60	1,0
WC à chasse directe	90	1,5
WC à action siphonique	90	1,5
Machine à laver (linge)	40	0,65
Machine à laver (vaisselle)	25	0,40

3. TUYAUX COLLECTEURS D'APPAREILS

Le diamètre d'un collecteur principal est calculé de la façon suivante :

– faire la somme des débits individuels des appareils desservis (fig. 4),

– multiplier le chiffre obtenu par un coefficient de simultanéité indiqué page 160 pour obtenir le débit probable,

– déterminer le diamètre du collecteur :
* soit en utilisant la formule de Bazin (avec un coefficient de frottement égal à 0,16),

$$Q = \frac{87\ RH\sqrt{i}}{\gamma + \sqrt{RH}} \times SM$$

Q : débit (m^3/s)
RH : rayon hydraulique (m)
SM : surface mouillée (m^2)
i : pente (m/m)
γ : coefficient de frottement ($m^{1/2}$)

* soit à l'aide de la figure 5 (la hauteur de la section d'écoulement étant égale à :
0,5 Ø du collecteur en système séparatif,
0,7 Ø du collecteur en système unitaire afin de tenir compte de l'évacuation des EP en cas de gros orage).

Nota : Le diamètre du collecteur sera toujours au moins égal à celui des chutes qu'il reçoit.

⑤ Système séparatif → ← Système unitaire (EU, EV, EP)

Diamètre intérieur (mm)	Débit en ℓ / s pour une pente de : 1 cm		2 cm		3 cm		4 cm		5 cm	
69	0,96	1,64	1,36	2,32	1,67	2,84	1,93	3,28	2,15	3,67
77	1,31	2,22	1,85	3,14	2,26	3,85	2,61	4,44	2,92	4,97
84	1,66	2,82	2,35	3,99	2,88	4,89	3,32	5,65	3,71	6,31
94	2,26	3,85	3,20	5,44	3,92	6,66	4,53	7,79	5,06	8,60
104	2,99	5,07	4,23	7,18	5,18	8,79	5,98	10,15	6,69	11,35
119	4,33	7,33	6,12	10,37	7,50	12,70	8,66	14,67	9,68	16,40
129	5,40	9,14	7,64	12,92	9,35	15,83	10,80	18,28	12,07	20,44
134	5,99	10,14	8,47	14,34	10,38	17,56	11,98	20,27	13,40	22,67
153	8,60	14,54	12,17	20,56	14,90	25,18	17,21	29,07	19,24	32,50
154	8,76	14,80	12,38	20,92	15,17	25,63	17,51	29,59	19,58	33,08
191	15,72	26,50	22,24	37,48	27,23	45,91	31,45	53,01	35,16	59,27
203	18,55	31,24	26,23	44,18	32,12	54,11	37,09	62,49	41,47	69,86
238	28,51	47,95	40,31	67,81	49,38	83,05	57,01	95,90	63,74	107,21
266	38,47	64,63	54,40	91,40	66,63	111,95	76,94	129,27	86,02	144,52
300	53,15	89,20	75,17	126,15	92,06	154,50	106,31	178,40	118,85	199,45
317	61,62	103,36	87,15	146,17	106,74	179,02	123,25	206,72	137,80	231,12

Vitesse d'écoulement comprise entre 1 m / s et 2 m / s

1. RÉSEAU INTÉRIEUR D'ÉVACUATIONS DES EAUX DOMESTIQUES

(L'évacuation des E.P est traitée pages 136 et 137.)

1-1. Situation du réseau

Il passe, en général, sous gaine en superstructure pour devenir aérien en infrastructure (placé en sous-face des planchers ou le long des voiles) ou bien être enterré sous le dernier niveau de sous-sol.

1-2. Choix d'un matériau

Un tel réseau doit évacuer les eaux collectées vers le système d'assainissement en étant étanche, silencieux, résistant (corrosion, abrasion, tenue aux chocs, tenue au feu, gradient thermique) et d'entretien facile.
Le passage en gaine permet de satisfaire certaines exigences (tenue aux chocs, au feu, isolation acoustique) quel que soit le matériau retenu.
En revanche, lorsque les canalisations sont aériennes (exposées au choc), enterrées ou reçoivent (rare en habitations) des fluides agressifs, certains matériaux seront proscrits : figure 1.

Nota : les travaux « d'évacuations » seront conformes aux DTU n° 60-1 et 65-10.

1-3. Traversées de paroi-assemblages admis (fig. 2 et 3)

Une traversée est une partie de canalisation rendue inaccessible sur une longueur inférieure à 1 m.

1-4. Mise en œuvre d'évacuations en PVC

Le PVC (80 % du marché en évacuation intérieure) est le matériau le plus utilisé y compris parmi les autres matières plastiques (polyéthylène, polypropylène...).

1-4.1. Commercialisation des tubes et choix (fig. 4 et 5)

On distingue les tubes en PVC compact et ceux en PVC allégé disponibles en longueur de 4 m (sur commande en hauteur d'étage pour les diamètres de la gamme des chutes EU).
Notations : DN = diamètre nominal, e = épaisseur.

1-4.2. Symbolisation : NF T 54-002

1-4.3. Raccords utilisables (figure 6)

Préférer si possible ceux portant la marque NF.

①	DN (mm)	emploi en extérieur	Commentaires	DTU	Normes
PVC	32 à 400	-	1.4	60-33	cf.1.4
Fonte	50 à 300	-	souvent remplacé par le PVC	60-2	A 48-720
Amiante-Ciment	40 à 800	-		X	P 16-302
Grès Vernissé	100 à 600	enterré	craint le gel, les chocs, résiste à l'eau agressive	X	P 16-321, 421, 422
Plomb (vidange)	32 à 110	non	souvent remplacé par le PVC	X	X
Cuivre				60-5	A 51-124

② Situation		Tracé de la tuyauterie (m)	
		Planchers	Murs, cloisons
Bâtiment neuf	Enrobage ou trou réservé	vertical ou oblique,1 ou 2 coudes admis	obli. et L.N non limitées
Bâtiment neuf	Percement	aucun coude – obli.maxi : 50° – LN max. : 0,40 m	rectiligne si $e_{paroi} > 0,15$ – obli.maxi : 50° – LN max. : 0,60 m
Bâtiments anciens		1 ou 2 coudes admis – LN max. : 1 m	Mur porteur – tuyauterie rectiligne – LN max. : 1 m Remplissage – LN quelconque

Nota : Pour ces traversées, tous les types d'assemblages sont admis sauf les joints bourrés.
obli. = obliquité, LN = longueur noyée

③ Assemblages les plus courants en travaux d'évacuation			
Types de joints	Matériaux	Mise en œuvre	Produits
bourrés	mastics divers, mortier de ciment, tresse d'amiante avec ciment	bourrage entre une emboîture et un bout mâle	Thiocol, silicone, polyuréthanne
préformés	anneaux en caoutchouc ou en élastomère	pression entre une emboîture et un bout mâle	joints toriques ou à lèvres
collés	adhésif approprié	collage entre une emboîture et un bout mâle	PVC (DTU n° 60-33)

④ Choix des tubes PVC				
Rôle	EU, EV	EU, EV, EP	EU, EV	
Position et Pose	au-dessus du sol (1)	en S.S (1)	en S.S (2)	
DN	e min.	e	e / série 1	e / série 2
32	3,0			
40	3,0			
50	3,0			
63	3,0			
75	3,0			
90	3,0			
100	3,0			
110	3,0		3,0	
125	3,0		3,0	
140	3,0			
160	3,5		3,5	3,2
200	4,7		4,7	3,9
250		6,1	6,1	4,9
315		7,7	7,7	6,2
400		9,8	9,8	7,8
500		12,3	14,3	9,8
630		15,4	15,4	12,3
710		17,4	17,4	13,9

– Dimensions en mm,
– Pose (1 = aérienne, 2 = enterrée)
– Assemblages réalisés par collage ou bague de joint (p. 166 et les normes NF T 54-028, 031 et 032)

⑤ Dimensions des tubes en PVC allégé		
DN (mm)	EU, EV, Ventilation – Épaisseur : N.	EU, EV, Ventilation – Épaisseur : M.
32	3,2	3,8
40	3,2	3,8
50	3,2	3,8
63	3,2	3,8
75	3,2	3,8
90	3,2	3,8
100	3,2	3,8
110	3,2	3,8
125	3,2	3,8
140	3,5	4,1
160	4,0	4,6
200	4,9	5,6
250	6,1	7
315	7,7	8,7
400	9,8	11

N. = nominale,
M. = maximale

⑥ **Petites évacuations** | **Grandes évacuations**

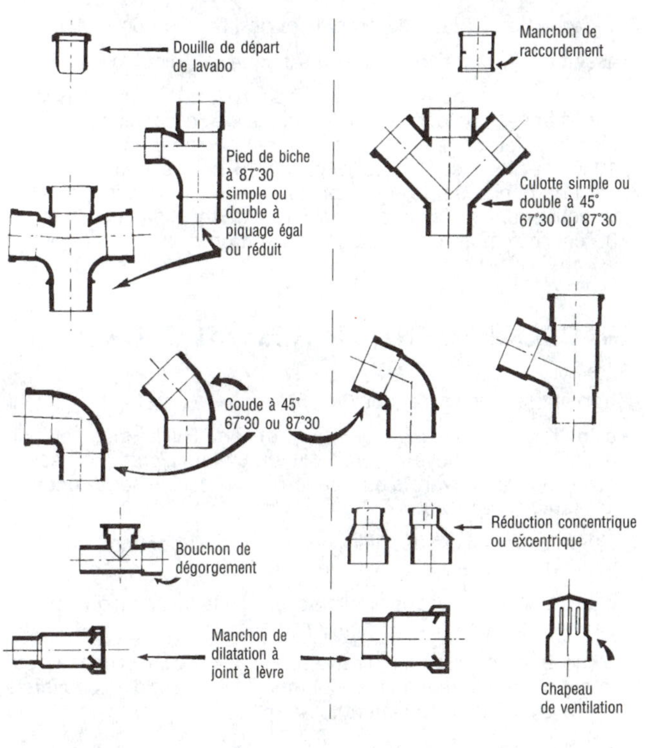

1. RÉSEAU INTÉRIEUR D'ÉVACUATIONS (suite)

1-4.4. Dispositions constructives

- Pose en apparent ou en dissimulé accessible :

  NOTA : Les dispositions sont les mêmes pour la pose en gaine inaccessible mais, seuls, les assemblages collés et les manchons de dilatation sont autorisés.

  – support (fig. 1) : collier non bloquant (muni de bague élastomère si des vibrations sont à craindre).
  Ils sont placés sur les parties droites des canalisations à au moins 20 cm des tés ou des coudes.

  – adaptabilité aux dilatations et retraits (fig. 2) : les points fixes sont constitués par un encastrement, un scellement ou un collier serré sur le tube. Un branchement placé à plus de 2 m d'un point fixe, doit constituer lui-même un point fixe. Un manchon de dilatation (fig. 3) est obligatoire à chaque niveau pour les chutes bloquées par les planchers ou par un piquage.

- Pose en encastré ou en enrobé

Ce type de pose qualifie toute partie du réseau noyée dans le gros œuvre (non porteur) sur au moins 1 m, donc inaccessible. Encastré signifie que la canalisation est placée dans une réservation (donc après réalisation du GO) alors qu'une canalisation enrobée est placée avant coulage. Seuls, les assemblages collés sont admis. Cette pose à dilatation bloquée nécessite des points d'ancrage (emboîtures ou coquilles collées) placés :

  – à plus de 10 cm des sorties du tube,

  – tous les 2 m sur ces parties noyées.

Un blocage en mortier de ciment débordera les ancrages de 10 cm de part et d'autre de leurs extrémités en ayant une épaisseur minimale de 2,5 cm autour du tube.

- Traversée de plancher ou de mur

En fonction des dispositifs retenus vis-à-vis des mouvements des canalisations, une traversée peut être :

  – un point fixe,

  – un passage avec fourreau en PVC : figure 4,

  – plus rarement, un passage avec jeu sans fourreau.

- Pose en enterré (dans ou en dehors de l'emprise du bâtiment) :

  – assemblage autorisé : collé ou à bague de joint,

  – exécution : prévoir un lit de pose de 10 cm minimum en terre fine damée, compacter sur les côtés de la canalisation pour bien la caler, remblayer uniformément de sable ou grave (- de 12 % de fines et D ≤ 30 mm) sur 15 cm de haut, recouvrir par une bande de grillage signalant de la canalisation, réaliser la couverture à l'aide des déblais expurgés par couches de 30 cm maximum compactées séparément.

2. RACCORDEMENT AU RÉSEAU URBAIN

Il est composé depuis l'égout (fig. 5) :

– d'un raccord de piquage (fig. 6) en PVC, grès ou en amiante-ciment collé au droit d'une ouverture pratiquée sur le collecteur et souvent d'un coude orienté au 1/8e pour orienter le branchement,

– d'une canalisation de branchement (∅ > 125 mm en étant inférieur à celui de l'égout, pente > 3 %),

– d'un regard de façade implanté en limite du domaine public facilitant un éventuel curage : figure 7,

– d'une boîte de branchement dit regard « borgne » (placée sur le collecteur au droit du branchement et équipée d'un couvercle scellé au mortier de ciment).

①	Espacements entre les colliers (m)		
∅ extérieur (mm)	32 à 63	75 à 140	160 à 240
tracé horizontal	0,50	0,80	1,00
tracé vertical	< 2,70		

②

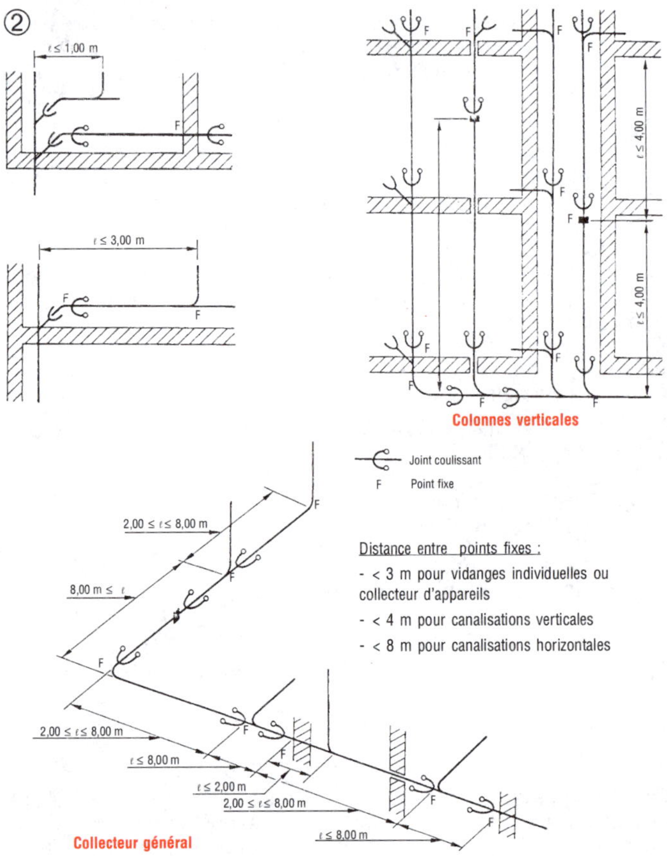

③

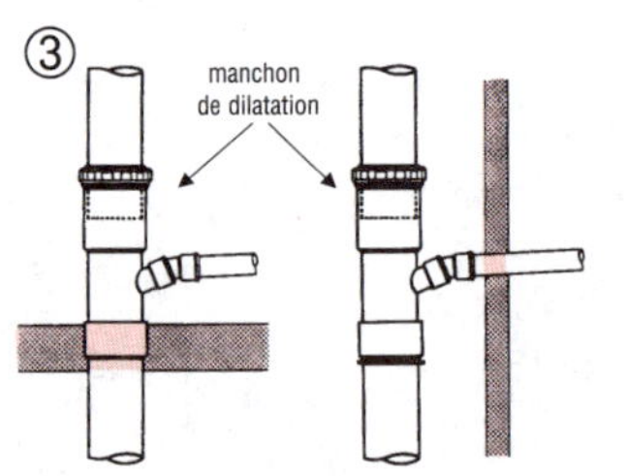

④

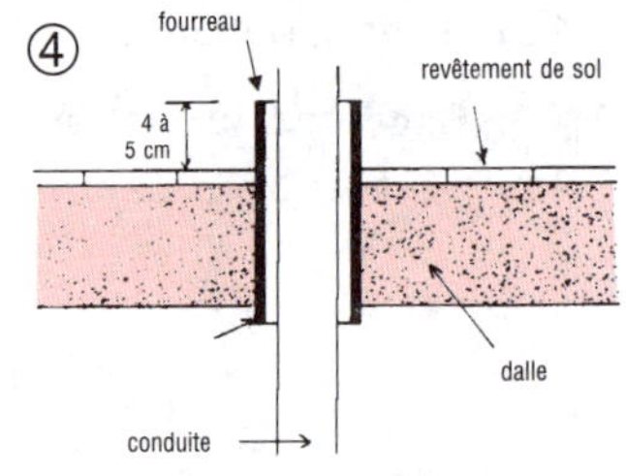

⑤

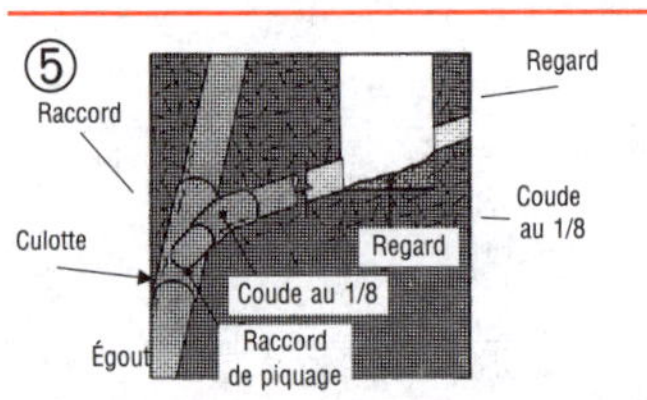

⑥

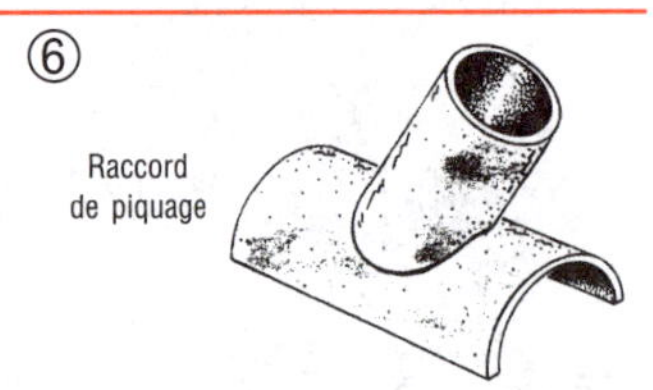

⑦	Caractéristiques des regards de façade	
Forme, dimension (m)	circulaire ∅ = 0,4 ou 0,6	carré a = 0,4 ou 0,6
Matériau	amiante-ciment	
	béton – coulé en place (e.paroi > 10 cm) – préfa (e.paroi > 4 cm)	
Raccordement amont-aval	manchons à joints souples (PVC, amiante-ciment ou béton)	

Avant tous travaux, il faut contacter la mairie, la DDASS, la DDE ou la DDAF.

La réglementation permet le traitement commun des EU et des EV (EP exclues) soit par une fosse septique toutes eaux, soit par une micro-station d'épuration chacune complétée par un épandage souterrain (p. 168).

1. FOSSE TOUTES EAUX (FTE)

- **Fonctionnement :** par décantation, les matières les plus lourdes se déposent au fond et les plus légères (graisses) s'accumulent en surface. Ces matières subissent un lent processus biologique de fermentation dû aux bactéries anaérobies (qui vivent en l'absence d'oxygène) et deviennent en partie solubles dans l'eau. Les eaux décantées mais encore fortement polluées sont admises dans le sol par épandage pour y être épurées.

Le tuyau de chute des EU servira à évacuer le dégagement nauséabond accompagnant la fermentation.

- **Volume réglementaire :**

① Nombre de pièces principales (PP)	Nombre de chambres	Volume minimal (m³)
jusqu'à 5	jusqu'à 3	3
jusqu'à 6	4	4
jusqu'à 7	5	5
> 7		+ 0,5 m³ par PP en plus
Nombre de pièces principales = Nombre de chambre + 2		

- **Entretien :** une vidange de la fosse tous les 2 ou 3 ans évite le colmatage de l'épandage.
- **Utilisation :** l'usage sans excès de détergents, d'eau de javel ou d'antibiotiques ne perturbe pas le fonctionnement de la fosse.
- **Installation :** le plus près possible de l'habitation afin d'éviter que les graisses ne se figent dans la conduite d'amenée (pente comprise entre 2 et 4 %). Sinon un bac dégraisseur (volume minimum : 0,2 m³ pour une cuisine et 0,5 m³ pour l'ensemble des EU). Les tampons d'accès seront au niveau du sol.

La fosse ne touchera pas les parois latérales de la fouille et son assise sera constituée d'un lit de sable compacté de 10 cm.

Le remblaiement de la fouille est réalisé simultanément à la mise en eau de la fosse.

2. MICRO-STATION D'ÉPURATION

- **Fonctionnement :** les EU et EV arrivent dans une cellule d'activation où elles sont homogénéisées et aérées grâce à une turbine d'aération. L'air introduit permet le développement d'une flore bactérienne aérobie (qui vit en présence d'oxygène) minéralisant rapidement la pollution biologique en évitant toute fermentation, donc toute odeur. Les « boues activées » (boues minéralisées et bactéries aérobies) s'agglomèrent en particules qui décantent rapidement dans la partie « clarificateur » de la station. Le bac de rétention, tout en affinant la clarification de l'effluent traité, a un rôle de sécurité si des boues sont accidentellement entraînées hors de la station ; l'effluent épuré est alors évacué par le sol.
- **Volume :** 2,5 m³ jusqu'à 6 pièces principales (soit 1 cellule d'activation de 1,5 m³ + 1 bac de rétention de 1 m³, soit 1 MSE de 2,5 m³ comprenant un piège à boue).
- **Entretien :** contrôle de la bonne marche électromécanique et biologique de la station et extraction périodique des boues en excès.
- **Utilisation :** *dito* FTE
- **Installation :** le sommet du module d'épuration doit être découvert pour que l'aération nécessaire à son fonctionnement se fasse. Réglage et remblaiement *dito* FTE

3. CHOIX D'UNE FILIÈRE D'ASSAINISSEMENT (fig. 1)

Les paramètres à prendre en considération sont relatifs :

- à l'aptitude du sol (perméabilité du sol superficiel, niveau et nature du substratum rocheux, niveau de remontée maximale de la nappe, pente du terrain),
- aux caractéristiques du site (existence d'exutoires superficiels, servitudes diverses),
- à l'importance de l'habitation (nombre de pièces principales).

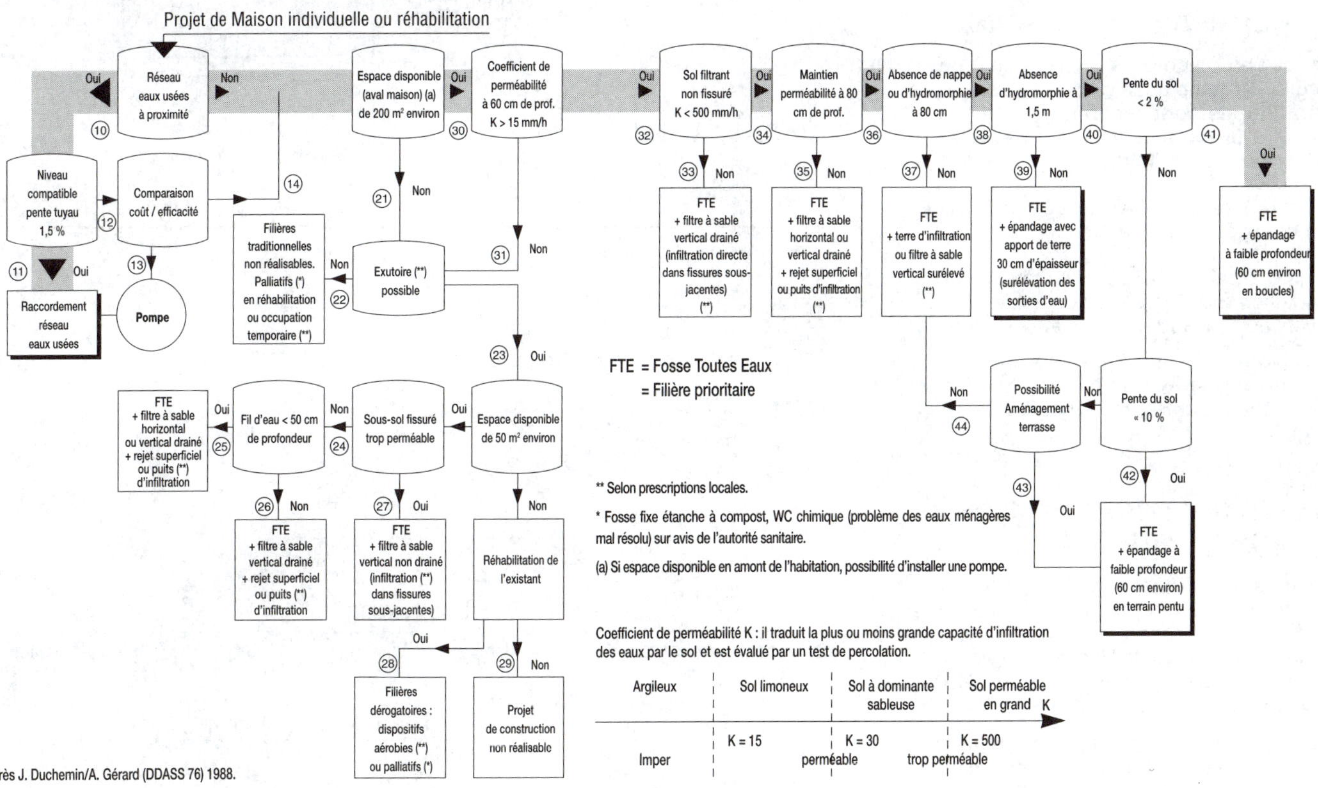

D'après J. Duchemin/A. Gérard (DDASS 76) 1988.

ASSAINISSEMENT DES BÂTIMENTS D'HABITATION : ASSAINISSEMENT AUTONOME

AFNOR DTU P 16-603 (DTU N° 64.1), arrêté modifié du 03/03/82, circulaire modifiée du 20/08/84

1. TRANCHÉES ET LIT D'ÉPANDAGE (fig. 1)

- Caractéristiques des tranchées :
  - profondeur : 0,60 à 1 m de la surface du sol,
  - largeur : 0,5 m à 1,50 m (60 cm recommandée),

    Nota : en terrain très sablonneux, les tranchées peuvent se rejoindre pour former un lit d'épandage.
  - longueur : < 30 m (recommandée 20 m),
  - distance entre tranchée : > 1,50 m d'axe en axe.
- Tuyaux d'épandage : Flexibles ou rigides à larges perforations et alimentés par une boîte de répartition de l'éffluent assurant une égale répartition des eaux prétraitées.
  ø ⩾ 100 mm (drains agricoles exclus).
- Distance de la zone d'épandage : maison d'habitation : 5 m / terrain voisin : 3 m / arbres et arbustes : 3 m / puits, source… : 35 m.

2. FILTRE À SABLE VERTICAL NON DRAINÉ (fig. 2)

Dimensionnement :

5 m² par nombre de pièces principales jusqu'à 5 et 5 m² par pièce supplémentaire.

3. FILTRE À SABLE DRAINÉ

On met en place un sol reconstitué où l'argile est remplacée par du sable. Les eaux filtrées sont récupérées par des drains à la base du lit filtrant et évacuées vers un exutoire.

- Filtre à sable à flux vertical (fig. 3) : dimensions dito § 2.
- Filtre à sable à flux horizontal (fig. 4) : solution adaptée en cas de faible dénivelé entre la sortie d'eaux et l'exutoire.

  Nota : lorsque la nappe doit être protégée, l'installation d'un film imperméable est indispensable.

4. TERTRE D'INFILTRATION NON DRAINÉ

Le système d'épandage est posé sur un tertre constitué de 10 cm de gravier et de 70 cm de sable assis sur un géotextile anticontaminant posé sur le sol naturel. L'ensemble est recouvert d'environ 30 cm de terre végétale.

Sauf topographie favorable, une pompe de relevage en amont est nécessaire.

①

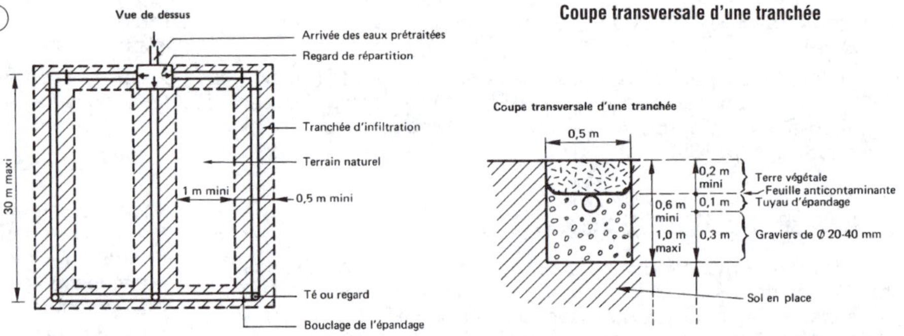

Dimensionnement	Sol limoneux	Sol à dominante sableuse
Épandage par tranchées (longueur par chambre)	20 à 30 m	15 m
Lit d'épandage		20 m² / chambre (30 x 8) m maxi

②

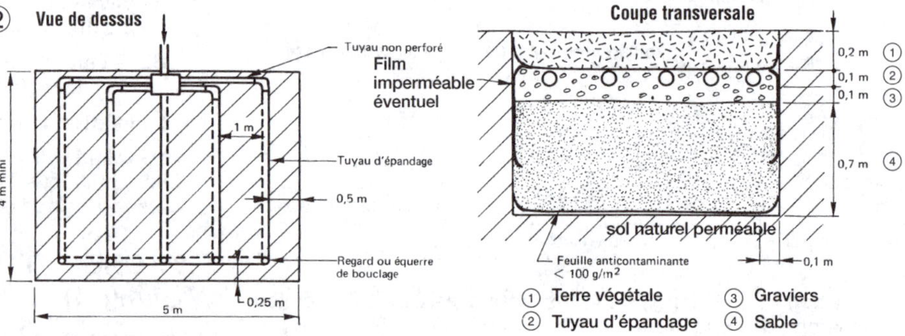

③

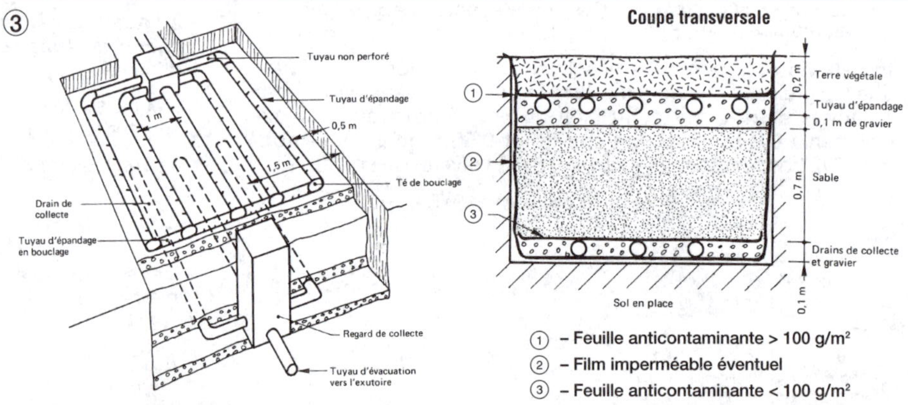

④

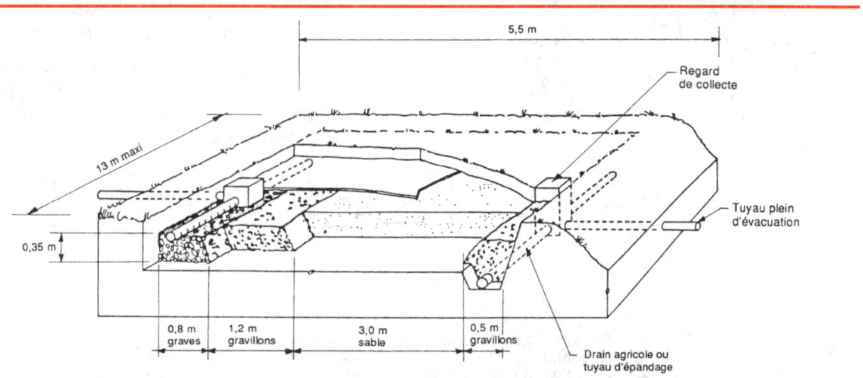

DIMENSIONNEMENT

Nombre de pièces principales	Nombre de chambres	Largeur du front de répartition
4	2	6 m
5	3	8 m
6	4	9 m

La protection incendie des bâtiments d'habitation est réglementée principalement par l'arrêté du 31.01.1986 (brochures n°s 1540 et 1603 du JO) dont les principes généraux figurent dans le CU et le CCH ; elle est axée essentiellement sur la protection efficace des personnes dans des situations critiques.

1. PRINCIPALES DISPOSITIONS DE LA RÉGLEMENTATION ACTUELLE

Les bâtiments d'habitation sont classés en 4 familles selon leur hauteur : page 170.

La réglementation fait référence à 4 classements de comportement au feu des matériaux et éléments de construction.

1-1. Réaction au feu (NF P 92-501 à 512 d'après l'arrêté du 30.06.1983)

Elle caractérise l'aptitude des matériaux à alimenter l'incendie selon leur combustibilité, des incombustibles (M 0) jusqu'aux combustibles d'inflammabilité croissante (M 1 à M 4) et pour lesquels ont été établis les classements conventionnels suivants :

- **Matériaux classés à priori M 0**
  - Acier, Aluminium, Amiante-ciment, Ardoise,
  - Bétons, Brique,
  - Cuivre,
  - Fer, Fonte,
  - Matériaux silico-calcaires, Mortiers de ciments et de chaux,
  - Plâtre, Plâtre armé (fibres de verre, armatures métalliques), Perlite, Pierre, Plomb, Produits céramiques,
  - Stuc,
  - Vermiculite, Verre, Verre cellulaire,
  - Zinc.
- **Matériaux à base de bois**
  - Bois massif non résineux : si l'épaisseur est supérieure ou égale à 14 mm, ils sont classés M 3, sinon M 4.
  - Bois massif résineux : si l'épaisseur est supérieure ou égale à 18 mm, ils sont classés M 3, sinon M 4.
  - Panneaux dérivés du bois (contreplaqués, lattés, particules, fibres) : si l'épaisseur est supérieure ou égale à 18 mm, ils sont classés M 3, sinon M 4.
  - Parquets en bois massifs collés : si l'épaisseur est supérieure ou égale à 6 mm avant ponçage, ils sont classés M 3, sinon M 4.

Les revêtements de surface adhérents de dégagement calorifique surfacique inférieur à 4,18 MJ/m^2 ainsi que les placages bois d'au plus 0,5 mm d'épaisseur ne modifient pas les classements ci-dessus.

Les plaques de stratifiés décoratifs haute pression (NF B 54-301) d'au plus 1,5 mm d'épaisseur sont classées M 3.

- **Matériaux peints : classements modifiés**
  - Supports non isolants classés M 0 :
    * revêtus de moins de 0,35 kg / m^2 de peinture brillante humide ou de moins de 0,75 kg / m^2 de peinture mate ou satinée humide : classés M 1.
    * revêtus de 0,5 à 1,5 kg / m^2 de peinture épaisse ou d'enduit pelliculaire de finition humide : classés M 2.
    * revêtus de 1,5 à 3,5 kg / m^2 de revêtements plastiques épais (DTU n° 59-2) humide : classés M 2.
  - Supports non isolants classés M 1 ou M 2 : revêtus de moins de 0,35 kg / m^2 de peinture brillante humide ou de moins de 0,5 kg/m^2 de peinture mate ou satinée humide (classés M 2).

1-2. Résistance au feu

Elle définit l'aptitude des structures et des éléments de construction, en cas d'incendie, à conserver le rôle qui leur est dévolu et à s'opposer à l'extension du feu. Pour évaluer leur degré de résistance au feu, on utilise les critères :
- de résistance mécanique (1),
- d'étanchéité aux flammes et d'absence d'émission de gaz inflammable hors de la face non exposée au feu (2),
- d'isolation thermique (3).

Classement des éléments : à partir de ces 3 critères, on définit en durée (entre 1/4 h et 6 h) le degré :
- de **stabilité au feu (SF) :** critère 1 satisfait.
- **pare-flammes (P-F) :** critères 1 et 2 satisfaits.
- **coupe-feu (C-F) :** critères 1, 2 et 3 satisfaits.

Le classement « P-F (ou C-F) de traversée » concerne l'aptitude des gaines et conduits à ne pas affaiblir la résistance au feu des parois traversées : page 153.

La résistance au feu des structures peut être déterminée à partir des règles de calcul FB (béton), FA (acier) (exemple : fig. 1), Bois Feu 88.

1-3. Comportement des couvertures en cas de feu extérieur (arrêté du 10.09.1970)

Le classement conventionnel des couvertures est effectué en 9 classes selon 2 critères :
- le temps de percement T, en minutes, donnant les classes de pénétration : T30, T15, T5,
- la vitesse de propagation du feu sur la surface d'une toiture, donnant les indices de propagation i selon la durée t_c entre le début et la fin de la combustion : i = 1 si $t_c \geq 30$ mn, i = 2 si 10 min < t_c < 30 min, i = 3 si $t_c \leq 10$ min.

1-4. Classification des façades vitrées face au danger d'incendie (arrêté du 10.09.1970 et instruction technique 249 du 21.06.1982)

Les dispositions relatives aux façades afin d'éviter, en cas d'incendie, le passage des flammes ou des gaz chauds d'un étage à l'autre, concernent la masse combustible mobilisable et les distances ou écrans créant un obstacle au passage du feu d'un étage à l'autre (règle dite du « C + D ») (figure p. 170).

①

Poteau acier SF 0 H 30 à SF 4 H

Caractéristiques
1 – Poteau en acier
2 – Plaques PROMABEST Type Y
3 – Fixation agrafe

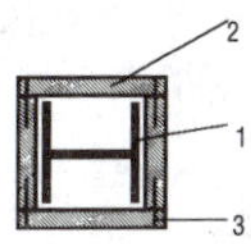

Épaisseur	Type de fixation	Écartement D	Écartement terminal – d
10 mm 12 mm 15 mm 20 mm 25 mm	agrafes 30/10/1 agrafes 30/10/1 agrafes 35/10/1 agrafes 35/10/1 agrafes 50/10/1	≈ 100 mm	20 mm

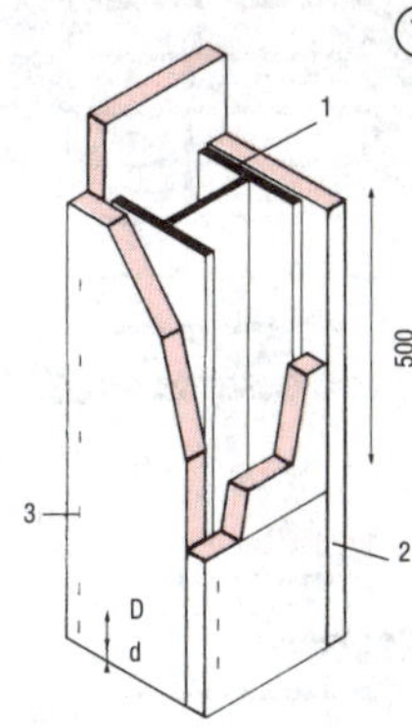

Détermination de l'épaisseur des plaques en fonction du degré SF à satisfaire :

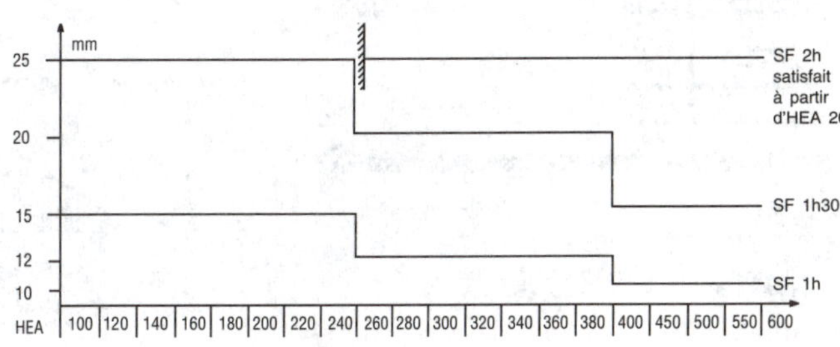

1-5. Classement des bâtiments d'habitation

NIVEAUX MAXIMUM

1re famille (F1)

Habitations individuelles

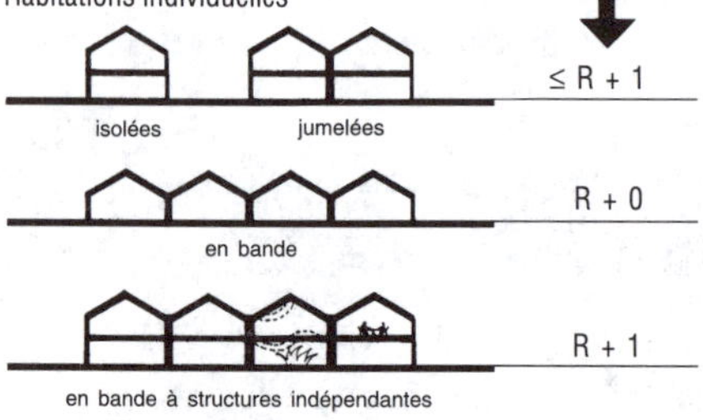

2e famille (F2)

Habitations individuelles (F2I)

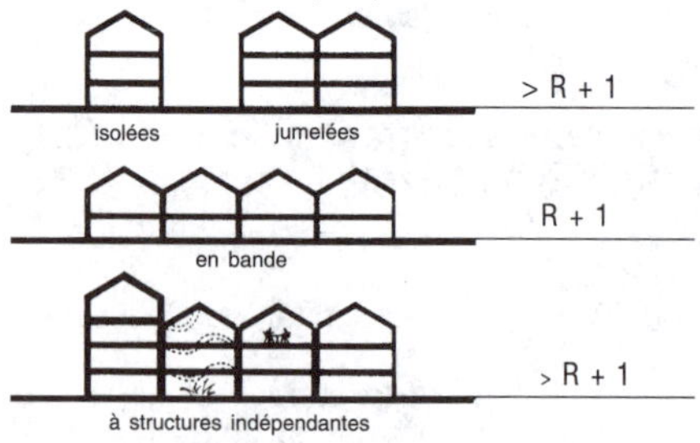

Habitations collectives (F2C) ≤ R + 3

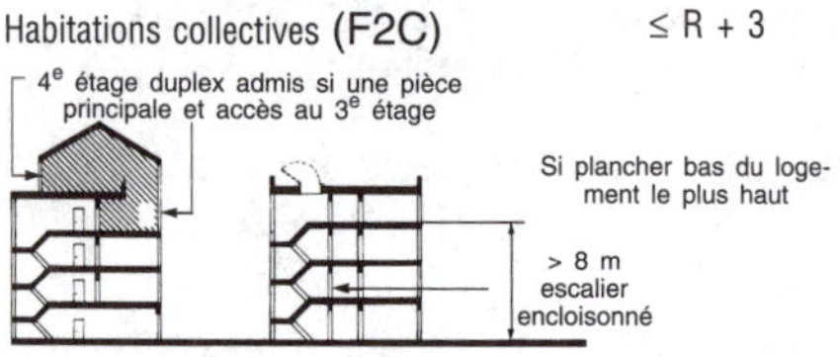

3e famille A : F 3A H ≤ 28 mètres

+ 3 CONDITIONS

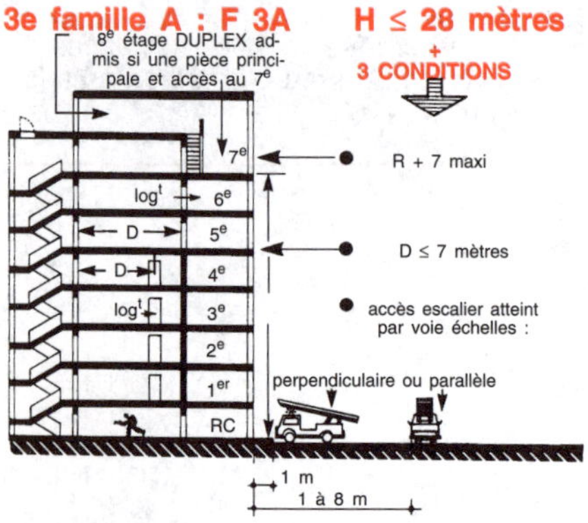

3e famille B : F 3B H ≤ 28 mètres

+ UNE SEULE des conditions ci-dessus non satisfaite :
ou • > R + 7
ou • D > 7 m.
• accès escalier non
+ L ≤ 50 mètres

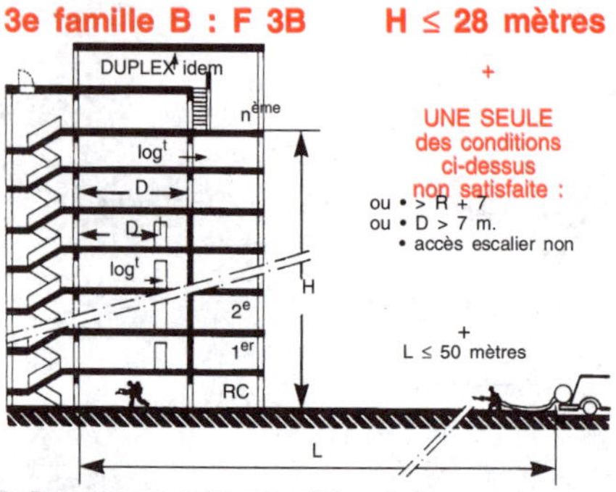

3e B soumise aux seules prespcriptions 3e A par décision du MAIRE si :
- tous logts accessibles par échelles disponibles (art. 4)
- colonne sèche pour plus de 7 étages (art.98)

4e famille (F4) : 28 mètres < H ≤ 50 m

1-6. Structure, enveloppe, dégagements

Structure

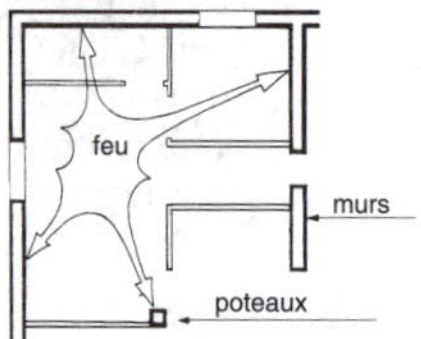

	Familles F					
	1	2 I	2 C	3 A	3 B	4
Porteurs verticaux* stables au feu SF	$\frac{1}{4}$h	$\frac{1}{2}$h		1 h		1 h $\frac{1}{2}$
Planchers coupe-feu CF						

(* y compris leurs contreventements)

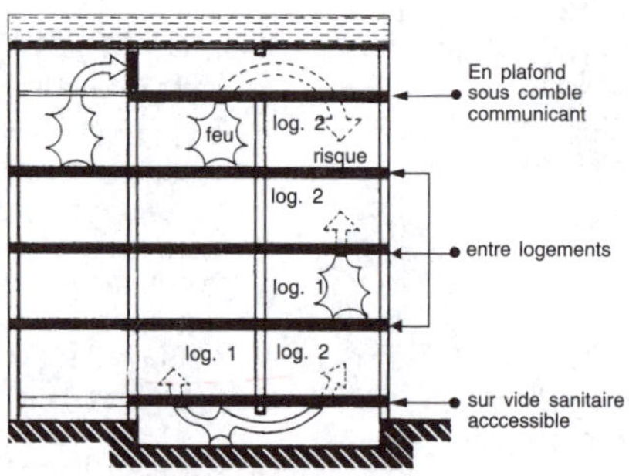

Recoupements verticaux
des bâtiments de grande longueur

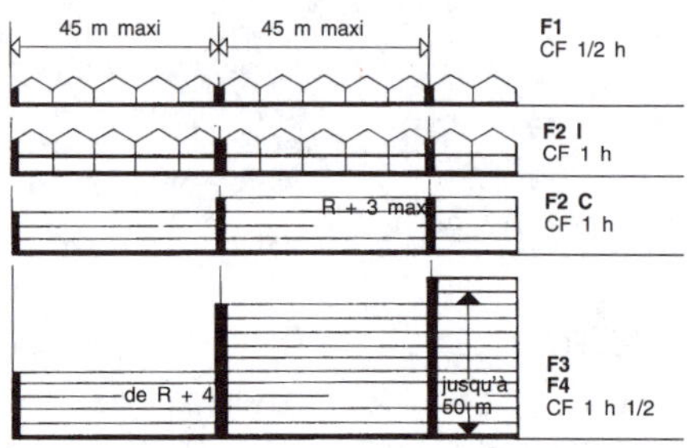

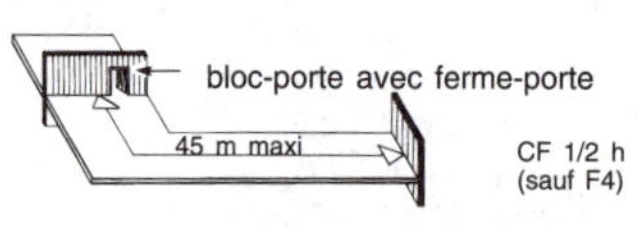

Parois séparatives des habitations individuelles

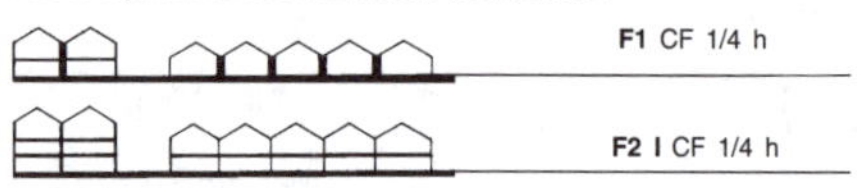

Parois enveloppe des logements

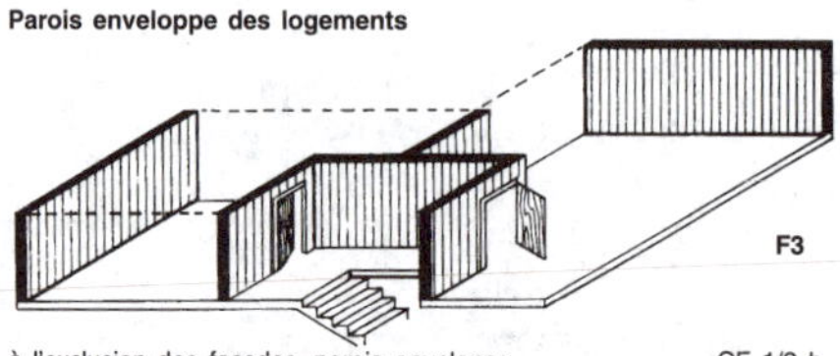

à l'exclusion des façades, parois enveloppe blocs-portes palières — CF 1/2 h, PF 1/4 h

Revêtements de façades

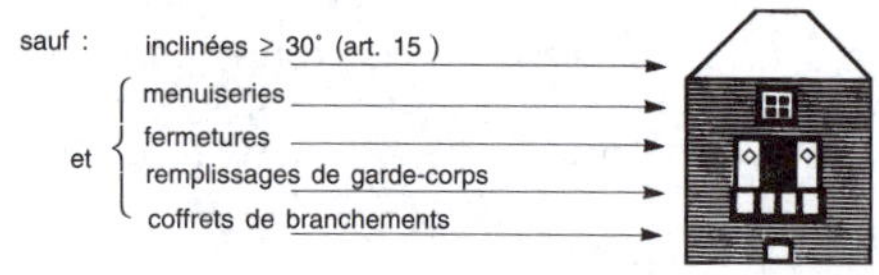

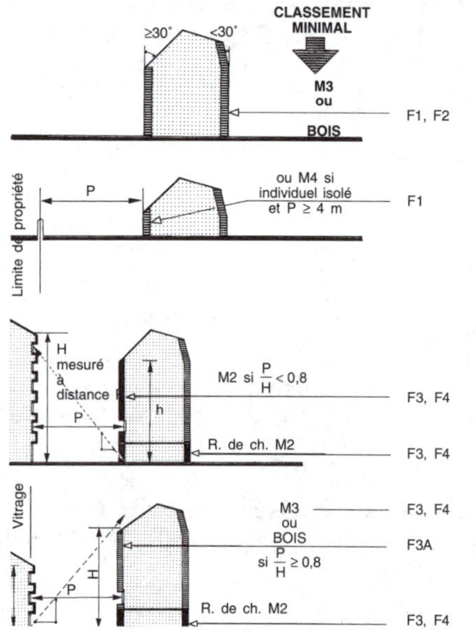

Façades avec ouvertures

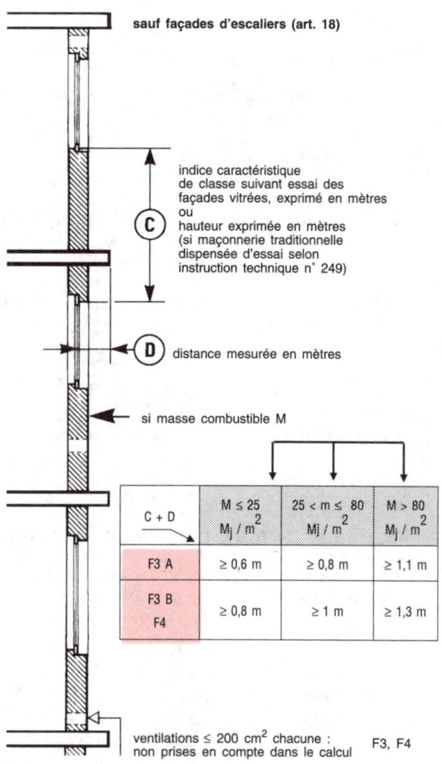

C + D	M ≤ 25 Mj / m²	25 < m ≤ 80 Mj / m²	M > 80 Mj / m²
F3 A	≥ 0,6 m	≥ 0,8 m	≥ 1,1 m
F3 B F4	≥ 0,8 m	≥ 1 m	≥ 1,3 m

Façades sans ouvertures

(Durée réelle CF face interne étage n) + (Durée réelle CF face externe étage n + 1) ≤ 1 h – F3, F4

Couvertures
Classe de pénétration T

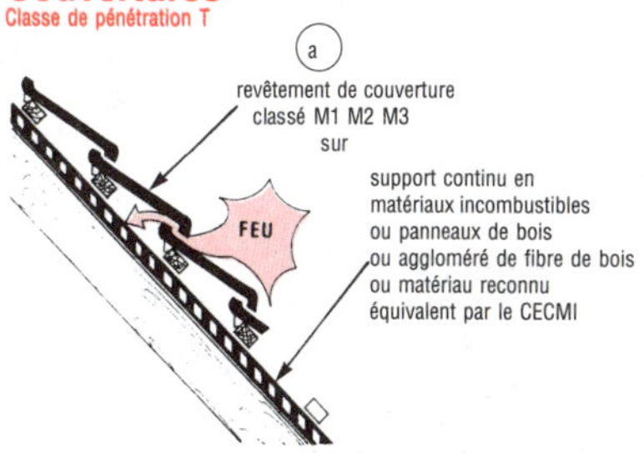

= utilisation sans restriction – **F1 à F4**

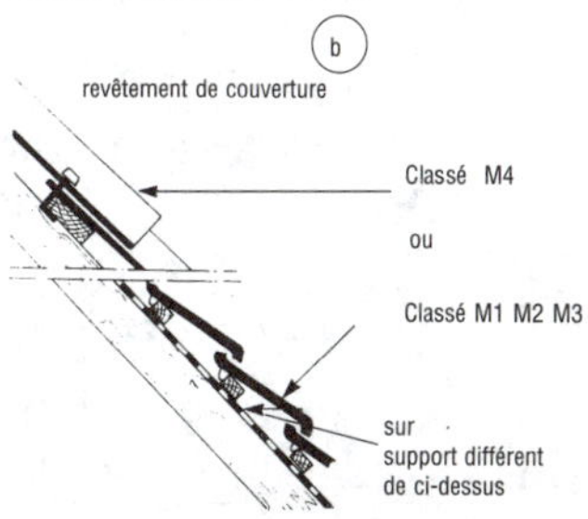

T minimale exigée

FAMILLES F					
1	2		3		4
	I	C	A	B	
5	15		30		

Couvertures M4
Pour définir Indice de propagation i

Prendre et I_V

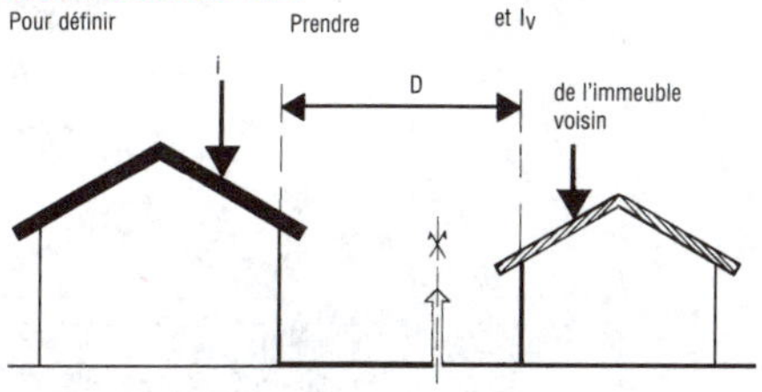

ou bien prendre

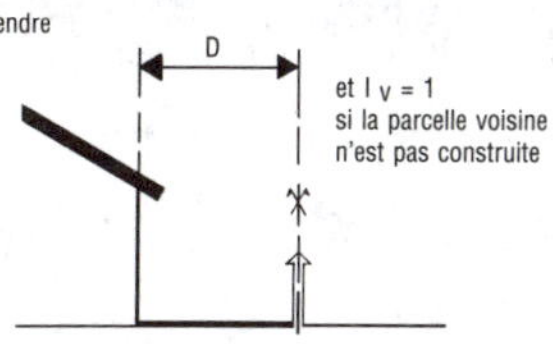

POUR LES FAMILLES F1 à F4	
D	i
D ≤ 4 m	2 - i_V
4 m < D ≤ 8 m	3 - i_V
8 m < D ≤ 12 m	4 - i_V
D > 12 m	non imposé

Isolation intérieure
Les matériaux d'isolation doivent être co formes pour F1 à F4 aux indications du « Guide de l'isolation par l'intérieur des bâtiments d'habitation du point de vue des risques en cas d'incendie – Cahier 1624 du CSTB (Paris) ».

Conduits et gaines page 151.

Escaliers

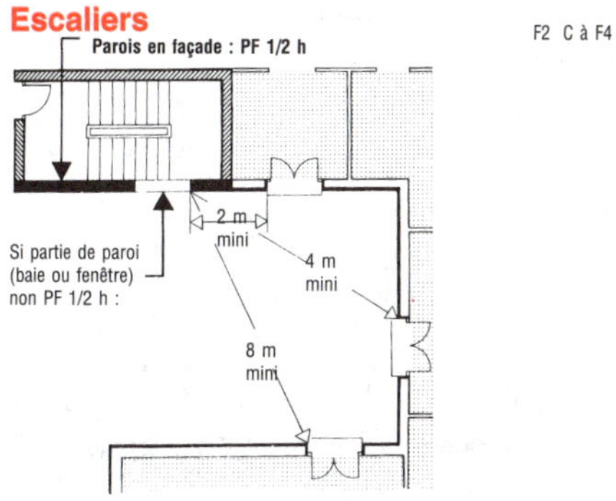

Parois des escaliers non situées en façade

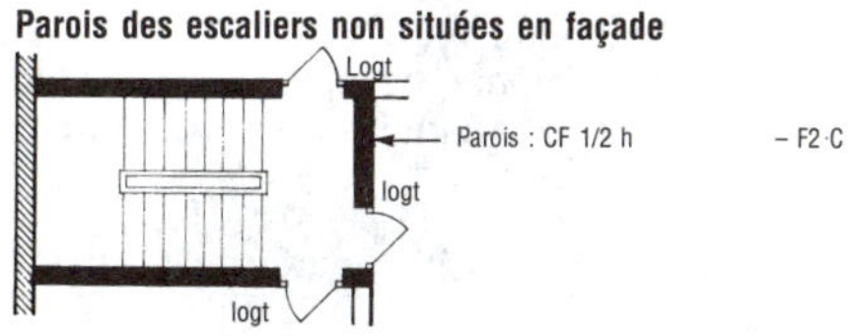

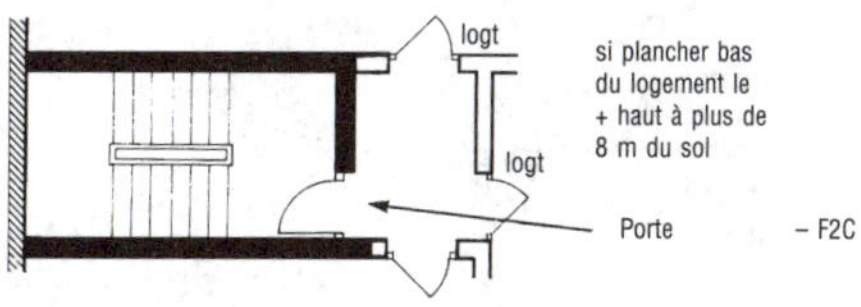

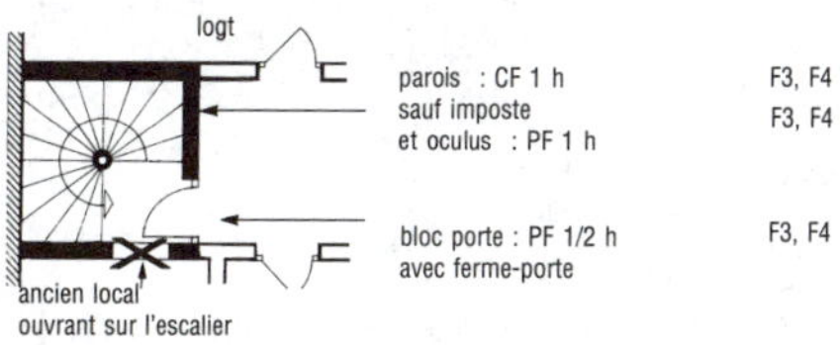

Dispositions concernant la structure et les revêtements des escaliers (ainsi que celles spécifiques aux sous-sols) voir chapitre « Escalier » : page 139.

Désenfumage des escaliers

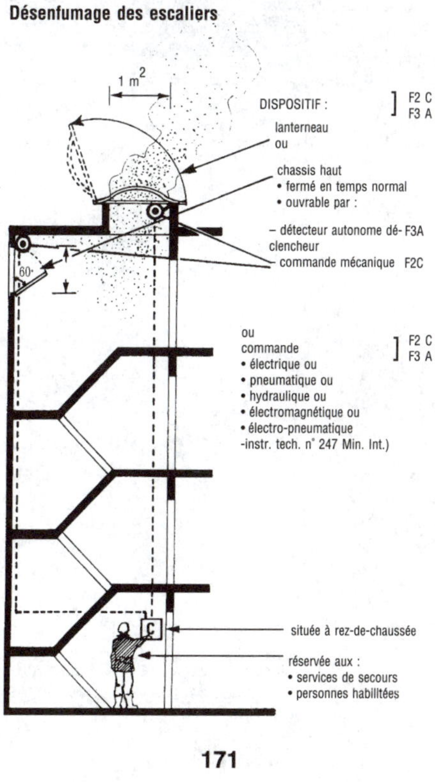

2. COMPORTEMENT AU FEU DES STRUCTURES EN BÉTON AFNOR DTU P 92-701 (règles FB)

2-1 Règles constructives générales

- Elles permettent de satisfaire aux critères de durée de résistance au feu :
  - joints de dilatation : largeur minimale 2 cm pour CF 2h et dispositions particulières compte tenu des variations dimensionnelles possibles (fig. 1).
  - dispositions géométriques (planchers et poutres) : éviter les « points faibles » (certains clavetages (fig. 2), un fonctionnement isostatique – sans aciers supérieurs de continuité – (fig. 3 et 4), des parois trop minces, des appuis feuillure non renforcés).
  - dispositions de ferraillage : le degré SF augmente avec l'enrobage des aciers (fig. 5 et 6). Les dalles et poutres doivent comporter des armatures sur leur face exposée au feu venant s'ancrer dans les appuis (fig. 7).

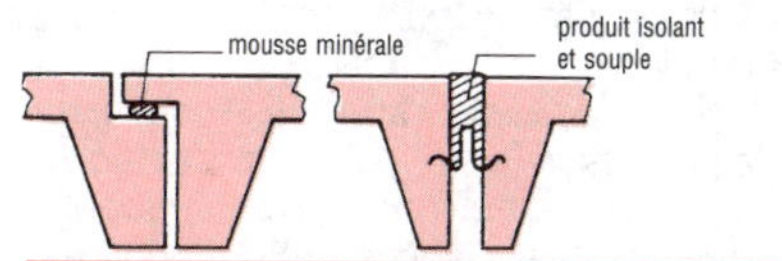

①

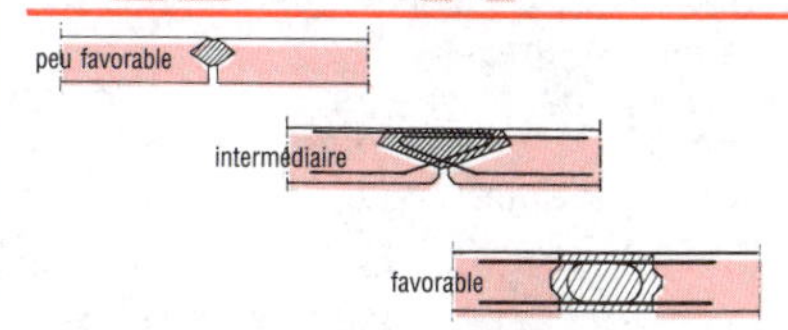

②

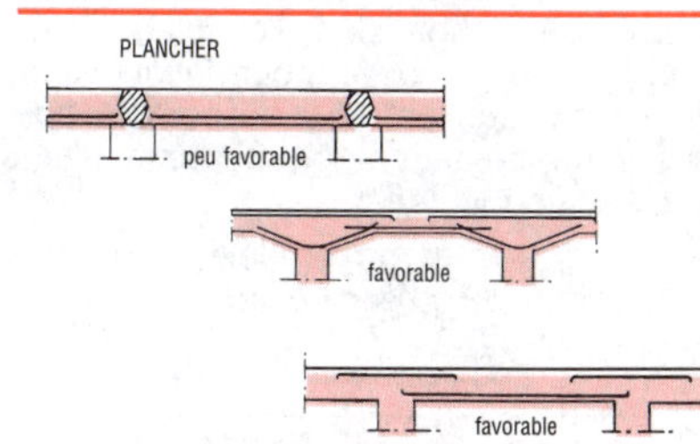

③

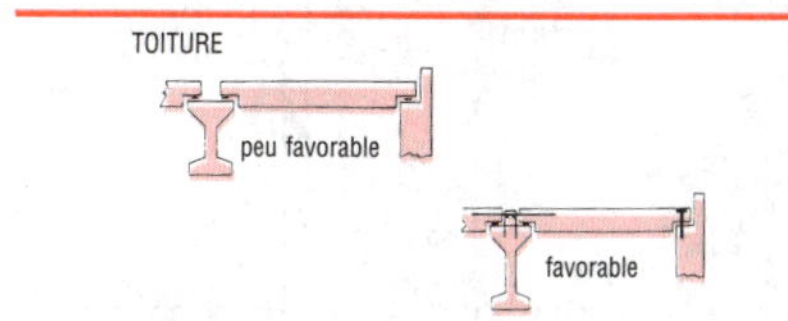

④

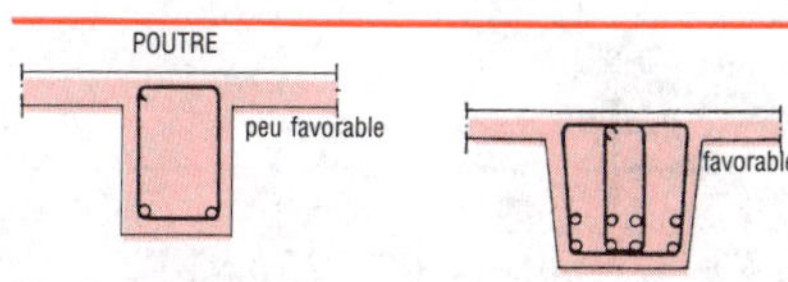

⑤

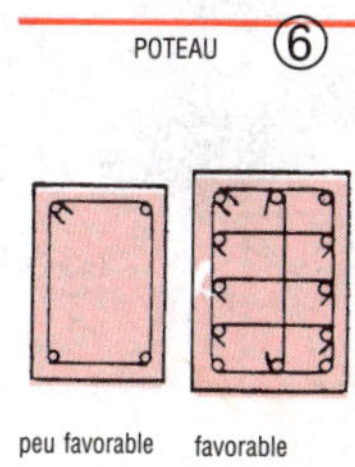

⑥

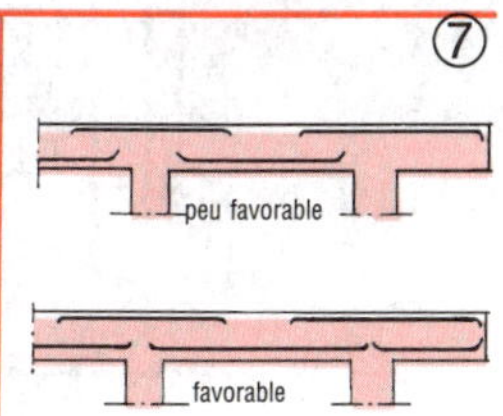

⑦

2-2. Règles constructives par catégorie d'ouvrages

2-2.1. Règles simples concernant les dalles (fig. 1)

En dehors des dispositions déjà citées p. 171, il faut constituer à la sous-face de la dalle exposée au feu un quadrillage continu d'armatures à l'aide des aciers inférieurs dont une partie doit être ancrée sur les appuis.

Cette règle est considérée comme satisfaite si, dans le cas de treillis soudé, il existe systématiquement une soudure sur appuis et si, dans le cas de barres à haute adhérence, une section de l'ordre de 1/6 de la section en travée en partie basse est prolongée et ancrée au-delà du nu de l'appui, c'est-à-dire :

- *soit toutes les barres à $\ell_s / 6$;*
- *soit 1/6 des barres à ℓ_s (ℓ_s étant la longueur d'ancrage).*

- **Dalles isostatiques :** non concernées, si la durée de résistance au feu demandée est supérieure à une heure.
- **Dalles hyperstatiques :**
  - *soit on tient compte des moments de continuité hyperstatiques quand les aciers sur appuis sont des ronds lisses de classe Fe E 235 ne comportant aucune barre de répartition soudée sur eux sauf au voisinage immédiat de leurs extrémités ;*
  - *soit on ne tient pas compte de ces moments de continuité hyperstatique dans les autres cas.*

2-2.2. Poteaux (fig. 2)

Sont concernés les poteaux soumis à une compression simple dont l'élancement est au plus égal à 35 et pour lesquels les aciers n'ont pas été pris en compte pour l'estimation de la charge portante ultime dans le calcul à froid.

2-2.3. Poutres et poutrelles en béton armé ou précontraint (fig. 3)

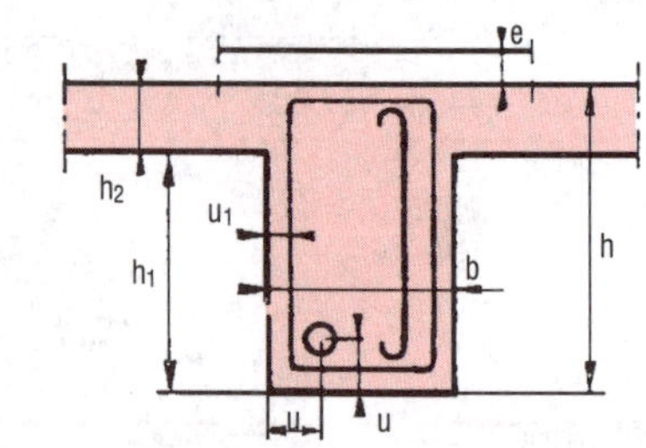

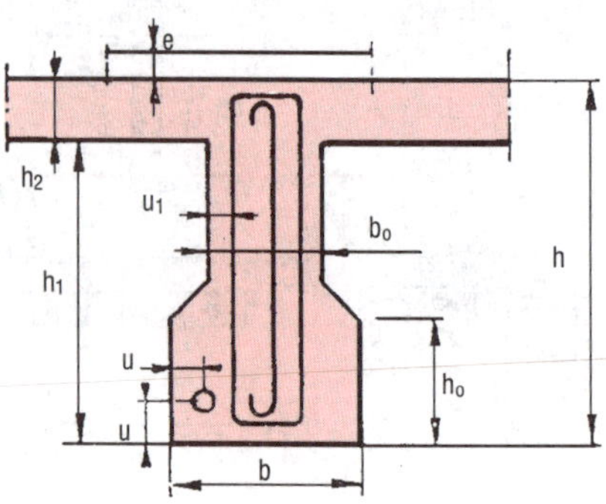

Notations générales :

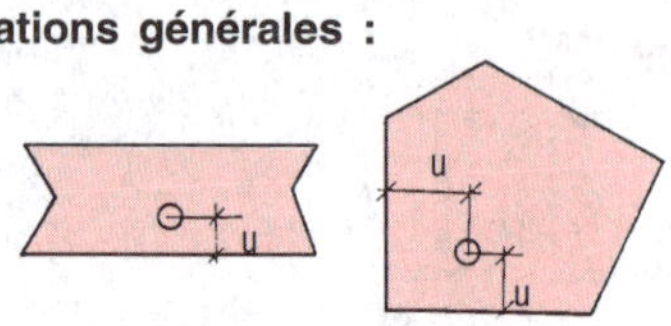

Les durées – exprimées en heures – des critères d'exigence (coupe-feu et stabilité au feu) sont réputées obtenues lorsque les dispositions minimales prévues dans les tableaux ci-après sont observées.

Les notations utilisées sont :
- h : épaisseur de la dalle en cm ;
- e : épaisseur de la chape et de son revêtement en cm ;
- d : hauteur utile ;
- M_o : moment isostatique sous les charges permanentes et les charges variables.
- M_w et M_e : moments de flexion équilibrés par les aciers sur appuis de longueur libre à l'intérieur de la travée considérée ℓ_{sw} et ℓ_{se}. A défaut de prescriptions différentes dans les Documents particuliers du marché, ces moments sont plafonnés à la valeur du moment provoqué par les seules charges permanentes, dans le cas où il s'agit de moments de continuité isostatique (console).
- V : effort tranchant une fois déduite la transmission directe.
- τu : contrainte tangente conventionnelle correspondante

$$\tau u = \frac{V}{bd} \text{ (b. ou } b_0 \text{ s'il y a un talon)}$$

Il s'agit de la contrainte tangente conventionnelle : page 68.

Durée de résistance au feu F			1/2 h	1 h	1 h 1/2	2 h	3 h	4 h
① **Dalle**	Épaisseur minimale	h + e (cm)	6	7	9	11	15	17,5
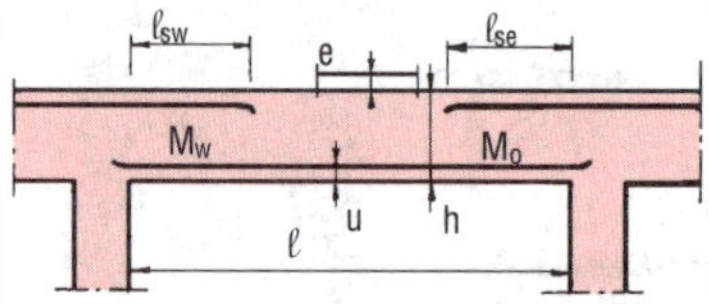	**Sans aciers sur appuis**							
	$\frac{M_W + M_e}{2M_0} = 0$	u (cm)	1	2	3	4	6	8
		$\frac{\ell_{sw} + \ell_{se}}{\ell}$	0	0	0	0	0	0
	Avec aciers sur appuis avec consoles							
On opère par interpolation linéaire pour u et $\frac{\ell_{sw} + \ell_{se}}{\ell}$ en fonction de la valeur de $\frac{M_W + M_e}{2M_0}$	$\frac{M_W + M_e}{2M_0} \geq 0{,}50$	u (cm)	1	1,5	2	2,5	3,5	4,5
		$\frac{\ell_{sw} + \ell_{se}}{\ell}$	0,25	0,3	0,4	20,5	0,55	0,6
② **Poteau** 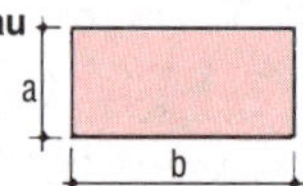 • carré • rectangulaire b = 5a	a (cm) mini.	carré	15	20	24	30	36	45
		carré exposé 1 face au feu	10	12	14	16	20	26
interpolation sur l'aire si $1 < \frac{b}{a} < 5$		Rectangulaire	10	12	14	16	20	26

		1/2 h	1 h	1 h 1/2	2 h	3 h	4 h
Épaisseur minimale (h_2 + e) cm	Entraxe des poutrelles au plus égal à 2,5 m	5	6	8	10	14	16,5
	Entraxe des poutrelles supérieur à 2,5 m	6	7	9	11	15	17,5
	Poutres croisées avec un espacement maximal de 2,5 m dans chaque sens	4	5	7	9	13	15,5
Poutre ③	Poutres rectangulaires						
	b minimal en cm	12	16	20	24	32	40
	Poutres à talon						
	b minimal en cm	16	20	24	32	40	50
	bo minimal en cm	8	10	12	14	16	18
	ho minimal en cm	5	8	12	20	32	50
	Nombre minimal de lits inférieurs	2	2	2	3	3	4
	avec b minimal	2,5	4	5,5	6,5	8,0	9,0
	et avec un nombre minimpal de barres par lit de :	2	2	2	4	4	5
$\frac{M_W + M_e}{2M_0} = 0$	u (cm)						
	avec b supérieur à la plus grande des 2 valeurs 1 mètre ou 1,5 h_1 et avec 10 barres par lit	1	2	3	4	5	6
	$\frac{\ell_{sw} + \ell_{se}}{\ell}$	0	0	0	0	0	0
	Poutres rectangulaires						
	B minimal en cm	8	11	14	17	23	29
	Poutres à talon						
	b minimal en cm	12	16	20	24	32	40
	bo minimal en cm	8	10	12	14	16	18
	ho minimal en cm	5	8	12	20	32	50
	Nombre minimal de lits inférieurs	2	2	2	3	3	4
	avec b minimal	2,5	2,5	3,3	4,0	5,2	9,0
	et avec un nombre minimal de barres de lit de :	2	2	2	3	3	4
$\frac{M_W + M_e}{2M_0} \geq 0{,}5$	u (cm)						
	avec b supérieur à la plus grande des 2 valeurs 1 mètre ou 1,5 h_1 et avec 10 barres par lit	1	1,5	2	2	3	4,5
	$\frac{\ell_{sw} + \ell_{se}}{\ell}$	0,25	0,30	0,40	0,50	0,55	0,60
u_1 (cm)	$\tau_u \leq 0{,}03\ f_{cj}$ ou béton précontraint classes I et II			néant			
	si tout en cadres	1,5	2	2,5	3	3	4,5
	$0{,}03\ f_{cj} \leq \tau u \leq 0{,}1\ f_{cj}$ si 40 % au moins en étriers ou épingles			néant			
	$0{,}1\ f_{cj} \leq \tau u \leq 0{,}15\ f_{cj}$ il faut au moins 40 % en étriers et épingles	1,5	2	2,5	3	3	3,5

1. GÉNÉRALITÉS

1-1. Les données de l'étude

Le choix d'une solution pour protéger les parois enterrées d'un bâtiment dépend des facteurs suivants :

- l'eau :
  - eau de ruissellement,
  - nappe phréatique baignant les infrastructures,
- le terrain (perméable ou imperméable),
- la nature du mur (béton banché ou maçonnerie),
- la nature des locaux enterrés (vide sanitaire, locaux techniques, parcs de stationnement, caves).

1-2. Les solutions

- Nappe phréatique : en présence d'un risque de remontée de nappe phréatique ou de crue de rivière, on empêchera l'eau d'inonder le sous-sol en prévoyant un cuvelage (fig. 1a et p. 176).
- Eau de ruissellement : la conception des ouvrages qui participent à l'étanchéité des sous-sols dépend de la quantité d'eau de ruissellement susceptible de venir au contact des parois enterrées. Cette quantité d'eau dépend de la topographie du lieu et de la nature du sol.
  - Cas des sols perméables (sables, graviers) : sauf s'ils sont baignés par une nappe, ou inondables, il n'est pas nécessaire de prévoir de drainage, ni de cuvelage.
  - Cas des sols peu perméables (argile, limon...) :
    * lorsque les eaux de ruissellement sont peu abondantes, il suffit, en général, d'éloigner les eaux du bâtiment à l'aide de contre-pente et éventuellement de dallages périphériques : figure 1b.
    * lorsque les eaux de ruissellement sont abondantes (bâtiment en bas de pente), si l'on peut évacuer les eaux collectées vers un exutoire naturel ou un égout, un drainage doit être réalisé (fig. 1c et p. 174 et 175), sinon il faut recourir à un cuvelage.
- Dispositions obligatoires : il est nécessaire de prévoir dans tous les cas :
  - un revêtement sur les parois enterrées dont la nature sera fonction des conditions d'utilisation du sous-sol,
  - l'évacuation correcte des eaux pluviales.

2. PROTECTION CONTRE LES REMONTÉES CAPILLAIRES

2-1. Murs banchés

L'addition d'un hydrofuge de masse aux constituants du béton des murs de soubassement suffira en général.

2-2. Maçonneries de petits éléments

Les murs en élévation doivent être protégés des remontées d'eau du sol par une coupure de capillarité dont les caractéristiques sont les suivantes :

- Position : située à 0,15 m au moins au-dessus du niveau le plus haut du sol définitif extérieur et dans tous les cas :
  - au-dessous du plancher bas du rez-de-chaussée lorsqu'il existe ou au-dessus dans le cas de chaînage en béton armé (fig. 2a, b et c),
  - entre le chaînage qui couronne la maçonnerie de soubassement et la 1re assise de la maçonnerie en élévation, dans le cas d'un dallage sur terre-plein (fig. 3).
- Constitution :
  - bande de feutre bitumé type 36S PY-VV, chape bitume armé type 40 TV ou feuille de polyéthylène basse densité d'épaisseur minimale 200 µm. Elle est posée à sec sur une couche de mortier de ciment finement talochée (2 cm d'épaisseur, dosée à raison de 300 à 350 kg/m^3 de sable sec 0/3), après prise et séchage de ce dernier, et protégée par une deuxième couche de mortier de ciment de même épaisseur sommairement dressée. A leurs extrémités, les bandes sont placées à recouvrement minimal de 20 cm,
  - chape de mortier de ciment de 2 cm d'épaisseur richement dosé, à raison de 500 à 600 kg/m^3 de sable sec 0/3, additionné d'hydrofuge.

  Nota : Cette coupure intéresse tous les murs (périphériques et intérieurs).

①

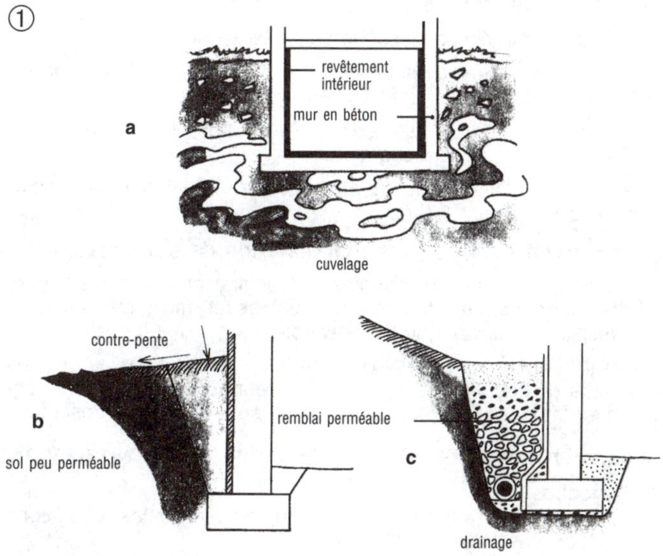

②

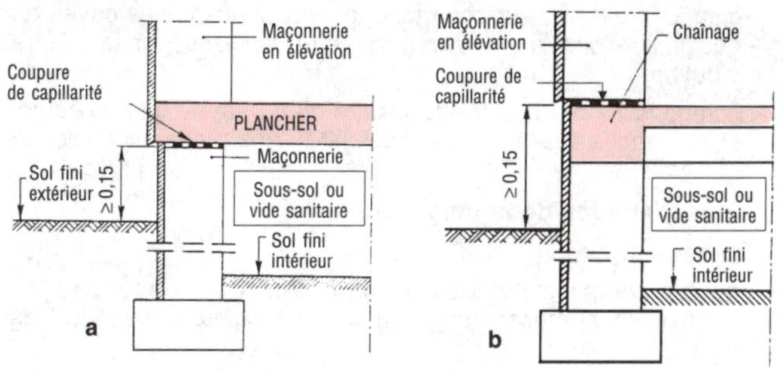

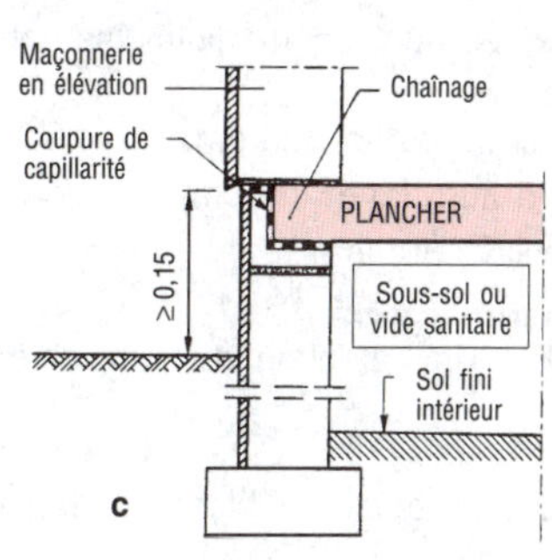

③

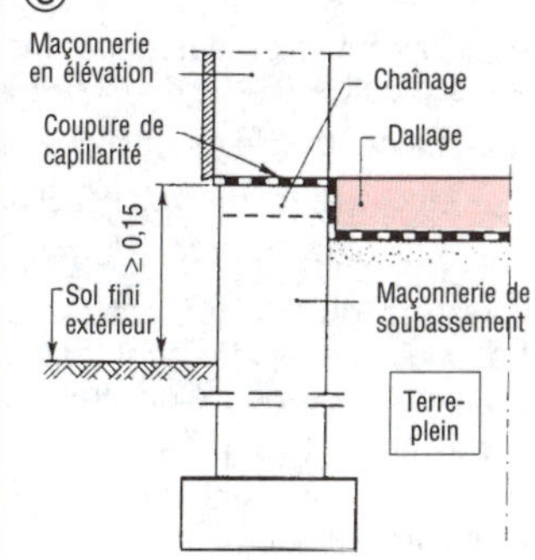

3. CONCEPTION DES MURS DE SOUBASSEMENT

3-1. Murs banchés

Comme pour les murs en maçonnerie, la nature de la protection des murs banchés dépend de l'utilisation des sous-sols qu'ils bordent.

- Traitement courant pour un sol perméable et des sous-sols à usage de caves, parcs de stationnement ou des locaux techniques courants, l'application d'un produit noir en 1 ou 2 couches suffit.
- Drainage à prévoir lorsqu'une accumulation prolongée d'eau est à craindre en périphérie des murs enterrés ou lorsqu'aucune trace d'humidité n'est admise dans les sous-sols. Le mur reçoit un revêtement d'étanchéité autoprotégé ou un complexe de drainage vertical rapporté : figure 3.

3-2. Maçonnerie de petits éléments

Les règles indiquées ci-dessous supposent que :

– les risques de tassement différentiel (susceptible de provoquer des fissures d'enduit) seront limités,

– si une nappe phréatique existe, elle n'atteint jamais le niveau le plus bas du ou des sous-sols,

– les risques d'accumulation prolongée d'eau le long des murs périphériques seront limités.

3-2.1. Partie hors-sol des maçonneries de soubassement

- Cas des murs de certains vides sanitaires et des murs périphériques de terre-plein : épaisseur minimale selon la résistance mécanique nécessaire.
- Autres murs : à concevoir selon les même exigences que les murs des superstructures (p. 80). Leurs dispositions constructives et leurs épaisseurs minimales sont définies ci-dessous.

3-2.2. Partie enterrée des maçonneries de soubassement

- **Exigences**

3 catégories de murs sont à distinguer selon les conditions d'utilisation des locaux qu'ils abritent :

- catégorie 1 : mur sur locaux habitables en sous-sol où aucune trace d'humidité n'est admise (ces locaux doivent être aérés et ventilés),
- catégorie 2 : mur sur chaufferie, garage ou certaines caves où des infiltrations limitées peuvent être admises par le maître d'ouvrage,
- catégorie 3 : mur sur vide sanitaire ou sur terre-plein où seule, la résistance mécanique conditionne l'épaisseur minimale de la paroi.

- **Caractéristiques de la maçonnerie**
  - nature : selon DTU n° 20-1,
  - épaisseurs minimales : elles sont à déterminer en fonction de la résistance mécanique (charges verticales, poussées des terres).

  Nota : pour les maçonneries de béton cellulaire autoclavé, prévoir des contreforts de soutènement et des chaînages horizontaux selon le paragraphe 2.18 du DTU n° 20-1.

Pour les murs de catégorie 1 et 2, les épaisseurs minimales sont les suivantes :

- matériaux pleins et blocs creux de béton : 20 cm,
- blocs pleins de béton cellulaire autoclavé : 25 cm,
- matériaux perforés de terre cuite : 30 cm.

- **Nature du revêtement de la paroi enterrée**

Le choix du revêtement dépend de la catégorie du mur et de l'existence ou non d'un drainage.

- **Paroi sans drainage**

Les murs de catégorie 1 (fig. 1a) et ceux en blocs de béton cellulaire autoclavé reçoivent un revêtement extérieur.

Les murs de catégorie 2 (fig. 1b) peuvent ou non être revêtus extérieurement (selon l'utilisation du local).

Le revêtement peut être un enduit soit :

- traditionnel à base de liants hydrauliques (DTU n° 26-1),
- d'imperméabilisation de façade à base de liants hydrauliques (utilisable si l'avis technique préconise son emploi pour des parois enterrées), éventuellement complétés par un produit noir appliqué en une ou deux couches continues.

  Nota : les produits noirs appliqués à froid ne font qu'améliorer la fonction d'imperméabilisation de l'enduit sans pouvoir s'y substituer.

- **Paroi avec drainage**

Les murs de catégorie 1 reçoivent :

- soit une membrane à base de produits hydrocarbonés appliquée sur un enduit de dressage et constituée au moins des éléments suivants (fig. 2a, vocabulaire page 118) :
  - * 1 EIF, 1 EAC, 1 chape B.A 40 TV autoprotégé alu.,
  - * 1 EIF, 1 chape B.A 50 TV ou BA 5O TV-VV-HR autoprotégé alu.,
  - * des feuilles élastoplastiques sous avis technique y compris la colle d'assemblage de ces feuilles,
- soit des drains verticaux (fig. 3) en liaison avec le drainage horizontal.

Les murs de catégorie 2 reçoivent :

- soit un enduit extérieur à base de liants hydrauliques complété par 2 couches d'EIF (fig. 2b),
- soit des drains verticaux en liaison avec le drainage horizontal : figure 3.

①

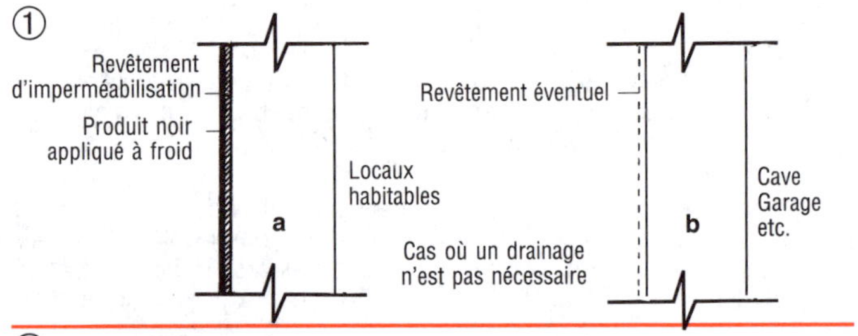

②

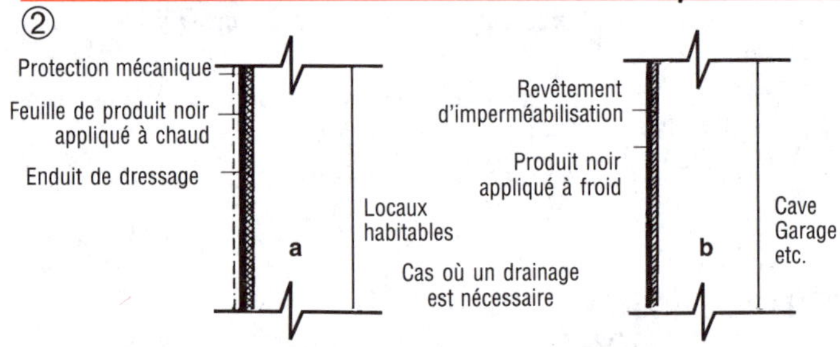

③

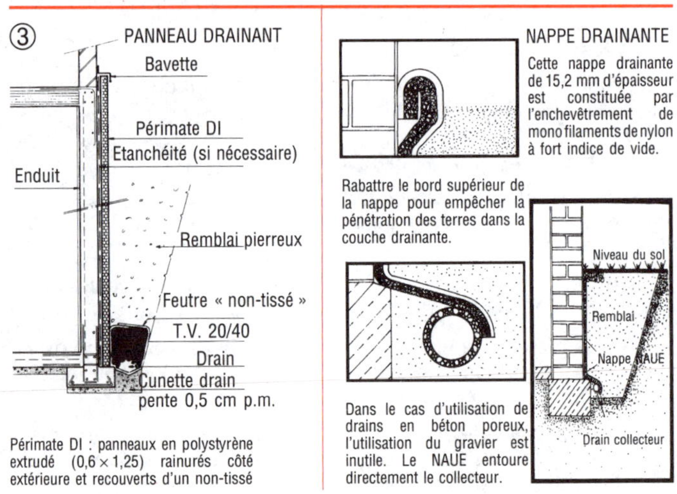

4. OUVRAGES ASSOCIÉS AUX MURS ENTERRÉS

4-1. Regards d'eaux pluviales (EP)

Les EP seront recueillies dans un regard étanche les empêchant de s'infiltrer le long des murs enterrés. Ce regard (fig. 5) repose sur un socle en béton fondé sur le bon sol ou sur des profilés scellés dans le mur de soubassement.

4-2. Réseaux de drainage

Un drainage est à prévoir chaque fois que le bâtiment est fondé sur une couche peu perméable surmontée par un sol perméable à condition que les eaux collectées soient évacuées de manière efficace.

En outre, dans des terrains très hétérogènes et en pente, des précautions sont à prendre pour que le drainage n'alimente pas des veines perméables du sol, ce qui présenterait des dangers d'instabilité d'ensemble.

4-2.1. Conception générale d'un réseau

- Paramètres de conception
  - surface, relief et nature du terrain à assainir,
  - nombre, densité et profondeur des bâtiments.
- Drainage périphérique (fig. 1) : adopté pour des bâtiments isolés.
- Drainage collectif (fig. 2) : plus simple et plus économique pour un ensemble de bâtiments.

4-2.2. Conception de la tranchée drainante

Zone de collecte et d'évacuation des eaux

Lorsque la quantité d'eau à évacuer est « importante », un tuyau doit être mis en place en bas de la tranchée. Ses caractéristiques sont les suivantes :

- matériau constitutif : terre cuite, béton (poreux ou perforé), PVC perforé. Seuls, les tuyaux perforés ou en béton poreux sont emboîtés.
- pente : entre 3 et 10 mm par mètre,
- diamètre minimal intérieur :
  - drainage périphérique : 100 mm,
  - drainage en épi : 60 à 80 mm selon la distance entre 2 drains voisins.

Matériaux filtrants

- Matériaux granuleux : remplissage de la tranchée par plusieurs couches dont la granulométrie est croissante dans le sens de l'écoulement de l'eau (loi des filtres) ; cette solution n'est applicable que lorsque le terrain ne peut pas **colmater** le drain : figure 7a. Pour un sable fin peu perméable (sable de Fontainebleau, sable d'estuaire), remplir la tranchée de sable 0/3 : figure 7b.
- Non-tissés : le filtre est constitué par un non-tissé (ex : polyester) d'au moins 200 g/m^2 : figures 7c et 7d.

4-2.3. Compléments relatifs aux réseaux périphériques

- En fonction de la pente, le drain ceinture totalement ou partiellement le bâtiment : figure 4.
- Position de la tranchée :
  - contre le bâtiment (fig. 3a) : le tuyau est posé soit sur un béton maigre, soit sur le débord de la semelle et en aucun cas plus bas que celle-ci.
  - à 2 m des murs extérieurs (fig. 3b) : il faut ramener les eaux de ruissellement de la façade grâce à une contre-pente et/ou une protection superficielle.
- Lorsque la tranchée descend plus bas que le niveau des fondations, respecter une valeur maximum de la pente en fonction du terrain (tg α : fig. 6a et 6b).
- Prévoir des regards, au point haut du drain, à chaque changement important de direction du tuyau et au raccordement de 2 drains. Leur diamètre doit permettre un tringlage et on prend :
  - en terrain argileux des tuyaux en PVC ou en amiante-ciment tels que Ø int. = 150 mm,
  - en terrain à grains fins peu perméables où les risques de colmatage sont importants, des regards de décantation.

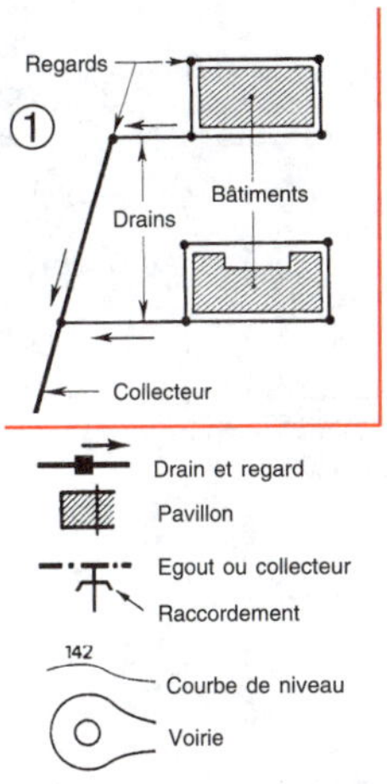

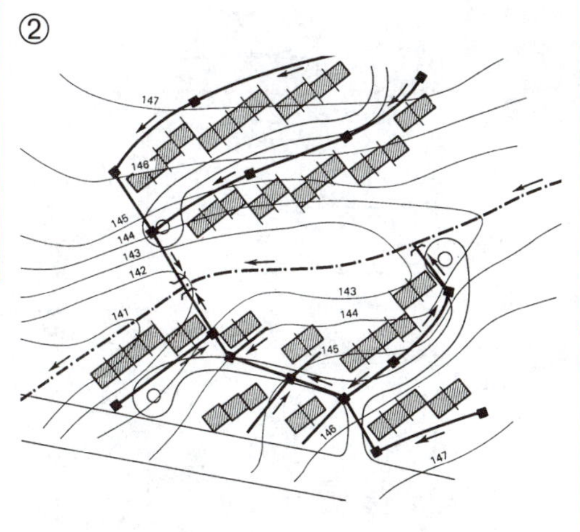

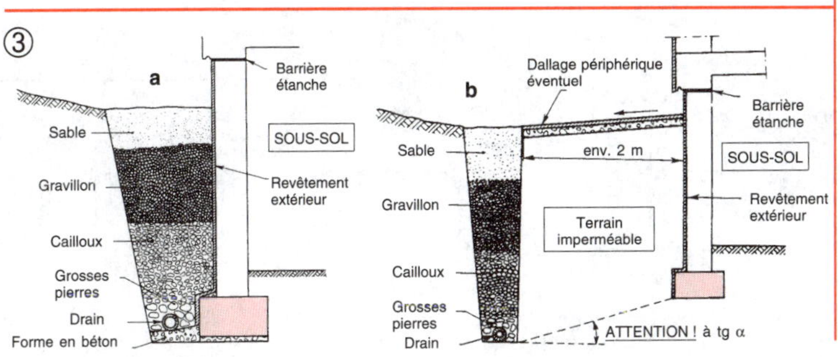

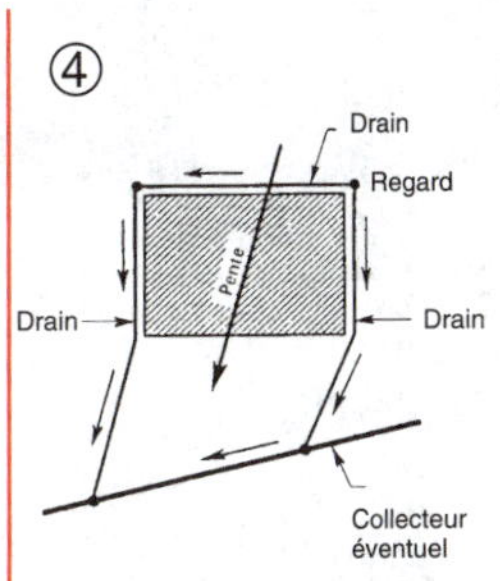

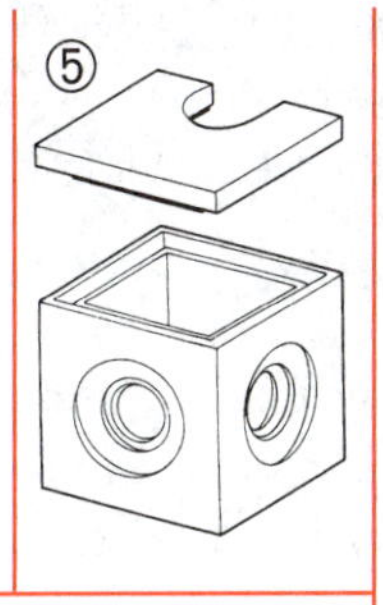

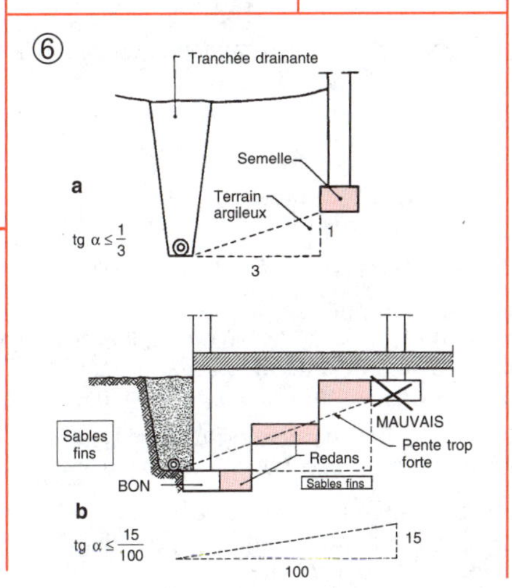

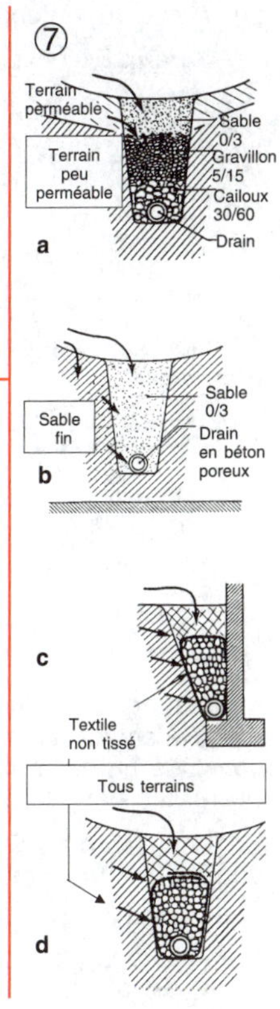

4-2.4. Compléments relatifs aux réseaux collectifs

- Distance entre drains : elle est fonction de la perméabilité du sol et on peut prendre :
  - 8 à 12 m en terrain compact argileux,
  - 12 à 16 m en terrain limoneux,
  - 16 à 20 m en terrain sableux ou sablo-graveleux.
- Profondeur de la tranchée :
  - en terrain moyennement perméable (ex : sable à grains fins), descendre plus bas que les fondations : figure 1a.
  - en terrain perméable (sable et gravier d'alluvions anciennes) surmontant une couche très peu perméable située cependant plus bas que les fondations, descendre plus bas que le niveau du sous-sol : figure 1b.

4-2.5. Collecte et évacuation des eaux drainées

Les eaux collectées sont évacuées, soit par déversement naturel (terrain en pente), soit par l'intermédiaire d'un collecteur se déversant dans un égout d'EP ou un cours d'eau. Ce collecteur peut être :

- un tuyau de plus gros Ø que les drains : figure 2a,
- un caniveau : figure 2b.

5. TRAVAUX DE CUVELAGE (DTU N° 14-1)

Ces travaux concernant la partie immergée des bâtiments s'imposent dans les cas cités à la page 173.

5-1. Action de l'eau (fig. 3)

On distingue des actions permanentes, variables et accidentelles dues à l'eau.

Les eaux de ruissellement et d'infiltration correspondent à des actions permanentes (EB : c'est le niveau du fil d'eau du réseau de drainage ou celui de l'exutoire naturel des couches perméables, plus 50 cm s'il n'existe pas de drainage ni de barbacanes).

Le niveau (E) retenu pour l'étude est, en général :

- « Eaux Exceptionnelles » pour les nappes,
- « Eaux Basses » pour les ruissellements et infiltrations.

5-2. Les trois types de cuvelage

On appelle cuvelage (fig. 4) :

- l'enveloppe et ses retours réalisés en béton,
- et le revêtement de cuvelage s'il existe.

Le choix de l'une des solutions suivantes pour un ouvrage donné dépendra :

- de la nature des locaux (destination, aménagement, conditions d'exploitation,...),
- du revêtement (possibilité d'intervention ultérieure, limites d'emploi,...),
- de l'action de l'eau,
- du tassement du bâtiment,
- de la mitoyenneté et du phasage des travaux.

• Cuvelage à revêtement d'imperméabilisation
Le revêtement (enduit hydrofuge ou pelliculaire à base de résine) constitue un écran intérieur étanche adhérant à son support mais ne résiste pas aux fissurations appréciables de ce dernier.

Les reprises d'application de chaque couche d'imperméabilisation sont décalées d'environ 20 cm d'une couche à l'autre (fig. 5).

• Cuvelage à structure relativement étanche
Il ne comporte pas de revêtement de cuvelage. Un léger passage d'eau est admis et éventuellement récupéré.

• Cuvelage à revêtement d'étanchéité (fig. 6)
Un revêtement d'étanchéité traditionnel (multicouches, asphalte) ou sous avis technique (bitume élastomère, membrane PVC,...) est appliqué à l'extérieur de la structure résistant aux poussées de l'eau sans lui être nécessairement adhérant (c'est la pression de l'eau qui l'applique contre elle).

5-3. Règles de calcul : BAEL 91 + DTU n° 14-1

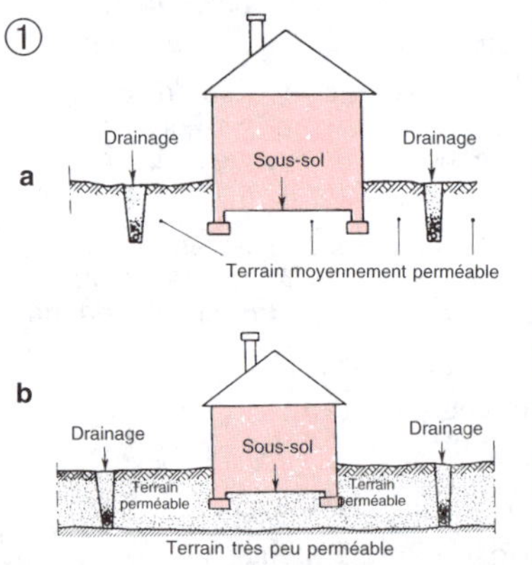

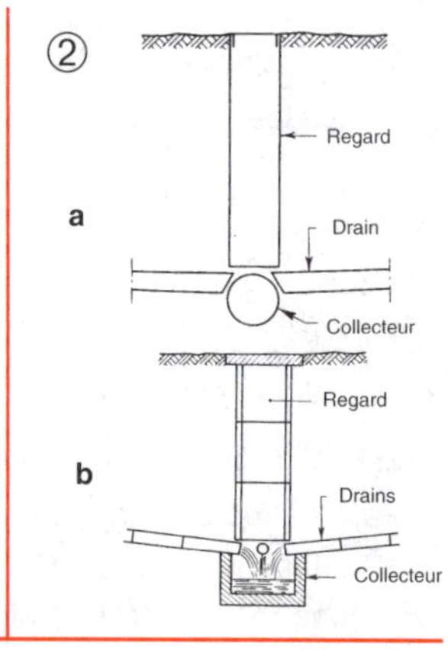

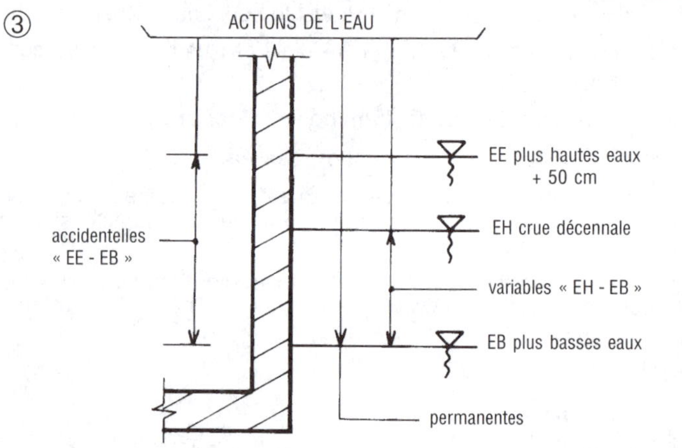

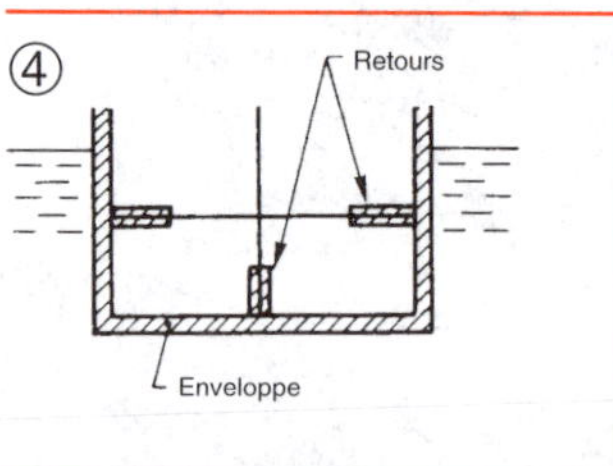

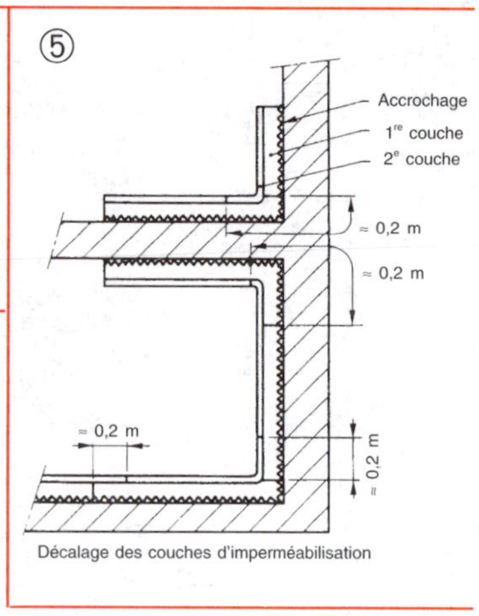

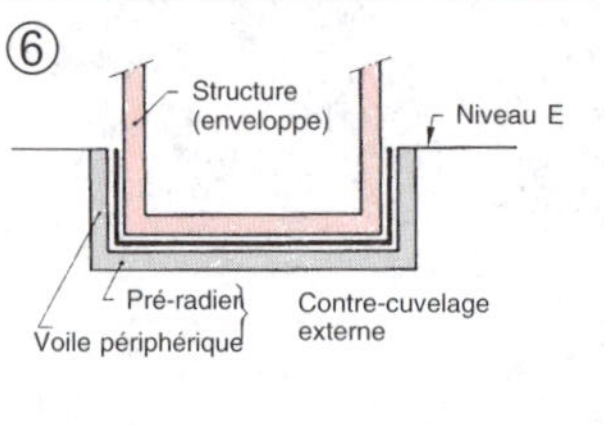

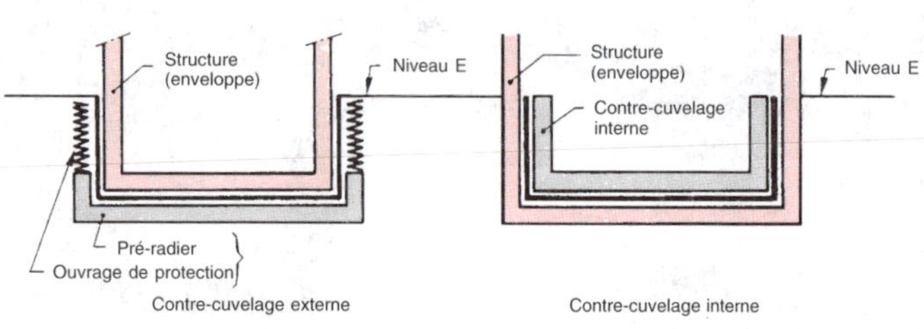

1. GÉNÉRALITÉS

- **Température**

Grandeur fondamentale, elle représente l'état d'échauffement d'un corps.

La norme NF X 02-006 définit le kelvin (K) comme la fraction 1/273,16 de la température thermodynamique du point triple de l'eau. En dehors de la température thermodynamique (symbole T exprimé en K), on utilise aussi la température Celsius (symbole t exprimé en °C) définie par l'équation :

$$t_{(°C)} = T_{(K)} - 273{,}15$$

Aux États-Unis et au Royaume-Uni, on emploie le degré Farenheit (symbole θ exprimé en °F)

$$\theta_{(°F)} = \frac{9}{5}\, t_{(°C)} + 32$$

- **Quantité de chaleur**

C'est l'énergie calorifique. Elle s'exprime en joule (J) (on utilise aussi le wattheure (Wh), la « tonne équivalent pétrole » [TEP]).

- **Flux de chaleur**

C'est la quantité de chaleur passant au travers d'un m² de paroi pendant une seconde. Notée φ, elle s'exprime en J/s.m², c'est-à-dire en W/m².

Remarque : le flux de chaleur sera compté positif du chaud vers le froid. On indiquera le sens à l'aide d'une flèche (chaud → froid).

2. COEFFICIENT K, RÉSISTANCE THERMIQUE R

2-1. La résistance thermique R

La résistance thermique d'un élément de construction ou d'une lame d'air est l'inverse de la densité de flux de chaleur pour une différence de température de 1 °C entre les deux faces de l'élément ou de la lame d'air.

$$R = \frac{1}{\varphi}\,(T_{surf.\,int} - T_{surf.\,ext})$$

$T_{surf.\,int}$ température de la surface intérieure de l'élément ou de la lame d'air,

$T_{surf.\,ext}$ température de la surface extérieure de l'élément ou de la lame d'air.

La résistance thermique s'exprime en m² °C/W.

2-2. La conductivité thermique λ

La conductivité d'un matériau λ est la densité de flux traversant un mètre d'épaisseur du matériau pour une différence de température de 1 °C entre les deux faces de ce matériau.

2-3. Explication physique du phénomène de transfert de chaleur en régime permanent

2-3.1. Dans le solide, entre deux surfaces (températures Ta et Tb), l'échange se fait par conduction.

Pour un matériau homogène de conductivité λ et d'épaisseur e,

$$\varphi = \frac{\lambda}{e}\,(T_a - T_b) = \frac{T_a - T_b}{R_c}$$

R_c étant la résistance en conduction de l'élément avec $R_c = e/\lambda$.

- Pour un matériau hétérogène ou des matériaux composites les fabricants donnent directement les valeurs des résistances thermiques R :

$$\varphi = \frac{(T_a - T_b)}{R}$$

Vous trouverez la valeur des coefficients et les résistances des principaux éléments de constructions courantes page 34 et 35.

Pour des matériaux et des éléments de construction moins usités, on se référera aux avis techniques décernés par le CSTB.

Remarque : l'humidité des matériaux de construction influe de façon importante sur les performances thermiques, c'est pourquoi, les valeurs de R et de λ sont données en tenant compte du taux moyen d'humidité constaté en France.

2-3.2. A la surface de la paroi (température T_{surf}), l'échange entre le fluide (à la température T_{fluide}) et le solide se fait par convection. La densité de flux d'échange en convection vaut :

$$\varphi_c = \alpha_c\,(T_{surf} - T_{fluide})$$

L'échange entre une paroi et un solide éloigné se fait par rayonnement. En considérant qu'il y a peu d'ensoleillement, on peut le mettre sous la forme simplifiée suivante :

$$\varphi_r = \alpha_r\,(T_{surf} - T_{fluide})$$

La densité de flux total échangé à la surface est donc

$$\varphi = \varphi_c + \varphi_r = (\alpha_c + \alpha_r)\,(T_{surf} - T_{fluide}) = h\,(T_{surf} - T_{fluide})$$

avec h = coefficient d'échange superficiel (c'est la densité de flux de chaleur passant de l'air ambiant à la paroi pour une différence de 1 °C entre ceux-ci).

2-4. Bilan thermique au travers de la paroi (Rt, K)

- La résistance surfacique : figure 2.

La résistance surfacique intérieure vaut $1/h_i$, la résistance surfacique extérieure vaut $1/h_e$, avec :

h_i : coefficient d'échange superficiel intérieur

h_e : coefficient d'échange superficiel extérieur

Les valeurs de ces coefficients sont données selon les différentes configurations possibles.

- La résistance en conduction Rt d'une paroi multicouche :

– la i ème couche de matériaux est caractérisée par λ_i et e_i (avec $R_i = e_i/\lambda_i$), ou directement par sa résistance en conduction R_i,

– la résistance de la paroi en conduction est $R_c = \sum_i R_i$,

– la résistance totale de cette paroi est donc

$$R_t = 1/h_i + \sum_i R_i + 1/h_e$$

① 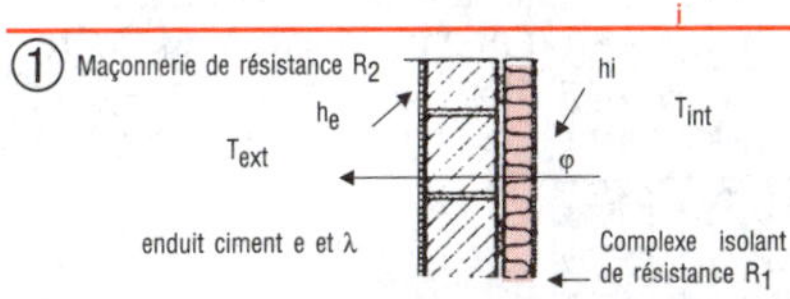

$T_{int} > T_{ext}$ → sens du flux φ du plus chaud vers le plus froid

$$R_t = \frac{1}{h_i} + \underbrace{R_1 + R_2 + \frac{e}{\lambda}}_{\text{Résistance en conduction}} + \frac{1}{h_e}$$

②	Paroi en contact avec : – l'extérieur, – un passage ouvert, – un local couvert.			Paroi en contact avec : – un autre local, chauffé ou non chauffé, – un comble, – un vide sanitaire.		
	$\frac{1}{h_i}$	$\frac{1}{h_e}$	$\frac{1}{h_i}+\frac{1}{h_e}$	$\frac{1}{h_i}$	$\frac{1}{h'_i}$	$\frac{1}{h_i}+\frac{1}{h'_i}$
Paroi verticale ou faisant avec le plan horizontal un angle supérieur à 60°	0,11	0,06	**0,17**	0,11	0,11	**0,22**
Paroi horizontale ou faisant avec le plan horizontal un angle égal ou inférieur à 60°, flux ascendant (toiture)	0,09	0,05	**0,14**	0,09	0,09	**0,18**
Flux descendant (plancher bas)	0,17	0,05	**0,22**	0,17	0,17	**0,34**

Un local est dit « ouvert » si le rapport de la surface totale de ses ouvertures permanentes sur l'extérieur à son volume est égal ou supérieur à 0,005 m²/m³.

- K, coefficient de transmission surfacique, est le flux de chaleur passant dans une paroi pour une différence de 1 °C entre les deux ambiances séparées par cette paroi. L'unité utilisée est le $W/m^2.°C$.

C'est donc l'inverse de Rt : K = 1 / Rt

donc $$K = \frac{1}{\frac{1}{hi} + \sum_i R_i + \frac{1}{he}}$$ (fig. 1, 2 et 3)

Remarque : dans le cas d'une isolation thermique dynamique (quand on a récupération d'énergie sur l'air entrant ou par les parois) le calcul de K se complique. Se référer alors aux règles ThK et ThGv.

3. COEFFICIENT K DES MENUISERIES

3-1. Coefficient K des parties vitrées, K moyen jour-nuit (fig. 4)

Le coefficient K_{jn} moyen jour-nuit est la moyenne des valeurs du coefficient K aux différentes heures de la journée, compte tenu de la possibilité de fermeture des rideaux et des volets (pour les fenêtres et portes-fenêtres uniquement à condition qu'elles ne soient pas dans des parties communes ou des dépendances, auquel cas, on utilisera le coefficient K_n de la paroi vitrée nue).

On distinguera plusieurs cas selon l'existence ou non de fermetures (volets) :

- la fenêtre comporte des voilages et pas de volets, voir K_{jn} sans fermeture ;
- la fenêtre possède des volets. K_{jn} va dépendre de la perméabilité des fermetures :
  * perméabilité moyenne quand on utilise
    - des volets pleins, en bois ou métal, sans ajour,
    - des persiennes en bois à panneaux pleins, sans ajour,
    - des persiennes en métal à fouille pleine, sans ajour,
    - des volets roulants en bois, en matière plastique, en métal, à lames à recouvrement sans ajour...
  * perméabilité forte quand les fermetures comportent des ajours.

①

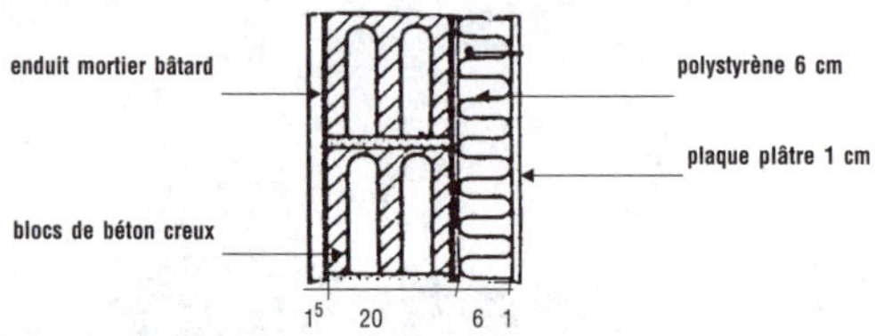

– plaque de plâtre cartonnée, épaisseur 1 cm		R	= 0,20
– polystyrène expansé moulé	λ = 0,040	$\frac{e}{\lambda} = \frac{0,06}{0,04}$	= 1,50
– blocs de béton creux – deux alvéoles		R	= 0,19
– enduit mortier		$\frac{e_s}{\lambda_s} = \frac{0,015}{1,15}$	= 0,013
– résistances d'échanges superficiels		$\frac{1}{h_i} + \frac{1}{h_e}$	= 0,17
K = 0,482 arrondi à 0,50 W/m² °C		$\frac{1}{K}$	= 2,073

②

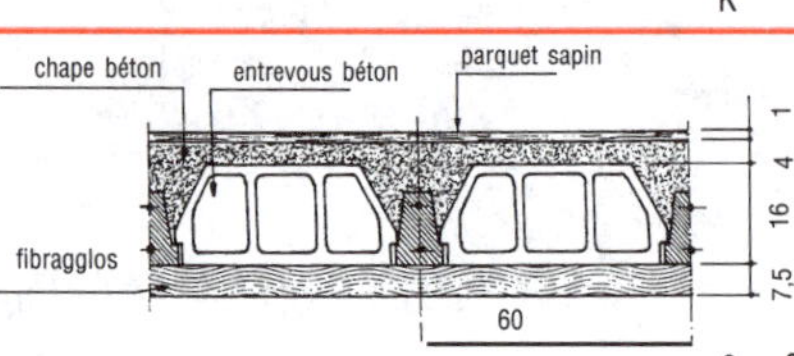

– parquet sapin $\frac{e_i}{\lambda_i} = \frac{0,01}{0,12}$ = 0,083

– plancher à entrevous en béton de 16 cm (y compris la chape en béton de 4 cm) e = 60 cm R_2 = 0,13

– fibragglos de 7,5 cm R_3 = 0,75

– résistances d'échanges superficiels (paroi horizontale en contact avec un local non chauffé flux descendant) $\frac{1}{h_i} + \frac{1}{h'_i}$ = 0,34

$\frac{1}{K} = 1,303$ K = 0,767 arrondi à 0,75 W/m² °C

③

Calcul du coefficient K d'une toiture-terrasse en béton d'agrégats lourds, de masse volumique 2300 kg/m³, isolé par 8 cm de polystyrène expansé, moulé de classe V

– Enduit plâtre	$\frac{e_1}{\lambda_1}$	$= \frac{0,01}{0,35}$	= 0,03
– Béton lourd	$\frac{e_2 + e_3}{\lambda_2}$	$= \frac{0,20}{1,75}$	= 0,11
– Polystyrène	$\frac{e_4}{\lambda_4}$	$= \frac{0,08}{0,037}$	= 2,16
– Feutres bitumés	$\frac{e_5}{\lambda_5}$	$= \frac{0,01}{0,23}$	= 0,04
– Résistances d'échanges superficiels :	$\frac{1}{h_i}$	$+ \frac{1}{h_e}$	= 0,14
		$\frac{1}{K}$	= 2,48

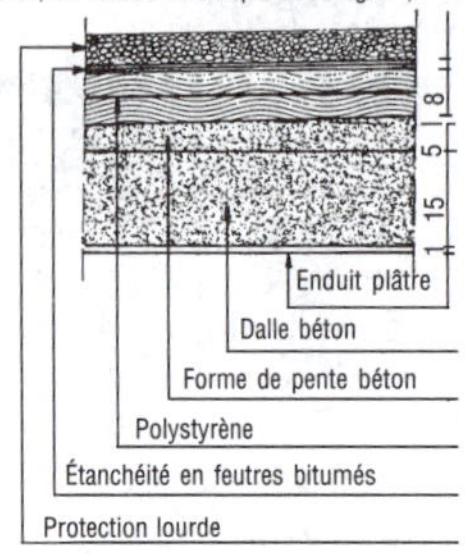

K = 0,403 arrondi à 0,40 W/m² °C

* voir valeurs de R et λ du chapitre matériaux

④

Coefficient K des menuiseries : fenêtres et châssis fixes de bâtiment industriel

Nature de la menuiserie	Type de vitrage	K de la paroi vitrée nue (K_n)	
		Paroi verticale ou d'inclinaison égale ou supérieure à 60°	Paroi d'inclinaison inférieure à 60°
Métal	Vitrage simple	5,8	7,0
	Double-fenêtres à cadres séparés	3,0	

Fenêtres et portes-fenêtres de bâtiment d'habitation

Type de fenêtres	Type de vitrage et épaisseur nominale de la lame d'air en vitrage double (mm)		K de la paroi vitrée nue (Kn)	K moyen jour-nuit (K_{jn})		
				Sans fermeture	Avec fermeture de perméabilité forte	Avec fermeture de perméabilité moyenne
Fenêtres et portes-fenêtres en bois (DTU)						
Fenêtres battantes	Vitrage simple		4,95	4,15	3,85	3,45
	Vitrage double	6	3,15	2,80	2,75	2,45
		8	3,05	2,70	2,55	2,35
Portes-fenêtres battantes avec soubassement	Vitrage simple		4,75	4,00	3,70	3,35
	Vitrage double	6	3,10	2,75	2,60	2,40
		8	3,00	2,65	2,55	2,35
Portes-fenêtres battantes sans soubassement ou coulissantes	Vitrage simple		5,05	4,20	3,90	3,55
	Vitrage double	6	3,20	2,85	2,70	2,50
		8	3,05	2,75	2,60	2,40
Fenêtres et portes-fenêtres en métal (DTU)						
Fenêtres battantes	Vitrage simple		6,15	4,95	4,50	4,05
	Vitrage double	6	4,50	3,80	3,55	3,25
		8	4,45	3,70	3,45	3,15
fenêtres coulissantes	Vitrage simple		6,05	4,90	4,45	4,05
	Vitrage double	6	4,25	3,65	3,40	3,10
		8	4,10	3,50	3,30	3,00
Portes-fenêtres coulissantes	Vitrage simple		6,05	4,90	4,50	4,05
	Vitrage double	6	4,10	3,55	3,30	3,00
		8	3,95	3,40	3,20	2,90
Fenêtres en PVC (avis technique)						
Fenêtres	Vitrage simple		4,60	3,90	3,65	3,30
	Vitrage double	6	3,10	2,75	2,60	2,40
		8	2,95	2,65	2,50	2,35
Fenêtres de toit (type Velux avis technique)						
Paroi verticale ou d'inclinaison égale ou supérieure à 60°			2,80	2,50	-	-
Paroi d'inclinaison inférieure à 60°			3,10	2,70	-	-

3. COEFFICIENT K DES MENUISERIES (suite)

3-2. Coef. K des portes courantes

Pour les portes sans ajour ni isolation spécifique, on pourra prendre les valeurs données figure 1.

4. COEF. K DES PLANCHERS HAUTS ENTERRÉS

Les déperditions sont fonction de la surface et on utilise alors le coef. K qui vaut :

$$1/K = 0,41 + Rp + (e / 1,9) \quad \text{avec}$$

Rp = résistance en conduction du plancher,
e = épaisseur de terre de couverture en m.

5. COEFFICIENT k LINÉIQUE

Les parois sont caractérisées par le coef. K pour 1 m². La liaison entre deux parois sera caractérisée du point de vue déperdition thermique par un coef. k pour 1 m de long.
k est le flux de chaleur à travers une liaison ou une ossature pour une différence de 1 °C entre les deux ambiances que sépare la paroi correspondante, ramené à un mètre de longueur de cette liaison ou ossature. Dans le langage courant, on parlera de ponts thermiques.

① **Coefficient K des portes courantes**

Nature de la menuiserie	Type	Donnant sur l'extérieur	Donnant sur un local non chauffé
Portes simples en bois	Portes opaques : – pleines – pleines avec montants de 45 mm – alvéolées	 3,5 3,3 –	 3,0 – 2,2
	Portes équipées de vitrage simple : – proportion de vitrage inférieure à 30 % – proportion de vitrage comprise entre 30 et 60 %	 4,0 4,5	 – –
	Portes équipées de vitrage double à lame d'air de 6 mm quelle que soit la proportion de vitrage	3,3	–
Portes simples en métal	Portes opaques	5,8	4,5
	Portes équipées de vitrage simple quelle que soit la proportion de vitrage	5,8	–
	Portes équipées de vitrage double : – proportion de vitrage inférieure à 30 % – proportion de vitrage comprise entre 50 et 70 %	 5,5 4,8	 – –
Portes en verre sans menuiserie	Portes en vitrage simple	5,8	4,5
Éléments souples battants		5,8	4,5

②

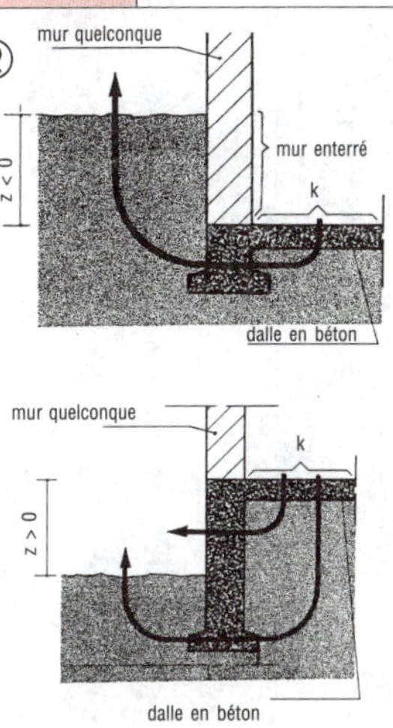

Z (m)	k (W/m °C)
de – 4,00 à – 2,55	0,40
de – 2,50 à – 1,85	0,60
de – 1,80 à – 1,25	0,80
de – 1,20 à – 0,75	1,00
de – 0,70 à – 0,45	1,20
de – 0,40 à – 0,25	1,40
de – 0,20 à + 0,20	1,75
de 0,25 à 0,40	2,10
de 0,45 à 1,00	2,35
de 1,05 à 1,50	2,55

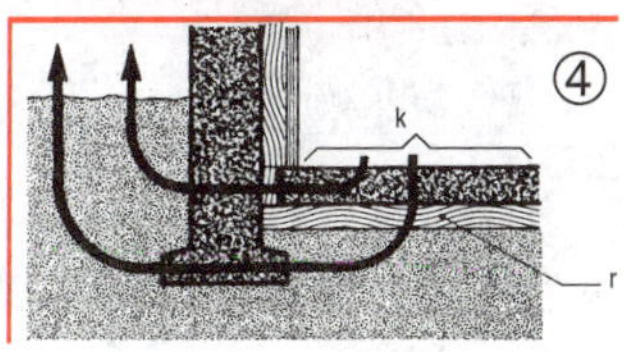

④

5-1. Coefficient k des principales liaisons : page 180

5-2. Coefficient k des parois enterrées

Les déperditions de ces parois enterrées sont calculées comme des liaisons, en introduisant donc un coef. k linéique.

• **Planchers bas enterrés** :
Ce coefficient est principalement fonction de la profondeur (z) et des performances thermiques du mur enterré (s'il y a ou non un isolant) :
- plancher sans isolation spécifique : figure 2 ;
- plancher avec isolation : figure 3.

Cette isolation peut se faire de différentes façons :
- sur la partie verticale du mur,
- sur la partie horizontale du plancher (sur tout ou une partie du plancher).

Pour réduire ces ponts thermiques, on peut désolidariser la dalle des murs extérieurs, en intercalant un isolant (fig. 4). On utilise alors les valeurs (fig. 3) diminuées de :

– 0 si z < – 0,55 m – 0,05 si – 0,50 m < z < – 0,25 m – 0,1 si z > – 0,20 m	*si l'isolant au droit du plancher a une résistance r_i tel que : $r_i < r$ et $r_i < 0,20$ m² °C/W*

③ z (m)	Largeur de l'isolation ℓ (m)	r (m² °C/W) 0,60 à 0,75	0,80 à 1,00	1,05 à 1,50	1,55 à 2,00	2,05 à 3,00
Isolation verticale ou horizontale au pourtour						
de – 1,20 à – 0,75	0,25 à 1,00	0,90	0,90	0,90	0,90	0,85
de – 0,70 à 0,45	0,25 à 1,00	1,10	1,10	1,05	1,05	1,05
de – 0,40 à – 0,25	0,45 à 1,00	1,20	1,15	1,15	1,10	1,05
de – 0,20 à + 0,20	0,45 à 1,00	1,45	1,40	1,35	1,30	1,30
de 0,25 à 0,40	0,70 à 1,00	1,60	1,55	1,45	1,40	1,35
de 0,45 à 1,00	0,70 à 1,00	1,80	1,70	1,65	1,55	1,50
de 1 ,05 à 1,50	0,70 à 1,00 1,05 à 1,50	2,00 1,90	1,95 1,80	1,85 1,70	1,80 1,60	1,70 1,50
Isolation horizontale sur toute la surface du plancher						
de – 4,00 à – 2,55		0,35	0,35	0,35	0,30	0,30
de – 2,50 à – 1,85		0,50	0,50	0,45	0,45	0,40
de – 1,80 à – 1,25		0,65	0,60	0,60	0,55	0,45
de – 1,20 à – 0,75		0,80	0,75	0,70	0,65	0,55
de – 0,70 à – 0,45		0,95	0,90	0,80	0,75	0,65
de – 0,40 à – 0,25		1,05	1,00	0,90	0,80	0,70
de – 0,20 à + 0,40		1,25	1,15	1,05	0,95	0,85
de 0,25 à 0,40		1,45	1,30	1,20	1,05	0,95
de 0,45 à 1,00		1,55	1,45	1,30	1,15	1,00
de 1,05 à 1,50		1,70	1,55	1,40	1,25	1,10

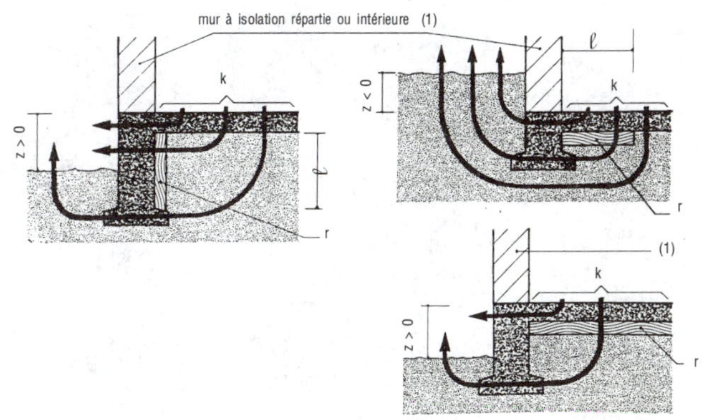

THERMIQUE DE LA PAROI : COEFFICIENT LINÉIQUE k

AFNOR DTU P 50-702 (Règles Th-K)

Les valeurs de k données pour les liaisons avec les refends et les planchers et pour les angles correspondent à une paroi ; elles doivent être comptées deux fois comme le montrent les schémas ci-dessous :

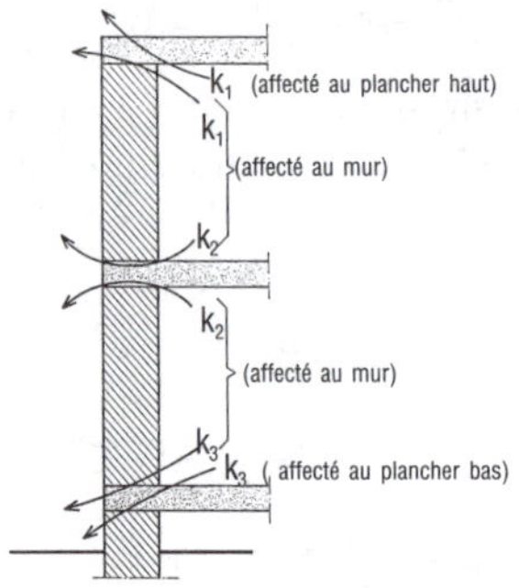

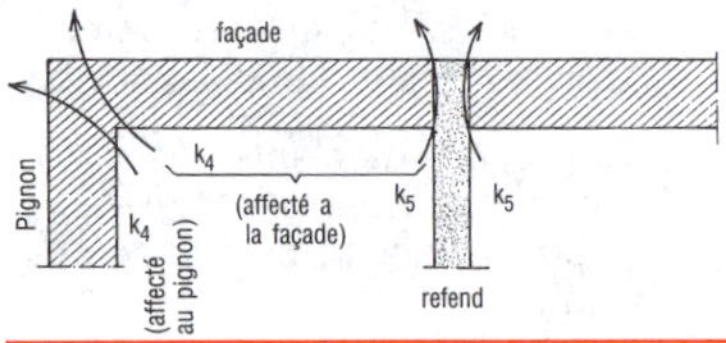

Liaison d'un mur à isolation intérieure ou extérieure avec une menuiserie dans le plan d'isolation.

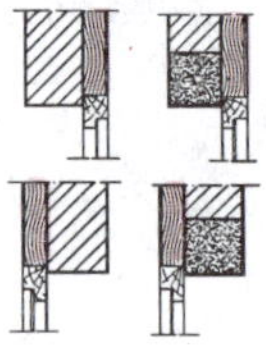

Isolation intérieure	Menuiserie intérieure	$k = 0$
Isolation extérieure	Menuiserie extérieure	$k = 0$

Liaison de deux murs à isolation extérieure

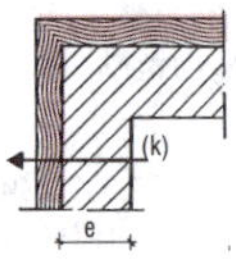

e \ K	0,40 à 0,60	0,65 à 0,85	0,90 à 1,10
20 à 24 25 à 30	0,07 0,08	0,10 0,12	0,14 0,17

Si les deux murs ne sont pas identiques, K et e sont les moyennes arithmétiques respectivement des coefficients K et des épaisseurs des deux murs.

Liaison de deux murs à isolation intérieure

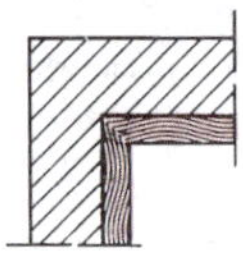

Isolation continue $k = 0$

Coefficient k d'une liaison d'un mur en maçonnerie ou béton à isolation intérieure avec un refend ou un plancher

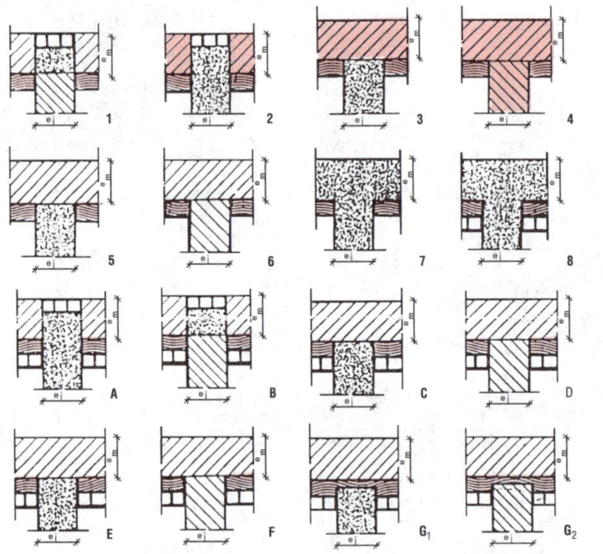

Mur en maçonnerie ou plancher à entrevous — Mur en briques

Note :
chiffre noir pour des épaisseurs e_m ou e_i comprises entre 20 et 25 cm
chiffre rouge pour des épaisseurs e_m ou e_i comprises entre 15 et 19 cm

Épaisseur ei du plancher ou du refend en cm		– de 8	10	12^5	15	17^5	20	22^5	25
Le doublage est un complexe isolant avec ou sans lame d'air	fig. 1	–	0,14	0,17	0,20	0,22	0,25	0,27	0,29
	fig. 2	–	0,15	0,18	0,21	0,24	0,27	0,29	0,32
	fig. 3	–	0,11	0,13	0,16	0,18	0,20	0,21	0,23
	fig. 4	0,06	0,10	0,13	0,15	0,17	0,19	0,20	0,22
	fig. 5	–	0,15	0,18	0,21	0,24	0,27	0,30	0,32
	fig. 6	0,09	0,14	0,17	0,20	0,23	0,26	0,28	0,30
	fig. 7	–	0,20 0,19	0,24 0,23	0,28 0,27	0,32 0,30	0,36 0,34	0,39 0,37	0,42 0,40
cf : note	fig. 8	–	0,24 0,22	0,28 0,26	0,32 0,30	0,35 0,33	0,38 0,36	0,42 0,39	0,45 0,42
Le doublage est composé d'un isolant et d'une contre-cloison	fig. A	–	0,17	0,20	0,23	0,26	0,28	0,31	0,33
	fig. B	–	0,16	0,19	0,22	0,25	0,26	0,29	0,30
	fig. C	–	0,11	0,13	0,16	0,18	0,20	0,21	0,22
	fig. D	0,07	0,10	0,12	0,15	0,17	0,19	0,20	0,21
	fig. E	–	0,16	0,19	0,22	0,24	0,28	0,31	0,33
	fig. F	0,09	0,14	0,17	0,21	0,24	0,27	0,29	0,31
cf : note	fig. G_1/G_2	0,03	0,04	0,05	0,06	0,07	0,08	0,09	0,10

Coefficient k d'une liaison plancher avec mur (toitures, terrasses, locaux non chauffés). Le plancher est en béton plein ou à entrevous

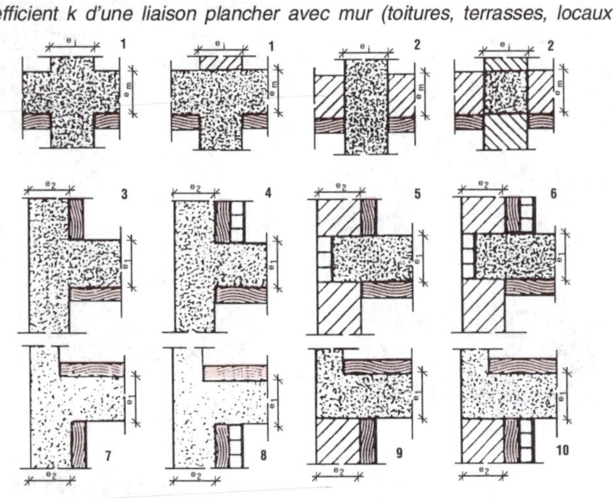

mur en maçonnerie ou plancher à entrevous — *mur ou plancher en béton plein*
complexe isolant avec ou sans lame d'air — *isolant avec une contre-cloison*

ei ou e1		10	12^5	15	17^5	20	22^5	25	27^5	30
Le plancher est en béton plein	fig. 1	0,20 0,18	0,25 0,22	0,30 0,26	0,34 0,32	0,40 0,36	0,44 0,40	0,48 0,44	– –	– –
Le plancher est à entrevous	fig. 2	0,17	0,20	0,24	0,27	0,30	0,33	0,36	–	–
Les murs extérieurs sont en béton	fig. 3	– –	– –	0,21 0,20	0,24 0,22	0,27 0,25	0,30 0,28	0,32 0,30	0,35 0,32	0,37 0,34
	fig. 4	– –	– –	0,24 0,22	0,26 0,25	0,28 0,27	0,31 0,29	0,34 0,31	0,36 0,34	0,39 0,36
Les murs extérieurs sont en maçonnerie	fig. 5	– –	– –	0,15	0,17	0,19	0,21	0,23	0,24	0,26
	fig. 6	– –	– –	0,18	0,20	0,22	0,24	0,26	0,28	0,30
Les murs inférieurs sont en béton	fig. 7	– –	– –	0,21 0,20	0,24 0,22	0,27 0,25	0,30 0,28	0,32 0,30	0,35 0,32	0,37 0,34
	fig. 8	– –	– –	0,24 0,22	0,26 0,25	0,28 0,27	0,31 0,29	0,34 0,31	0,36 0,34	0,39 0,36
Les murs inférieurs sont en maçonnerie	fig. 9	– –	– –	0,18	0,20	0,22	0,25	0,27	0,29	0,31
cf : note	fig. 10	– –	– –	0,19	0,22	0,24	0,26	0,28	0,31	0,33

• **Murs enterrés sur une profondeur z :**
Pour un mur homogène dans toute la partie enterrée, le coefficient k est donné figure 1.

6. BILAN THERMIQUE D'UN ÉLÉMENT DE FAÇADE (fig. 2).

La déperdition au travers de la façade D, pour une différence de température de 1 °C entre l'intérieur et l'extérieur, vaut :

$$D = KS + kL$$

7. HYGROTHERMIE

7-1. Définitions

Dans l'air, l'eau est à l'état gazeux (vapeur). L'air se décompose alors de la façon suivante : Air = Air Sec + Vapeur d'Eau.

• **Humidité absolue : W (fig. 3)**

La masse d'eau contenue dans un volume d'air s'appelle l'humidité absolue de l'air, notée W. Pour une température et une pression données, W est limitée à une valeur maximum Ws correspondant à la saturation (la quantité de vapeur d'eau supérieure à Ws va se transformer en eau par condensation). Quand la température de l'air augmente, Ws augmente.

• **Humidité relative : HR**

HR = 100 × W/Ws (en %)
La saturation correspond à HR = 100 %.
Dans un local d'habitation, 60 % < HR < 97 %.

• **Pression partielle de vapeur d'eau** (fig. 4)

Un autre paramètre caractérisant l'air est la pression, somme de la pression partielle de l'air sec et la pression partielle de la vapeur.

$$p_{tot.} = p_a + p_v \text{ avec}$$

p_{tot} = pression totale de l'air,
p_a = pression partielle de l'air sec,
p_v = pression partielle de vapeur d'eau.

La pression de vapeur à saturation est notée p_s ($p_s = p_v$ pour HR = 100 %).
Pour un air absolument sec, $p_v = 0$. A une température T_a donnée, p_v est fonction de p_s et de HR :

$$p_v = HR.\ p_s$$

Exemple : pour une HR = 60 %,
à une T = 10° C, p_s vaut 1228,1 Pa
d'où $p_v = 0,60 \times 1228,1 = 736,8$ Pa

7-2. Migration de l'eau dans les parois

Considérons une paroi séparant deux ambiances : intérieure caractérisée par Ti et HRi, extérieure Te et HRe.
La connaissance des 2 ambiances permet de connaître les pressions partielles de vapeur sur les deux faces. Dans la construction, la grande majorité des matériaux employés sont des matériaux poreux, qui ne sont pas totalement étanches à l'air.
Quand $p_{surf.1} > p_{surf.2}$, il s'établit donc au travers de cette paroi un courant de diffusion de la vapeur d'eau, qui va tendre à équilibrer ces deux pressions. La vapeur d'eau va se déplacer dans le matériau, de la pression la plus forte vers la plus faible, selon la formulation suivante pour un matériau de perméabilité π :

$$g = \frac{\pi}{e} \times (p_{surf.1} - p_{surf.2})$$

C'est la loi de Fick, g étant la quantité de vapeur d'eau traversant la paroi pendant l'unité de temps et l'unité de surface.
En migrant vers la partie froide du mur, la vapeur d'eau peut se condenser dans les matériaux de la paroi. Si la condensation s'effectue dans l'isolant, il peut y avoir une dégradation de celui-ci. On interposera donc un **pare-vapeur** entre la partie « chaude » du mur et l'isolant.

Coefficient k du mur (W / m² °C) ①

z (m)	0,50 à 0,64	0,65 à 0,79	0,80 à 0,99	1,00 à 1,19	1,20 à 1,49	1,50 à 1,79	1,80 à 2,19	2,20 à 2,59	2,60 à 3,09
de – 4,00 à – 3,05	1,15	1,30	1,45	1,65	1,85	2,00	2,20	2,35	2,55
de – 3,00 à – 2,55	1,00	1,15	1,30	1,45	1,65	1,80	2,00	2,15	2,30
de – 2,50 à – 2,05	0,85	1,00	1,15	1,30	1,45	1,65	1,80	1,95	2,10
de – 2,00 à – 1,55	0,70	0,85	1,00	1,10	1,25	1,40	1,55	1,75	1,90
de – 1,50 à – 1,05	0,55	0,65	0,75	0,90	1,00	1,15	1,30	1,45	1,60
de – 1,00 à – 0,75	0,40	0,50	0,60	0,65	0,80	0,90	1,05	1,15	1,30
de – 0,70 à – 0,45	0,30	0,35	0,40	0,50	0,55	0,65	0,75	0,85	0,95
de – 0,40 à – 0,25	0,15	0,20	0,25	0,30	0,35	0,40	0,45	0,55	0,60

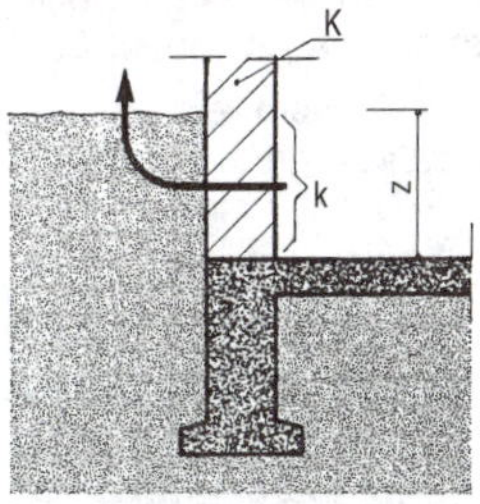

②

Km : K du mur, Kf : K de la fenêtre
kfm : k de la liaison mur / fenêtre
kfp : k de la liaison fenêtre / plancher
kmp : k de la liaison mur / plancher
kmr : k de la la liaison mur / refend
kpm : k de la liaison plafond / mur

D façade = (Km × Sm) + (Kf × Sf) + (2 kfm × Lfm) + (kfp × Lfp) + (kmp × Lmp) + (kmr × Lmr) + (kpm × Lpm)

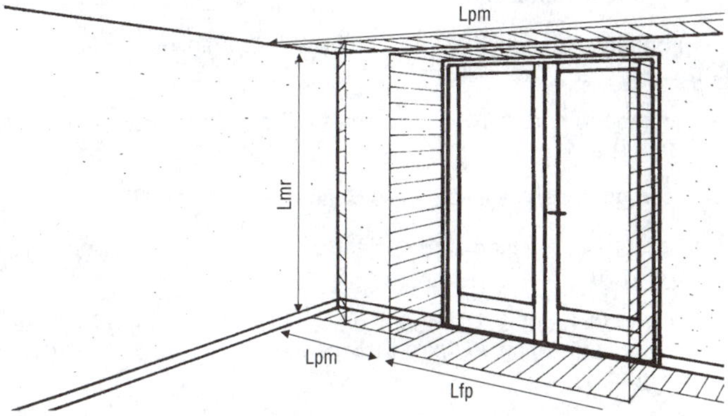

③

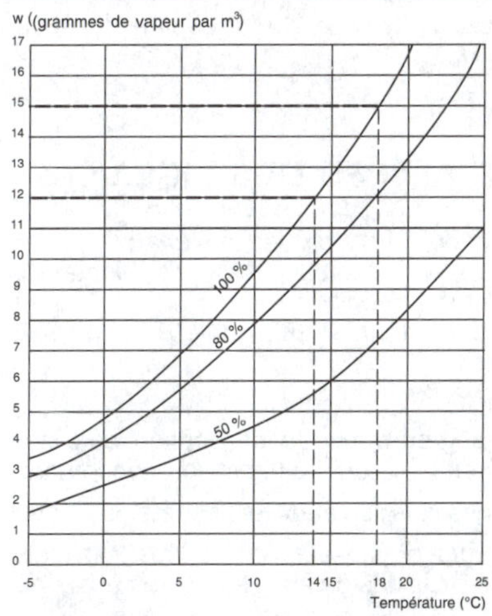

④ Pression de saturation ps en fonction de la température

T (°C)	– 20	– 18	–16	– 14	– 12	– 10	– 8	– 6	– 4	– 2	0	+ 2	+ 4
Ps (Pa)	103	124	150	181	217	260	310	369	438	518	611	706	813
T (°C)	+ 6	+ 8	+ 10	+ 12	+ 14	+ 16	+ 18	+ 20	+ 22	+ 24	+ 26	+ 28	+ 30
Ps (Pa)	935	1 073	1 228	1 403	1 599	1 818	2 063	2 337	2 642	2 982	3 359	3 778	4 242

LES ISOLANTS : CERTIFICATS ACERMI – TENUE AU FEU
NF P 75-101

1. LA CERTIFICATION ACERMI (fig. 1)

L'Association pour la CERtification des Matériaux Isolants ne certifie que des matériaux isolants conformes à la norme NF P 75-101 et garantit :

– un pouvoir isolant caractérisé par la résistance thermique utile (R) prise en compte dans les calculs,

– des niveaux de caractéristiques d'aptitude à l'emploi symbolisées par les lettres I, S, O, L, E.

Une étiquette donne R et ces caractéristiques.

Un matériau isolant reçoit un des trois certificats suivants en fonction de résultats d'essais en laboratoire et de contrôles de fabrication :

– le certificat A : la résistance thermique de l'isolant est certifiée en fonction de l'épaisseur du produit. La valeur garantie de (R) résulte d'un contrôle permanent effectué par le fabricant,

– le certificat B : les caractéristiques d'aptitude à l'emploi sont certifiées ainsi qu'une valeur forfaitaire de la résistance thermique,

– le certificat C : la résistance thermique et les caractéristiques ISOLE sont certifiées.

L'aptitude à l'emploi peut être appréciée **pour l'essentiel** grâce aux cinq caractéristiques suivantes :

I : propriétés mécaniques en compression avec 5 niveaux (I1 à I5).

S : comportement aux mouvements différentiels avec 4 niveaux (S1 à S4).

O : comportement à l'eau avec 3 niveaux (O1 à O3).

L : propriétés mécaniques utiles en cohésion et flexion avec 4 niveaux (L1 à L4).

E : comportement à la vapeur d'eau avec 4 niveaux (E1 à E4) correspondant à 4 niveaux de perméance P (= $1/R_{DI}$) (non donné à la figure 1)

NOTA : la performance d'un produit augmente avec le chiffre indiquant le niveau nécessaire pour les emplois les plus courants. (Le niveau 1 correspond à un seuil éliminatoire d'entrée dans la certification).

2. TENUE AU FEU DES ISOLANTS

Selon l'arrêté du 31/01/86, les matériaux d'isolation doivent être conformes aux règles du « **Guide de l'isolation par l'intérieur des bâtiments d'habitation du point de vue des risques en cas d'incendie** » (cahier 1624 du CSTB, n° 206 janv.-fév 80).

Ce guide fixe :

- **des règles générales** de conception des isolations situées à l'intérieur des bâtiments d'habitation concernant :

– les habillages des isolants (en général obligatoire),

– les épaisseurs et masses volumiques minimales des parois et habillages vis-à-vis des délais d'embrasement généralisé (cf. guide),

– la transmission du feu entre logements (sauf justifications particulières, la continuité des isolants combustibles doit être interrompue aux jonctions entre les parois horizontales et verticales).

- **des solutions constructives**, en plus des règles de résistance au feu, pour la composition des parois (doublages des murs, façades légères, sols, planchers et plafonds) en fonction de la famille (classement incendie) à laquelle appartient le bâtiment.

Ce guide fait parfois référence aux critères de réaction au feu des matériaux (M0, M1, etc.). Des **marques NF réaction au feu** existent pour les panneaux à base de bois et les polystyrènes expansés et expansibles.

Murs et parois verticales	EMPLOI	I S O L
①	**ISOLATION INTÉRIEURE DE PAROI LOURDE** (DTU n° 20.1 et 23.1)	
	• Isolant derrière cloison de doublage	
	– mur de type II à III tel que défini par le DTU	1 1 2 2
	– mur de type I ou IV tel que défini par le DTU	1 1 2 2
	• Isolant contrecollé en usine à une ou deux plaques de plâtre pour constituer – complexe de doublage isolant – contre-cloison isolante	nota 1
	ISOLATION EXTÉRIEURE DE PAROI LOURDE	
	• Isolant inséré dans un bardage rapporté (manufacturé ou par enduit armé)	
	– bardage traditionnel	1 1 2 2
	– bardage non traditionnel	nota 1
	• Isolant inséré dans un revêtement attaché en pierre mince (DTU n° 55.2)	1 1 2 2
	• Isolant collé et recouvert d'un enduit mince armé ou hydraulique armé	nota 2
	ISOLATION INCORPORÉE OU EN POSITION INTERMÉDIAIRE	
	• Isolant inséré dans un double mur (DTU n° 20.1)	1 1 2 2
	• Isolant entre ossatures (bois, métal, béton) et parois légères (DTU n° 31.2)	1 1 2 2
	• Isolant inséré dans un bardage double peau	1 1 2 2
	• Isolant inséré dans un panneau préfabriqué en béton avec entretoises	2 1 2 3
	***Nota 1** : La défintion des niveaux requis appartient selon le cas à la Commission de Normalisation compétente ou au Groupe Spécialisé.* ***Nota 2** : On se référera aux Avis Techniques et aux documents « Conditions générales d'emploi des systèmes d'isolation thermique des façades par l'extérieur faisant l'objet d'un Avis technique » (Cahier du CSTB n° 1833 / mars 1983) et « Conditions générales de mise en œuvre des systèmes d'isolation thermique des façades par l'extérieur faisant l'objet d'un Avis Technique » (Cahier du CSTB n° 253-2 / octobre 1984).*	

Toitures et combles	EMPLOI	I S O L
	• Isolant sur plancher de comble perdu ou entre solives ou solivettes (sans charge)	1 1 1 1
	• Isolant sur plancher de grenier et recouvert de panneaux de répartition des charges (charges courantes)	2 1 1 1
	• Isolant fixé sur chevrons ou ossatures en rampant	1 1 1 1
	• Isolant supporté en plein en sous-toiture industrielle (DTU n° 40.31 à 40.45)	1 1 1 1
	• Isolant sur plafonds suspendus (DTU n° 58.1)	1 1 1 1
	• Isolant contrecollé en usine à une ou deux plaques de plâtre pour constituer un – complexe de doublage isolant – sandwich isolant à fixer sur chevrons ou ossature	nota 1

Planchers et soubassements	EMPLOI	I S O L
	• Isolant sur terre-plein sous dalle armée	3 1 2 2
	• Isolation verticale de fondations ou murs enterrés à la périphérie de terre-plein, vide sanitaire non ventilé, cave ; isolation placée du côté intérieur ou du côté extérieur, utilisée en coffrage ou rapportée (DTU n° 20.1 et 23.1)	2 1 3 3
	• Isolation rapportée en fond de coffrage en sous-face de plancher sur vide sanitaire ou sous-sol	2 1 2 2
	• Isolation rapportée et fixée mécaniquement en sous-face de plancher	1 1 1 2
	• Isolation incorporée et supportée mécaniquement dans un plancher à structure bois ou métallique	1 1 1 1
	• Isolation sous chape, dalle, revêtement de sol scellé ou bois (DTU n° 26.2, 52.1, 51.3)	
	Compressibilité III	2 1 2 2
	Compressibilité II	3 1 2 2
	Compressibilité I	4 1 2 2
	Non compressible	5 1 2 2

L'isolation thermique d'un mur extérieur est obtenue :

- soit en réalisant la paroi à l'aide de matériaux ou d'éléments isolants : la paroi est alors à isolation répartie ;
- soit en rapportant l'isolant sur la paroi déjà construite, par l'intérieur ou par l'extérieur selon la position de la couche isolante (sauf pour les blocs-coffrages isolants de parois intérieures et extérieures en polystyrène expansé entre lesquels le béton constituant le mur porteur est coulé).

Tous ces procédés ne sont pas équivalents, car l'isolation d'une paroi à partir d'isolants ayant même résistance thermique ne conduit pas à des déperditions identiques à travers la paroi, le choix du procédé conditionnant alors le traitement des ponts thermiques.

La résistance thermique R des isolants à disposer est donnée p. 193 pour les maisons individuelles, sinon se reporter aux règles de calcul p. 177 ou aux Avis techniques du CSTB.

1. LES PAROIS À ISOLATION RÉPARTIE

Pratiquement, ce sont des maçonneries constituées :

- soit de blocs perforés de terre cuite, à alvéoles verticales, montés à joints discontinus avec ou sans bande isolante : figure 1,
- soit de blocs de béton cellulaire (NF-BLOCS EN BÉTON) collés ou montés au mortier isolant (le système fait alors l'objet d'un Avis technique du CSTB) : figure 2.

2. LES PAROIS À ISOLATION PAR L'INTÉRIEUR

Le doublage intérieur du mur est constitué :

- soit d'un **complexe isolant,** généralement un panneau isolant (polystyrène expansé ou extrudé, mousse de polyuréthanne, laine minérale), collé sur une plaque de plâtre cartonné qu'on fixe sur la paroi de maçonnerie (fig. 3) :
  - par collage à l'aide de plots de mortier adhésif,
  - par clouage sur une ossature de tasseaux en bois ou de profilés métalliques déjà fixés à la paroi, dans le cas où le mur à isoler présente des irrégularités importantes de surface ou des défauts de planéité.
- soit d'une cloison séparée du mur par une lame d'air continue (en général, **cloison de doublage,** préfabriquée, à âme isolante) ou par un matériau isolant (remplissant totalement ou partiellement l'espace entre la paroi extérieure et la cloison de doublage).

3. LES PAROIS À ISOLATION PAR L'EXTÉRIEUR (MURS MANTEAUX)

L'isolation se présente sous la forme :

- de panneaux isolants directement appliqués et fixés, par collage ou mécaniquement, sur la face extérieure de la paroi (pas de lame d'air ventilée entre l'isolant et le support),
- d'une peau extérieure protégeant le panneau isolant des sollicitations suivantes : chocs, poinçonnement, pression statique, pluie, rayonnement solaire...

Les systèmes d'isolation par l'extérieur se distinguent par l'existence ou non d'une lame d'air faiblement ventilée entre la peau et l'isolant.

3-1. Les enduits sur isolants

La peau extérieure est continue et adhère à l'isolant (en général du polystyrène expansé). Il doit alors présenter des caractéristiques mécaniques et une étanchéité à la pluie suffisantes.

L'isolant joue un rôle porteur et le collage améliore la répartition et la transmission des efforts entre l'isolant et le support.

Pour limiter les écarts de variations dimensionnelles entre l'isolant et l'enduit, on doit armer l'enduit d'un treillis de fibres de verre ou choisir des matériaux compatibles entre eux (enduit de module d'élasticité faible, par exemple).

Pour écarter les risques de condensation dans la masse de l'isolant ou de la peau, il faut que la perméance à la vapeur d'eau de l'enduit soit suffisamment grande par rapport à celle de l'isolant (c'est le cas du polystyrène expansé).

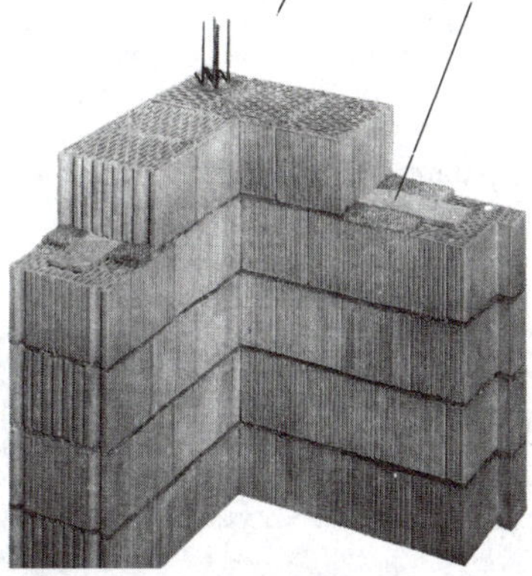

①

La mise en œuvre de la brique ISOPOR est identique à celle des murs monolithes ISO 30, 40, 42 et ISO « S »

On retrouve

1 La pose jointive : les briques serrées les unes contre les autres.

2 Les joints horizontaux : constitués par deux bandes de mortier isolant.

3 Les joints verticaux : réalisés par coulage d'un mortier suffisamment liquide afin de bien remplir – à refus – les cavités extrêmes formées par la simple juxtaposition des briques.

4 La mise en place d'un isolant entre les deux bandes de mortier : laine de roche de 10 ou 13 cm de large.

②

③

I	S	O	L	E
1	1	2	2	3 ou 4 ▼

Selon la fonction hygrothermique du local. Voir D.T.U. 20.1

ACERMI

La CERTIFICATION de QUALIFICATION des ISOLANTS THERMIQUES du BATIMENT

MURS ET PAROIS VERTICALES
Isolation intérieure de paroi lourde.
Isolant derrière cloison de doublage
(Mur de type II ou III tel que défini par le D.T.U. 20.1)

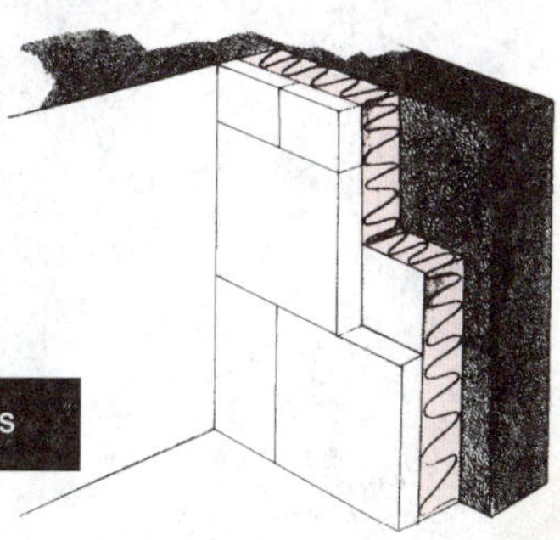

3-1. Les enduits sur isolants (suite)

- Les 2 principales techniques de mise en œuvre des enduits sur isolant utilisent :
  - soit des **enduits minces à liants organiques** (fig. 1),
  - soit des **enduits épais à liants hydrauliques**. Dans ce cas, l'isolant est constitué de plaques de polystyrène expansé rainuré ou de panneaux composites (fibragglos[1] – polystyrène) pour faciliter l'accrochage de l'enduit. Les panneaux d'isolant sont collés par des plots de mortier adhésif à base de liants hydrauliques (déposés sur l'isolant). L'enduit peut être armé d'un treillis métallique en acier galvanisé (fixé au support par des ancres ou crampons plastiques enfoncés à travers l'isolant) ou d'un treillis de fibres de verre enrobées ou de fibres de verre incorporées directement à l'enduit (fig. 2).
- Conditions de mise en œuvre des enduits minces :
  - **Préparation du support** neuf ou ancien (béton brut ou maçonnerie, enduite ou non) : la surface des murs doit être saine, débarrassée de poussière, graisse ou huile de démoulage, et ne pas ressuer l'humidité. Tout produit non adhérent devra être éliminé par brossage, grattage, ponçage.

Des précautions particulières (notamment des essais d'adhérence de la colle) doivent être prises dans les autres cas.

  - **Collage des panneaux isolants** : l'adhésif de collage est normalement appliqué sur la plaque d'isolant (collage partiel ou en plein par plots, par boudins, par adhésif réparti à la taloche crantée : figure 3a, b, c) sauf dans le cas de décapage par plots du support sur lequel il faut alors déposer l'adhésif.

Les panneaux sont posés, à joints décalés, à partir d'un niveau de référence (profilé fixé en partie basse). On effectue les découpes et ajustements des panneaux après collage et on calfeutre au mastic l'espace (5 mm) laissé entre les panneaux et les saillies telles que menuiseries, appuis de fenêtres...

Pour mettre en œuvre l'enduit, on applique (fig. 1) :

  - Une couche de base en 2 ou 3 fois (sous-enduit), dans laquelle est noyée l'armature (treillis de fibres de verre) normale ou renforcée selon le degré d'exposition aux chocs de la façade (fig. 4). Tous les bords et angles du système sont protégés par des cornières collées sous l'armature normale (fig. 5).
  - Une couche de préparation pour faciliter l'accrochage de la couche de finition.
  - Une couche de finition (enduit de parement plastique de préférence taloché ribbé pour absorber les légers défauts de planéité du support et assurer une durabilité meilleure que celle des enduits roulés).
- Détails de mise en œuvre aux points singuliers : figures 6 à 11.

1. Fibres de bois agglomérées par un liant.

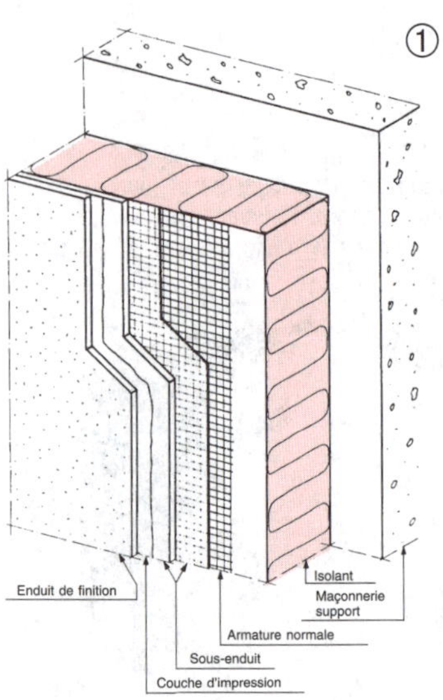

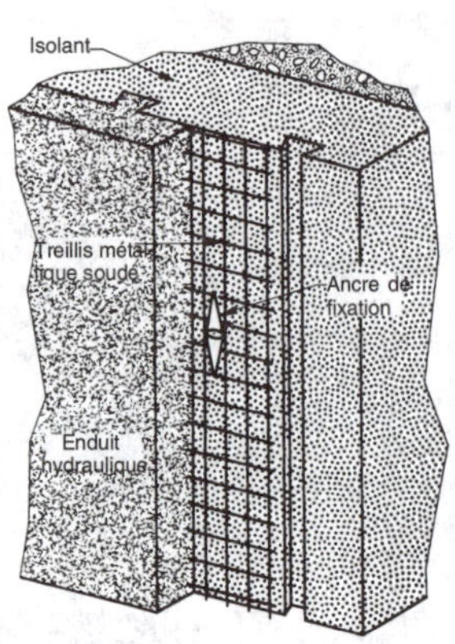

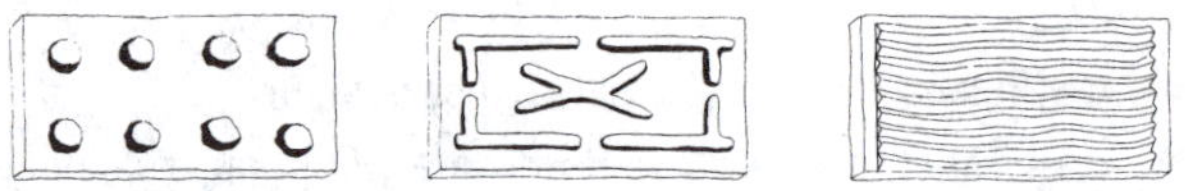

a) **Par plots** (collage partiel) b) **Par boudins** (collage partiel) c) **A la taloche crantée** (collage en plein)

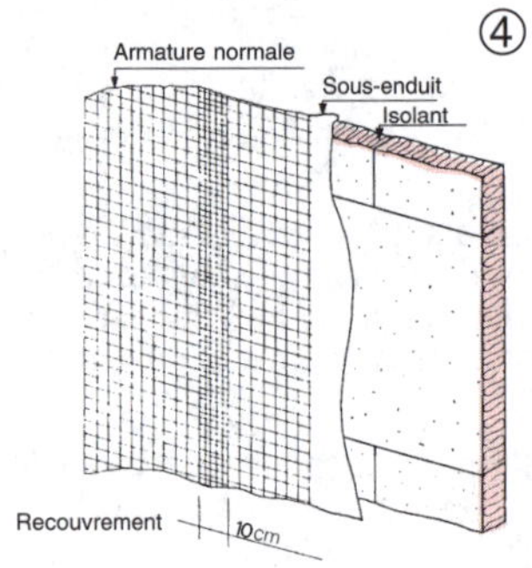

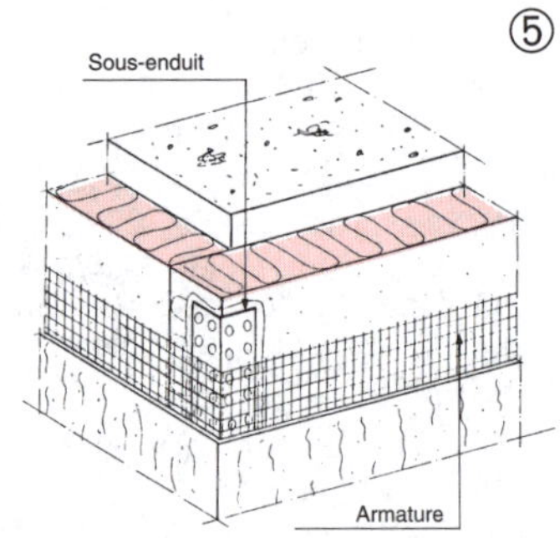

PARTIES BASSES

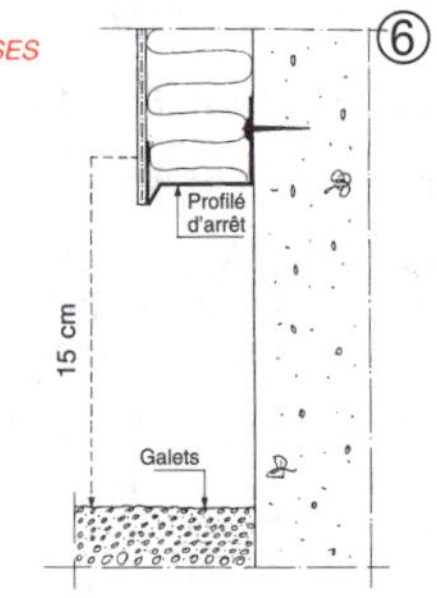

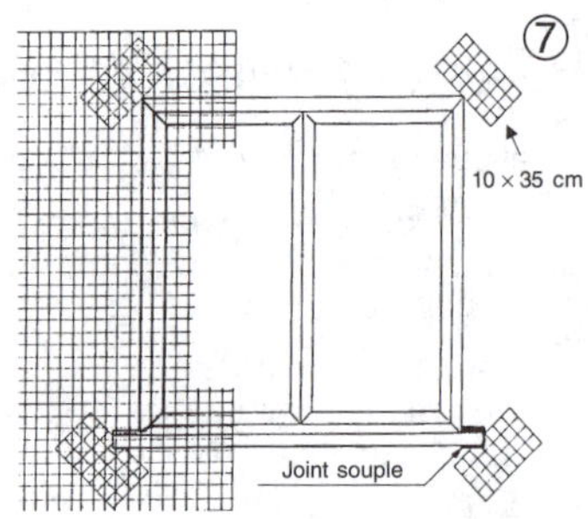

TABLEAU

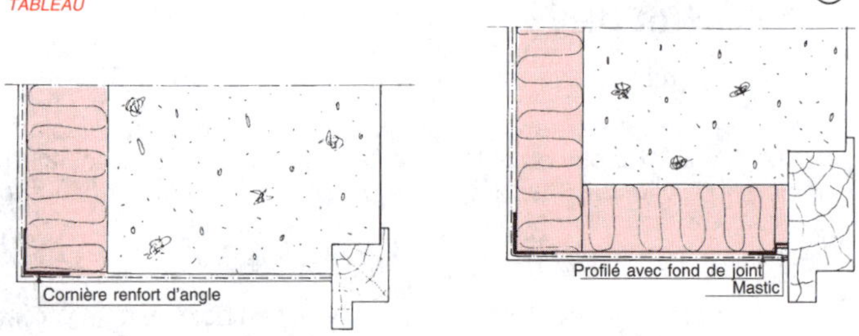

a SANS ISOLANT **b** AVEC ISOLANT

APPUI

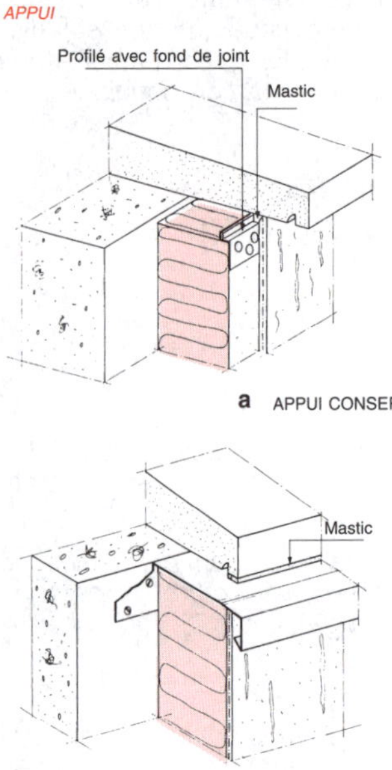

a APPUI CONSERVÉ

b APPUI + PROFILÉ GOUTTE D'EAU

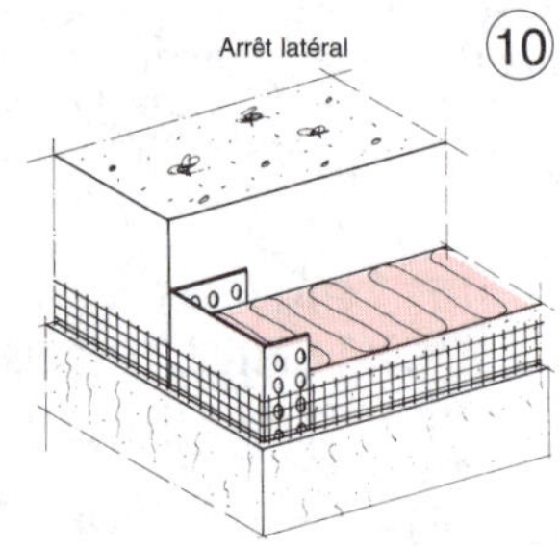

ACROTÈRE

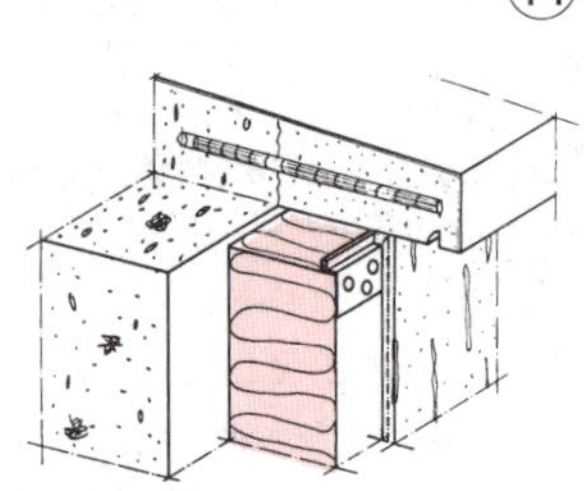

BANDEAU ADAPTÉ

3-2. Les bardages rapportés

Une lame d'air sépare l'isolant d'une peau discontinue constituée soit d'écailles ou petits éléments (ardoises, tuiles, bardeaux), soit de lames (clins, lattes de bois, profilés d'aluminium, de PVC ou de polyester), soit de grands éléments (plaques ondulées ou nervurées en métal, en amiante-ciment ou en plastique).

Les éléments de la peau sont fixés à la paroi par une ossature (souvent en bois) et, en bardage rapporté traditionnel, montés selon une technique analogue à celle employée en couverture pour obtenir l'étanchéité à la pluie : page 132.

Dans cette catégorie, figurent aussi les bardages à joints ouverts réalisés, soit avec des matériaux naturels (pierre – DTU n° 55.2 –, marbre, ardoise), soit avec des matériaux synthétiques (mortier de polyester...).

- **Conditions de mise en œuvre d'un bardage rapporté**

L'ossature est constituée de chevrons verticaux (dont l'écartement dépend principalement de la hauteur du bâtiment et de son exposition au vent) fixés au mur soit directement, soit par des pattes ou des équerres (fixes ou réglables) et entre lesquels, on pose l'isolant (panneaux de laine minérale semi-rigides) : figures 1, 2 et 7.

Pour obtenir une bonne ventilation de la lame d'air, il faut espacer d'au moins 20 mm l'isolant et les plaques de revêtement, en prévoyant des ouvertures en partie haute et basse du bardage : figure 3.

Les plaques sont posées à claire-voie, à pureau entier ou à clin sur des liteaux bois ou sur profils perforés aluminium.

Détails de mise en œuvre figures 4 à 7.

3-3. Les systèmes voisins : vêtures et bardures

- Directement fixées sur la paroi, **les vêtures** sont constituées d'éléments manufacturés, composés d'une peau assemblée à un isolant (souvent du polystyrène expansé, de masse volumique 16 à 20 kg / m^3) soit sur chantier par emboîtement (cas des clins), soit en usine par collage ponctuel (cas des écailles). Une lame d'air non ventilée (fractionnée pour conserver à la peau des surfaces d'appui sur l'isolant) est ménagée entre la peau et l'isolant.

La peau est composée :

- soit de « petits » éléments (4 au m^2) métalliques (aluminium ou acier galvanisé prélaqué, acier inoxydable), minéraux (amiante-ciment, terre cuite, mortier armé de fibres de verre), organiques (résines polyester armées ou non de fibres de verre, PVC, mortier de résine),
- soit d'éléments, appelés clins, de grande longueur et de largeur 0,2 à 0,4 m, métalliques (tôle d'aluminium prélaqué) ou en matière plastique (PVC).

Les vêtures imposent aussi certaines conditions de mise en œuvre :

- une bonne qualité du support qui, compte tenu de leur perméance à la vapeur plus faible que celle des bardages et de leur pose directe sur la paroi, nécessite des dispositions analogues à celles des enduits sur isolants : page 183,
- la précision des systèmes de fixation (attaches par fixations traversantes, pattes ou profilé-rail à l'aide de chevilles nylon),
- la facilité de pose (commodité du chantier, type d'avancement à la pose, traitements des points singuliers – baies, dernier rang...–, facilité de démontage).

- **Les bardures** se différencient des vêtures par le fait que, la peau, non solidaire de l'isolant, est fixée directement sur la maçonnerie à travers l'isolant.

I	S	O	L	E
1	1	2	2	1

Voir Règles de l'Art.

ACERMI

La CERTIFICATION de QUALIFICATION des ISOLANTS THERMIQUES du BATIMENT

Isolation extérieure de paroi lourde. Isolant inséré dans un bardage rapporté. (1)

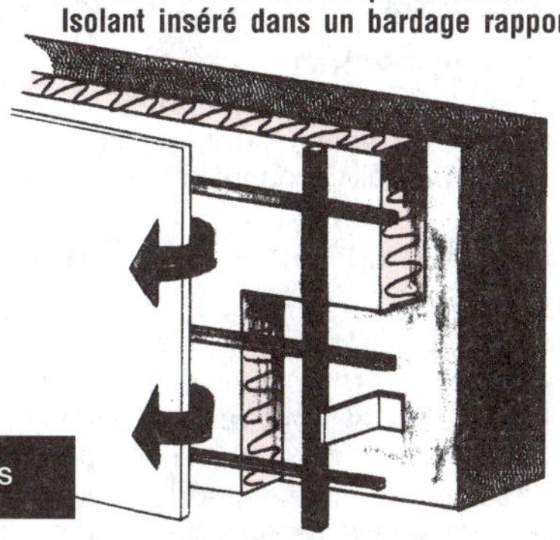

(2)

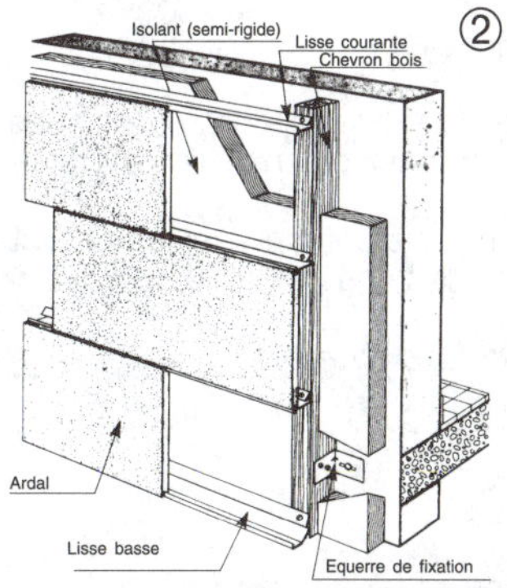

Fixation des lisses (3)

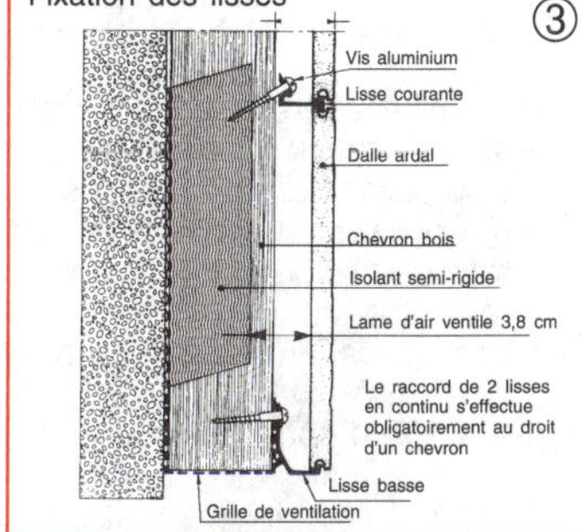

Baie/Tableau (4)

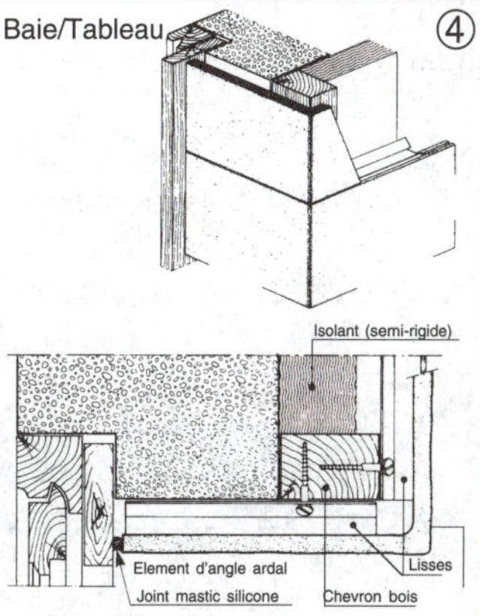

Angle rentrant (5)

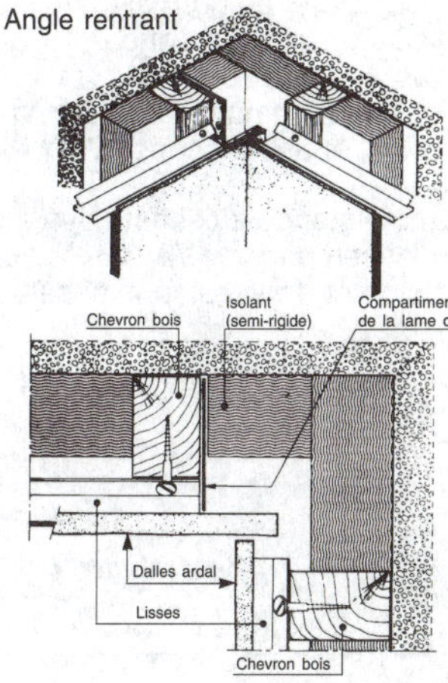

(6)

Rive latérale de bardage

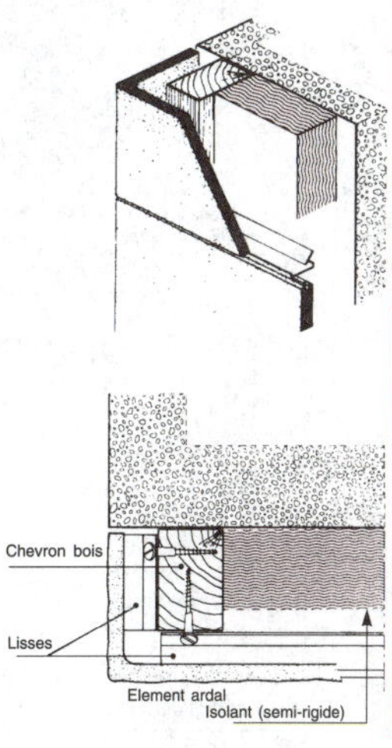

(7)

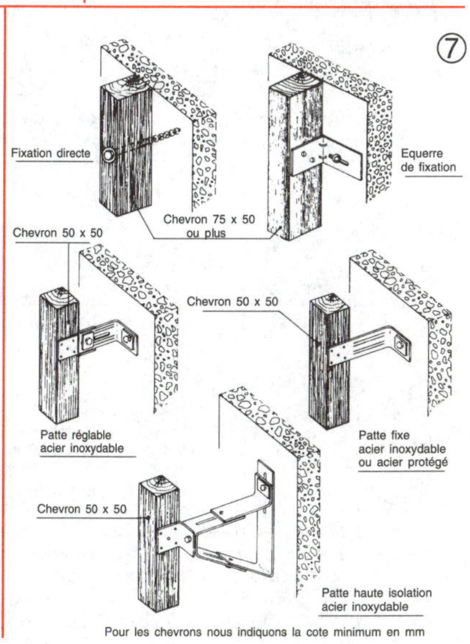

Pour les chevrons nous indiquons la cote minimum en mm

4. AIDE AU CHOIX D'UN SYSTÈME D'ISOLATION PAR L'EXTÉRIEUR

L'association EPEBAT a mis au point le classement « reVETIR » (défini par 7 caractéristiques) permettant d'opérer un premier choix sur la base de seuls critères techniques (performances, adaptation à l'emploi, durabilité, conditions de réparation et d'entretien).

4-1. Le classement « reVETIR »

Il concerne les systèmes d'isolation principale (enduits minces ou épais sur isolant, bardages rapportés, revêtements attachés en pierre mince avec isolant, vêtures, bardures) et les systèmes d'isolation complémentaire (enduits légers de granulats isolants) dont la résistance thermique R est supérieure ou égale à 0,5 m^2.°C/W.
Ce classement est indépendant du mur support dont il faudra vérifier l'aptitude à recevoir un système donné.
Les 7 critères de classement retenus sont :

- La facilité de réparer ou de remplacer « r » :
  - r1 : réparation malaisée ou nécessitant des produits spécifiques,
  - r2 : réparation malaisée avec des produits courants ou réparation aisée avec des produits spécifiques,
  - r3 : réparation aisée avec des produits courants mais nécessitant une remise en peinture sur une zone plus étendue que la réparation,
  - r4 : réparation aisée avec des produits courants.
- La facilité d'entretien et la périodicité « e » :
  - e1 : entretien fréquent (3 à 10 ans),
  - e2 : entretien normal (8 à 20 ans),
  - e3 : entretien espacé (15 ans ou plus) ou pas d'entretien et aspect non conservé,
  - e4 : pas d'autre entretien qu'un lavage périodique (10 ans et plus) et aspect conservé.
- La résistance aux effets du vent « V » :
Le classement V1, V2, V3, V4 correspond à différents niveaux de pression et dépression minimales.

  Nota : la définition des situations de construction est détaillée page 130. Les régions sont déterminées page 24.

- L'étanchéité relative ou totale à la pluie et le comportement à l'eau « E » :
  - E1 : ne peut empêcher l'eau de pluie d'atteindre la paroi support,
  - E2 : s'oppose au cheminement de l'eau (peau imperméable, isolant imperméable et de faible capillarité),
  - E3 : comporte un dispositif de récupération et d'évacuation des eaux d'infiltration entre la peau et l'isolant non hydrophile (DTU n° 20-11),
  - E4 : comporte une peau étanche et un dispositif de récupération et d'évacuation des eaux d'infiltration entre la peau et l'isolant non hydrophile (DTU n° 20-11).
- La tenue aux chocs et poinçonnement « T » :
Le classement T1, T2, T3, T4 est justifié par 2 nombres : la résistance au choc de corps dur ou mou (exprimée par la masse du corps de choc et par le diamètre du Perfotest si l'épaisseur de la peau du système est inférieure à 5 mm) et l'énergie du choc.
- Le comportement en cas d'incendie « I » :
  - I1 : classement M 4 (p. 169),
  - I2 : classement M 3,
  - I3 : classement M 2 ou M 1,
  - I4 : classement M 0.
- La résistance thermique « R » :
  - R1 : 0,5 < R < 1 m^2 . °C/W,
  - R2 : 1 < R < 2 m^2 . °C/W,
  - R3 : 2 < R < 3 m^2 . °C/W,
  - R4 : R > 3 m^2 . °C/W.

4-2. Choix du classement

Les tableaux 1 à 7 résument, de façon simple, les possibilités de choix.

Nota : les régions, situations et hauteurs H au-dessus du sol (définies dans les DTU n° 36-1 et 37-1) sont détaillées page 95.

① Réparation (r)
Selon risques de réparations prévisibles

② Entretien (e)
Selon possibilités de financement de l'entretien et d'intervention sur la façade

③ Etanchéité (E)			
	Façade abritée	Façade non abritée	
E_1	H < 18 m		H < 6 m
E_1/E_2*	H < 28 m	front de mer Autres cas et	H < 18 m H < 28 m
E_2/E_3**	H < 28 m	Situations a, b, c Situation d	et H < 100 m et H < 50 m
E_4	H < 28 m		H < 100 m

** E1 sur maçonnerie avec enduit hydraulique ou béton banché à parement ordinaire, courant ou soigné E2 sur maçonnerie non enduite non type I au sens du DTU n° 20-11 ou béton banché à parement élémentaire.*
*** Dito ce qui précède pour les niveaux E2 et E3 respectivement.*

④ VENT (V)								
Région / Hauteur en m	Site normal				Site exposé			
	I	II	III	IV	I	II	III	IV
10	V_1	V_2	V_2	V_3	V_2	V_2	V_2	V_3
15	V_1	V_2	V_2	V_3	V_2	V_2	V_3	V_3
20	V_1	V_2	V_2	V_3	V_2	V_2	V_3	V_4
25	V_1	V_2	V_2	V_3	V_2	V_3	V_3	V_4
30	V_2	V_2	V_3	V_3	V_2	V_3	V_3	V_4
35*	V_2	V_2	V_3	V_4	V_2	V_3	V_3	V_4
40*	V_2	V_2	V_3	V_4	V_2	V_3		V_4
45*	V_2	V_2	V_3	V_4	V_2	V_3		V_4
50*	V_2	V_2	V_3	V_4	V_2	V_3		V_4

** Les valeurs ont un caractère indicatif : la méthode simplifiée (NV 65) est limitée à 30 m.*

⑤ Tenue aux chocs (T)	
T_1	H > 6 m
T_2	H > 3 m ou RdC inaccessible
T_3	RdC accessible protégé peu sollicité ou balcons, loggias, étages
T_4	RdC accessible non protégé et autres cas

• Certains systèmes non classés 3 ou 4 sont néanmoins admis en RdC accessible lorsqu'ils sont facilement réparables (r_2 ou r_3).

⑥ Type de bâtiment	I minimal	Classement maximal correspondant
Habitat 1re famille (distance à la limite de parcelle supérieure à 4 m)	I_1	M4
Habitat 1re famille (autres cas) et 2e famille	I_2	M3
Habitat 3e et 4e famille, ERP – en étage avec D / H > 0,8	I_2	M3
– Autres cas	I_3	M2
IGH	I_4	M0

D : Distance minimale à laquelle peut se trouver l'immeuble vis-à-vis
H : Hauteur la plus élevée des deux immeubles.

⑦ Résistance thermique (R) m^2 °C/W	
R_1	R ≥ 0,5
R_2	R ≥ 1
R_3	R ≥ 2
R_4	R ≥ 3

R : Résistance thermique exigée pour le système d'isolation

1. LES GRANDES FAMILLES DE PLANCHER BAS

On distingue un plancher sur :

- **Terre-plein :** le corps de dallage (dalle en béton, armée d'un treillis soudé) repose sur une forme en tout venant (établie sur un remblai en sablon ou le terrain naturel, convenablement compactée). Les dallages sont traités page 111.
- **Vide sanitaire :** le plancher est séparé du sol par un volume d'air éventuellement ventilé, au moyen d'orifices répartis sur le pourtour.
- **Cave ou sous-sol** (local non chauffé : LNC) : la proximité de la terre, d'une chaudière ou de canalisations maintient une température de 5 à 15 °C à la sous-face du plancher.
- **Passage ouvert :** la sous-face du plancher est en contact avec l'extérieur.

2. DISPOSITIONS CONSTRUCTIVES DIVERSES

- **Vérifier que la tenue du support** (après dépoussiérage) est suffisante pour supporter durablement le poids de la couche isolante. Les balèvres et coulées de laitance éventuelles doivent être éliminées.
- **Toute présence d'humidité** sur les parois doit être analysée, avant de choisir une technique d'isolation, et la cause de cette venue d'humidité sera traitée en même temps.
- Le produit utilisé ou le complexe « revêtement-flocage » aura **un classement au feu** tenant compte de l'utilisation des locaux situés sous la surface isolée : page 169.
- **Pose par collage :** elle permet une application simple et rapide des panneaux, lorsque la nature de la maçonnerie ne permet pas une fixation mécanique sous réserve que les défauts de planéité restent inférieurs à 15 mm.
- **Pose par fixation mécanique :** au-delà de défauts de planéité de 10 mm, un calage ou une pose sur ossature sera nécessaire, sous réserve que la qualité de la maçonnerie le permette.

  Les fixations mécaniques doivent être compatibles avec le support et les panneaux. De nombreux accessoires, traités contre la corrosion, permettent la fixation des panneaux isolants. La tête de l'accessoire ou de la rondelle sous-jacente doit avoir une surface d'au moins 5 cm^2. La longueur des fixations est supérieure d'au moins 25 mm à l'épaisseur des panneaux. La fixation par pistoscellement n'est pas toujours autorisée par l'avis technique.
- **Les réseaux de distribution** de chauffage et d'eau chaude, les équipements éventuels contenant de l'eau (vases d'expansion...), situés sous le plancher bas, qui se retrouveront en dehors du volume isolé, peuvent être sensibles au gel (la température du local non chauffé diminue si les apports diminuent à cause de l'isolation). L'option 1 de la réglementation thermique (solutions techniques relatives aux maisons individuelles) préconise la valeur suivante pour l'isolation thermique les concernant :

$$R \geq 0{,}85\ m^2\ .\ °C/W.$$

- La résistance thermique de l'isolation à prévoir est indiquée (réglementation thermique : option 1) pour une maison individuelle isolée par l'intérieur page 193. Pour les autres positions de l'isolation (extérieure, répartie), on se reportera au fascicule du CSTB : « Solutions techniques pour le respect du règlement thermique en maison individuelle ».

3. COMMENT ISOLER UN PLANCHER BAS LORS D'UNE RÉHABILITATION ?

3-1. Plancher sur terre-plein à refaire, associé à des murs isolés par l'intérieur

- **Solution :** isolation horizontale périphérique entre dalle et terre-plein (fig. 1).

On place horizontalement successivement :

- une couche de sable,
- une mince couche d'étanchéité (film plastique imperméable),
- des panneaux de polystyrène extrudé ou de polyuréthanne expansé, sur une bande (largeur d'un mètre environ) en longeant les murs extérieurs du bâtiment,
- le corps de dallage recouvert éventuellement d'un revêtement.

Nota : une préparation du sol très soignée est indispensable pour limiter la possibilité d'un tassement différentiel entre l'isolant et la dalle.

3-2. Planchers sur terre-plein, vide sanitaire non ventilé, cave ou sous-sol semi-enterré associés à des murs isolés par l'extérieur

- **Solution :** isolation verticale extérieure du soubassement (fig. 2).

Après un dégagement du soubassement sur 60 cm au moins, on place verticalement successivement :

- des panneaux (polystyrène expansé, polystyrène extrudé, mousse de PVC) sans pare-vapeur, peu sensibles à l'humidité, collés, sur 60 cm au moins,
- une protection mécanique (plaque de fibres-ciment, enduit projeté avec hydrofuge de masse, enduit d'imperméabilisation relevant d'un avis technique),
- une ou deux couches d'étanchéité, généralement à base de produits noirs (EIF : enduit d'imprégnation à froid) et un drainage éventuellement : page 173).

Nota : le VS sera éventuellement « très faiblement ventilé », en cas d'humidité du sol, ce qui correspond à un rapport des ouvertures (O) par rapport à la surface de plancher (S) :

O/S < 3 / 10 000 ^e^.

①

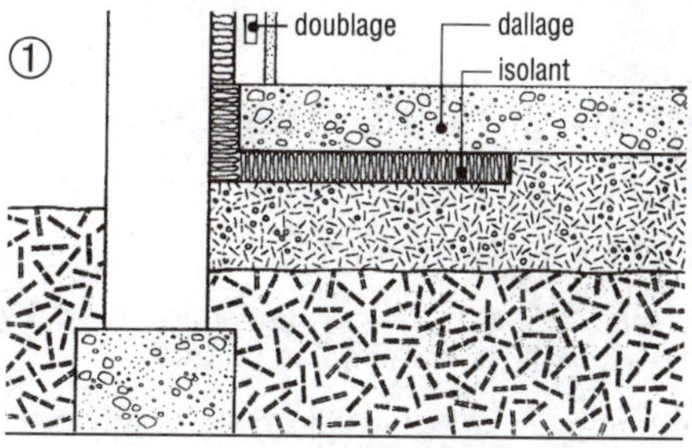

Exemple pour une compressibilité Classe I

I	S	O	L	E
4	1	2	2	1[1]

(1) cf Règles de l'Art

ACERMI

La classification ISOLE est définie page 182.

②

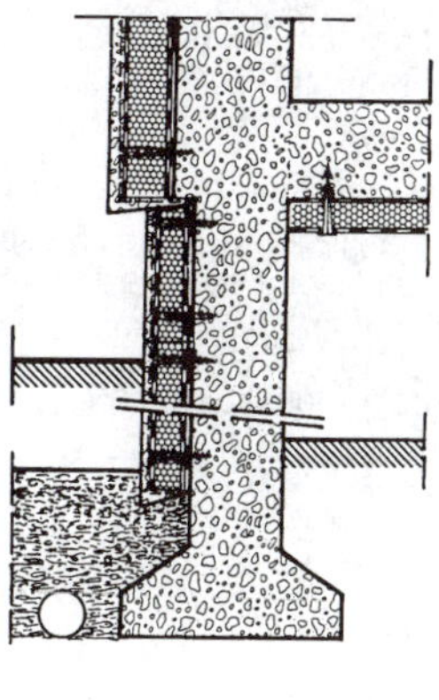

I	S	O	L	E
2	1	3	3	1[1]

(1) Pas d'exigence particulière

3-3. Vide sanitaire non ventilé (mais accessible et de hauteur suffisante), cave ou sous-sol peu enterré

- **Solution :** isolation verticale périphérique intérieure du soubassement (fig. 1).

On fixe un isolant en panneaux (polystyrène expansé, polystyrène extrudé ou mousse de PVC) peu sensibles à l'humidité, éventuellement posés sur tasseaux.

Nota : prévoir une protection des panneaux contre les rongeurs, fermer l'accès au vide sanitaire, après avoir supprimé toute ventilation si possible (dalle en béton, entrevous et poutrelles...).

3-4. Plancher sur passage ouvert, cave ou sous-sol non enterré (le plafond possède une sous-face plane)

- **Solution :** isolation horizontale en sous-face de plancher (fig. 2a et b).

On fixe bord à bord, à joints croisés, directement ou par l'intermédiaire de lisses (bois, métal d'épaisseur faible, 3 cm maxi.), par collage et/ou fixation mécanique (fig. 2c) :

- soit un isolant incombustible protégé en sous-face,
- soit des panneaux (complexe isolant-plaque de plâtre, plaques composites polystyrène expansé-fibbragglo, plaques rigides de fibres minérales avec voile d'aspect).

Nota : une barrière pare-vapeur n'est pas nécessaire.

3-5. Planchers sur passage ouvert, plafond d'une cave ou d'un sous-sol enterré (dont la sous-face n'est pas plane), largement ventilé et qui n'est pas soumis aux chocs

- **Solution :** projection en sous-face de plancher d'un isolant *projetable* d'emploi traditionnel : fibre de roche, de laitier ou de verre additionné d'un liant, hydraulique le plus souvent.

L'épaisseur voulue est obtenue en plusieurs passes, avec finition du flocage à la taloche éventuellement.

Nota : barrière pare-vapeur inutile.

4. COMMENT ISOLER UN PLANCHER BAS LORS D'UNE CONSTRUCTION NEUVE ?

Deux grandes familles de solutions existent :

- entrevous isolants : maison individuelle en général (pages 35 et 109). Caractéristiques ACERMI minimales : figure 3 ;
- isolant en fond de coffrage : caractéristiques ACERMI minimales : figure 4.

Le fond de coffrage est lisse et continu, réalisé par exemple, en contreplaqué extérieur pour coffrage (CTB X Coffrage filmé ou non : NF P 54-162).

Les panneaux (plaques composites polystyrène expansé-fibbragglo, plaques rigides de fibres minérales avec voile d'aspect) sont disposés de manière parfaitement jointive. Des insertions de fixations mécaniques (environ 5 par panneau) sont prévues :

- invisibles en sous-face : spirale métallique, crochet ou ressort d'ancrage,
- visibles en sous-face : ancre plastique insérée à travers les panneaux avant leur mise en place.

La dalle est ensuite armée et coulée.

La classification ISOLE est définie page 182.

La résistance thermique R de l'isolant à mettre en place dans les différents cas de figure est donnée, pour les maisons individuelles, dans les solutions techniques pour le respect du réglement thermique (CSTB).

I	S	O	L	E
2	1	3	3	

①

②

a

b

I	S	O	L	E
1	1	1	2	

c

Fixation

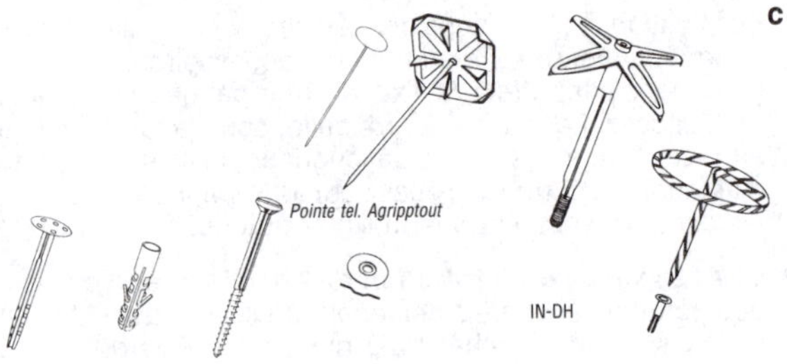

La tête ou ses accessoires doivent avoir une surface minimale d'environ 5 cm^2.

La longueur de la fixation est supérieure de 25 mm à l'épaisseur de l'isolant.

③

I	S	O	L	E
1	1	1	1	

④

I	S	O	L	E
2	1	2	2	

COMBLE : volume compris entre la toiture en pente et le plancher du comble, qu'on peut classer en deux catégories, pour plus de commodité par la suite :

- **type I** : plancher lourd (béton...).
- **type II** : un plafond léger (staff, frisette, plaques de plâtre cartonné... p. 115) est suspendu à des solives en bois ou en métal, surmontées éventuellement d'un parquet. Il faut éviter de supprimer les matériaux lourds éventuellement disposés entre les solives, en raison de leur rôle acoustique.

1. DISPOSITIONS À PRENDRE DANS TOUS LES CAS

- **Faire un bilan de santé de la charpente.**
- **Bien isoler les canalisations** et les équipements éventuels contenant de l'eau (vases d'expansion...), surtout si la mise en place de l'isolation conduit à les mettre hors du volume chauffé. Les solutions techniques préconisent : $R \geq 0,85\ m^2\ °C/W$.
- Laisser autour des conduits de cheminées une garde au feu (fig. 1) remplie par un matériau incombustible : 16 cm pour Paris, par exemple.
- Délimiter le volume chauffé, de façon continue et étanche (isoler la trappe d'accès, les débords éventuels de la toiture...) : figure 2.
- **Vérifier que la ventilation du comble est suffisante** et dans le cas contraire, prévoir un pare-vapeur : se reporter page 129, (consacrée aux couvertures et à leurs supports).

2. LES MATÉRIAUX UTILISÉS

2-1. Les familles de matériaux

- Isolant en vrac déversé entre les solives, qu'on recouvre d'une toile lâche à grosse maille *perméable à la vapeur d'eau* (toile de jute) ou qu'on saupoudre de plâtre par exemple pour stabiliser l'isolant : figure 3.
- Panneaux de polystyrène expansé en plaques rigides ou semi-rigides, posées à plat sur la surface du plancher (dimensions choisies en fonction de l'accès).
- Laine minérale en rouleaux, éventuellement non hydrophile, (deux couches ou plus : croiser les lits, percer le pare-vapeur des couches supérieures).

2-2. Les caractéristiques ISOLE minimales : fig. 4

3. ISOLER UN COMBLE UTILISÉ EN GRENIER

- **Type I** : plaques ou rouleaux rapportés sur le plancher en deux couches (éventuellement), croisées, non collées, protégées par un platelage en panneaux de particules de bois de 10 mm, posé en totale indépendance (éviter un poinçonnement de l'isolant sous le poids des objets stockés dans un grenier).
- **Type II** :
  - parquet impossible à démonter : voir ci-dessus.
  - parquet facilement démontable : laine minérale en rouleaux (largeur : espace entre solives plus 2 cm), insérée entre les solives, pare-vapeur en sous-face de l'isolant.

4. ISOLER UN COMBLE INACCESSIBLE OU D'ACCÈS DIFFICILE

- Comble inaccessible : soulever une partie de la couverture, déverser un isolant en vrac figure 3.
- Comble d'accès difficile :
  - **type I** : adopter la même solution que pour un comble utilisé en grenier, sans prévoir une protection.
  - **type II** : sans plancher plat : laine minérale en rouleaux avec un pare-vapeur en sous-face de l'isolant si le comble est faiblement ventilé. On prévoira un cheminement pour l'entretien ultérieur.

①

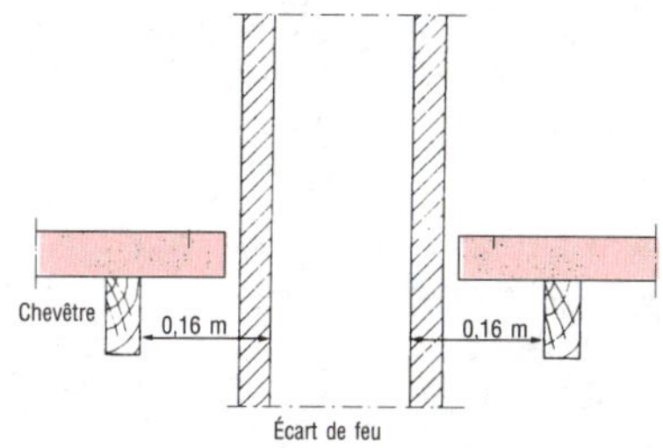

②

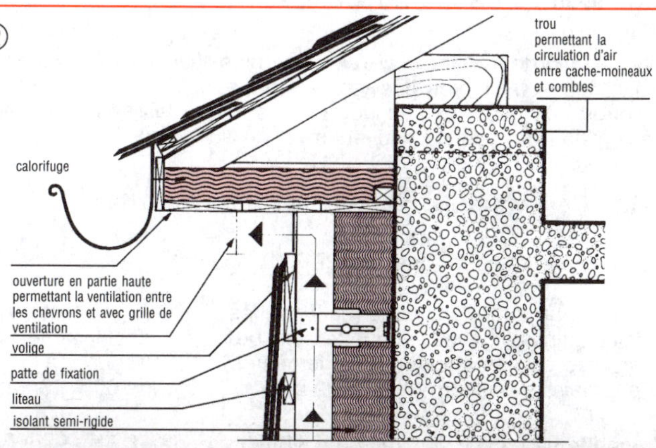

③

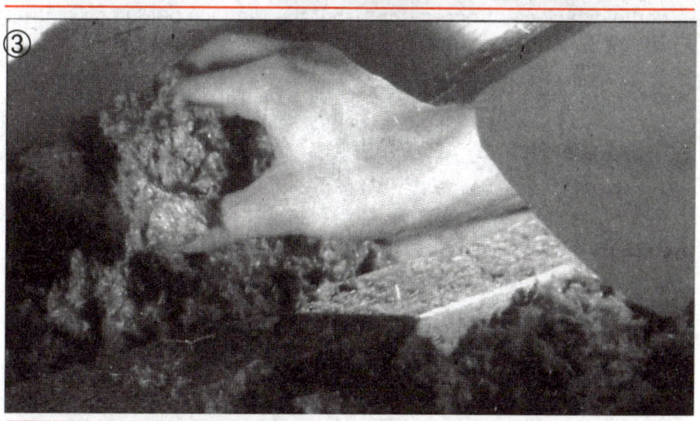

④

Isolant sur plancher de grenier et recouvert de panneaux de répartition des charges (charges courantes)

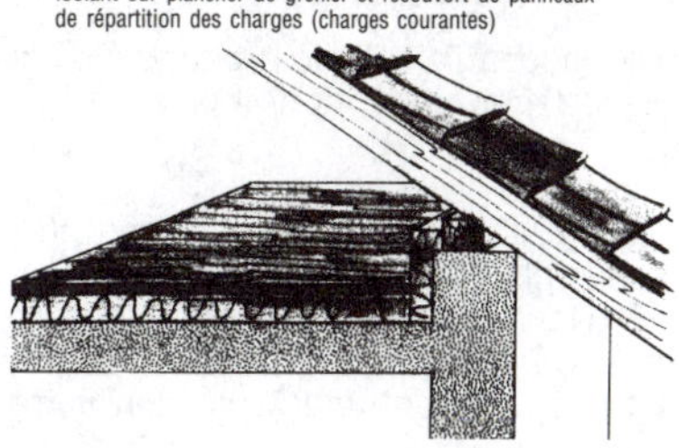

I	S	O	L	E
2	1	1	1	1(1)

(1) Voir le cahier n° 1844 Avril 83 du CSTB.

La classification ISOLE est définie page 182

5. ISOLER UN COMBLE AMÉNAGEABLE

On distingue couramment trois parties à isoler: figure 1.

5-1. Isolation des parois verticales : page 183.

5-2. Isolation des parois horizontales

Sur le plafond supérieur du comble, on fixe des complexes isolants-plaques de plâtre avec pare-vapeur sur une ossature en tasseaux horizontaux.

On peut recouvrir cette isolation d'une couche de laine minérale sans pare-vapeur : figure 3.

La partie de comble qui n'est pas aménagée est traitée dans les paragraphes précédents.

Les caractéristiques de l'isolant et plus généralement les autres techniques à employer (éventuellement) sont données page 189.

5-3. Isolation sous rampant

Une attention toute particulière est demandée pour assurer l'existence d'une **lame d'air ventilée** en sous-face de la couverture : se reporter à la page 131 où des valeurs minimales sont indiquées en fonction du type de couverture et de son support.

5-3.1. Couverture posée sur chevrons, fermettes

- Caractéristiques minimales ACERMI : figure 2.
- D'une part, entre chevrons (ou fermettes) : insérer des feutres de laine minérale avec languettes, suspendus à des fixations ou agrafés sur les chevrons (ou fermettes), d'épaisseur 5 à 6 cm pour laisser une lame d'air de 2 à 3 cm (chevron : 60 × 80 mm),
- D'autre part, sous chevrons (ou fermettes) : visser des panneaux complexes isolant-parement (généralement une plaque de plâtre : figure 3) avec deux poses possibles :
  - parallèlement aux chevrons,
  - perpendiculairement aux chevrons: préférable si l'écartement des chevrons est important.

Une autre solution consiste à croiser un second lit d'isolant et à fixer un parement sur les suspentes ou sur les chevrons : figure 3.

Si le support formé par les chevrons n'est pas plan, on devra mettre en place un réseau de lisses posées sur cales de réglage, perpendiculairement aux chevrons. La solution décrite ci-dessus s'applique alors sans problèmes.

Nota : l'isolation en une seule couche est possible.

5-3.2. Support continu de couverture auto-porteur

- Panneaux de bois structuré reposant sur des pannes : ils comportent souvent une isolation thermique, dont il convient de vérifier si elle est suffisante.
- Couverture par bacs nervurés auto-portants (métal, amiante-ciment) : mettre en place un sous-plafond avec isolation intégrée, indépendant de la couverture. Dans les deux cas, ou l'isolation rapportée peut être supportée par l'ossature existante, ou on conçoit une ossature spécifique, en gardant une ventilation entre l'isolation et la couverture.

6. ISOLER UN COMBLE DÉJA AMÉNAGÉ ET OCCUPÉ

Après avoir reconnu la charpente et la couverture, au besoin en démontant partiellement le parement, trois solutions principales sont envisageables :

- visser à travers le parement existant un complexe isolant, si l'ossature du parement est repérable.
- démonter les parements et procéder comme pour l'aménagement d'un comble.
- en cas de réfection simultanée de la couverture, placer une laine minérale, avec pare-vapeur côté intérieur, entre chevrons, ou poser des panneaux isolants spécialement conçus à cet effet.

①

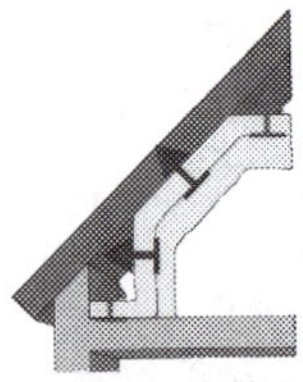

(a) : plafond du comble aménagé
(b) : rampant
(c) : mur
(d) : plancher hors comble aménagé

②

1re couche
Panneaux sans pare-vapeur

I	S	O	L	E
1	1	1	1	1

2e couche
Rouleaux avec pare-vapeur

I	S	O	L	E
1	1	1	1	3 ou 4

® ACERMI

③

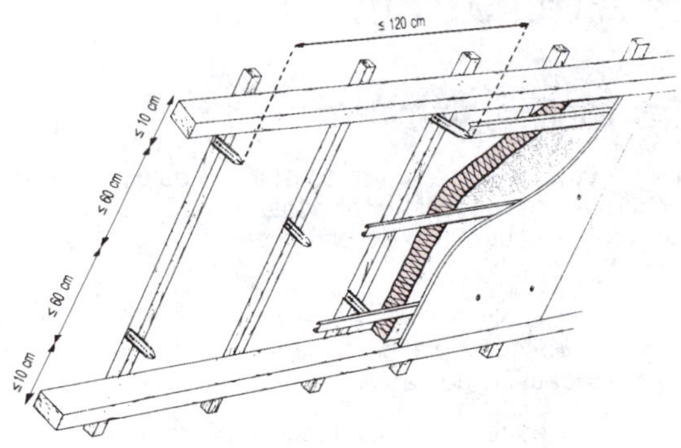

④

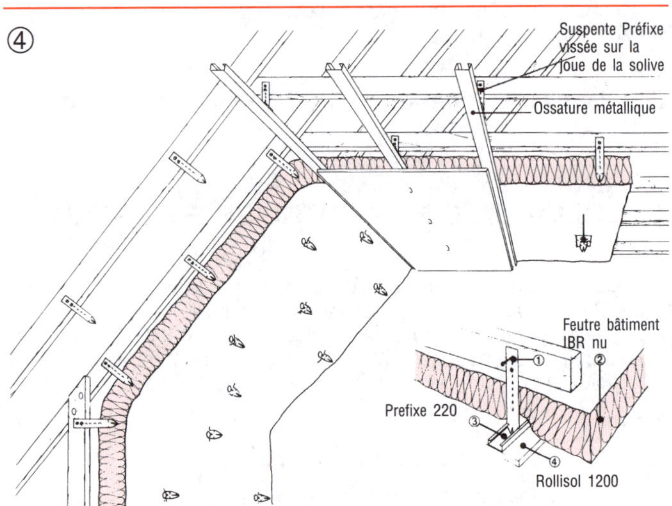

POSE SOUS RAMPANT ET A L'HORIZONTAL
Facile, pratique, performant, économique

SOLUTIONS TECHNIQUES POUR LE RESPECT DU RÉGLEMENT THERMIQUE EN MAISONS INDIVIDUELLES

1. CHAMP D'APPLICATION DE LA RÉGLEMENTATION THERMIQUE

Insérée dans notre système législatif (fig. 1), elle prévoit une limitation de la dépense énergétique annuelle (chauffage et eau chaude sanitaire).
Elle s'applique :

- **aux bâtiments d'habitation nouveaux,**
- **aux surélévations et additions,**
- **aux locaux professionnels intégrés dans un logement,**
- **aux foyers collectifs résidentiels assimilés à des logements.**

2. LES QUATRE OPTIONS (fig. 2)

• **Option 1** : les solutions techniques, pas de calcul.

• **Option 2** : calcul des déperditions GV.
GV (W / °C) est égal aux déperditions thermiques du logement, par les parois et par renouvellement d'air, pour un degré d'écart entre l'intérieur et l'extérieur.

• **Option 3** : calcul des besoins de chauffage BV.
BV (W / °C) est égal aux besoins annuels de chauffage du logement, divisés par l'écart moyen de température entre l'intérieur et l'extérieur durant la période de chauffage. Son calcul se fait à partir du coefficient GV en tenant compte des apports de chaleur dus à l'occupation des locaux et au rayonnement solaire.

• **Option 4** : calcul des « consommations théoriques » C.
C est une évaluation théorique des performances énergétiques globales d'un logement en matière de chauffage et d'eau chaude sanitaire (ECS). Il est exprimé en unité d'énergie équivalente, (UEE).

3. LA STRATÉGIE À EMPLOYER

3-1. Passage de l'option 1 à l'option 2

Toujours intéressant mais demandant des calculs, il est justifié quand :

- on doit agir sur le poste déperditions car :
  - des masques détériorent les apports solaires,
  - on ne souhaite pas réaliser de performance sur les équipements techniques (ECS, chauffage).
- on cherche à évaluer, au stade de l'avant-projet, le système constructif choisi, pour caler les dispositions thermiques en vue d'un calcul ultérieur (options 3 ou 4).

3-2. Passage de l'option 2 (GV) à l'option 3 (BV)

Il est intéressant si on peut prendre en compte un environnement favorable du bâtiment (pas de masques importants), ou le parti bio-climatique d'un projet (optimisation des orientations, espaces tampons...). Les déperditions sont alors éventuellement plus importantes (de 15 % au plus).
En l'absence de masques importants, la surface des vitrages (situés d'E.-N.-E. à O.-N.-O. via le Sud) doit être supérieure à 14 % de la surface habitable du logement (Sh).

3-3. Passage de l'option 3 (BV) à l'option 4 (C)

Il permet une démarche d'optimisation de tous les paramètres, notamment les performances réelles des équipements de chauffage et d'ECS, mais ne se conçoit qu'à l'aide de moyens de calculs informatisés. Les déperditions sont alors éventuellement plus importantes (de 20 % au plus).

ORGANIGRAMME DES TEXTES ①

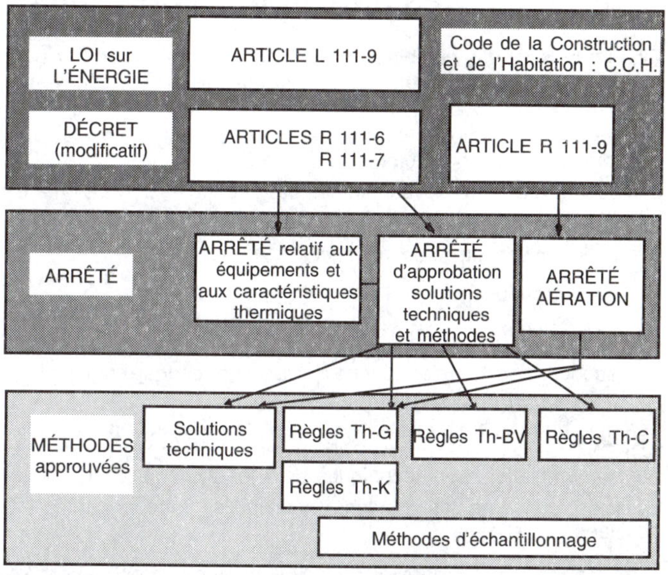

LES MÉTHODES APPROUVÉES (4 OPTIONS) ②

Avec ou sans calculs, pour répondre à cette exigence, elles prennent en compte tous les paramètres énergétiques qui caractérisent le logement :

- localisation et caractéristiques du logement ;
- nature de l'énergie utilisée ;
- température résultante au centre des pièces : 18 °C ;
- dispositifs de réglage automatique permettant le cas échéant de réduire la température au-dessous de 18 °C.

Option	Les documents CSTB	Une approche globale du bâtiment : 5 éléments pris en compte					Commentaires
		Ensoleillement	Système de chauffage et d'ECS	Ventilation	Menuiseries : portes, fenêtres	Isolation des parois opaques	
1	**Solutions techniques** définissant les niveaux et les combinaisons possibles	3 niveaux	3 niveaux. Attention : le niveau de référence est le 2	4 niveaux	4 niveaux	6 niveaux	Pas de calcul. Choisir une combinaison de niveaux de performance
2	Règles **Th K** **Th G**	Supposé quelconque	Niveau minimum système de référence	GV = DP : déperditions des parois + DR : déperditions dues au renouvellement de l'air **GV ≤ GVréf.** Limite calculée propre à chaque logement			– Calcul des déperditions du logement et de leur limite réglementaire qui dépend des surfaces de parois et de la surface habitable. – Équipement de référence ou équivalent. – L'ensoleillement n'est pas pris en compte.
3	Règles **Th K** **Th G** **Th BV**	**BV** = (1-F) GV ≤ BVréf	Idem	**GV ≤ 1,15 GVréf**			– Calcul de GV et GVréf – Calcul de F, la part couverte par les apports de chaleur gratuite – Calcul des besoins BV et de leur limite réglementaire BVréf – Équipement de référence ou équivalents
4	Règles **Th K** **Th G** **Th BV** **Th C**	**BV** BVréf	**C ≤ Créf**	**GV ≤ 1,2 GVréf**			– Calcul de GV, GVréf, BV, BVréf, C et Créf. C = évaluation théorique des performances thermiques globales Créf = performance de référence calculée avec l'équipement de référence.

4. OPTION 1 : LES SOLUTIONS TECHNIQUES

Elles proposent des combinaisons par zone climatique et par type d'énergie en distinguant, pour chaque paramètre, différents niveaux de performance.

Le constructeur choisit la solution qui lui paraît être la plus économique pour son projet.

Les configurations des systèmes ont été retenues selon les critères suivants :

- optimum technico-économique,
- habitude d'usage,
- risques pathologiques maîtrisés,
- économies d'énergies connues (−25% dans chaque combinaison par rapport à l'ancienne réglementation).

Les matériaux et matériels sont marqués et donc reconnaissables : ACERMI, NFgaz, NFélectricité, NFmazout, NF en cours d'élaboration pour la ventilation, avis techniques pour les systèmes particuliers.

Le texte concerne les maisons individuelles indépendantes ou accolées. Il distingue :

- **trois zones climatiques** H1, H2, H3 qui prennent en compte les données climatiques (ensoleillement, vent et température), la taille des villes et les concentrations de bâtiments : figure 1.
- **deux types de chauffage** :
  - type I : électricité (la puissance nominale de l'appareil électrique couvre plus de 75% des déperditions de base).
  - type II : autres énergies (la puissance nominale de l'appareil électrique couvre moins de 25% des déperditions de base).
  - dans un cas intermédiaire, on calcule la moyenne arithmétique (cas bi-énergie).

Nota : un texte similaire concerne les immeubles comportant au plus 50 logements.

- **Exemple d'utilisation (fig. 2)** :

Le tableau est valable pour la zone H1 seulement.

On connaît la zone climatique (H1). L'énergie est l'électricité.

On ne peut gérer l'orientation, qui correspond au niveau 1 (ensoleillement quelconque). La ventilation est classique de niveau 1.

– choix possibles :

. Système NF, menuiseries 4 et isolation 6.

. Système de réf., menuiseries 2 et isolation 6.

. Système de réf., menuiseries 3 et isolation 5.

Carte des zones climatiques ①

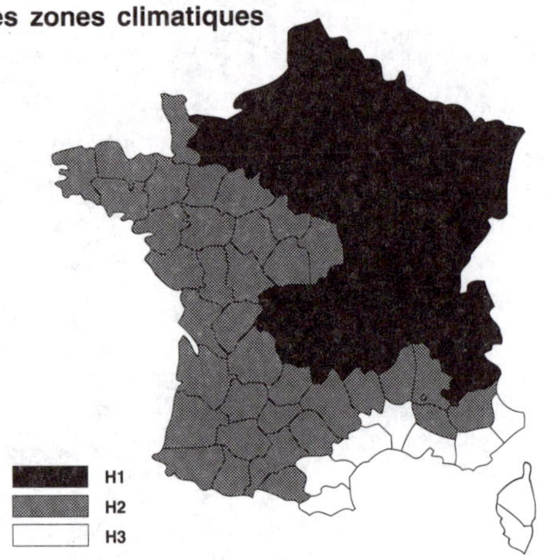

Les localités situées à plus de 800 m d'altitude sont :
– en zone H1 lorsque leur département est indiqué comme étant en zone H2
– en zone H2 lorsque leur département est indiqué comme étant en zone H3.

② **ÉLECTRICITÉ**

Ensoleillement	Système de chauffage et d'eau chaude	Ventilation		Menuiseries	Isolation
1 quelconque	1. Conforme aux normes, sans plus	1. Classique		4	6
		2. Fenêtres pariétodynamiques		4	5
		3. Bouches hygroréglables	A	2 4	6 5
			B	2 4	5 4
		4. Double flux avec récupérateur		2 4	5 4
	2. De référence	1. Classique		2 3	6 5
		2. Fenêtres pariétodynamiques		4	4
		3. Bouches hygroréglables	A	2 3	5 4
			B	2 4	4 3
	3. Chauffe-eau thermodynamique	1. Classique		2 4	4 3
	3. Pompe à chaleur	1. Classique		2	2
2 vitrages sud dégagés	1. Conforme aux normes, sans plus	1. Classique		3 4	6 5
		2. Fenêtres pariétodynamiques		4	4
		3. Bouches hygroréglables	A	2 4	5 4
			B	2 3	5 4
	2. De référence	1. Classique		2 4	5 4
		2. Fenêtres pariétodynamiques		4	3
		3. Bouches hygroréglables	A	2 4	4 3
			B	2 4	3 2
	3. Chauffe-eau thermodynamique	1. Classique		2 4	3 2
	3. Pompe à chaleur	1. Classique		2	1
3 véranda sud dégagée	1. Conforme aux normes, sans plus	1. Classique		2 (1) 2	6 5
	2. De référence	1. Classique		2 (1)	4

AUTRES ÉNERGIES

Ensoleillement	Système de chauffage et d'eau chaude	Ventilation		Menuiseries	Isolation
1 quelconque	1. Conforme aux normes, sans plus	1. Classique		2	6
		2. Fenêtres pariétodynamiques		4	4
		3. Bouches hygroréglables	A	2	5
			B	2	4
	2. De référence	1. Classique		2 3	4 3
	3. Chaudière à condensation	1. Classique		2	2
2 vitrages sud dégagés	1. Conforme aux normes, sans plus	1. Classique		2	5
		2. Fenêtres pariétodynamiques		4	3
		3. Bouches hygroréglables	A	2	4
			B	2	3
	2. De référence	1. Classique		2 3	3 2
	3. Chaudière à condensation	1. Classique		2	1
3 véranda sud dégagée	1. Conforme aux normes, sans plus	1. Classique		2 (1)	5
	2. De référence	1. Classique		2 (1)	3
	3. Chaudière à condensation	1. Classique		2 (1)	1

(1) pour les menuiseries donnant sur la véranda

① Isolation intérieure

		Résistances thermiques à obtenir					
	Niveaux	1	2	3	4	5	6
Murs : extérieurs, contre garage et cellier, contre escalier de cave		1,2	1,5	1,7	2	2,4	2,9
Plancher bas sur cave non isolée :							
isolant en sous face		1,2	1,3	1,7	2,1	2,7	3
isolant sous chape		0,8	0,9	1,1	1,3	1,6	1,8
entrevous isolants		1,2	1,3	1,6	1,8	2,3	2,5
Plancher bas sur cave isolée :							
isolant en sous face		0,6	0,8	1,1	1,4	1,8	2,2
isolant sous chape		0,5	0,5	0,7	0,9	1,1	1,3
entrevous isolants		0,7	0,8	1,1	1,3	1,6	1,8
Plancher bas sur vide sanitaire :							
isolant en sous face		0,8	1	1,3	1,6	2	2,4
isolant sous chape		0,5	0,6	0,8	1	1,2	1,4
entrevous isolants		0,9	1	1,2	1,5	1,8	2
Plancher bas sur terre-plein isolant sur toute surface		0,5	0,6	0,8	1	1,2	1,4
Toiture :							
comble perdu (plafond léger)	façade et pignon	4	4	4	5	5	5
comble perdu (plafond BA)	façade et pignon	6	6	6	6,5	6,5	6,5
plafond rampant	isol. continue	3	3	3	4	4	4
	isol. discontinue	4	4	4	5	5	5
terrasse		4	4	4	4,5	4,5	4,5
comble aménagé	horizontal	6	6	6	6,5	6,5	6,5
	rampant	2,5	2,5	2,5	4	4	4
	vertical	6	6	6	6,5	6,5	6,5

② Constitution de la maçonnerie	Épaisseur (cm)	Diminution de R	
		avec contrôle	sans contrôle
Blocs de béton cellulaire, ayant la marque NF, collés ou montés au mortier isolant, avec ou sans contrôle de l'isolation dans le cadre de l'Avis technique :			
– de masse volumique 400 kg/m³	20	1,00	0,95
– de masse volumique 450 kg/m³	20	0,85	0,80
– de masse volumique 500 kg/m³	20	0,75	0,70
Briques creuses :			
– à 7 rangées d'alvéoles	20	0,35	
– à 9 rangées d'alvéoles	22,5	0,45	
Blocs en béton d'agrégats légers ayant la marque NF :			
– en béton d'argile expansé ou de ponce, de 1 000 kg/m³ et à 2 rangées d'alvéoles	20	0,25	
– en béton de laitier expansé boulleté, de 1 300 kg/m³ et à 5 rangées d'alvéoles	22,5	0,40	

③ Menuiseries

Niveau	Portes extérieures	Bois coulissantes ou battantes et PVC battantes	Métalliques		
			coulissantes	battantes coupure thermique	
				non	oui
1	courantes	simple vitrage			
2	isolante*	1	2	3	1
	courante	1	3	4	2
3	isolante*	2	4	4	3
	courante	3	4	4	4
4	isolante*	3	4	4	4

(*) : K global < 2 W/m² K (donné par l'Avis Technique)
1 : double vitrage avec lame d'air de 6 mm ou plus
2 : double vitrage de catégorie A (**)
3 : double vitrage de catégorie B (**)
4 : double fenêtre
(**) : obtenue après certification du produit.

5. LES 6 NIVEAUX D'ISOLATION

- **Isolation intérieur :** figure 1.

  Les autres positions possibles pour l'isolation sont traitées dans l'ouvrage du CSTB : « Solutions techniques pour le respect du règlement thermique en maisons individuelles ».

- **Hypothèse des solutions :** la maçonnerie support de l'isolation (20 cm) est réalisée en matériaux faiblement isolants. Dans le cas contraire, on peut diminuer R selon le tableau 2.

6. LES 3 NIVEAUX D'ENSOLEILLEMENT

- Niveau 1 : la façade n'est pas orientée au sud.
- Niveau 2 : façade orientée entre S.-E. et S.-O., qui « voit » les obstacles sous un angle maximum de 15°, largement vitrée (surface vitrée ≥ Sh/9).
- Niveau 3 : niveau 2 + présence d'une véranda en façade sud. Les parois communes à la maison et à la véranda sont au moins égales à Sh/6.

7. LES 4 NIVEAUX DE MENUISERIES (fig. 3)

Elles sont équipées de volets pleins sans ajour, en bois, plastique ou métal, à enroulement ou à battement (sauf pour les châssis < 1 m²), d'une perméabilité à l'air A2 ou A3. Une fenêtre pariétodynamique à vantaux dédoublés est assimilable à une double fenêtre.

Les fenêtres à menuiseries PVC ou métalliques à coupure thermique relèvent de la procédure des Avis Techniques (AT).

8. LE SYSTÈME DE RÉGULATION ET DE PROGRAMMATION

- Dispositifs d'arrêt et de régulation pièce par pièce, facultatifs pour les planchers chauffants.
- Régulation centrale : thermostat cat. B (NF C 47-110).
- Un programmateur (obligatoire), hebdomadaire ou journalier, gère l'intermittence du chauffage (possibilité d'assurer une température minimale fixée par l'occupant).

④ Épaisseur d'isolant (cm) ACERMI pour des matériaux usuels

Matériaux		Niveaux de l'option 1		
		4	5	6
Murs	polystyrène expansé	8	10	12
	laine de verre	7,5	8,5	10
	laine de roche	7,5	10	11
	polystyrène extrudé	5	6	8
	polyuréthanne	4	5	6
Toiture plafond léger	laine verre ou roche	20	20	20
plancher en béton	laine verre ou roche	26	20	20
rampant	laine verre ou roche	16	16	16
Plancher terre plein	polystyrène expansé	4	5	5
	polystyrène extrudé	3	4	4
Sur cave isolée, (isolant en sous face)	laine de roche	6	7	9
	polystyrène expansé	6	7	9
	polystyrène extrudé	4	5	6
	polyuréthanne	4	5	6
sur vide sanitaire, (isolant sous chape)	polystyrène expansé	4	5	6
	polystyrène extrudé	3	3	4
	polyuréthanne	3	3	4

GV (W / °C) représente la somme des déperditions thermiques du logement par les parois (fig. 1) et par renouvellement d'air (p. 195), pour un degré d'écart entre l'intérieur et l'extérieur.

$$GV = DP + DR$$

- Bâtiments autres que d'habitation : on se reportera aux règles Th-G (AFNOR DTU P 50-704).

9. CALCUL DES DÉPERDITIONS PAR LES PAROIS (fig. 1)

9-1. Parois en contact avec l'extérieur

$$DP = \Sigma\,(K\,S) + \Sigma\,(k\,L) \quad (W / °C)$$

- K (W / m^2 .°C) : coefficient de transmission surfacique défini page 178.
- k (W / m .°C) : coefficient de transmission linéique défini page 179.
- S : surface intérieure de la paroi (m^2).
- L : longueur du pont thermique (m).

9-2. Parois en contact avec un espace non chauffé

$$DP = Tau\ (\Sigma\,(K\,S) + \Sigma\,(k\,L)) \quad (W / °C)$$

avec **Tau** : **coefficient de réduction de température,** obtenu en écrivant que la température du local non chauffé (LNC) résulte d'un équilibre entre les apports de chaleur venant des locaux chauffés (Ac) et les déperditions vers l'extérieur (De).

$$Tau = \frac{De}{Ac + De}$$

Sont considérés comme chauffés :

– les pièces constituant le volume habitable du logement étudié et des logements contigus.

– les locaux contigus au logement, et qui, par destination, sont normalement chauffés de façon continue à une température égale ou supérieure à celle des logements.

9-2.1. Ventilation du local non chauffé

On distingue les locaux :

- « fortement ventilés » : la surface totale des orifices (O) de ventilation, ramenée à la surface (S) du local, est supérieure à 3 / 1 000,
- « faiblement ventilés » : 3 / 10 000 ≤ O/S ≤ 3 / 1 000,
- « très faiblement ventilés » : O/S < 3 / 10 000.

9-2.2. Coefficient Tau pour un comble

On distingue les combles :

- « fortement ventilés » : Tau = 1
- « faiblement ventilés » : les déperditions par renouvellement d'air du comble sont prises égales à 5 W / °C par m^2 de surface horizontale de comble.

- **Valeur forfaitaire du coefficient Tau** (fig. 2)

Si le comble n'a pas d'isolation particulière, on peut adopter les formules (fig. 2) où :

- Kg est le coefficient global du plancher sous comble,
- Re est la résistance thermique équivalente du comble :
  « fortement ventilé » : Re = 0,
  « faiblement ventilé » : Re = 0,05,
  « très faiblement ventilé ou non ventilé » : Re = 0,15.

①

Calcul de GV (W/°C) — GV = DP + DR

DP déperditions par les parois :

Parois	Repérage	K (W/m² °C)	Tau	S (m²)	K. Tau. S. (W/°C)
murs extérieurs					
murs extérieurs					
murs extérieurs					
murs extérieurs					
porte					
vitrages					
vitrages					
vitrages					
toitures					
toit terrasse					
plancher haut					
rampants					
parois verticales					
plancher					
sur sous-sol					
sur vide sanitaire					
sur l.n.c.					
cage d'escalier					
garage					
circulation					
porte					
Ponts thermiques		K (W/m. °C)		l (m)	K. Tau. l. (W/°C)
sur terre-plein					
about dalle RDC					
about dalle étage					
about de refend					
DP =					

9-2.3. Coefficient Tau pour un vide sanitaire

On distingue les vides sanitaires (VS) :

- « fortement ventilés » : Tau = 1,
- « faiblement ventilés » : les déperditions par renouvellement d'air du VS sont prises égales à 1,6 W / °C par m^2 de surface (exemple : plancher en bois ou en métal),
- « très faiblement ventilés » : les déperditions par renouvellement d'air du VS sont prises égales à 0,4 W / °C par m^2 de surface (exemple : plancher en béton sur sol humide).

② Valeur forfaitaire du coefficient Tau		③
$Tau = \dfrac{1}{1 + Kg\,.\,Re}$	$\dfrac{1}{Tau\,.\,Kg} = \dfrac{1}{Kg} + Re$	$\dfrac{1}{Re} = 3{,}5\,\dfrac{Pe}{A} + Dr$

- **Valeur forfaitaire du coefficient Tau**

Si le vide sanitaire a une hauteur moyenne inférieure à 60 cm, et s'il n'y a pas d'isolation particulière, on peut adopter les formules (fig. 2), où :

- Kg est le coefficient global du plancher sur VS ;
- Re est la résistance thermique équivalente du VS donnée par la formule (fig. 3) ;
- Pe est le pourtour du VS, exprimé en m, calculé en excluant les côtés éventuellement en contact avec un local chauffé ;
- A est la surface de plancher exprimée en m^2 ;
- DR représente les déperditions du VS par renouvellement d'air, exprimée en W/m^2.°C, et vaut si le VS est :
  « non ventilé » : DR = 0,
  « très faiblement ventilé » : DR = 0,4 W / m^2.°C,
  « faiblement ventilé » : DR = 1,6 W / m^2.°C.

9-3. Déperditions par renouvellement d'air DR

$$DR = 0{,}34\ (Q_V + Q_S) \quad (W / °C)$$

9-3.1. Renouvellement d'air global (détaillé page 199)

- **Ventilation générale et permanente par extraction d'air avec modulation des débits :** Q_V (m^3/h) est le débit d'air spécifique dû au fonctionnement normal des dispositifs de ventilation. Il est calculé à partir de Qem et QeM (valeurs minimales et maximales du débit extrait, obtenu en agissant sur les dispositifs individuels de réglage).

  En première approximation, on peut calculer Q_V à l'aide du tableau (fig. 1) de manière globale, sans détailler les débits bouche par bouche.

- **Ventilation permanente limitée à certaines pièces :**

  $Q_V = 1{,}25$ Sh (m^3/h) avec Sh surface habitable (m^2).

- **Q_S (fig. 2) :** débit d'air supplémentaire dû à l'exposition au vent de la paroi et à la perméabilité des façades (P).

9-3.2. Exposition au vent (fig. 3)

a) : grand centre urbain,
b) : petites ou moyennes villes, banlieues,
c) : rase campagne,
d) : bord de mer, ville côtière.

10. CALCUL DE GV réf. (= DP réf. + DR réf.)

10-1. Calcul de DP réf.

Les seules parois prises en compte sont celles donnant sur extérieur par rapport au volume chauffé.

- RCL est le rapport de la surface en clair des baies, ramené à la moyenne pondérée suivant la surface en tableau de chaque type de baies : figure 4.

  Nota : quand la surface vitrée dépasse 20 % de la surface habitable (Sh / 5), l'excédent est transposé dans les parois opaques dont elles font partie, attirant l'attention du projeteur sur le confort d'hiver (condensations, effet de paroi froide...) et sur le confort d'été (prévoir des occultations...).

- Sont comptées de l'intérieur S1, S2 et S3 : figure 5.
- Sont comptées en tableau S4, S5 : figure 5.
- S6 représente la surface des murs et portes donnant sur des circulations et locaux non chauffés.
- **Maison individuelle** (fig. 5) :

  $$DP = a\ S1 + b\ S2 + c\ S3 + d\ S4 + e\ (RCL + 0{,}3)\ S5$$

- **Habitat collectif :** les valeurs f à j sont lues dans le tableau (fig. 5). On applique la formule suivante :

  $$DP = f\ (S1 + S2) + g\ S3 + h\ S4 + i\ (RCL + 0{,}3)\ S5 + j\ S6$$

10-2. Calcul de DR réf. (= 0,34 (Qvréf + Qsréf))

- $Qvréf = \dfrac{11\ Qemréf + QeMréf}{12}$ (m^3/h)

  avec Qemréf et QeMréf déterminés figure 1.

- Qsréf = m . Sh (m^3/h).

Valeurs de m	Classe d'exposition au vent			
	Ex1	Ex2	Ex3	Ex4
Maison individuelle	0,25	0,35	0,45	0,60
Logement collectif	0,15	0,20	0,25	0,35

① Renouvellement d'air spécifique de ventilation Q_V :

Ventilation mécanique	Nb de pièces principales					
	1	2	3	4	5	5 et plus
Cuisine	75	90	105	120	135	135
Salle de bains	15	15	30	30	30	30
2e salle d'eau	15	15	15	15	15	15
WC unique	15	15	15	30	30	30
WC multiple	15	15	15	15	15	15
QeM						
Qem	35	60	75	90	105	105 + 15/p
$Q_v = \frac{(11Qem + QeM)}{12}$						

Ventilation hygroréglable	Q_v						
	1	2	3	4	5	6	7
cat. A	27	48	60	72	83	93	98
cat. B	27	40	50	60	70	77	82
Q_v =							

② Renouvellement d'air supplémentaire dû au vent Q_S :

- $P = \Sigma Pe + \Sigma (Ps . A) + \Sigma (Pl . L) + Po . Sh$

avec
- A surface des ouvrants (m^2),
- L longueur du coffre de volet roulant (m),
- e valeur de l'exposition au vent,
- Po = 0,5 (maison ind.), = 0,25 (logt. collectif),
- Sh surface habitable (m^2),
- Pe = 3,4 (M 15) ; = 5 (M 22) ; = 6,8 (M 30) où M représente le module de l'entrée d'air (p. 198),
- Pe = 0,25 A_0 si M est inconnu, avec A_0 surface de l'entrée libre (cm^2).

P_S : coefficient de perméabilité des ouvrants	P_S
fenêtre de classe A3	0,3
fenêtre de classe A2	0,8
porte avec joint et seuil	1,2
porte courante	8,0
deux portes courantes avec sas	3,6
deux portes courantes dont une avec joint et seuil avec sas	1,1
P_l : coefficient de perméabilité des coffres de volets roulants	P_l
coffre extérieur sans communication avec l'intérieur	0
coffre avec joints calfeutrés	0,2
autre coffre	1,5

- $$Q_S = P\left[\frac{e}{1 + \frac{d}{e}\left(\frac{Qe - Qi}{P}\right)^2}\right]$$

avec d = 1,55 (logt. à 1 exposition) ; = 1,15 (logt. à plusieurs expositions).

Type de ventilation	Q_e	Q_i
générale, permanente avec débits modulés	Q_V	0
double-flux	Q_V	Q_i insufflé

③

V : au-dessous de 1 000 m d'altitude
W : au-desus de 1 000 m d'altitude

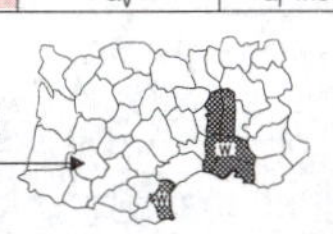

W

——— Limites de département
.... Limites de canton

Classe d'exposition	Hauteur des fenêtres au-dessus du sol	Façade abritée	Façade non abritée				
		V W	V		W	V	W
		a b	ab	c	ab	d	c
EX1	≤ 6 m	EX1	EX1	EX1	EX2	EX2	EX2
EX2	6 à 18 m	EX1	EX1	EX2	EX2	EX3	EX3
EX3	18 à 28 m	EX1	EX2	EX2	EX3	EX4	EX4
EX4	28 à 50 m	–	EX2	EX3	EX3	EX4	EX4
	50 à 100 m	–	EX3	EX3	EX4	EX4	EX4

Valeurs de e	Classe d'exposition au vent			
	Ex1	Ex2	Ex3	Ex4
Simple exposition	0,15	0,25	0,35	0,4
Logements à plusieurs expositions	0,5	0,85	1,1	1,35

④ Valeur de RCL			
Ouvrant battant		**Ouvrant coulissant**	
fenêtre, bois et métal	0,70	fenêtre en métal	0,77
porte-fenêtre avec soubassement	0,63	porte-fenêtre bois	0,74
porte-fenêtre sans soubassement	0,74	porte-fenêtre métal	0,83

⑤ **Chauffage type I** (p. 192)			H1	H2	H3		H1	H2	H3
Toiture, rampants de comble aménagé	S1	a	0,25	0,25	0,25	f	0,40	0,45	0,50
Plancher bas	S2	b	0,40	0,40	0,45		–	–	–
Murs, parois verticales de comble aménagé	S3	c	0,60	0,60	0,60	g	0,65	0,65	0,75
Portes	S4	d	1,50	1,50	1,50	h	1,50	1,50	1,50
Fenêtres, portes fenêtres	S5	e	2,25	2,45	2,45	i	2,25	2,45	2,45
Murs et portes sur circulations, locaux non chauffés	S6		–	–	–	j	0,45	0,45	0,45

11. OPTION 3 : BV + SYSTÈMES DE RÉFÉRENCE (Th-BV)

BV (W/K) est égal aux besoins annuels de chauffage divisés par l'écart moyen de température entre l'intérieur et l'extérieur.

BV = GV (1-F).

Un projet peut être évalué sans calculs lourds, avec des valeurs forfaitaires, en complétant le tableau (fig. 2) sous réserves (fig. 1).

12. CALCUL DE BV réf.

Le calcul de BV de référence (fig. 2) s'appuie sur la définition du coefficient BV. Il est donné pour un GV de réf., selon la zone climatique. L'ensoleillement de réf., quelconque est donné en fonction de la surface habitable, selon que le logement est superposé ou non, pour une inertie moyenne.

13. DÉFINITION DES VALEURS UTILISÉES (fig. 2)

- A : surface de la paroi vitrée (m^2).
- Sh : surface habitable du logement (m^2).
- Sse : Surface transparente Sud Équivalente (m^2).
- GV : coefficient de déperditions thermiques du logement (W / K, calcul détaillé page 194).
- F : couverture d'apports gratuits.
- X : rapport des apports gratuits aux déperditions.

14. LES RÈGLES D'ÉCHANTILLONNAGE (fig. 3)

Elles interviennent pour le calcul des coefficients GV, BV et C des ensembles thermiquement homogènes, limitant les justifications à certains logements.

- **Ensemble thermiquement homogène :**
  - Les caractéristiques thermiques des parois sont identiques sur l'ensemble du bâtiment par type de paroi.
  - Pour tous les logements, énergie et système de chauffage d'une part, énergie et système de production d'eau chaude sanitaire d'autre part, sont les mêmes.

14-1. Paramètres utilisés

- P : périmètre de planchers bas extérieurs (m), y compris les côtés donnant sur un local non chauffé.
- Sh : surface habitable (m^2).
- Sv : surface de baies vitrées, orientées E.-S.-E. à O.-S.-O. via le nord, comptées en tableau (m^2).

14-2. Échantillonnage des maisons individuelles

On décompose l'ensemble des maisons individuelles de l'opération étudiée en sous-ensembles : figure 3.

Application des règles d'échantillonnage aux sous-ensembles éventuellement déterminés.

- Ensemble ou sous-ensemble de moins de 30 maisons :
Retenir les 3 maisons pour lesquelles le rapport Sv / Sh est le plus grand, parmi les 6 maisons ayant le rapport P / Sh le plus grand.

- Ensemble ou sous-ensemble de 30 maisons au moins :
Retenir les 6 maisons pour lesquelles le rapport Sv / Sh est le plus grand, parmi les 12 maisons ayant le rapport P / Sh le plus grand.

①

CONDITIONS D'APPLICATION (option 3)

a) La surface des vitrages exposés d'E.-N.-E. à O.-N.-O. via le sud, sans masques importants, doit être au moins égal à :

– 12 % Sh en collectif,

– 14 % Sh en individuel.

b) GV calculé < 1,15 GV réf.

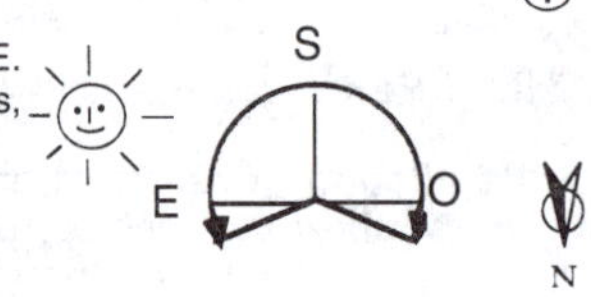

②

GV = **Sh =** Zone H	GVref = **GV ≤ 1,15 GVref**
Calcul de BVref	**BVref = GVref (1-F)**
GVref = **X est donné en fonction de Sh.GVref**	

Zone	H1	H2	H3
en maison individuelle	0,546	0,654	0,837.Sh / GVref
en logement collectif	0,513	0,612	0,775.Sh / GVref

F doit être lu sur l'abaque pour une inertie moyenne — X = — F = — BVref =

Calcul de BV (W / K) — BV = GV (1 - F)

F dépend de X et est donné par un abaque $X = \frac{AS + Ai}{Gv.DH}$

As, apports solaires As = Sse.E

Zone	H1	H2	H3
N : durée de la période de chauffage 10^3h	5,5	5,2	4,35
DH : degrés heures de chauffage, 10^3 °C.h	63	52	37
E : ensoleillement vertical sud pendant la période de chauffage, kWh / m^2	410	440	460
Ai, apports internes,	22.9 Sh	21.7 Sh	18.1 Sh

Sse, calculée (voir règles ThB) ou forfaité :

	maison individuelle	logement collectif
ensoleillement quelconque	0,028.Sh	0,023.Sh
vitrage sud dégagé	0,045.Sh	0,030.Sh
véranda sud dégagée	0,0055.Sh	0,035.Sh

diagramme : F = f (x)

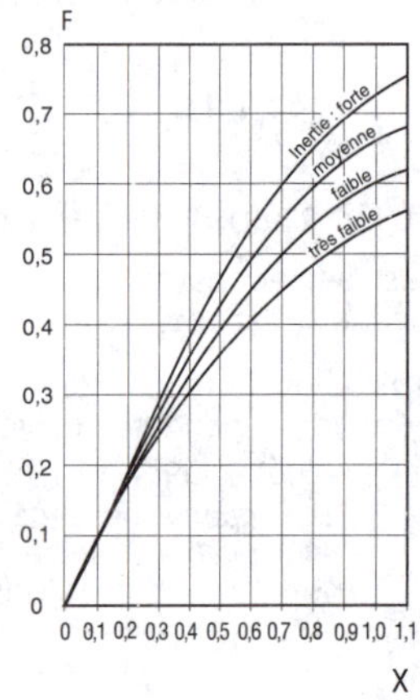

Inertie, calculée (voir règles ThB) **ou estimée :**

	maison individuelle	logement collectif
forte	planchers et murs lourds	planchers, refends et murs lourds
moyenne	planchers lourds (au moins un par niveau)	planchers lourds
faible	murs lourds	
très faible	ni plancher, ni mur lourd	

Sse = AS = Ai = X = BV =

③

Maisons individuelles	4 sous-ensembles			
	un niveau		plus d'un niveau	
Sous-ensemble de	Sv ≤ Sh / 5	Sv > Sh / 5	Sv ≤ Sh / 5	Sv > Sh / 5
• **Moins de 30 logements**	3	3	3	3
• **30 logements ou plus**	6	6	6	6

• **Habitat collectif :** on peut choisir un échantillon selon des règles similaires mais avec des paramètres différents.

Cette page indique les dispositions diverses concernant les systèmes individuels de chauffage et production d'eau chaude sanitaire :

- pour maison individuelle ou habitat collectif,
- acceptés par la réglementation (option 1).

- **Niveau 1 :** matériel respectant les normes, sans plus.
- **Niveau 2 :** les systèmes de référence (pour la réglementation), soulignés en rouge, font appel aux certifications françaises (normes NF, Avis technique...), ou européennes qui s'y substitueront.
- **Niveau 3 :** des systèmes thermodynamiques pour l'électricité et à condensation pour le gaz.

1. DISPOSITIONS GÉNÉRALES

- **Les réseaux de distribution** (chauffage et eau chaude) sont totalement intérieurs au volume habitable, le raccordement au générateur ou au ballon étant calorifugé ($R \geq 0{,}85$ m^2 °C / W) quand il est situé hors du volume habitable.
- **Les émetteurs** sont équipés de dispositifs d'arrêt et de régulation pouvant fonctionner séparément pièce par pièce (facultatifs pour les planchers chauffants).
- **Système utilisant un combustible :** générateur central, placé dans le volume habitable, sauf indication contraire (et aussi pour le combustible solide).

2. SYSTÈME DE RÉGULATION ET DE PROGRAMMATION

Un programmateur (obligatoire), hebdomadaire ou journalier, gère l'intermittence du chauffage (possibilité d'assurer une température minimale fixée par l'occupant), à partir d'une **régulation centrale :** thermostat cat. B (NF C 47-110).

Les émetteurs de la pièce où la sonde de régulation centrale est disposée ne sont pas équipés de dispositifs de régulation.

3. SYSTÈME UTILISANT L'ÉLECTRICITÉ (NF électricité)

Les appareils de chauffage (NF C 73-251) sont fixes : convecteur, plinthe ou plafond chauffant, panneau radiant.

- **Niveau 1 :** émetteurs de cat. A ou B. Un plafond chauffant (mis en œuvre selon l'avis technique) dépend de ce niveau.
- **Niveau 2 :** émetteurs de cat. B.
- **Niveau 3 :** production d'eau chaude par des systèmes thermodynamiques + système de chauffage de niveau 2.
  - niveau 3 A : chauffe-eau thermodynamique à accumulation, sur air extrait, sans résistance d'appoint (NF E 38-151 et 152).
  - niveau 3 B : pompes à chaleur (NF Pompes à chaleur) :
    * air extérieur / eau avec complément par chaudière. Les deux tiers des déperditions de base sont assurés par la pompe si la chaudière est électrique, la moitié si la chaudière est au gaz ou au fioul ;
    * eau/eau sur nappe phréatique ou eau glycolée/eau sur capteur enterré, sans complément.
- Le chauffe-eau à accumulation (NF C 73-221) fonctionne en heures creuses. En outre, il a les caractéristiques suivantes pour le niveau 2 : cat. B, hyper isolé, placé dans le volume habitable.

4. SYSTÈME UTILISANT UN COMBUSTIBLE SOLIDE (bois, charbon)

NIVEAU	MATÉRIEL SITUÉ hors du volume habitable
1 (2)	Tout système, conforme aux normes, assurant la totalité du chauffage et de l'eau chaude.
2 (1) (2)	Chaudière certifiée équipée d'un dispositif de TIRAGE FORCE ; si le combustible est le bois, la COMBUSTION est de TYPE INVERSE.

(1) : Le ballon est revêtu d'un isolant $R \geq 1$ m^2.°C / W.
(2) : Ventilateur asservi à la régulation centrale.

5. CHAUDIÈRE FIOUL (NF ; 0,81 PCS ; Pertes 380 W)

NIVEAU	CHOIX	PERTES W	Situé hors du volume habitable	Situé dans le volume habitable	Accumulation dans un ballon	
					intégré ou accolé	séparé
1	A	300	ballon chaudière			❄ (1)
2	A	350	ballon chaudière		❄	
	B	300	chaudière	ballon		❄ (1)

Chauffage et eau chaude sont fournis par une chaudière FIOUL (NF ; 0,81 PCS ; Pertes 380 W), l'accumulation pouvant être intégrée, accolée ou séparée de la chaudière.
(1) Le ballon est revêtu d'un isolant $R \geq 1$ m^2.°C / W.

6. SYSTÈME UTILISANT UN COMBUSTIBLE GAZEUX (GPL. gaz de réseau)

NIVEAU	CHOIX	A	B	C	PERTES	Situé hors du volume habitable	Situé dans le volume habitable	Accumulation dans un ballon intégré ou accolé
1	A	❄			500		❄ (2)	au choix
	B		❄		300	❄		sans
	C		❄		350	❄		avec
2	A		❄		500		❄ (2)	au choix
	B		❄		300	❄ (1)		sans
	C		❄		350	❄ (1)		avec
	D	RADIATEURS à VENTOUSE (NF GAZ) complétés éventuellement par des convecteurs électriques dans les pièces centrales ; CHAUFFE-BAIN à production instantanée (NF GAZ) situé dans le volume habitable.						
3	A			❄	500		❄ (2)	au choix
	B			❄	300	❄ (1)		sans
	C			❄	350	❄ (1)		avec

Chauffage et eau chaude sont fournis par le générateur, sauf pour le choix D du niveau 2.

NF gaz

❄ cat. A : standard, 0,75 PCS à 50 °C en moyenne.
❄ cat. B : haut rendement, 0,80 PCS à 50 °C en moyenne.
❄ cat. C : condensation, 0,86 PCS à 50 °C en moyenne.

Nota :

(1) : Il s'agit d'un sous-sol et le conduit d'évacuation des gaz brûlés traverse le volume habitable sur un niveau au moins.

(2) : L'extraction de l'air du logement est mécanique, le raccordement avec la chaudière se fera par une bouche thermo-modulante.

Les techniques de renouvellement d'air dans l'habitat sont décrites pages 199 à 207.

On donne ici les solutions techniques (option 1) de la réglementation, pour les maisons individuelles.

On peut utiliser sans effectuer des calculs de réseau :

- Un ensemble complet et indissociable, vendu par un seul fournisseur, ayant fait l'objet d'essais selon la NF E 51-706.
- Des composants séparés (bouches (PV d'essais avec le ventilateur), bouches à la NF, avis techniques), leur compatibilité permettant d'obtenir de bons résultats :
  - Entrées d'air : autoréglables, « module 15, 22.5, ou 30 », particulières en zone de bruit **(module = débit nominal en m^3 / h)**.
  - Bouches d'extraction : « sanitaires » ou « cuisines », référence de compatibilité « standard » ou « référence commerciale du produit ».
  - Conduits marqués, piquages repérés...

1. NIVEAU 1

La ventilation est naturelle ou mécanique simple flux (VMC).

L'occupant peut agir sur les débits extraits.

- **Entrées d'air :** disposées en partie haute, dans les pièces principales. Par pièce, la somme de leurs modules est égale en moyenne à :
  - Vent. naturelle : 45 m^3 / h (mini. 30 pour une pièce donnée).
  - VMC : 30 m^3 / h (mini. 22,5 pour une pièce donnée).

Une cheminée à feu ouvert est équipée de sa propre amenée d'air, obturable comme le conduit de fumée.

- **Passages d'air au niveau des portes :** figure 1.

1-1. Compléments pour la ventilation naturelle

- **Bouche d'extraction (pour salles d'eau et WC) :**
  - « Module 50-100 » avec réglage manuel pour la salle d'eau principale et le WC s'il est unique.
  - « Module 50 » sans réglage pour les salles d'eau secondaires et les WC s'ils sont plusieurs.
- **Bouche d'extraction d'une cuisine :** figure 2.
- **Choix d'un conduit :** figure 3.
  - Vertical, il comporte au plus deux dévoiements dont l'angle n'excède pas 20°. Cet angle peut atteindre 45° s'il s'agit d'un conduit sans rugosité (métal, plastique, amiante-ciment) de moins de 5 m de hauteur.
  - Conduits de cuisine type IV et VI : DTU n° 61-1.
- **Couronnement :** figure 4.

1-2. Compléments pour l'extraction mécanique

Situé généralement en comble, accessible, le moto-ventilateur est équipé d'un régulateur incorporé et porte une étiquette (fig. 5). Les installations avec appareil gaz raccordé ne sont pas concernées (DTU n° 68-2).

2. AUTRES NIVEAUX

- **Niveau 2 :** entrées d'air au niveau de fenêtres pariétodynamiques, extraction mécanique en WC complétée par une minuterie.
- **Niveau 3 :** bouches hygroréglables (p. 207).
  - type A : bouches d'extraction hygroréglables.
  - type B : les entrées d'air sont aussi hygroréglables.
- **Niveau 4 :** ventilation double flux avec récupérateur de chaleur air/air (efficacité certifiée > 65 %) et circuit d'air dans le volume habitable : page 206.

Cuisine : prévoir un jeu de 2 cm en partie basse, complété en ventilation naturelle, sauf s'il y a deux portes, par un jeu de 2,5 cm en partie haute (ou par une grille « module 200 »).

Autres portes : prévoir un jeu de 1 cm en partie basse. En extraction mécanique, ce jeu n'est pas nécessaire si la porte est équipée de plots.

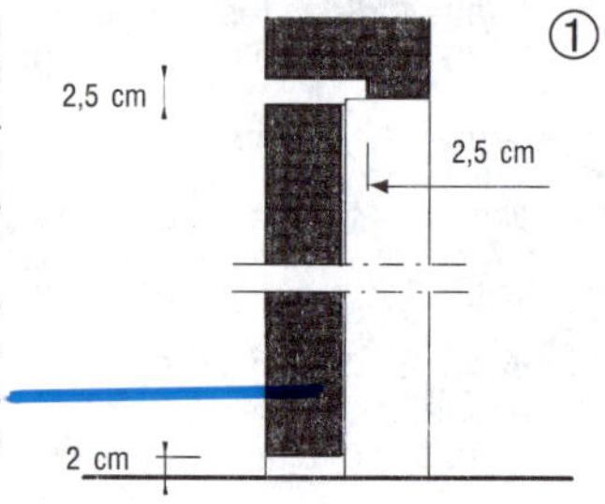

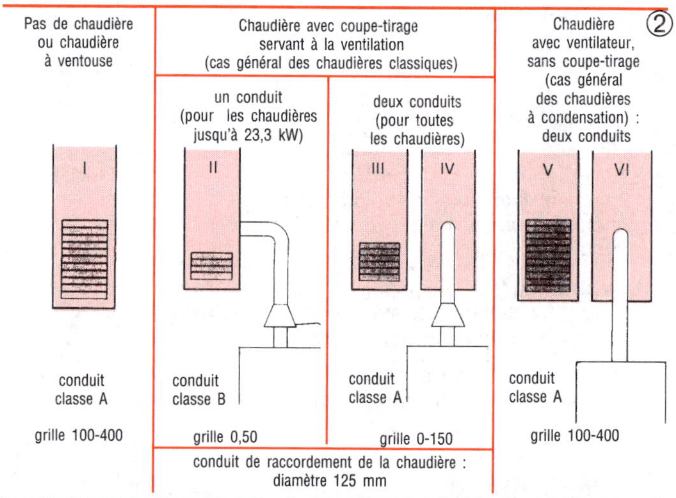

③

Destination des conduits		Hauteur de tirage h (m)	Section de conduit rectangulaire (cm^2)	Diamètre de conduit circulaire (cm)
Cuisine	I et V	2,5 à 3,5 au-delà	500 à 600 350 à 450	24 à 26 20 à 22,5
	II	3,5 et plus	350 à 450	20 à 22,5
	III	2,5 à 3,5 au-delà	250 à 350 175 à 225	17 à 19 14 à 16
Salle d'eau et WC		2,5 à 3,5 au-delà	175 à 225 120 à 150	14 à 16 11 à 13

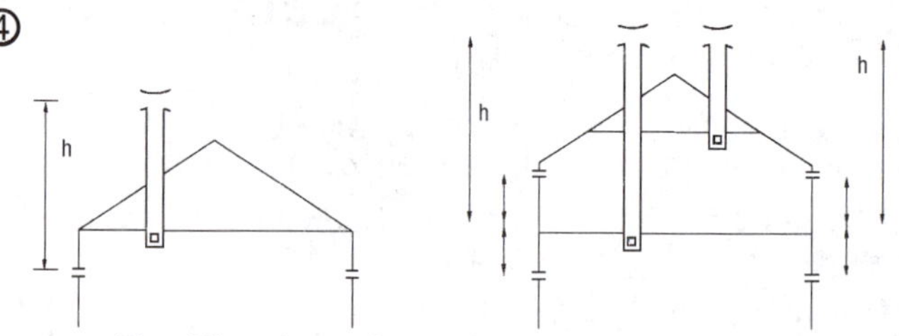

Les conduits débouchent d'au moins 40 cm au-dessus du faîtage, muni d'un couronnement marqué en section ou diamètre, en classe A ou B (B pour le conduit II, fig. 2).

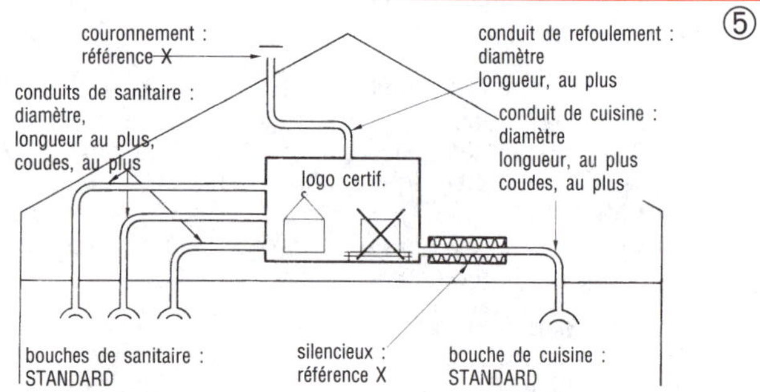

1. TERMINOLOGIE (AFNOR DTU P 50-411, E 51-700)

- **Air vicié** : air qui, séjournant dans un local, se charge des produits de la respiration des occupants, d'humidité, d'odeurs ou des produits de combustion des appareils non raccordés.
- **Alvéole technique gaz** : local disposé à un niveau d'un immeuble collectif, s'ouvrant sur les parties communes et affecté, à l'exclusion de tout autre usage, à l'installation d'appareils individuels de production d'eau chaude sanitaire ou de chauffage des logements. On y trouve aussi des conduits d'alimentation en gaz, des conduits d'amenée d'air ou d'évacuation des produits de combustion correspondants.
- **Amont** : défini, pour un composant aéraulique, par rapport au sens d'écoulement de l'air extrait, depuis la bouche ou le coupe-tirage jusqu'à l'extracteur.
- **Appareil à gaz** :
  - à condensation : conçu pour qu'une partie de la vapeur d'eau contenue dans les produits de combustion puisse se condenser dans l'appareil ; fait l'objet d'un agrément ministériel pour être raccordé à une VMC-gaz ;
  - classique : ne répond pas à la définition précédente ; pour être raccordable à une VMC-gaz, il doit être conforme à l'une des normes NF D 35-323, 326, 337 ou 413.
- **Appareil à gaz raccordé** : les produits de combustion sont évacués vers l'extérieur de l'immeuble par un conduit de raccordement relié à un conduit d'évacuation de ces produits, fonctionnant par tirage naturel (DTU n° 61-1) ou étant raccordé à une installation de VMC.
- **Bouche d'extraction** : bouche raccordée à un conduit aéraulique mis en dépression, destinée à maintenir la valeur du débit d'air extrait entre les limites d'une plage déterminée moyennant des différences de pression appropriées de part et d'autre de cette bouche.

On distingue les bouches dites :

- « à réglage fixe » : la section de passage de l'air ne peut être modifiée que manuellement (fig. 1) ;
- « autoréglables » : maintien automatique d'un débit indépendant de la différence de pression de part et d'autre de la bouche (fig. 2) ;
- « thermoréglables » : maintien automatique d'un débit indépendant de la différence de température de l'air de part et d'autre de la bouche (fig. 3) ;
- « thermomodulantes » : variation automatique du débit en fonction de la différence de température de l'air qui traverse la bouche ;
- « hygroréglables » : variation automatique du débit en fonction de la différence d'humidité de l'air de part et d'autre de la bouche : page 207.

- **Conduit collecteur vertical** : conduit d'évacuation d'allure verticale reliant les bouches d'extraction au réseau de collecte horizontal ou directement à l'extracteur : figure 4a et page 205.
- **Conduit de liaison** : conduit reliant en installation collective la bouche d'extraction au conduit collecteur vertical : figure 4b et page 205.
- **Conduit de raccordement** : ensemble des éléments assurant la liaison entre la buse d'un appareil raccordé et la bouche d'extraction : page 205.
- **Conduit de refoulement** : conduit véhiculant l'air extrait depuis l'extracteur jusqu'à l'air libre : page 205.
- **Débit nominal de la bouche d'extraction** : valeur du ou des débits volumiques de la bouche annoncée par son fabricant dans des conditions normalisées (E 51-701).

①

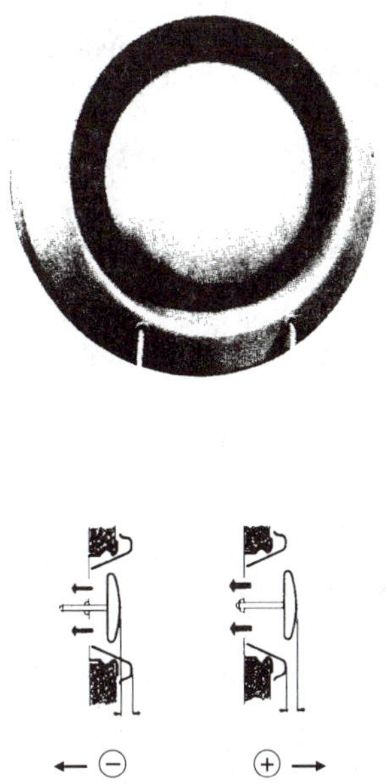

②

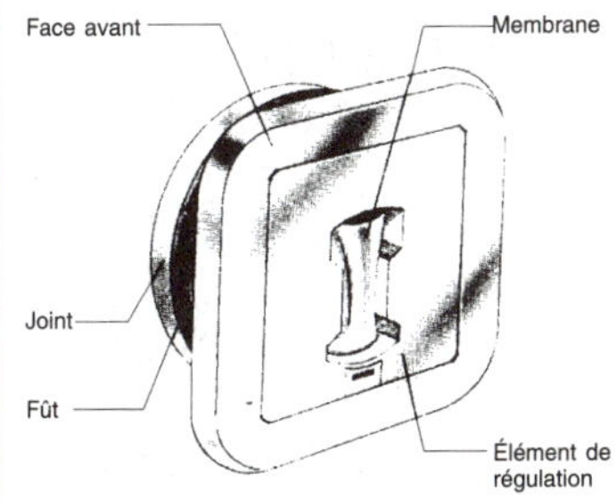

BAP

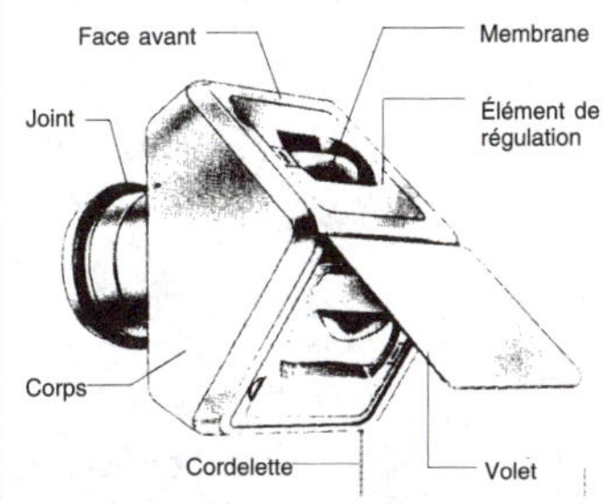

BAP VARIABLE

La BAP variable permet d'obtenir deux débits. Une cordelette entraîne l'ouverture ou la fermeture du débit complémentaire au gré de l'utilisateur.

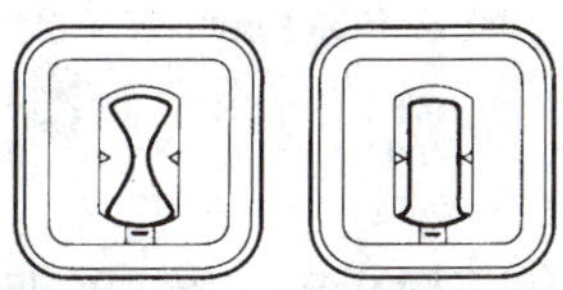

L'AUTORÉGLABLE

Au repos, c'est-à-dire avec une différence de pression nulle entre l'amont et l'aval de la bouche, la membrane offre un passage d'air maximum. Sous la différence de pression entre l'amont et l'aval, la membrane se gonfle progressivement pour ajuster la section de passage d'air et maintenir un débit constant.

NOTA : en option, une minuterie permet d'assurer la fermeture automatique du débit complémentaire au bout d'une heure (en cloison).

③

(1) : corps en alliage moulé
(2) : bilame
(3) : chaînette commandant la marche forcée du bilame (grand débit)
(4) : virole avec joint (montage sur conduit de VMC)
(5) : butées (débits maxi. et mini.)
(6) : virole (raccordement à la chaudière)

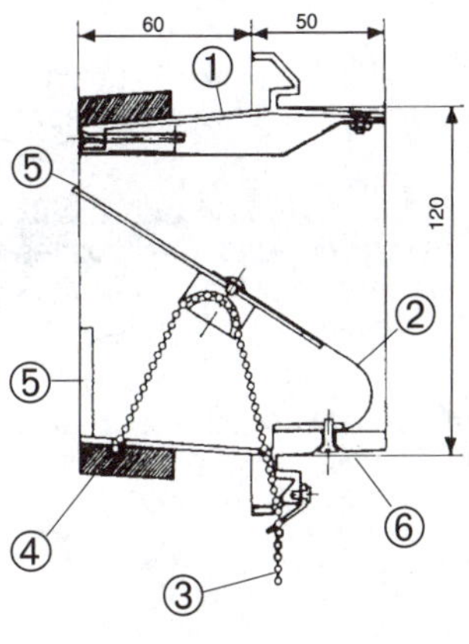

④

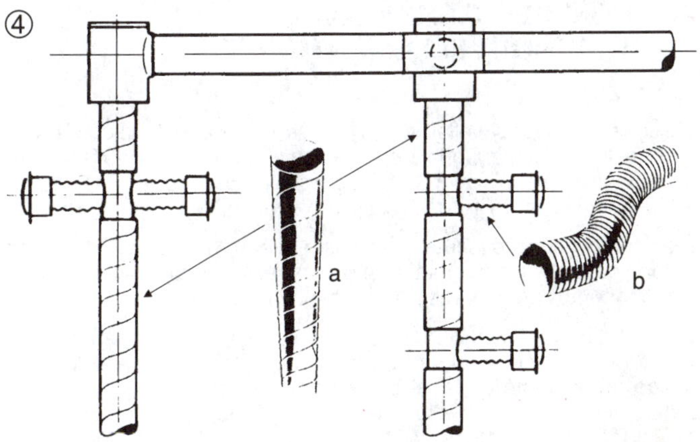

1. TERMINOLOGIE (suite)

- **Entrée d'air** (p. 203) : orifice spécifique mettant en communication un local mis en dépression par une installation de VMC (ventilation mécanique contrôlée), avec l'air extérieur, soit directement, soit par l'intermédiaire d'un conduit de faible longueur.

On distingue les entrées d'air dites :

- « fixes » : la section de passage de l'air est fixe ou ne peut être modifiée que manuellement ;
- « autoréglables » : maintien automatique d'un débit quelle que soit la différence de pression de part et d'autre de l'entrée d'air (fig. 1) ;
- « hygroréglables » : variation automatique de la section du passage d'air en fonction de l'humidité de l'atmosphère du local desservi (p. 207).

- **Extracteur** : dispositif mécanique d'extraction de l'air, généralement constitué d'un groupe moto-ventilateur en caisson ou d'une tourelle (p. 206).
- **Passage de transit** (p. 204) : orifice généralement ménagé dans les portes intérieures (grille, détalonnage...) permettant la circulation de l'air depuis les pièces principales jusqu'aux bouches d'extraction.
- **Réseau collecteur d'extraction** (fig. 2) : circuit aéraulique des bouches d'extraction au rejet à l'air libre.
- **Réseau horizontal de collecte** (traînasse) : collecteur d'allure horizontale, reliant l'extrémité aval des collecteurs verticaux au débouché à l'air libre.
- **Souche ou té-souche :** composant du réseau horizontal de collecte reliant celui-ci à un conduit collecteur vertical (fig. 2).
- **Tampon :** bouchon situé à la base du conduit collecteur vertical permettant son obturation (fig. 2). En VMC inversée, il peut être situé en haut du conduit.
- **Tourelle d'extraction :** extracteur desservant une seule colonne et disposé directement sur celle-ci.
- **Virole de la bouche d'extraction :** partie en amont de la bouche d'extraction sur laquelle vient se placer le conduit de raccordement la reliant à la buse d'un appareil à gaz.
- **VMC :** système d'extraction mécanique de l'air vicié des locaux (fig. 3) constitué d'entrées d'air, de passages de transit, de bouches d'extraction, de conduits aérauliques et d'un extracteur. Ce système peut éventuellement desservir des appareils à gaz raccordés (VMC-gaz).
- **VMC (ou VMC-gaz) inversée :** système d'extraction mécanique dans lequel le sens de circulation de l'air dans les conduits verticaux est descendant. Le réseau horizontal de collecte est situé en partie basse de l'immeuble.

2. PRINCIPES GÉNÉRAUX DU RENOUVELLEMENT D'AIR

L'exigence de renouvellement d'air des logements a été fixée par l'article R 111-9 du Code de la construction et de l'habitation, et les modalités d'application ont été précisées par l'arrêté du 24 mars 1982 (modifié le 28/10/83) relatif à l'aération des logements.

Nécessaire pour évacuer la vapeur d'eau, les odeurs, le gaz carbonique, l'aération peut être également indispensable au bon fonctionnement d'appareils à combustion.

L'évacuation de l'air vicié doit pouvoir être générale et permanente (p. 201) au moins pendant la période où la température extérieure oblige à maintenir les fenêtres fermées (en toute saison, dans les bâtiments soumis à un isolement acoustique renforcé, en application de l'arrêté du 6 octobre 1976).

Elle peut se faire par tirage naturel ou par dispositif mécanique (notamment en zone de bruit, afin de pouvoir renouveler l'air en saison chaude sans ouvrir les fenêtres).

L'aération permanente peut être limitée à certaines pièces suivant les conditions définies page 201.

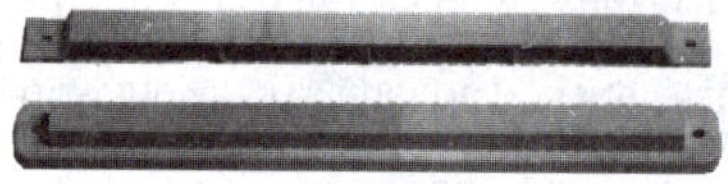

①

Exemple d'autorégulation :

une lame souple, placée dans un boitier en matière plastique formant un diffuseur assure la régulation, en se déformant sous l'action de la pression différentielle. La veine d'air est ainsi calibrée.

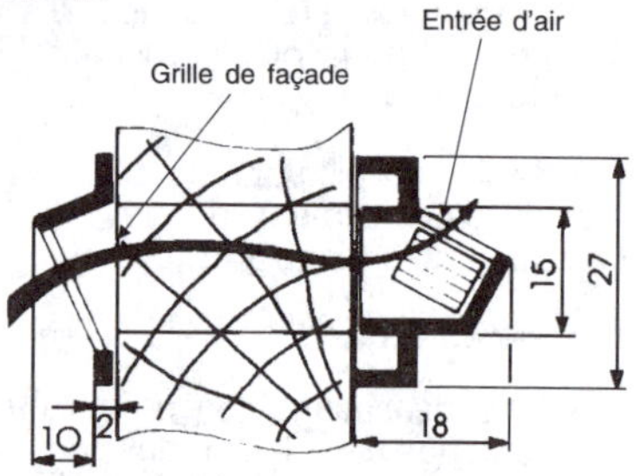

②

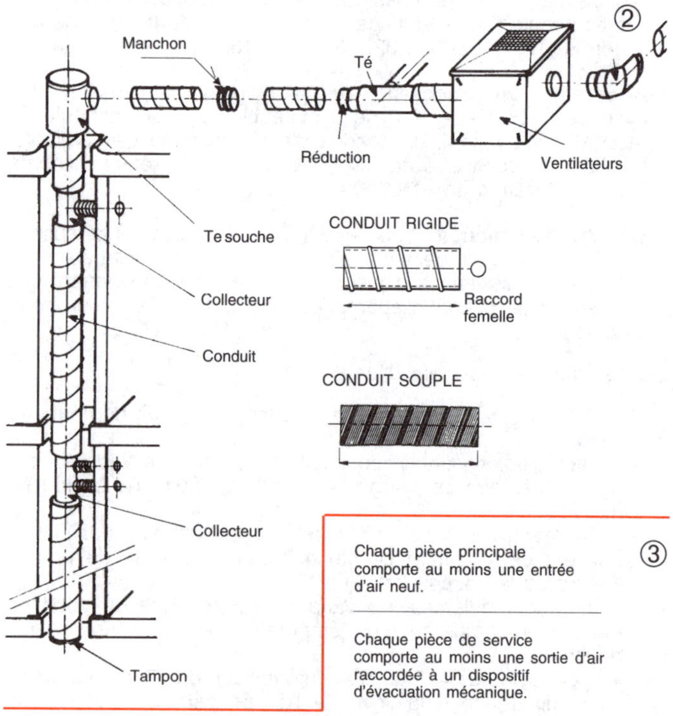

③

Chaque pièce principale comporte au moins une entrée d'air neuf.

Chaque pièce de service comporte au moins une sortie d'air raccordée à un dispositif d'évacuation mécanique.

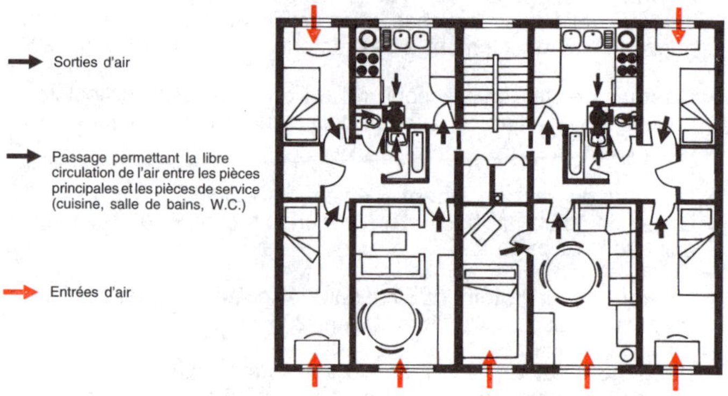

2-1. Aération générale et permanente

Les dispositifs de ventilation, mécaniques ou à fonctionnement naturel, doivent satisfaire les exigences de débit extrait données figure 1, en fonction du nombre des pièces principales du logement :

- dans les conditions climatiques moyennes d'hiver,
- dans chaque pièce de service, simultanément ou non.

Pour obtenir les débits définis figure 1, les entrées d'air, complétées par la perméabilité des ouvrants, doivent permettre un débit d'insufflation égal à :

$$15 \times (n + 2) \text{ en } m^3/h,$$

n étant le nombre de pièces principales

- **Cas particuliers**

Logements ne comportant qu'une pièce principale : la salle de bains ou de douches et le cabinet d'aisances peuvent avoir, s'ils sont contigus, une sortie d'air commune située dans le cabinet d'aisances (débit d'extraction : 15 m^3 / h). Un studio ayant un équipement de cuisine comporte une entrée et une sortie d'air, réalisées comme indiqué figure 1 ou 2.

Cabinets d'aisances : ils sont considérés « multiples » s'il en existe au moins deux dans le logement, même si l'un d'entre eux est situé dans une salle d'eau.

Absence de cloisons entre la salle de séjour et une chambre : la pièce unique est assimilée à deux pièces principales.

Hotte de cuisine : un débit plus faible est admis si elle est raccordée à l'extraction de la cuisine dès la construction. Ce débit est alors déterminé en fonction de l'efficacité de la hotte.

- **Réductions des débits autorisées**

Des dispositifs individuels de réglage peuvent permettre de réduire les débits d'air extraits lorsque les pièces de service ne sont pas utilisées, pour limiter les déperditions thermiques (fig. 2), sous réserve que :

- le débit total extrait reste supérieur à une valeur permettant d'assurer une hygiène satisfaisante ;
- le débit extrait en cuisine reste supérieur à une valeur assurant la sécurité des personnes, notamment vis-à-vis des appareils à gaz non raccordés (cuisinières).

L'emploi d'un dispositif hygroréglable (p. 207) fait l'objet d'une autorisation ministérielle qui fixe les débit minimaux à respecter. Le débit total extrait peut être réduit aux valeurs indiquées figure 3.

2-2. Aération permanente pouvant être limitée à certaines pièces

Pour les maisons individuelles isolées, jumelées ou en bande situées en zones climatiques H2 et H3 (définies p. 192), la construction et les équipements peuvent satisfaire aux dispositions suivantes :

- La cuisine comporte une sortie d'air réalisée par un conduit vertical à tirage naturel ou par un dispositif mécanique.
- Les autres pièces de service comportent :
  - soit une sortie d'air réalisée par un conduit vertical à tirage naturel ou un dispositif mécanique,
  - soit une ouverture extérieure obturable.
- Chaque pièce principale possède une entrée d'air réalisée par un orifice en façade, un conduit à fonctionnement naturel ou un dispositif mécanique.
- Les sorties d'air de la cuisine et éventuellement des autres pièces de service doivent permettre d'obtenir les débits fixés ci-dessus.

2-3. Dispositions communes

Elles sont applicables à tout logement, en habitat collectif comme en maison individuelle.

En cas de présence d'un appareil à gaz raccordé disposé en cuisine, le débit à extraire en cuisine (fig. 1) doit au moins être égal à Qg (débit d'air comburant nécessaire au bon fonctionnement de l'appareil).

Cela donne pour un appareil (projet de DTU n° 68-1) :

- à gaz classique : Qg = 4,3 P (puissance utile P),
- à condensation, selon le modèle : Qg = 30 ou 45 m^3 / h.

Tout autre appareil à combustion doit être pris en compte, par le système d'aération, pour assurer les débits nécessaires à leur bon fonctionnement (ex. : cheminées à feu ouvert nécessitant une entrée d'air particulière).

Qu'il s'agisse de conduit à tirage naturel ou de dispositif mécanique, une évacuation des produits de combustion d'appareils à gaz ou à hydrocarbure liquéfiés, raccordés, peut servir de sortie d'air, à condition qu'une plaque scellée indique qu'on ne peut y raccorder un appareil utilisant un autre combustible.

Rappels : le raccordement d'appareils à combustion à des conduits d'évacuation par tirage naturel de type shunt n'est pas admis.

Aucun dispositif mécanique individuel, tel qu'une hotte de cuisine (caractéristiques aérauliques et acoustiques : NF E 51-704) équipée d'un ventilateur, ne peut être raccordé à une installation collective de sortie d'air, qu'elle soit mécanique ou à tirage naturel.

① Pièces princi-pales	Salle d'eau	Cabinets d'aisance		Débit total maximal extrait du logement (m^3/h)		
				Présence d'un appareil à gaz raccordé (*)		
		Commun avec salle d'eau	Séparé	Non	En cuisine (**)	En salle d'eau
1	1	1	0	90	90 ou 15 + Qg	75 + Qg
		0	1	105	105 ou 30 + Qg	90 + Qg
	–	0	1	120	120 ou 30 + Qg	105 + Qg
3	1	1	0	135	135 ou 30 + Qg	105 + Qg
		0	1	150	150 ou 45 + Qg	120 + Qg
4	1	1	0	150	150 ou 30 + Qg	120 + Qg
		0	1	180	180 ou 60 + Qg	150 + Qg
		1	1	165	165 ou 45 + Qg	135 + Qg
4	2	1	0	165	165 ou 45 + Qg	135 + Qg
		1	1	180	180 ou 60 + Qg	165 + Qg
5	1	0	1	195	195 ou 60 + Qg	165 + Qg
		0	2	195	195 ou 60 + Qg	165 + Qg
		1	1	180	180 ou 45 + Qg	150 + Qg
5	2	0	1	210	210 ou 75 + Qg	180 + Qg
		0	2	210	210 ou 75 + Qg	180 + Qg
		1	1	195	195 ou 60 + Qg	165 + Qg

*(*) Qg = 4,3 * P (P exprimée en kW).*
(**) retenir la plus grande des deux valeurs.

②	Nombre de pièces principales						
	1	2	3	4	5	6	7
Débit total minimal en m^3 / h	35	60	75	90	105	120	135
Débit minimal en cuisine en m^3 / h	20	30	45	45	45	45	45

Ventilation hygroréglable (p. 207)	Nombre de pièces principales ③						
	1	2	3	4	5	6	7
Débit total minimal en m^3 / h	10	10	15	20	25	30	35

2-3.1. Sortie d'air par tirage naturel

Un conduit peut être :

- individuel : desservant une seule pièce,
- collectif : desservant plusieurs pièces.

Dans ce dernier cas, il comporte un conduit collecteur et des raccordements individuels de hauteur d'étage, ces derniers ne desservant qu'une seule pièce.

Un conduit collectif, desservant des cuisines, ne peut desservir des locaux d'autre nature.

Les dévoiements éventuels et le débouché du conduit doivent répondre aux dispositions relatives aux conduits de fumées desservant les logements : figure 1 et page 149.

2-3.2. Sortie d'air par extraction mécanique

Le rejet de l'air s'effectue correctement à l'extérieur sans refoulement ni renvoi vers les logements.

Dans les installations mécaniques collectives, si l'extraction de l'air d'un même logement est réalisée par plusieurs extracteurs distincts, ceux-ci ne doivent pouvoir fonctionner que simultanément.

- **Appareils à gaz ou hydrocarbure liquéfiés, non raccordés :** les produits de combustion pénétrant dans le circuit d'extraction doivent pouvoir cheminer vers l'extérieur par tirage naturel, lorsque l'évacuation de l'air de la cuisine est faite par un dispositif mécanique collectif (en cas de panne de celui ci !).
Autrement, il doit exister un système d'alarme fonctionnant automatiquement en cas de panne.

- **Conduits de fumée, foyers situés dans les logements :**
  - ils peuvent être raccordés à un dispositif mécanique si :
    * l'évacuation de l'air de ventilation est également obtenue par un dispositif mécanique,
    * les deux dispositifs mécaniques sont communs ou ne peuvent fonctionner que simultanément,
    * l'évacuation des fumées ou des gaz brûlés est assurée par tirage naturel (en cas de panne du dispositif mécanique) à moins que la combustion ne soit automatiquement arrêtée. Dans ce dernier cas, le réallumage ne peut intervenir qu'en toute sécurité.
  - ils peuvent fonctionner par tirage naturel sous réserve que la dépression créée dans un logement par l'évacuation mécanique de l'air ne puisse entraîner l'inversion du tirage, notamment lors de l'allumage de certains foyers.

3. CONCEPTION, DIMENSIONNEMENT ET MISE EN ŒUVRE
(DTU n° 68-1 et DTU n° 68-2)

3-1. Domaine d'application

- **Installations nouvelles de VMC :**
  - avec ou sans appareils à gaz raccordés (puissance utile au plus égale à 70 kW) en immeuble collectif à usage d'habitation.

La présence d'un vide-ordures intérieur implique que l'installation fasse l'objet d'une étude spéciale (recommandations EPEBAT).

- **Installations nouvelles de VMC-gaz :**
  - en maison individuelle.
- **Ne sont pas concernées :**
  - les installations de VMC en maison individuelle lorsqu'elles ne desservent pas d'appareils à gaz (page 198).
  - les matériels pour une ventilation naturelle.

Sont toutefois indiquées ici :

- les règles de conception des entrées et passages de transit des installations individuelles.
- les installations, avec amenées d'air mécanique et échangeur, dites double-flux (détaillées p. 206),
- les installations hygroréglables (détaillées p. 207),

3-2. Généralités

Les dispositifs mécaniques doivent pouvoir être facilement entretenus et vérifiés.

Le rejet de l'air extrait s'effectue sans gêne pour le voisinage, soit :

- directement à partir de l'extracteur,
- par l'intermédiaire d'un conduit de refoulement (notamment en VMC inversée). Dans ce cas, le conduit est disposé de façon à éviter, en cas de défaut d'étanchéité, un refoulement d'air dans le volume habitable (Solution possible : disposer le conduit dans une gaine sans communication avec l'air intérieur, débouchant sur l'extérieur du bâtiment).

- **Maison individuelle :** les fabricants fournissent des ensembles complets, prédimensionnés en fonction du nombre de pièces. Des calculs ne sont pas nécessaires pour les cas courants.
- **Habitat collectif :** le réseau est conçu et dimensionné de façon à assurer les débits réglementaires. Le DTU n° 68-1 donnera les dispositions à appliquer pour les calculs.
- **Organes d'équilibrage de débit :** leur emploi est interdit sur le parcours des produits de combustion. Ils ne sont pas prévus pour corriger des erreurs de dimensionnement ou des défauts de mise en œuvre. Quand on y a recours, ils sont disposés sur les parties accessibles du réseau horizontal de collecte, déterminés par le calcul, indéréglables.
- **Dispositifs atténuateurs de bruit :** a priori, le respect des spécifications données par le DTU n° 68-1 suffit à assurer le respect des exigences réglementaires en matière de confort acoustique. Ces éventuels dispositifs seront disposés sur le réseau horizontal de collecte.

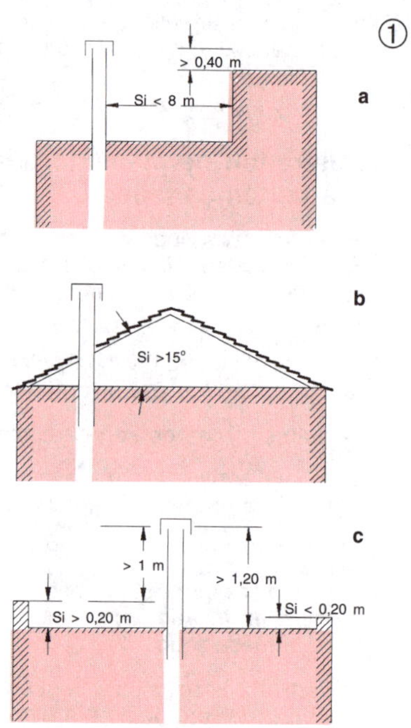

(1 a) : le débouché du conduit de fumée se situe au moins à 0,40 m de toute partie de construction distante de moins de 8 m.

(1 b) : pour les toitures à pente supérieure à 15°, s'il n'existe aucune partie de construction dépassant le faîtage et située à moins de 8 m, si le débouché du conduit est en outre équipé d'un dispositif anti-refouleur, le débouché peut être placé au niveau du faîtage.

(1 c) : conditions particulières pour les toitures-terrasses selon la hauteur de l'acrotère.

3-3. Les entrées d'air (NF E 51-732)

Les caractéristiques et l'emplacement des entrées d'air sont tels qu'il n'en résulte ni inconfort pour les occupants, ni désordre pour la construction et les équipements.

3-3.1. Caractérisation

Sans être obturables, elles sont de nature :
- autoréglables ou fixes (relativement rares, autorisées pour construction à exposition au vent Ex1 ou logement à simple exposition Ex2) : l'exposition au vent est définie p. 195,
- relevant d'un avis technique.

Elles sont :
- marquées en module (module = débit de 15, 22,5 ou 30 m^3/h lorsque la différence de pression est 20 Pa) après avoir subi un essai (NF P 50-402) de caractérisation aéraulique ;
- caractérisées par leur isolement acoustique Dn 10, pour les entrées destinées à être utilisées en zone de bruit : page 214.

Remarque : quand l'air chemine dans des éléments de la construction (traverse haute de fenêtre, coffre de volet roulant...), le module et l'isolement acoustique sont déterminés par des essais portant sur l'ensemble constitué de l'entrée, ses accessoires et les éléments traversés (cf. Avis technique pour les fenêtres en PVC).

3-3.2. Dimensionnement

L'ensemble des entrées d'air présentes dans un même logement doit permettre le passage sous une différence de pression inférieure ou égale à 20 Pa du débit d'air maximal QM, susceptible d'être extrait du logement.
QM est la somme des valeurs nominales maximales des débits extraits à chaque bouche (p. 201, fig. 1).
Le dimensionnement du réseau d'extraction pour une différence de pression aux entrées d'air de 10 Pa est plus aisé, mais présente généralement l'inconvénient d'augmenter les déperditions thermiques par ventilation transversale (titre II règles Th G).

- Respect pratique de ces exigences (selon la différence de pression choisie pour établir les calculs du réseau) : la somme S des modules des entrées d'air satisfait l'une des inégalités suivantes :
  - dépression de 10 Pa : $S > 1{,}4\ QM - Qf$
  - dépression de 20 Pa : $S > QM - Qf$

inégalités dans lesquelles Qf est le débit de fuite sous 20 Pa des ouvrants donnés figure 1.
. Dimensionnements types pour un immeuble collectif :
- calcul avec dépression de 10 Pa : figure 2,
- calcul avec dépression de 20 Pa : figure 3.

Les pièces de service ne comportent pas d'entrées d'air.

3-3.3. Mise en œuvre

Elles sont disposées dans les pièces principales de telle sorte que, par pièce, la somme de leur module soit égale en moyenne à 45 ou 30, selon que l'extraction est naturelle ou mécanique. Cette somme ne saurait être inférieure respectivement à 30 ou 22,5.
Aucun élément de la construction ne doit pouvoir diminuer le débit les traversant.
On les dispose en partie haute avec jet d'air dirigé vers le haut : traverse haute des menuiseries, coffre des volets roulants, sous-face du linteau ou en décrochement de la façade (15 cm mini.).
Elles comportent des auvents de protection contre la pluie, et éventuellement d'autres accessoires tels que des manchons de traversée des murs.
En zone de bruit, le manchon est traité pour limiter l'affaiblissement de l'isolement acoustique de la paroi où se situe la bouche.

- Cheminée à feu ouvert : elle doit être munie de sa propre amenée d'air, obturable tout comme le conduit de fumée.
- Entrée d'air par les combles : une VMC mettant le logement en légère dépression, on peut faire pénétrer l'air neuf dans les pièces principales en l'aspirant en un point unique dans des combles sous réserve qu'ils soient bien ventilés, ce choix simplifiant éventuellement l'installation d'une insufflation mécanique avec ou sans récupérateur de chaleur (ventilation mécanique double-flux : p. 206). Une prise d'air neuf directement à l'extérieur est malgré tout préférable.

①

Nombre de pièces du logement	Valeur de Qf (m^3/h)	
	immeubles collectifs	maisons individuelles
1	20	30
2	30	45
3	40	60
4	50	75
5	60	90
6	70	105
7	80	120

② **Dimensionnement type (logement collectif) : calcul avec dépression de 10 Pa**

Nombre de pièces principales	Débit total maximal extrait QM (m^3/h)	Somme des modules dans chaque pièce principale	
		Séjour	Autre pièce principale
1	se reporter figure 3		
2	120	90	60
	130 (*)	105	60
3	150	90	45
4	180		
5	210		
6	210	90	30
7	225	60	30

(*) présence d'un appareil à gaz raccordé de 23 kW de puissance.

③ **Dimensionnement type (logement collectif) : calcul avec dépression de 20 Pa**

Nombre de pièces principales	Débit total maximal extrait QM (m^3/h	Somme des modules dans chaque pièce principale	
		Séjour	Autre pièce principale
1	90	90	-
	105	90	
	120 (*)	120	
2	120	60	30
	130 (*)		45
3	150	60	30
4	180	45	
5	210	45	30
6			22
7	225	45	22

(*) présence d'un appareil à gaz raccordé de 23 kW de puissance.

3-4. Passage de transit (fig. 4)

* Porte(s) intérieure(s) desservant une salle d'eau équipée d'un appareil à gaz raccordé ou une cuisine : jeu minimal de 2 cm (1 cm s'il y a deux portes) en partie haute préférentiellement ou grille de transfert "module 200".
* Portes intérieures desservant soit des pièces principales équipées d'entrées d'air de module inférieur ou égal à 30, soit une salle d'eau sans appareil à gaz raccordé : jeu minimal de 1 cm en partie haute préférentiellement.

④

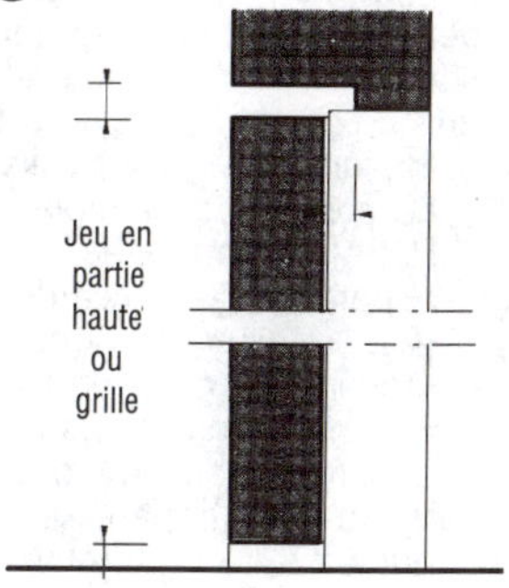

AÉRATION DES LOGEMENTS : LES BOUCHES D'EXTRACTION, LES RÉSEAUX
NF E 51-711, **AFNOR DTU P 50**-411 (DTU N° 68-2), **DTU N° 68**-1, **NF P 10**-203-1

3-5. Bouches d'extraction

3-5.1. Caractérisation

Elles présentent d'origine un marquage spécifiant leur débit nominal, leur plage de fonctionnement en pression et, dans le cas d'appareil à gaz raccordé, leur destination (NF E 51-711) :
- « bouche pour appareil à condensation »,
- « bouche non compatible avec un appareil à condensation ».

3-5.2. Dimensionnement (DTU n° 68-1)

Les éléments de calcul (à partir de l'étude des pertes de charge du réseau) permettent de fixer la valeur du (ou des) débit(s) nominal(aux) de chaque bouche qui doivent être supérieurs ou égaux aux valeurs fixées par la réglementation (p. 201 et 203).

Le respect des exigences réglementaires en matière d'acoustique (bruit propre des bouches, transmission acoustique entre logements) est pris en compte si la plage de fonctionnement en pression est respectée (p. 208 à 214).

3-5.3. Mise en œuvre

Les bouches d'extraction desservant un même logement ne peuvent être raccordées à des extracteurs distincts sans que ceux-ci soient asservis.

Elles sont disposées dans les pièces de service en partie haute d'une paroi verticale (hauteur mini. 1,80 m), éventuellement au plafond, à plus de 10 cm des angles des parois.

Les bouches équipées d'une commande manuelle de débit (cordelette,...) sont disposées pour permettre une manœuvre aisée du dispositif de commande :
- prévoir un dispositif à commande délocalisée,
- ne pas les disposer au-dessus d'un ouvrant (porte ou baie), d'un passage, d'un appareil à gaz raccordé.

L'étanchéité à l'air entre la bouche et le conduit de liaison doit être compatible avec le bon fonctionnement de l'installation selon le type de bouche d'extraction :
- bouche sans cadre de fixation : elle comporte une virole avec un joint torique.
- bouche équipée d'un cadre de fixation : l'étanchéité est réalisée avec des bandes adhésives ou thermorétractables, un mastic silicone... dont le fabricant spécifie qu'ils peuvent être employés pour la réalisation d'une installation de VMC ou d'une VMC-gaz.

4. RÉSEAU COLLECTEUR D'EXTRACTION

- **En maison individuelle** : le réseau horizontal d'extraction, y compris l'extracteur, doit, s'il est installé dans les combles, être facilement accessible depuis une trappe d'au moins 50 cm de côté, ne se trouvant pas dans un placard.

- **En installation collective** : le réseau de collecte et d'extraction, comprenant extracteur, té-souches, purges éventuelles et organes de réglage, doit être facilement accessible. Il est souhaitable qu'il soit implanté dans les parties communes, séparé des locaux par une gaine de protection, facilement visitable.
  - Implantation en terrasse des extracteurs, souches et supports de conduits : exemples de solutions figures 1 et 2.
  - Porte(s) intérieure(s) desservant une salle d'eau équipée d'un appareil à gaz raccordé ou une cuisine : jeu minimal de 2,5 cm (1,2 cm s'il y a 2 portes) en partie haute préférentiellement ou prévoir une grille de transfert de « module 200 ».
  - Portes intérieures desservant soit des pièces principales équipées d'entrées d'air de module inférieur ou égal à 30, soit une salle d'eau sans appareil à gaz raccordé : jeu minimal de 1 cm en partie haute préférentiellement.

①

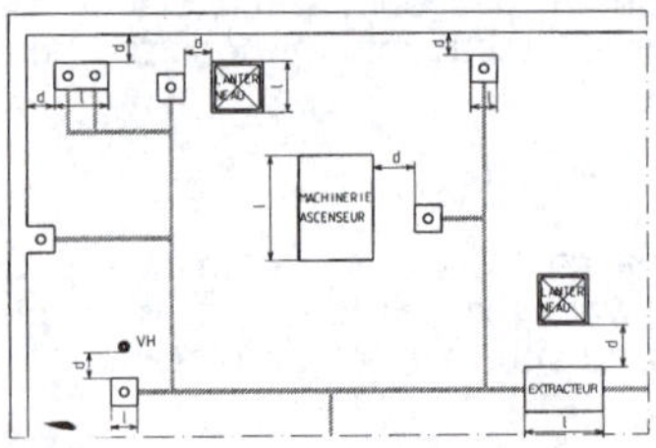

ℓ	d
< 0,40 m	0,25 m
0,40 ≤ ℓ ≤ 1,20 m	0,50 m
> 1,20 m	1,00 m

②

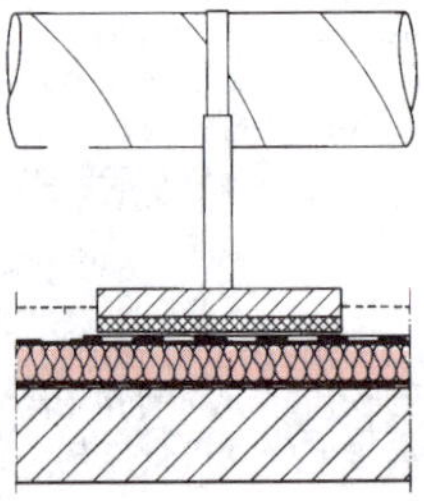

Supports de collecteurs en terrasse

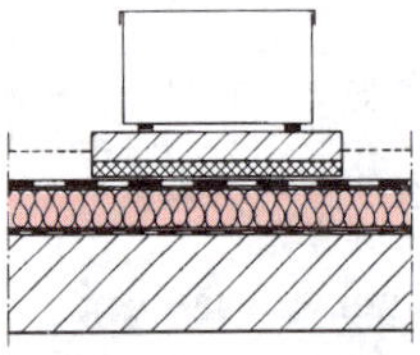

Pose de l'extracteur en terrasse

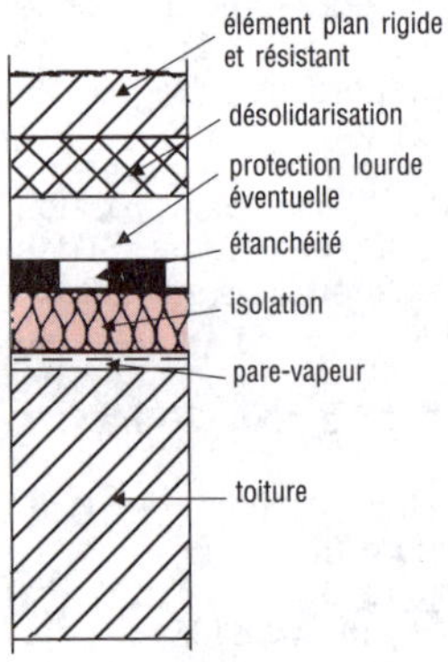

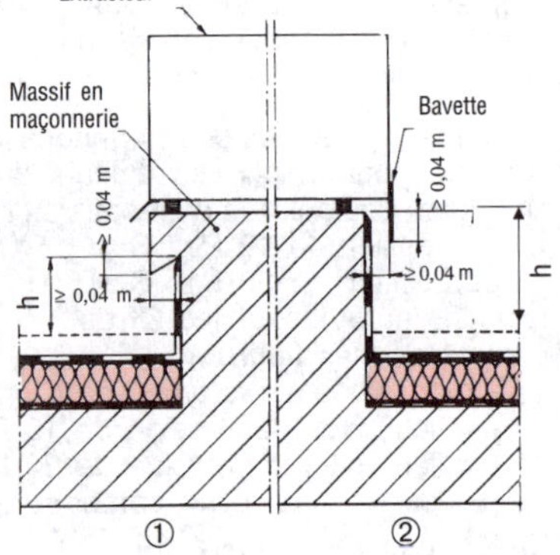

h ≥ 0,15 m au-dessus de la protection lourde si elle existe,
h ≥ 0,15 m au-dessus de l'étanchéité autoprotégée.

EXEMPLE DE SORTIE TERRASSE

③

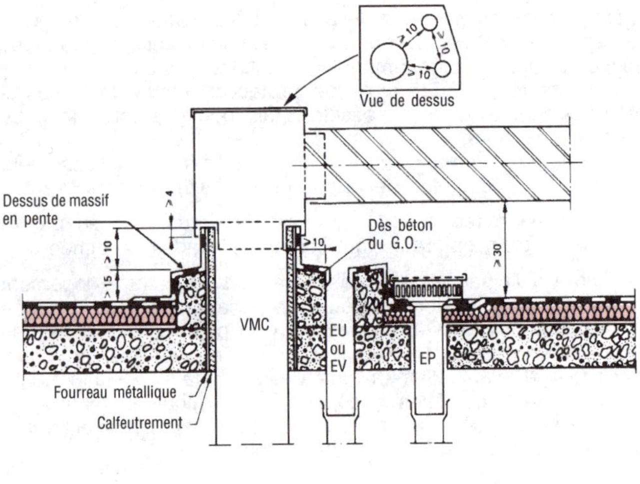

5. LES GAINES

5-1. Raccordement entre un appareil à gaz et une gaine horizontale ou un collecteur vertical

Il peut être :
- **rigide** en aluminium, en acier inoxydable ou en acier émaillé vitrifié sur ses deux faces ;
- **flexible** en aluminium ou en acier inoxydable, uniquement si il ne dessert pas des appareils à gaz à condensation.

Sa section est supérieure ou égale à celle de la buse de raccordement de l'appareil.

5-2. Autres conduits de liaison

Une gaine peut desservir plusieurs bouches sous réserve :
- qu'elles fassent partie du même logement,
- qu'on utilise des pièces de confluence pour les raccordements, afin de limiter les pertes de charge du réseau.

Elle est rigide en aluminium, acier galvanisé ou en acier inoxydable (assez rare).

5-3. Dispositions complémentaires

Les gaines de ventilation doivent être aussi courtes que possible, et mises en place de façon à limiter les pertes de charges (fig. 1).
Le tracé du conduit de liaison doit permettre la vérification de sa vacuité.
En cas de dévoiements, on utilise des conduits et coudes rigides, avec présence d'une ou plusieurs trappes de visite si la longueur est supérieure à 2 m.
Le raccordement, à un même niveau et sur un même conduit vertical de deux conduits de liaison desservant des logements différents, n'est admis qu'en cas d'inconvénient architectural réel (deux logements séparés par un demi-palier). La distance entre le point de raccordement des deux conduits peut alors être inférieure à la différence de hauteur entre deux niveaux à condition qu'elle reste supérieure à 1,20 m.

- Cas particulier des installations de VMC-gaz : les parties, susceptibles d'être parcourues par des condensats, doivent être étanches à l'eau et en assurer le bon écoulement jusqu'aux points d'évacuation : figure 2.

5-4. Dispositions particulières

5-4.1. Conduits verticaux

Ils sont :
- **munis d'un couronnement** (correspondant aux caractéristiques du conduit auquel il est destiné), qui peut être commun à plusieurs conduits, si ceux-ci sont accolés.
- **à section rectangulaire ou cylindrique, verticaux avec un minimum de dévoiements.** L'angle de ces dévoiements n'excède pas 20° d'une façon générale.

- Distance minimale entre l'orifice de rejet de l'air extrait et les obstacles en toiture (souche de cheminée, machinerie d'ascenseur...) : figure 3.

5-4.2. Gaine de protection

Normalement placés à l'intérieur des locaux, les conduits sont protégés mécaniquement par une gaine (définie à partir des données indiquées p. 153), assurant, outre un isolement acoustique supplémentaire, une protection en matière d'incendie.
Une même gaine peut contenir plusieurs conduits mais un conduit de VMC ne peut être placé au contact d'autres conduits.

5-5. Prédimensionnement rapide : figure 4

Ce prédimensionnement manuel rapide sera suffisant dans la plupart des cas grâce au système autoréglable mais ne remplace pas une note de calcul.

①

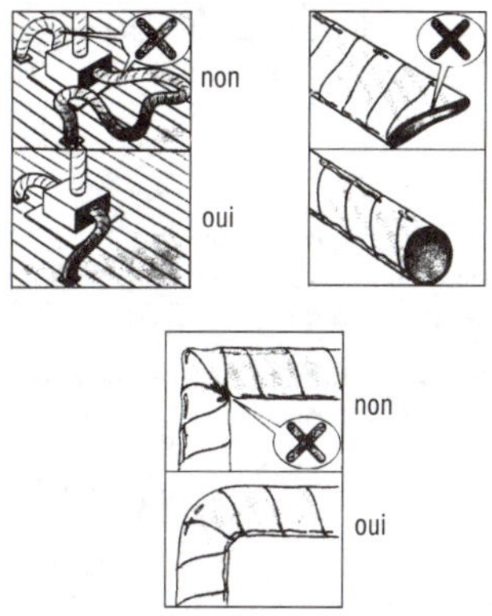

②

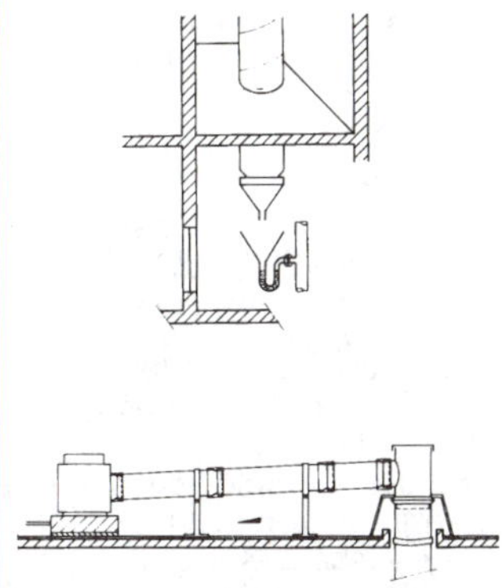

Les obstacles horizontaux vus (en projection horizontale) sous un angle inférieur à 30° ne sont pas pris en compte. ③

④

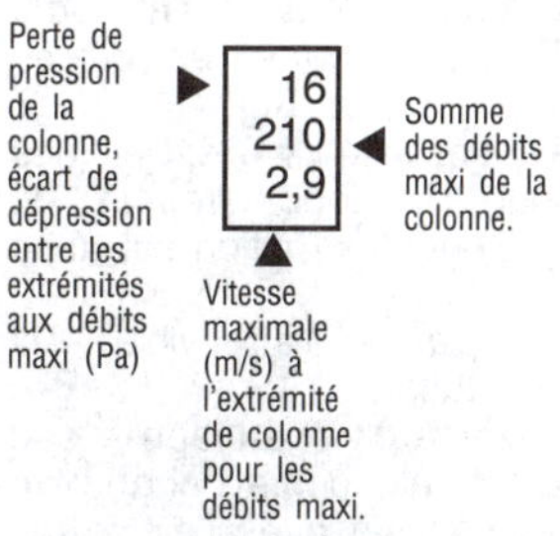

Le diamètre du collecteur vertical Ø est déterminé en cherchant pour le nombre d'étages correspondant le débit maxi dans le tableau 4a.
Le diamètre Ø des conduits et accessoires de ce réseau est déterminé tronçon par tronçon, à partir des débits maxi à l'aide du tableau 4b.

a — RÉSEAU VERTICAL

Ø en mm	Ø 125		Ø 160			Ø 200		Ø 250			Ø 315			
6	11 90 2,1	20 120 2,8	12 180 2,5	16 210 2,9	31 270 3,8	18 360 3,2	28 450 4,1	16 540 3	21 630 3,7	28 720 4,1	13 810 2,9	16 900 3,2	19 990 3,5	23 1080 3,8
5	7 75 1,7	12 100 2,3	24 150 3,4	33 175 4	21 225 3	32 300 4,1	18 375 3,4	28 450 4,0	14 525 3	19 600 3,4	23 675 3,9	11 750 2,7	13 825 3	16 900 3,2
4	5 60 1,4	9 80 1,9	14 120 2,7	19 140 3,1	25 180 4	20 240 3,3	11 300 2,7	17 360 3,2	23 420 3,8	12 480 2,7	14 540 3,1	17 600 3,4	20 660 3.7	24 720 3,9
3	3 45 1	5 60 1,3	7 90 2	9 105 2.3	14 135 3	30 180 4,1	15 225 3,1	23 270 3,7	12 315 2,8	16 360 3,2	20 405 3,4	25 450 4,0	11 485 2,7	14 540 3
2	1 30 0,7	2 40 0,9	3 60 1,4	4 70 1,6	6 90 2	11 120 2,7	21 150 3,4	10 180 2,5	14 210 2,9	18 240 3,3	9 270 2,4	11 300 2,7	13 330 3	19 360 3.2
Débit par niveau	15	20	30	35	45	60	75	90	105	120	135	150	165	180

b — RÉSEAU HORIZONTAL

Type de réseau	Ø 160	Ø 200	Ø 250	Ø 315	Ø 355	Ø 400	V m/s
Réseau simple ou court	350	550	900	1 400	1 700	2 200	≤ 5 m/s
Réseau long ou ramifié	280	450	700	1 100	1 350	1 800	≤ 4 m/s

PROTECTION DES BÂTIMENTS (38/46)
AÉRATION DES LOGEMENTS : LES EXTRACTEURS, LA VMC DOUBLE-FLUX
NF E 51-705, AFNOR DTU P 50-411 (DTU N° 68-2), DTU N° 68-1 (projet)

6. SYSTÈME D'EXTRACTION MÉCANIQUE

- **Maison individuelle** : pour réduire les nuisances acoustiques, on suspendra le caisson moto-ventilateur, dans les combles de préférence (fig. 1), ou on le posera sur un support lourd aménagé (silent-blocs et plaque de laine de verre sous le moto-ventilateur). Le rejet de l'air extrait dans les combles est interdit.

  Remarque (p. 198, réglementation thermique) : le choix d'une installation peut s'effectuer sans calcul, l'extracteur étant muni d'une plaque, portant le logo de la certification (NF E 51-705).

- **Collectif** : aucune restriction importante, autre que le respect des dispositions générales (p. 202 et 204) n'est prévue.

Le choix d'un moto-ventilateur s'effectue à partir des deux paramètres de l'étude du réseau :
- le débit QM à extraire : p. 203,
- les pertes de charge du réseau aéraulique : p. 205.

7. VENTILATION MÉCANIQUE DOUBLE FLUX (fig. 2)

Elle assure la juste aération du logement par insufflation et extraction mécaniques conjointes de l'air de ventilation. L'air neuf, prélevé à l'extérieur, est insufflé dans les pièces principales après être passé dans un échangeur (fig. 2), où il croise, sans jamais pouvoir y être mélangé, l'air vicié extrait des pièces de service et rejeté à l'extérieur. Un double réseau de gaines et des bouches d'insufflation (fig. 3) et d'extraction est donc à prévoir.
Une partie de la chaleur contenue dans l'air vicié est ainsi transférée à l'air neuf pour le préchauffer.
Lorsque le logement est équipé d'un système de chauffage à eau chaude par radiateur ou convecteur, et d'une chaudière fonctionnant au gaz naturel, les fumées passent avec l'air extrait dans l'échangeur donc augmentent ainsi le potentiel d'énergie récupérable : on parle alors de VMC double flux-gaz.
Le conduit d'évacuation de l'air extrait est, dans ce cas, le conduit d'évacuation des produits de combustion de la chaudière.
L'air neuf peut être pris dans les combles, de façon à réduire l'écart de température avec l'air extrait (échangeurs air / air à plaques double flux), ou passer à travers les vitrages de fenêtres (fenêtres pariétodynamiques à vantaux dédoublés avec orifices autoréglables).

7-1. Les échangeurs air / air à plaques double flux

Ils sont constitués de plaques minces parallèles entre lesquelles circulent les fluides chaud et froid. Les plaques de métal sont séparées par un feuillard ondulé, alternativement disposé dans deux sens orthogonaux.
Le transfert de chaleur se fait directement au travers de la paroi qui séparent les deux flux d'air. Ces échangeurs ont une bonne efficacité.
Ces matériels (sans pièce mobile) ont un faible coût d'entretien, pour l'essentiel limité à une purge annuelle.

②

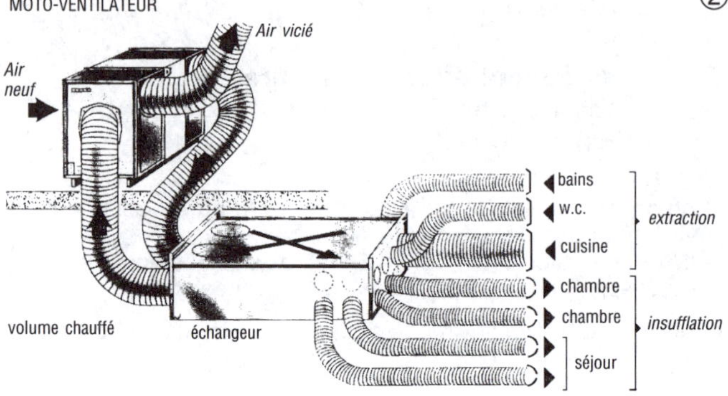

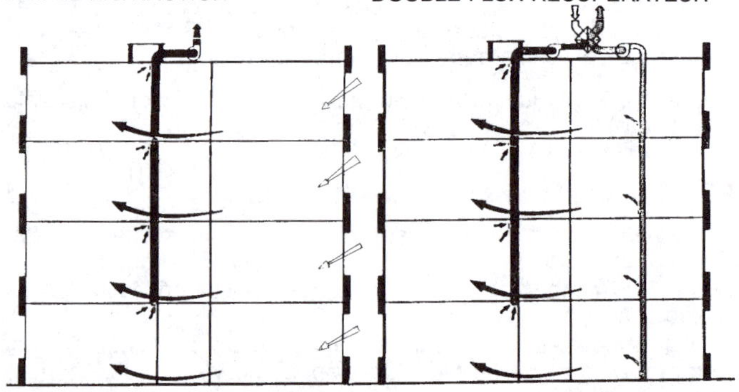

ÉCHANGEUR

Dans les combles
- Lorsque l'échangeur est placé dans les combles, il devra être isolé.

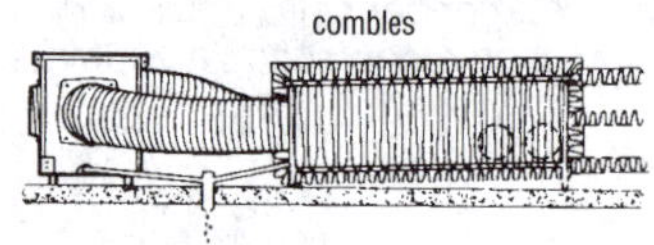

L'échangeur peut être :
- soit suspendu,
- soit posé au sol. Dans ce cas, placer les pieds supports en position "au-dessous de l'échangeur" afin de lui donner la pente nécessaire à l'écoulement des condensats.

Dans le volume chauffé
- Compte tenu de l'importance des déperditions de chaleur possibles dans le réseau de conduits entre l'échangeur et les bouches, il est conseillé de placer l'échangeur de chaleur dans le volume chauffé pour obtenir la meilleure efficacité thermique.
- Dans ce cas l'échangeur pourra par exemple être situé au plafond d'un W.C. ou d'un cellier.

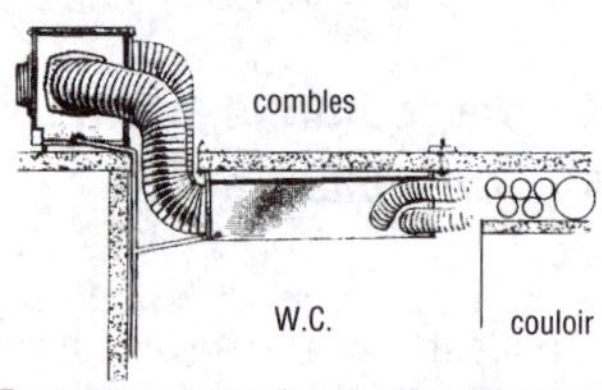

Pour permettre le positionnement de l'échangeur au plafond :
- placer les pieds support en position "au-dessus" de l'échangeur. Vérifier cette position par rapport à la purge qui doit être en position inférieure.

①

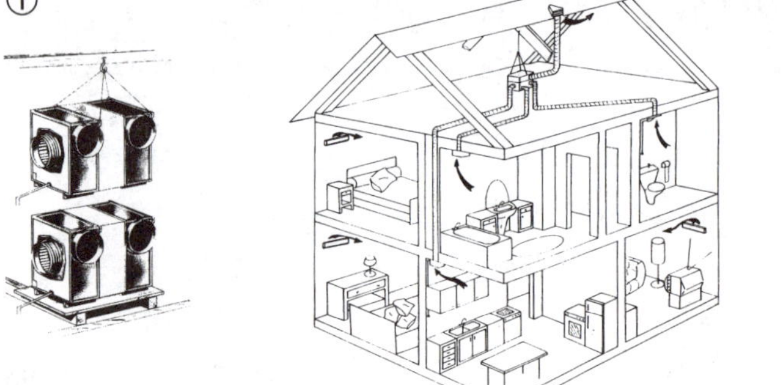

③

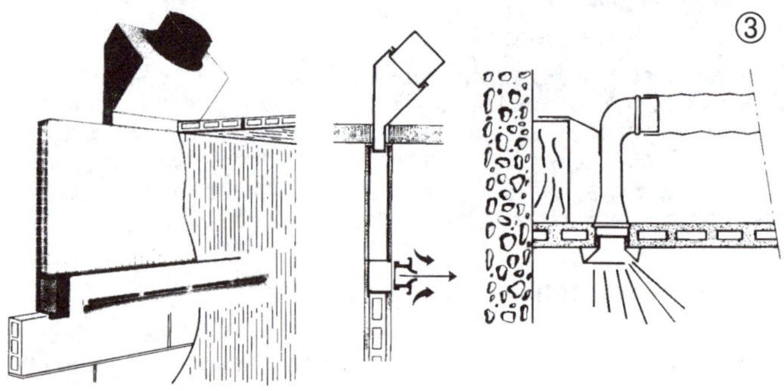

7-2. Ventilation hygroréglable

Outre un avis technique délivré par le CSTB, un dispositif hygroréglable doit bénéficier d'autorisations ministérielles (construction et habitat, santé), qui fixent les débit minimaux à respecter.

7-2.1 Principes de fonctionnement

Dans une habitation, les principales pollutions de l'air sont proportionnelles à la quantité de vapeur d'eau émise, sauf dans deux cas (cabinets d'aisances, cuisines) où les odeurs peuvent être prédominantes et à l'exception de produits de combustion, d'émanation de produits de construction, qui peuvent être inodores.

Facilement repérables par l'utilisateur, à la différence de la vapeur d'eau, la détection des odeurs peut être laissée à l'initiative de l'utilisateur. Des dispositifs à commande manuelle suffisent pour combattre efficacement ce type de pollution. Toutefois, pour limiter les déperditions thermiques dues à des renouvellements d'air trop importants, il peut être intéressant de ventiler « quand il le faut, là où il le faut », sans risque de condensation.

C'est l'objet de la ventilation hygroréglable.

> *Rappel : constater l'hygrométrie de chaque pièce, c'est tenir compte du nombre d'occupants et de leur répartition, des heures d'occupation, de l'utilisation des pièces techniques, de la température de chaque pièce, de la température et du taux d'humidité extérieures, de la transparence à l'air du logement.*

On distingue deux familles de systèmes :

- Extraction hygroréglable avec entrées d'air autoréglables (fig. 2) : des bouches d'extraction hygroréglables, placées en cuisine et salle de bains (fig. 1), déterminent le débit global extrait du logement en mesurant l'humidité moyenne des pièces techniques où elles se trouvent. Les entrées d'air sont dimensionnées et mises en œuvre comme pour une VMC classique.

- Extraction hygroréglable avec entrées d'air hygroréglables : ces entrées déterminent, suivant le degré d'humidité de chaque pièce principale, la répartition du débit imposé par les bouches d'extraction.

7-2.2. Détermination de débits d'extraction (fig. 3)

– En sanitaire :

Une bouche minutée 5 / 30 m^3 / h permet l'élimination des mauvaises odeurs en WC : un dispositif à commande manuelle (contrôlé par une minuterie, déclenché éventuellement par l'utilisateur) assure un débit mini. de 5 m^3 / h ou un débit maxi. de 30 m^3 / h.

– En cuisine :

Une bouche cuisine (12-50 / 135 m^3 / h) permet l'obtention d'un débit de pointe au gré de l'utilisateur (135 m^3 / h), l'ouverture de la bouche assurant automatiquement un débit dans une plage (12-50 m^3 / h).

Trois règles sont à respecter pour le débit à extraire en fonction du nombre n de pièces principales :

– le **débit minimum** par pièce de service (5 m^3 / h) garantit l'hygiène du logement en cas de non-occupation,

– le **débit maximum** (mini. 15 x (n+2) m^3 / h) fait disparaître tout risque de condensation non passagère pour un logement à occupation normale.

– le **débit de pointe** (15 x (n+4) m^3 / h ou 135 m^3 / h) garantit l'efficacité de la ventilation contre les mauvaises odeurs en cuisine.

①

A Canal d'extraction d'air
B Volet de réglage du débit
C Volet poussoir
D Chambre de pression
E Canal d'admission
F Canal d'échappement
G Soupape à bascule
H Hygrostat double archet
I Ruban hygrostatique moteur
J Filtre à poussière
K Mouvement de l'hygrostat
L Compartiment indépendant

MODULE HYGRORÉGLABLE

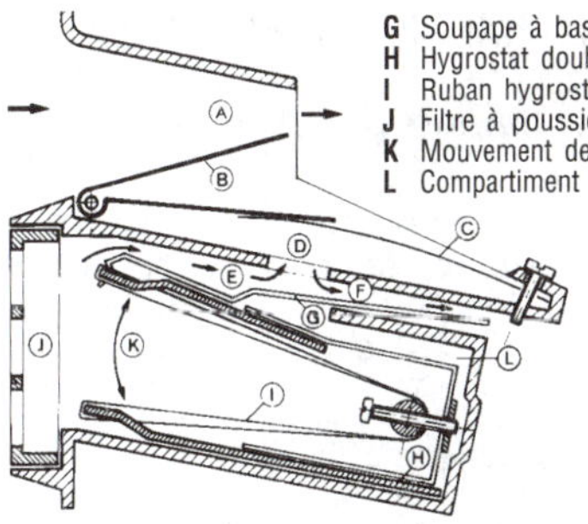

Ce module se compose d'un canal de passage d'air dont l'ouverture est réglée par un volet mobile.
Un système hygrostatique calibre un flux d'air auxiliaire qui sollicite le volet mobile par l'intermédiaire d'une chambre de pression fermée par une lame qui lui confère simultanément un caractère autoréglable.
Une obturation éventuelle du filtre consécutive à un manque d'entretien ferme l'accès de la chambre de pression. Le volet de réglage reste alors en position d'ouverture maximum.

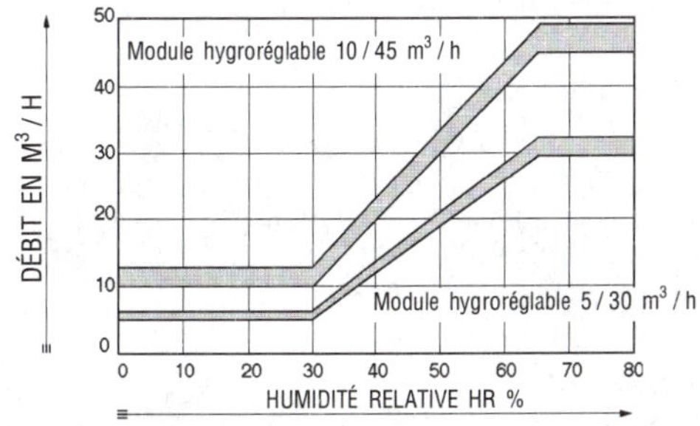

Exemple d'installation ②

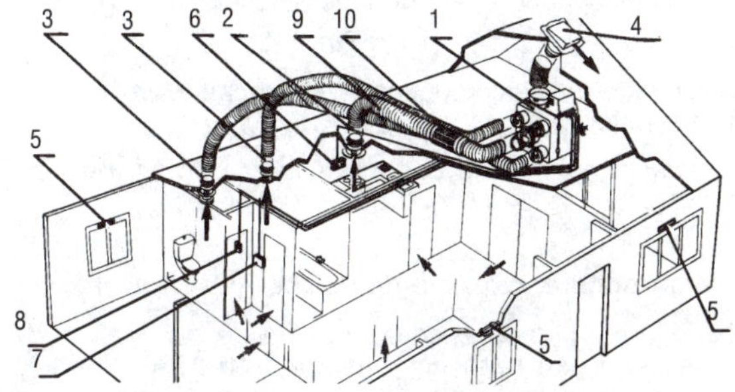

1 Groupe d'extraction HYGRO
2 Bouche cuisine BOE.45PB
3 Bouche sanitaire E30 RPB
4 Sortie de toiture chatière
5 Entrée d'air autoréglable
6 Hygrostat cuisine
7 Hygrostat sanitaire
8 Bouton poussoir W.C.
9 Gaine d'extraction isolée
10 Liaison acoustique ∅ 125

Composition d'un système ③

Le type de bouche d'extraction à implanter est défini dans le tableau ci-dessous en fonction du nombre de pièces principales, pour un logement dont la ventilation est indépendante

Nombre de pièces principales	Cuisine (m^3 / h)		Salle d'eau 1	Salle d'eau 2	WC 1	WC 2	Valeur du débit spécifique de ventilation Qv (m^3 / h)
	Débit hygro	Débit maxi	Débit hygro (m^3 / h)		Débit temporisé 30 minutes		
1	5 / 30	75	5 / 30		5 / 30		27
2	5 / 30	90	5 / 30		5 / 30		48
3	10 / 45	105	5 / 30		5 / 30		60
4	10 / 45	120	10 / 45		5 / 30		72
5	10 / 45	135	5 / 30	5 / 30	5 / 30	5 / 30	83
6	10 / 45	135	10 / 45	5 / 30	5 / 30	5 / 30	93
7	10 / 45	135	10 / 45	10 / 45	5 / 30	5 / 30	98

1. PHÉNOMÈNE PHYSIQUE ET DÉFINITIONS

1-1. Phénomène physique (fig. 1)

Dans l'air, un son est produit par le mouvement d'un corps qui met en vibration l'air environnant. Il en résulte des ondes de surpression et de dépression par rapport à la pression atmosphérique. L'air fait ensuite vibrer les parois du local qui entraînent dans leur mouvement l'air du local adjacent, donc aussi le récepteur (par ex. l'oreille).

- **Les bruits aériens :** figure 2

Au contact d'une paroi, l'énergie acoustique incidente E_i se transforme en :

- Énergie transmise E_t (qu'on limite par **l'isolation acoustique**),
- Énergie réfléchie E_r et énergie absorbée E_a (qu'on traite par **la correction acoustique** pour réduire le bruit ambiant dans le local même de l'émission ou pour améliorer les qualités d'écoute d'une salle).

- **Les bruits solidiens :** figure 3

Les vibrations sont au départ créées sur ou dans les solides. Elles se transmettent directement par la structure du bâtiment (isolation acoustique). Ce sont les bruits de choc ou encore certains bruits d'équipement du bâtiment.

1-2. Définitions

- **Un son est pur** quand la variation de pression autour de la pression atmosphérique est du type sinusoïdale : figure 4.

$$p(t) = p_{max} \cdot \sin 2\pi f.t.$$

Il est caractérisé par sa fréquence (f), exprimée en hertz (Hz) et son niveau sonore.

Remarque : la gamme des fréquences audibles s'étend (selon les individus) de 20 Hz à 16 000 Hz : figure 5.

- **Le niveau sonore, exprimé en décibel** (dB), vaut :

$Lp = 10 \log (p / p_0)^2$ ou encore : $Lp = 20 \log p / p_0$
avec p_0, pression de référence égale à 2.10^{-5} Pa,
et p, pression efficace (moyenne des valeurs de p(t) pendant un intervalle de temps donné).

Attention, il s'agit ici du logarithme décimal.

- Le **bruit** est un mélange de sons, de niveaux et de fréquences différentes. Il est caractérisé par son spectre, qui représente le niveau en dB pour chaque bande de fréquence (fig. 6).
- Une **octave** est une bande de fréquence séparant deux sons dont les fréquences sont dans le rapport de 2 pour 1. En divisant une octave en trois, on obtient des bandes de tiers d'octave.

Pour faire une mesure de bruit, on procède à une analyse spectrale : série de mesures du niveau sonore par bande de fréquences d'une octave ou mieux d'un tiers d'octave.

1-3. Niveau de pression global

1-3.1. Niveau de pression global (dB)

Il est souvent commode de caractériser un bruit par une seule valeur (ne tenant pas compte des fréquences). Pour cela, on additionne les pressions de chaque bande d'octave (ou de tiers d'octave). On obtient ainsi le niveau de pression global d'un bruit.

Cette façon de procéder permet, au prix d'une légère perte d'informations, de condenser l'expression des résultats.

Calcul du niveau global :

$$Lp = 10 \cdot \log \sum_i 10^{Lpi/10},$$

Quand on utilise les bandes d'octave, on a :

$$Lp = 10 \cdot \log (10^{Lp\,125/10} + 10^{Lp\,250/10} + 10^{Lp\,500/10} + 10^{Lp\,1000/10} + 10^{Lp\,2000/10} + 10^{Lp\,4000/10}).$$

①

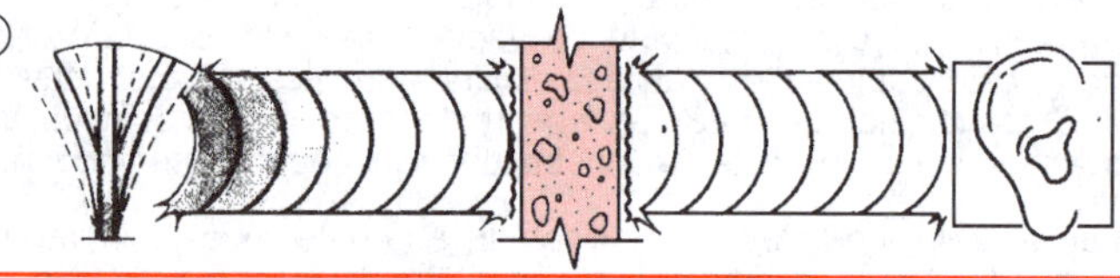

②

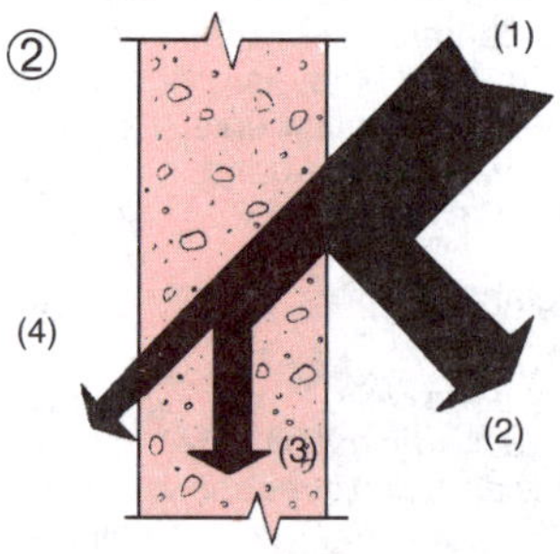

(1) → Ei = énergie incidente
(2) → Er = énergie réfléchie
(3) → Ea = énergie absorbée
(4) → Et = énergie transmise

τ = facteur de transmission = E_t / E_i
α = facteur d'absorption = E_a / E_i
ρ = facteur de réflexion = E_r / E_i

$$\tau + \alpha + \rho = 1$$

③

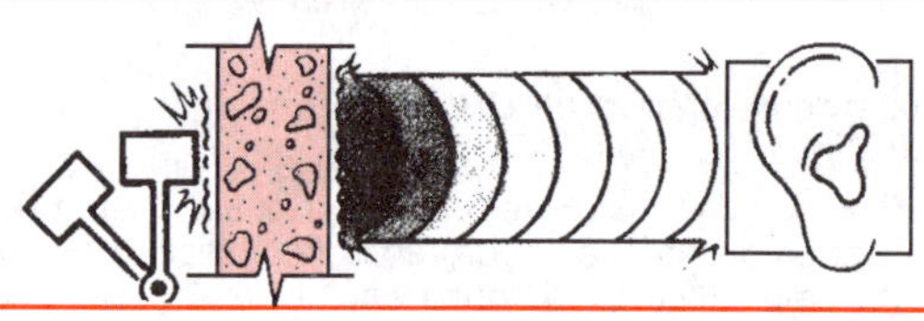

④

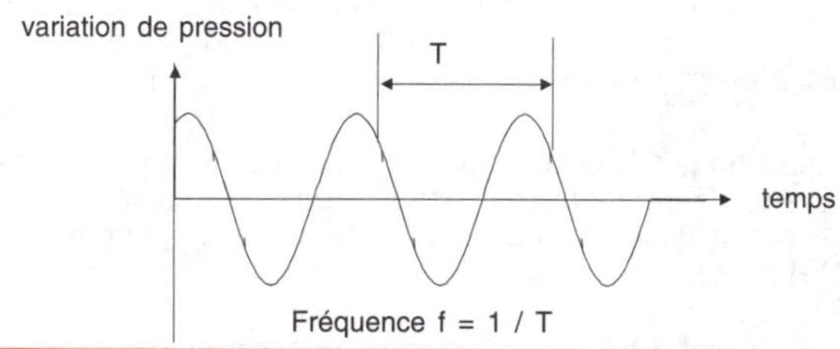

⑤

Gamme de fréquences audibles en Hertz

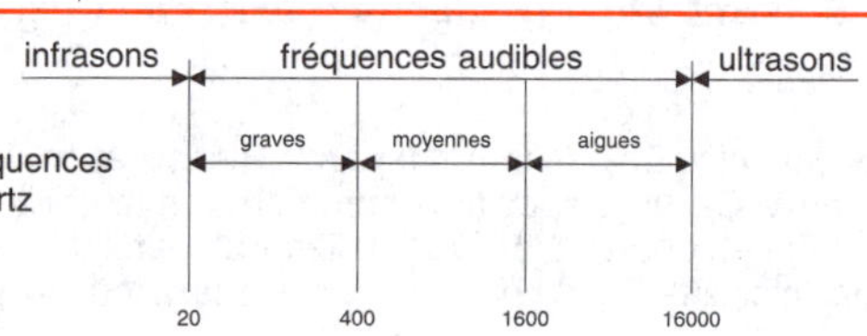

⑥

Bruit de conversation : analyse par bande d'octave

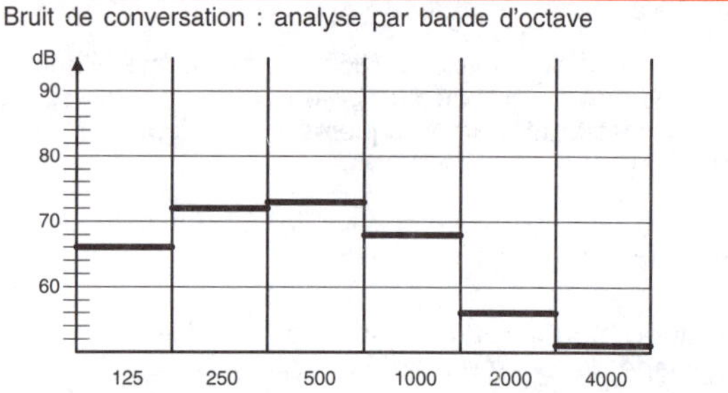

Fréquence centrale des bandes en hertz

Fréquence médiane (Hz)	125	250	500	1 000	2 000	4 000
Niveau / bande d'octave (dB)	66	72	73	68	56	51

1-3.1. Niveau de pression global (dB) (suite)

- Méthode rapide de cumul des bruits : à partir de deux bruits de niveau L_{sup} et L_{inf} (avec $L_{sup} > L_{inf}$), on calcule $\Delta L = L_{sup} - L_{inf}$. Le bruit résultant sera

$$Lp = L_{sup} + K \text{ avec } K \text{ fonction de } \Delta L.$$

Le calcul exact donne $K = 10 \log (1 + 10^{-\Delta L/10})$.

Les principales valeurs de K sont données ci-dessous.

ΔL (dB)	0	0,5	1	1,5	2	3	4	5
K (dB)	3	2,8	2,5	2,3	2,1	1,8	1,5	1,2
ΔL (dB)	6	7	8	9	10	12	15	20
K (dB)	1	0,8	0,6	0,5	0,4	0,3	0,1	0,04

1-3.2. Niveau de pression global pondéré, (dB(A))

Pour tenir compte de la sensibilité différente de l'oreille aux graves, aux médiums et aux aigus, on effectue une correction des niveaux pour chaque bande d'octave. On obtient ainsi le niveau de bruit global en dB(A). Les appareils de mesure (sonomètres) intègrent cette correction grâce à des filtres par octave ou encore par tiers d'octave. Les corrections sont les suivantes (NF S 31-009) :

– par bande d'octave :

Fréquence médiane (Hz)	125	250	500	1 000	2 000	4 000
(dB)	– 16	– 8,5	– 3	0	+ 1	+ 1

– par bande de tiers d'octave :

Fréquence médiane (Hz)	100	125	160	200	250	315	400	500	630
(dB)	– 19,1	– 16,1	– 13,4	– 10,9	– 8,6	– 6,6	– 4,8	– 3,2	– 1,9
Fréquence médiane (Hz)	800	1 000	1 250	1 600	2 000	2 500	3 150	4 000	5 000
(dB)	– 0,8	0	+ 0,6	+ 1,0	+ 1,2	+ 1,3	+ 1,2	+ 1,0	+ 0,5

Exemple d'utilisation :

A partir du bruit défini précédemment, on obtiendra les niveaux suivants :

Fréquence médiane (Hz)	125	250	500	1 000	2 000	4 000
Niveau brut (dB)	66	72	73	68	56	51
Correction (dB)	– 16	– 8,5	– 3	0	+ 1	+ 1
Niveau pondéré dB(A)	50	63,5	70	68	57	52

On calcule le niveau global pondéré en additionnant les pressions pour chaque bande d'octave ou de tiers d'octave.

- En utilisant la méthode exacte, on obtient un niveau résultant :

$L_p = 10 \log (10^{50/10} + 10^{63,5/10} + 10^{70/10} + 10^{68/10} + 10^{57/10} + 10^{52/10})$
$L_p = 10 \log (10^5 + 10^{6,35} + 10^7 + 10^{6,8} + 10^{5,7} + 10^{5,2})$
$L_p = 10 \log (19\,307\,970)$
$L_p = 72,86$ dB(A).

- En utilisant la méthode rapide décrite précédemment, on trouve alors en faisant un tableau :

L_{inf} (dB)	L_{sup}(dB)	ΔL (dB)	K (dB)	L_p (dB)	Niveau
50	52	2	2,1	54,1	$L_1 + L_2$
54,1	57	2,9	1,8	58,8	$L_1 + L_2 + L_3$
58,8	63,5	4,7	1,3	64,8	$L_1 + L_2 + L_3 + L_4$
64,8	68	3,2	1,7	69,7	$L_1 + ... L_5$
69,7	70	1,3	2,4	72,4	résultant (L_p)

d'où il vient $L_p = 72,4 \pm 0,5$ dB(A)

1-4. Les différents bruits

1-4.1. Les références

- Le **bruit rose** « simule » les bruits aériens émis dans le bâtiment. Il est aussi utilisé pour représenter les bruits émis par le trafic aérien. C'est un bruit aléatoire dont le niveau spectral par octave est constant. Il possède une énergie constante sur tout le spectre sonore (80 dB par octave).
- Le **bruit routier** « simule » les bruits émis par le trafic routier (bruit plus riche en graves que le bruit rose). C'est un bruit normalisé (NF S 30-010) représentant un bruit de circulation.

  Il est donné par bande d'octave ou de tiers d'octave pour un niveau de pression acoustique global de 70 dB(A) :

  – par bande d'octave (niveau non pondéré) :

Fréquence médiane (Hz)	125	250	500	1 000	2 000	4 000
Sj (dB)	71	70	66	65	63	57

– par bande de tiers d'octave (niveau non pondéré) :

Fréquence médiane (Hz)	100	125	160	200	250	315	400	500	630
Sj (dB)	66	66	66	65	65	63	62	61	61
Fréquence médiane (Hz)	800	1 000	1 250	1 600	2 000	2 500	3 150	4 000	5 000
Sj (dB)	61	60	59	59	58	56	54	52	50

1-4.2. Dans les bâtiments courants

– Les bruits aériens extérieurs : figure 1,
– Les bruits aériens intérieurs : figure 2,
– Les bruits de choc : figure 3,
– Les bruits d'équipement créés par les ascenseurs, la robinetterie, la VMC, le chauffage, etc. : figure 4.

2. BRUITS AÉRIENS - ISOLATION ENTRE DEUX LOCAUX

2-1. La loi masse-fréquence théorique

L'indice d'affaiblissement théorique R_t entre deux ambiances séparées par une paroi homogène, de dimensions infinies, sans rigidité, est :

$$R_t = L_1 - L_2 = 10 \log [C\,(m.f)^2]$$

avec : m la masse par m² de paroi,
f la fréquence du son,
C une constante : $C = \pi/\rho c$,
ρ = masse volumique de l'air,
c = vitesse de propagation du son dans l'air.

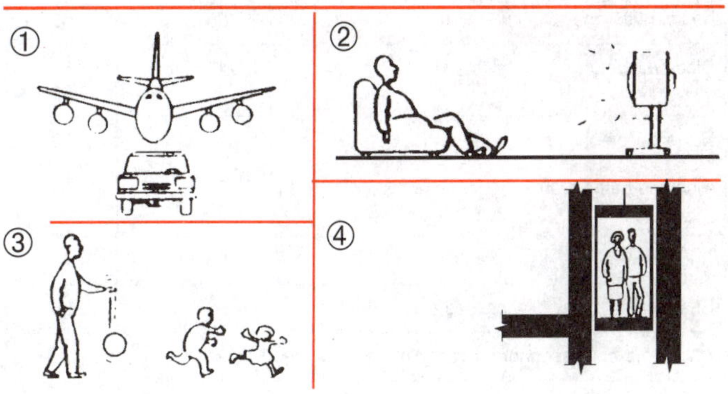

2-2. La loi masse-fréquence pratique

Les parois réelles se comportent de façon légèrement différente. Si on trace sur un diagramme l'indice R (en db(A)) en fonction de la masse par m² de paroi, on obtient pour une paroi homogène les courbes dessinées figure 1.
Les équations de ces courbes sont les suivantes :

Bruit rose	
Masse de la paroi m (kg/m²)	**R_{rose}**
m ≤ 50 (cloisons légères)	déterminé par un rapport d'essais
50 < m ≤ 150	R_{rose} = 17 log m + 4
150 < m ≤ 700	R_{rose} = 40 log m – 46
700 ≤ m	R_{rose} = 68 d (A)
Bruit routier	
50 < m ≤ 150	R_{route} = 13 log m + 9
150 < m ≤ 670	R_{route} = 40 log m – 50
670 < m	R_{route} = 63 dB(A)

Remarques pour les parois multiples :
L'indice d'affaiblissement acoustique d'une paroi multiple est différent de la somme des indices d'affaiblissement des parois qui la composent.
Dans le cas d'un double mur composé d'une paroi d'au moins 200 kg/m² et d'un panneau de matériau absorbant fibreux (panneau de laine de verre ou de roche d'environ 50 mm) collé sur une plaque de plâtre de 13 mm d'épaisseur, le CEBTP propose de prendre R', avec :

R'= 0,5. R + 36 à 38 dB(A) = R + ΔR *(p. 213)*

R étant l'indice d'affaiblissement de la paroi lourde.

①

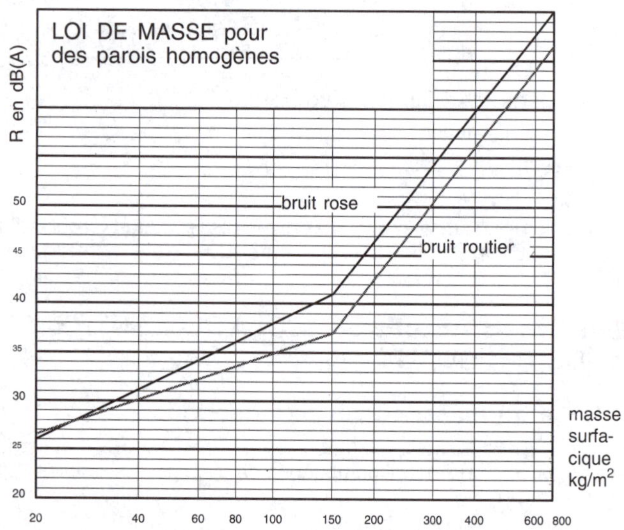

② INDICE D'AFFAIBLISSEMENT DES MURS (Bruit rose)			
Désignation de la paroi		Épaisseur (cm)	R_{rose} dB(A)
Mur en béton banché sans enduit. Si le voile est enduit, ajouter à l'épaisseur du mur celle de l'enduit.		10 16 20	50 56 60
Blocs de béton	pleins (1)	15 20	55 59
Blocs de béton	perforés (1)	20	58
Blocs de béton creux	à parois épaisses à parois minces (1)	20 20	54 52
Briques	creuses (1)	20	41
Briques	pleines (1)	22	55

(1) Parois en maçonnerie avec joints et enduites 2 faces.

2-3. Mesures, estimation des performances des parois

Les essais sont réalisés avec l'émission de bruit rose (parois intérieures) et de bruits routiers (éléments de façades) sur l'intervalle limité par les bandes d'octave centrées sur 125 et 4 000 Hz.

2-3.1. Indice d'affaiblissement d'une paroi

L'indice d'affaiblissement réel R d'une paroi se mesure au laboratoire selon une procédure normalisée (NF S 31-051). On note soit R_{rose}, soit R_{route} selon la fonction de la paroi.
On trouvera dans les tableaux de la figure 2 les valeurs les plus courantes de R.

- Les fenêtres : on utilise ici comme source sonore un bruit routier. Les fenêtres et portes-fenêtres peuvent recevoir un label de qualité : Acotherm. Ces menuiseries possèdent des qualités thermique et acoustique.

Label Acotherm	R_{route} en dB(A)	
classe AC1	30 pour un double vitrage	4 (6) 4
classe AC2	36 pour un double vitrage	10 (6) 4
classe AC3	42	

- Les portes palières étant situées à l'intérieur, on utilise le bruit rose pour les essais.

Type	R_{rose} en dB(A)
porte pleine sans joint d'étanchéité	20 à 25
porte pleine avec joint d'étanchéité sur toute la périphérie	25 à 38

② INDICE D'AFFAIBLISSEMENT DES PLANCHERS (Bruit rose)			
Désignation de la paroi		Épaisseur (cm)	R_{rose} dB(A)
Dalle BA ou plancher BA avec prédalle		14 16 20	56 58 62
Planchers poutrelles entrevous	12 + 4 16 + 4 20 + 4 25 + 4 8 + 12 8 + 14 12 + 14	16 20 24 29 20 22 26	48 49 50 51 55 59 59
Plancher poutrelles entrevous + 2 cm de matériau résilient + dalle flottante de 5 cm + enduit plâtre en sous-face	8 + 8 12 + 8	24 28	24 61

② INDICE D'AFFAIBLISSEMENT DES CLOISONS (Bruit rose)		
Désignation	Épaisseur (cm)	R_{rose} dB(A)
Carreaux de plâtre	7 10	35 38
Cloisons constituées de 2 plaques de plâtre reliées entre elles par un réseau alvéolaire en carton	5 6 7	31 31 33
Cloison constituée de 2 plaques de plâtre de 13 mm (1) vissées sur montants métalliques	7	37
Idem avec, entre les plaques, un panneau semi-rigide de fibres minérales (e = 45 mm)	7	42
Cloisons réalisées avec 2 panneaux (1) – 45 mm de fibres minérales × 2 – 65 mm de fibres minérales × 2	16 20	57 67

(1) plaques de plâtre e = 13 mm.

2-3.2. Prévision de l'indice d'affaiblissement d'une paroi composite

Les différents constituants d'une façade (trumeau, allèges, fenêtres) peuvent être testés individuellement et caractérisés par leur indice R_i respectif (surface S_i). Que vaut alors l'indice R_g de la façade ?

$$R_g = 10 \log \frac{\sum_i S_i}{\sum_i S_i \times 10^{-0,1\,Ri}}$$

Considérons un mur en blocs de béton comportant une fenêtre :
- surface du mur 8 m², R_{1mur} = 54 dB(A)
- surface de la fenêtre 2 m², $R_{2fenêtre}$ = 28 dB(A)

$$R_g = 10 \log \frac{8+2}{8 \times 10^{-5,4} + 2 \times 10^{-2,8}} = 10 \log 3\,186 = 35 \text{ dB(A)}$$

On peut aussi utiliser l'abaque de la figure 1.

$R_{1mur} - R_{2fenêtre}$ = 54 – 28 = 26 dB(A) en ordonnée,

$S_{1mur}/S_{2fenêtre}$ = 8/2 = 4 en abscisse.

d'où R_{1mur} – R = 19 dB(A) et R = R_{1mur} – 19 = 35 dB(A)

Conclusion : l'indice d'affaiblissement global de la paroi est plus proche de celui de la fenêtre que de celui du mur. Pour augmenter les performances acoustiques d'une paroi composite, il faut renforcer le point le plus faible.

2-4. Isolement entre deux ambiances (figure 2)

L'isolement entre deux ambiances et l'indice d'affaiblissement de la paroi séparative R sont deux grandeurs distinctes. R correspond à une mesure en laboratoire, la transmission s'effectuant uniquement par la paroi (transmission directe T_D). Dans une structure réelle, une partie du bruit passe par les parois latérales (transmission indirecte T_I).

L'isolement normalisé D_{nAT} tient compte de toutes les transmissions. Il permet de caractériser par une seule valeur (en dB(A)) l'isolement acoustique au bruit aérien. La réglementation acoustique fait appel à cet indice en imposant un minimum à atteindre.
La réglementation est du type « obligation de résultats » : seules les mesures effectuées à posteriori (NF S 31-057) permettent de vérifier la conformité de l'opération.

2-4.1. Mesure in situ

La mesure de l'isolement normalisé est réalisée selon la procédure suivante. Un générateur de bruit produit le niveau acoustique dans le local d'émission. Ce niveau Le est mesuré à l'aide d'un sonomètre. On mesure de la même façon le niveau reçu dans le local de réception L_r puis le temps de réverbération T_r (p. 214). La mesure est faite par bande d'octave. On en déduit le niveau global en effectuant la correction du filtre A (p. 209).

$$D_{nAT} = L_e - (L_r - 10 \log \frac{T_r}{T_o}) \text{ en dB(A)}$$

2-4.2. Prévision de D_{nAT}

Dans le cadre d'un projet, il faut avoir une méthode de prévision. Plusieurs méthodes cohabitent. L'une fait appel aux calculs et la seconde à des solutions techniques éprouvées (p. 213).

$$D_{nAT} = R + 10 \log \frac{0,16\,V}{T_o\,S} - a$$

En logement, la formule devient

$$D_{nAT} = R + 10 \log \frac{0,32\,V}{S} - a \text{ avec :}$$

- R l'indice d'affaiblissement de la paroi en dB(A),
- V le volume de la pièce de réception en m³,
- S la surface de la paroi séparative en m²,
- a la réduction de l'isolement due aux transmissions latérales en dB(A).

2-4.3. Estimation des transmissions latérales (Guide Qualitel)

Le coefficient a est pris égal à $5 - N + \frac{S_r}{10}$ (en dB(A)) avec :

- N le nombre de parois liées à la paroi étudiée, entièrement doublée de fibre minérale sur la face intérieure du local de réception,
- Sr est égale à la somme des surfaces en m² :
* d'une part des parois liées au séparatif dans le local de réception et doublées de mousse rigide ou d'une contre cloison en maçonnerie légère,
* et d'autre part des cloisons de distribution en maçonnerie légère liées également au séparatif dans le local de réception.
Cette correction n'est pas à faire dans le cas de cloison en plaques de plâtre.
La valeur de a est arrondi à la valeur entière la plus proche.
Cette correction met en évidence le côté bénéfique du doublage en laine minérale.

① **Paroi-composite exemple**

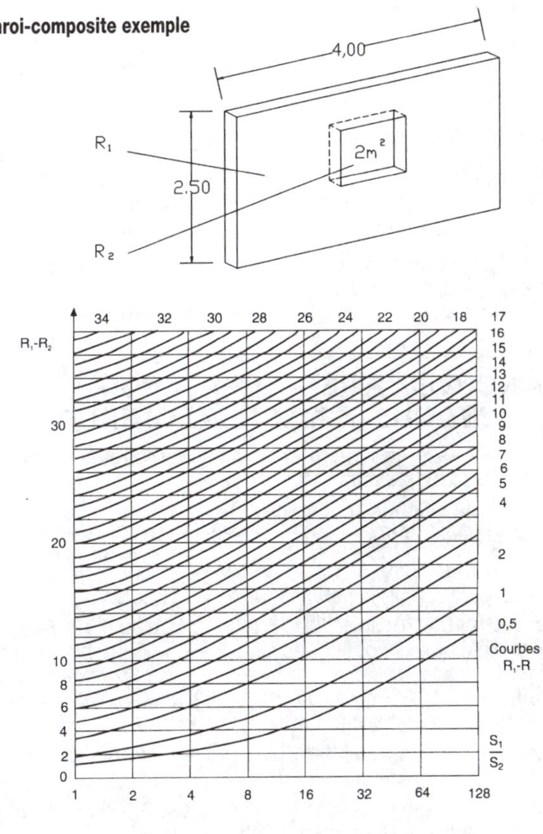

②

R mesuré en laboratoire
niveau émis Le = 80 dB(A)
niveau reçu Lr = 30 dB(A)
R = 80 – 30 = 50 dB(A)

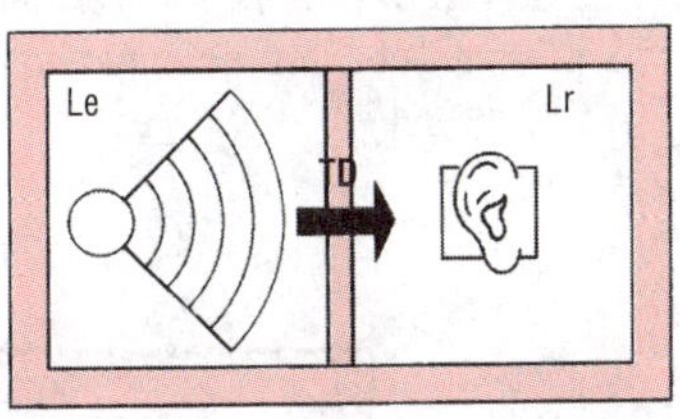

T_D : transmission direct par la paroi
T_I : transmission indirecte

Isolement normalisé

$$Dn = L_e - L_r + 10 \log \frac{T_r}{T_o}.$$

T_r = temps de réverbération du local de réception
T_o : 0,5 s pour l'habitation
T_o = 0,8 s pour les locaux scolaires

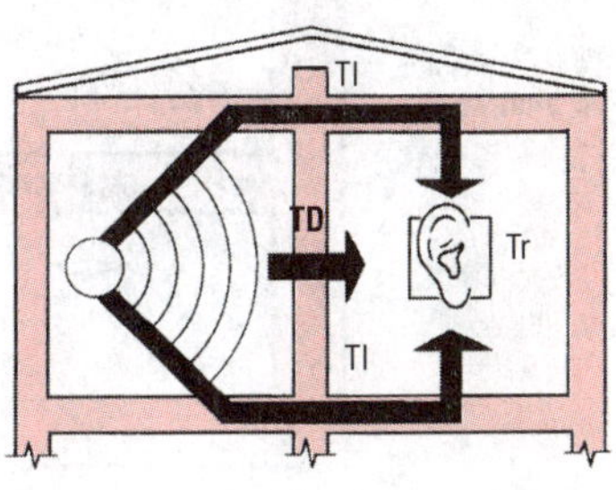

3- ISOLATION PAR RAPPORT AUX BRUITS D'IMPACTS (fig. 1)

Les sources sont nombreuses, mais le bruit d'impact au sens de la réglementation se limite aux chocs sur les planchers. Ces bruits sont caractérisés par une mise en vibration des éléments de la structure du bâtiment. L'isolation pour ce type de bruit se réalise en interposant un revêtement entre la source et le sol.

3-1. Performance aux bruits d'impact

Pour caractériser les performances d'un ensemble plancher + revêtement de sol, on fait des essais de laboratoire (NF S 31-052 et -053). On en déduit le niveau de bruit de choc normalisé Ln dans la pièce de réception en présence du revêtement de sol, Lno étant le niveau de bruit sans le revêtement.
L'efficacité normalisée du revêtement (fig. 2) vaut : $\Delta L = Lno - Ln$ en dB(A).

3-2. Mesure in situ

La machine à chocs normalisée est posée sur le sol. On mesure le niveau reçu L_r et le temps de réverbération de la pièce de réception T_r.

$$LnAT = L_r - 10 \log T_r/T_o \qquad \text{en dB(A)}$$

3-3. Prévision des bruits d'impact

La réglementation impose un niveau LnAT minimum. Il faut donc posséder un moyen de prévision. Par le calcul, on a :

$$LnAT = 154 - R - \Delta L - 10 \log V + (5 - a)$$

Le terme 154 correspond à une dalle béton, et, dans le cas d'un plancher corps creux, on prend 159.
À défaut de calculs, on peut utiliser les exemples de solution page 213.

4- LA NOUVELLE RÉGLEMENTATION ACOUSTIQUE (NRA) ET LA LOI BRUIT

- La NRA est essentiellement constituée des arrêtés du 28/10/94 (J.O. du 25/11/94) relatifs :
  - aux caractéristiques acoustiques des bâtiments d'habitation,
  - aux modalités d'application de la réglementation acoustique.
- La loi bruit (principaux textes)
  - Loi 92.1444 du 31/12/92 (J.O. du 1/01/93)
  - Décret n° 95-20 du 9/01/95 (J.O. du 10/01/95) relatif aux caractéristiques acoustiques de certains bâtiments autres que d'habitation...
  - Arrêté du 9/01/95 (J.O. du 10/01/95) relatif à la limitation du bruit dans les établissements d'enseignement.

Pour les bâtiments d'habitation, ces règlements peuvent se résumer par les tableaux de la figure 3.

Les façades exposées aux bruits sont classées en quatre zones par les DDE ou les mairies (zone IV non exposée).

Elles doivent répondre à l'isolement donné figure 4.

Remarque : une incertitude de 3 dB(A) est admise pour toutes les limites lors de la vérification acoustique des logements.

①

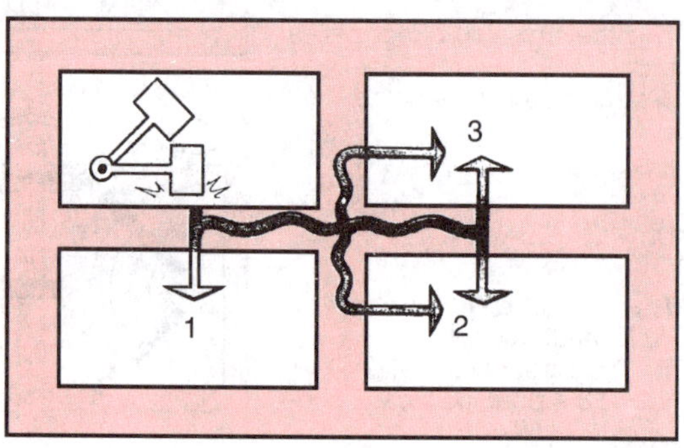

La transmission du bruit de choc peut être :

1) verticale
2) diagonale
3) horizontale

② Revêtements (NF S 31-053)	ΔL dB(A)
Moquette courante sur thibaude ou sur sous-couche alvéolaire	26 à 43
Moquette aiguilletée avec envers mousse	23 à 31
Dalle flottante en mortier de ciment (e = 40 mm) sur fibres minérales longues (e = 10 mm)	23 à 28
Parquet à lambourdes flottantes sur bandes de feutre liégé bitumé (grains de liège de 4 mm) ou sur panneaux légers en fibres de bois imprégnées au brai (e = 10 mm) Parquet par panneaux, flottant sur panneaux légers en fibres de bois imprégnées au brai (e = 10 mm)	14 à 17
Dalle flottante en mortier de ciment (e = 40 mm) sur fibres de roche (e = 20 mm)	22 à 26
Parquet mosaïque en mortier de ciment (e = 40 mm) sur tapis de fibres végétales (e = 10 mm)	10 à 12
Parquet mosaïque collé sur liège aggloméré (e = 2 à 4 mm)	12
Grès cérame associé à une sous-couche isolante	4 à 13
Parquet mosaïque collé Dalles en caoutchouc (e = 3 à 4 mm) Linoléum	3 à 6
Tapis ou dalles plastiques sans support textile ni sous-couche élastique incorporée	2 ou 3

③ **EXIGENCES RÉGLEMENTAIRES - NRA**

Isolation aux bruits aériens DnAT bruit rose minimum dB(A)		
Local d'émission	**Local de réception**	
	Pièces principales (séjour, chambres et locaux à usage professionnel compris dans les logements)	**Pièces humides (cuisine, salle d'eau)**
Local d'un logement, à l'exclusion des garages ndustriels	≥ 54	≥ 51
Circulations communes intérieures au bâtiment	≥ 41 une seule porte palière ou un dégagement en séparatif ≥ 54 autre cas	≥ 38 une seule porte palière ou un dégagement en séparatif ≥ 51 autre cas
Local d'activité	≥ 59	≥ 56
Garage individuel d'un logement Garage collectif	≥ 56	≥ 53

Isolation aux bruits d'impact Niveau LnAT maximum dB(A)		
Local extérieur au logement testé, à l'exception des balcons et loggias non situés au-dessus d'une pièce principale ; des escaliers dans le cas où un ascenseur dessert l'immeuble ; des locaux techniques	≤ 65 puis ≤ 61 (à partir du 1er janvier 1999)	-

Bruits d'équipement Niveau LnAT maximum dB(A)		
Types d'équipements	**Pièces principales**	**cuisine**
Ventilation mécanique (en position de débit minimal)	≤ 30 (bouches d'extraction comprises)	≤ 35 (bouches d'extraction comprises)
Appareil individuel de chauffage, de climatisation	≤ 35 (conditions normales de fonctionnement) lorsque la cuisine est ouverte sur une pièce principale : ≤ 45 (fonctionnement à puissance minimale)	≤ 50 (conditons normales de fonctionnement)
Équipement collectif (ascenseur, chaufferies, sous-stations de chauffage, transformateurs, surpresseurs d'eau, vide-ordures).	≤ 30	≤ 35
La réglementation demande la pose dans les circulations communes d'un immeuble de revêtement absorbant tel que : $A = \alpha_w \times$ Surface du revêtement $= 0{,}25 \times$ Surface au sol		

④ Isolement acoustique des bruits extérieurs D_{nAT} bruit routier				
Zone de façade	**I**	**II**	**III**	**IV**
Isolement acoustique minimal	45 dB(A)	40 dB(A)	35 dB(A)	30 dB(A)

5- LES SOLUTIONS CONSTRUCTIVES

Le CSTB édite un ouvrage intitulé « NRA : exemples de solutions ». Ce guide d'aide à la conception n'a pas de caractère réglementaire (p. 211).

Voici un court résumé de ce guide.

Dans un premier temps, les produits (ou systèmes) ont été classés en fonction de leur performance acoustique.

Cette qualité acoustique est appréciée sur une échelle de performance croissante ST1, ST2, ST3, AC1, AC2, AC3 ; figure1.

Dans un second temps, le CSTB propose des solutions, fonction de la classification ci-dessus.

Quelques exemples de solution pour l'isolation aux bruits aériens et aux bruits d'impact sont donnés figure 2.

Les éléments de la solution de base sont repérés par un numéro dans un cercle blanc. On peut modifier la solution de base, en changeant un ou plusieurs éléments. Ces modifications sont alors indiquées dans un cercle noir.

Solution de base

① Refend entre logement ou ② Refend entre logement et circulation commune :
– béton (e = 18 cm) ou blocs de béton pleins allégés (e = 20 cm) enduits ou briques pleines (e = 22 cm) enduites (avec doublage AC1 si nécessaire en thermique)

③ Façade ou ⑦ Doublage de la façade :
– doublage AC1 et béton (e = 16 cm) ou blocs de béton pleins allégés (e = 20 cm) ou briques creuses de (e = 20 cm).
– doublage ST3 et blocs de béton creux (e = 20 cm) non enduits côté doublage.

④ Dalle entre deux niveaux courants : béton (e = 18 cm).

⑤ Dalle entre logement et garage ou local d'activité : béton (e = 21 cm).

⑥ Cloison de distribution dans un logement : AC1

⑧ Plafond sur garage : AC1

⑨ Plafond sur local d'activité : AC2

⑩ Revêtement de sol en logement : ST3 ou dalle flottante AC1 avec revêtement de sol indifférent

⑪ Revêtement de sol de la partie commune : ST2

⑫ Porte palière (entrée directe) : AC1

⑬ Entrée (avec porte séparative intérieure) : entrée avec sas et porte palière ST3

① **Classement acoustique des produits et systèmes certifiés (CSTB)**

Revêtements de sol (ΔL en dB(A))	Classement
$5 \leq \Delta L < 9$ $9 \leq \Delta L < 13$ $13 \leq \Delta L < 17$ $17 \leq \Delta L < 21$ $21 \leq \Delta L$	ST1 ST2 ST3 AC1 AC2
Portes palières (indice d'affaiblissement R_{rose} en dB(A)) page 210	
porte palière à ame pleine avec étanchéité sur les quatres côtés $R \geq 38$	ST3 AC1
Revêtement de plafond et doublage (ΔR : amélioration de l'indice d'affaiblissement de la paroi en dB(A))	
$-3 \leq \Delta R < 1$ $1 \leq \Delta R < 5$ $5 \leq \Delta R < 9$ $9 \leq \Delta R$	ST3 AC1 AC2 AC3
Cloisons de distribution (selon leur isolement latéral)	
– cloison en briques creuses (e = ≥ 5 cm) ou en carreaux de plâtre (e = ≥ 5 cm),	ST2
– cloison à base de plaques de plâtre sur réseau alvéolaire ou fixées sur une ossature	AC2

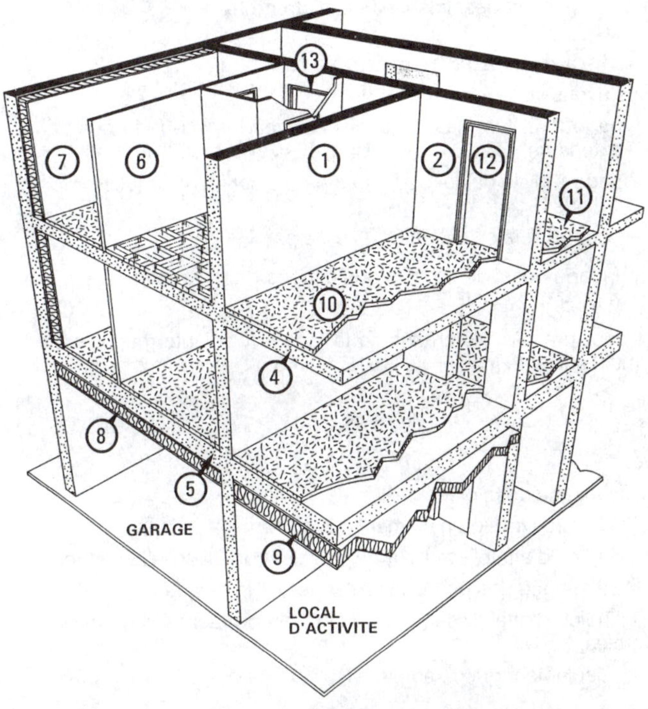

② **Exemples de solutions**

	Mur de réfend ① ②		Façade ③ Doublage ⑦		Dalle courante ④	Dalle sur garage ⑤	Cloison ⑥
Solution de base	①	②	③	⑦	④	⑤	⑥
Solution avec cloisons ST3	①	②	③	⑦	❹ béton 20 cm	⑤	❻ ST3
Solution avec isolation extérieure	①	②	③ ❼ doublage extérieur indifférent		❹ béton 20 cm	❺ béton 22 cm	⑥
Solution avec doublage ST3 sur façade béton	①	②	❸ béton 18 cm ❼ doublage ST3 sur façade si façade et pignon doublage AC1 sur pignon		❹ béton 20 cm	❺ béton 22 cm	⑥
Solution avec cloisons maçonnées ST2	❶ ❷ béton 20 cm (doublage AC1 si nécessaire en thermique)		③	⑦	❹ béton 22 cm	❺ béton 22 cm	❻ ST2

5-3. Isolation des bruits d'équipement

5-3.1. Chauffage

En individuel, l'appareil de chauffage doit être de la classe :
- AC1 dans une cuisine fermée,
- AC2 dans une cuisine ouverte sur séjour ou studio,
- AC3 dans la pièce principale.

5-3.2. V.M.C.

La vitesse est limitée de 3 à 5 m/s selon le diamètre des canalisations et les ventilateurs désolidarisés du gros œuvre.
Les bouches d'extraction dans les cuisines fermées doivent être de la classe AC1.

5-3.3. Distribution d'eau

La vitesse est limitée de 2 à 2,5 m/s et les robinets marqués NF (NF S 31-014 à -016) sont choisis en classe 1. Un réducteur de pression est obligatoire quand celle-ci est supérieure à 3 bars (0,3 mPa).

Les appareils sanitaires sont ancrés sur des parois lourdes (sinon protection antivibratile).

Les diamètres intérieurs de raccordement minimum sont les suivants :
- 13 mm pour une baignoire,
- 12 mm pour un évier, un lavabo, un bidet, une douche,
- 10 mm pour un WC avec réservoir et lave-mains.

La tuyauterie est désolidarisée de la structure.

5-4. Isolation aux bruits extérieurs

Nous avons vu :
- page 212, les classements des façades vis-à-vis des bruits extérieurs, [30 dB(A), 35 dB(A), 40 dB(A), 45 dB(A)],
- page 211, le calcul de R_g des parois composites (utiliser ici les indices R_{route}),
- page 211, le calcul de D_{nAT} d'une paroi.

Une façade possède en plus des entrées d'air caractérisées par un indice D_{ne} ou D_{n10} (NF S 31-051).

On peut prévoir l'isolement de la façade par l'intermédiaire de la formule suivante (cahier du CSTB n° 1855) :

$$D_n = 10 \log \left(\frac{0{,}32\ V}{\Sigma_i S_i \times 10^{-0{,}1 R_i} + S_{lat} \times 10^{-0{,}1 (R+10)} + 10^{-0{,}1 (D_{ne}-10)}} \right)$$

avec :
- V le volume de la pièce (m³),
- S_i la surface (m²) d'un élément composant la façade,
- R_i l'indice d'affaiblissement de l'élément de façade de surface S_i,
- S_{lat} la surface des parois latérales liées à la façade,
- R l'indice d'affaiblissement de la partie de façade liée aux parois latérales,
- D_{ne} l'isolement qui caractérise les entrées d'air.

6. ACOUSTIQUE DES SALLES : CORRECTION ACOUSTIQUE

6-1. Phénomène et définitions

Un bruit émis dans un local est réfléchi par les parois de ce local. Quand la source sonore est coupée, le bruit diminue plus ou moins rapidement selon les caractéristiques absorbantes des parois.

On définit la durée de réverbération T d'une pièce comme le temps mis par un bruit pour décroître de 60 dB.

Le coefficient d'absorption α d'un matériau est le rapport E_a / E_i donné pour un m² du matériau considéré (p. 208).

α est donc compris entre 0 et 1 : figure 3.

Pour une fenêtre ouverte, α vaut 1 et pour un matériau très dur, α est presque nul.

6-2. Calcul du temps de réverbération

La formule de Sabine donne T :

$$T = \frac{0{,}161\ V}{A}$$

T = temps de réverbération en secondes,
A_i = surface (m²) d'un élément de paroi de coefficient α_i,
V = volume de la salle (m³),
A (surface d'absorption équivalente) : $A = \Sigma \alpha_i A_i$.

6-3. Le coef α_w

La NRA fait appel à la notion d'indice d'évaluation de l'absorption α_w.

Cet indice est défini dans la norme européenne EN ISO 11-654, il représente, en quelque sorte, une moyenne des coefficients α sur les bandes d'octave 250 à 4 000 Hz.

Classement acoustique des revêtements absorbants	
αw	Classement
$0{,}25 < \alpha w < 0{,}5$	AC1
$0{,}5 < \alpha w < 0{,}9$	AC2
$0{,}9 < \alpha w$	AC1

6-4. Diminution du niveau sonore

Après pose d'un absorbant acoustique dans une salle, le temps de réverbération doit diminuer. On constate alors un abaissement du niveau sonore à l'intérieur de la pièce ainsi traitée.

$\Delta L = 10 \log T_i / T_f$ en dB(A)

ou encore $\Delta L = 10 \log A_i / A_f$ en dB(A),

avec
A_i = surface d'absorption équivalente initiale,
A_f = surface d'absorption équivalente finale,
T_i = temps de réverbération avant traitement,
T_f = temps de réverbération après traitement.

D_{ne} des entrées d'air : ①

Silencieux droit

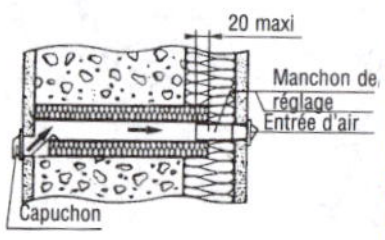

Longueur de l'absorbant	Dn_{route} dB(A)	Dn_{rose} dB(A)
140 mm	38	41
220 mm	38	43
300 mm	40	45

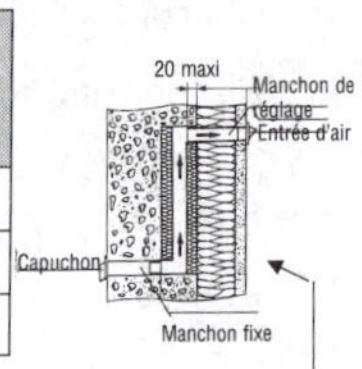

Silencieux en Z jusqu'à 44 dB(A) route, 50 dB(A) rose

② Type du matériau	Facteur d'absorption α					
	125	250	500	1 000	2 000	4 000
Crépi	0,01	0,03	0,04	0,04	0,08	0,17
Marbre	0,01	0,01	0,01	0,01	0,01	0,01
Plâtre brut	0,04	0,03	0,03	0,04	0,05	0,08
Fibres de bois compressées (densité 230 kg/m³, épaisseur 20 mm)	0,15	0,44	0,45	0,44	0,53	0,59
Briques brutes	0,02	0,02	0,03	0,04	0,05	0,07
Vitre	0,03	0,03	0,03	0,02	0,02	0,02
Parquet	0,03	0,04	0,08	0,12	0,12	0,17
Tapis caouthouc (e = 6,5 mm)	0,04	0,04	0,08	0,12	0,10	0,10
Laine de verre Isover (e = 25 mm)	0,43	0,51	0,57	0,62	0,65	0,67
Tapis moquette sur thibaude	0,14	0,32	0,45	0,45	0,40	0,35
Aggloméré de liège	0,15	0,26	0,22	0,22	0,20	0,20
Draperie coton contre mur	0,04	0,05	0,11	0,18	0,30	0,44
Surface occupée par des spectateurs assis	0,60	0,74	0,88	0,96	0,93	0,85
Surface occupée par des sièges de simili cuir (rembourrage épais)	0,44	0,54	0,60	0,62	0,58	0,50

INDEX

Page	Français	Anglais	Allemand
	P		
139	Paillasse	Waist	
86	Panneau préfabriqué	Precast panel	Vorgefertigte Platte
173	Paroi enterrée	Sunk wall	Unterirdische Wand
49	Paroi berlinoise	Berlin (building system) wall	Berliner Wand
50	Paroi moulée	Cast in place wall	Gegossene Wand
40	Pénétromètre	Penetrometer	Penetrometer
115	Plafond	Ceiling	Decke
3, 10, 12	Plan	Plan / drawing	Flach
103	Plancher	Floor	Boden, Decke
179	Pont thermique (k)	Cold bridge	Wärmebrücke
100	Porte en bois	Wooden door	Holztür
59	Portée	Span	Tragweite / Auflagefläche
12, 69, 71	Poteau	Column	Pfosten
44	Poussée	Earth-pressure	Schub
70	Poussée au vide	Outward pressure	Vakuumschub
12, 65	Poutre	Beam, girder	Balken
109	Poutrelle	Girder, joist	Träger
106	Prédalle	Shuttering floor slab	Vorplatte
40	Pressiomètre	Dilatometer	Druckmesser
156	Prise de terre	Earthing-connection	Erdanschluß
96	Profilé (aluminium, PVC)	Section (aluminium, PVC)	Profil (Aluminium, PVC)
43	Profondeur hors gel	Frost-free depth	Frostfreie Tiefe
	R		
72	Redan	Redent	Mauerasatz
80	Refend	Crosswall	Brandmauer
191	Réglementation thermique	Heat rules	Wärmevorschriften
	Règles feu / béton FB	Fire Concrete rules	Feuer-beton Vorschriften
120	Relevés d'étanchéité	Sealing tightness readings	Dichtungsverwahrungen
121	Reliefs de toiture-terrasse	Flat roof/roof terrace relievo / embossing	Flachdachreliefs
200	Renouvellement d'air	Air change	Lufterneuerung
52	Reprise en sous-oeuvre	Underpinning	Unterfangung
163	Réseau d'évacuation	Soil stack installation	Abwasserinstallation
154, 160, 163	Réseaux intérieurs	Internal networks	Innennetze
177	Résistance thermique (R)	Heat resistance	Wärmeleitwiderstand
113	Revêtement de sol	Floor coverings	Bodenbelag
118	Revêtement d'étanchéité	Water proofing roof membrane	Dachhaut
186	ReVÊTIR (classement)	ReVÊTIR (classification)	ReVÊTIR (Einstufung)
	S		
159	Salle de bain	Bathroom	Badzimmer
5	Section	Section	Schnitt
41, 72	Semelle	Base, footing, foundation slab	Sohle
76	Semelle excentrée	Eccentric base	Exzentrierte Sohle
36	Sol	Soil	Boden
44, 77	Soutènement	Retaining (wall)	Abstützung
129, 131	Sous-toiture	Roof sub-structure, roaf-boarding	Unterdach, Dachschalung
55	Structure en béton armé	Reinforced concrete structure	Struktur aus Stahlbeton
16, 58	Surface d'influence	Influence aera	Einflußfläche
	T		
51	Terrassement	Earthwork, (banking)	Erdarbeiten
30	Terre cuite	Terra-cotta	Gebrannterton
60	Théorème des trois moments	Three moments theorem	Lehrsatz der drei Momente
116	Toiture terrasse	Flat roof, terrace roof	Flachdach
79	Tolérance	Tolerance	Toleranz
2	Traits	Lines	Striche
153, 166, 213	Traversée de paroi	Pipe sleeve, wall cross-member	Wanddurchführung
11, 13, 29	Treillis soudé	Welded trellis (wire)	Beton stahlmatte
6, 105, 108	Trémie	Hopper, funnel	Bunker
137	Trop-plein	Overflow	Überlauf rohr
134	Tuile	Tile	Dachziegel
137, 163	Tuyau de chute	Chute pipe	Fallrohr
	U		
	Unités	Units	Einheiten
114	UPEC (classement)	UPEC (classification)	UPEC (Einstufung)
	V		
24	Vent	Wind	Wind
199	Ventilation	Ventilation	Belüftung
152	Vide-ordure	Waste pipe, rubbish-shoot	Müllschlucker
162, 187	Vide sanitaire	Void between base and first slab	Belüftungsohlraum
52	Voile masque	Mask wall	Verdeckte Wand
138	Volée (d'escalier)	Flight (of stairs)	Treppenlauf

ORIGINES DES ILLUSTRATIONS

Toutes les autres figures sont de l'Afnor ou du CSTB	Pages-**figures**
ACERMI : guide pratique de la certification	182-**1**, 183-**3**, 185 à 190-**tableaux**, 189-**4**
ADETS : Association pour le Développement et l'Emploi du Treillis Soudé	29-**1**, 78-**4**, 105-**4**
AGINCO	126-**1**
ALDES aéraulique	189-**2 et 4**, 206-**1 et 2**
ANJOS	199-**1 et 4**, 206-**3**, 207-**1 et 2**
ARDAL (procédé breveté par la société des ARDOISIERES D'ANGERS S.A.)	185-**2 à 7**, 189-**2**
AXTER	137-**1 à 2**
BLOC FER	100-**2**, 102-**1**
COVERLAND : mémento de la tuile REDLAND	25-**1**, 128-**1 à 2**, 130-**2**, 131-**2**, 135
mémento du couvreur ARMOR	129-**1 à 2**
CROISÉES INTER	96-**2**
DOERKEN-FRANCE : film de sous-toiture D-FOL PVE	129-**4**, 130-**5**
DOW CHEMICAL	174-**3**
Économies d'énergie sans désordres (QUALITE CONSTRUCTION)	189-**1**, 205-**1**
F.I.B (Fédération française de l'Industrie du Béton)	138-**2 à 3**, 151-**1 à 6**
FIBRALITH Isolation	187-**2**, 188-**2**
GIMM	97-**4**
GIPEN	124-**3**, 126-2 à 5, 127-**1 à 3**
Guide technique de la maison individuelle (QUALITE CONSTRUCTION)	84-**5 à 9**, 187-**1**, 163-**6**, 166-**5 et 6**, 173-**1**, 174-**1 et 2**
HAGER	154-**3**
HEBEL	183-**2**
ISOVER ST GOBAIN	190-**3 et 4**
La couverture en ardoises par MM. SANGUE et BEAULIEU	130-**2 à 3**, 131-**1 à 7**, 132-**1**
LCPC (Laboratoire Central des Ponts et Chaussées)	36-**4**, 38-**1**, 39-**2 à 4**, 40-**3**
LE BÉTON MECANIQUE	150-**2**
LEGRAND : mémento d'électricité et diapositives	154-**2 et 3**, 155-1, 158-**3** , 159-**3**
Les blocs en béton (FIB)	80-**2 à 3**, 81-**1**
Les coffrages métalliques (TECHNO-NATHAN)	80-**4**
L'étanchéité des façades (QUALITE CONSTRUCTION)	88-**2 à 6**
NICOLL	163-**6**, 166-**3**
O.T.C. (Ouest Terre Cuite)	150-**1**
PARTEK-MORIN	142-**4 et 5**
PLACOPLATRE : produit Technopan	90-**2**
Plâtres LAFARGE :	
mémento de prescription des ouvrages en carreaux de plâtre	92-**1 à 2**, 158-**1**
mémento de prescription des ouvrages en plaques de plâtre	89-**1** ,115-**3**
PPB	109-**1 et 5**
PROMAT	169-**1**
Produits de terre cuite (CTTB)	30
Qualité Acoustique de l'Habitat (QUALITÉ CONSTRUCTION)	208-**1 à 3**, 209-**1 à 4**, 211-**2**, 212-**1**, 213-**1 et 3**
RCS	143, 144-**1 et 2**, 145-**2**
Règles Neige Vent 65 et annexes (collection UTI aux Editions EYROLLES)	24-**3 à 5**, 25-**3 à 4**
SCHÜCO	96-**3**, 97-**4**
SOAF	167-**1 et 3**, 168-**1 et 3 à 7**
SOCECO	174-**3**
SOPREMA	116-**1**
SYNDICAT NATIONAL DES TUBES ET RACCORDS	163-**6**
EN PVC (« Tout sur les canalisations PVC »)	165-**6**
Tuileries J. PH. STURM (doc. ISOPOR)	183-**1**
VIEILLE MONTAGNE S.A. : la couverture en Zinc	130-**1 et 4**
VIM-AEROPLAST : extraits de la brochure technique	
VMC Habitat collectif (individuel : fig. 3, p. 205)	205-**3**, 207-**2 et 3**, 200-**1 à 3**
Webo	108-**6 et 7**

N° d'Éditeur : 10045671 - (VIII) - (30) - (OSBN) - 80° - février 1998
Imprimerie **Jean-Lamour**, 54320 Maxéville - N° 98020034- *imprimé en France*